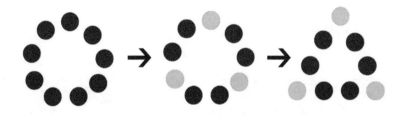

图 3.13

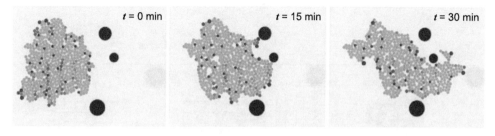

图 3.17

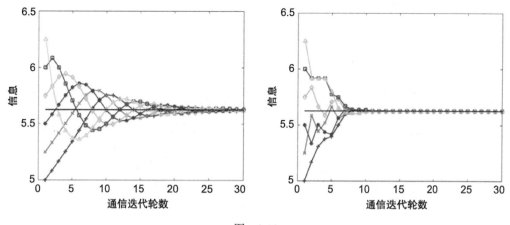

图 3.19

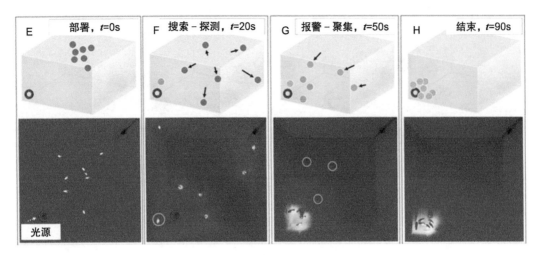

图 3.30

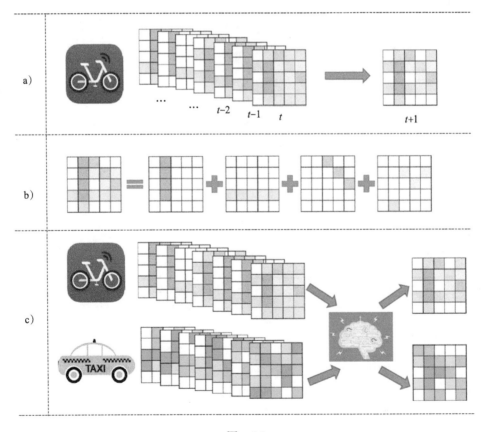

图 6.6

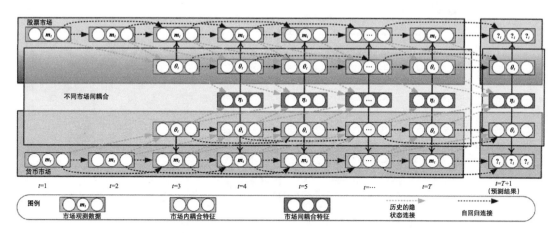

图　6.7

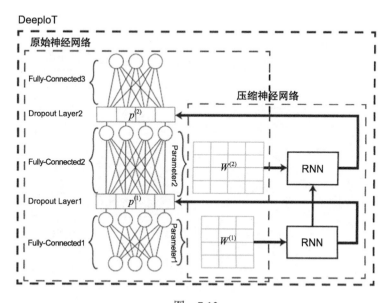

图　7.13

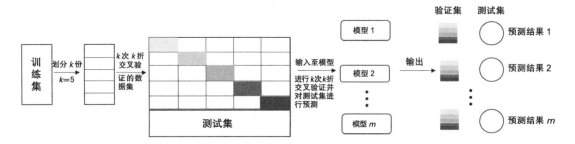

图　8.13

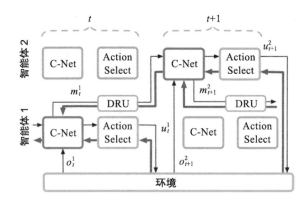

图　8.27

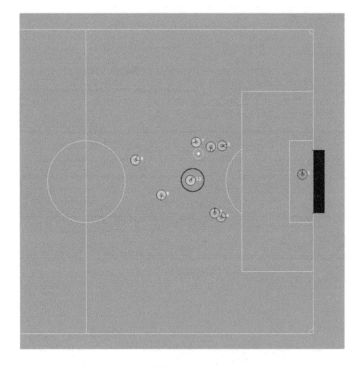

图　10.47

计算机类专业
系统能力培养系列教材

*Crowd Intelligence with the Deep Fusion
of Human, Machine, and Things*

人机物融合群智计算

郭斌 刘思聪 於志文 著

机械工业出版社
CHINA MACHINE PRESS

图书在版编目（CIP）数据

人机物融合群智计算 / 郭斌，刘思聪，於志文著 . -- 北京：机械工业出版社，2022.5
（2024.2 重印）
计算机类专业系统能力培养系列教材
ISBN 978-7-111-70591-8

I.①人… Ⅱ.①郭… ②刘… ③於… Ⅲ.①计算机辅助计算 - 高等学校 - 教材 Ⅳ.① TP391.75

中国版本图书馆 CIP 数据核字（2022）第 064934 号

人机物融合群智计算

出版发行：机械工业出版社（北京市西城区百万庄大街 22 号 邮政编码：100037）

责任编辑：李永泉　　　　　　　　　　　　　　责任校对：马荣敏

印　　刷：固安县铭成印刷有限公司　　　　　　版　　次：2024 年 2 月第 1 版第 2 次印刷

开　　本：186mm×240mm　1/16　　　　　　　印　　张：36　　插　　页：2

书　　号：ISBN 978-7-111-70591-8　　　　　　定　　价：139.00 元

客服电话：（010）88361066　88379833　68326294

编委会名单

丛书序言

人工智能、大数据、云计算、物联网、移动互联网以及区块链等新一代信息技术及其融合发展是当代智能科技的主要体现，并形成智能时代在当前以及未来一个时期的鲜明技术特征。智能时代来临之际，面对全球范围内以智能科技为代表的新技术革命，高等教育也处于重要的变革时期。目前，全世界高等教育的改革正呈现出结构的多样化、课程内容的综合化、教育模式的学研产一体化、教育协作的国际化以及教育的终身化等趋势。在这些背景下，计算机专业教育面临着重要的挑战与变化，以新型计算技术为核心并快速发展的智能科技正在引发我国计算机专业教育的变革。

计算机专业教育既要凝练计算技术发展中的"不变要素"，也要更好地体现时代变化引发的教育内容的更新；既要突出计算机科学与技术专业的核心地位与基础作用，也需兼顾新设专业对专业知识结构所带来的影响。适应智能时代需求的计算机类高素质人才，除了应具备科学思维、创新素养、敏锐感知、协同意识、终身学习和持续发展等综合素养与能力外，还应具有深厚的数理理论基础、扎实的计算思维与系统思维、新型计算系统创新设计以及智能应用系统综合研发等专业素养和能力。

智能时代计算机类专业教育计算机类专业系统能力培养 2.0 研究组在分析计算机科学技术及其应用发展特征、创新人才素养与能力需求的基础上，重构和优化了计算机类专业在数理基础、计算平台、算法与软件以及应用共性各层面的知识结构，形成了计算与系统思维、新型系统设计创新实践等能力体系，并将所提出的智能时代计算机类人才专业素养及综合能力培养融于专业教育的各个环节之中，构建了适应时代的计算机类专业教育主流模式。

自 2008 年开始，教育部计算机类专业教学指导委员会就组织专家组开展计算机系统能力培养的研究、实践和推广，以注重计算系统硬件与软件有机融合、强化系统设计与优化能力为主体，取得了很好的成效。2018 年以来，为了适应智能时代计算机教育的重要变化，计算机类专业教学指导委员会及时扩充了专家组成员，继续实施和深化智能时代计算机类专业教育的研究与实践工作，并基于这些工作形成计算机类专业系统能力培养 2.0。

本系列教材就是依据智能时代计算机类专业教育研究结果而组织编写并出版的。其中的教材在智能时代计算机专业教育研究组起草的指导大纲框架下，形成不同风格，各有重点与侧重。其中多数将在已有优秀教材的基础上，依据智能时代计算机类专业教育改革与发展需求，优化结构、重组知识，既注重不变要素凝练，又体现内容适时更新；有的对现有计算机专业知识结构依据智能时代发展需求进行有机组合与重新构建；有的打破已有教材内容格局，支持更为科学合理的知识单元与知识点群，方便在有效教学时间范围内实施高效的教学；有的依据新型计算理论与技术或新型领域应用发展而新编，注重新型计算模型的变化，体现新型系统结构，强化新型软件开发方法，反映新型应用形态。

本系列教材在编写与出版过程中，十分关注计算机专业教育与新一代信息技术应用的深度融合，将实施教材出版与 MOOC 模式的深度结合、教学内容与新型试验平台的有机结合，以及教学效果评价与智能教育发展的紧密结合。

本系列教材的出版，将支撑和服务智能时代我国计算机类专业教育，期望得到广大计算机教育界同人的关注与支持，恳请提出建议与意见。期望我国广大计算机教育界同人同心协力，努力培养适应智能时代的高素质创新人才，以推动我国智能科技的发展以及相关领域的综合应用，为实现教育强国和国家发展目标做出贡献。

智能时代计算机类专业教育计算机类专业系统能力培养 2.0

系列教材编委会

2020 年 1 月

推荐序一

老友周兴社教授嘱我为其团队成员新近完成的著作作序。我对其团队和研究工作颇为熟悉。近年来，该团队在人机物融合智能计算、泛在感知计算、移动群智感知、群体智能操作系统等方面成果颇丰，同时成长出包括本书作者在内的若干杰出年轻学者。本书涉及内容也是对该团队前期研究成果的总结、梳理和提炼升华。遂欣然允之。

本书定名为《人机物融合群智计算》，这正是我近年来重点关注的领域。这里，结合其中两个关键词分享我的一些认识和思考。

一个关键词是"人机物融合"。我理解，它体现的是计算发展的一个新时代和一种新模式。一个基本的共识是：随着互联网向人类社会和物理世界的全方位延伸，一个万物互联的"人机物"（人类社会、信息空间和物理世界）融合泛在计算时代正在开启。软件定义一切、万物均需互联、一切皆可编程、人机物自然交互将是其基本特征。所谓泛在计算（Ubiquitous Computing）[⊖]，是指计算无缝融入物理环境，它无处不在、无迹可寻。泛在计算是在主机计算、个人计算（桌面计算）、移动计算等模式之后出现的一种新型计算模式，将给我们带来一系列新问题和新挑战。从软件研究者的视角看泛在计算，我以为需要"沉淀"一类新型操作系统——我称其为"泛在操作系统"（Ubiquitous Operating System，UOS）[⊖]，用来支持新型泛在计算资源的管理调度和泛在应用的开发运行。由于泛在计算场景的领域特定性、泛在计算资源的广谱多样性和极端特异性，泛在操作系统的领域性和专用性将比较突出，会存在领域或应用场景特定的多样性的泛在操作系统。

另一个关键词是"群智"。群体智能是科学家长期关注和研究的一种自然现象：构成群体的每一个个体都不具有智能或仅具有有限的智能，但整个群体却表现出远超任一个体的智能行为。低等生物的典型群体智能现象包括"蜂群筑巢""鱼群避敌"和"蚁群寻食"等。人类社会中也存在众多群体智能现象，如"三个臭皮匠顶个诸葛亮"和"市场经济的资源配置"；更宏观地看，人类文明的不断发展和演化也是一种群体智能现象。同样是源于互联网的快速发展，大量人类个体通过信息空间相互连接，为人类群体的跨时空大规模协同提供了可能，从而出现了不少基于互联网的"群体智能"实践，如"维基百科""众包""开源软件开发"等。我认为，长期以来，群体智能研究主要将其视为一种自然现象，关注对群

⊖ WEISER M. The computer for the 21st century [J]. Scientific American, 1991, 265(3):94-105.

⊖ MEI H, GUO Y. Toward ubiquitous operating systems: a software-defined perspective[J]. IEEE Computer, 2018, 51(1):50-56.

体智能现象的事后解释和规律总结，较少涉及如何利用规律主动构造求解特定问题的群体智能系统。如果能够将群体智能的基本原理应用于通过网络互联的人类群体，形成一种新技术条件下的大规模群体协同机制，这将是一项非常有意义的工作。鉴于此，我们提出了一种群体智能的构造性模型[⊖]，将群体智能的形成机理建模为一个"探索""融合"和"反馈"三个活动持续迭代运行的回路。基于该模型构造求解特定问题的群体智能系统的关键，在于如何设计出有效的信息表示、融合与反馈机制。类比 AI 的概念，我们将此类面向问题求解而构造的群体智能系统称为人工群体智能（Artificial Collective Intelligence，ACI）系统，其核心是采用 AI 技术实现高效的信息融合和个性化的信息反馈。

本书以人机物融合环境中由人、计算机、物品构成的混成群体为研究对象，提出并阐释"人机物融合群智计算"这一概念，并探索构建其基础理论与方法体系。人机物融合群智计算将海量异构的资源统一抽象为具有不同程度感知与计算能力的实体，即智能体。通过人、机、物异构智能体的联结共生与协同融合，构建具备自组织、自学习、自适应、持续演化等特性的人工群体智能系统，实现个体智能的增强与群体智能的涌现。

本书内容丰富，既有理论方法探索，也有系统平台实践。一方面，以生物群智涌现到人工群智系统的映射机理探索为宏观指导，针对人、机、物异构群智能体的协作、竞争与融合等开展理论、模型和方法研究，拓展了概念及问题域的空间广度与深度，在人机物异构群智能体的协作增强机理、群智涌现动力学、自组织与自适应协同、智能体分布式学习、智能体知识迁移等方面展开探索与研究。另一方面，结合作者团队的系统研发和应用实践（例如：2019 年推出开源可定制的群智感知操作系统——CrowdOS，该系统涵盖群智任务敏捷发布、复杂任务高效分配、多粒度数据隐私保护等核心功能，受到国际学术界和企业界的广泛关注；2021 年在"中国软件开源创新大赛"中发起"群智感知开源创新赛"，扩大了群智开源生态的影响），还系统地介绍了该团队研发的人机物融合群智计算开放平台——CrowdHMT，涵盖了人机物群智开放式系统架构、群智计算开源社区以及人机物链中间件等核心要素。CrowdHMT 平台探索赋能智慧城市、智能制造、军事装备等典型应用场景，对构建未来异构群智体协同计算、共生演进的人机物融合智慧空间具有重要的参考意义。

可以预料，未来几十年，人工或半人工的群体智能系统将在信息、物理、社会三元空间中得到广泛应用，实现对大规模人机物异构智能体协同的有效支持，并在各类复杂问题的求解中发挥重要作用。本书介绍的研究和实践工作是对如何使用技术手段创造这种未来的一次很好的探索，相信读者会在阅读本书的过程中，获取知识，得到启发。

梅宏

辛丑年孟冬于北京

⊖　ZHANG W, MEI H. A constructive model for collective intelligence[J]. National Science Review, 2020, 7(8): 1273-1277.

推荐序二

计算技术经历了主机、个人机、互联网不同时代的发展与演化之后，目前正在进入智能新时代，其以万物智联、云端融合、数据驱动、AI 赋能、移动服务及其融合发展为主要标志。与此同时，计算技术也在自然人机交互、普适与泛在计算、信息物理融合系统不断发展的基础上，在"物-移-云-大-智-链"一体化的推动下，快速步入人机物融合泛在计算新阶段。

在人机物融合环境中，具有推理与决策智慧的特定人群、具备智能处理潜能的网络计算系统，以及具有深度嵌入智能的多类物理实体，成为异构异质的人机物融合群体。该群体能力优势互补，智力协同增强，形成了结构更复杂、行为更融洽的人机物融合复杂系统。该系统不仅具有泛在连接、分布计算、远程控制等基本特征，而且形成了自主协同、动态重构、实时认知等高级属性，进而呈现出组织灵活、群智涌现、和谐共生的人机物融合群体智能。

人机物融合群体智能是基于仿生机理的无人系统群体智能以及基于互联网的人类群体智能不断发展而形成的群体智能高级阶段。它将改变未来的社会形态、工作模式以及生活空间，具有极富创新深度和广度的应用前景，例如，处于发展之中的智慧城市、智能制造、智能军事等就是人机物融合群体智能的典型场景。

为了追求人机物融合群体智能的愿景目标，人机物融合群智计算成为需要深入研究的核心问题。我理解的人机物融合群智计算是在人机物异质智能体集群有机融合的基础上，以提升个体与群体多维能力为目标，发挥群体协作优势，组织群体智能计算，它具有以下特点：**三元空间的交织性**，万物智联使社会、信息、物理三元空间不仅有序连接，而且相互交织，形成复杂多变的协作共生图景；**计算内涵的广义性**，群智计算不仅包括人机物融合环境下的群体感知、群体认知、群体学习，也隐含群体决策、群体协同、群体优化等要素；**应用场景的适应性**，群智计算模型、结构及其机制等面向不同应用领域及其应用场景变化，实现自主演化、能力适配与环境迁移。

我在十几年前已开始信息物理融合系统（CPS）及其应用的研究，对 CPS 的多尺度融合、一体化建模、自适应协同有一定的理解和体会，团队中几位青年学者在扩展 CPS 而形成的人机物融合环境下，探索其群体智能与群智计算前沿问题并取得阶段性成果，自感欣慰！

本书以"自然合理，整体关联，动态平衡"为指导思想，以"理论机理－关键技术－系统平台"为组织逻辑，不仅总结凝练了主流的群智计算基本机理、人机物融合群智计算多层面挑战以及国内外已有研究，而且介绍并展现了研究团队的群智感知计算及其自研开放平台等创新成果。本书总体思想与具体方法兼论，系统设计与算法实现兼顾，典型实例与参考文献兼容，学术观点明确、技术分析清晰、涉及内容丰富。正当人机物融合群体智能来临之时，期望本书的出版可使读者对人机物融合群体智能及其核心——群智计算获得较为全面的认识和更为深刻的理解，共同为我国计算科学与技术自主创新研究和领域深入应用做出贡献。

中国计算机学会会士
陕西省计算机学会理事长
2021 年 11 月 28 日

前　言

　　光阴荏苒、岁月如梭，笔者从 2010 年开展"群智感知计算"相关研究以来，如今已有十多个年头。2010 年，移动社交网络、智能手机和泛在感知计算等开始兴起并快速普及，在发现不同来源所获取的海量群体贡献数据所潜藏的巨大价值基础上，我们与法国巴黎国立电信学院张大庆教授合作，在西安召开的第七届 IEEE 普适智能与计算国际（IEEE UIC 2010）会议上首次提出社群智能（Social and Community Intelligence）的概念，并进一步整理和凝练后发表在 2011 年第七期的 *IEEE Computer* 杂志上。

　　2012 年，清华大学的刘云浩教授首次在《中国计算机学会通讯》（第 8 卷，第 10 期）上提出"群智感知计算"的概念，即利用大量普通用户使用的移动设备作为基本感知单元，通过物联网 / 移动互联网进行协作，实现感知任务分发与感知数据收集利用，最终完成大规模、复杂的城市与社会感知任务。刘老师对群智感知计算概念的由来、定义、研究挑战与机遇等做了系统性的阐述，探讨了无意识感知、弱网络连接、低质低可信数据处理等挑战性问题。在此之后，国内群智感知研究得到广泛的重视，逐步发展成为物联网与普适计算领域的研究热点。2013 年，国家自然科学基金重点项目群"群智感知网络理论与关键技术"启动，我们有幸参与了北京邮电大学马华东教授负责的"移动社交中感知数据收集的机会路由与交互式内容移交"这一重点基金课题，并就群智感知任务优化分配与数据优选汇聚开展了深入的探索和研究。2015 年，由上海交通大学过敏意教授担任首席科学家的973 计划项目"城市大数据三元空间协同计算理论与方法"启动，我们承担了其中的"面向城市大数据的三元空间协同感知方法"课题，并对群智感知能力的泛在发现、协作增强、关联表达、优质萃取等关键问题开展系统性研究。同年，我们在 *ACM Computing Surveys*（第 48 卷，第 1 期）上发表题为"Mobile Crowd Sensing and Computing: The review of an emerging human-powered sensing paradigm"（群智感知计算：一种以人为中心的新型感知模式）的群智感知综述论文，对群智感知的概念体系、理论方法、挑战与关键技术、典型应用等进行了详细综述，该论文迄今已被国内外研究者引用近 700 次。2019 年，我们研制和发布了 CrowdOS（www.crowdos.cn）平台，并面向智慧城市、公共安全、智能制造等国家重大需求开展领域应用和技术推广，得到了国内外同行的广泛关注。经过在群智感知计算领域十余年的持续耕耘，我们在理论、模型、方法、技术等方面都积累了系统而丰富的经验。2020 年，在微软学术（Microsoft Academic）统计分析的关于群智感知（Crowd Sensing）研究的作者排名（Top Authors）中，我们团队位列全球第一。

近年来，智能物联网、群体智能、工业互联网等技术逐步兴起，人（智能手机、可穿戴设备等）、机（云设备／边缘设备）、物（具感知计算能力的物理实体）这三种基础要素正在走向协作和融合，迈向"人机物融合群智计算"时代。2021 年 5 月 28 日，习近平总书记在两院院士大会上发表的重要讲话中指出：人类正在进入一个"人机物"三元融合的万物智能互联时代。人机物融合的三元计算是 21 世纪上半叶信息技术发展的大趋势，这一发展趋势最早于 2009 年中国科学院《中国至 2050 年信息科技发展路线图》研究中首次明确提出。中国科学院的李国杰院士在《创新求索录》一书中也指出：今天的信息世界已经与一人一机组成的、分工明确的人机共生系统不同，而是一个多人、多机、多物组成的动态开放的网络社会，即物理世界、信息世界、人类社会组成的三元世界。此外，Gartner 于 2020 年也提出"人机物融合智慧空间"的概念，并将其列入当年十大战略科技发展趋势，指出人工智能与物联网、边缘计算和数字孪生等技术的快速发展及深度融合，可为智慧城市、智慧社区、智能制造等领域提供高度集成的智慧空间环境，人、机、物等要素在其中彼此交互与激发，将构建更加组织灵活、行为自适、自主演化的空间。

"人机物融合智能"与国际上陆续流行的"万物互联""泛在智能""边缘智能""信息物理系统"等前沿研究殊途同归，它们具有相似的愿景：通过万物互联，将智能融入万物，实现工业化和信息化的无缝对接。而笔者惊喜地发现这一愿景与群智感知计算"异构群体智能协作增强"的本质内涵不谋而合。在此灵感的推动下，笔者带着十余年从事"群智感知计算"研究的思考，萌发并构思本书的核心思想与主旨脉络，以期系统化地阐明新一代"群智感知计算"的内涵，并匠造出一把开启"人机物融合群智计算"新世界大门的钥匙样本，为更多研究人员提供思维启迪。此外，自 2019 年起，笔者开始承担两个国家重点研发计划项目（课题），即"面向城市精准管理的新型群智感知技术及应用"和"多维群智融合的制造业智慧空间构建理论"。它们分别从智慧城市和智能制造两个领域的视角出发探索面向人机物融合群智计算的理论创新、核心方法、系统架构以及应用示范。这些项目的实施也促使我们从应用需求牵引的角度出发去进一步思考人机物融合群智计算的内涵与关键技术。

哲学的本质是描述世界，自然科学在此基础上定义和计算物理世界，而计算机科学则旨在通过信息化手段管理物理世界的无序性。因此，为了在人（社会）机（信息）物（物理）三元空间的融合计算中使其蕴含的潜在智能实现无序到有序的管控，本书遵从"理论机理 – 关键技术 – 系统平台"的研究脉络。"自然合理、整体关联、动态平衡"是我国古典哲学和宇宙观著作《易经》中首次提出的东方系统论。稽古振今，这一思想也成为笔者构思"人机物融合群智计算"系统性特质的根基。

- "自然合理"强调关注人机物异构智能个体感知和计算资源能力的差异性，并充分利用个体差异性实现优势互补，这也是人机物弱智能体通过协作增强智能的根本动机。
- "整体关联"则突出异构群智能体之间的组织性和协作性，包括群智涌现机理（如群集动力学）、群智优化算法、人机物协作群智感知、多源群智数据融合、群体分布式学习模型、人机物混合学习模型等。

- "动态平衡"则指出环境动态变化是一种必然的客观属性，因此人机物融合群智计算系统必须具有根据动态环境做出主动适应性改变的能力，对应了人机物融合群智计算的环境自适应演化、自学习增强演化和群智知识迁移学习等。

在此思想的指引下，笔者 2020 年于《人民论坛·学术前沿》上发表的《论智能物联与未来制造——拥抱人机物融合群智计算时代》分析了智能物联网为制造业带来的机遇，阐述了实现人机物融合的群智智能制造所面临的科学和技术挑战，并探讨了新一代人工智能技术如何推动制造业智慧空间构建。笔者 2021 年于《中国计算机学会通讯》（第 17 卷，第 2 期）上提出"人机物融合群智计算"的概念并对其科学问题和未来挑战进行了系统性阐述和展望。另外，结合所从事的国家重点研发项目研究，笔者与北京航空航天大学的张莉教授于《中国计算机学会通讯》（第 17 卷，第 8 期）上组织了"群智智能制造"专题，共邀请北京航空航天大学、清华大学、西北工业大学、东南大学、哈尔滨工业大学等相关研究团队撰写 6 篇文章，就"群智智能制造"这一新兴方向的概念与愿景、研究挑战、基础理论、关键技术、典型应用等进行了系统性阐述。

为了推动人机物融合生态和开放平台的发展，在中国科学院王怀民院士和西北工业大学周兴社教授的亲切关怀和指导下，作者团队于 2021 年在"中国软件开源创新大赛"中发起"群智感知开源创新赛"，吸引了来自海内外 40 余所高校的 50 余支队伍参加。同年 8 月，研发完成人机物融合群智计算（CrowdHMT）系统的通用系统框架，推出了包含其核心系统模块的开源共享平台（www.crowdhmt.com），并提出"太易"人机物链中间件的设计构想，旨在实现人机物异构群智能体之间的分布式资源共享、通信连接、协作感知、协同计算、分布式学习和隐私保护等。

2020 年疫情期间，笔者开始本书的撰写，历时一年有余。本书的基本主旨是将传统的"以人为中心"的群智感知计算拓展深化为"人－机－物异构群智能体融合计算"（简称为人机物融合群智计算），从单纯的群智感知数据收集提升为人机物群智融合的协作计算与增强学习，探索异构群智协同的基础理论创新和关键技术突破。本书特色主要体现在以下几个方面。

1）全书逻辑主线：全书依照"理论机理－关键技术－系统平台"逻辑组织。其中，第 3 章和第 4 章介绍理论机理，第 5～11 章介绍关键技术，第 12 章介绍系统平台。首先，在理论机理层面，第 3 章追本溯源，从人类社会、生物和细胞集群、群落生态学等自然科学和社会科学等领域探寻群智协同涌现的机理；第 4 章穷理尽妙，综合运用生物、人工集群以及演化博弈等动力学理论分析建模群智涌现机制背后的影响因素。其次，在关键技术层面，第 5～11 章介绍人机物协作群智感知、数据融合、自适应演化、分布式学习、协同计算、知识迁移、隐私信任与社会因素等多种维度的关键技术。最后，第 12 章介绍与本书同名（人机物融合群智计算，CrowdHMT）的开放系统、典型应用及"太易"人机物链中间件构想。

2）纵向关键技术脉络：关键技术涵盖"感知－计算（学习）"两大主干脉络。在感知层面，第 5 章介绍人机物异构群智能体如何协作感知，第 6 章介绍如何多维度融合和理解多源群智能体的感知数据；在计算（学习）层面，第 7 章介绍深度计算模型如何适应环境变化和数据偏移实现自学习增强与自适应演化，第 8 章介绍如何协同利用群智能体分布式计算资源和数据进行计算 / 学习，从而完成大规模复杂任务，第 9 章介绍人机混合学习思想下的样本标注、示范模仿学习以及人类指导强化学习方法，第 10 章介绍群智能体间如何迁移学习知识、领域、技能和策略以提升系统解决新任务的能力。为了保障人机物融合群智计算系统隐私安全，提升用户参与度和系统可信度，第 11 章介绍人机物异构群智能体的数据、模型和系统隐私保护机制，以及激励、信任和社会因素。

3）横向问题牵引：各章内按照"问题导向 - 典型研究 - 研究实践 - 拓展思考"的逻辑思路展开。以第 7 章为例，从智能物联网背景引出人 - 机 - 物终端执行深度学习模型实现智能体推断逐渐成为一种趋势，指出人机物融合群智计算应用情境复杂多变、数据分布差异、数据和学习任务不断增加与演化以及终端平台资源（计算、存储和电量）受限等问题，急需一种具有稳定的动态环境自适应能力和持续自学习增强能力的深度学习模型演化范式。深入介绍深度学习模型的自主演化范式中所包括的深度学习模型的自适应演化（7.2节）和自学习增强演化（7.3 节）。更深入地说，7.2 节涉及深度计算模型性能指标量化、模型自适应压缩、模型运行时自适应、多平台自适应分割、自适应网络架构搜索等技术分支内的国际前沿典型研究和作者的前期研究实践。最后在展望中提出人机混合自学习演化、自适应压缩与分割协同、软硬协同优化三个新颖的未来研究方向。

1945 年，美国麻省理工学院的范内瓦·布什教授（著名的"曼哈顿计划"领导者）提交给罗斯福总统一份战略报告——《科学：无尽的前沿》，该报告奠定了美国科学政策的基础架构，提出政府的公共资金要大力支持基础研究，并由此确保了美国在科学创新和研究方面一直处于世界领先地位。当前，我们正面临"世界百年未有之大变局"，基础研究和"从 0 到 1"原始创新已成为引领我国未来发展和科学研究变革的必由之路。本书中所探讨的人机物融合群智计算、群体智能等新兴方向方兴未艾，我们期待与广大读者共同探索人机物异构群智能体的协作增强机理与分布式学习机制等基础性问题，在该领域催生更多的创新性成果。

在本书前期酝酿和写作过程中，笔者不断向不同领域的专家和学者请教或学习，在中国计算机大会发起"群智感知计算""群体感知与群智协同"等论坛，在普适计算专委会的指导下发起"智能感知与城市计算"系列论坛，在国际会议和期刊举办"群智感知"相关特刊或研讨会，并在与诸位专家的讨论和交流过程中受到很多的启发。因此，本书的内容凝聚和汲取了众多学术前辈和同行的心血与智慧，是在前人研究基础上进行的整理、凝练和进一步升华。

在本书编写过程中，西北工业大学智能感知与计算工信部重点实验室的研究生做出了很大的贡献，包括王虹力、丁亚三、马可、吴磊、李诺、刘琰、任思源、欧阳逸、任浩阳、仵允港、郝静怡、张江山、王家瑶、李新宇、张玉琪、徐若楠、张周阳子、景瑶、王倩茹、张艺璇、李智敏、成家慧、冯煦阳、古航、李梦媛、沈豪宸等。第一稿出来之后，作者和王虹力、丁亚三、马可、吴磊、张江山、张玉琪等又进行了反复的修订和统稿，在此对他们的辛勤付出表示深深的感谢！感谢实验室学术带头人周兴社教授和学术顾问张大庆教授多年来的悉心培养、指导以及在本书编写和审校过程中给予的宝贵意见。西北工业大学的王柱副教授、王亮副教授和刘佳琪副教授等青年教师也对本书的编写提供了大力协助与支持，在此一并表示感谢。此外，还要特别感谢机械工业出版社在本书准备过程中给予的全力支持与专业指导。

人机物融合群智计算涉及群体智能、物联网、普适计算、机器学习、生物学等多个研究领域的交叉，在成书过程中，虽然怀着敬畏之心尽可能学习相关领域知识，但仍常常感叹科学世界之浩瀚、学科丛林之广袤与交织，以及个人学识与能力之局限，因此本书还存在很多不足留待后续不断完善。此外，本书涉及新兴研究领域和对未来技术前景的展望，编写时可以参考的内容有限，有些观点和内容难免有失偏颇或存在错误，还望读者谅解并给予批评指正。

本书既可以为物联网、人工智能、工业互联网、智慧城市、智能制造等领域的科研人员和 IT 从业者提供创新的发展视角及相关理论、方法与技术支撑，也可以作为高年级本科生或研究生的参考教材。

2021 年 8 月于西安

目　录

丛书序言
推荐序一
推荐序二
前言

第1章　绪论 ·················· 1
　1.1　背景与趋势 ················ 1
　1.2　人机物融合群智计算概述 ······ 3
　1.3　研究挑战与进展 ············ 4
　　1.3.1　人机物群智协同机理 ······ 4
　　1.3.2　自组织与自适应能力 ······ 5
　　1.3.3　群智能体分布式学习 ······ 6
　1.4　典型应用 ················ 6
　　1.4.1　城市计算 ·············· 6
　　1.4.2　智能制造 ·············· 7
　1.5　本书整体结构 ············· 8
　习题 ····················· 11
　参考文献 ··················· 11

第2章　迈向人机物融合群智计算
　　　　时代 ·················· 14
　2.1　背景和趋势 ··············· 14
　　2.1.1　智能物联 ············· 14
　　2.1.2　边缘智能 ············· 16
　　2.1.3　新一代人工智能 ········ 17
　2.2　应用新业态 ··············· 18
　　2.2.1　城市群智计算 ·········· 19
　　2.2.2　群智智能制造 ·········· 20

　　2.2.3　军事群体智能 ·········· 23
　2.3　人机物融合群智计算内涵 ······ 25
　　2.3.1　基本概念 ············· 25
　　2.3.2　人机物融合智慧空间 ······ 27
　2.4　人机物融合群智计算特质 ······ 28
　2.5　研究脉络 ················ 30
　习题 ····················· 32
　参考文献 ··················· 32

第3章　人机物群智涌现机理 ······ 35
　3.1　生物群智涌现机理 ·········· 36
　　3.1.1　集体行进 ············· 37
　　3.1.2　群体聚集 ············· 39
　　3.1.3　群体避险 ············· 40
　　3.1.4　协作筑巢 ············· 42
　　3.1.5　分工捕食 ············· 44
　　3.1.6　社会组织 ············· 45
　　3.1.7　交互通信 ············· 47
　　3.1.8　形态发生 ············· 49
　3.2　生物集群到人工集群映射机理 ··· 51
　　3.2.1　群集动力学 ············ 52
　　3.2.2　启发式规则 ············ 53
　　3.2.3　自适应机制 ············ 56
　　3.2.4　群智优化算法 ·········· 58
　　3.2.5　图结构映射模型 ········· 59
　　3.2.6　演化博弈动力学 ········· 61
　　3.2.7　群智能体学习机制 ······· 62
　　3.2.8　群智涌现机理的典型应用 ··· 64

3.3 人机物融合群智涌现机理········66
3.3.1 群落生态学···········69
3.3.2 异构群集动力学···········73
3.3.3 人机物演化动力学···········75
3.3.4 人机物共融智能···········79
3.3.5 人机物超级物种集群·····83
3.4 本章总结和展望···········86
习题···················87
参考文献················87

第4章 人机物群智涌现动力学
模型················100
4.1 群集动力学模型···········101
4.1.1 生物群集动力学建模·····102
4.1.2 群集动力学系统建模·····109
4.2 群智演化博弈动力学模型·····111
4.2.1 生物集群演化博弈动力学
模型··············111
4.2.2 人工集群演化博弈动力学
模型··············114
4.3 人机物融合群智系统动力学建模···117
4.3.1 人机物融合群集动力学
系统建模··········117
4.3.2 人机物融合演化动力学
建模··············123
4.3.3 超级物种集群构建·······130
习题···················136
参考文献···············136

第5章 人机物协作群智感知·····146
5.1 群智感知新发展···········148
5.1.1 人机物协作群智感知的
基本概念··········148
5.1.2 人机物协作群智感知的
系统架构··········149
5.2 人机物协作任务分配·········152

5.2.1 人机物协作任务分配问题···152
5.2.2 人机物协作任务分配框架···155
5.2.3 人机物协作任务分配方法···157
5.2.4 研究趋势展望···········168
5.3 感知数据的高效汇聚·········168
5.3.1 终端感知数据质量评估···169
5.3.2 冗余数据优选···········171
5.3.3 数据高效汇聚···········173
5.4 人机物协作群智感知的应用···175
5.5 本章总结和展望···········177
习题···················178
参考文献···············179

第6章 多源异构群智数据融合···184
6.1 跨模态群智数据关联·········185
6.1.1 何为跨模态群智数据···185
6.1.2 跨模态群智数据表示···188
6.1.3 跨模态群智数据耦合关系
学习··············191
6.1.4 跨模态群智数据融合研究
实践··············194
6.2 群智知识集聚与发现·········196
6.2.1 群智数据集聚···········198
6.2.2 群智知识发现···········204
6.3 群智融合时空预测·········208
6.3.1 群智融合时空预测任务···208
6.3.2 群智融合时空预测研究
实践··············211
6.4 本章总结和展望···········216
习题···················217
参考文献···············218

第7章 自学习增强与自适应演化···224
7.1 强化学习与自主决策·········226
7.1.1 何为强化学习···········227
7.1.2 深度Q网络···········229

7.1.3 策略梯度 ············· 231
7.1.4 演员 – 评论家架构 ······· 231
7.1.5 分层强化学习 ········· 232
7.1.6 元强化学习 ··········· 233
7.2 深度计算方法的自适应演化 ··· 235
7.2.1 模型性能指标量化 ····· 235
7.2.2 模型的自适应压缩 ····· 238
7.2.3 模型运行时自适应 ····· 244
7.2.4 多平台自适应分割 ····· 246
7.2.5 自适应网络架构搜索 ··· 250
7.3 深度计算方法的自学习增强
演化 ··················· 254
7.3.1 自学习增强演化 ······· 254
7.3.2 何为终身学习 ········· 256
7.3.3 灾难性遗忘 ··········· 259
7.3.4 终身学习研究 ········· 262
7.4 本章总结和展望 ············ 277
习题 ···························· 278
参考文献 ······················ 279

第 8 章 群智能体分布式学习
方法 ················· 287
8.1 传统分布式机器学习 ·········· 288
8.1.1 数据与模型划分 ······· 289
8.1.2 分布式通信策略 ······· 293
8.1.3 数据与模型聚合 ······· 297
8.1.4 主流分布式机器学习平台 ··· 300
8.1.5 人机物群智能体分布式
学习新挑战 ··········· 300
8.2 群智能体联邦学习 ············ 301
8.2.1 横向联邦学习 ········· 303
8.2.2 纵向联邦学习 ········· 307
8.2.3 个性化联邦学习 ······· 309
8.3 群智能体深度强化学习 ········ 313
8.3.1 群智能体环境 ········· 315
8.3.2 群智能体协作 ········· 316

8.3.3 群智能体竞争 ·········· 319
8.3.4 群智能体通信 ········· 323
8.4 群智能体协同计算 ············ 326
8.4.1 协同计算的基本方法 ··· 327
8.4.2 串行协同计算 ········· 328
8.4.3 并行协同计算 ········· 331
8.4.4 混合协同计算 ········· 333
8.5 本章总结和展望 ············ 335
习题 ···························· 336
参考文献 ······················ 337

第 9 章 人机混合学习方法 ········ 343
9.1 参与式样本标注 ············· 345
9.1.1 参与式样本标注的概念 ··· 345
9.1.2 参与式样本标注的框架
与方法 ··············· 346
9.1.3 参与式样本标注的成本
控制 ················· 350
9.1.4 参与式样本标注的质量
控制 ················· 352
9.2 示范模仿学习 ··············· 354
9.2.1 何为模仿学习 ········· 354
9.2.2 行为克隆 ············· 355
9.2.3 交互式模仿学习 ······· 356
9.2.4 逆强化学习 ··········· 358
9.2.5 生成对抗式模仿学习 ····· 360
9.2.6 单样本模仿学习 ······· 362
9.3 人类指导强化学习 ············ 363
9.3.1 基于人为评估反馈的指导 ··· 364
9.3.2 基于人类偏好的指导 ····· 366
9.3.3 基于人类注意力的指导 ··· 367
9.4 本章总结和展望 ············ 370
习题 ···························· 371
参考文献 ······················ 371

第 10 章 群智能体知识迁移方法 ··· 375
10.1 基于知识蒸馏的群智知识迁移 ··· 376

10.1.1 教师－学生迁移模式 ···· 376
10.1.2 学生互学习迁移模式 ····· 381
10.2 基于域自适应的群智知识迁移 ··· 383
10.2.1 样本自适应知识迁移 ····· 385
10.2.2 特征自适应知识迁移 ····· 387
10.2.3 深度网络自适应知识迁移 ··· 389
10.2.4 对抗自适应知识迁移 ····· 390
10.3 基于多任务学习的群智知识
共享 ····················· 397
10.3.1 多任务联合学习 ········ 398
10.3.2 辅助任务学习 ········· 403
10.4 基于元学习的群智知识迁移 ··· 405
10.4.1 何为元学习 ··········· 406
10.4.2 基于优化的元学习知识
迁移 ················ 409
10.4.3 基于模型的元学习知识
迁移 ················ 416
10.4.4 基于度量的元学习知识
迁移 ················ 418
10.5 基于联邦迁移学习的群智知识
迁移 ····················· 422
10.5.1 何为联邦迁移学习 ······ 422
10.5.2 联邦迁移系统框架 ······ 423
10.5.3 典型应用 ············· 428
10.6 基于分层学习的群智技能迁移 ··· 431
10.6.1 何为技能迁移 ········· 432
10.6.2 分层强化学习 ········· 432
10.6.3 模块化分层学习 ········ 437
10.7 多智能体强化学习中的群智
知识迁移 ················· 438
10.7.1 多智能体经验迁移学习 ··· 439
10.7.2 多智能体交互迁移学习 ··· 442
10.8 本章总结和展望 ··········· 445
习题 ························· 446
参考文献 ····················· 446

第 11 章 隐私、信任与社会因素 ··· 455
11.1 激励机制 ················· 455
11.1.1 移动群智感知中的激励
机制 ················ 456
11.1.2 人机物融合群智计算中的
激励机制 ············ 457
11.1.3 激励机制的典型案例 ····· 460
11.2 隐私保护 ················· 462
11.2.1 人机物融合的隐私问题 ··· 463
11.2.2 人机物融合的隐私解决
方案 ················ 467
11.3 信任计算 ················· 476
11.3.1 人机物融合的多元信任
计算 ················ 477
11.3.2 人机协同信任机制 ······· 481
11.3.3 人机物动态环境下的
信任构建 ············ 482
11.4 基于区块链的人机物融合安全
可信群智计算架构 ·········· 484
11.4.1 区块链技术研究概述 ····· 485
11.4.2 典型案例与场景应用 ····· 488
11.4.3 人机物融合安全可信
群智计算架构 ········· 492
11.5 本章总结和展望 ··········· 494
习题 ························· 495
参考文献 ····················· 496

第 12 章 CrowdHMT 开放平台 ··· 506
12.1 研究背景与需求 ··········· 507
12.2 典型主流平台与开放资源分析 ··· 509
12.2.1 智能物联网平台 ········ 509
12.2.2 智慧城市平台 ········· 511
12.2.3 群智感知计算平台 ······ 512
12.2.4 开放共享资源 ········· 513
12.3 人机物融合群智计算平台 ····· 522

12.3.1 通用系统架构 ············ 523

12.3.2 CrowdHMT 自研平台 ···· 524

12.4 "太易"分布式人机物链中间件··· 539

12.5 应用领域与典型场景 ········ 541

12.5.1 智能制造 ············ 541

12.5.2 智慧旅游 ············ 542

12.5.3 智能家居 ············ 544

12.5.4 智慧城市 ············ 546

12.5.5 智慧交通 ············ 550

12.5.6 军事智能 ············ 551

习题 ························· 552

参考文献 ····················· 552

第 **1** 章

绪　论

1.1　背景与趋势

"泛在的智能感知计算"是计算机科学领域的重要研究课题。近年来，大量具有丰富感知能力的智能设备（如智能手机、可穿戴设备）得以普及。"群智感知计算"作为一种新的感知模式迅速发展起来[1-2]。它利用大众的广泛分布性、灵活移动性及其蕴含的丰富群体智能完成大规模、复杂的感知计算任务。与传统感知网络相比，群智感知计算面临一系列新的科学挑战和问题，目前已经在参与者感知能力评估、感知资源优化组合、感知数据优选汇聚、参与者激励机制等方面取得了很多研究进展。最近，一些新兴技术的发展正在推动新一代群智感知计算的形成和演化。

首先，随着物联网、大数据和人工智能技术的快速发展与加速融合，智能物联网（Artificial Intelligence of Things, AIoT）[3] 正成长为一个具有广泛发展前景的新兴前沿领域。AIoT 首先通过各种传感器联网实时采集各类数据（环境数据、运行数据、业务数据、监测数据等），进而在终端设备、边缘设备或云端通过数据挖掘和机器学习方法进行智能化处理和理解，如智能感知、目标识别、预测预警、智能决策等。近年来，智能物联网应用已经逐步融入国家重大需求和民生的各个领域，例如智慧城市、智能制造、社会治理等。一个典型的例子是工业互联网[4] 技术的发展和应用，它通过人、机、物的全面互联推动全新的工业生产制造和服务体系构建，是智能物联网在工业领域变革中起到引领作用的具体体现。

其次，人机物三元世界的融合是信息技术发展的重要趋势。习近平总书记 2021 年在两院院士大会上的讲话指出"**科技创新速度显著加快，以信息技术、人工智能为代表的新兴科技快速发展，大大拓展了时间、空间和人们认知范围，人类正在进入一个'人机物'三元融合的万物智能互联时代**"[⊖]。李国杰院士在《创新求索录》中提到"过去几十年信息领域主要致力于将物理世界和人类社会转换到信息空间，即信息物理系统（Cyber-Physical System, CPS），在此基础上未来将进一步发展人机物三元融合系统（Human-Cyber-Physical System, HCPS）"[5]。CPS 的概念由美国国家基金会科学家 Helen Gill 于 2006 年首次提出[6]，本质

⊖　http://www.cas.cn/zt/hyzt/ysdh19th/。

上是构建一个具有控制属性的网络实体系统，在网络和实体空间框架下实现人与人、人与物、物与物、人与服务/物体交互连接的体系，目的是更好地感知和控制物理世界。当前，CPS 的研究方兴未艾；而与此同时，在"互联网+""工业4.0"等的推动下，HCPS 则更多地关注如何将虚拟的信息世界实体化，将智能融入物理世界，即通过真实部署的物联网设施及网络、人类携带的移动设备等实体方式从线上走向线下，彻底改变实体经济，实现万物互联和无缝智能，这与群智感知计算通过异构的人类便携终端（如手机、可穿戴设备）、物联网嵌入式实体（如摄像头、智能小车）、互联网应用（如边缘、云服务器）等群体智能的协作增强感知计算系统智能化程度的本质内涵不谋而合。

再次，国务院于 2017 年发布《新一代人工智能发展规划》（即人工智能2.0），其目标为抢抓人工智能发展的重大战略机遇，构筑我国人工智能发展的先发优势，加快建设创新型国家和世界科技强国。其中**"群体智能"**成为新一代人工智能基础理论体系的重要组成部分之一，是一种通过聚集群体的智慧解决问题的新模式。"群体智能"概念起源于科学家对群居性生物的观察与研究，早在 1989 年，Beni 和 Wang 便提出"Swarm Intelligence"的概念[7]，刻画群居性生物通过协作而涌现出的集体智能行为，以及受自然界中群体协作行为启发来解决问题或构建人工集群系统的方法。在互联网和大数据技术高速发展的背景下，**人工智能 2.0 中的"群体智能"**则更多体现基于互联网的群体智能涌现，包括基于群体编辑的维基百科、基于群体开发的开源软件、基于众问众答的知识共享等方面[8]。其研究内涵体现在通过互联网组织结构汇聚大规模参与者，以竞争/合作等方式来共同应对复杂任务。智能物联网是海量人、机、物融合的主体，在未来智能物联网研究中如何发挥人机物异构智能体的协同增强以实现其群智感知计算系统的进一步提升成为一个重要的科学问题。

近年来，在国际学术前沿针对人、机、物智能融合问题已有一些探索性研究。2016 年，美国康奈尔大学的米歇尔博士等在《科学》杂志中提出"人智计算"（Human Computation）的概念[9]，强调群体与机器智能结合可用于解决复杂问题。2019 年，美国 MIT 媒体实验室的拉曼教授等在《自然》杂志中提出"机器行为学"（Machine Behavior）的概念[10]，强调跨空间的人机行为协同共生理论。同年，MIT 人工智能实验室的研究人员在《自然》杂志中阐述了一种能模拟生物细胞集体迁移的集群机器人系统[11]，该系统可以模拟自组装、修复和搬运等典型的生物群体协作行为，体现了群体智能的优势和应用前景。与此同时，Gartner 提出了"智慧空间"概念并将其列入 2020 年十大战略科技发展趋势⊖，指出人工智能与物联网、边缘计算和数字孪生等技术的快速发展及深度融合，可为智慧城市、智慧社区、智能制造等领域提供高度集成的智慧空间环境，人、机、物等要素在其中彼此交互与激发，将构建更加组织灵活、行为自适、自主演化的空间。

综上，无论在学术界和产业界，人机物的协同融合均成为新的发展趋势，也将推动新一代群智感知计算的产生。鉴于此，**本书将传统的"以人为中心"的群智感知计算拓展深**

⊖　https://www.gartner.com/smarterwithgartner/gartner-top-10-strategic-technology-trends-for-2020/。

化为"人–机–物异构群智能体融合计算"（简称为人机物融合群智计算），从单纯的群智感知数据收集提升为人机物群智融合的协作计算与增强学习。人机物融合群智计算面向物联网和普适计算领域的国际学术前沿，探索异构群智协同的基础理论创新，通过关键技术突破推动人、机、物要素的有机连接、协作与增强，构建具有**自组织、自学习、自适应、持续演化**等能力的智慧空间，对促进智慧城市、智能制造、军事国防等国家重大需求领域新模式/新业态形成，提高我国生产力和竞争力，推动新一代智能物联技术的发展变革等具有重要意义。

1.2 人机物融合群智计算概述

本节对人机物融合群智计算的基本概念与特质进行刻画，如图 1.1 所示，首先对其中的人、机、物等关键要素进行刻画。

- **人（Human）**，主要体现为社会空间广大普通用户及其所携带的移动或可穿戴设备，其发挥的作用一方面为人类智慧（包括个体或群体智能），另一方面则涵盖基于移动设备的群智感知计算 [1-2]。
- **机（Machine）**，主要体现为信息空间丰富的互联网应用及云端和边缘服务，在传统互联网和移动互联网等发展背景下，信息空间集聚了海量多模态的数据和多样化的计算资源。
- **物（Things）**，主要体现为具有感知、计算、通信、决策和移动等能力的物理实体，在物联网发展背景下，各种各样的移动/嵌入式终端不断涌现，为感知和理解物理空间动态提供了重要支撑。

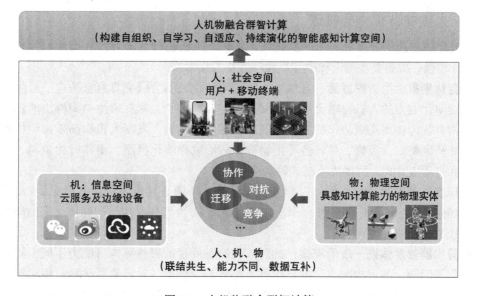

图 1.1　人机物融合群智计算

人、机、物三种要素在同一环境或应用场景下**相互联结、和谐共生**，但彼此能力不同、**数据互补**，需要通过协作交互来实现能力增强，进而完成复杂的感知和计算任务。基于此，我们给出人机物融合群智计算的定义。

人机物融合群智计算（Crowd Intelligence with the Deep Fusion of Human, Machine, and Things, CrowdHMT）：**通过人、机、物异构群智能体的有机融合，利用其感知能力的差异性、计算资源的互补性、节点间的协作性和竞争性，构建具有自组织、自学习、自适应、持续演化等能力的智能感知计算空间，实现智能体个体技能和群体认知能力的提升。**

如前所述，在"以人为中心"的群智感知计算数据的收集和处理方面已有较多研究成果；此外，传统的群体智能或集群智能（Swarm Intelligence）[12]在驱动同构的多智能体间协作与交互来完成集体运动、智能决策等任务方面也有很多成功的探索。新一代人工智能中的群体智能更关注互联网"以人为中心"的群体智能涌现及复杂任务完成。相较以上研究领域，人机物融合群智计算面向人机物三元世界融合趋势，以生物群智涌现到人工群智系统的映射机理探索为宏观指导，针对人、机、物群智能体的协作、竞争与融合等开展理论、模型和方法的研究，拓展了概念及问题域的空间广度与深度，在异构群智能体的自组织与自适应协同、分布式增强学习等方面面临很多新的科学挑战问题需要探索和研究。

1.3　研究挑战与进展

人机物融合群智计算为未来智能计算系统的发展带来了大量机遇，但实现真正人机物和谐融合的智能感知计算空间还面临很多挑战。下面将分别从人机物群智协同机理、自组织与自适应能力、群智能体分布式学习等新的理论、模型和方法探索方面来阐述。

1.3.1　人机物群智协同机理

既有群体智能研究多面向单一群体间的协作，人机物融合群智计算则涉及异构智能体间的协作增强，故需要在理论和模型层面开展新的探索。

- **自然集群协同机理发掘**：自然界生物集群协作机制为研究具有自适应、自组织、持续演化能力的人机物融合系统提供了重要依据[13-14]。需探索生物集群协同机理与异构群智能体间高效协作的隐含关联和物理映射机制，发掘人机物高效协同机理，例如研究蚂蚁、蜜蜂、鸟、鱼等生物群体的形成和演化机制、集体行为机制、自组织和自适应方式、群体决策模式等。
- **群智能体高效协作机制**：针对人、机、物、环境等异构要素的有机组织协调问题，如何借鉴生物界中的各种合作模式和组织形式[15]实现异构群智能体之间的高效协作也是一个重要挑战。
- **异构群智能体统一表示模型**：针对人机物各要素的表达异构、能力不同、知识碎片化等问题，如何构建统一的异构群智能体表示模型，对各要素关联、组织模式、行为决策、知识表示等进行结构化表征是人机物融合群智计算的一个基础性问题。

针对以上挑战问题，在如何结合生物群智协作机理进行人工群智能体系统研究方面已经有一些探索性研究。生物体以简单的方式与群体中的相邻个体以及周边环境进行接触，以一种无中心的方式通过分布式协作来完成复杂任务；但作为一个群体，它们能够出于繁殖的目的建造出最复杂的巢穴[14]，会在寻找食物过程中给同伴释放信息素以留下踪迹，成千上万只鸟列队飞行却能以令人难以置信的精度实现群体快速转弯[13]。集群机器人（Swarm Robotics）是一种通过模拟多样化的生物群体行为而发展起来的人工群智系统。例如，哈佛大学研究人员通过模拟白蚁种群行为来构建人工多智能体建造系统，在建筑机器人之间引入简单的局部规则来构建复杂的建筑结构[14]。麻省理工学院的 Li Shuguang 等人研发了一种能模拟生物细胞集体迁移的机器人，利用信息交换、力学协同等生物细胞学现象实现移动、搬运物体及向光刺激移动等复杂行为，该研究为开发具有预先确定性行为的大规模群体机器人系统提供了新途径[11]。加州大学的研究人员[16]结合强化学习研究了自然系统与人工系统间的互相借鉴和促进作用，一方面强化学习方法的成功源于对生物界学习行为的有效模拟，另一方面对深度强化学习的探索和实践反过来也促进了对于生物学习行为的理解；而基于彼此的相互借鉴则提出了一些新的学习模型，如元强化学习[17]或分层深度强化学习[18]等。

1.3.2 自组织与自适应能力

人机物融合群智计算需要根据环境的多变性、人机物节点能力的差异性以及群智能体连接拓扑的动态性等，自适应地组织各要素以适应动态的环境及应用场景，最终达到提高协作效率和质量的目的。具体来说，面临如下研究挑战。

- **人机物多维情境识别**：为实现异构群智能体的有效组织和协作，需要首先对智能体个体和群体的多侧面动态情境进行准确识别和预测，如能量状态、计算能力、通信带宽、关系拓扑、可信任度等，进而为任务关联的人机物自组织机制提供支撑。
- **群智能体自组织协作计算**：针对单智能体计算资源不足的问题，由周边共存的多个移动设备、可穿戴设备或边缘设备等组成动态协作群。研究群智能体自组织协作高效计算模式，能根据性能需求（如时延、精度）和运行环境（如网络传输、能耗情况等），将原始任务进行自动"切分"并优选和调度合适的智能体协同完成感知计算任务。
- **跨空间协作感知计算**：根据特定感知任务（如公共安全事件监测），研究如何快速发现不同空间高度关联的群组（群智感知参与者、移动互联网应用、城市物联网感知设施）并进行协作组队，进而探索情境自适应的群组动态协同及演进策略。

针对情境自适应组织协作问题，已经有一些前瞻性研究。在多智能体协作计算方面，边缘智能（Edge Intelligence）[19]使得资源受限的终端设备通过"多设备协同"或者"边-端协同"等方式实现资源需求较大的深度学习模型的有效分割与分布式运行，如密歇根大学提出的 NeuroSurgeon 模型[20]。生物系统的自适应、自组织机制也为研究人工群智系统提供了重要依据。例如 Antoine Cully[21]从动物自适应机理研究中得到启发，提出了一种智能试错算法使得在异常情况下能在短时间内找到自适应方案。哈佛大学的研究人员[22]从微观多细胞组织和复杂动物组织结构（鸟群、鱼群）中得到启发，通过能力有限的个体机器人Kilobot，设计有效的分布式交互机制，实现了大规模机器人情况下鲁棒的自组织协作行为，包括集聚、成型、动态变换等。

1.3.3 群智能体分布式学习

针对单智能体数据和经验有限、模型训练能力弱、应用场景和任务多变等问题，与现有集中式学习模型和框架相区别，如何在群体分布式环境下实现人机物群智能体的增强学习是人机物融合群智计算一个新的挑战。

- **群体分布式学习模型**：需基于生物群体交互式学习机理，探索融合协作、博弈、竞争、对抗等特征的群智能体分布式学习模型。此外还要探索单智能体数据有限且隐私要求高情况下的可信群智学习方法。
- **群智能体知识迁移**：各智能体由于知识经验和数据分布不均，且在面对新个体、新任务、新场景时存在冷启动或小样本问题，需探索跨实体、跨任务的群智能体知识迁移方法，将多个"富经验"智能体知识迁移给新的实体或任务，实现智能体的持续学习和演化。
- **人机物协同增强学习**：人类与机器的学习和计算能力存在互补性和差异性，需研究人在回路、群智融合、人机协同方面的学习模型和范式，从协作模式、协作时机、负担最小化等方面研究人机物协同增强学习方法。

针对群智能体分布式增强学习问题，近期有一些相关的研究进展，如元学习、联邦学习、多智能体深度强化学习等。**元学习**[23]通过融合多个"富经验"智能体的训练模型来指导新的或缺少知识的智能体快速学习和成长，实现群智能体间知识的迁移和共享。**联邦学习**的思想由谷歌最先提出[24]，它基于分布在多个设备上的数据集构建机器学习模型，在保障数据交换隐私安全的前提下，通过多设备协作开展高效率学习实现群体增强。**多智能体深度强化学习**利用智能体间的协作和博弈激发新的智能，例如Google DeepMind在《科学》杂志上发表的论文[25]中通过智能体在多玩家电子游戏中掌握策略、理解战术以及进行团队协作，展示了智能体在强化学习领域的最新进展。

1.4 典型应用

人机物融合群智计算在智慧城市、智能制造、军事国防等领域均有广泛的应用前景，下面结合目前开展的一些研究作为代表性案例进行阐述。

1.4.1 城市计算

城市计算通过不断感知、汇聚和挖掘多源异构大数据来解决现代城市所面临的复杂挑战问题。在智能物联网和移动互联网发展背景下，人、机、物群智能体协同融合完成城市复杂任务成为城市计算的重要发展方向。

城市具有典型的时空特征，在城市群智任务平台中，发布的大量任务间往往具有时空关联性，进而在数据分布上体现相似规律性。然而，很多新的群智任务会出现因参与者较少或数据收集困难等而导致数据缺失的问题，进而导致无法有效提供群智服务。针对新任务中数据缺失和不足的问题，我们开展了时空关联下的跨任务群智知识迁移研究[26-27]，通过挖掘和利用既有任务实体的群智知识，实现跨任务的知识迁移，提升群智任务的服务质量。针对新任务面临的数据缺乏问题，提出深度跨城市、跨任务群智任务知识迁移模型（如图 1.2 所示）：首先汇聚来自群智感知（人）、移动互联网（机）、具感知计算能力的物理实体（物）的多源关联城市感知数据，包括人群流动数据、城市地图 POI 分布数据、出租 / 交通 / 共享单车轨迹数据等，通过深度自编码器来降低数据维度并进行特征关联，进而构造"源 – 目标"扩展的奇异值分解模型来实现同城类似任务间的知识迁移，通过皮尔森时空特征关联因子来构建城市间的类似任务关联，并通过深度对抗网络提取与领域无关的特征。该模型在与阿里巴巴合作的跨城市、跨任务知识迁移项目中得到验证，在商业热度和人流量等预测任务中，对比传统的监督学习模型（LR、GBDT 等）和深度学习模型，在准确率和误差率等技术指标上均有着明显的提升，在业务准确率上与公司产品现有模型相比提升 23%。

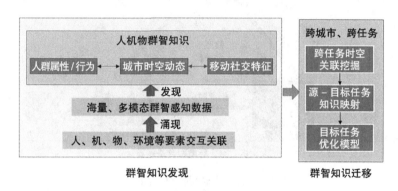

图 1.2　跨城市群智知识迁移

1.4.2　智能制造

新一代智能制造技术的一个关键特征是人、机、物等要素的连接与融合，而人机物融合群智计算作为推动人机物高效协同、自主组织、增强学习、深度融合的新理论与技术，可重塑设计、研发、制造、服务等产品全生命周期的各环节，将在新一代智能制造技术中发挥重要的支撑和引领作用[27]。

在"融合群体智能的制造企业智慧空间构建理论与协同运行技术"国家重点研发项目的支持下，群智融合的制造业智慧空间研究得以开展。为此，提出了制造业群智智慧空间模型（如图 1.3 所示）：关注制造业中人、机、物（AGV 小车、机械臂等）、环境等多维因素之间的复杂关联关系，探索异构群智能体之间的协同模式与制造效率、质量间的交互作用机理。具体来说，目前主要开展了以下几方面的研究：

1）面向特定的制造任务需求，提出群智深度强化学习模型对各制造要素进行建模和协同学习，动态反馈和迭代优化参与任务的各智能体参数，使得制造群体参数总体最优，实现多智能体协同增强。

2）开放式网络制造环境下新终端设备动态加入、制造场景不断演化，导致既有训练好的学习模型由于不确定扰动难以在新环境下取得好的效果。针对该问题，我们综合利用元学习、多任务学习、联邦学习等方法实现跨制造实体/场景的群智知识迁移[28]。

3）针对制造主体终端计算资源受限、感知模型适应能力差等问题，提出多个边端设备协同的可伸缩情境感知方法（零件质量缺陷、环境动态等）[29]。面向输入数据变化、硬件资源变化等需求，通过加速网络结构设计、模型裁剪、模型分割与参数动态量化等方法，实现高效的制造主体资源自适应情境感知。

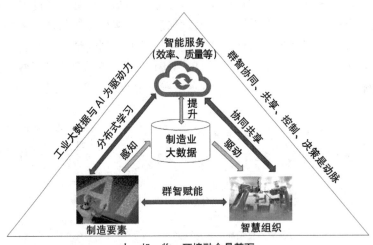

图 1.3　制造业群智智慧空间模型

1.5　本书整体结构

人机物融合群智计算是群智感知计算在智能物联网、群体智能、边缘智能等发展背景下的重要演进方向之一，通过异构群智能体协作融合实现个体智能和群体认知能力的增强，在智慧城市、智能制造等领域具有广泛应用前景，同时在人机物群智协同机理、异构群智能体自组织协同、分布式增强学习机制等方面还面临诸多新挑战。

如图 1.4 所示，本书整体按照"理论机理 - 关键技术 - 系统平台"的逻辑展开。具体来说，第 3～4 章探索从自然群智系统协作机理到人工群智系统的模型参照与技术演进，关注多样化生物组成的自然生态群落与人 - 机 - 物异构群智能体协作之间的内在逻辑关联与映射机制构建。在第 5～11 章，依次介绍人机物融合智能感知与计算的关键技术，探索多智能体环境下自组织、自学习、自适应和持续演化的分布式学习方法，综合利用协作、共享、迁移、竞争、对抗等方式实现异构多智能体增强学习与智能演进。具体地讲，本书的主要内容共分为12章，内容概述如下。

第2章 迈向人机物融合群智计算时代

介绍人机物协同共融的必然发展趋势，催生人机物融合的新型群智计算范式（简称人机物融合群智计算），并影响多个领域新业态的建立；在此背景下，概述人机物融合群智计算的内涵、特质和研究脉络。

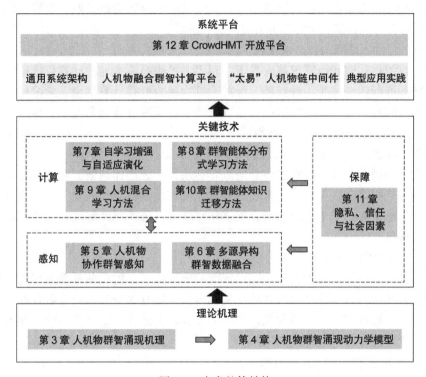

图1.4 本书整体结构

第3章 人机物群智涌现机理

介绍生物集群协同机理和人类群智涌现机理等基础理论，以及从生物集群到人工集群的映射机制和研究实践；从群落生态学、异构集群动力学、人机物演化动力学、人机物共融智能和人机物超级物种集群等方面引出作者关于人机物融合群智涌现机理的思考和探索。

第4章 人机物群智涌现动力学模型

介绍利用动力学理论分析和建模上述群智涌现机制，包括生物和人工集群的群集动力学模型，以及生物和人工集群的演化博弈动力学模型；在此基础上，介绍作者关于具有异构性和分布式特点的人机物融合系统群集动力学、演化动力学和自适应可重构群智系统动力学的问题分析与建模。

第 5 章　人机物协作群智感知

介绍人机物协作群智感知的新发展，它在"以人为中心"的传统群智感知基础上融合了"以物为中心"的物联网和"以机为中心"的边缘智能。详细介绍人机物协作任务分配和云边端融合数据汇聚的核心挑战和前瞻性研究，以及作者在云边端融合群智感知方向的前期研究实践，进而分析其应用前景。

第 6 章　多源异构群智数据融合

分析人机物异构主体群智贡献数据的异质性、碎片化和杂乱性等特性，为群智感知计算引入新的挑战。为了应对这些挑战，分别介绍跨模态群智数据关联、群智知识集聚与发现以及群智融合时空预测三个方面的研究问题和进展。

第 7 章　自学习增强与自适应演化

介绍在智能物联网和边缘智能背景下，利用人机物终端本地的计算资源执行深度学习模型实现智能推断逐渐成为一种趋势。针对人机物融合群智计算情境、学习任务和终端资源动态变化的问题，介绍深度模型的自适应演化和自学习增强演化范式。两者在模型的自适应能力优化和生命周期优化上相辅相成。

第 8 章　群智能体分布式学习方法

介绍人机物融合的异构群智能体如何协同利用多个智能体的数据和计算资源，从而分布式地完成大规模复杂任务，并提升任务处理速度或质量。具体来说，从传统分布式机器学习方法和策略讲起，引出前沿的群智能体联邦学习、群智能体深度强化学习和群智能体协同计算策略和模型。

第 9 章　人机混合学习方法

人机混合增强智能正成为新一代人工智能的典型特征，但目前基于人在回路和基于认知计算的混合智能仍面临多个挑战并处于初级阶段，并且很少有人机物融合群智计算背景下的人机混合智能研究。针对该问题，介绍参与式样本标注、示范模仿学习和人类指导强化学习三类前瞻性研究思想及核心方法。

第 10 章　群智能体知识迁移方法

迁移学习能力是人机物融合群智计算系统能够解决新任务的关键。面向群智能体间的深度学习模型参数、领域特征、任务特征、学习方式、数据、技能和决策经验等不同层面的知识，分别介绍基于知识蒸馏的群智知识迁移、基于域自适应的群智知识迁移、基于多任务学习的群智知识共享、基于元学习的群智知识迁移、基于联邦迁移学习的群智知识迁移、基于分层学习的群智技能迁移以及多智能体强化学习中的群智知识迁移问题和前沿研究。

第 11 章　隐私、信任与社会因素

为了进一步提升人机物融合群智计算系统的群智能体任务参与度、隐私安全性和信任可靠性，重点介绍异构群智能体的激励机制、全过程全场景的隐私保护机制和多元协同信任计算的相关问题挑战及核心方法，并综合运用本章所述机制，介绍基于区块链的人机物融合安全可信群智计算架构。

第 12 章 CrowdHMT 开放平台

汇总与本书相关的代表性系统和发展趋势，介绍人机物融合群智计算系统（CrowdHMT）的通用系统架构及其核心模块，提出"太易"人机物链中间件设计构想。最后，介绍作者在多个典型应用领域的实践和原型系统设计。

习题

1. 试分析人机物融合群智计算与传统移动群智感知的异同。
2. 请简述智能物联网、边缘计算等新兴趋势在数据（环境数据、运行数据、业务数据、监测数据等）采集、智能化处理和理解等方面存在哪些特点。
3. 简述人机物融合群智计算在数据感知、智能化处理与理解、智能应用 / 服务等方面应该考虑哪些新型因素。
4. 举例说明人机物融合群智计算中的人、机、物三种元素在真实的智慧城市、智能制造中有哪些代表性实例，其深度融合可以实现哪些智能应用 / 服务。
5. 思考 1.3.1 节中提及的人机物群智协同机理在自然集群协同机理发掘、群智能体高效协作机制以及异构群智能体统一表示模型三个方面可以对新型群智感知计算带来哪些层面的启发。
6. 简述人机物融合群智计算为什么需要自组织与自适应能力，以及应该如何使其具备这些能力。
7. 简述人机物融合群智能体分布式学习与传统分布式学习、联邦学习、多任务学习、迁移学习、持续学习等技术的异同点。
8. 现在有一个城市需要进行智能化提升，请分析并设计一个完整的智能计算系统架构。例如，如何汇聚来自群智感知（人）、移动互联网（机）、具感知计算能力物理实体（物）的多源关联城市感知数据，实现包括人群流动数据、城市地图 POI 分布数据、出租 / 交通 / 共享单车轨迹数据等环节。
9. 在某个制造业工厂中，请分析人、机、物（AGV 小车、机械臂等）、环境等多维因素之间存在哪些复杂关联关系，这些异构的人机物群智能体之间存在哪些协同模式，以及与制造效率、质量之间有哪些交互作用机理。
10. 根据你的理解，结合多学科知识与技术，设计一个具有自组织、自适应或可持续学习能力的群智能体系统架构，并在真实的平台（如无人机、移动小车、空 – 天 – 地 – 海混合智能体）或仿真器（如 Gazebo）上实现。

参考文献

[1] 刘云浩 . 群智感知计算 [J]. 中国计算机学会通讯 , 2012, 8(10)：38-41.

[2] GUO B, WANG Z, YU Z, et al. Mobile crowd sensing and computing: The review of an emerging human-powered sensing paradigm[J]. ACM Computing Surveys (CSUR), 2015, 48(1): 1-31.

[3] 李天慈 , 赖贞 , 陈立群 , 等 . 2020 年中国智能物联网（AIoT）白皮书 [J]. 互联网经济 , 2020(03)：90-97.

[4] 罗军舟 , 何源 , 张兰 , 等 . 云端融合的工业互联网体系结构及关键技术 [J]. 中国科学：信息科学 , 2020, 50(02)：195-220.

[5] 李国杰. 创新求索录：第二集 [M]. 北京：人民邮电出版社，2018.

[6] BAHETI R, GILL H. Cyber-physical systems[J]. The Impact of Control Technology, 2011, 12(1)：161-166.

[7] BENI G, WANG J. (1989) Swarm intelligence[C]//Proceedings for the 7th Annual Meeting of the Robotics Society of Japan, 1989：425-428.

[8] LI W, WU W, WANG H, et al. Crowd intelligence in AI 2.0 era[J]. Frontiers of Information Technology & Electronic Engineering, 2017, 18(1)：15-43.

[9] MICHELUCCI P, DICKINSON J L. The power of crowds[J]. Science, 2016, 351(6268)：32-33.

[10] RAHWAN I, CEBRIAN M, OBRADOVICH N, et al. Machine behaviour[J]. Nature, 2019, 568(7753)：477-486.

[11] LI SG, BATRA R, BROWN D, et al. Particle robotics based on statistical mechanics of loosely coupled components[J]. Nature, 2019, 567(7748)：361-365.

[12] KENNEDY J. Swarm intelligence[M]. Boston: Springer, 2006：187-219.

[13] SUMPTER D J T. Collective animal behavior[M]. Princeton: Princeton University Press, 2010.

[14] WERFEL J, PETERSEN K, NAGPAL R. Designing collective behavior in a termite-inspired robot construction team[J]. Science, 2014, 343(6172)：754-758.

[15] PFEIFER R, LUNGARELLA M, IIDA F. Self-organization, embodiment, and biologically inspired robotics[J]. Science, 2007, 318(5853)：1088-1093.

[16] NEFTCI E O, AVERBECK B B. Reinforcement learning in artificial and biological systems[J]. Nature Machine Intelligence, 2019, 1(3)：133-143.

[17] WANG J X, KURTH-NELSON Z, KUMARAN D, et al. Prefrontal cortex as a meta-reinforcement learning system[J]. Nature Neuroscience, 2018, 21(6)：860-868.

[18] KULKARNI T D, NARASIMHAN K, SAEEDI A, et al. Hierarchical deep reinforcement learning: Integrating temporal abstraction and intrinsic motivation[J]. Advances in Neural Information Processing Systems, 2016, 29：3675-3683.

[19] ZHOU Z, CHEN X, LI E, et al. Edge intelligence: paving the last mile of artificial intelligence with edge computing[J]. Proceedings of the IEEE, 2019, 107(8)：1738-1762.

[20] KANG Y, HAUSWALD J, GAO C, et al. Neurosurgeon: collaborative intelligence between the cloud and mobile edge[J]. ACM SIGARCH Computer Architecture News, 2017, 45(1)：615-629.

[21] CULLY A, CLUNE J, TARAPORE D, et al. Robots that can adapt like animals[J]. Nature, 2015, 521(7553)：503-507.

[22] RUBENSTEIN M, CORNEJO A, NAGPAL R. Programmable self-assembly in a thousand-robot swarm[J]. Science, 2014, 345(6198)：795-799.

[23] FINN C, ABBEEL P, LEVINE S. Model-agnostic meta-learning for fast adaptation of deep networks[C]//International Conference on Machine Learning. PMLR, 2017：1126-1135.

[24] MCMAHAN B, MOORE E, RAMAGE D, et al. Communication-efficient learning of deep networks from decentralized data[C]//Artificial Intelligence and Statistics. PMLR, 2017：1273-1282.

[25] JADERBERG M, CZARNECKI W M, DUNNING I, et al. Human-level performance in 3D multiplayer games with population-based reinforcement learning[J]. Science, 2019, 364(6443)：859-865.

[26] GUO B, LI J, ZHENG V W, et al. Citytransfer: transferring inter-and intra-city knowledge for chain store site recommendation based on multi-source urban data[J]. Proceedings of the ACM on Interactive, Mobile, Wearable and Ubiquitous Technologies, 2018, 1(4)：1-23.

[27] YANG Q, ZHANG Y, DAI W, et al. Transfer learning[M]. Cambridge: Cambridge University Press, 2020：328-330.

[28] 郭斌. 论智能物联与未来制造——拥抱人机物融合群智计算时代 [J]. 人民论坛·学术前沿, 2020 (13)：32-42.

[29] 郭斌，仵允港，王虹力，等 . 深度学习模型终端环境自适应方法研究 [J]. 中国科学：信息科学, 2020, 50：1629-1644.

第 **2** 章

迈向人机物融合群智计算时代

"对人和环境的泛在、智能感知计算"是重要的科学前沿研究课题，也是满足智慧城市管理、公共安全保障等国家重大需求的关键支撑。为此，政府高度重视智能感知计算。近年来，在智能物联、边缘智能、新一代人工智能等的共同推动下，人机物协同融合已成为信息技术发展的重要趋势，这也进一步催生出人机物融合的新型群智感知计算范式，即通过人机物三类感知/计算主体的交互连接与协作增强，实现面向大规模复杂场景的低成本、高性能感知计算。在此背景下，基于群智感知计算的城市计算、智能制造和军事国防等国家重大需求和民生领域也将迎来异构群智能体协作感知、协同计算和增强学习的新业态。本章将从传统群智感知计算开始，分类阐述新一代群智感知计算的发展背景、发展趋势和应用领域，对新一代人机物融合群智计算的内涵、特质和研究脉络展开深入探讨，并为后续章节提供总体概述。

2.1 背景和趋势

近年来，随着 5G 通信技术、人工智能和设备硬件的发展，信息领域面临着重要的发展与变革机遇。一方面，追根溯源，群体智能的研究灵感来源于生物集群、生态群落、人类社会的群智涌现机理，然而传统众包和群智感知计算研究对生物群智的发掘和利用还存在很大的提升空间。另一方面，在智能物联、边缘计算、新一代人工智能等新的发展机遇背景下，如何占据优势、深入挖掘各领域的发展趋势并使其为发展新一代人机物融合群智计算提供推动力也成为重要的研究动机。

2.1.1 智能物联

当前物联网、大数据和人工智能技术的快速发展与加速融合，催生出智能物联网（Artificial Intelligence of Things, AIoT）这一极具前景的新兴前沿领域。其中，人工智能的模型和算法擅长从海量无序数据中发现规律、学习策略，而物联网则能为数以亿计的实体设备建立广泛连接。因此，人工智能与物联网两者的融合将发挥更强大的协同感知计算效力，但同时也将带来更多值得深入探索的问题和挑战。

首先，物联网将持续增长并成为一种势头强劲的网络。预计 2025 年我国物联网连接节点将达到 200 亿个，将远远超过互联网主体（即人类用户）的数量。谷歌预测，到 2025 年世界将被 IoT 设备主导。因此，未来数百亿异构设备和用户并发联网产生的数据分析和融合需求将促成物联网与人工智能的深度融合。与以人为中心的互联网不同，AIoT[14] 是把电子、通信、计算机、人工智能四大领域的技术融合起来的新型网络，在互联网连接的基础上进一步拓展，实现人与人、人与物、物与物以及人与环境的广泛互联，从而将传统"互联网"和"物联网"的连接范围和连接方式提升为"人、机、物"三类异构主体的联结共生和深度融合。

其次，AIoT 背景下的群智协同研究面临新的研究挑战。AIoT 在架构和实现层面通常包括物理感知层、网络连接层、智能计算层和综合应用层。AIoT 首先通过各种异构设备联网实时感知各类数据（环境数据、运行数据、业务数据、监测数据等），进而在终端设备、边缘设备或云端通过大数据挖掘或机器学习算法来进行处理、理解和认知，如智能感知、目标识别、能耗管理、预测预警、自动决策等。近年来，智能物联网应用和服务已经逐步融入智慧城市、智能制造、无人驾驶等多个国家重大需求和民生领域。由于海量 AIoT 设备具有全天候、多层次的感知、计算、存储和通信能力，不仅能感知人和环境，而且能与人（群用户）、机（群应用）、物（群智体）交互以满足应用驱动的性能需求。此外，在终端智能和云边端层次化资源控制等新兴技术的不断推动下，AIoT 在感知、计算、通信和应用四个环节的整体联动都需要人、机、物之间有更深入的协作和互补。因此，如何使群智能体以分布式协作的方式通过自组织、自适应和自学习增强演化，在 AIoT 全生命周期内实现群信息的优选汇聚和深度挖掘，并始终维持群应用总体性能与分布式资源能效间的权衡优化，已成为一个重要的科学问题。

最后，AIoT 分布式协同生态尚未成熟，但发展潜力巨大。微软、IBM、阿里巴巴、腾讯、华为、京东等企业近年来都积极在智能物联网领域布局。2017 年，谷歌逐步推出 TensorFlow Lite 框架⊖支持深度模型压缩和硬件加速，Edge TPU⊜、Coral Dev Board⊝等硬件开发设备支持 AIoT 应用落地。微软在 2019 年度的开发者大会上发布 AIoT 的战略布局。2018 年，阿里巴巴宣布进军物联网领域，定位为物联网基础设施的搭建者，提供 IoT 连接和 AI 能力，实现云边端一体的协同计算，并开发了轻量级物联网嵌入式操作系统 AliOS Things⊕。腾讯也推出了一款物联网系统 TencentOS tiny⑤，具有低功耗、低资源占用等特点。华为则推出了面向物联网的华为鸿蒙操作系统⑥，作为一种基于微内核的全场景分布式操作

⊖　https://www.tensorflow.org/lite。

⊜　https://cloud.google.com/edge-tpu。

⊝　https://coral.ai/products/dev-board/。

⑭　https://aliosthings.io/。

⑤　https://www.osrtos.com/rtos/tencent-os-tiny/。

⑥　https://consumer.huawei.com/cn/harmonyos/。

系统，在 5G 时代具有广泛应用前景。京东也于 2018 年发布"城市计算平台"[⊖]，结合深度学习等构建时空关联模型及学习算法解决交通规划、火力发电、环境保护等城市不同场景下的智能应用问题。然而，影响 AIoT 发展的阻碍因素之一是设备在计算资源（如算力、存储）、操作系统、算法框架等方面的异构性，而统一的 AIoT 感知计算范式尚未发展成熟。在此背景下，人机物如何以分布式互补增强或竞争对抗的方式实现协同感知、学习、计算和通信以完成复杂任务成为重要的研究方向。第 7 章将对异构设备资源自适应、动态环境自适应和数据输入自适应的人机物融合智能计算挑战和前瞻性典型研究进行分析和探讨。

2.1.2 边缘智能

边缘计算模式进一步丰富了"人机物"三元主体间的连接和计算关系，推动了"云边端"异构平台间的协同感知计算发展。当前，无处不在的人（智能手机、可穿戴设备）、机（云计算设备、边缘设备）、物（具感知计算能力的物理实体）分别在云边端不同位置产生了大量感知数据和计算需求，同时不断增长的边缘计算能力也促使将更多的数据分析和智能计算核心从云端下沉到网络边缘。

边缘计算（Edge Computing）的概念和架构体系展望首次由美国韦恩州立大学的施巍松教授团队于 2016 年提出[15]，旨在探索如何在靠近数据产生者的感知终端边缘增加数据分析和智能计算功能以解决数据远程传输的负载、延迟和隐私等问题。针对这些问题，研究者们纷纷从不同方面开展了关于边缘计算的前瞻性研究。例如，移动计算和网络顶会 MobiCom 于 2017 年的 Panel 讨论中指出，边缘计算已成为无线研究领域新兴的重要趋势，并于 2018 年起将边缘计算作为该会议重点关注的领域主题之一；移动系统顶会 MobiSys 自 2017 年起设立了多个边缘驱动数据分析、计算系统、服务应用等相关的主题研讨会；网络和操作系统顶会 NSDI 和 OSDI 等也涌现出很多边缘计算主题的相关论文，对其层次化云边端协同计算等核心技术进行研究。

研究者们针对如何通过智能算法模型轻量化和加速来提升边缘智能识别应用的性能和能效性方面开展了探索性研究，例如美国麻省理工学院的 Song Han 课题组[⊜]、美国加州大学伯克利分校的 Forrest Iandola 课题组[⊜]、英国牛津大学的 Lane Nicholas 课题组®等。此外，面向动态异构场景，如何将各类智能算法（如基于深度卷积神经网络的环境状态描述模型、基于深度强化学习的自动控制模型等）集成到边缘计算框架中，并且持续维护和管理动态自适应的边缘群智能体研究也逐渐得到关注。然而，边缘计算模式是集云计算、网络通信、终端感知计算和智能算法为一体的新型计算模式，尤其是在人机物融合计算趋势的客观需求下，仍需要更多机理探索、方法设计和验证发现。在此背景下，如何通过优化云边端任务负载和资源配置，使人机物融合场景下的群智感知、计算、存储、传输、应用和服务等多

⊖ https://icity.jd.com/。

⊜ https://songhan.mit.edu/。

⊜ http://www.forrestiandola.com/。

® http://niclane.org/。

个环节能够按需协同，并发挥能力互补优势和异构资源的协同调度优势，从而提升人机物融合的云边端协同计算精确度、能效性、健壮性和隐私性，已成为重要的研究挑战。具体地，如何通过人机物资源协同调配使群用户、群智体、群应用的通信距离最小化、计算效率最大化、智能计算类人化是其关键目标。针对上述问题，第 8 章将对人机物融合背景下的分布式机器学习、联邦学习、群智深度强化学习等群体分布式学习和云边端协同计算的研究挑战、研究进展和拓展思考进行详细介绍。

2.1.3　新一代人工智能

2017 年 7 月，国务院发布了《新一代人工智能发展规划》，文中多次提及 "群体认知""群体感知""协同与演化""群体集成智能" 等概念。大数据驱动知识学习、跨媒体协同处理、人机协同增强智能、群体集成智能、自主智能系统等成为人工智能的发展重点。科技部发布的《科技创新 2030——"新一代人工智能" 重大项目 2018 年度项目申报指南》中，明确将 "群体智能" 列为人工智能领域的五大持续攻关方向之一。2020 年 1 月，中国科学院发布的《2019 年人工智能发展白皮书》中，将 "群体智能技术" 列为八大人工智能关键技术之一。从人机物融合群智计算视角出发，人工智能可以从多个方面赋能群体智能。

首先，人工智能有助于提升现有群智感知计算模式中多个环节的性能。传统的众包平台已经实现了一定程度的群体协作并取得较好成效，例如基于群体开发的 GitHub 平台、基于群体编辑的维基百科、基于众问众答的知乎等。然而，群智知识的优选汇聚和统一表达、计算模型自主评估触发与自适应学习演化、群体智能的主动感知与发现、任务协同与知识迁移共享、自我维持与安全交互、人机协作与增强、移动群体智能的协同决策与自动化控制等环节都有待进一步提升。

其次，人工智能有助于提升群智感知计算服务的自动化和智能化水平，形成群用户连接 – 群数据获取 – 群知识挖掘 – 群智体协作 – 群应用决策的智能化和自动化的完整技术链条。例如，现有的群智代码开发平台大多是简单的代码交付合并和评估推荐，未来的群智代码开发平台可以基于不同的用户（如开发者）需求，基于群智的代码知识库以及系统架构和设计模式规范库，采用自动化的代码生成算法和强化学习的自动决策算法等多种智能，逐渐使 "以机代劳" 的虚拟类人智能体具备自动化的代码监视、代码架构与设计模式重构以及代码自动生成服务，从而提升代码和项目性能，并简化程序员和代码监视员的工作。

再次，人工智能可以赋予群智能体自主决策和行动能力。在真实环境中，由于多个机器人集群难以保持某种队形到达预定目标，因此其结构也应以类似上面提到的生物中的结构变换调整队形，增加结构的多样性，以灵活地适应环境。以 Li 等人研发的能够模拟生物细胞集体迁移的粒子机器人为例 [9]，粒子集群在没有外部光源刺激的情况下，只能随机移动；当有外部刺激时，集群可朝向光源移动。如果在集群和光源之间设置一个有缝隙的障

⊖　https://service.most.gov.cn/kjjh_tztg_all/20181012/2731.html。
⊖　http://www.feds.ac.cn/index.php/zh-cn/xwbd/2834-20190110。

碍物，集群就可以改变形状挤过这个缝隙，继续向光源方向运动。一些复杂的强化学习算法具备解决复杂问题的通用智能，可以使智能体在围棋和电子游戏中达到人类水平。例如，DeepMind 实验室研究的可战胜人类顶级围棋选手的 AlphaGo[16]，以及在《星际争霸Ⅱ》中达到 Grandmaster 级别的 AlphaStar[17]，都用到了强化学习框架。《星际争霸Ⅱ》的智能体模型整体上使用了演员 – 评论家（Actor-Critic）架构，输入小地图图像以及当前所有的兵种信息（也就是人类玩家玩游戏时所能看到的信息），通过神经网络层之后再输出动作信息，其中包括选中谁、去哪里、去干什么等动作。

最后，人机共融群体智能与人工智能的双向融合将推动人机融合认知科学的发展。图灵奖获得者 Yoshua Bengio 在全球最大的人工智能专家会议 NeurIPS 2019 上将当今和未来的深度学习研究与曾获美国国家科学传播奖的 Daniel Kahneman 的著作 *Thinking, Fast and Slow* 中描述的"system 1"和"system 2"认知概念联系起来[⊖]，概述了通往人类级 AI 的研究之路。以深度学习为例，他论述了当前的深度学习思维就像"system 1"：直观、快速、无意识、非语言、习惯性。而未来的深度学习应该像"system 2"：包含逻辑性、顺序性、意识、语言学、算法化、规划和推理能力。在不可控、不稳定和开放的真实环境中，实际问题往往需要在包含回归、决策、认知与推理等问题的混合智能空间中寻找求解方案。因此，借助群智数据（如海量知乎、微博等社交媒体数据）中所蕴含的人类、逻辑、语言和认知（如"system 2"）思维有助于当前直观、快速的人工智能算法（如"system 1"）进一步实现更高级别的人机混合智能。此外，人工智能特别是机器学习的进展很大程度上归功于大量潜在的群体劳动，例如通过众包完成的大量标记数据所形成的丰富训练数据集（如 ImageNet[5]）是淬炼机器学习理论、训练机器学习模型的重要依据。通过重塑众包模式，人们的合作、智能体的协作或者人机混合协作可以帮助人工智能算法利用更广泛的信息，获得更丰富的智慧和更强大的能力。

综上，群体智能研究不但能够借助人工智能算法获得性能提升，也能推动下一代人工智能研究的理论和技术创新，从而为整个群用户社会、信息空间和应用领域提供核心驱动力。在此背景下，本书整体贯穿了人工智能战略机遇下的人机物融合群智计算思考，并在第 9 章专门探讨了参与式样本标注、示范模仿学习、人类指导强化学习等具体的人机混合学习的相关研究。

2.2 应用新业态

在智能物联、边缘智能、人工智能规划和工业互联网等新兴前沿趋势的推动下，基于群智感知和分布式协同计算的研究成果将逐步融入智慧城市、智能制造、军事国防等多个国家重大需求和民生领域。更进一步，作为新一代群智技术催生的沃土，城市计算、智能制造、军事智能等领域的实际场景、需求和问题也将推动其核心技术的突破，从而使应用

⊖ https://slideslive.com/38922304/from-system-1-deep-learning-to-system-2-deep-learning。

与新技术发展同频共振，引领产业新业态。

2.2.1　城市群智计算

智慧城市旨在通过引入、打通和集成信息化基础设施、数据管理和控制系统来提供智能服务并解决城市难题，从而进一步提升人民生活质量、城市经济竞争力以及城市持续发展潜力。它既是城市的核心基础设施、数字经济的核心载体，也是实现政务服务规范化、流畅化和兴业惠民的关键。"智慧城市"概念首次由研究者于 1990 年举办的题为"智慧城市、高速系统与全球化网络"（Smart cities, fast systems, and global networks）的国际会议上正式提出，以探究如何通过新兴技术聚合城市智慧从而形成可持续的城市竞争力。2008 年，IBM 正式提出"智慧地球"（Smarter Planet）愿景[⊖]，引起了全球范围的广泛关注。

在逐步成熟的信息化技术推动下，世界各国正积极寻求智慧城市的解决方案，《中共中央关于制定国民经济和社会发展第十四个五年规划和二〇三五年远景目标的建议》中也明确指出加快数字化发展，推进城市设施全面信息化和数字化以及数字化政府业务和居民服务的建设。在此背景下，全球各大科技公司也纷纷在智慧城市领域布局。例如，微软在全球合作伙伴大会上发布智慧城市 CityNext 计划，协同利用多种物联网设备感知和计算能力为教育、卫生、能源、交通、公共安全、政府管理、城市建设规划、旅游及文化等 8 大领域提供了泛在的智能感知计算[□]；阿里城市大脑[□]致力于通过互联网和人工智能发掘数据价值，构建城市新的基础设施；京东城市计算致力于构建智能城市的操作系统，以生态的形式共建智能城市；华为提出建设智慧城市的马斯洛模型^四，关注泛在端设备连接网络、多源异构数据湖融合、分布式感知视频云计算等方面的智能提升。百度智能云在 2018 年正式将"智慧城市"业务^五列为百度云计算的重要战略组成部分，并关注云端融合的智慧城市感知与计算；腾讯云则提出"WeCity 未来城市"计划^六，从数字政务扩展至城市治理、决策、产业互联等多个方面，并通过终端应用将智能处理结果反馈给群用户，从而实现一定程度的人机物融合感知与计算。

值得注意的是，上述关于智慧城市的构想和计划都展现出了一个共同的特性，即未来智慧城市将是**分布式**、**云边端设备协同**、**多源感知数据与智慧融合**的复杂感知与计算系统，也即**城市群智计算系统**。也就是说，城市计算存在于一个由多人（群用户）、多机（群信息）、多物（群智体）异构分布式主体组成的大型网络中，需要进一步研究如何实现人机物的协同增强。因此，本书中提出的研究分析及展望将从以下几方面推动智慧城市的未来发展。

1）未来智慧城市将是人机物群智融合的复杂感知计算系统。结合人工智能和物联网技

⊖　https://www.ibm.com/smarterplanet/us/en/。

□　https://www.microsoft.com/en-us/industry/government。

□　https://damo.alibaba.com/labs/city-brain?lang=zh/。

四　https://e.huawei.com/cn/publications/cn/talk-about-ict/views/maslow-model-of-a-smart-city。

五　https://cloud.baidu.com/solution/city/index.html。

六　https://www.cityos.com/product.html。

术，分布式智能体的联动和融合将有助于提升城市环境管理（如基础设施资源分配）、业务流程管控（如特定业务自动化）和人机交互（如人机智能交互）的智能化程度。此外，在群智感知计算的全域，整合城市资源，融合互联网、云计算、大数据、智能物联、人工智能、区块链等技术，集成分布式智能系统，从而实现城市设施、数据和领域可控的互联互通也值得深入研究。在该背景下，如何充分利用人机物感知能力的差异性、计算资源的互补性、节点间的交互性，构建具有自组织、自学习、自适应、可迁移的城市群智计算系统，探索人类社会、物理空间和信息空间的无缝智能，并打通从芯片设计、代码编译、运算框架到应用服务整个流程，这些都将成为其中重要的研究问题。

2）群智能体的泛在协同感知与云边端协同计算是城市群智计算的重要需求。泛在协同感知计算需具备设备资源兼容和环境自适应的能力。具体而言，智慧城市设施需不断感知应用场景中的人或环境，并结合场景输入、任务需求、设备资源和环境状态等情境，通过信息的全面感知、数据全域整合和协同智能计算实现高效响应。因此，群智能体如何针对城市的不同场景进行全面精准感知，按需集成调度不同设备和资源，自适应调整群智能体智能识别或决策，构造特定应用领域的自组织、自适应机制以适应动态城市环境及应用场景等，都是重要的研究问题。此外，在智慧城市系统中，合理调度云边端群智能体的分布式计算资源和协同计算能力，以提供更广泛的边缘智能服务、更稳定的信息同步和传输，节省回源带宽并降低传输成本，同样十分重要。

3）多源异构群智数据融合是城市群智计算的核心推动力。城市中蕴含着大量的群智感知数据，例如遍布城市的传感和计算设备已融入城市的多个方面，并且每时每刻都在产生海量多源异构数据。而数据内在蕴含的特有规律或特征才是价值的体现。人机物融合空间囊括了来自物理环境、用户或机器生成的多级异构数据。具体地，多源群智数据包含三个层次，即**数据内容**、**交互情境**和**社会情境**。数据内容指用户参与并提供的数据，即物理空间的感知数据或用户在社交媒体上的生成式数据。交互情境即数据生成的情境信息，可以进一步刻画人和数据的关系，包括时间、地点和交互信息等。社会情境关注参与该数据收集的群体特征，即关于数据个体和群体间的信息，涉及个体特征、个体间交互动态、社会关系等方面，是理解群体参与数据的重要信息。群智数据融合需要从人机物群智数据出发，衡量和利用群体行为的聚集效应，并利用计算技术分析和理解群体参与数据的学习方法。融合计算过程因为群体贡献数据的杂乱性、碎片化、异质性等特点面临三类挑战，即跨模态群智数据的联合表示、群智知识的特征级与决策级语义融合、群智数据的跨时空理解和关联预测。第 5 章和第 6 章将对群智感知和数据融合问题进行详细论述。

2.2.2　群智智能制造

面对新一轮的工业革命，国务院于 2015 年发布《中国制造 2025》战略文件，其中明确提出，要以加快新一代信息技术与制造业深度融合为主线，以推进智能制造为主攻方向。2017 年，习近平总书记在党的十九大报告中提出加快建设制造强国，加快发展先进制造业，推动互联网、大数据、人工智能和实体经济深度融合。同年，国务院发布《新一代人工智能发展规划》，其目标为抢抓人工智能发展的重大战略机遇，构筑我国人工智能发展的先发优势，加快建设创新型国家和世界科技强国。其中大数据驱动知识学习、跨媒体协同处理、人机协同增强智能、群体集成智能、自主智能系统成为人工智能的重点发展方向。新一代人工智能技术与先进制造技术深度融合，将重塑设计、研发、制造、服务等制造全生命周期的各环节，形成新一代智能制造业态，提升制造业生产力和竞争力。

新一代智能制造技术的关键特征是人、机、物等要素的协同融合，而智能物联网作为连接人、机、物的桥梁将发挥重要的支撑作用。在制造领域，智能物联网涉及的主体包括机器人、AGV 小车、移动及可穿戴设备、边缘设备、感知设备、生产制造设备、产品等。从技术角度而言，智能物联网在制造业的应用分为两个层次，第一层是通过工业互联网技术来实现连接并获取感知数据，第二层则是利用人工智能技术来对数据进行分析和学习。目前，以工业互联网为核心的制造大数据获取方面已经取得较大进展，而结合 AI 进行分析、学习和自适应演化等方面则处于起步阶段。要真正实现人机物和谐融合的未来制造业智慧空间，还面临群智协同机理、自组织与自适应能力、云边端融合计算、终身学习、群智能体学习、制造业智慧空间等新的理论、模型和方法的诸多挑战。

智能物联与制造业的深度融合带来了丰富的机遇，下面以四个场景为例进行介绍。

1）**产品缺陷检测**。在复杂质量检测场景中，利用基于深度学习的解决方案代替人工特征提取，能够在环境频繁变化的条件下检测出更微小、更复杂的产品缺陷，提升检测效率。美国机器视觉公司康耐视开发了基于深度学习进行工业图像分析的软件[⊖]，利用较小的样本集就能在数分钟内完成模型训练。

2）**制造工艺参数优化**。采用深度学习方法对设备运行、工艺参数等数据进行综合分析并找出最优参数，能大幅提升运行效率与制造品质。阿里云 ET 工业大脑[⊜]通过机器学习技术识别生产制造过程中的关键因子并进行优选组合，提升了生产制造效率与良品率。

3）**预测性运维服务**。基于企业累积的运维和业务数据等进行预测，可及早采取措施排除可能的风险，从而提高企业运行效率或降低运营成本。如 Google 将人工智能应用于数据中心[⊜]，使用神经网络来预测耗电量变化，进一步优化服务器和制冷系统等相关设备控制以降低耗电量。

4）**设备故障预警**。个别设备的故障会给工厂带来极大的损失，影响整个生产流程。三一重工和腾讯合作，把全球 40 万台设备接入平台，通过实时采集一万多个运行参数建立预测模型，以对设备状态异常进行预警[18]。

对于上述场景，实现人机物和谐融合的未来制造业智慧空间面临如下挑战。

首先，**人机物群智协同机理**。制造业生命周期涉及人、机器、物料、工艺、环境、组织等多种要素，如何实现异构要素间的有机协同和高效协作是智能制造要解决的关键问题。智能物联网通过大数据实时获取、智能感知与自学习增强、分布式群智交互协同等方法来

⊖ https://www.cognex.com/products/machine-vision/vision-software/visionpro-vidi。

⊜ https://www.alibabacloud.com/zh/solutions/intelligence-brain/industrial。

⊜ https://deepmind.com/blog/article/deepmind-ai-reduces-google-data-centre-cooling-bill-40。

提供解决方案。在基础模型和理论层面，需要首先探索人机物融合群智协同机理这一基础性问题，为技术的突破提供支撑。基于生物、人类社会集群等群体智能研究的启发，针对制造业的异构要素有机协同问题，也可以通过多智能体竞争合作的方式来提供支撑。借鉴生物界当中的各种生态模式，将其转化为一些可用的规则，用于支持多智能体之间的沟通协作，进而通过多智能体模型研究复杂制造要素协同模式与制造效率、能耗、质量间的作用机理。此外，为实现制造业人机物群智协同，针对其各要素表达异构、知识碎片化等问题，还需构建统一的制造业知识图谱表示模型，对各制造要素及其关联关系进行结构化表征。在制造业生产过程中，会产生大量的数据和专家经验，需提取工业语义关键信息并关联形成具备专业特点的工业知识图谱。根据所构建的制造群智表示模型，通过已有制造知识结构发现、挖掘、推理全新制造知识内容，并据此实现搜索、决策、协同等上层群智应用。

其次，**自组织与自适应能力**。智能物联网与制造业结合的目标是实现工业领域的智能应用，具有自组织、自学习、自适应等特征。它使制造业主体能不断感知任务和环境状态，根据需要分布式组织各生产要素，不断学习和丰富自身识别与决策能力，以适应动态的生产环境及应用场景，最终达到提高生产效率或产品质量的目的。智能制造系统中的各组成单元或要素根据生产任务的需要，自行选择、组织和协调形成一种优化的结构，具有生物集群特征，能发挥群体智慧。智能制造系统能够通过深度学习等方法感知系统运行状态、产品质量状况和上下文情境信息，并且通过强化学习、增量学习等方法根据反馈和新增样本不断提升学习能力。在机器学习和推断过程中，智能制造系统的部署环境、运行环境、网络资源等不断发生变化，为使系统能适应不同的状况，需要学习模型具有自适应压缩、加速和模型参数根据新数据和新需求持续学习的自演化能力。

再次，**云边端融合高效计算**。物联网应用大多有实时性要求，如果把物联网产生的数据全部传输给云端，将会加大网络负载并产生数据处理延时。在此背景下，一种新的计算模式——边缘计算应运而生[15]。边缘计算指的是在网络的边缘来处理数据，这样能够在减少请求响应时间的同时保证数据私密性。针对本地计算资源不足的问题，边缘计算的加入也提供了新的机遇，通过云边端融合产生新的高效计算模式。云边端融合的模型分割计算根据整体或终端关注点倾向，通常采用两种方式。一种方式是降低整体模型的资源消耗。因为深度网络某些中间层间的传输数据量要远小于原始数据量，因此，选取合适的模型分割点能够降低数据传输量，减少全局资源消耗。另一种方式是降低模型在单台设备上的资源消耗。深度学习模型在分割之后，每个网络对硬件资源的需求将大幅度减少，可以在资源受限的硬件设备上运行。目前模型分割主要集中在"端云分割"[19]，即将深度学习模型在某一点切分后，一部分部署在终端设备上，一部分部署在云端，二者共同完成学习和推断任务。而在智能制造设备异构、数量丰富、拓扑易变的背景下，如何实现多异构设备间的协同和模型优化分割是需要进一步探讨的问题。

最后，**群智能体学习模型**。近年来，制造业的智能化受到了学术界和工业界的广泛关注，取得了一系列重要成果。然而，现有的方法和技术在制造业智能化提升方面还具有以下局限性：其一是传统感知学习模型没有考虑数据的分布性及由此衍生的不同制造业主体数据隐私保护的需求;其二是通过工业动态反馈进行强化学习是复杂产品参数优化的重要方面,然而制造要素的多样性、制造环节的联动性使得仅依靠单智能体的强化学习难以满足全局性能优化的要求。具体地,在未来制造领域,需要在保障数据分享隐私安全的前提下开展跨制造要素、跨制造环节以及跨制造企业的分布式学习模型探索。因此,可以在工厂内多个设备之间或生产的不同环节和企业之间开展联邦学习,通过经验重播 [20]、自我模仿学习 [21] 以及策略蒸馏 [22] 等机制实现智能体具备随环境不断演变的能力,或通过多智能体学习获取团队协作或对抗的策略,成功地与 AI 队友和人类队友协作。此外,针对制造业单个智能体感知范围有限、基于反馈的参数优化能力差、群体学习能力弱等问题,研究者们前期开展的基于深度强化学习模型的多智能体协同增强相关研究,可将目标任务与动态调优模型关联。面向特定的制造任务需求,群智深度强化学习模型可对各制造要素建模和协同学习,通过动态反馈和优化调整各智能体参数,可以使制造群体整体性能最优,从而实现多智能体协同增强。

2.2.3 军事群体智能

2016 年 8 月,美国国防部国防科学委员会发布了《自主性》(*Autonomy*)研究报告,指出"未来人工智能战争不可避免"。2017 年 7 月,美国情报高级研究计划局发布了《人工智能与国家安全》(*Artificial Intelligence and National Security*)研究报告 [23],指出"人工智能技术是国家安全的颠覆性技术"。2019 年,《解放军报》的文章《加速推进军事智能化》⊖提出未来智能化战争将朝着以下方向发展:作战指挥体制需要"算法支撑、人机融合",规模结构"小型灵巧、模块集群",力量编成为多军种融合、传统部队与无人化智能部队自适应融合等。因此,作战空间将突破以物理和时间为坐标的时空域和信息域,进一步向人机物融合群域和人机协同认知域延拓。即在复杂多变的战场态势下,一方面无人化自主战地设备需要对战场态势进行感知、计算和决策,另一方面人类智能和多智能体协作学习算法智能的有机融合将是智能化战争的技术核心。具有自组织、自适应、自学习的人机物协作集群作战,即**军事群体智能**,将颠覆传统作战样式和规则,提升战斗力。

首先,**大量异构无人集群(如无人机、无人船 / 舰和无人车等)将代替人类士兵完成高危作战行动,成为主战装备**。美军预测到 2030 年,智能无人装备将能够自主决策执行任务,60% 的地面作战平台可实现无人智能化⊖。自 2015 年 DeepMind 团队在《自然》杂志上发表关于深度 Q 网络的工作 [24] 中提出深度强化学习(Deep Reinforcement Learning, DRL)可以实现类人水平的控制以来,DRL 在群智能体的自主决策和移动方面取得了较大进展,尤其是在自由度更高的即时战略游戏《星际争霸 II》中达到了人类大师级的水平 [25]。由于强化学习在博弈对抗环境中有着独特的优势,因此国内外积极谋求发展智能和自主的军事化系统。例如,基于蜂群机理的密集无人机编队研究 [26],无人机可以通过共同观察、发送

⊖ http://www.mod.gov.cn/jmsd/2019-10/08/content_4852384.htm。

⊖ http://www.cssn.cn/zx/bwyc/202103/t20210304_5315316.shtml。

电磁信号等进行通信,遇到攻击的无人机可以自行组织或分散开,然后快速合并以重新发动攻击。

其次,**实时战地情况下具有形态、功能、决策、能力等多域联合自组织、自适应、自演化能力的研究在未来战争中也备受关注**。自组织的集群作战技术将成为重要的防御和进攻作战样式,依托环境感知、深度计算、作战规则整合等技术支撑,集群作战可同时发射数十乃至成百架无人机,由其自行精准编队、精确分工,同时执行多种任务及多目标打击的智能化作战样式。基于微观的生物细胞和宏观的昆虫集群(如蚁群)等生物集群机理,通过与环境的分布式交互实现统一指挥协作,达到合理分配火力、发动自动化的无人集群火力拦截和主动攻击战争。2019 年 9 月,美军正式提出重塑竞争力的"马赛克战"概念[⊖],旨在打造一个由先进传感器、多样化集群、作战人员和决策者等组成的具有高度适应能力的弹性杀伤网络。其中,将观察、判断、决策、行动等阶段分解为不同的力量结构要素,以要素的自我聚合和快速分解的无限多种可能性来降低己方杀伤链的脆弱性风险,并使对手情境复杂化,从而有利于在战争中取胜。在"马赛克"战构想下,部队结构元素可以被重新排列成许多不同的配置,从而在军事行动中保持快速变化的适应性能力。2020 年 2 月,美国战略与预算评估中心发布马赛克战的进一步研究报告 [27],关注如何对拥有精确打击能力的对手进行主动的多域适应性变化。它把军事作战过程视为一个快速变化的复杂系统,并将先前为特定目的定制昂贵武器的做法替换为小型无人系统与现有能力进行持续动态组合的新模式,利用不断变化的战场条件和快速响应资源建立连接,使用低成本无人蜂群编队以及其他电子、网络等手段来击溃对手。

最后,**具有情境自适应能力的人机混合智能将逐渐成为战争决胜的核心要素**。智能化的作战将基于"平台无人、体系有人,作战无人、指挥有人"的策略,进一步细化人机协同的智能行为模式。根据美国陆军研究实验室的观点,截至 2035 年,基于"人在回路"人机协同作战的模式将实现自主化。笔者在文献 [28] 中提出"人机共融智能"的概念,利用人类智能和机器智能的差异性和互补性,通过个体智能融合、群体智能融合、智能共同演进等实现人类与机器智能的共融共生,完成复杂的感知和计算任务。

随着物联网、移动互联网和人工智能技术的发展,人机共融智能将不只局限在当前的同类群体协同(如人类、动物、机器),人机物资源异质的跨空间群智协同也对人机协同智能提出了更高的要求。但目前大部分研究都只是基于简单个体、局部交互实现的人工集群系统,仍存在个体智能同构、复杂系统环境缺少定义、难于控制等方面的不足,而利用人类智能与机器智能的差异性与互补性,通过个体之间、个体与群体之间的智能融合、智能演进等实现人机共融共生以完成更复杂的群集任务,都需要更多新的探索。

综上所述,人机物融合的群智计算在智慧城市、智能制造、军事智能等多个国家重大需求领域的未来新业态中都体现出重要研究意义。

⊖ https://www.almendron.com/tribuna/wp-content/uploads/2019/07/sto-mosaic-distro-a.pdf。

2.3　人机物融合群智计算内涵

生物群智机理、智能物联、边缘智能、新一代人工智能和工业互联网等共同推动了人机物融合群智计算的前沿发展。在此背景下，本书将传统"以人为中心"的群智感知计算拓展深化为"人机物三元异构要素"的共融共生，从单纯的群智感知数据收集提升为以人机物群智融合协作计算与增强学习。本节将对人、机、物的基本概念，人机物融合群智计算的挑战与愿景，以及人机物融合智慧空间进行详细介绍。

2.3.1　基本概念

人（群用户）、机（群应用）、物（群智体）三种要素的基本概念如表 2.1 所示，人机物三种要素的特性和引入的群智计算挑战详述如下。

表 2.1　人机物三要素概述

类　别	角　色	空　间	平　台	资　源	应用 / 服务
人	群用户	社会空间	用户	认知和推理能力	移动应用（App）等移动互联网应用 / 服务
			便携终端	受限的计算资源	
机	群应用	信息空间	云计算设备	充足的计算资源	网页、邮件、微博、微信等互联网应用
			边缘设备	有限的计算资源	智能家居、智能办公等局域网服务
物	群智体	物理空间	物理实体	受限的计算资源	城市摄像头、无人机、机器人等智能体

人 – 群用户（社会空间群智）：移动用户通过个人手持便携终端（如智能手机、可穿戴设备）与人类社会空间、信息空间以及物理空间建立关联关系和交互桥梁。首先，优选和分析碎片化的移动群智数据，进行精确的用户画像和社群挖掘，并借助统计学和概率论算法提供结果的可解释性和可迁移性，支持复杂模型的可调试性；其次，通过人机智慧共融（如人在回路、协同认知）的方式，使机器智慧在复杂任务（如基于多模态感知信号的人类行为预测、联想推理）中突破推理认知的瓶颈等；最后，不同用户在不同设备、时间和空间上都存在感知和计算需求，因此智能计算趋向于具备自适应与自演化的全生命周期优化能力。

机 – 群应用（信息空间群智）：首先，分布式学习和计算的需求越来越突出。例如，大型复杂模型需要借助多个分布式设备（如智能手机、可穿戴设备、网关、边缘服务器、云服务器）实现联邦训练和并行计算。这也为分布式人工智能算法创新引入了新的挑战。其次，多种人工智能学习与计算策略、算法和模型需要有机结合，才能处理复杂问题。例如，采用元学习和迁移学习解决数据标签不足的小样本问题[29]，使用强化学习技术实现自动化控制调度[30]，采用贝叶斯技术增强因果关系分析[31]，借助递归神经网络实现时间序列性预测[32]。

物 – 群智体（物理空间群智）：首先，研究多个弱智能体协作增强策略，以解决复杂的实际问题。其难点在于如何通过分布式策略和集中式共识的共同作用，完成全局统一目标。这里的全局统一目标兼顾个体与集群的状态和需求，既克服了分布式贪心决策的局部性，又避免了集中式决策的不均衡性。例如，在智能制造场景中，多辆车服从时空协作调度完成不同制造环节所需不同材料的运输任务时，需要通过分布式决策实现全局目标[33]。其次，群智能体同时具备环境感知、智能计算和自主行动能力，不仅能够建立起社会空间、信息空间与物理空间的连接和交互，并且可以以行动影响社会空间、信息空间与物理空间的双向交互循环。

人机物融合群智计算（跨三元空间群智）：如图 2.1 所示，**针对"人机物融合的空间覆盖与协作增强"科学问题，通过人、机、物异构群智能体的有机融合，利用其感知能力的差异性、计算资源的互补性、节点间的协作性和竞争性，构建具有自组织、自学习、自适应、持续演化等能力的群体智能感知计算空间，实现智能体个体技能和群体认知能力的提升**。首先，发掘人机物融合群智能体的连接交互、空间感知数据关联增强、弱智能体有机协作机理。其次，在群智协作数据感知和汇聚分析层面，需要跨空间的异构感知数据优选汇聚、跨空间的知识深度关联、人机混合认知推理挖掘。再次，在面向动态环境的自适应能力方面，群智能体的深度学习模型需要具备自学习增强与自适应演化的能力。最后，在分布式协同计算方面，人机物融合群智计算既融合了云边端的层次化计算架构，又包含了群智能体强化学习、元学习、迁移学习、联邦学习等多种分布式学习方法，如何在异构群智体计算资源和分布式任务性能之间实现最优折中成为关键。

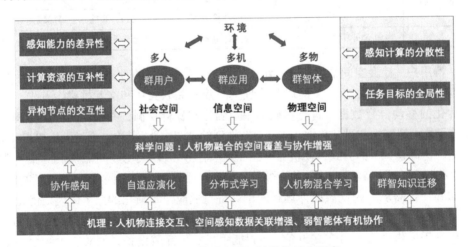

图 2.1   人机物融合群智计算的基本要素

然而，人机物融合跨空间群智计算所关注的社会、信息和物理空间的泛在时空覆盖以及群智能体协作增强是一个难题，如图 2.2 所示。这是因为在移动互联网和智能物联网发展背景下，人机物融合群智计算任务和数据往往来自不同空间和多个社群，其中包括社会空间海量的移动网络用户（群用户）、信息空间丰富的互联网应用（群应用）以及物理空间泛在的智能物联终端（群智体）。然而，现有感知计算方式往往面向单个空间，存在社会、信息、物理三元计算空间交织但计算模块分离、计算数据-算法-结果无双向反馈、与环境仅单向交互，以及群智计算系统低成本、低功耗、易使用性不足等现状，进而导致感知不及时、计算不准确、智能不普及等问题。因此，人机物融合群智计算所面临的空间复杂性、环境动态性和感知计算分散性，不仅加剧了传统单一空间群智计算问题的求解难度，而且引入了人机物融合跨空间群智计算的新问题和新挑战。

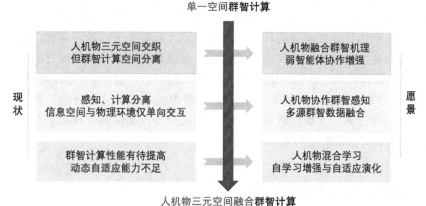

图 2.2　人机物融合群智计算的挑战与愿景

2.3.2　人机物融合智慧空间

鉴于此，本书介绍的"人机物跨空间群智计算"研究将单纯的人类社会空间群智计算拓展到跨信息、物理、社会三元空间协同群智计算。通过深入探索人机物三元要素协作增强的新型群智计算模式，实现对社会、信息和物理空间的全面刻画、深度挖掘和精准管控。如图 2.2 所示，人机物融合群智智慧空间关注人（个人便携终端，如智能手机、可穿戴设备）、机（云、边缘设备）、物（具感知计算能力的物理实体）、环境、信息等多维因素之间的复杂关联关系，探索异构群智能体协同增强模式与群用户普适感知计算和社群转化，以及群应用性能和效率间的交互作用机理。

全球领先的信息技术研究和顾问公司 Gartner 将"智慧空间"列入 2020 年十大战略科技发展趋势，指出人工智能与物联网、边缘计算和数字孪生等技术的快速发展及深度融合，可以为智能制造等领域提供高度集成的智慧空间。广义上，我们提出"**人机物融合群智智慧空间**"，它是一个通过激发个体智慧涌现、联动群体智慧协作、人机智慧和谐共融而构建的高度集成的社会 – 物理 – 信息混合智能空间，即**将传统的"群体协作智能"深化拓展为"弱智能体协作增强的群智智慧空间"**。其中人、机、物等要素在开放和智能的生态系统中彼此交互和协作，并构建一个跨空间自组织、多环境自适应、跨领域可迁移、全生命周期可演化的智慧空间。具体地，人机物融合群智智慧空间利用人机物异构设备感知能力的差异性、计算资源的互补性、节点间的交互性，借助协同感知、协同计算、协同演化、人机混合智能，可以**解决单独利用某个智能体、智能算法、学习机制或感知计算策略难以解决的复杂问题**。因此，人机物融合群智智慧空间**重点强调**的是群智能体通过分布式连接与协作，实现多个层面的**智慧增强**。

1）**协同计算智慧增强**：一方面，人机物协作群智感知的任务分配、数据优选汇聚以及多源数据的跨时空融合都应该与分布式处理建立一体化的可定制协同计算机制。另一方面，面向不同的任务需求，以最佳方式联合群智能体能力和资源，并有机结合云边端分布式协同计算、群智深度强化学习和分布式联邦学习以提升群智计算的性能。

2）**协同演化智慧增强**：针对人机物融合智能计算情境、目标任务和群智能体平台资源的动态可变性，利用智能体算法的环境自适应调优、新数据持续学习演化、群智体协同知识迁移、群智任务协同优化、群智模型联邦迁移学习和群智体分层技能迁移等有助于进一步提升人机物群智计算系统的长期适应性、知识可迁移以及可持续演化的能力。

3）**人机混合智慧增强**：人机物融合群智计算中的"人机混合智能"有助于实现机器二十四小时全天候计算、大规模数据存储和查询能力与人类认知推理和联想能力的优势互补，从而提升群智计算的质量和效率。

2.4　人机物融合群智计算特质

我国古代就已经有了关于"系统"的阐述。例如，经典著作《易经》中将系统论归纳为12个字：**自然合理、整体关联、动态平衡**。这与本书中介绍的人机物融合群智计算特质在多个层面不谋而合。"**自然合理**"强调关注人机物智能个体在能力和资源上的特有属性，并充分利用个体差异性实现优势互补，这也是人机物弱智能体协作增强的根本动机。而"**整体关联**"突出系统多个智能体之间的协同性，其自组织特质至关重要，包括群智涌现机理（如群集动力学）、群智优化算法、协同计算模型等。"**动态平衡**"则指出环境动态变化是一种必然的自然属性，因此系统必须具有根据动态环境做出主动适应性改变的能力，对应人机物融合群智计算的自学习、持续演化和自适应特质，具体包括群智能体计算模型环境自适应、群智能体间演化博弈，以及群智能体对于新数据的持续学习、对于新经验的强化学习、对于其他智能体知识的模仿学习和迁移学习等。

如图 2.3 所示，人机物融合群智计算具有自组织、自学习、自适应和自演化四个特质，本节将对这四个特质进行详细的介绍。

1）**自组织**指跨社会、信息、物理空间的异构群智能体，基于实时状态与动态环境交互，通过系统内部个体的分布式自主交互和内在共识，以形成时间、空间、逻辑或功能上的自组织协作，从而涌现出新的组织属性、特征、性质和结构等。内容包括人机物融合群智机理和动力学（如群落生态学、智能优化算法、人机物群集动力学、人机物共融智能）、群体分布式学习模型（如分布式机器学习、群智能体联邦学习、群智能体深度强化学习、群智能体协同计算）。

2）**自学习**指群智能体基于历史决策经验、模仿对象行为或源域中可利用的知识，通过强化学习、模仿学习和迁移学习等自学习机制实现行动能力、表征能力和技能组合的提升。内容包括强化学习与自主决策、多智能体强化学习、示范模仿学习、人类指导强化学习、群智知识蒸馏、群智知识域自适应、多任务知识共享、元学习知识迁移、联邦迁移学习和分层技能迁移与组合等。

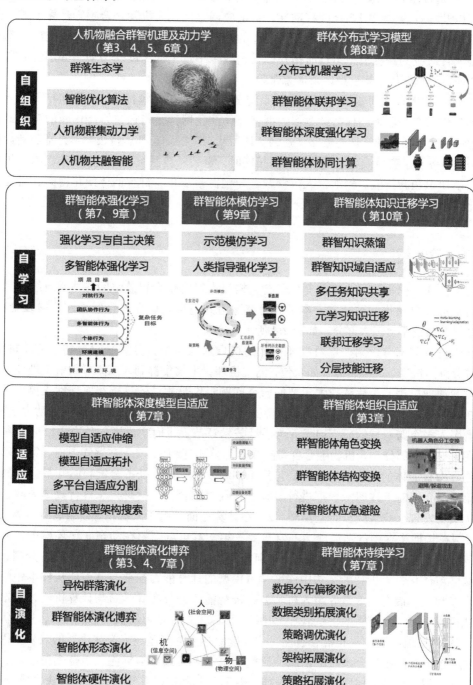

图 2.3　人机物融合群智计算特质

3）**自适应**指在动态变化的开放环境中，群智能体根据感知数据的多样性、设备资源的动态性以及群智能体组织拓扑的移动性，自适应调整优化人机物融合感知计算模式、分布式学习策略、分散式计算算法以及群智能体的行动策略等。例如，环境自适应深度模型伸缩、输入自适应的深度模型运行时拓扑、云边端多平台上的深度模型动态分割、群智能体角色变换、群智能体结构变换以及应急避险。

4）**自演化**关注人机物融合群智计算系统全生命周期的持续优化，主要包括两部分：群智能体演化博弈和群智能体持续学习。群智能体演化博弈是指通过智能体间的合作或竞争不断地试错、反馈并动态调整策略，强调"均衡状态"的动态性。持续学习是指当新数据持续到来、任务需求变更或者学习策略动态拓展时，群智计算系统可以避免遗忘已有知识并持续学习新知识和新技能。例如，人机物融合异构群落演化、群智能体演化博弈、智能体形态演化、智能体硬件演化、基于终身学习的深度模型持续演化以及智能算法的进化学习等。

2.5　研究脉络

为了实现人机物三元主体的有机融合，构建人机物融合智慧空间并体现自组织、自学习、自适应和自演化四种特质，本书的研究脉络共包含人机物融合群智计算的**理论机理、关键技术**和**系统平台**三大部分，如图 2.4 所示。

在理论机理部分，第 3 章对群体智能的机理追根溯源，分类介绍生物集群（如狼群、蚁群等）协同机理、人类群智（如众包）涌现机理、生物集群到人工集群映射机理和人机物融合群智涌现机理，为后续技术章节的研究问题提供跨领域的灵感和原理性支撑；第 4 章在第 3 章的基础上，详细介绍人机物融合群智涌现行为、演化博弈以及系统的动力学模型，为读者引入多个跨领域的研究启发并为后续技术章节提供时空维度的动力学机理支撑。

在关键技术部分，人机物融合群智感知与计算相辅相成。1）在感知层面，第 5 章介绍人机物异构智能体的协作群智感知，包括感知新发展、协作任务分配、感知数据的高效汇聚；第 6 章介绍对上述感知数据进行多源群智数据融合，包括跨模态群智数据关联、群智知识集聚与发现、群智融合时空预测。2）在计算层面，由于人机物融合群智计算系统 / 算法 / 模型在长期生存中的适应能力非常重要，第 7 章重点介绍在动态变化环境中，人机物融合群智计算方法（如深度学习模型）如何根据环境变化自动进行适应性伸缩、分割、加速和持续学习演化；人工智能算法中深度学习模型的计算能力往往与其前期从样本中学习的成效息息相关，因此第 8 章介绍人机物融合群智能体的分布式学习与计算机制，包括传统分布式机器学习、群智能体联邦学习、群智能体深度强化学习以及群智能体（云边端）协同计算；从智能的角度，"人机混合智能"往往能够达到甚至超越人类或机器的效果，因此第 9 章重点介绍人机物混合学习的前瞻性研究，包括参与式样本标注、示范模仿学习、人类指导强化学习；群智能体间的迁移学习能力有助于其利用已有知识或经验加快完成新任务、求解新问题的速度，第 10 章介绍的群智知识迁移学习方法包括基于知识蒸馏、域自适应、多任务学习、元学习、联邦迁移学习、分层学习以及多智能体强化学习的知识迁移和共享的问题概述以及前沿研究。第 11 章隐私、信任与社会因素为上述技术提供性能保障和优化拓展。

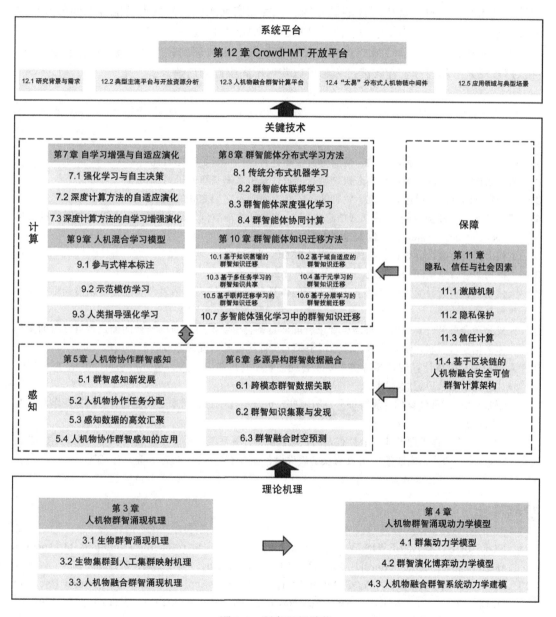

图 2.4　研究组织脉络

在系统平台部分，综合运用本书中所有章节的机理、模型和核心技术，首先概述了麻省理工学院、谷歌、微软、IBM、华为、腾讯等多个高校和企业纷纷布局并提出相关系统构想和平台。在此背景下，我们提出人机物融合群智计算（CrowdHMT）系统的通用系统框架，并推出包含其核心技术模块以及作者前期面向智能制造、智能家居、智能军事等典型应用场景设计实现的原型系统代码的开源共享平台（http://www.crowdhmt.com/）；最后，我们提出"太易"人机物链中间件的设计构想，旨在实现人机物异构群智能体之间的分布式资源共享、通信连接、协作感知、协同计算、分布式学习以及隐私保护等。

综上所述，本书的研究脉络遵循由整体到局部、由机理到技术再到系统实践，循序渐进，逐步深入。相信读者在阅读过程中可以获得不同层面的启迪。

习题

1. 从人机物融合群智计算的视角，简要分析生物群智机理带来了哪些研究启发。
2. 请简述智能物联网发展趋势为人机物融合群智计算带来哪些新的机遇和挑战。
3. 结合自己的理解，简述人、机、物智能体的基本概念及它们之间的关联。
4. 请简述多人（社会空间）、多机（信息空间）、多物（物理空间）融合的群智计算与物理信息系统（Cyber-Physical System, CPS）概念的异同。
5. 请列出人机物融合群智计算与传统群智计算的区别与联系。
6. 人机物融合智慧空间和"人机混合"智能有什么异同点？
7. 人机物融合群智计算的计算特质中要求智能体具备自适应能力，请思考智能体可以借助哪些技术实现自适应功能。
8. 人机物融合群智计算的计算特质中要求智能体具备自组织能力，请思考智能体是否可以借助多智能体强化学习、联邦学习或者图神经网络等人工智能技术实现智能体间的自组织。
9. 人机物融合群智计算的计算特质中要求智能体具备持续学习能力，请分析它与"进化神经网络"或"进化学习"思想的异同。
10. 人机物融合群智计算的计算特征分别有哪些？请分析几个计算特质之间是否存在相互影响和交互协作的关系。
11. 请基于生物群体机理设计一个具有人机物融合群智计算系统特质的多智能体系统（例如自主编队、变换队形、协作完成任务），并在真实的硬件设备（如移动小车、机器人等）上实现。

参考文献

[1] NORDLUND D A, LEWIS W J. Terminology of chemical releasing stimuli in intraspecific and interspecific interactions[J]. Journal of Chemical Ecology, 1976, 2(2)：211-220.

[2] BIALEK W, CAVAGNA A, GIARDINA I, et al. Statistical mechanics for natural flocks of birds[J]. Proceedings of the National Academy of Sciences (PNAS), 2012, 109(13)：4786-4791.

[3] SLAVKOV I, CARRILLO-ZAPATA D, CARRANZA N, et al. Morphogenesis in robot swarms[J]. Science Robotics, 2018, 3(25).

[4] HOWE J. The rise of crowdsourcing[J]. Wired, 2006, 14(6)：1-4.

[5] DENG J, DONG W, SOCHER R, et al. Imagenet: a large-scale hierarchical image database[C]//2009 IEEE Conference on Computer Vision and Pattern Recognition, 2009：248-255.

[6] VON AHN L, MAURER B, MCMILLEN C, et al. Recaptcha: human-based character recognition via web security measures[J]. Science, 2008, 321(5895)：1465-1468.

[7] 钱学森，于景元，戴汝为 . 一个科学新领域——开放的复杂巨系统及其方法论 [J]. 自然杂志，1990 (1)：3-10.

[8] RADMANESH M, KUMAR M. Grey wolf optimization based sense and avoid algorithm for UAV path planning in uncertain environment using a Bayesian framework[C]//2016 International Conference on Unmanned Aircraft Systems (ICUAS). IEEE, 2016：68-76.

[9] LI S, BATRA R, BROWN D, et al. Particle robotics based on statistical mechanics of loosely coupled components[J]. Nature, 2019, 567(7748)：361-365.

[10] BERLINGER F, GAUCI M, NAGPAL R. Implicit coordination for 3D underwater collective behaviors in a fish-inspired robot swarm[J]. Science Robotics, 2021, 6(50).

[11] HAMANN H, WÖRN H. An analytical and spatial model of foraging in a swarm of robots[C]// International workshop on swarm robotics. Berlin: Springer, 2006：43-55.

[12] VICSEK T, CZIRÓK A, BEN-JACOB E, et al. Novel type of phase transition in a system of self-driven particles[J]. Physical Review Letters, 1995, 75(6)：1226.

[13] SMITH J M, PRICE G R. The logic of animal conflict[J]. Nature, 1973, 246(5427)：15-18.

[14] ZHANG J, TAO D. Empowering things with intelligence: a survey of the progress, challenges, and opportunities in artificial intelligence of things[J]. IEEE Internet of Things Journal, 2020, 8(10)：7789-7817.

[15] SHI W S, CAO J, ZHANG Q, et al. Edge computing: vision and challenges[J]. IEEE Internet of Things Journal, 2016, 3(5)：637-646.

[16] SILVER D, HUANG A, MADDISON C J, et al. Mastering the game of Go with deep neural networks and tree search[J]. Nature, 2016, 529(7587)：484-489.

[17] VINYALS O, BABUSCHKIN I, CZARNECKI W M, et al. Grandmaster level in StarCraft II using multi-agent reinforcement learning[J]. Nature, 2019, 575(7782)：350-354.

[18] 郭斌 . 论智能物联与未来制造——拥抱人机物融合群智计算时代 [J]. 人民论坛·学术前沿，2020 (13)：32-42.

[19] QI C R, SU H, MO K, et al. Pointnet: deep learning on point sets for 3d classification and segmentation[C]//Proceedings of the IEEE conference on computer vision and pattern recognition, 2017：652-660.

[20] FOERSTER J, NARDELLI N, FARQUHAR G, et al. Stabilising experience replay for deep multi-agent reinforcement learning[C]//International conference on machine learning. PMLR, 2017：1146-1155.

[21] OH J, GUO Y, SINGH S, et al. Self-imitation learning[C]//International Conference on Machine Learning. PMLR, 2018：3878-3887.

[22] CZARNECKI W M, PASCANU R, OSINDERO S, et al. Distilling policy distillation[C]//The 22nd International Conference on Artificial Intelligence and Statistics. PMLR, 2019：1331-1340.

[23] ALLEN G, CHAN T. Artificial intelligence and national security[M]. Cambridge, MA: Belfer Center for Science and International Affairs, 2017.

[24] MNIH V, KAVUKCUOGLU K, SILVER D, et al. Human-level control through deep reinforcement

learning[J]. Nature, 2015, 518(7540)：529-533.

[25] VINYALS O, BABUSCHKIN I, CZARNECKI W M, et al. Grandmaster level in StarCraft Ⅱ using multi-agent reinforcement learning[J]. Nature, 2019, 575(7782)：350-354.

[26] TAHIR A, BÖLING J, HAGHBAYAN M H, et al. Swarms of unmanned aerial vehicles—a survey[J]. Journal of Industrial Information Integration, 2019, 16：100-106.

[27] CLARK B, PATT D, SCHRAMM H. Mosaic warfare: exploiting artificial intelligence and autonomous systems to implement decision-centric operations[M]. Washington, DC: Center for Strategic and Budgetary Assessments, 2020.

[28] 於志文，郭斌 . 人机共融智能 [J]. 中国计算机学会通讯，2017, 13(12)：64-67.

[29] SHI B, SUN M, PUVVADA K C, et al. Few-shot acoustic event detection via meta learning[C]// ICASSP 2020-2020 IEEE International Conference on Acoustics, Speech and Signal Processing (ICASSP). IEEE, 2020：76-80.

[30] NAGABANDI A, KAHN G, FEARING R S, et al. Neural network dynamics for model-based deep reinforcement learning with model-free fine-tuning[C]//2018 IEEE International Conference on Robotics and Automation (ICRA). IEEE, 2018：7559-7566.

[31] HAN W, SANG H, MA X, et al. Sensing statistical primary network patterns via Bayesian network structure learning[J]. IEEE Transactions on Vehicular Technology, 2016, 66(4)：3143-3157.

[32] SALINAS D, FLUNKERT V, GASTHAUS J, et al. DeepAR: probabilistic forecasting with autoregressive recurrent networks[J]. International Journal of Forecasting, 2020, 36(3)：1181-1191.

[33] FANTI M P, MANGINI A M, PEDRONCELLI G, et al. A decentralized control strategy for the coordination of AGV systems[J]. Control Engineering Practice, 2018, 70：86-97.

第 **3** 章

人机物群智涌现机理

人机物融合群智计算探索人、机、物异构智能体间的有机融合与协作，利用其感知能力的差异性、计算资源的互补性、节点间的协作性和竞争性，实现智能体个体技能和群体认知能力的提升；因此发掘人、机、物群智能体协同涌现机理具有重要意义。本章将从群体智能涌现的基础理论和映射模式等视角探索人机物群智协同机理，以帮助读者理解"人机物群智协同"的内涵。

有关群智协同机理的研究可以追溯到生物集群的群智涌现机理，涉及动物以及细胞和人类等自然科学和社会科学领域。这些研究不仅可以为我们提供"仿生学"智能体外在性状的设计灵感，还能提供"轻量化"智能体内在感知 – 计算 – 认知 – 交互模式的设计借鉴。具体来说，在**仿生学**方面，美国仿生学研究所（Biomimicry Institute）联合创始人珍妮·本尤斯在 1997 年出版的《仿生学》一书中提出"仿生学就是在面对设计挑战时，找到已经解决这一挑战的生态系统，然后尝试模仿"。例如，有研究者提出自然界中的"恶魔铁锭甲虫"层次较少的联锁结构原理可用于设计无人机的涡轮机结构以增加韧度和强度。在**轻量化**方面，我们期望复杂的感知、计算和交互不依赖于大而精细的大脑，也可以在小尺度范围内利用更少人工神经元在小型设备（如无人机、无人车）上实现。例如，人类大脑的神经元数量几乎是蜜蜂大脑神经元数量的十万倍，较大的头脑增加了我们的记忆容量、提高了我们的认知水平，然而蜜蜂仅可以通过"少量的"的信息建立起信号之间的联系，因此这也非常适合一些设备资源受限的分布式多智能体场景（例如无人机、无人车）。自然界中体积很小的熊蜂能够处理复杂路由问题，通过借鉴此机理，加载小型处理器的机器人也能完成复杂导航。更进一步，同时融合熊蜂和鱼的运动机理，研究人员或许能研发出更加灵巧甚至具有更高飞行或游泳能力的机器人。

在宏观的动物群体中，每个个体是一个能力有限的生命体，但是个体依照简单的行为规则就可以产生复杂的群体运动行为。Reynolds 等人 [1] 是研究生物群智涌现行为的先行者，其总结出三条生物集群行为的涌现规则：凝聚、分离和对齐（参见 3.1.1 节）。鸟群、鱼群等生物群体中的个体按此规则行动就可实现群集行为。换句话说，群体可以依据局部个体观察形成局部意识，并据此对局部行为进行调整，从而产生群体运动行为。比如，鱼群中每个个体通过观察临近区域个体的位置、方向、速度、运动和密度等变化，相适应地调整自身行为，进而在宏观层面呈现出整个鱼群的行为变迁 [2]。**在微观的细胞群体中**，单个细胞没有独立功能，无法独立生存，它们通过更强的自组织性、自适应性和局部交互形成具有特定模式的形状或完成特定功能 [3]。在互联网环境下，海量的人类群体智能与机器智能相互赋能增效，形成人机融合的"群智空间"，以充分展现群体众包智能 [4]。例如基于群体开发的开源软件、基于众问众答的知识共享、基于群体编辑的维基百科等。

受生物集群群智涌现机理的启发，人工集群（如集群机器人）智能以及人机共融智能已经有多方面的探索性研究。例如，2019 年 Li 等人 [5] 在《自然》杂志上发表论文并提出粒子机器人，这种机器人能够模拟微观生物细胞集群的迁移，从而实现搬运物体及向光移动等行为；笔者在文献 [6] 中提出"人机共融智能"的概念，利用人类智能和机器智能的差异性和互补性，通过个体智能融合、群体智能融合、智能共同演进等实现人类与机器智能的共融共生，完成复杂的感知和计算任务。随着物联网、移动互联网、人工智能技术的发展，人工集群智能将不会局限在当前的同类群体协同（如人类、动物、机器），人、机、物异构群智能体协同增强将成为未来的发展趋势。本章将首先分析和阐述生物集群中所蕴含的丰富群体智能的涌现机理（3.1 节），进而发掘将生物群智机理映射到人工集群系统的主要模式（3.2 节），最后针对人、机、物异构群智能体协同探讨新一代人机物融合群智涌现机理（3.3 节）。

3.1 生物群智涌现机理

群体智能起源于生物学、生态学、人类行为学等领域 [7-8]。同类群体，如鱼、鸟、蚂蚁和蜜蜂等群体，其个体拥有的智慧有限，但通过群体合作能够实现超越个体行为的集体智慧。本节将分别从生物集群行为以及细胞层调节机制两个层面讨论生物集群中蕴含的群体智能涌现机理。

"生物集群行为"是社会学、生物学、神经科学、行为生态学等多个领域广泛研究的重要问题。牛津大学的 Sumpter 指出 [9] 群体行为可以由简单个体通过简单规则进行重复交互而产生，Vicsek 等人 [10] 也通过实验证明单个智能体仅通过与近邻和局部环境的局部交互就可以产生全局性的群体行为。这种个体 - 个体间或者个体 - 环境间的交互行为在生物群体中有多种表现形式。例如蚂蚁信息素的分泌、与同伴触角的接触，蜜蜂飞舞的不同规律、翅膀震动的频率高低等，都是种群内部传递消息的不同机制。在此通信机制下，个体感知全局环境并据此部署行动，进行集群避险、组队捕猎等活动。较为经典且常见的生物集群行为有椋鸟群的聚集飞行、鱼群的大规模游行、白蚁协作筑巢和狼群合作捕食等。研究者们从这些生物集群行为里总结出形式多样的协作机制，并将其成功应用于人工集群协作任务，提升了人工集群的协作效率。如表 3.1 所示，在对前人研究进行总结和分析的基础上，我们将生物群智涌现行为归纳为八个类别，分别是集体行进、群体聚集、群体避险、协作筑巢、分工捕食、社会组织、交互通信和形态发生。本节将分别介绍不同集群行为中的群智协同机理，并进一步阐述相关机理在人工集群系统中的典型应用。

3.1.1 集体行进

集体行进任务指在某些生物集群中观察到的很多生物个体以某种机制同时行进的现象，如表 3.1 所示。例如成千上万只欧椋鸟在大规模"特技飞行"中，可以摆出球形、椭圆、圆柱和波状线条等各种形状。鸟群自发完成这样协同动作的原理很简单，每只鸟和左右队友协调行动即可保持鸟群聚而不散。欧椋鸟之间的交互主要是通过相互观察实现的，如果两只欧椋鸟之间的视线被遮挡，则无法进行信息交互。

表 3.1 生物集群群智涌现机理——集体行进

任 务	生物集群	集群行为模式	群智涌现机理	生物群智在人工集群系统中的应用
集体行进	鸟群	大规模群体的集体飞行，摆出球形、椭圆、圆柱和波状线条等各种形状	Reynolds 行为规则[1]：分离、对齐、凝聚	Khatib 等[11]针对基于行为的群体控制，提出一种碰撞避免的方法，其将智能体抽象为物理实体，个体之间存在排斥、吸引与对齐等相互作用力；智能体会受到来自障碍物的虚拟排斥力作用，实现实时避障
	雁群	编队迁徙，组成"一"字形或"人"字形雁阵飞行	领航者 – 跟随者（Leader-Follower）模式[12]	Rafael 等[14]基于领航者 – 跟随者模式，提出多机器人协同操作的系统框架，其中领航者遵循期望的轨迹，智能体局部获取距离和角度等信息，跟随者保持规定的间隔并支撑相邻的机器人，用于在非结构化和未知环境中部署多个自主机器人
	羊群	领头羊走在队伍前，羊群随着领头羊的方向前进	领航者 – 跟随者模式[13]	

大雁在集体行进中则体现出了不同的组织机制。大雁每年迁徙时会汇聚在一起，由强壮而有经验的大雁带队，其余跟在后面列队飞行。飞在队伍最前面的大雁被称为"头雁"，它的翅膀在空气中划过时，会在两翅翅尖后各产生一股细小的上升气流。跟着头雁飞行的其他大雁为利用同伴产生的上升气流，就会自然而然地一只跟着一只地飞，从而排成整齐的"人"字形或"一"字形。Weimerskirch 等人[15]首先提出，以此形式飞行，领航者后面的跟随者所受升力会大大增加，可有效节省飞行体力。研究者们将这种机制命名为领航者 – 跟随者模式。也可在羊群中观察到同样的领导现象[13]，队伍行进时领头羊固定在队伍前发挥领导作用，领头羊强壮且有威望，但也需承担踩陷阱、走岔路等风险。图 3.1 展示了欧椋鸟群与雁群的自组织、有序的集体行进现象。

生物群体所呈现出的各种协调有序的集体运动模式启发了人工集群的协同方式。为了模仿鸟类等生物的集群行为，Reynolds 等人在 1987 年提出了 Boid 模型[1]，总结出如图 3.2 所示的三条行为规则：凝聚——群聚中心，试图靠近附近的群伴；分离——避免与附近的群伴碰撞；对齐——速度对齐，使速度与附近的群伴相匹配。之后 Vicsek 等人[10]对其进行了简化，从统计力学的角度研究了集群中个体运动方向达成一致的条件，为个体运动建立了动力学方程。Couzin 等人[16]则用数学模型对 Boid 模型进行了更精确的描述，将凝聚、分离、对齐三个规则对应为三个由内到外的不重叠区域：排斥区、一致区和吸引区。关于这两种模型会在 3.3.2 节中进行更详细的介绍。

图 3.1　欧椋鸟的集群飞行（左）和大雁的列队飞行（右）

以"领航者 – 跟随者"模式为基础（如图 3.3 所示），Gautam 等人[17] 在实验中通过领航者机器人引导其他机器人形成圆周编队。该方法首先根据初始分布情况确定能够包含所有机器人的圆形区域，并选择距离圆心最近的个体作为领航者，跟随者基于均匀分布计算与圆周的相对距离以及在圆周上的位置。Alur 等人[14] 还基于此结构开发了用于多机器人协同操作的系统架构，用于在非结构化和未知的环境中部署多个自主机器人。其中领航者遵循期望的轨迹，跟随者保持规定的间隔并支撑相邻的机器人。该工作使用两个带有全向摄像机的车形机器人来执行真实实验，以局部获取距离和角度信息。

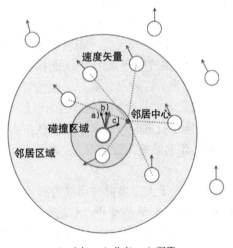

a）对齐　b）分离　c）凝聚

图 3.2　Reynolds 行为规则：速度矢量的
　　　　 对齐、相邻智能体之间的分离以及
　　　　 与相邻群伙伴中心的凝聚力；深灰
　　　　 色箭头表示要移动的方向[1]

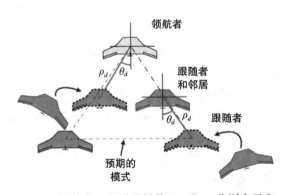

图 3.3　领航者 – 跟随者结构，ρ_d 和 θ_d 分别表示和
　　　　 原有期望的相对距离和角度[18]

3.1.2　群体聚集

群体聚集是生物群体为维持生存，在"物竞天择"的自然选择下进化出的自主聚集性行为，如表 3.2 所示。例如蟑螂这种有群居习性的昆虫，通常会聚集在阴暗潮湿的地方，便于生存繁衍，而这种聚集的形成是由于蟑螂能分泌一种聚集信息素[20]。信息素一词于 1959 年由科学家彼得·卡森（Peter Karlson）与马林·路丘（Martin Luscher）共同提出，用来形容动物利用化学分子传递信息的沟通方式。1976 年 Nordlund 等人[19]指出昆虫信息素可以引起其他个体或同类昆虫群体产生行为和生理反应，是昆虫间通信的重要手段。

表 3.2　生物集群群智涌现机理——群体聚集

任 务	生物集群	集群行为模式	群智涌现机理	生物群智在人工集群系统中的应用
群体聚集	蟑螂群	喜阴喜湿，聚集在阴暗潮湿的地方以便生存繁衍，聚集蟑螂较多的区域信息素浓度更高，蟑螂可通过味觉感知聚集到信息素浓度高的地方	湿度、光照强度、聚集信息素等作为环境因素引导聚集[20]	Kernbach 等[22]受蜂群聚集现象启发，基于环境引导聚集提出 BEECLUST 群体聚集方法，通过调节光照强度模拟环境温度的变化，智能体在随机游走和等待两种状态间切换，与其他机器人相遇时停止并等待一段时间，等待时间与光照强度成正比，随后再转入随机游走状态；通过不断迭代，智能体聚集在温度较高（即光照较强）的区域
	蜂群	变温动物，无法维持必要体温，会聚集在温度适宜地区	温度作为环境因素引导聚集[21]	
	细菌群	寻找食物（如葡萄糖）时，趋向于有较高食物分子浓度的地方，远离有毒（比如苯酚）的地方	分子浓度作为环境因素引导聚集[23]	Bai 等[25]基于受环境引导的趋化作用提出了一种图案形成算法，其中每个智能体都会释放和检测化学引诱剂，并根据这些化学物质改变其内部状态；智能体使用均匀分布在周围的八个感知器感知方向，与邻居方向保持一致，还可以自组织形成用户定义的形状
	细胞群	细胞向周围环境释放化学物质，其他细胞据此化学物质趋向或远离	化学物质作为环境因素引导聚集[24]	

具体来说，蟑螂的聚集是通过味觉感知到聚集信息素浓度高的地方并向之前进，而聚集蟑螂较多的区域信息素浓度会更高，进而吸引更多蟑螂，通过这一正反馈机制产生聚集性栖息[20]。蜜蜂是变温动物，无法维持必要体温，它们可以通过身上的绒毛感知温度变化，聚集在温度适宜地区[21]。细菌寻找食物（如葡萄糖）时，会趋向于有较高食物分子浓度的地方，远离有毒（比如苯酚）的地方[22]。上述几种生物聚集现象的产生都可总结为趋化性（Chemotaxis）。趋化性是一种引导细胞运动的机制，细胞向周围环境释放化学物质，而其他细胞则据此化学物质趋向或远离。趋化性在自组织系统中起着重要的作用，细胞、动物群体等的运动、聚集、模式形成等现象均可以通过趋化作用实现[23]。图 3.4 展示了蜂群的聚集与细胞的群体移动。

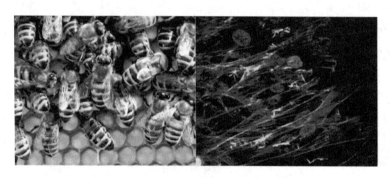

图 3.4　蜜蜂（左）和细胞（右）的群体行为

研究人员受生物聚集现象的启发，研究了群体机器人的有序聚集行为。Kernbach 等人 [22] 根据蜂群向适温区域的聚集行为提出了 BEECLUST 这一环境引导聚集的经典方法。在实验中，通过调节光照强度模拟环境温度的变化，机器人可在随机游走和等待两种状态之间切换：当与其他机器人相遇时，停止并等待一段时间，等待时间与光强成正比，随后再转入随机游走状态。通过不断迭代和演化，机器人趋向于聚集在温度较高（即光照较强）的区域，如图 3.5 所示。Yang 等人提出了一种受细菌趋化性启发的群体机器人分散控制算法，用于目标搜索和捕获 [26]。Bai 等人 [25] 受趋化性启发，为有相同圆盘形状的模拟智能体群体设计了一种自组织算法。每个智能体都会释放和检测化学引诱剂，并根据这些化学物质改变其内部状态。它们使用均匀分布在周围的八个感知器进行方向感知和邻居方向探测，并与邻居行为保持一致，基于此可以完全自组织地形成用户所定义的不同形状。

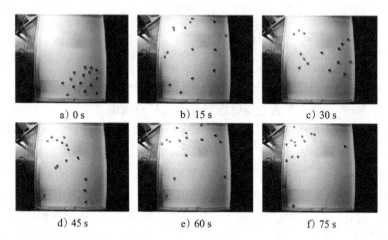

图 3.5　集群机器人趋光聚集：a）初始状态下将机器人放在较暗区域；b）～f）机器人逐步聚集到光照较强区域 [22]

3.1.3　群体避险

群体避险是集群遭受突发状况或险情，整体反应以躲避危险的行为，如表 3.3 所示。例如有猎鹰之类的猛禽来捕猎时，遭受攻击的椋鸟群会及时转弯躲避捕猎者，动作敏捷，同时保持队形不分散。Potts 等人[27] 于 1984 年提出了"合唱团（Chorus-line）假说"以解释这种快速转向现象。该假说认为：最开始先有一只鸟或几只鸟转向，然后影响周围邻居，呈波浪式地传遍整个鸟群。之后的研究还对"合唱团假说"进行了量化分析，指出每只鸟总是关注相同数量的邻居。

表 3.3　生物集群群智涌现机理——群体避险

任　务	生物集群	集群行为模式	群智涌现机理	生物群智在人工集群系统中的应用
群体避险	鸟群	遇到危险急转弯以躲避攻击	个体调整飞行方向，带动周围邻居[27]	受面对险情调整结构的启发，针对多变的战场态势也需灵活地调整应对。未来战争的马赛克战概念[29] 中，将小型无人系统与现有能力进行创造性持续动态组合，利用不断变化的战场条件和快速响应资源建立连接；将部队结构元素重新排列成许多不同配置或部队，在整个军事行动中保持高度适应性
	鱼群	遇到攻击突然改变整体行进方向	调整个体状态进而改变群体运动结构以应对威胁[28]	

在鱼群中也存在类似于鸟群急转弯的应激反应，在遇到攻击时，鱼群也会突然改变整体行进方向。面对掠食者，数目庞大的鱼群会形成巨大的旋涡，即"鱼群风暴"，形成原因之一是鱼群的快速游动，会造成大面积鱼鳞反射光线，从而迷惑和干扰掠食者。鱼群这种复杂行为的原理类似于鸟群个体间的邻居互动行为，20 世纪 60 年代，俄罗斯生物学家 Dmitrii Radakov 发现，如果每一条鱼都简单地与邻居协调行动，鱼群就能够成功避开捕食者。3.1.1 节所提到的 Boid 模型又对这一理论进行了完善和细化。Sosna 等人[30] 通过实验证明鱼群个体在感受到视野范围内的变化后会调整个体间距。他们将鱼群模型转化为网络连接拓扑结构，鱼群通过修改内部的空间结构以及相应的互动网络拓扑结构来应对所感知到的威胁。图 3.6 展示了鱼群和鸟群的快速转向现象。

图 3.6　鸟群和鱼群[31] 避险中的快速转向

受此启发，人工集群的研究也可以通过调整结构，如改变队列、组织结构、行进速度等来躲避威胁。例如本章开头所介绍的粒子机器人集群[5]，如果在集群和光源之间设置一个有缝隙的障碍物，集群可以柔性变形挤过这个缝隙，继续向光源方向运动。基于环境动态的应急避险在未来战争的研究中也备受关注。2017年，美国DARPA提出的面向未来作战的创新性构想——马赛克战（Mosaic Warfare）也是未来战争中的一个重要概念[29]。它试图打造一个由先进计算传感器、多样化集群、作战人员和决策者等组成的具有高度适应能力的弹性杀伤网络，如图3.7所示。马赛克战将观察、判断、决策、行动等阶段分解为不同力量结构要素，以要素的自主聚合和快速分解的多种可能性来降低己方的脆弱性，并使对手面临的问题复杂化。例如，组成密集队形的无人机蜂群在遇到攻击时可自行组织分散，然后快速合并以重新发起进攻。换句话说，马赛克战将作战过程视为一个快速反应的自适应系统，将为实现特定目的而开发昂贵武器的做法替换为将小型无人系统与现有能力进行创造性持续动态组合，利用不断变化的战场条件与快速响应资源建立连接，使用低成本无人蜂群编队以及其他电子、网络等手段来击溃对手。

图3.7　马赛克战：未来作战新构想[⊖]

3.1.4　协作筑巢

单个昆虫通常拥有有限的行为能力，但昆虫的集体行动就能够执行令人惊叹的复杂任务，比如筑巢[32]，如表3.4所示。协作筑巢也是生物群体为应对自然法则的挑战演化出的生存策略。

⊖　https://www.rotorandwing.com/2018/09/07/darpa-seeks-mosaic-warfare-approach-future-conflicts/。

表 3.4　生物集群群智涌现机理——协作筑巢

任 务	生物集群	集群行为模式	群智涌现机理	生物群智在人工集群系统中的应用
协作筑巢	蜂群	工蜂以蜂蜡修筑巢穴，由六角形蜂房组成的蜂巢省材且坚固，为蜂群生活和繁殖后代提供住所	出自生物本能，工蜂群体合作完成筑巢任务[33]	受社会性昆虫协作筑巢行为的启发，Werfel 等[36]提出了一种多机器人协作组装和建筑构建方案；先规划智能体须遵守的交通规则以保证交通畅通，再为智能体设定行为规则，如每次只能爬上或爬下一块砖的高度等，确保建筑结构的增长以符合机器人能力的方式完成。由此，多个智能体可以自动组装出三维立体建筑
	蚁群	在地下挖出错综复杂的巢穴，冬暖夏凉，穴外有保护巢穴的堆土	信息素作为传递信息的介质，协作完成筑巢任务[34]	
	白蚁群	在地上构筑高达十余米的巢穴，内部结构复杂，冬暖夏凉，在酷热和干燥等恶劣环境下也能生存	信息素作为传递信息的介质，协作完成筑巢任务[35]	

　　常见的群居性动物巢穴有蜂巢、白蚁巢和蚁巢等。蜂巢是工蜂用自身的蜡腺所分泌的蜂蜡修筑的，它由一个个排列整齐的六角形蜂房组成，每个蜂房的底部由 3 个相同的菱形构成，这种纯天然的生物构造具有坚固而节省材料等优势。白蚁作为群居性昆虫也有协作筑巢行为。它们所构筑的巢穴极为壮观，最高可达十多米。视力功能完全退化的白蚁仅凭借识别其他白蚁留下的分泌物气味来决定其行为，无须直接接触或者集中控制[35]，即如果前面的白蚁在某个位置放了一块建材，后面的白蚁会循着气味路线接着放置新的建材，彼此间通过信息素达到协作通信的目的。

　　蚂蚁和白蚁属于两种不同的物种，但蚂蚁也是社会性昆虫。多数种类的蚂蚁筑巢于地下或树上，由工蚁们负责建筑和维护。巢穴内部道路错综复杂，穴外堆土有馒头形、火山口形、圆锥形等不同形状，可防风、防水，保护巢穴内部结构[37]。筑巢过程中涉及工蚁间的信息传递机制，Franks 等人[34]利用其设计的模拟人工蚁巢刻画了细胸蚁的协作筑巢过程，指出这些蚂蚁通过把自己的建筑块推给其他个体以不断推进结构的构建。

　　建筑业也是人类主要的生产活动，这些自然生物系统启发我们设想多个独立智能体通过类似的原则协同操作，以提高建造过程的自动化程度。早在 1995 年就有科学家对生物筑巢行为的借鉴探索。Theraulaz 等人[38]根据对黄蜂巢的观察提出了一种分布式建筑的形式化模型，让一群简单的智能体在三维立方体上随机移动，构造出形似黄蜂巢的建筑结构。Werfel 等人[39]设计了一种自动组装方案，多个智能体可以根据高水平用户的指定设计自动组装二维实体结构。在其后续研究中又提出了一个更加完善的多智能体建造系统[36]。该系统先通过编译器将目标结构转换为结构路径，即机器人须遵守的交通规则以保证交通畅通，再为每个机器人设定行为规则，如每次只能爬上或爬下一块砖的高度等，确保该结构的增长以符合机器人能力的方式完成。通过对每个智能体的行为约束实现了如图 3.8 所示的多智能体协作实施建筑任务。

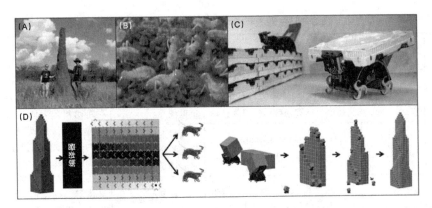

图 3.8　自然界的和人工的建筑任务协作：（A）复杂的米级白蚁丘，由（B）中的白蚁建造；
（C）人工协作建造系统的物理实现，多个独立的攀登机器人，配置专门的砖块；（D）
多智能体建造系统概述，先将目标结构转换为结构路径，再由机器人开展行动[36]

3.1.5　分工捕食

自然界的一些群居性动物在捕猎时会分工协作，合作围捕，从而增大捕猎成功的概率，以获取食物并实现长期的生存繁衍，如表 3.5 所示。

表 3.5　生物集群群智涌现机理——分工捕食

任　务	生物集群	集群行为模式	群智涌现机理	生物群智在人工集群系统中的应用
分工捕食	狼群	分为三部分捕猎，分别负责指挥领导、收集信息和追击捕捉	群智优化算法——狼群算法，分出不同角色，执行不同策略靠近最优解[40]	Chen[42] 对根据狼群合作狩猎抽象出的狼群算法加以改进，用于计算旋翼无人机在真假三维空间中的最优路径规划，解决寻优问题
	狮群	多只雌狮捕猎时分为两部分，一部分追击围赶，另一部分观察并截杀	群智优化算法——狮群算法，分出不同角色，执行不同策略靠近最优解[41]	

狼群在捕食猎物时能够做到分工明确，同时对猎物按劳分配，在种族发展方面实施优胜劣汰机制。参与捕猎的狼可分为三类，即头狼、探狼和猛狼。头狼处于领导地位，负责统筹安排，提高捕食效率；探狼负责打探猎物，在猎物活动领域根据气味浓度判断与猎物之间的距离，并把信息传递给头狼；猛狼负责攻击猎物，当头狼接收信息后会通过叫声通知它们，闻声后猛狼顺着信息围攻猎物[40, 43]（如图 3.9 所示）。狮群作为群居性动物也存在合作狩猎的现象，但在狮群中雌狮主要承担狩猎的责任。狮群中的分工狩猎通常是一些雌狮（翅膀角色）围在猎物周围，另一些雌狮（中心角色）负责观察猎物和"翅膀"的行动，等待猎物向它们移动。处于翅膀角色的雌狮发起对猎物的攻击，处于中心角色的雌狮则在猎物逃离追击时捕获它[44]。

借鉴动物的分工捕食行为，研究人员抽象出了狼群算法、狮群算法等优化算法以解决路径规划等寻优问题，还将这些群体协作机制用于多智能体的协同控制以提高协作效率。Yang 等人[45]最早根据狼群对猎物的围捕和分享行为抽象出了狼群搜索算法（Wolf Pack Search，WPS），吴虎胜等人[40]模拟狼群习性提出了狼群算法（Wolf Pack Algorithm，WPA），为高维、多峰的复杂函数求解提供了新思路。CHEN 等人[42]将改进的狼群算法用于路径规划，利用特征点坐标近似来表示某一位置的海拔高度，插值生成地形的变化趋势，进而优化旋翼无人机在复杂三维空间中的行动轨迹。

图 3.9　狼群捕猎：狼群对猎物的追击、骚扰和包围机动[43]

3.1.6　社会组织

除在捕食活动中体现出的协作分工外，蜜蜂、蚂蚁和狼群等生物群体中也存在着严格的社会组织，它们划分出不同角色以承担不同责任，高效维持整个群体的生存运转，如表 3.6 所示。与分工捕食不同的是，分工捕食是针对群体运转的某一特定活动的分工协作，社会组织则涉及维持群体运转的各种活动，不限于觅食或捕食，并且与生命体的伴随周期更长。

表 3.6　生物集群群智涌现机理——社会组织

任　务	生物集群	集群行为模式	群智涌现机理	生物群智在人工集群系统中的应用
社会组织	蜂群	社会组织包括蜂王、雄蜂、工蜂等类别[45]	划分不同角色，承担不同责任	联系生物社会中的角色划分，研究者借此强化智能体训练。在《星际争霸Ⅱ》中表现出色的 AlphaStar 的训练过程中，DeepMind 研究人员创建了联盟的概念，包含四类个体，分别为主探索智能体、主探索者、联盟智能体和历史参数个体。主智能体是核心智能体，为最终输出的 AlphaStar；主探索者用于寻找主智能体的弱点；联盟智能体则用于寻找整个群体的弱点；历史参数个体用于存储智能体的历史参数。通过不断让联盟内部的个体之间相互对抗来进行强化学习训练，得到一个十分强大的游戏智能体[50]
	蚁群	社会组织包括蚁后、雌蚁、雄蚁、工蚁、兵蚁等类别[47]		
	狼群	头狼处于社会顶层，乙狼是头狼的继承者，亥狼处于最底层，负责缓解种群内的紧张关系[48]		
	狮群	狮王守护领地，雌狮捕猎，幼狮被保护[49]		

在蜜蜂中，有蜂王、雄蜂、工蜂之分。蜂王负责繁殖并维持蜂群秩序；雄蜂负责交尾；工蜂负责保育、筑巢、采蜜等。蜜蜂的激素水平、日龄和营养水平等因素都会影响蜜蜂的分工[46]。蚁群中也有类似结构的社会组织，在蚁群中有蚁后、雌蚁、雄蚁、工蚁、兵蚁等类别。其中，蚁后负责繁殖后代；雌蚁交尾后脱翅成为新的蚁后；雄蚁主要职能是与蚁后交配；工蚁则负责建造和扩大巢穴、采集食物等任务；兵蚁是对某些蚂蚁种类的大工蚁的俗称，负责粉碎坚硬食物和保卫群体。2012 年，纽约大学医学院、华大基因等单位的联合研究首次从全基因组单核苷酸水平上解释了 DNA 甲基化调控也影响着蚂蚁的社会等级分工[47]。图 3.10（左）展示了同品种的蚁群中蚁后和其他类别的蚂蚁在体型上的差异。

不同于蜂群、蚁群中受激素等客观因素影响的角色划分，狼群中等级制度的划分依靠的是个体实力与威望。狼群是母系社会，如图 3.10（右）所示。美国动物学家大卫·米克指出[48]，狼群等级森严：处于社会顶层的是头狼（α 狼），头狼承担领导者责任；其次是乙狼（β 狼），乙狼在头狼死后接替头狼的位置；处于最底层的是亥狼（ω 狼），亥狼有时需扮演小丑的角色以缓解狼群中的紧张关系。在分工捕食中介绍的狮群和狼群都有协作捕食现象，同样过着群居生活的狮群像狼群一样也存在较为严密的社会结构。一个狮群通常由 4～12 只有亲缘关系的母狮、它们的孩子以及 1～2 只雄狮组成。雄狮游走在领地四周保卫领地；狮王是最强壮的雄狮，需要保护幼狮和领地；雌狮是主要的狩猎者，负责养育幼狮；幼狮主要在狮王和母狮的保护下生存[41]。

图 3.10　同品种的蚁群中蚁后和雄、工蚁的体型对比（左）；母系社会的狼群中母狼和两只幼崽（右）

基于生物的社会组织考虑，如果允许将协作任务划分为不同子任务，并将不同角色分配给适合的智能体，则可以促进合作的进行。Liu 等人[41]基于狮群中的自然分工，模拟狮王守护、母狮捕猎、幼狮跟随三种智能行为，提出狮群算法（Lion Swarm Optimization，LSO），并将该算法应用于六个标准测试函数优化问题，通过与粒子群算法和骨干粒子群算法的比较，发现狮群算法具有较快的收敛速度，且能较好地获得全局最优解。在无人机协同搜索和作战场景中，将无人机划分为侦察型和攻击型两种，以最大化系统效能[51]。在刘立章等人提出的无人机蜂群拦截系统构想中[52]，为提高整体拦截效能，根据任务职能区分拦截系统角色，采取群组编队的方式，构建以拦截群为核心，侦察群、反辐射群、诱饵群、电子对抗群（干扰群）、补充群协同运行的空中无人机蜂群拦截系统。在达到 Grandmaster

级别的星际争霸游戏 AI 训练过程中 [50]，DeepMind 研究人员创建了一个包含四类个体的联盟（League），分别为主探索智能体（Main Agents）、主探索者（Main Exploiters）、联盟智能体（League Exploiters）和历史参数个体（Past Players）。主智能体是最核心的智能体，是最终输出的 AlphaStar；主探索者用于寻找主智能体的弱点；联盟智能体则用于寻找整个群体的弱点；而历史参数个体用于存储智能体的历史参数。通过不断让联盟内部的个体之间相互对抗来进行强化学习训练，最后得到一个十分强大的游戏智能体。

3.1.7 交互通信

生物集群要实现列队飞行或成群游动等协作行为都离不开交互通信和信息共享，如表 3.7 所示。生物群体既有涉及全体成员的通信方式，也有只与邻居交互的通信方式，我们根据通信范围的大小将生物群体内部的通信交互分为两种：全局交互与局部交互。

表 3.7　生物集群群智涌现机理——交互通信

任　务	生物集群	集群行为模式	群智涌现机理	生物群智在人工集群系统中的应用
交互通信	蚁群	感知某一位置信息素浓度，并根据浓度做出行为抉择	以信息素的浓度作为介质传递信息 [53]	Hamann 等 [54] 受蚁群信息素机制的启发提出了一种导航机制；通过在环境中留下共享信号，引导机器人通过最优路径到达目的地；在觅食场景中，智能体在返回巢穴存放收集到的物品时，释放信息素并受到信息素引导；智能体在收集物品的地方释放信息素最多，在向巢穴移动的过程中信息素释放量减少；通过这种机制形成信息素梯度场，智能体遵循该梯度搜索物品
	蜂群	更换巢穴时，收集大批侦察蜂的信息，选择侦察蜂聚集更多的地方作为巢穴选址	收集群体成员信息达成共识，做出决策 [55]	Tanner 等 [56] 基于协商共识实现了群体聚集；该工作提出一种基于人工势场和图论的分散的同步（共识）策略；在固定和切换的拓扑下，通过将所有智能体的信息对齐到相同的值并稳定相对速度来形成紧密的聚集结构
	鱼群	以周围一两条同伴身体的侧线为观察标志，调节自身行为	与周围邻居局部交互，沟通运动行为 [1]	Ren 和 Olfati 等 [57-59] 根据局部交互提出达成共识的信息交换策略；智能体使用不同的通信策略选择与其他智能体进行通信，一种是选择链接个数最少的智能体进行通信，另一种是随机选择一个智能体通信；两种方式都可以利用信息交换实现群体在移动速度或方向上的共识
	鸽群	在飞行过程中，遇到障碍或威胁时，根据群体层级关系由上至下进行快速反应	层级网络结构，层层引领 [60]	受鸽群分层领导机制的启发，Luo 等 [62] 提出了应用于无人机集群的分布式控制框架；该框架综合鸽群中观测到的速度相关性、领航者-跟随者交互模式和层级领导网络等优点，将控制框架解耦为水平控制和垂直控制两部分，通过控制每架无人机的局部位置和速度，实现群集控制算法
	寒鸦群	由一夫一妻制形成个体"一对一"配对飞行这种特有的交互模式	"一对一"配对交互 [61]	

1. 全局交互

全局交互指获取的信息涉及全体成员。例如在 3.1.4 节中提到的，蚁群活动范围内的信息素浓度就是全体成员共同作用产生的；蚂蚁个体感知区域内某一位置的信息素浓度，并据此做出行为抉择。再比如大雁编队排成"人"字形或"一"字形，形成一定角度飞行，每一只大雁都能看见整个编队，从而更好地调整自己在编队中的位置，避免碰撞。Frank 等人指出[63]，鸟群成员间的视觉交互可以提高导航能力。在蜂群中还存在根据收集成员信息进行群体决策的现象。蜜蜂决定更换巢穴时会出动一批侦察蜂，它们发现合适的位置后会回到蜂群外围跳"摇摆舞"，摇摆舞的剧烈程度和持久度代表位置的质量信息。侦察蜂飞出的方向是随机的，包括了蜂巢周围所有方向，在最早的侦察蜂返回的时候，会吸引新的侦察蜂重复访问潜在的蜂巢地址。在有不同的候选蜂巢出现时，越多侦察蜂聚集的方向，该方向候选地址的信息强度越高，从而吸引更多的蜜蜂侦察兵选择该候选地址，最终形成了蜂巢选择的群体决策。

受蚂蚁信息素交流行为的启发，Hamann 等人[54]研究了一个类似于蚂蚁觅食的场景，通过在环境中留下信息素作为共享信号，形成信息素梯度场，引导机器人遵循这个梯度搜索物品。人工群智系统的协同控制研究也从蜜蜂的群体决策中获得灵感，研究如何通过充分的信息交换达到个体间的共识。例如，Tanner 等人[56]提出了一种基于人工势场和图论的分散的同步（共识）策略，在固定和切换的拓扑下，通过将所有智能体的信息对齐到相同的值并稳定相对的速度，群体就能够聚集成紧密的结构。在周等[64]搭建的无人机空战仿真系统中，直接将每架无人机的视野作为公共的已知信息，即使其他无人机的探测器没有发现敌方的飞机或导弹，也可根据共享信息判断当前所处状态并做出反应，从而提高整体的防御力和攻击力。

2. 局部交互

局部交互指个体只与部分个体保持联系来做决策，获取到的是局部信息。例如椋鸟群完成协同飞行时，每只鸟关注的不是整个集体，而是只和左右队友协调行动。鱼群游动时每只鱼也只以周围一两条同伴的身体的侧线为观察标志调节自身行为。侧线是鱼类最敏感的器官，就像鱼的导航，可以感知到细微的水压、温度变化并将其传递给中枢神经系统，从而使鱼迅速反应并调整路线。鸽群的隐式层次等级也体现了局部交互行为，其中头鸽处于绝对领导地位，下层的跟随鸽会受其上每一层鸽子的影响[60, 65]。Zhang 等人[66]通过进一步研究发现，在飞行方向上，当飞行轨迹平滑的时候，鸽子尽力与周围邻居的平均方向保持一致；而当通过急转弯变向时，鸽子迅速选择与领航者保持一致。在飞行速度上，鸽子则更倾向于受周围邻居影响。寒鸦群拥有非常独特的局部交互模式——配对交互[61, 67]；寒鸦群体是一夫一妻制，通过个体"一对一"的配对飞行来实现群体的有序行进。

通常，可以将动物中的局部交互模式映射到人工集群的通信模式上，个体无须获取全局信息，仅通过与其周围一定范围内的个体通信协调就可以表达集群整体结构和功能。罗等[62]根据鸽群分层领导机制的灵感，提出了应用于无人机集群的分布式控制框架。该方法综合了鸽群中观测到的速度相关性、领航者 – 跟随者交互模式和层级领导网络等优点，通过控制每架无人机的局部位置和速度实现群集控制算法。Ren 等人[57]通过智能体间的局部通信和信息交换来达到群体移动的速度或方向上的共识。Rezaee 等人[68]提出了一种针对高阶多智能体系统一致性的协议，描述了智能体如何利用邻居的相对位置信息实现一致性。GALLEHDARI 等人[69]提出了一种分布控制法，在智能体出现故障时，利用智能体的最近邻信息和内部故障检测与识别功能仍可保持通信交互。Fax 等人[70]利用图论框架研究了不同通信或信息流拓扑对编队控制稳定性和性能的影响。他们提出了一项分散的信息交换法，在智能体之间设计最小数量的信息交换，并就编队结构的中心达成共识，作为协同运动的共同参照，实现对编队的精确控制。

3.1.8　形态发生

纵观整个生物体的生长周期，在各种细胞的配合和激素的调节下，生物从胚胎发育成一个成熟的生物体需要数百万个细胞在胚胎发育和生长过程中自组织形成具有多功能形态和一定物理形状的结构，这一过程在发育生物学中被称为"形态发生"[71-72]，如表 3.8 所示。图 3.11 是花朵的形态发生示例。该过程是在基因电路的控制下通过细胞的局部相互作用产生的[72]。在胚胎发育过程中大量细胞集合在一起积极协作，以建立复杂的组织和器官，这些功能性的形状和组织可以为生物栖息在特定的生态位并在给定的环境中成长提供重要保障。

表 3.8　生物集群群智涌现机理——形态发生

任　　务	生物集群	集群行为模式	群智涌现机理	生物群智在人工集群系统中的应用
形态发生	细胞群	数百万个细胞在胚胎发育和生长过程中自组织形成具有多功能形态的具有一定物理形状的结构	形态发生素扩散[73] 反应扩散模型[74] 基因调控网络[75]	Mamei 等[76]受形态发生素的启发提出了一种多智能体模式生成方法，通过三种形态发生素的扩散寻找一群模拟智能体的中心，形成环状图案

图 3.11　花朵形态发生为成熟复杂褶皱体的过程仿真

在生物形态发生系统中，存在两种空间形态形成机理。第一种机理为**自上而下控制**，在某些组织中，细胞首先访问有关其位置的信息，然后根据此位置信息做出细胞命运选择[77]。

比如海胆的早期胚胎发育就是自上而下控制的例子，在海胆从棱柱幼虫过渡生长为长腕幼虫时，所生长出的"海胆刺"就是通过位置信息来进行控制的。第二种机理叫作**局部自组织** [18]，它可以通过纯粹的局部自组织或自发反应实现形态发生。一个著名的例子是图灵斑图 [78]。伟大的科学家图灵曾探究过动物（如斑马、豹子、老虎等，如图 3.12 所示）身上的花纹究竟是如何产生的，根据图灵的理论，这是因为成形素激活一些细胞、抑制其他细胞，使化学性质不同的细胞按特定规律排列。例如老虎身上的条纹图案是因为催化剂激发了暗色条纹，抑制剂阻碍了条纹周围生长深色块，这种反应在老虎的细胞中扩散，从而形成了重复性的条纹图案。

图 3.12　自然界中常见的图灵斑图：斑马、豹子、老虎

如果将智能体视为合作形成预定义或自适应模式的细胞，那么人工集群就可以利用这些生物细胞启发的算法。下面将介绍如何将形态发生素扩散、反应–扩散模型和基因调控网络等生物形态发生的机制引入人工集群系统。

1. 形态发生素扩散（Morphogen Diffusion）

在生物学中，形态发生素 [73] 代表在胚胎阶段扩散到发育组织中的信号分子。形态发生素的浓度与到源头的距离成正比，并形成相应的梯度。细胞可以了解它们相对于这个梯度的位置，并相应地调整它们的行为和反应。细胞生长、分化、运动以及其他基因和形态发生素的产生或抑制就是这些作用的例子。

2. 反应–扩散模型（Reaction-Diffusion Pattern）

反应–扩散（RD）模型是解释动物胚胎发育中自我调节模式形成的最著名的理论模型之一 [74]。在 RD 模型中，图灵使用了一个简单的系统，即"两种可扩散物质彼此相互作用"来表示胚胎中的图案形成机制，并发现这种系统可以自动生成空间图案。其基本思想是"元素之间的相互作用会导致自发形成图案"。在形态发生素扩散模型中，即使有多种形态发生素，彼此间是信号独立、互不影响，而反应–扩散模型考虑了元素间的相互作用。

3. 基因调控网络（Gene Regulatory Network，GRN）

如果在系统中引入更多的形态发生素，那么基因表达的控制和形态发生素的调控的复杂性将迅速增加。在生物有机体中，基因、蛋白质和形态发生素之间相互作用的调控被编码到生物体细胞的基因组中。在多细胞生物中，所有细胞都有相同的基因组，但激活和抑制的基因排列的变化会使每个细胞的行为和功能不同，并调节基因的表达。蛋白质也是基因的产物，负责信号的传递、感知、驱动、结合等，这些过程均受到基因调控网络[75]的控制，它是一个描述基因表达速率动力学的基因和基因产物相互作用的模型。

Mamei 等人[76]研究了受形态发生素启发的集群模式生成。他们展示了三种形态发生素的扩散如何用于寻找一群模拟机器人的中心，最终形成环状图案。Ikemoto 等人[79]使用一组机器人应用图灵反应–扩散理论生成了多边形图案，如三角形、四边形和六边形等（如图 3.13 所示）。在此算法中，一旦机器人形成了圆形模式，机器人之间便会交换两个类似形态发生素的信号，并通过一组反应–扩散方程来相互影响；最终，在圆上生成了离散的图灵模式。Guo 等人[80]将 GRN 应用于多机器人模式的形成。每个智能体都有一个包含两个基因的 GRN，这两个基因产生的蛋白质可以控制智能体的 x 方向和 y 方向。由 GRN 产生的蛋白质将这些智能体驱至所需形状的边界，以便将它们均匀地分布在边界上，并防止碰撞。

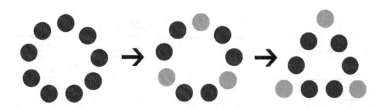

图 3.13 由图灵反应–扩散机制产生的圆形模式生成多边形图案，其中每个彩色圆圈代表单个智能体，蓝色圆圈表示在图灵反应–扩散机制之后具有较高浓度激素的个体[79]（见彩插）

3.2 生物集群到人工集群映射机理

生物群智涌现机理让我们了解了生物群体智能的共识性、协同性与涌现性，明确了其背后的复杂生成与演化过程。在此基础上，本节将进一步探讨如何将所发现的生物集群协同机理迁移和映射到人工集群系统中。具体来说，这里共总结和归纳出七种将生物集群协同机理映射到人工集群系统的典型模式，如图 3.14 所示。不同的映射模式作用于人工集群协作的不同方面，如表 3.9 所示。

群集动力学常用于协同编队和自主聚集等群集运动场景，源自生物协作的启发式规则适用于约束和促进多智能体间的协作行为，自适应机制便于增强群智能体的环境自适应性和自修复能力，受生物启发的群智优化算法适用于智能体路径规划、任务调度等最优问题求解，图结构映射模型刻画个体间的交互通信结构，演化博弈动力学解决群体内的协商与决策问题，群智能体学习机制映射旨在构建类人的通用人工智能，赋予人工集群系统举一反三、持续演化的学习能力。

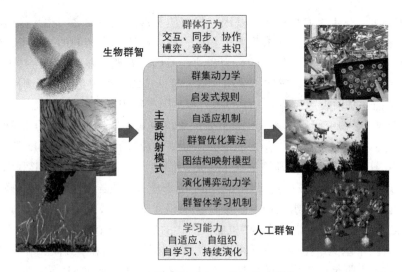

图 3.14　生物群智到人工群智的映射机理

表 3.9　生物 – 人工群智的典型映射模式

生物群智涌现行为	生物 – 人工群智映射模式	典型人工集群场景
集体行进、群体聚集	群集动力学	协同编队、自主聚集
自组织协作（如协作筑巢）	启发式规则	任务协作
环境适应、自身调整（如躲避攻击）	自适应机制	环境自适应、自修复
协作执行任务（如寻路、觅食、捕食等）	群智优化算法	多智能体路径规划、任务调度
社会组织、协作分工（如层级引领）	图结构映射模型	交互通信
合作 / 非合作博弈（如资源竞争）	演化博弈动力学	协商 – 决策
知识 / 技能 / 经验学习（如持续学习）	类人学习机制	学习 – 认知

3.2.1　群集动力学

　　无论是鸟群还是鱼群，生物群体内部协同合作的首要条件就是个体之间实现同步运动，即在速度、方向等运动特征上实现一致。尽管生物群体中的个体感知能力和智力水平有限，但整个群体却能呈现复杂而同步的运动行为，例如朝同一个目标行进（食物、栖息地等）、形成特殊的空间结构以应对紧急情况等。这种从无序、杂乱的初始行为状态到有序、一致的行为模式形成是生物群智涌现的一种重要体现。群集动力学是研究生物运动行为群智涌现的基础理论，也是实现从生物群智到人工群智映射的重要模式（如图 3.15 所示）。

　　具体来说，群集动力学首先为集群中的个体建立动力学方程，以此来表示个体的运动状态，比如速度或方向。然后该方程依据某些预定的公式不断迭代，这些公式就代表所发掘的个体间的交互规则，迭代所达到的相对稳定状态就是群智行为的体现。我们以最经典的 Vicsek 模型 [10] 和 Couzin 模型 [16] 说明这一映射过程。在前文提到的 Boid 模型的基础上，Vicsek 模型从统计力学的角度对其进行了简化，研究了集群中个体运动方向达成一致的条件。个体运动以自身位置 x 为中心，检查半径 R 范围内所有邻居的运动角速度的平均矢量，再加上所添加的噪声影响来更新运动方向。不同于 Vicsek 模型从统计力学角度对 Boid 模型的拓展，Couzin 等人又从数学模型的角度对 Boid 模型进行了更精确的描述，提出了 Couzin 模型。Couzin 模型将个体的感知区域由内而外分为三个不重叠的区域，即排斥区、取向区和吸引区，分别对应 Boid 模型中的分离、对齐和凝聚规则。其他粒子进入排斥区将会倒退；在取向区受到在这一区域内其他个体的影响时会调整其方向；吸引区内距离较远的粒子会相互靠近。综上所述，群集动力学既可以解释群集智能的产生，又能为人工集群控制等研究提供新思路。Vicsek 模型和 Couzin 模型还有很多改进版本，相关内容可参考第 4 章。

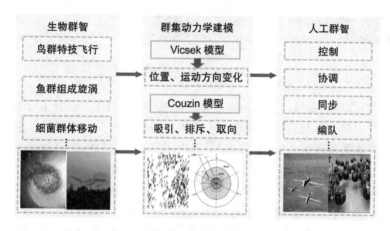

图 3.15　群集动力学映射模式图

3.2.2　启发式规则

群体运动通常是个体行为集聚的结果，每个个体的行为基于对环境的局部感知。与群集动力学直接研究个体运动动力学特征不同，启发式规则考虑个体根据局部感知，遵循相对简单的规则形成集群现象，即利用所发现的生物群体行为规律，为执行复杂任务的单个机器人行动建立行为机制。启发式规则的映射思想如图 3.16 所示，根据这些规则在人工集群协作上的作用点不同，可分为：直接作用于机器人行动上的行为规则、调整机器人群体结构的结构变换规则和规定机器人交互通信的通信规则。下面将分别阐述这三种规则。

1. 行为规则

行为规则的灵感来自生物集群中无中心控制即可协调行动的现象，人工群智系统也可以通过自组织的协同控制来完成复杂任务。通过将多个控制器的输出组合起来，实现包括避免碰撞、避免障碍物、寻找目标和保持队形等行为[81-83]。行为规则定义了个体与个体之间以及个体与环境之间的行为交互规则，而不需要任何形式的集中控制。

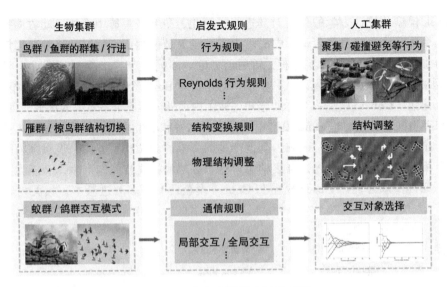

图 3.16　启发式规则映射模式图

　　Sean 等人[84] 模拟蚂蚁执行集体运输任务的微观和宏观行为，设计了分布式机器人行为控制策略，通过控制个体与货物的附着、分离以及运动方向，模拟实现了多智能体集体运输任务。借鉴鸟类群集现象，Balch 等人[85] 提出了基于行为规则的机器人编队方法，在仿真和真实机器人上都得到了性能验证。前文介绍的 Boid 模型所引入的凝聚、分离和对齐三个启发式行为规则，也为人工群智系统的构建提供了重要基础。

　　人工群智系统对行为的控制一般通过人工势场实现[11]。它将机器人抽象为物理实体，个体之间存在排斥、吸引与对齐等相互作用力，通过调节作用力的作用范围等参数，实现集群运动的宏观现象。例如，Spears 等人[86] 给出了虚拟物理力（Virtual Physical Force，VPF）设计框架，该框架在无人车集群控制中表现出了良好的性能[11]。

2. 结构变换规则

　　结构变换和调整的现象可在大雁、狼群等生物种群的社会组织中观察到。大雁在长途飞行时，为了充分利用气流，在上升或降落阶段主要结成"一"字形队列飞行；在飞行中段会变成"人"字形队列飞行。椋鸟在组队飞行时，队形飘忽不定，它们在空中会形成各种巨大怪异的图案，以恐吓掠食者。

　　人工集群也可以像自然生物群体那样表现出高程度的形态适应能力。在真实环境中，多智能体可能难以保持某种队形以达到预定目标，因此也可变换队形以增加结构的多样性、灵活适应环境。以 Li 等人[5] 研发的模拟生物细胞集体迁移的粒子机器人为例，粒子集群在没有外部光源刺激的情况下，只能随机移动；当有外部光源刺激时，集群可朝向光源方向移动。如图 3.17 所示，粒子颜色从绿色（最小半径）到蓝色（最大半径）不等，而部分故障粒子用灰色表示。黑色区域为障碍物，黄色区域表示刺激物（光源）。当在集群和光源之间设置一个有缝隙的障碍物时，由于粒子机器人是通过小磁铁松散地黏在一起的，集群就可以调整黏合关系，改变形状挤过这个缝隙，继续向光源方向运动。

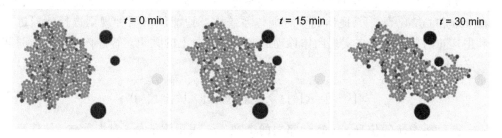

图 3.17 由许多松耦合的粒子组成的粒子机器人变形，挤过障碍物间的缝隙向光源方向运动 [5]（见彩插）

Mathews 等人 [87] 研究了可根据需要自行组织和构建具有不同能力、形状和尺寸的可合并神经系统（Mergeable Nervous System，MNS）。如图 3.18 所示，该系统既可以通过集中控制器将多个机器人合并成更大的整体，也可以通过独立控制器分裂成独立个体。如果传感器感应到外部 LED 灯光刺激的话，被识别作"大脑单元"的机器人会向其他机器人单元发出合并或者拆分的执行指令，然后机器人将进行坐标转换来协调空间。该系统还可以通过移除或替换故障的部位进行自我修复。在检测到"大脑单元"故障时，其他机器人单元会先进行拆分，移除故障单元并识别出新的"大脑单元"再重新形成指定形状。Zhu 等人 [88] 提出了一种自组织的编队控制方法，该方法结合了集中控制和分散控制，群体机器人通过自组织通信拓扑结构执行分布式非对称控制。实验证明，机器人发生故障和位移后，可以恢复编队，也可以在飞行中切换到新的编队。

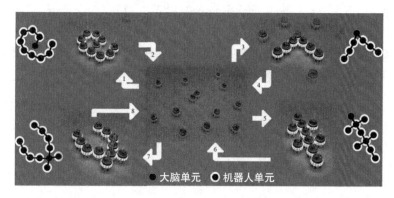

图 3.18 群体机器人的合并与分裂：第 1 步，由单个机器人单元（中间）自我组装成一个更大的螺旋形机器人；第 2 步，机器人分裂成为一个个机器人个体。这个过程重复三次（步骤 3～8），分别合并成三个不同形状的更大的机器人 [87]

3. 通信规则

不论是鸽群或鸥群飞行过程的层级交互，还是椋鸟或鱼群的相邻个体局部交互以及蚁群的信息素机制，都可从中总结出适用于人工集群相互联系的通信规则。这些通信规则或以层级机制与邻居局部交互，或通过信息素等介质传递消息，还可通过收集全员信息获取全局共识等。

在 Ren 和 Olfati 等 [57-59] 提出的多智能体系统中，智能体以两种规则选择邻居进行通信，利用其间的信息交换来实现团体移动的速度或方向上的共识。智能体之间离散时间的共识协议一般可以表示为

$$x_i[k+1] = x_i[k] + \sum_{j=1}^{N} \alpha_{ij}[k] g_{ij}[k] (x_j[k] - x_i[k]) \qquad （3-1）$$

其中，x_i 表示智能体的信息，N 表示邻居的个数，α_{ij} 表示智能体 i 对智能体 j 的信息的相对置信度，g_{ij} 表示智能体之间的通信网络连接，如果为连接状态，则 g_{ij} 为 1，否则 g_{ij} 为 0。采取的两种通信策略分别为优先选择连接数少的智能体通信和随机选择智能体通信。图 3.19 展示了具有不同初始条件的 6 个智能体之间通过这两种策略选择拓扑邻居进行信息交互最终达成共识的示例。

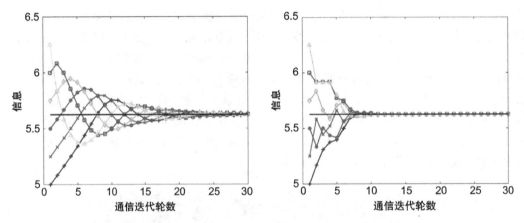

图 3.19   6 个智能体使用不同的通信策略时的信息交换和共识过程：左侧为基于最小连接个数的通信；右侧为基于随机选择一个智能体的通信 [59]（见彩插）

全局交互得到的信息更全面，对应地对机器人的通信能力和通信范围要求更高，甚至可能限制机器人的活动范围；局部交互获得的信息相对全局交互较少，不会直接获取全局相关信息，但是对个体通信能力要求更低，实际应用中可通过通信能力限制、感知范围的要求以及具体任务需求选择恰当的通信方式。

3.2.3　自适应机制

在现实环境中，如何应对意外事件的发生是人工群智系统面临的一大挑战，例如障碍物的存在以及随时变化的周边环境都可能干扰任务的执行。自适应机制指群体完全自发地对多变的环境做出动态行为调整，或者对群体结构进行组织变换，以此增强集群对环境的适应性。可以在很多社会群居动物群体内观察到这种适应性，例如大雁、狼群、鱼群或椋

鸟群等。图 3.20 展示了自适应机制如何将生物群智涌现行为的相关机理映射到人工集群上，下面将从群体结构角色变换和行为应急避险两个方面对自适应机制进行阐述。

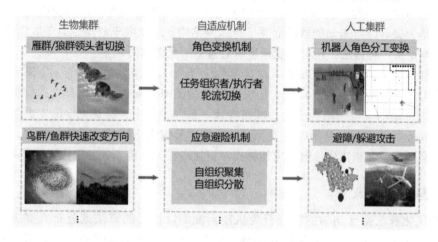

图 3.20　自适应机制映射模式图

1. 角色变换机制

在雁群的编队迁徙过程中，因为头雁在飞行时无法利用同伴搅起的上升气流，所以头雁飞得很累，会比其他同伴更早遇到体力不济的局面，因此雁群在迁徙过程中需要不时更换头雁[89]。狼群在追逐猎物时，若领跑的头狼体能消耗殆尽，排在第二位的狼就会绕到头狼的前面，继续带领狼群展开追击，以持续消耗猎物的体能。在群智能体系统中，为更好地实现资源的有效利用，也可根据情境进行角色分工调整。Levent 等[90]提出了在觅食等搜索任务场景中的角色变换机制，系统会根据资源、环境动态变化确定机器人何时进行搜索行动以及何时休息，以自适应调整自身角色。Parker 等[91]也采用了类似的角色变换机制，并引入了不耐烦值和默许值两个参数，分别与机器人的休息时间和工作时间相关。这两个值决定了机器人何时停止休息或中止搜索，使多数机器人不会同时执行同一任务以降低搜索成本。

巢穴食物或能量的存储状态变化也可作为角色切换动机[92]。如果没有机器人将新的食物带到巢中，食物数量或能量会随时间的推移而减少，达到阈值则会激活休息中机器人的觅食活动；阈值可以是固定的，也可以根据集群能量状态而自适应地变化，最终实现任务的自组织优化分配[93]。由于搜索区域的交通拥挤程度和机器人之间的物理干扰也会显著降低群体的性能，因此还可以用交通流密度和避障量共同调整阈值来指导机器人工作状态的转换，提高协作效率，减少物理干扰[94]。Liu 等[95]提出了一种面向集群能量最大化的分布式任务分配策略，同时考虑自身能量获取状态、局部感知的环境信号（搜索时与周围个体的冲突和避障行为）和社会信号（同伴能量获取状态）以自动调整机器人角色变换的时间分布。

2. 应急避险机制

应急避险机制对应于 3.1.3 节中提到的鱼群、鸟群等大规模群体行进时，遇到袭击会以极快的反应改变行进速度和行进方向的现象。借鉴至人工群智系统，遇到攻击或障碍物时，人工群智系统也可通过自发性、自组织的应激反应化险为夷。应急避险不同于结构变换，两种映射的驱动力不同。前者是在威胁到来之际的快速反应调整，而后者则是更好地利用环境，或是为提前应对未知的威胁而灵活地调整结构，不仅限于避险。对于应急避险来说，不只有变换结构一种做法，还有改变速度等对紧急情况做出的调整。

将这种应急避险机制拓展到无人机集群[64]，当无人机距离地面太近时，需要快速拉起机头并爬升，防止撞击地面。此外，前文中提到的面向未来作战的马赛克战构想也充分体现了自适应机制的重要作用。该构想试图寻找一系列类似于"马赛克"的、灵活可组的标准化功能单元，将观察、判断、决策、行动等阶段分解为不同的力量结构要素，以情境自适应的要素自我聚合和快速分解形成能够应对更加多样、复杂场景的强大作战体系。

3.2.4 群智优化算法

群智优化算法是受动物的社会行为机制启发而设计出的算法或分布式解决问题的策略。顾名思义，它主要用于解决优化问题，即在满足一定条件的情况下，在策略和参数空间中寻找最优解，使某个或多个功能指标达到最优或使系统的某些性能指标达到最优。群智优化算法主要模拟了鸟群、鱼群、昆虫或兽群等生物群体为了个体利益以及集体利益，在觅食、捕猎等过程中进化出的典型群智行为。将抽象总结出的算法应用于人工群智系统的路径规划、资源划分或任务分配等方面，也可相应地提高个体或群体效能，如图 3.21 所示。目前已经有非常多的群智优化算法，例如蚁群算法（Ant Colony Optimization，ACO）[96]、粒子群算法（Particle Swarm Optimization，PSO）[97]、人工鱼群算法（Artificial Fish Swarm Algorithm，AFSA）[98]、萤火虫优化算法（Glowworm Swarm Optimization，GSO）[99] 和狼群算法（Wolf Pack Algorithm，WPA）[40] 等，下面以最常用的群智优化算法——蚁群算法来说明这种映射过程。

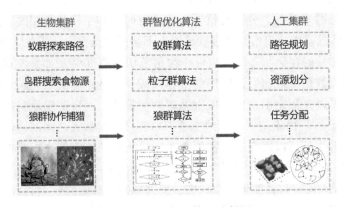

图 3.21 群智优化算法映射图

意大利学者 Dorigo 等人[53] 于 1991 年首先提出蚁群系统的概念，他们发现单个蚂蚁的行为比较简单，但是整个蚁群却可以体现出高智能行为，例如蚁群可以在不同的环境下寻找到达食物源的最短路径。之后 Dorigo 又于 1992 年提出了蚁群算法，其启发思想如图 3.22 所示。

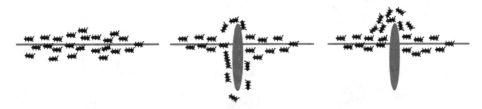

图 3.22　蚁群的路径探寻：从左到右依次为初始状态下的蚂蚁分布，路径上刚加入障碍物时的蚂蚁分布，信息素积累一段时间后找到较短路径的蚂蚁分布

如果两点之间多条路径有信息素，蚂蚁会以较大概率选择信息素较浓的路径前进，形成一个正反馈机制，选择较短路径的蚂蚁所用时间短、往复次数多，路径上信息素浓，从而吸引更多的蚂蚁选择较短的路径。这种利用信息素思想求解最优化问题的方法就称为蚁群算法。周等人[64] 将这种方法应用到无人机的航迹规划上：首先将地景模型划分为网格，并将网格顶点对应的地景中的高度作为该顶点的高度，从而得到一个地形网格，然后在 $21 \times 21 \times 2000$ 的地形网格上验证蚁群算法在路径规划上的有效性。近年来，蚁群算法及其改进模型已经被广泛用于解决各种复杂优化问题。Dorigo 等[100] 提出了元启发式蚁群优化算法，为求解复杂问题提供了通用算法框架。Akka 等[101] 采用了新的信息素更新规则并动态调整蒸发速率，在移动机器人路径规划问题上获得了较好性能。Khaluf 等[102] 提出了一种新的蚁群优化算法，用于有效地将多个机器人分配给一组需要在特定期限内完成的任务。该算法使用信息素跟踪进行评估，以支持最小化任务执行时间的分配。

3.2.5　图结构映射模型

生物群体在交互或协作过程中体现了丰富的个体间关系。根据群体内成员间的通信关系或者社会等级结构关系，可以构建出拓扑结构图并分析其社会互动作用。图结构映射模型如图 3.23 所示，这种形式使设计和控制人工群智系统的问题变得更容易，生物群体所体现的多元互动在人工群智系统中也能发挥重要作用。

鸽群个体间的相互作用机制和通信网络可以通过层级拓扑图进行刻画。Nagy 等人[60] 在 2010 年首次揭示了鸽群的层级领导网络（如图 3.24 所示），每只鸽子或为领航者，或为跟随者，或在中间层扮演领航者与跟随者的双重角色。Yomosa 等人[103] 利用便携式立体摄影系统分析了蒙面鸥群的时空结构，研究了个体之间的领航者 – 跟随者关系。这些对通信交互结构的研究有利于揭示生物群体交互机制，并且为人工群智能体间的通信提供支撑。Zafeiris 等[104] 证明了这种层级交互结构的信息传递速度比平等交互结构效率更高。Flack 等人[105] 将这种社会层级网络结构引入集体运动模型来研究社会关系对群体导航的影响，并表明具有特定社会结构的群体可以更好地补偿不断增加的导航错误水平。

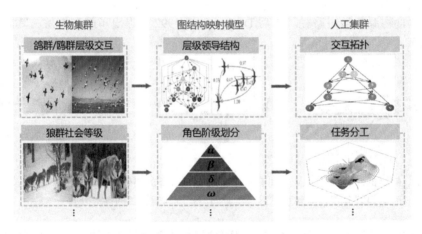

图 3.23　图结构映射模型图

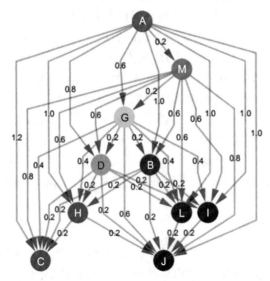

图 3.24　鸽群层级领导网络结构示意图，箭头从领航者指向跟随者，其上的数字表示两只
鸟动作上的时间延迟[60]

图模型不仅可以表示个体间的通信关系，还可以刻画群体内的社会等级制度关系。以
3.1.6 节讲到的狼群等级制度为例，灰狼优化算法（GWO）中 [106] 对灰狼的社会等级进行了
数学建模，将狼按照地位从高到低分为 α、β、δ 和 ω 四级，并用金字塔图的形式表现出每
一等级的优势，等级越靠下在种群中拥有的优势就越少，进而在不同等级个体间建立相应
的交互机制以优化群体协作效率。前面所介绍的动物群体中等级或层级制度表明，在人工
群智系统中引入某种形式的分层控制是合理的 [107]。例如在机器人领域，Zhang 等人 [108] 将
GWO 应用于无人机路径规划问题，解决了三种不同维度下的路径规划问题。算法目标是找
到一条安全的道路，同时避开危险区域，并将燃料成本降至最低。实验结果表明，与其他

元启发式算法相比，该算法具有较高的效率。

3.2.6　演化博弈动力学

演化博弈概念源自达尔文的进化论，其中，演化是一个渐进的发展过程。从生物的群体层次上看，在种群繁衍过程中，如果个体的某种行为适应度高，就会在种群中得到扩散而被保留，目的是比其他种群变得更好，以便在优胜劣汰的自然界中生存繁衍。演化博弈动力学[109, 110]所关注的是群体中的参与者如何通过动态学习过程达到稳定的均衡状态，动态过程就对应于有利行为的扩散，稳定均衡就是种群演化的优胜状态。演化博弈动力学中的一类映射过程如图 3.25 所示。

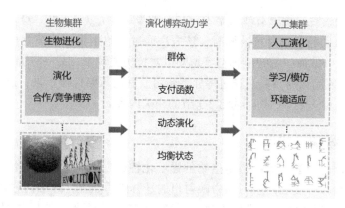

图 3.25　演化博弈动力学映射模式图

演化博弈主要解决两个问题：一是构建动态学习模型；二是分析和判断动态模型是否收敛到均衡状态。这两个问题涉及演化稳定策略（Evolutionary Stable Strategy，ESS）[111]和复制动力学（Replicator Dynamics）[112]这一对演化博弈理论中最重要的基本概念。演化稳定策略是指群体中大部分个体所采取的策略，其假设群体的"趋同性"使得演化过程中的个体要么做出演化稳定策略，要么在过程中被淘汰。这种情况下，演化稳定策略即为决策集合中收益最高的策略，使得群体能够抵挡少数突变策略个体的影响，在演化过程中达到均衡状态。演化博弈理论的复制动力学由生态学家 Taylor 和 Jonker 在考察生态演化现象时提出[112]，代表策略演化的动态收敛过程。总体来说，演化博弈动力学主要关注以上两个问题，而具体的演化博弈理论则涉及以下四项基本要素：

1）群体：每个群体都有自己的行动集合。

2）支付函数：行动对应的收益。

3）动态：参与者的学习或模仿过程。

4）均衡：演化的收敛稳定状态。

基于以上四项基本要素，演化博弈的基本分析过程可以被看成是参与者群体选取了不同策略，进而分出了不同的动态演化过程，再根据动态演化方程的分布分析演化的稳定性。

演化博弈是研究群体内合作演化和策略竞争的一种行之有效的方法。**DeepMind** 于 2019

年在《自然》杂志中提出了一种多智能体强化学习方法来解决《星际争霸》这一复杂环境中的 AI 挑战[50]。针对单智能体学习能力有限问题，该方法采用社会性动物分工合作模式，提出"联盟智能体"的概念，通过不断地让联盟内部的个体之间相互对抗博弈来进行强化学习训练，使每个个体都能得到提升。其中，智能体选择博弈玩家的规则如下：

$$\frac{f(P[A \text{ beats } B])}{\sum_{c \in C} f([A \text{ beats } C])} \qquad (3\text{-}2)$$

B 代表智能体 A 要选择的对手，C 代表候选者集合，f 是一个权重函数，若选择 $f_{\text{hard}}(x) = (1-x)^p \ (p \in R_+)$，智能体 A 会匹配到获胜率较高的玩家，从而更能找到自身弱点来强化自己，省去与绝对能战胜的玩家对战的学习过程；如果选择 $f_{\text{var}}(x) = x(1-x)$，智能体就会优先选择与自己同等级别的玩家对抗。同时，该方法通过借鉴生物集群演化机制提出了群智能体演化博弈策略：一方面，主智能体自我博弈以对抗历史玩家；另一方面，主 / 联盟探索者按一定概率重置 / 复制策略参数。通过博弈逐步将获胜的策略保留下来，进一步提升智能体的对战能力。有关算法细节，可参考 3.3.3 节的相关内容。

3.2.7　群智能体学习机制

基于学习机制的映射，旨在借鉴生物的强泛化性、自适应性、协作性等学习特性提升机器智能。从生物举一反三的学习能力映射出的迁移学习机制（详细内容可参考第 10 章），可以提升 AI 模型的泛化能力；借鉴生物与环境的试错式交互得到强化学习（参见第 7 章），可以帮助模型应对动态变化环境；在不遗忘旧知识的同时持续学习新知识（参见第 7 章），联系已有知识运用于新的学习任务；从生物的模仿能力映射得来的模仿学习机制（参见第 9 章），借助专家提供的先验知识高效寻找解决方案。对生物学习能力和认知机理映射将使现有弱人工智能向更接近人类的强人工智能（通用人工智能）演进。图 3.26 给出了群智能体学习机制的整体映射思想。

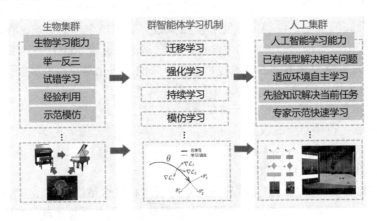

图 3.26　群智能体学习机制映射模式图

1. 迁移学习

面对新的环境、新的目标，生物善于发现不同任务之间的区别与联系，举一反三，利用已积累的知识创造性地解决新问题。例如，人学会弹电子琴之后会更容易学会弹钢琴。在机器学习领域，迁移学习（Transfer Learning）[113]借鉴了人类的学习能力和知识迁移能力，通过存储已有任务的知识（数据、参数、特征、模型等），将其利用在其他不同但相关的问题上。迁移既可以是相关任务之间的知识迁移，也可以是不同智能体之间的知识或经验迁移。由于神经网络的训练所需数据集大小不是在所有情况下都能满足的，因此通过迁移使用已经训练好的神经网络也越来越重要。

具备迁移学习能力的人工智能在面对新任务时比全新开发的神经网络表现得更好、训练得更快，但所涉及的负迁移（一种学习对另一种学习产生阻碍）和可迁移性度量[114]是传统迁移学习的重要问题，什么时候停止预训练、面对新的数据或算法如何更新预训练模型等问题都会影响迁移效果，还需要更进一步的研究（详见第 10 章）。

2. 强化学习

强化学习（Reinforcement Learning）[115]的灵感来源于心理学中的行为主义理论。为了达到某种目的会采取一定行为的思想来源于生物，特别是人，当某种行为的后果对人类有利时，人类会不断采取该行为；反之，这种行为就会减弱或消失。受此启发，强化学习要求智能体像生物一样在环境给予的奖励或惩罚的刺激下逐步形成对刺激的期望，产生能获得最大利益的习惯性行为。一般强化学习指的是单智能体的学习过程，而实际环境中往往存在多个智能体。多智能体强化学习实现单智能体自主学习向多智能体协同学习的拓展，它进一步借鉴生物界协作、竞争、博弈等机制实现群体能力的提升。强化学习的试错式探索能力可以说明，将生物思维映射到人工智能上的想法并非天方夜谭，但是待发掘的内容还有很多，实践上也仍存在诸多挑战。例如智能体的训练初始化过程和决策动态敏感性，使其很难适应多种环境[116]，下一步的研究可以将强化学习引入神经科学、博弈论、控制理论等领域，以期在执行复杂任务时表现出更高级的智能决策能力（详见第 7 章、第 9 章和第 10 章）。

3. 持续学习

人类学习的一个关键特征是它对不断变化的任务和连续的经验是鲁棒的，这种鲁棒性与现代机器学习方法形成了鲜明的对比，后者只有在数据经过仔细地洗牌、平衡和均质后才能表现良好。机器学习模型在某些变化任务的情况下会完全失效，或者在早期学习的任务上遭遇快速的性能下降，即发生灾难性遗忘（Catastrophic Forgetting）[117]。学习机制映射之一的持续学习或终身学习（Continual/Life-long Learning）[118]就希望机器学习模型能和人一样基于先验知识来快速且准确地解决当前任务。近年来出现了许多受生物学启发的持续学习方法，包括任务增量、冻结权重微调、渐进式神经网络。许多人工智能研究还依赖于固定的数据集和固定的环境，持续学习的映射则表明人工系统可以像生物系统一样，从连续不断的相关数据流中有序地学习。当前，持续学习算法的模型大多是根据特定数据和任务类型而设计的，还没有一个能支持不同领域中所有可能任务类型的通用持续学习系统。未来的人工智能发展方向也会继续依赖持续学习，寻求能够与人类学习能力更完美地结合（相关内容请参见第 7 章）。

4. 模仿学习

在日常生活中，人们在得到教师或教练的指导后会记住相关行为并持续模仿，类比这一现象，模仿学习（Imitation Learning）[119] 希望通过隐式地向学习器提供先验信息来学习和模仿人类行为。在模仿学习任务中，智能体寻求最佳的方法来使用专家演示的训练集（输入–输出对），以进行策略学习并实现尽可能类似于专家的行动。模仿学习训练提供了一个具有一定水平的预训练 AI，缩小了训练过程中的探索空间，也便于在此基础上再进行强化学习或迁移学习等训练，以进一步提升智能水平。目前主流的模仿学习方法包括监督式模仿学习、随机混合迭代学习和数据聚合模拟学习等。前三种算法映射是借鉴生物特殊的学习能力，模仿学习则直接让智能体学习人类行为，来使智能体做到人类才能完成的事。但模仿学习对数据量的要求较高，所学习的行为比较复杂时难以获取相关的行为数据。此外，还要提升人工智能的可靠性，更深入地学习事物的本质，而非机械地模仿行为（详见第 9 章的内容）。

3.2.8　群智涌现机理的典型应用

为了更深入地理解生物群体智能如何启发人工群智系统的设计，本节介绍哈佛大学的 BlueSwarm 这一典型研究 [31]。BlueSwarm 仅依靠基于隐式视觉调控的局部交互和简单的行为规则就可实现复杂的群体行为（如图 3.27 所示）。

图 3.27　BlueSwarm 展示：左图为机器鱼与真正的鱼在一起游动，右图展示了机器鱼的主要部件 [31]

其中，单只机器鱼被命名为 Bluebot，它们组成的集群系统被称为 BlueSwarm。图 3.27 中右图展示了机器鱼的关键组件，主要包括三部分：2 个摄像头，对周围环境进行三维感知；3 个 LED 灯，作为主动信标，用于相互识别；4 个独立的可控鳍片，提供水下空间游动。摄像头可以检测其他机器鱼 LED 灯所发出的光线，LED 灯发出的蓝光用于显示机器鱼的位置；独立的鳍由电磁制动器驱动，尾鳍控制前进后退，背鳍控制下潜深度，两只胸鳍用于左右转弯。在实际使用过程中，基于机器视觉的算法每隔半秒钟就会检测视野范围内有多少只机器鱼同类，并计算出它们与自己的相对距离和角度关系（如图 3.28 所示）。

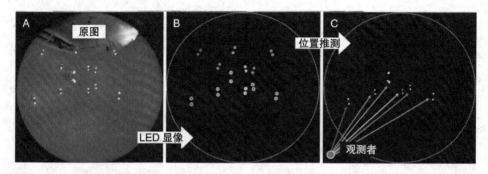

图 3.28　把机器鱼群放置到水箱里，机载图像处理计算视野内自己与机器鱼的距离及相对方向 [31]

研究者们首先运用这个机器鱼群实现了跨时间的自组织行为，其中参考萤火虫的集体闪光现象以及 Mirollo-Strogatz 模型 [120] 的同步机制，实现了尾部 LED 灯的同步闪烁。每条机器鱼都由一个计数器变量 n 来控制灯光，当观测到邻近同类的闪光后，就会让 n 提前 m 步，其中

$$m = f(n) \tag{3-3}$$

函数 $f(n)$ 只要是单调递增的下凹函数就可以实现同步，如 $\sqrt{n}$。通过此机制就可以调整各自的闪烁周期以实现同步。在没有时间可参考的水下环境中，这种类型的同步机制对于抑制时间偏移很有作用。

该工作还可以根据虚拟力模型控制群体密度并通过调整势场强度控制鱼群覆盖的范围（聚集或分散）。每一个机器鱼都会受到邻居的人工势场影响，通过一定的吸引力与排斥力，在控制鱼群运动的同时避免碰撞。BlueSwarm 还可以基于简单的行为规则实现顺时针和逆时针旋转以及等距的环绕运动。具体来说，机器鱼被设定为如果看不到任何其他邻居则稍微向右转，如果看到至少一只机器鱼，则稍微向左转；由此就形成了集群的动态圆运动行为。如图 3.29 所示，即使在旋转的圆上增加或移除机器鱼，BlueSwarm 依然按照设定的行为规则行动，可以迅速调整重新形成圆圈并继续旋转。

除集体行进行为外，研究人员还探索了群体聚集行为的涌现过程。将机器鱼群放置在未知的红光源附近，通过切换搜索、报警和聚集三种行为来定位并聚集到光源位置，如图 3.30 所示。当机器鱼探测到红色光源，就会闪烁 LED 发出警报以吸引其他机器鱼。如果其他机器鱼感知警报信号，就向发出警报的同伴靠近。当它也探测到红色光源时，也开启闪烁以加强警报信号，最后集群都会聚集在红色光源处。

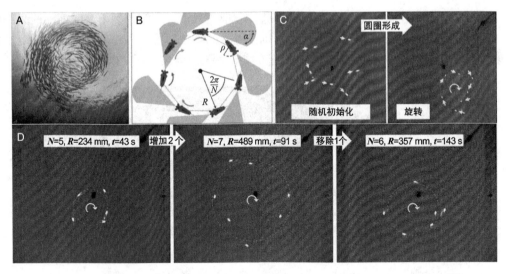

图 3.29   自组织的动态圆集群运动行为的形成以及在人为扰动下的队形恢复 [31]

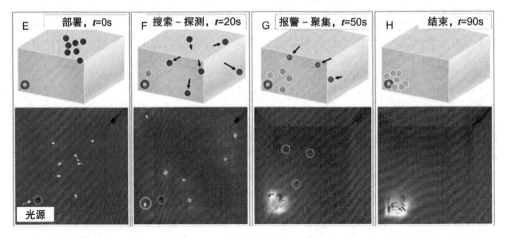

图 3.30   群体聚集行为涌现：机器人在搜索、聚集和报警三种行为之间切换，在图中分别
            用蓝色、绿色和黄色表示 [31]（见彩插）

3.3   人机物融合群智涌现机理

3.1 节总结了自然界生物集群所展现的群体智慧及其内在的涌现机理；基于此，3.2 节从现有人工集群相关研究中探寻生物集群群智到人工集群群智的 7 种映射模式。尽管受生物启发的人工集群通过智能体之间的简单交互和协作已经在众多应用领域中大放异彩，但是大部分传统人工集群仍存在智能体类型同构（如多机器人探索覆盖 [121-122]，无人机编队控制 [123] 等）、缺少群智增强和协同演化机制等问题。探索这些机理对于解决人机物三元融合

场景下更加复杂的实际群智计算任务（详见第 2 章，如群智城市治理、智能制造以及军事国防等）至关重要。与传统的移动群智计算相比，人机物融合群智计算系统处于信息空间、物理空间和社会空间交织融合所形成的智慧空间下，涉及跨空间异构个体（人及其所带的便携式设备、云/边缘计算设备、群机器人等）的协作感知、计算、决策和行动等多个环节，并且要求系统具有环境自适应、行为自组织和终身自学习等能力。基于此，我们将人机物融合群智计算的新型要素概述如下。

（1）异构群智能体共生演化

相比传统同构人工智能体构成的单一集群，人机物融合背景下，多人、多机、多物等异构个体以及所处三元智慧空间环境构成了一种新型生态系统——人机物异构集群生态。在这种生态系统下，异构群智能体之间通过联结共生、信息交互、合作竞争（任务协作、资源竞争等），与环境建立双向交互影响和反馈促进关系，实现群智共融与演化。因此，在传统同构智能体向异构智能体演进过程中如何涌现出新的交互规则和协同演化规律需要探索。

（2）异构群智能体行为协同

人机物异构集群生态下，除了需要突破和实现新的交互规则和演化规律之外，如何使异构群智能体在运动行为上实现高效协同，以便应对和处理复杂任务同样至关重要。异构群智能体的外在功能和特征不同，内部感知、计算、行为、通信模块亦存在较多差异，这为集群的协同和自组织带来了更多挑战。深入发掘异构集群行为协同的科学原理，实现异构集群行为无序至有序的转变是人机物融合群智涌现机理探索的重要组成部分。

（3）人机物融合智能增强

无论是生物集群、人工集群还是人类群体，上述传统群智系统中的智能体主要呈现为单一形态。而在人机物融合背景下，人类智能和机器智能（人工智能）进一步融合，例如人类能够利用其认知理解、经验知识等通用智能，机器能够使用其专业化智能等，两者之间互利互补，实现群智增强。这种融合了不同智能形态的新型智能模式跳脱出单一智能形态的束缚，期望实现人、机、物智能体的有机协同。作为人机物融合群智系统极为显著的新型要素，实现人机物异构智能体的高效融合，完成群智协同增强是未来迈向人机物融合群智时代的关键点。

构建具有上述新型要素的人机物融合群智计算系统极具挑战性。其所蕴含的高度异构、动态演化、智能形态深度融合等新的科学问题，仅仅依靠现有的方法和研究仍难以解决。为了突破这些挑战，我们溯流从源，从自然生态系统这一群体智能的发源地进一步探索、发掘和论证，寻求解决上述问题的可行之路。自然生态系统中蕴含着复杂而强大的自然群体智慧，经过进化形成了一个高度异构、持续演化、物种智慧深度融合的复杂群智系统。形态、大小、智慧各异的生物种群之间以及生物与环境之间存在着复杂的物质循环与能量涌动，形成协作、竞争、捕食等多样的种内或种间交互，并在动态平衡中不断地发生着群落演替、物种演化，这其中蕴含着构建人机物融合群智系统的丰富理论、方法与技术路径。同时，在自然生态系统的研究之外，计算机、数学、神经科学等领域的科学家也进行着自然启发驱动的跨学科研究（如认知科学、演化计算、群集动力学等），并获得了令人瞩目的研究成果。

总之，自然界和已有相关研究包含了各种体现交互协同、适应演化等内涵的理论成果或应用技术，对于启发构建人机物融合群智系统具有重要的借鉴意义。在探索过程中，我们发现并归纳了四个方面的潜在研究领域，以实现新型人机物融合群智涌现机理。这四个领域包括：探索群落（由多个关联的生物种群形成）内部及其与环境的相互关系和规律的**群落生态学**（Community Ecology）[124-125]，可以启发构建人机物异构集群生态，实现异构群智能体的共生演化；探究不同生物群体群集行为机理与规律的**异构群集动力学**[126-127]，可以启发构建异构群智能体行为的协同机制；探究生物演化规律并以其为启发进行创新的**演化动力学**[128-129]，可以启发构建人机物持续演化的组成因子；探究人类智能与机器智能融合互补的**人机物共融智能**[6, 130-131]，可以启发实现人机物融合群智增强的学习、认知与决策。

本节将群落生态学、异构群集动力学、人机物演化动力学、人机物共融智能的相关理论、方法与技术同人机物融合群智计算的新型要素进行关联和探索。下面对这几个领域进行简要的阐述。

- **群落生态学**：以不同生物种群所形成的群落作为研究对象，探索生态群落内部及其与环境的相互关系和规律，在生物通信、交互机制（种间、种内、生物与非生物环境）、演化规律（演化群落生态学）等方面形成了庞大的研究分支，为人机物异构集群生态下异构集群协作竞争、共同演化的启发式研究提供重要的理论支撑。

- **异构群集动力学**：群集动力学（3.2.1 节）是人工群智系统中探索仿生群集行为的重要映射模式。异构群集动力学在群集动力学的基础上强调研究对象的异构特征，探究人机物异构智能体达成共识并在群集运动中完成从无序到有序的动力学机制，是研究人机物融合背景下异构群智能体行为协同的基础。

- **人机物演化动力学**：自然生态所蕴含的演化内涵是多尺度（如长期演化和短期演化）和多维度的（从微观基因层面到个体形态、功能层面再到群体交互层面）。受自然演化的启发，相关研究学者从不同的角度理解这些演化智慧，并将其和自身研究内容相结合，形成了不同的新型融合理论或者体现演化思想的方法与应用。我们从中归纳出四种不同的演化思想——决策演化、认知演化、形态演化与硬件演化，为人机物融合群智系统全生命周期持续演化的要素组成提供理论依据和方法支撑。

- **人机物共融智能**：针对人机物融合智能增强新型要素，我们提出人机物共融智能概念，其体现出该新型要素下人、机、物多种智能形态的协同共生，实现了智能增强的内涵。对于人类智能和机器智能相互融合的研究已有较长的历史，我们按照显式和隐式人机共融的方式对它们进行归类和阐述，并对人机物共融智能的实现路径进行展望。

在此基础上，我们提出了"**人机物超级物种集群**"（Super-being Swarm）的概念（3.3.5节），综合前述要素和对人机物融合群智时代的深入思考与探索，对人机物融合群智背景下的未来智能感知计算空间进行展望与畅想。

3.3.1 群落生态学

人机物融合背景下，人（以移动终端、可穿戴设备等为接入系统的载体，代表社会空间）、机（以云/边缘设备等提供计算、存储服务的平台，代表信息空间）、物（机器人、无人机等具有有限感知、计算、行为、通信能力的智能物理实体，代表物理空间）及其所处的环境（三元融合智慧空间）构成一种人、机、物异构集群联结共生的生态系统，如图 3.31 所示。与传统同构人工集群不同，人机物异构集群生态中每个个体除和自身集群中的个体交互外还需和其他功能、形态异构的个体进行信息/数据的交流（个体与个体、个体与环境）与行为交互（集群协作、资源竞争和博弈对抗等），最后整个异构集群生态系统实现共融、共生、共演化并实现群智涌现。

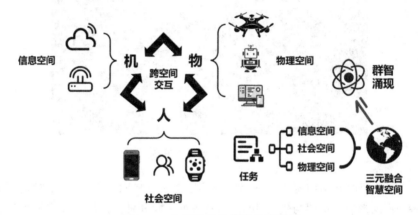

图 3.31　人机物异构集群生态系统

如图 3.32 所示，在自然生态系统中，不同生物种群拥有着差异化的角色定义与生存准则。然而，异构生物种群所构成的群落（Community）却能在外部环境和物种交互（种内、种间关系）的作用下实现"适者生存、物竞天择"的演化规律并展现出自然界的群体智慧。因此，我们希望从自然群落生态学中探索并构建具有共生演化能力的人机物融合群智系统的智慧。

生态学（Ecology）[132] 一词最早是由德国生物学家恩斯特·海克尔于 1866 年提出的，其研究生物体之间和生物体与周围环境（包括非生物环境和生物环境）之间相互关系的科学。1935 年，英国研究学者 Tansley 提出了生态系统的概念[133]。1941 年，美国耶鲁大学的生态学家林德曼发表了《一个老年湖泊内的食物链动态》的研究报告，提出了著名的生态金字塔能量转换"十分之一定律"（Lindeman's Law）[134]。之后，生态学逐渐成为一门完整、独立的学科，以研究和发掘生物与环境所形成的结构以及这种结构所表现出来的功能关系的规律为基本任务。

群落生态学（Community Ecology）[135] 是生态学的一个重要分支，与种群生态学不同的是，其并不以某一种生物作为研究对象，而是以生物群落（Community）作为研究对象。"群落"的生态学定义是：**在相同时间聚集在同一地段上的各物种种群的集合**[124]。尽管群落和生态系统的概念有明显的不同，但群落生态学研究生物群落和环境相互关系及其规律的基本内容也正是生态系统生态学（Ecosystem Ecology）[136] 所要研究的内容。这里不再赘述两者的区别，暂且认为群落生态学和生态系统生态学是同一层次的。随着生态学的发展，群落生态学与生态系统生态学将逐渐成为一个比较完整的、统一的生态学分支。

图 3.32   自然生态群落

因此，与 3.1 节所介绍内容不同的是，群落生态学不局限于对单一生物种群的研究，而是强调复杂种群所形成的群落与生物环境（生物种群之间和种群内部个体之间的关系）和非生物环境（包括土壤、水、空气、湿度、温度等）的相互关系 [137]。在这种相互关系下，个体之间、种群之间时时刻刻发生着不同层面的交互，群落生态在时空层面上不断演化。要构建异构群智能体共生演化的人机物融合群智系统，需先从群落生态交互和演化理论开始进行探索。

1. 群落生态交互理论

在任何自然生态群落里，物种存在于所有和该物种具有交互的物种关系网络中。网络中的每个物种随时都在消费资源，同时也可能被其他物种所影响或作为资源被消费。理解群落中的物种交互也就是理解物种间蕴含的种种"消费者－资源"的关系。图 3.33 给出了几种常见的物种交互关系。

图 3.33   典型的物种间交互关系图

（1）捕食关系

最简单的消费者 – 资源关系是"单一捕食者 – 单一被捕食者"。Lotka-Volterra 模型[138]作为研究这种关系的代表，描述了被捕食者种群规模的动态变化规律：在没有捕食者的情况下，猎物（被捕食者）种群将呈指数级增长，而捕食者种群的增长取决于单位时间内消耗的猎物数量。然而在自然界，这种"单一捕食者 – 单一被捕食者"的关系是罕见的——食肉动物不仅可能会捕食几种物种，在不同环境下甚至还会进行不同偏好的选择性捕食。基于此，最优觅食理论（Optimal Foraging Theory, OFT）[139-141]对捕食者在当前捕食行为中所获能量和搜索、追捕花销等进行建模形成能量增益率，进而探索能够最大化能量增益率的觅食决策，最终建立起最优觅食模型以预测捕食者的食物选择或解释其他行为（如栖息环境迁移[142]等）。同样，选择性捕食对被捕食者的生存行为、种群规模以及所处群落的物种组成等也具有显著影响。

（2）种间竞争

在捕食关系中，捕食者和被捕食者分别是消费者和资源的角色。与此不同，作为影响群落结构的另一个重要因素，种间竞争关系并不是一个物种"直接消费"另一个物种，而是通过消耗共有资源减少其他物种对该资源的可用性（资源竞争）或直接限制其他物种获取有效资源（干扰竞争）的方式。传统的 Lotka-Volterra 竞争模型[143]说明了两种群竞争的可能结果——竞争性排斥（Competitive Exclusion，即一个物种获胜而另一个物种被排除）和物种共存（Species Coexistence），从"现象"层面说明了种间竞争关系下的种群规模的动态变化规律、结果及其产生的条件。此外，MacArthur 等[144]将资源动态纳入多资源竞争模型，其后续的消费者 – 资源模型[145-147]从"机理"层面进一步解释了竞争结果产生的根源——**资源消耗**（Resource Consumption），具体地说明了竞争的物种及种群规模与资源间的影响规律。

（3）互利共生

互利共生（Mutualistic Symbiosis）[148]指两种生物依赖彼此生活或促进彼此生活条件的交互关系，如生长、生存和繁殖等。生态学家将捕食和竞争定义为消极的物种交互，将互利共生定义为积极的物种交互，且指出积极交互在物种多样性和生态群落结构中发挥着关键的作用但尚未被充分认识[149]。许多研究也表明了积极物种交互和宏观生态模式之间的有趣联系，比如压力梯度假说（SGH）[150-152]假定植物物种之间竞争性和促进性交互的相对重要性随着环境恶劣程度的变化而变化：竞争性交互在良性环境中占主导地位，而促进性交互在压力环境中变得更加重要。对于上述复杂、不同的物种交互，随着网络科学[153-154]的发展，生态学家也正在探索使用生态网络建立物种之间的关联，从而总结群落中大量潜在的交互模式，例如食物网（捕食关系）[155]、互利网络[156]等。

（4）外部环境变化

除了复杂的物种交互关系之外，群落所处的外部环境变化也显著地影响着物种丰富度以及群落结构等。反过来，种群和群落也始终针对动态环境做出动态响应。中度干扰假说（Intermediate Disturbance Hypothesis, IDH）[157-159]是解释波动环境下物种丰富度稳定性最著名的理论，其认为当群落处于中等程度的干扰时，能够维持最高的物种丰富度，强调了中度干扰在物种共存中的促进作用，为保护自然界物种丰富度提供了启示。存储效应（Storage Effect）[160] 指物种能在对其有利的生存环境下存储一定的积极效应（如休眠种子、滞育卵），来缓冲环境变化带来的消极效应。此效应[161] 指出环境变化对所有物种的影响是**平等的**，但由于物种生态位不同，对环境变化的反应不同，群落才会在物种共存上实现一种"动态平衡"（Dynamic Equilibrium，如不同竞争物种在不同时间或空间下会受到不同程度的"青睐"）。

综上，自然界群落中的各种生物在各种方式的积极和消极交互下达成默契的均衡，实现种群规模的消长，而这种均衡同时也受到生态位资源、环境等外界因素的影响。接下来继续深入探讨群落生态中的演化理论。

2. 群落生态演化理论

生态学和演化理论是紧密关联、相辅相成的。越来越多的生态学家认为物种演化影响着群落的生态特性（如物种交互和物种丰富度等）；反过来，群落生态也提供了演化发挥作用的选择性环境，支配着演化发生的过程和模式[162]。对二者综合开展的微观和宏观时间尺度上的研究形成了群落生态演化理论。

在微观时间尺度上，一些群落的物种性状演化可以仅发生在几代种之内。这种物种对于生态变化快速的选择与适应形成了生态演化反馈（Eco-evolutionary Feedbacks）[163]。最典型的情况是捕食行为产生了强大的选择动力，使得被捕食者被迫快速地进行演化，从而使生态变化和物种演化的时间尺度趋于一致。Becks 等[164] 从微观生物的"捕食关系"实验中进行测试，得到被捕食者的基因演化方向和速度一定程度上取决于其初始状态的基因型变异范围。此外，物种的快速演化还用于抵抗或者减缓外部环境恶化所带来的影响。演化拯救（Evolutionary Rescue）[165] 指的是在环境恶化的状态下，物种通过自适应演化来防止灭绝和恢复种群规模正增长的过程。Gomulkiewicz 和 Holt[166] 指出演化拯救是否成功的关键因素在于物种自适应变化是否足够快。自然界中有关演化拯救的例子也在被不断地探索和发现中[167]。

在宏观时间尺度上，研究人员关心群落如何在长期的演化中形成如今的群落结构和物种丰富度。群落系统发育学（Community Phylogenetics）通过建立物种间的亲缘关系模式（如演化树分叉）来更好地分析、理解这个过程。1865 年，达尔文在《物种起源》一书中就提出了第一个演化树。而 100 年后才有针对系统发育学和群落生态的更多的讨论和研究。从系统发育学的角度预测群落结构主要依赖于生态学家提出的两种假设[124]：物种亲缘越近，其表现型和生态位越相近；生态位相近的物种由于对资源、环境具有相似的需求，更有可能在同一群落中出现，但也会导致后续强烈的竞争性排斥。虽然群落系统发育学通过这些假设能够帮助人们理解演化背景下的生态学，但其还需结合更多的生物实验认证才能真正解释群落的演化[168]。

然而，从这些群落生态的研究中，我们发现生态学家都侧重于探索群落的种群规模变化、群落组成和物种丰富度等生态特性。它们对于构建共生演化的人机物异构群智能体系统究竟具有哪些重要意义呢？人机物异构集群生态和自然群落生态相似，异构个体间存在多种不同的交互方式，形成了复杂的交互网络。众多来自自然界交互现象的理论模型可以被运用到群智能体交互场景中。如最优觅食理论自提出以来，已经启发了计算机、博弈、管理等除生态学以外的领域研究，这些跨领域研究表明涉及优化搜索的技术问题都非常适合使用最优觅食理论启发模型或算法进行求解[169]。异构集群中的个体类似于生态系统中的觅食者，需要在任务空间中探索最优方案：Ulam 等[170] 提出使用最优觅食理论在机器人团队中实现根据团队成员的能力和环境需求进行特定角色分工；Paschalidis 等[171] 同样受到启发，考虑一组任务空间中的移动智能体，通过最大化总回报和最小化能源成本的建模方式解决通用的动态最优化问题。在未来，可继续深入研究人机物异构集群生态，将最优觅食理论和异构要素更多地联系在一起，考虑到个体不同的结构和能力，为异构群智能体提供更多目标优化问题的求解思路，在智能制造、军事作战等人机物场景下发挥更大的作用。

此外，我们在群落生态理论中看到种群生态位对于物种共存的重要影响。类似地，人机物异构集群处于不同维度的资源条件下，每种智能体都拥有属于自己的"生态位"——空间位置、算力、资源等。受群落生态学的启发，人机物异构群智能体共存本质上也是一种生态位划分的结果，其同样也受到外界环境、复杂交互模式的影响。理解并建模每种异构智能体的生态位及其与宏观群落结构变化的映射机制，则可能为人机物异构群智能体交互共存提供启发式方案。如 NPGA（Niched Pareto Genetic Algorithm）[172] 就是一种利用了相似生态位的种群会聚集繁衍的算法，用于克服传统演化算法中由于种群多样性的丧失而导致适应能力有限、生成非全局最优解的缺陷。但不得不提及，寻找人机物异构群智能体生态位具体内容和映射机制，需根据任务场景和需求决定，更不同于群落生态学仅仅侧重于对种群规模变化和群落结构的研究探索。这无疑是一项困难、复杂的工作。

综上，我们探索了群落生态学中可能启发构建共融、共生、共演化人机物融合群智系统的相关理论。但仅此还不足以解决传统人工群智向人机物融合群智转变所涉及的所有问题，比如如何实现异构集群的行为协同和如何体现人机物融合群智背景下人类智慧和机器智能高效融合、互相增强的新型要素。对于这些要素的合理结合，还需从接下来的其他领域探寻更多的启发性方案。

3.3.2　异构群集动力学

如 3.2.1 节所述，群集动力学是探索传统人工群智系统仿生群集行为的一种重要映射模式，为各种协调、有序的群集行为（如聚集、侦察、编队等）协同任务提供了基础的动力学机制。而在人机物背景下的异构群智能体行为协同更加复杂：异构个体具有不同的感知、计算、通信、行为模块，在特定场景（例如无人机作战察打任务）下的目标、子任务和能力不同，对于自身状态、外界环境具有不同的认知。在这种情况下，**异构群智能体如何达成共识？如何完成从无序到有序等群集行为的动力学转换？如何构建一致性动力学模型，以实现异构群智能体各项复杂的协同任务？** 这些问题使我们不得不在传统群集动力学的基础上，更加侧重对集群异构要素的探索和思考，挖掘人机物背景下异构群智能体行为协同的新型动力学机制。

在生物界，群集运动是一种非常普遍的自然现象。3.1节探索了鸟群的聚集飞行、鱼群的编队游行、蜂群的适温聚集甚至细胞的集群移动等生物群集行为。其相关研究因研究者学科背景不同存在不同程度的差异，但研究者对于生物群集运动的形成机理逐渐达成一种共识：**通过定义集群中个体之间的简单交互规则（即进行基于个体的动力学建模），即可形成协调、有序的复杂群集运动，其间甚至无须引入任何集中式的控制**[173-175]。在人工集群方面，受生物群集运动启发的动力学理论和应用技术在无人机集群编队控制、多机器人行为协作、智能电网等方面也具有广泛的应用前景。

异构群集动力学则是在群集动力学的基础上将研究对象设定为异构集群——个体特征不同、功能不同。其中，异构要素也始终是传统人工集群相关领域研究的重点，例如异构多机器人协作架构开发[126]和路径规划[176]、异构无人机集群任务分配[177]，还有对无人机、无人车、无人船等多种形态、功能上更为"异构"的人工智能体协作研究的展望等[178]。从这些研究中，本章总结归纳得到异构群智能体行为协同模型的建立需要对系统的**一致性协议（Consensus Protocol）、同步操作、连通性、拓扑结构特征**等因素加以考虑。

1. 一致性协议

在集群避障、编队控制等任务中，"杂乱无章"的群智能体需要在某种动力学机制下完成从无序到有序的转变，即达成集群行为上的一致性，实现协同。而一致性协议是实现一致性的方法或过程。具有不同系统特性的群智系统的一致性协议不尽相同。这些特性的差异将影响系统通信、计算、协同、学习等建模要素，也正是由于这些特性及其组合的多样性，对于系统一致性问题的研究形成了非常复杂、庞大的分支，从而能够适应不同类型的具体场景。

此外，研究学者也联结"异构性"对集群的一致性问题进行了深入探讨。例如，Saber等[179]提出一种平均一致性思想，并用仿真结果证明了其一致性收敛代价过大（比如通信和处理的开销难以接受）或者个体及其特征存在较大差异（异构集群）而导致一致性协议难以建立。与其他系统特性一样，异构要素往往和不同特性相结合而完成对系统一致性问题的讨论，例如是否存在通信时延[180]、不同阶的一致性[181]、系统是否为线性[182]、领航者个体[183]等异构集群协同的一致性协议建模。

2. 拓扑结构特征与同步规则

在群智系统中，群智能体形成的拓扑结构也是影响集群协同的重要因素。不同个体间可能存在固定的编队拓扑结构[184-186]，比如在无人机编队飞行任务中，无人机被要求使用一种特定的编队结构完成飞行。同样，系统个体间也可能存在固定的通信拓扑结构[187-189]，比如在有领航者的系统中，跟随者个体需要一直和领航者保持连通。在集群协同的过程中，必须要对这些可能存在的固定拓扑结构加以考虑。

此外，系统个体间还存在一定的同步规则，这些同步操作与一致性协议的建立以及编队、信息连通的拓扑结构的稳定性密切相关[190-191]。同步意味着集群中的某些个体需要根据其他个体的操作反馈进行及时的状态改变。例如，在雁群"人"字形飞行的任务中，当飞行的领头大雁发生动作改变时，跟随的大雁需要在位置、速度甚至加速度等状态上进行及时的转换，才能保证雁群群集行为的一致和编队结构的稳定。在集群协同的具体任务中，异构集群的通信、行为等内部模块不同使异构集群的同步问题更加复杂：同构集群只需要在一些明显的共同特征上完成同步（比如速度、加速度），而相关研究也证实了异构同步（或称为输出同步）所需要的特征层级更加丰富、模态更加多元[192-194]。

　　本节简单地讨论了异构群智能体的群集动力学机制，并对已有相关工作进行了简要介绍。异构要素成为智能体协同控制相关研究中越来越被关注的要点。而人机物背景下的群智能体群集动力学建模除了考虑异构特性之处，还需要考虑如何高效融合人类智慧和机器智能以实现群智增强等。对于此部分内容，本书将在 4.3 节中进行更为详细的阐述。接下来的内容继续聚焦于人机物融合群智系统中协同演化和智能增强两项新型要素的方法归纳和启发探索。

3.3.3　人机物演化动力学

　　自然界的生物在物种交互、外部环境的作用下，展现出物竞天择的演化智慧，如图 3.34所示。蕴含于演化背后的机理启发了计算机科学、经济学甚至哲学等生态学领域之外的研究学者，更影响着人机物融合群智系统自适应、持续演化要素的构建。如今，**研究学者受哪些演化思想的启发做出了怎样卓越的工作？人机物背景下的演化动力学究竟包含哪些具体内涵**？下面将针对上述问题进行解答。

图 3.34　自然物种的演化过程

　　在对自然生物种群（包括人类）演化机理的探索过程中，研究学者从不同的角度理解这些演化智慧，并将其和自身研究内容相结合，形成了不同的新型融合理论或者体现演化思想的实际技术和应用。我们从中归纳了可以用于指导构建人机物融合群智系统的四种演化思想和研究领域——**决策演化、认知演化、形态演化和硬件演化**（如图 3.35 所示）。

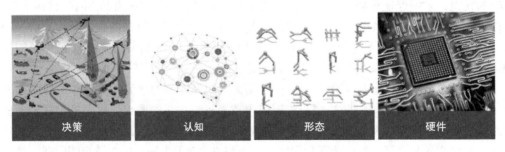

图 3.35   演化智慧启发的研究领域

1. 决策演化

在 3.2.6 节，我们介绍了演化博弈动力学这一研究领域，其将博弈论和演化论相结合，利用博弈的观点和方法理解生物演化，帮助解释生态学中群体选择、合作演化、利他行为等现象[195-197]。其认为生物种群竞争和合作本质上是一种物种间的博弈，而生态演化的本质就是追求博弈"均衡"的过程。例如，初始的演化稳定策略[111]认为在一个生物种群中，个体如果想要保证自身基因的延续，必须在自然选择的压力下做出和大多数个体一致的选择，即或者改变原有策略，或者在演化的过程中消失。因此，就在这种个体生存、消失，群体种群规模此消彼长的选择和适应的动态博弈过程中，生物种群发生了演化现象。

另一方面，演化博弈从群体演化的角度考虑群智能体决策，形成决策演化内涵。其核心思想是：与传统博弈相比，演化博弈不再认为博弈者具有全局认知且只会做出理性利己的行为[112]。更重要的是，**在这样的条件下，演化博弈中的均衡不再是一种静态的均衡，而是通过博弈者们不断地试错反馈和动态调整策略来达成，强调均衡实现的动态性**。

总之，生态学背景下的演化博弈动力学对种群动态演化过程进行探索分析，强调历史、环境、决策变换对于博弈均衡的影响，从博弈论的角度理解和解释了物种演化的本质、原因以及动态收敛过程，并为预测群体最终行为、特征或状态提供了一种理论依据。此外，演化博弈体现的决策演化内涵被不同领域的研究学者拓展和借鉴，产生了众多研究成果。例如，Bester 等[198]应用演化博弈理论探索了人是否在经济活动中存在利他行为以及这种演化博弈的稳定性；Tembine 等[199]将演化博弈思想拓展至移动无线网络中，探索了移动设备间的非合作交互行为，研究了无线传输信道和定价对动态演化和均衡的影响。

传统人工集群（如无人机群、机器人群等）中的个体之间存在资源竞争和协作分工，通过多种局部交互在宏观层面形成一种复杂的博弈网络。演化博弈动力学同样启发和帮助相关研究学者实现人工集群的目标任务最优求解，或者资源的最优分配等问题。更多人工集群和人机物群智能体对演化博弈理论的应用和实践，可参见第 4 章的相关内容。

2. 认知演化

尽管演化是否存在目的性在生物哲学中依然是一个未知的问题，但在漫长的演化史中，生物不断根据自身所处的生存环境进行适应调整并通过自然选择学说"适者生存、优胜劣汰"的原则决定能被留存和繁衍个体的思想已经成为现代演化研究的主体。**不同于演化博弈通过博弈或者其他中间视角"观察"群体的演化过程，计算机科学家受这种生物交互共生、适应学习现象的启发，开展了一系列体现遗传变异、选择迭代等演化思想的研究工作，例如遗传算法**[200]、**演化策略**[201]**和演化规划**[202]等。尽管这些演化算法的诞生借鉴了自然界不同层面的演化智慧且应用场景广泛，但都涉及**演化繁殖、随机变异、竞争交互和环境选择**四项基本要素。这些要素构成了演化的本质，一旦包含这四个过程，无论是在自然界还是在计算机中，"演化"都将成为一种必然涌现的结果[128, 203]。

除了自然界中的万千种群在生物史上产生的变异、遗传和繁衍等演化模式，人类作为地球上的"高等级"生物，其认知的产生、运作与演化过程也成为研究学者亟待解决的难题。随着心理学、人类学、神经科学和计算机科学等领域研究的发展，以理解生物智能的原理、心智和学习的形成过程为目标的认知科学（Cognitive Science）应运而生[204]。在此背景下，受生物神经系统认知原理启发而来的人工智能技术和应用更是为世界带来了翻天覆地的变化，形成了如认知计算等"计算机 – 认知"融合学科。"人工神经网络"（Artificial Neural Network，ANN）就是典型的例子。Kohonen 在 1987 年 *Neural Networks* 创刊时给出了 ANN 的广泛定义：由具有适应性的单元组成的广泛互联网络，其能够模拟生物神经系统对客观事物做出的交互反应。自 1943 年神经元模型[205]的概念提出以来，人工神经网络不断吸收新的复杂概念和内涵，出现了卷积神经网络（CNN）[206]、生成对抗网络（GAN）[207]、递归神经网络（RNN）[208]等各种网络模型，在各个领域发挥着越来越重要的作用。

然而，真正理解认知的内在机理并非易事。21 世纪初，认知科学家们尝试利用演化元理论和方法论来指导并将其应用于认知科学，产生了一种新型分支——演化认知科学（Evolutionary Cognitive Science）。其从演化的角度研究"认知"，旨在描述人类在演化过程中由选择压力形成的神经认知机制，并认为正是这些压力最终定义了人类的思维[209]。也就是说，通过演化元理论的指导，认知科学家能够更好地描述他们所研究的认知过程和神经关联，还能更好理解为什么会产生认知和思维及它们如何变化等，而非仅仅是理解它们如何运作[210-211]。近几年，在计算机科学领域，这种"演化＋"的思想同样也被研究学者们应用于人工神经网络的设计与构造，并且取得了一些突破性成果。演化神经网络（Evolutionary Neural Network，ENN）[212-213]就是受到前述**"大脑思维本身就是演化过程的产物"**这一事实的启发而提出的。与采用随机梯度下降训练方式的传统神经网络不同，ENN 改用演化算法来优化神经网络，实现基于梯度的方法所不能达到的效能，比如学习超参数、网络结构和构建块（如激活函数）等。例如，演化神经网络架构搜索（Evolutionary NAS）[214]采用演化思想在庞大的搜索空间内确定对应任务的神经网络结构。

总之，上述工作基于自然选择背景下的生物演化内涵，求解实际问题时不需要像传统的目标优化和机器学习方法那样了解问题的形式化全貌以及结果的求解方向，只需要定义好遗传、变异等演化规则和环境的偏好选择（决定个体是否在下一轮演化中被接受）。**这些体现神经演化（Neuro Evolution）内涵的神经网络 AI 思想使得模型不断逼近人类大脑水平**，也就是希望通过演化实现类似生物拥有的复杂认知机制并以此解决各种开放式泛在问题，这也是未来通往**通用人工智能**的关键途径之一[129]。Hasson 等学者[212]于 2020 年在《Neuron》上发表的一篇文章以一种宏观、前瞻的演化视角审视和阐述了生物神经网络和人工神经网络以及它们之间的联系和对未来协同共进的展望。

3. 形态演化

在人工智能的发展历程上，研究学者们对"智能"这一概念始终未能达成统一、明确的共识。从认知科学的角度来看，智能侧重于学习知识、运用知识的能力，如认知演化中就提到人工神经网络诞生于模仿生物理解、学习、推理和归纳的内在机制。但部分研究学者认为这种思想使得智能过于强调"看不清、摸不着"的内部逻辑表达[215-217]，而忽略了智能的具身化或者说智能系统与物理环境的交互作用对于智能本身也同等重要，即**智能需要一个身体**。在这样的背景下，一种名为具身智能（Embodied Intelligence）[218-219]的领域应运而生。

如果说演化神经网络等侧重于人工智能"内在思考方式"的认知演化内涵，**那么演化背景下更侧重于"外在物理特征"的具身智能则产生了人工智能领域的形态（morphological）演化内涵**。例如，李飞飞团队[220]受启发于生物在漫长演化史中所展现出来的形态学习智能行为，提出了名为深度演化强化学习（Deep Evolutionary Reinforcement Learning, DERL）的新型计算框架，通过创建人工具身智能体和模拟演化实验完成了智能体在当前地形下最佳行进形态的生成，不但完成了人工具身智能体对于生物演化法则的实现，还首次证明了演化生物学中的鲍德温效应——演化过程中，学习开始而来没有基因信息的行为将逐渐成为能够遗传给后代的具有基因信息基础的行为[221]。David Howard 等[222]提出一种"多级演化"的系统框架——机器人通过认知层面（内部软件）的融合和形态层面（硬件外观）的重组，如同生物一般进行"繁殖"和自主演化，使下一代机器人兼具父辈的智慧和外形优势，**将具身智能体现的形态演化进一步拓展到完整人工智能体的多层次全面演化上**。其回应了 Eiben 等[223]谈及的：随着机器人技术和 3D 打印技术的成熟，一个人工物理智能体不断进行演化且被实例化的"Evolution of Things"时代正在来临。Stanley 等[213]也在文献中表示类比生物身体（形态结构）、大脑（智能认知）的协同演化模式，有助于实现真正意义上的通用人工智能。未来演化机器人[224-226]的真正落地和工业化必将颠覆人们对传统人工智能的想象。

具身智能的诞生和发展丰富、拓展了智能的定义，使得人工智能领域不再只注重于语言、视觉等非具身智能任务，更加全面地构建起人工智能的理论概念。在人工智能领域，智能所承载的对象为人工智能体。而在人机物群智背景下，智能则可以"搭载"于人、机、物异构群智能体之上，这些具有不同优势的智能形态高效融合、互利互补并最终完成群智涌现。

4. 硬件演化

演化硬件（Evolvable Hardware）是一类根据外部环境改变内部结构或者调整自身行为的硬件或系统，旨在使用演化算法与可编程逻辑器件（Programmable Logic Device, PLD）共同完成自主演化和重构，达成物理硬件自适应、自组织、自修复的效果[227]。与具身智能中实体硬件的外观形态演化不同，**演化硬件是一种侧重于通过借鉴自然演化完成硬件内部电子系统设计的研究**。与传统人类设计相比，它提供了一种新型电子系统设计方法，目的是使任何硬件结构都能无须人为干预便可高度自动化地完成自适应、自修复的电路设计与调整。其中，如何通过复杂度更低的演化方法高效进行相应应用的空间搜索过程是研究者们致力于改进的重点。尽管硬件演化相关研究还远未达到其最初预想的目标，但是其所展现的具有自适应结构调整和自繁殖、自修复能力的硬件开发愿景无疑是未来发展的重要方向。

综上，这四种受自然界生物演化现象启发的思想和研究领域并非完全独立和解耦的。我们的本意并不是在此强调这些演化思想的不同，而是想通过对这些工作的归纳，描述"演化"所展现的强大力量以及为学界提供的无限可能。演化计算（Evolutionary Computing, EC）作为一个新兴研究领域[203]，包含了不同演化思想的计算机相关研究，在 20 世纪 90 年代逐渐被研究学者形式化，Eiben[228] 和 KA De Jong[229] 等学者对其进行了非常卓越的总结和展望。此外，其他不同领域对于自然界演化的借鉴和探索重点也不同，例如生态学、神经科学等侧重于从不同角度归纳、总结出生物演化的规则和机制（如遗传变异、认知机制等），这为人工智能领域的研究学者们不断提供新颖的技术启发和研究思路，而相应的人工智能模型和算法反过来也为其他学科提供高效的问题求解方案。

此外，不可否认的是在计算机领域，"演化"指导的研究想要成为主流，依然有很长的一段路要走。例如，如何应对处理演化模型或算法需要大量计算、存储等资源的问题，如何更高效地指导演化向着期望的目标进行等。但从长远来看，演化启发的研究目标是解决开放性和通用性问题，这同我们所展望的人机物融合愿景一致，开放、通用和更加高效、鲁棒的解决方案是人类永恒的追求目标。虽然当前依然面临着重重困难，但如同演化研究领域本身一样，从认知演化、形态演化再到多层次全面协同演化，我们可以看到越来越多的演化内容被嵌入到更大、更复杂的实体中。这样的实体处于更加复杂的外部环境和变异、繁衍的动态演化机制下，使得模型的建立更加困难，但这丝毫没有阻止计算机科学家们致力于挖掘**蕴含于从微观基因结构到身体、面部等个体形态特征，再到种群规模、群落交互等群体特征中的多种不同的演化内涵**。未来我们也期望看到更多借鉴演化思想而开展的创新性研究，以及其对全周期持续演化的人机物融合群智系统实现的增效，实现理论基础和应用技术的腾飞。有关研究工作及其与人机物背景的结合与展望的内容，请参见第 4 章。

3.3.4　人机物共融智能

前文分别从群落生态学、异构群集动力学和人机物演化动力学的相关领域挖掘了能够为人机物背景下异构群智能体共生演化、协作增强等要素提供启发的理论依据或实际应用。而相比传统群智系统，还存在一项目前还未被深入探讨的人机物新型要素——人类智能和机器智能（人工智能）的融合与增强，它会为群智涌现带来哪些新的内涵与影响？这种新型的人机物共融智能高效利用了人类智能和机器智能的互补性和差异性，如人类使用其认知理解、经验知识等通用智慧的优势，机器使用其专业化智能等。这种融合了不同智能形态的新型智能概念跳脱出系统单一智能形态的束缚，使得人、机、物多种形态的智能可以各取所长、互利互补，完成各自擅长的工作，实现群智协同增强，是人机物融合群智极为显著的新型特征。而融合人类智能和机器智能的相关讨论和研究并不是最近才被提出的。本节将介绍该领域的相关工作并进行归纳和总结，最后提出人机物共融智能的方法框架。

人工智能领域先驱、美国麻省理工学院的利克莱德教授早在 1960 年就发表过一篇开创性的文章 [230]，提出"人机共生"（Man-computer Symbiosis）思想，指出人类的大脑将会与计算机等设备紧密耦合，并且这种耦合将会形成一种前所未有的合作关系，以现在所无法描述和构想的形式进行思考和分析数据。随着计算机软硬件技术的发展，人机共生的思想呈现在真实世界中的可能性越来越大。同时，新的时代催生了新的需求，国家新一代人工智能发展规划 [231] 中提到"人机混合智能"是国家实现" AI 2.0"的重要研究方向，生物智能系统和机器智能系统的集成与协作，能提高解决问题和响应决策能力，涌现更高水平的智能。笔者重新审视人与计算机智能的关系，构建出新型的人机智能混合形态，提出"人机共融智能"的概念 [6]，并总结了人机共融智能的三个特性：个体智能融合（针对复杂任务，巧妙利用人的识别、推理能力，实现人机协作增强感知与计算，发挥二者的互补优势）、群体智能融合（通过利用群体行为特征、结构特征及交互特征等在特征和决策层面与机器智能进行融合，实现智能增强）、智能共同演进（人类智能和机器智能互相适应，彼此支持，相互促进，实现智能的共同演进和优化）。

本节则根据现有研究中人类智能和机器智能的不同融合方式，把共融智能划分为两种模式——**显式和隐式**。显式指人作为群智系统的一员，**主动地**利用人类独有的认知能力和知识经验，直接参与到群智涌现的过程中；隐式则指通过人类智能的间接输入和认知启发，**非主动地**帮助系统更加高效地涌现群智，起到引导、辅助的作用。接下来，我们将分别对这两种融合模式进行阐述。

1. 显式共融

"人"成为人机物融合群智系统中的一员，和机器共同协作完成任务，以"显式参与"的方式介入群智涌现的过程中。当前探索这种"显式共融"方式的理论和应用主要以"人在回路"（Human-in-the-loop）[232] 这种混合智能形态为主。"人在回路"指的是将人类智能直接引入智能系统的回路，以提高智能系统的置信度。其可以实现在模糊和不确定问题中，分析与响应高级认知机制与人工智能系统之间的紧密耦合。第 9 章将对人在回路这种混合智能范式与相关工作及其面临的挑战等进行更为详细的阐述。比如在图 3.36 所示的人在回路的融合框架中，机器学习（有监督和无监督）从训练数据或少量样本中学习一个模型，并利用该模型预测新的数据。当系统异常时或者当计算机对预测结果缺少"信心"时，利用置信度估计或计算机认知状态可以决定是否需要人工干预。事实上，最终算法中的人工 / 预处理有助于提高系统的准确性和可靠性。

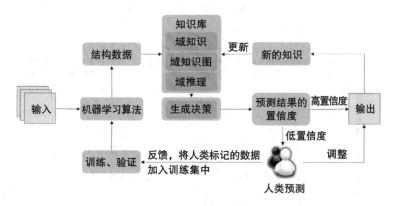

图 3.36 人在回路的混合增强智能的基本框架 [233]

同时，"人在回路"这种显式智能融合的方式也随着时代发展孕育出一些新的内涵——不仅要使机、物智能在人的介入下进行增效，人也在群智涌现的过程中不断成长并提升决策能力，以实现人、机、物的共同进步。比如通过人在回路的方式，机器能够更加高效、可信地解决复杂场景下的任务；而机器智能形成反馈，可反过来提高人类理解复杂问题再根据需求去解决问题的能力。上述即为人、机、物"共生演化"的智能融合范式。

例如在工业 4.0 背景下，Bousdekis 等 [234] 提出了一个"操作员 4.0-AI"共生的人类网络物理系统（Human-Cyber-Physical System, HCPS）框架。其中，人类和 AI 共同努力，实现彼此增强，比如利用操作人员的领导能力、团队协作能力、创造力和社交技能，以及 AI 计算的速度、可扩展性和定量能力 [235]。通过这样的方式，操作人员和 AI 可以通过较小的通信开销实现共享信任和期望，如图 3.37 所示。在这个框架下，机器利用其强大的存储、计算等能力来处理物理空间中的数据；同时，人类利用其认知、概念等专家领域知识同机器进行交互，获得可解释的结果，该结果进一步帮助人类规划下一步动作并根据实时感知的环境参数和结果为机器智能提供反馈和建议。

2. 隐式共融

前面讨论了人主动地"直接参与"群智涌现过程的显式智能共融模式。在这部分，我们将讨论人通过"间接指引"，非主动地利用人类智能的间接输入和认知启发，协助增强群智涌现的隐式智能共融模式。

所谓"隐式"，强调人类无意识、非主动地为群智系统贡献人类智慧，利用人类认知与经验在智能决策中起到引导、辅助的作用，实现智能涌现增强。而"显式"模式下，人类通过在回路中有意识、主动地提供能力或直接介入，影响甚至决定智能决策的方向或结果。我们在此区分隐式和显式的目的也是希望表达：**在当前技术背景下，机和物所展现的机器**

智能形态在自主性和智能化程度上还远未达到能够和人"共融协作"的水平，因此人类在群智系统中当前的介入方式决定了不同智能融合模式的形成。

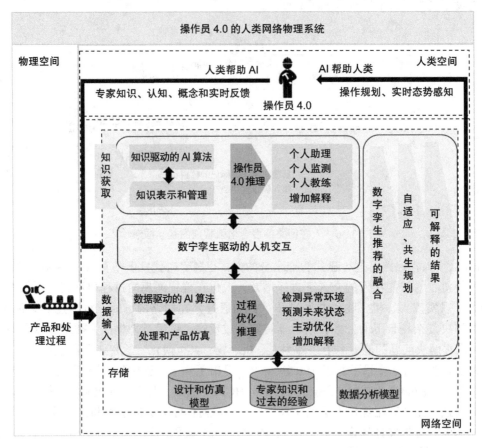

图 3.37 "操作员 4.0 AI"共生的人类网络物理空间框架[234]

当前，体现上述"隐式"智能融合的技术又存在哪些具体的相关工作呢？从群智数据间接输入的角度来看，来自人群、设备、环境等的人机物群智数据蕴含着大量且丰富的语义信息和群智知识。其以人类群体生成的数据为核心，更以人类参与群智数据融合过程的不同方式可进一步划分为显式和隐式两种模式，其中不同类型的人类群智则被嵌入到数据感知和内容生成的过程中。群智数据融合背景下的隐式群智则体现在人机物交互情境和社群情境内，被间接地用于群智数据的理解和处理，如用作机器智能的特征输入或相关参数。这些内容将在第 6 章进行更为详细的讨论。而从认知启发的角度来看，人脑蕴藏着人工智能最终期望实现的计算机理，这种通过模仿人脑认知机理和功能模式以提高计算机的感知、推理和决策能力的基于认知计算的共融智能也体现了人类智能"隐式"参与、协助群智涌现的智能融合模式。其面临的挑战和相关工作将在第 9 章进行详细阐述。

　　基于上述对人类智能和机器智能的显式与隐式融合模式的归纳和总结，下面提出了人机物共融智能的体系框架，如图 3.38 所示。

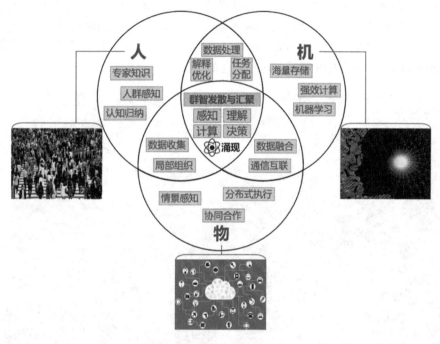

图 3.38　人机物共融智能的体系框架

　　在人机物融合群智系统下，"人"具有认知经验、归纳和总结等优势，"机"具有高效存储、计算、机器学习等优势，"物"则具有泛在情境感知、协同合作等优势，三种智能形态深度融合、互相补足。这些拥有不同智能形态的智能体除了以其特有优势相互增效之外，群智能体中的每一个体还在感知、理解、计算、决策的演化生命周期内，不断与其他智能体进行交流通信、交互合作，通过群智发散和汇聚完成群智涌现。

　　本节阐述了人机物群智增强新型要素的内涵和意义，从人类智能和机器智能融合的现有相关研究中归纳出显式与隐式两种智能共融范式，并凝练提出人机物共融智能的体系框架。人机物共融智能展现了未来背景下人、机、物"1+1+1>3"的智能融合增效愿景，实现了群智涌现过程中不同智能形态的交叉渗透，是相比传统单一人工群智极为显著的新型特征。未来随着机、物智能水平的不断提高，群智系统将以更加和谐、平等的方式完成人类智能和机器智能的进一步融合，实现人类与机、物的智能共同演进。

3.3.5　人机物超级物种集群

　　在前面的探索中，我们追根溯源，借鉴自然界所展现的交互、演化等群体智慧，通过群集动力学、演化动力学、人机物共融智能等领域的现有成果，探索人机物融合群智涌现机理，寻找实现各项新型要素的相关理论和技术。回到追求构建人机物融合群智系统的"初心"，我们希望这样的新型群智框架能够以其更强的灵活性、容错性、智能涌现水平以及更高效、更普适的应用处理模式来解决传统人工群智系统所无法解决的更多开放不确定泛在问题。在探索的过程中，我们也不断吸收、归纳各个领域的相关工作以及研究学者的专业展望，并结合自身创想，设计出另一种有趣且具有未来意义的新型概念——**超级物种（Super-being）集群**。图 3.39 展示了这一概念的设计构想。

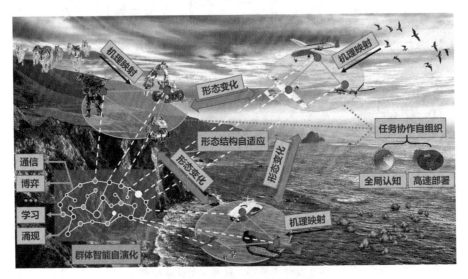

图 3.39　超级物种集群愿景图

20 世纪最伟大的科幻小说作家之一艾萨克·阿西莫夫（Isaac Asimov）在其著名的作品《银河帝国》系列中曾描绘过一个名为"盖娅"的广义星系生命体，其由它（星系）所包含的所有生物有机体和无机物共同组成，并基于一些机制保证盖娅内部这些组成成分的高效交互协作，且盖娅还能够认知组成成分的任何细微变化。其实，无论是人工集群还是人机物集群，它们所组成的群智系统的核心都是通过个体智慧的发散和群体智慧的汇聚实现智慧涌现过程的，可达成超越单智能体范围的智能水平，在宏观上整体类似形成一种更强大的智能单位去处理和完成复杂任务。"超级物种"集群亦是如此。其命名缘于前面对群落物种的探索："超级"二字体现的是在能力上聚合和超越传统智能体，具备自适应、自学习和持续演化等优势或特性。具备这种特性的未来**人工智能体**被形象地比喻成新型"超级物种"。不同于这样较为抽象的描述，我们给超级物种一个更为具象的定义：所谓超级物种，**是一类集成多种传统智能体优良特性的、能够根据外界环境和复杂需求自适应重构形态和结构（例如实现多栖运动）的强智能新型人工智能体**。整个超级物种集群，能够面对动态的环境进行不同的自组织部署，高效协作以适应不同的任务。同时，群智系统在生命周期内的每次任务中持续演化、学习，在形态结构、个体智慧程度、群体协作水平等方面不断演化，以适应未来愈发复杂的不同任务场景。

综上，我们已对超级物种这一概念的定义有了宏观上的了解和认识。从定义可以看出，超级物种集群是群智能体所追求的最终形态，**不仅具备人机物背景下群智能体自适应、自组织、自学习和持续演化的全部特性，且其个体也在能力上超越了当前任何一种传统智能形态**。尽管要实现上述宏大的超级物种集群愿景在当前看来还十分遥远，对于超级物种集群的描述也依然处于"想象"的状态，但超级物种概念的提出并非一时兴起。当前科学领域的研究展望和一些应用技术的变化趋势已经影射出超级物种的未来需求和实现可能。4.3.3节将对这些工作及超级物种集群的未来应用愿景进行更为详细的阐述。

而在真正实现超级物种集群这一宏伟目标的过程中，未来技术需要达成和具备怎样的水平？或者说超级物种集群拥有哪些显著的技术特征呢？问题的答案也许还需要科研工作者在未来的几十年甚至上百年内源源不断地给出其中的块块拼图。但综合之前对超级物种集群的背景、定义和未来场景的种种描述和探索过程中针对不同领域工作和专家展望进行的归纳、启发，这里对上述问题给出一些基础的解答。

1. 形态结构自适应

从定义可知，超级物种体现了个体能力层面的高度集成，能根据外界环境和动态需求自适应地改变自身的功能和形态结构。我们在3.3.3节中对体现形态演化的具身智能和相关前沿工作进行了介绍，其中不管是对理论研究还是前沿技术的各种探索，都显著体现出超级物种形态演化自适应的内涵。最近，奥斯陆大学[219]成功研制出一种形态自适应的四足机器人，将具身智能第一次真正地引入人类的现实生活中。同样，如果将演化硬件的概念目标进行拓展并实现，各种形式的硬件将如同生物一般具有自适应、自组织、自修复等特性，可改变自身内部结构和行为以适应不同的生存环境。这将为超级物种形态结构自适应特性的进一步实现带来可能。

2. 任务协作自组织

在群智系统中，同构或异构个体各自扮演着不同的专业化角色，通过个体智慧的发散和群体智慧的汇聚完成群智涌现。在理想状态下，群智系统的灵活性、扩展性、鲁棒性与任务处理能力等方面都远优于"单智"系统。但群智能体的协同和组织也成为群智系统的一大难题——群智系统中的个体具备局部的认知和通信等特征，如何面对复杂、高度不确定性的外界环境实现集群的自组织部署？根据前述介绍，超级物种集群拥有所有群智系统的理想状态，群智能体将形成一个更加独立、完整、强大的智能单位。如同《银河帝国》中的"盖娅"，具有最大可能**"牵一发而动全身"**的全局认知和响应能力。也就是说，每个个体可以实时感知除环境外其他个体的存在或信号反馈，对于整个集群的变化具有实时决策、高速响应的能力，最后集群能够自组织地完成群智能体的行为协同与结构组织等。类似地，"马赛克战"也描述了一种无人机、无人车、无人船等异构混合型作战部队，能够以"按需定制"的特遣部队形式，满足应对各种冲突的作战需求，动态、协同地实施作战。当然，上述愿景的实现还需要未来智能体行为动力学理论、集群协同自组织模型等相关工作上的突破。此外，在实际应用中，智能体通信的覆盖范围、传输效率和抗干扰性等决定了集群的范围边界和效能上限，通信技术的发展也是超级物种集群实现过程中至关重要的一环。

3. 群体智能自演化

超级物种集群的智能化理想目标是达到人类或人群所具有的通用人工智能程度以及通过学习实现的全生命周期智能演化的水平，具备不断解决开放式泛在问题的能力。在个体层面，我们在 3.3.3 节就提到自然界十几亿年演化过程中蕴含的神经认知与具身形态的启发，在创造人类水平的人工智能中发挥着重要的作用，成为未来通往通用人工智能的关键道路之一。因此，继续以开放性问题为动力，更进一步受启发于自然界的创造力而产生创新、成熟的演化人工智能相关技术，拥有人类智慧水平的超级物种的未来并非纸上谈兵。在群体层面，超级物种集群的群智演化则在个体智慧强水平和演化特征的基础上，通过决策演化以博弈、协商等方式不断追求群智效益和整体涌现强度的最大化，如同人类社会在法律、规则等的制约下通过协作实现群体价值一般。

在本小节，我们提出了超级物种集群这一充满未来意义的新型概念，对其创想背景、定义和技术特征等进行了阐述，第 4 章将对其现有及未来应用场景进行更为详细的介绍。也正是因为超级物种集群不但具备实际的未来需求，在技术层面更拥有着众多的未知挑战，所以在此也只能在一定程度上刻画和构建这一创想的理论内涵。未来希望越来越多的研究学者致力于实现超级物种集群的相关理论研究和应用技术的不断拓展和突破。

3.4 本章总结和展望

1. 总结

人机物群智协同计算是对信息空间、物理空间、人类社会空间等多元空间的一种计算范式，它通过智能感知实时获取大数据、智能任务分配、分布式计算与智能决策等方法来实现人机物之间的融合，解决单类智能难以解决的复杂问题，构建具有自组织、自适应、可迁移的智能空间。目前研究者对于智能物联网中的智能感知、智能任务分配、分布式计算、智能决策等层面的协同方式有了一定的探索，然而在理论层面，对于其协同的机理尚未有明确的定义。

人机物群智协同机理是一种理论的模式，是人机物群智感知、人机物群智任务分配、人机物分布式计算、人机物自学习增强与自适应演化等一切的基础，可以为现有的人机物群智计算的技术提供理论的支撑和进一步的演进方向。因此，本章详细介绍了生物集群的协同机理、人类社会的群智涌现以及将生物群智应用于人工群智的映射机理。其中，3.1 节介绍了生物集群的协同机理，根据生物集群展现的不同群智行为进行介绍；3.2 节讲述了将生物集群协同机理应用于人工集群协同上的映射机理；3.3 节主要介绍了由生物集群协同机理启发的人机物融合群智涌现机理，分为群落生态学、异构群集动力学、人机物演化动力学和人机物共融智能四个领域对人机物融合的群智机理进行了探索，3.4 节根据群落生态的启发提出了人机物超级物种集群这一新型概念。

2. 展望

人机物群智协同机理是受自然界中生物群体、细胞群体的启发而归纳、总结的。目前尽管人们通过理论建模和实验验证，对生物集群行为的发生机理有一定的理解，但是对于其群体智能的自组织涌现机制还有待进一步的深入研究。因此，生物集群协同机理值得更加深入的探索和研究。

目前许多研究者探索了人工集群协同机制以及人机共融协同机制，混合智能是未来的一大发展趋势。随着对生物集群机理的探索，对人类脑部机制的探究，未来将做到生物智能、机器智能、人类智能的多层次融合，不仅以生物脑和人脑为模型进行仿生机器智能端的研究，还利用生物智能和人类智能，实现系统层次上的智能融合。

在当前的社会空间、信息空间、物理空间等多元空间集一体的智慧空间内，人、机、物的融合是未来的一大趋势。关注人机物等多因素之间的复杂关联关系，探索人机物之间的交互作用机理与协同模式是当前首要的任务。

习题

1. 根据 3.1 节介绍的内容，协作筑巢、分工捕食和社会组织都与群体协作相关，它们的区别是什么？
2. 除去书中提到的信息素、层级交互、配对交互等方式，你还能想到自然界中生物群体的其他交互方式及其作用吗？
3. 尝试仿真实现 Vicsek 模型，并探索其改进方法。
4. 总结基于学习机制映射中各种学习方法的灵感来源及应用场景，你觉得还有哪些人类学习机制可以被借鉴来实现通用人工智能？
5. 参考介绍的生物集群协同机理，考虑基于一种或结合多种映射机理实现能完成编队、追捕、搬运、模式形成等协作类任务的人工群智系统。
6. 与传统人工集群相比，人机物集群实现群智涌现还具有哪些新型要素和具体优势？
7. 自然界作为群智起源的发祥地，除了现有物种交互、演化相关的研究工作，你认为还存在哪些能够指导构建人机物融合群智系统的理论机理？
8. 物种演化的内涵涉及微观基因、个体形态甚至群体交互的多个层次，这些演化智慧还启发并产生了哪些计算机领域之内或之外的其他研究工作或者交叉学科？
9. 超级物种集群是一种未来群智的有趣创想，你还能想到哪些用于构建和完善其理论框架和技术支撑的创新点？
10. 实践利用 Gazebo、V-Rep、Webots、RoboDK、MuJoCo 等工具进行机器人 3D 动态模拟仿真，进行"超级物种"设计、集群协同算法验证和真实场景测试等实践。

参考文献

[1]　REYNOLDS C W. Flocks, herds and schools: A distributed behavioral model[C]//Proceedings of the 14th Annual Conference on Computer Graphics and Interactive Techniques, 1987：25-34.

[2]   SOSNA M M G, TWOMEY C R, BAK-COLEMAN J, et al. Individual and collective encoding of risk in animal groups[J]. Proceedings of the National Academy of Sciences, 2019, 116(41)：20556-20561.

[3]   KELLER R. Physical biology returns to morphogenesis[J]. Science, 2012, 338(6104)：201-203.

[4]   HOWE J. The rise of crowdsourcing[J]. Wired Magazine, 2006, 14(6): 1-4.

[5]   LI S, BATRA R, BROWN D, et al. Particle robotics based on statistical mechanics of loosely coupled components[J]. Nature, 2019, 567(7748): 361-365.

[6]   於志文，郭斌. 人机共融智能 [J]. 中国计算机学会通讯，2017, 013(012)：64-67.

[7]   SUMPTER D J T. Collective animal behavior[M]. Princeton: Princeton University Press, 2010.

[8]   KRAUSE J, RUXTON G D, KRAUSE S. Swarm intelligence in animals and humans[J]. Trends in Ecology & Evolution, 2010, 25(1): 28-34.

[9]   SUMPTER D J T. The principles of collective animal behaviour[J]. Philosophical Transactions of the Royal Society B: Biological Sciences, 2006, 361(1465): 5-22.

[10]   VICSEK T, CZIRÓK A, BEN-JACOB E, et al. Novel type of phase transition in a system of self-driven particles[J]. Physical review letters, 1995, 75(6): 1226.

[11]   KHATIB O. Real-time obstacle avoidance for manipulators and mobile robots[J]. Autonomous Robot Vehicles. New York: Springer, 1986: 396-404.

[12]   MIRZAEINIA A, HEPPNER F, HASSANALIAN M. An analytical study on leader and follower switching in V-shaped Canada Goose flocks for energy management purposes[J]. Swarm Intelligence, 2020, 14(2): 117-141.

[13]   ARNOLD G W. An analysis of spatial leadership in a small field in a small flock of sheep[J]. Applied Animal Ethology, 1977, 3(3): 263-270.

[14]   FIERRO R, DAS A, SPLETZER J, et al. A framework and architecture for multi-robot coordination[J]. The International Journal of Robotics Research, 2002, 21(10-11): 977-995.

[15]   WEIMERSKIRCH H, MARTIN J, CLERQUIN Y, et al. Energy saving in flight formation[J]. Nature, 2001, 413(6857): 697-698.

[16]   COUZIN I D, KRAUSE J, JAMES R, et al. Collective memory and spatial sorting in animal groups[J]. Journal of Theoretical Biology, 2002, 218(1): 1-11.

[17]   GAUTAM A, MOHAN S, MISRA J P. A practical framework for uniform circle formation by multiple mobile robots[C]//2012 IEEE 7th International Conference on Industrial and Information Systems (ICIIS), 2012: 1-5.

[18]   OH H, SHIRAZI A R, SUN C, et al. Bio-inspired self-organising multi-robot pattern formation: a review[J]. Robotics and Autonomous Systems, 2017, 91: 83-100.

[19]   NORDLUND D A, LEWIS W J. Terminology of chemical releasing stimuli in intraspecific and interspecific interactions[J]. Journal of Chemical Ecology, 1976, 2(2): 211-220.

[20]   JEANSON R, RIVAULT C, DENEUBOURG J L, et al. Self-organized aggregation in cockroaches[J]. Animal Behaviour, 2005, 69(1): 169-180.

[21]   CRUZ N B, NEDJAH N, DE MACEDO MOURELLE L. Robust distributed spatial clustering for swarm robotic based systems[J]. Applied Soft Computing, 2017, 57: 727-737.

[22]   KERNBACH S, THENIUS R, KERNBACH O, et al. Re-embodiment of honeybee aggregation behavior in an artificial micro-robotic system[J]. Adaptive Behavior, 2009, 17(3): 237-259.

[23] ALON U, SURETTE M G, BARKAI N, et al. Robustness in bacterial chemotaxis[J]. Nature, 1999, 397(6715): 168-171.

[24] PAINTER K J. Continuous models for cell migration in tissues and applications to cell sorting via differential chemotaxis[J]. Bulletin of Mathematical Biology, 2009, 71(5): 1117.

[25] BAI L, EYIYUREKLI M, BREEN D E. An emergent system for self-aligning and self-organizing shape primitives[C]//2008 Second IEEE International Conference on Self-Adaptive and Self-Organizing Systems. IEEE, 2008: 445-454.

[26] YANG B, DING Y, JIN Y, et al. Self-organized swarm robot for target search and trapping inspired by bacterial chemotaxis[J]. Robotics and Autonomous Systems, 2015, 72: 83-92.

[27] POTTS W K. The chorus-line hypothesis of manoeuvre coordination in avian flocks[J]. Nature, 1984, 309(5966): 344-345.

[28] TUNSTRØM K, KATZ Y, IOANNOU C C, et al. Collective states, multistability and transitional behavior in schooling fish[J]. PLoS Computational Biology, 2013, 9(2): e1002915.

[29] 李强，王飞跃. 马赛克战概念分析和未来陆战场网信体系及其智能对抗研究 [J]. 指挥与控制学报，2020, 6(2): 87-93.

[30] SOSNA M M G, TWOMEY C R, Bak-Coleman J, et al. Individual and collective encoding of risk in animal groups[J]. Proceedings of the National Academy of Sciences (PNAS), 2019, 116(41): 20556-20561.

[31] BERLINGER F, GAUCI M, NAGPAL R. Implicit coordination for 3D underwater collective behaviors in a fish-inspired robot swarm[J]. Science Robotics, 2021, 6(50): eabd8668.

[32] HANSELL M H. Animal architecture and building behaviour[J]. Animal Architecture and Building Behaviour, 1984, 54(2):676.

[33] ROUBIK D W. Stingless bee nesting biology[J]. Apidologie, 2006, 37(2): 124-143.

[34] FRANKS N R, WILBY A, SILVERMAN B W, et al. Self-organizing nest construction in ants: sophisticated building by blind bulldozing[J]. Animal Behaviour, 1992, 44: 357-375.

[35] HEYDE A, GUO L, JOST C, et al. Self-organized biotectonics of termite nests[J]. Proceedings of the National Academy of Sciences, 2021, 118(5): e2006985118.

[36] WERFEL J, PETERSEN K, NAGPAL R. Designing collective behavior in a termite-inspired robot construction team[J]. Science, 2014, 343(6172): 754-758.

[37] TOFILSKI A, RATNIEKS F L W. Sand pile formation in Dorymyrmex ants[J]. Journal of Insect Behavior, 2005, 18(4): 505-512.

[38] THERAULAZ G, BONABEAU E. Coordination in distributed building[J]. Science, 1995, 269(5224): 686-688.

[39] WERFEL J, BAR-YAM Y, RUS D, et al. Distributed construction by mobile robots with enhanced building blocks[C]//Proceedings 2006 IEEE International Conference on Robotics and Automation (ICRA), 2006: 2787-2794.

[40] 吴虎胜，张凤鸣，吴庐山. 一种新的群体智能算法——狼群算法 [J]. 系统工程与电子技术，2010, 35(11): 2430-2438.

[41] LIU S J, YANG Y, ZHOU Y Q. A swarm intelligence algorithm-lion swarm optimization[J]. Pattern Recognition and Artificial Intelligence, 2018, 31(5): 431-441.

[42] CHEN Y B, MEI Y S, YU J Q, et al. Three-dimensional unmanned aerial vehicle path planning using modified wolf pack search algorithm[J]. Neurocomputing, 2017, 266: 445-457.

[43] MURO C, ESCOBEDO R, SPECTOR L, et al. Wolf-pack (Canis lupus) hunting strategies emerge from simple rules in computational simulations[J]. Behavioural Processes, 2011, 88(3): 192-197.

[44] STANDER P E. Cooperative hunting in lions: the role of the individual[J]. Behavioral Ecology and Sociobiology, 1992, 29(6): 445-454.

[45] YANG C, TU X, CHEN J. Algorithm of marriage in honey bees optimization based on the wolf pack search[C]//The 2007 International Conference on Intelligent Pervasive Computing (IPC'07), 2007: 462-467.

[46] WEAVER N. Effects of larval age on dimorphic differentiation of the female honey bee[J]. Annals of the Entomological Society of America, 1957, 50(3): 283-294.

[47] BONASIO R, LI Q, LIAN J, et al. Genome-wide and caste-specific DNA methylomes of the ants Camponotus floridanus and Harpegnathos saltator[J]. Current Biology, 2012, 22(19): 1755-1764.

[48] MECH L D. Wolf-pack buffer zones as prey reservoirs[J]. Science, 1977, 198(4314): 320-321.

[49] LIU S J, YANG Y, ZHOU Y Q. A swarm intelligence algorithm-lion swarm optimization[J]. Pattern Recognition and Artificial Intelligence, 2018, 31(5): 431-441.

[50] VINYALS O, BABUSCHKIN I, CZARNECKI W M, et al. Grandmaster level in StarCraft Ⅱ using multi-agent reinforcement learning[J]. Nature, 2019, 575(7782): 350-354.

[51] 严飞，祝小平，周洲，等 . 考虑同时攻击约束的多异构无人机实时任务分配 [J]. 中国科学：信息科学，2019, 49(05): 555-569.

[52] 刘立章，张骞，赵梓涵 . 无人机蜂群拦截系统作战构想与关键技术 [J]. 指挥控制与仿真，2021, 43(01): 48-54.

[53] DORIGO M, MANIEZZO V, COLORNI A. The ant system: An autocatalytic optimizing process[C]//Proceedings of the First European Conference on Artificial Life, 1991.

[54] HAMANN H, WÖRN H. An analytical and spatial model of foraging in a swarm of robots[C]// International Conference on Swarm Robotics, 2006: 43-55.

[55] CONRADT L, ROPER T J. Consensus decision making in animals[J]. Trends in ecology & evolution, 2005, 20(8): 449-456.

[56] TANNER H G, JADBABAIE A, PAPPAS G J. Flocking in teams of nonholonomic agents[M]. Berlin: Springer, 2005: 229-239.

[57] REN W, BEARD R W. Consensus seeking in multiagent systems under dynamically changing interaction topologies[J]. IEEE Transactions on automatic control, 2005, 50(5): 655-661.

[58] OLFATI-SABER R, FAX J A, MURRAY R M. Consensus and cooperation in networked multi-agent systems[J]. Proceedings of the IEEE, 2007, 95(1): 215-233.

[59] REN W, BEARD R W, KINGSTON D B. Multi-agent kalman consensus with relative uncertainty[C]// Proceedings of the 2005, American Control Conference, 2005. IEEE, 2005: 1865-1870.

[60] NAGY M, ÁKOS Z, BIRO D, et al. Hierarchical group dynamics in pigeon flocks[J]. Nature, 2010, 464(7290): 890-893.

[61] LING H, MCLVOR G E, VAN DER VAART K, et al. Costs and benefits of social relationships in the collective motion of bird flocks[J]. Nature Ecology & Evolution, 2019, 3(6): 943-948.

[62]   LUO Q, DUAN H. Distributed UAV flocking control based on homing pigeon hierarchical strategies[J]. Aerospace Science and Technology, 2017, 70: 257-264.

[63]   GOULD L L, HEPPNER F. The vee formation of Canada geese[J]. The Auk, 1974: 494-506.

[64]   周文卿, 朱纪洪, 匡敏驰. 一种基于群体智能的无人空战系统 [J]. 中国科学 F 辑, 2020, 50(3): 363-374.

[65]   NAGY M, VÁSÁRHELYI G, PETTIT B, et al. Context-dependent hierarchies in pigeons[J]. Proceedings of the National Academy of Sciences, 2013, 110(32): 13049-13054.

[66]   ZHANG H T, CHEN Z, VICSEK T, et al. Route-dependent switch between hierarchical and egalitarian strategies in pigeon flocks[J]. Scientific Reports, 2014, 4(1): 1-7.

[67]   LING H, MCLVOR G E, VAN DER VAART K, et al. Local interactions and their group-level consequences in flocking jackdaws[J]. Proceedings of the Royal Society B, 2019, 286(1906): 20190865.

[68]   REZAEE H, ABDOLLAHI F. Average consensus over high-order multiagent systems[J]. IEEE Transactions on Automatic Control, 2015, 60(11): 3047-3052.

[69]   GALLEHDARI Z, MESKIN N, KHORASANI K. A distributed control reconfiguration and accommodation for consensus achievement of multiagent systems subject to actuator faults[J]. IEEE Transactions on Control Systems Technology, 2016, 24(6): 2031-2047.

[70]   FAX J A, MURRAY R M. Information flow and cooperative control of vehicle formations[J]. IEEE transactions on Automatic Control, 2004, 49(9): 1465-1476.

[71]   KELLER R. Physical biology returns to morphogenesis[J]. Science, 2012, 338(6104): 201-203.

[72]   SLAVKOV I, CARRILLO-ZAPATA D, CARRANZA N, et al. Morphogenesis in robot swarms[J]. Science Robotics, 2018, 3(25): eaau9178.

[73]   DAVIES J. Mechanisms of morphogenesis[M]. 2nd ed. Salt Lake City: Academic Press, 2013.

[74]   KONDO S, MIURA T. Reaction-diffusion model as a framework for understanding biological pattern formation[J]. Science, 2010, 329(5999): 1616-1620.

[75]   WEST-EBERHARD M J. Developmental plasticity and evolution[M]. Oxford: Oxford University Press, 2003.

[76]   MAMEI M, VASIRANI M, ZAMBONELLI F. Experiments of morphogenesis in swarms of simple mobile robots[J]. Applied Artificial Intelligence, 2004, 18(9-10): 903-919.

[77]   WOLPERT L. Positional information and the spatial pattern of cellular differentiation[J]. Journal of Theoretical Biology, 1969, 25(1): 1-47.

[78]   TURING A M. The chemical basis of morphogenesis[J]. Bulletin of Mathematical Biology, 1990, 52(1): 153-197.

[79]   IKEMOTO Y, HASEGAWA Y, FUKUDA T, et al. Gradual spatial pattern formation of homogeneous robot group[J]. Information Sciences, 2005, 171(4): 431-445.

[80]   GUO H, MENG Y, JIN Y. A cellular mechanism for multi-robot construction via evolutionary multi-objective optimization of a gene regulatory network[J]. BioSystems, 2009, 98(3): 193-203.

[81]   SCHARF D P, HADAEGH F Y, Ploen S R. A survey of spacecraft formation flying guidance and control (Part I): Guidance[C]//Proceedings of the 2003 American Control Conference, 2003, 3:1733-1739.

[82] SCHARF D P, HADAEGH F Y, PLOEN S R. A survey of spacecraft formation flying guidance and control (Part II): Control[C]//Proceedings of the 2004 American Control Conference, 2004, 4: 2976-2985.

[83] BEARD R W, LAWTON J, HADAEGH F Y. A coordination architecture for spacecraft formation control[J]. IEEE Transactions on Control Systems Technology, 2001, 9(6): 777-790.

[84] WILSON S, PAVLIC T P, KUMAR G P, et al. Design of ant-inspired stochastic control policies for collective transport by robotic swarms[J]. Swarm Intelligence, 2014, 8(4): 303-327.

[85] BALCH T, ARKIN R C. Behavior-based formation control for multirobot teams[J]. IEEE Transactions on Robotics and Automation, 1998, 14(6): 926-939.

[86] SPEARS W M, SPEARS D F, HAMANN J C, et al. Distributed, physics-based control of swarms of vehicles[J]. Autonomous Robots, 2004, 17(2): 137-162.

[87] MATHEWS N, CHRISTENSEN A L, O'GRADY R, et al. Mergeable nervous systems for robots[J]. Nature Communications, 2017, 8(1): 1-7.

[88] ZHU W, ALLWRIGHT M, HEINRICH M K, et al. Formation control of UAVs and mobile robots using self-organized communication topologies[C]//International Conference on Swarm Intelligence. Springer, Cham, 2020: 306-314.

[89] BAJEC I L, HEPPNER F H. Organized flight in birds[J]. Animal Behaviour, 2009, 78(4): 777-789.

[90] BAYNDR L. A review of swarm robotics tasks[J]. Neurocomputing, 2016, 172: 292-321.

[91] PARKER L E. ALLIANCE: An architecture for fault tolerant multirobot cooperation[J]. IEEE Transactions on Robotics and Automation, 1998, 14(2): 220-240.

[92] KRIEGER M J B, BILLETER J B. The call of duty: Self-organised task allocation in a population of up to twelve mobile robots[J]. Robotics and Autonomous Systems, 2000, 30(1-2): 65-84.

[93] CASTELLO E, YAMAMOTO T, NAKAMURA Y, et al. Task allocation for a robotic swarm based on an adaptive response threshold model[C]//2013 13th International Conference on Control, Automation and Systems (ICCAS 2013). IEEE, 2013: 259-266.

[94] PANG B, SONG Y, ZHANG C, et al. Autonomous task allocation in a swarm of foraging robots: An approach based on response threshold sigmoid model[J]. International Journal of Control, Automation and Systems, 2019, 17(4): 1031-1040.

[95] LIU W, WINFIELD A F T, SA J, et al. Towards energy optimization: Emergent task allocation in a swarm of foraging robots[J]. Adaptive Behavior, 2007, 15(3): 289-305.

[96] DORIGO M. Optimization, learning and natural algorithms[J]. Ph. D. Thesis, Politecnico di Milano, 1992.

[97] KENNEDY J, EBERHART R. Particle swarm optimization[C]//Proceedings of IEEE International Conference on Neural Networks (ICNN' 95), 1995, 4: 1942-1948.

[98] LI X. An optimizing method based on autonomous animats: fish-swarm algorithm[J]. Systems Engineering-Theory & Practice, 2002, 22(11): 32-38.

[99] KRISHNANAND K N, GHOSE D. Glowworm swarm optimisation: a new method for optimising multi-modal functions[J]. International Journal of Computational Intelligence Studies, 2009, 1(1): 93-119.

[100] DORIGO M, DI CARO G. Ant colony optimization: a new meta-heuristic[C]//Proceedings of the

IEEE Congress on Evolutionary Computation (CEC'99), 1999, 2: 1470-1477.

[101] AKKA K, KHABER F. Mobile robot path planning using an improved ant colony optimization[J]. International Journal of Advanced Robotic Systems, 2018, 15(3): 1729881418774673.

[102] KHALUF Y, VANHEE S, SIMOENS P. Local ant system for allocating robot swarms to time-constrained tasks[J]. Journal of Computational Science, 2019, 31: 33-44.

[103] YOMOSA M, MIZUGUCHI T, HAYAKAWA Y. Spatio-temporal structure of hooded gull flocks[J]. PloS One, 2013, 8(12): e81754.

[104] ZAFEIRIS A, VICSEK T. Advantages of hierarchical organization: from pigeon flocks to optimal network structures[C]//The 2013 Annual Conference Research in the Decision Sciences for Global Business, 2015: 281-282.

[105] FLACK A, BIRO D, GUILFORD T, et al. Modelling group navigation: transitive social structures improve navigational performance[J]. Journal of the Royal Society Interface, 2015, 12(108): 20150213.

[106] MIRJALILI S, MIRJALILI S M, LEWIS A. Grey wolf optimizer[J]. Advances in Engineering Software, 2014, 69: 46-61.

[107] FARIS H, ALJARAH I, AL-BETAR M A, et al. Grey wolf optimizer: a review of recent variants and applications[J]. Neural Computing and Applications, 2018, 30(2): 413-435.

[108] ZHANG S, ZHOU Y, LI Z, et al. Grey wolf optimizer for unmanned combat aerial vehicle path planning[J]. Advances in Engineering Software, 2016, 99: 121-136.

[109] WEIBULL J W. Evolutionary game theory[M]. Cambridge, MA: MIT press, 1997.

[110] NOWAK M A, SASAKI A, TAYLOR C, et al. Emergence of cooperation and evolutionary stability in finite populations[J]. Nature, 2004, 428(6983): 646-650.

[111] SMITH J M, PRICE G R. The logic of animal conflict[J]. Nature, 1973, 246(5427): 15-18.

[112] TAYLOR P D, JONKER L B. Evolutionary stable strategies and game dynamics[J]. Mathematical Biosciences, 1978, 40(1-2): 145-156.

[113] TORREY L, SHAVLIK J. Transfer learning[M]. Handbook of research on machine learning applications and trends: algorithms, methods, and techniques. Hershey: IGI global, 2010: 242-264.

[114] TAN C, SUN F, KONG T, et al. A survey on deep transfer learning[C]//International Conference on Artificial Neural Networks. Springer, Cham, 2018: 270-279.

[115] KAELBLING L P, LITTMAN M L, MOORE A W. Reinforcement learning: a survey[J]. Journal of Artificial Intelligence Research, 1996, 4: 237-285.

[116] ARULKUMARAN K, DEISENROTH M P, BRUNDAGE M, et al. Deep reinforcement learning: a brief survey[J]. IEEE Signal Processing Magazine, 2017, 34(6): 26-38.

[117] ZENKE F, POOLE B, GANGULI S. Continual learning through synaptic intelligence[C]//International Conference on Machine Learning. PMLR, 2017: 3987-3995.

[118] CHEN Z, LIU B. Lifelong machine learning[J]. Synthesis Lectures on Artificial Intelligence and Machine Learning, 2018, 12(3): 1-207.

[119] HO J, ERMON S. Generative adversarial imitation learning[J]. Advances in Neural information Processing Systems, 2016, 29: 4565-4573.

[120] MIROLLO R E, STROGATZ S H. Synchronization of pulse-coupled biological oscillators[J].

SIAM Journal on Applied Mathematics, 1990, 50(6): 1645-1662.

[121] CHOSET H. Coverage for robotics a survey of recent results[J]. Annals of Mathematics and Artificial Intelligence, 2001, 31(1): 113-126.

[122] FENWICK J W, NEWMAN P M, LEONARD J J. Cooperative concurrent mapping and localization[C]//Proceedings 2002 IEEE International Conference on Robotics and Automation (Cat. No. 02CH37292). IEEE, 2002, 2: 1810-1817.

[123] ANDERSON B D O, FIDAN B, YU C, et al. UAV formation control: theory and application[M]. Recent advances in learning and control. London: Springer, 2008: 15-33.

[124] MITTELBACH G G, MCGILL B J. Community ecology[M]. Oxford: Oxford University Press, 2019.

[125] VELLEND M. The theory of ecological communities [M]. Princeton: Princeton University Press, 2016.

[126] PARKER L E. Heterogeneous multi-robot cooperation[R]. Massachusetts Inst of Tech Cambridge Artificial Intelligence Lab, 1994.

[127] SZWAYKOWSKA K, ROMERO L M T, Schwartz I B. Collective motions of heterogeneous swarms[J]. IEEE Transactions on Automation Science and Engineering, 2015, 12(3): 810-818.

[128] ATMAR W. Notes on the simulation of evolution[J]. IEEE Transactions on Neural Networks, 1994, 5(1): 130-147.

[129] GALVAN E, MOONEY P. Neuroevolution in deep Neural networks: current trends and future challenges[J]. IEEE Transactions on Artificial Intelligence, 2021, 1(01): 1-1.

[130] KITTUR A, YU L, HOPE T, et al. Scaling up analogical innovation with crowds and AI[J]. Proceedings of the National Academy of Sciences, 2019, 116(6): 1870-1877.

[131] MONARCH R M. Human-in-the-loop machine learning: active learning and annotation for human-centered AI[M]. New York: Simon and Schuster, 2021.

[132] ODUM E P, BARRETT G W. Fundamentals of ecology[M]. Philadelphia: Saunders, 1971.

[133] TANSLEY A G. The use and abuse of vegetational concepts and terms[J]. Ecology, 1935, 16(3): 284-307.

[134] LINDEMAN R L. Seasonal food-cycle dynamics in a senescent lake[J]. American Midland Naturalist, 1941: 636-673.

[135] MORIN P J. Community ecology[M]. Hoboken: John Wiley & Sons, 2009.

[136] CHAPIN Ⅲ F S, MATSON P A, VITOUSEK P. Principles of terrestrial ecosystem ecology[M]. Berlin/Heidelberg: Springer Science & Business Media, 2011.

[137] VELLEND M. Conceptual synthesis in community ecology[J]. The Quarterly review of biology, 2010, 85(2): 183-206.

[138] WANGERSKY P J. Lotka-Volterra population models[J]. Annual Review of Ecology and Systematics, 1978, 9(1): 189-218.

[139] SCHOENER T W. Theory of feeding strategies[J]. Annual Review of Ecology and systematics, 1971, 2(1): 369-404.

[140] MEIRE P M, ERVYNCK A. Are oystercatchers (Haematopus ostralegus) selecting the most profitable mussels (Mytilus edulis)?[J]. Animal Behaviour, 1986, 34(5): 1427-1435.

[141] SIH A, CHRISTENSEN B. Optimal diet theory: when does it work, and when and why does it fail?[J]. Animal Behaviour, 2001, 61(2): 379-390.

[142] FINN C, ABBEEL P, LEVINE S. Model-agnostic meta-learning for fast adaptation of deep networks[C]//International Conference on Machine Learning. PMLR, 2017: 1126-1135.

[143] FRETWELL S D. On territorial behavior and other factors influencing habitat distribution in birds[J]. Acta Biotheoretica, 1969, 19(1): 45-52.

[144] VOLTERRA V. Variations and fluctuations of the number of individuals in animal species living together[J]. ICES Journal of Marine Science, 1928, 3(1): 3-51.

[145] TILMAN D, KILHAM S S, Kilham P. Phytoplankton community ecology: the role of limiting nutrients[J]. Annual review of Ecology and Systematics, 1982, 13(1): 349-372.

[146] SCHOENER T W. Resource partitioning in ecological communities[J]. Science, 1974, 185(4145): 27-39.

[147] LEÓN J A, TUMPSON D B. Competition between two species for two complementary or substitutable resources[J]. Journal of Theoretical Biology, 1975, 50(1): 185-201.

[148] MORAN N A, DEGNAN P H, SANTOS S R, et al. The players in a mutualistic symbiosis: insects, bacteria, viruses, and virulence genes[J]. Proceedings of the National Academy of Sciences(PNAS), 2005, 102(47): 16919-16926.

[149] STACHOWICZ J J. Mutualism, facilitation, and the structure of ecological communities: positive interactions play a critical, but underappreciated, role in ecological communities by reducing physical or biotic stresses in existing habitats and by creating new habitats on which many species depend[J]. Bioscience, 2001, 51(3): 235-246.

[150] BERTNESS M D, CALLAWAY R. Positive interactions in communities[J]. Trends in Ecology & Evolution, 1994, 9(5): 191-193.

[151] KAWAI T, TOKESHI M. Testing the facilitation-competition paradigm under the stress-gradient hypothesis: decoupling multiple stress factors[J]. Proceedings of the Royal Society B: Biological Sciences, 2007, 274(1624): 2503-2508.

[152] MAESTRE F T, CALLAWAY R M, VALLADARES F, et al. Refining the stress-gradient hypothesis for competition and facilitation in plant communities[J]. Journal of Ecology, 2009, 97(2): 199-205.

[153] WATTS D J, STROGATZ S H. Collective dynamics of ' small-world ' networks[J]. Nature, 1998, 393(6684): 440-442.

[154] ARNEY C. Linked: How everything is connected to everything else and what it means for business, science, and everyday life[J]. Mathematics and Computer Education, 2009, 43(3): 271.

[155] POLIS G A, STRONG D R. Food web complexity and community dynamics[J]. The American Naturalist, 1996, 147(5): 813-846.

[156] GUIMARAES JR P R, MACHADO G, DE AGUIAR M A M, et al. Build-up mechanisms determining the topology of mutualistic networks[J]. Journal of Theoretical Biology, 2007, 249(2): 181-189.

[157] NEWMAN E I. Competition and diversity in herbaceous vegetation[J]. Nature, 1973, 244(5414): 310.

[158] CONNELL J H. Diversity in tropical rain forests and coral reefs[J]. Science, 1978, 199(4335): 1302-1310.

[159] HOBBS R J, HUENNEKE L F. Disturbance, diversity, and invasion: implications for conservation[J]. Conservation Biology, 1992, 6(3): 324-337.

[160] CHESSON P L, WARNER R R. Environmental variability promotes coexistence in lottery competitive systems[J]. The American Naturalist, 1981, 117(6): 923-943.

[161] CHESSON P. A need for niches?[J]. Trends in Ecology & Evolution, 1991, 6(1): 26-28.

[162] JOHNSON M T J, STINCHCOMBE J R. An emerging synthesis between community ecology and evolutionary biology[J]. Trends in Ecology & Evolution, 2007, 22(5): 250-257.

[163] POST D M, PALKOVACS E P. Eco-evolutionary feedbacks in community and ecosystem ecology: interactions between the ecological theatre and the evolutionary play[J]. Philosophical Transactions of the Royal Society B: Biological Sciences, 2009, 364(1523): 1629-1640.

[164] BECKS L, ELLNER S P, JONES L E, et al. Reduction of adaptive genetic diversity radically alters eco-evolutionary community dynamics[J]. Ecology Letters, 2010, 13(8): 989-997.

[165] CARLSON S M, CUNNINGHAM C J, WESTLEY P A H. Evolutionary rescue in a changing world[J]. Trends in Ecology & Evolution, 2014, 29(9): 521-530.

[166] GOMULKIEWICZ R, HOLT R D. When does evolution by natural selection prevent extinction?[J]. Evolution, 1995: 201-207.

[167] BELL G, GONZALEZ A. Evolutionary rescue can prevent extinction following environmental change[J]. Ecology Letters, 2009, 12(9): 942-948.

[168] LOSOS J B. Seeing the Forest for the Trees: The Limitations of Phylogenies in Comparative Biology: (American Society of Naturalists Address)[J]. The American Naturalist, 2011, 177(6): 709-727.

[169] PYKE G H, STEPHENS D W. Optimal foraging theory: application and inspiration in human endeavors outside biology[M]. Encyclopedia of animal behavior. Amsterdam: Elsevier, 2019: 217-222.

[170] ULAM P, BALCH T. Using optimal foraging models to evaluate learned robotic foraging behavior[J]. Adaptive Behavior, 2004, 12(3-4): 213-222.

[171] PASCHALIDIS I C, LIN Y. Animal-inspired optimal foraging via a distributed actor-critic algorithm[C]//2012 20th Mediterranean Conference on Control & Automation (MED). IEEE, 2012: 1229-1234.

[172] HORN J, NAFPLIOTIS N, GOLDBERG D E. A niched Pareto genetic algorithm for multiobjective optimization[C]//Proceedings of the First IEEE Conference on Evolutionary Computation, 1994: 82-87.

[173] COUZIN I D, KRAUSE J. Self-organization and collective behavior in vertebrates[J]. Advances in the Study of Behavior, 2003, 32(1): 10.1016.

[174] COUZIN I. Collective minds[J]. Nature, 2007, 445(7129): 715.

[175] GIARDINA I. Collective behavior in animal groups: theoretical models and empirical studies[J]. HFSP Journal, 2008, 2(4): 205-219.

[176] DEBORD M, HÖNIG W, AYANIAN N. Trajectory planning for heterogeneous robot teams[C]// 2018 IEEE/RSJ International Conference on Intelligent Robots and Systems (IROS). IEEE, 2018: 7924-7931.

[177] AFGHAH F, ZAERI-AMIRANI M, RAZI A, et al. A coalition formation approach to coordinated

task allocation in heterogeneous UAV networks[C]//2018 Annual American Control Conference (ACC). IEEE, 2018: 5968-5975.

[178] 段海滨. 基于群体智能的无人机集群自主控制 [M]. 北京：科学出版社，2018.

[179] OLFATI-SABER R, MURRAY R M. Consensus problems in networks of agents with switching topology and time-delays[J]. IEEE Transactions on Automatic Control, 2004, 49(9): 1520-1533.

[180] LIU C L, LIU F. Stationary consensus of heterogeneous multi-agent systems with bounded communication delays[J]. Automatica, 2011, 47(9): 2130-2133.

[181] TIAN Y P. High-order consensus of heterogeneous multi-agent systems with unknown communication delays [J], Automatica, 2012, 48(6): 1205-1212.

[182] ZHU YA-KUN, GUAN XIN-PING, LUO XIAO-YUAN. Finite-time consensus of heterogeneous multi-agent systems with linear and nonlinear dynamics[J]. Acta Automatica Sinica, 2014, 40(11): 2618-2624.

[183] WANG D, YU M. Leader-following consensus for heterogeneous multi-agent systems with bounded communication delays[C]//2016 14th International Conference on Control, Automation, Robotics and Vision. IEEE, 2016: 1-6.

[184] EGERSTEDT M, HU X. Formation constrained multi-agent control[J]. IEEE Transactions on Robotics and Automation, 2001, 17(6): 947-951.

[185] CHEN Y Q, WANG Z. Formation control: a review and a new consideration[C]//2005 IEEE/RSJ International Conference on Intelligent Robots and Systems. IEEE, 2005: 3181-3186.

[186] LIN P, JIA Y. Distributed rotating formation control of multi-agent systems[J]. Systems & Control Letters, 2010, 59(10): 587-595.

[187] DE GENNARO M C, JADBABAIE A. Decentralized control of connectivity for multi-agent systems[C]//Proceedings of the 45th IEEE Conference on Decision and Control. IEEE, 2006: 3628-3633.

[188] SU H, WANG X, CHEN G. A connectivity-preserving flocking algorithm for multi-agent systems based only on position measurements[J]. International Journal of Control, 2009, 82(7): 1334-1343.

[189] DONG Y, HUANG J. Leader-following connectivity preservation rendezvous of multi-agent systems based only position measurements[C]//52nd IEEE Conference on Decision and Control. IEEE, 2013: 6718-6723.

[190] CHOPRA N, SPONG M W. Passivity-based control of multi-agent systems[J]. Geophysical Research Letters, 2006: 107-134.

[191] OLFATI-SABER R, FAX J A, MURRAY R M. Consensus and cooperation in networked multi-agent systems[J]. Proceedings of the IEEE, 2007, 95(1): 215-233.

[192] LIU Y C, CHOPRA N. Controlled synchronization of heterogeneous robotic manipulators in the task space[J]. IEEE Transactions on Robotics, 2011, 28(1): 268-275.

[193] ZHU J. Stabilization and synchronization for a heterogeneous multi-agent system via harmonic control[J]. Systems & Control Letters, 2014, 66: 1-7.

[194] WEI Q, LIU D, LEWIS F L. Optimal distributed synchronization control for continuous-time heterogeneous multi-agent differential graphical games[J]. Information Sciences, 2015, 317: 96-113.

[195]   SMITH J M. Evolution and the theory of games[M]. Cambridge: Cambridge university press, 1982.

[196]   HAMMERSTEIN P, SELTEN R. Game theory and evolutionary biology[J]. Handbook of game theory with economic applications, 1994, 2: 929-993.

[197]   VINCENT T L, BROWN J S. Evolutionary game theory, natural selection, and Darwinian dynamics[M]. Cambridge: Cambridge University Press, 2005.

[198]   BESTER H, GÜTH W. Is altruism evolutionarily stable?[J]. Journal of Economic Behavior & Organization, 1998, 34(2): 193-209.

[199]   TEMBINE H, ALTMAN E, EL-AZOUZI R, et al. Evolutionary games in wireless networks[J]. IEEE Transactions on Systems, Man, and Cybernetics, Part B (Cybernetics), 2009, 40(3): 634-646.

[200]   HOLLAND J H. Adaptation in natural and artificial systems: an introductory analysis with applications to biology, control, and artificial intelligence[M]. Cambridge: MIT press, 1992.

[201]   HANSEN N. The CMA evolution strategy: a comparing review[J]. Towards a New evolutionary Computation, 2006: 75-102.

[202]   YAO X, LIU Y, LIN G. Evolutionary programming made faster[J]. IEEE Transactions on Evolutionary computation, 1999, 3(2): 82-102.

[203]   MIIKKULAINEN R, FORREST S. A biological perspective on evolutionary computation[J]. Nature Machine Intelligence, 2021, 3(1): 9-15.

[204]   MILLER G A. The cognitive revolution: a historical perspective[J]. Trends in Cognitive Sciences, 2003, 7(3): 141-144.

[205]   MCCULLOCH W S, PITTS W. A logical calculus of the ideas immanent in nervous activity[J]. The Bulletin of Mathematical Biophysics, 1943, 5(4): 115-133.

[206]   KRIZHEVSKY A, SUTSKEVER I, HINTON G E. Imagenet classification with deep convolutional neural networks[J]. Advances in Neural Information Processing Systems, 2012, 25: 1097-1105.

[207]   GOODFELLOW I, POUGET-ABADIE J, MIRZA M, et al. Generative adversarial nets[J]. Advances in Neural Information Processing Systems, 2014, 27.

[208]   GREFF K, SRIVASTAVA R K, KOUTNÍK J, et al. LSTM: A search space odyssey[J]. IEEE Transactions on Neural Networks and Learning Systems, 2016, 28(10): 2222-2232.

[209]   KRILL A L, PLATEK S M, GOETZ A T, et al. Where evolutionary psychology meets cognitive neuroscience: A précis to evolutionary cognitive neuroscience[J]. Evolutionary Psychology, 2007, 5(1): 232-256.

[210]   KENRICK D T, BECKER D V, Butner J, et al. Evolutionary cognitive science: Adding what and why to how the mind works[M]. From Mating to Mentality: Evaluating Evolutionary Psychology. Hove: Psychology Press, 2003: 13-38.

[211]   STEVEN M P, TODD K S. Foundations in evolutionary cognitive neuroscience[M]. Cambridge: Cambridge University Press, 2009.

[212]   HASSON U, NASTASE S A, Goldstein A. Direct fit to nature: An evolutionary perspective on biological and artificial neural networks[J]. Neuron, 2020, 105(3): 416-434.

[213]   STANLEY K O, CLUNE J, LEHMAN J, et al. Designing neural networks through neuroevolution[J]. Nature Machine Intelligence, 2019, 1(1): 24-35.

[214] LIU Y, SUN Y, XUE B, et al. A survey on evolutionary neural architecture search[J]. arXiv e-prints, 2020: arXiv: 2008.10937.

[215] ANDERSON M L. Embodied cognition: a field guide[J]. Artificial Intelligence, 2003, 149(1): 91-130.

[216] STEELS L, BROOKS R. The artificial life route to artificial intelligence: building embodied, situated agents[M]. London: Routledge, 2018.

[217] SHAPIRO L. Embodied cognition[M]. London: Routledge, 2019.

[218] JIN D, ZHANG L. Embodied intelligence weaves a better future[J]. Nature Machine Intelligence, 2020, 2(11): 663-664.

[219] NYGAARD T F, MARTIN C P, TORRESEN J, et al. Real-world embodied AI through a morphologically adaptive quadruped robot[J]. Nature Machine Intelligence, 2021, 3(5): 410-419.

[220] GUPTA A, SAVARESE S, GANGULI S, et al. Embodied Intelligence via Learning and Evolution[J]. arXiv preprint arXiv:2102.02202, 2021.

[221] SIMPSON G G. The baldwin effect[J]. Evolution, 1953, 7(2): 110-117.

[222] HOWARD D, EIBEN A E, KENNEDY D F, et al. Evolving embodied intelligence from materials to machines[J]. Nature Machine Intelligence, 2019, 1(1): 12-19.

[223] EIBEN A E, SMITH J. From evolutionary computation to the evolution of things[J]. Nature, 2015, 521(7553): 476-482.

[224] MOIOLI R. The horizons of evolutionary robotics[M]. Cambridge: MIT press, 2014.

[225] BREDECHE N, HAASDIJK E, PRIETO A. Embodied evolution in collective robotics: a review[J]. Frontiers in Robotics and AI, 2018, 5: 12.

[226] EIBEN A E. Evolving robot software and hardware[C]//Proceedings of the IEEE/ACM 15th International Symposium on Software Engineering for Adaptive and Self-Managing Systems. 2020: 1-4.

[227] YAO X, HIGUCHI T. Promises and challenges of evolvable hardware[J]. IEEE Transactions on Systems, Man, and Cybernetics, Part C (Applications and Reviews), 1999, 29(1): 87-97.

[228] EIBEN A E, SMITH J E. Introduction to evolutionary computing[M]. Berlin: springer, 2003.

[229] DE JONG K. Evolutionary computation: a unified approach[C]//Proceedings of the 2016 on Genetic and Evolutionary Computation Conference Companion. 2016: 185-199.

[230] LICKLIDER J C R. Man-computer symbiosis[J]. IRE Transactions on Human Factors in Electronics, 1960 (1): 4-11.

[231] PAN Y. Heading toward artificial intelligence 2.0[J]. Engineering, 2016, 2(4): 409-413.

[232] MONARCH R M. Human-in-the-Loop Machine Learning: Active learning and annotation for human-centered AI[M]. New York: Simon and Schuster, 2021.

[233] ZHENG N, LIU Z, REN P, et al. Hybrid-augmented intelligence: collaboration and cognition[J]. Frontiers of Information Technology & Electronic Engineering, 2017, 18(2): 153-179.

[234] BOUSDEKIS A, APOSTOLOU D, MENTZAS G. A human cyber physical system framework for operator 4.0-artificial intelligence symbiosis[J]. Manufacturing Letters, 2020, 25: 10-15.

[235] RABELO R J, ROMERO D, ZAMBIASI S P. Softbots supporting the operator 4.0 at smart factory environments[C]//IFIP International Conference on Advances in Production Management Systems. Springer, Cham, 2018: 456-464.

第 4 章

人机物群智涌现动力学模型

人机物融合群智计算通过异构群智能体协作融合实现个体智能和群体认知能力的增强，在面对人机物环境中数量丰富、高度异构、个体智能有限的群智能体时，如何设计算法实现异构群智能体自组织协同，建立具有环境自适应能力和自主学习演化能力的群智系统是需要探索的重要问题。面对上述具有挑战性的问题，我们追本溯源，希望从生物群智系统中汲取相关的动力学参考，关注多样化生物组成的群体与人机物异构群智能体之间的内在逻辑关联与映射机制，以自然群智系统中异构智能体的协作和演化为参照，构建个体形态结构自适应、集群任务协作自组织、群体智能自演化的人机物融合群智系统。

生物群体中存在大量协同运动和演化的现象，这些现象指导了大量有关智能体协作或演化模型的设计工作，人机物融合群智系统的构建也离不开这些现象的启发。从人机物融合群智计算所关注的角度，这些现象可以概括为：生物群体中无序的个体通过局部交互涌现整体的有序状态（生物群集现象）、大量自私的个体在博弈中演化出合作行为（生物演化博弈）等。这些群智涌现的现象可以利用动力学模型进行很好的刻画，研究工作者利用以动力学为代表的建模工具，对这些普遍存在的生物群智现象进行了大量的分析、仿真与实验，探索了其中一些群智涌现现象的发生机制。因此，本章将先从群集动力学和演化博弈动力学两个领域对生物群智涌现机理进行深入的探索，即对第 4 章所提出的群智能体统一模型中动力学部分进行详细的阐述与分析。

除了揭示群智涌现的过程与内在机理之外，利用动力学研究这些群智现象同时也为无人机编队、无人驾驶汽车、多机器人自主合作等人工系统在协作中涌现群智、高效完成既定任务提供了有效的解决思路。更为重要的是，人机物融合群智涌现动力学进一步考虑人机物融合群智计算的各种要素与挑战，未来可构建在智慧城市、智能制造、军事国防等不同领域具有应用价值的人机物融合群智系统。

因此，本章在分别介绍、分析经典的群集动力学模型和演化博弈动力学模型之后，依照生物机理映射至人工集群的思路，总结了一系列具有代表性的人工群集系统和人工演化博弈动力学系统，并阐述生物集群中建立的动力学模型和归纳的启发式规则是如何指导人工集群的设计与构建的。

然而，这些人工集群在如何引入人类指导、实现异构智能体一致性以及如何更普遍地融入演化思想等人机物融合背景下所关注的问题方面仍然有所欠缺。为解决上述问题，本章将在 4.3 节从三方面进行探索：群集动力学模型怎样融入人类指导的问题、混合阶异构动力学模型的一致性问题和融入多维度演化思想的人机物融合演化动力学。

在对这三个人机物融合群智系统动力学建模所关注的重点问题的研究基础上，源于对自然界生物群体之"最"的借鉴与升华，本章最后提出了"超级物种"集群系统构想，并将其作为人机物融合群智系统的一个探索案例。通过结合多个领域相关联的工作，介绍超级物种的概念及雏形，阐述其建模要素的实现方法并展望其应用前景。

4.1　群集动力学模型

为了研究人机物群智涌现动力学，本节首先回顾基于生物群集现象建立的**群集动力学模型**和典型研究方法，并分析其对**人工群集系统**构建的指导意义。

群集动力学的研究来源于对自然界生物群体运动行为的研究，回顾这些从生物群集现象中获得启发而构建的经典群集动力学模型，有助于理解生物群智的涌现机理，建立生物群体与群智能体之间的内在逻辑关联，同时也是进一步研究和探索人工群集系统和人机物融合群集动力学系统的基础。

生物群集现象中一些具有代表性的例子，如候鸟迁徙中形成的有序队列 [1]、蚁群觅食时规划的最优路径 [2]、蜜蜂／白蚁建造的精妙巢穴等 [3] 引起了各领域研究者的关注，相关内容可参考 3.1.1～3.1.3 节。

一些研究者利用动力学来建模复杂群智能体系统在动力学演化过程中涌现的一致、聚集、编队等有序行为 [4-5]。其中的"一致"即一致性问题是群智能体协作并涌现有序行为的基础，只有各个智能体达到某种度量（速度、方向、极化度、角动量等）下的一致或渐进一致的状态（速度相近、方向相似等），才会在此基础上进一步产生其他复杂的群集运动：在一致的基础上智能体之间相互聚集、共同运动；聚集的群体通过编队使整个群体形成规则而有序的形状，并在此基础上表现出涡旋、迁移、避障、分群等群集行为 [6-8]。通过建立动力学模型对生物群集现象进行成功的仿真，生物群集动力学在一定程度上解释了生物群集现象涌现的机理并复现了其产生的过程。

生物群集动力学的研究成果促进了一系列人工群集系统的诞生。这些人工群集系统或通过迁移改进已有的生物群集动力学模型 [9]，或通过利用群集动力学研究得出的生物群智涌现重要机制指导模型设计 [10]，成功利用生物群集动力学研究成果促进人工群智系统在协同运动及以运动为基础的各项能力的大幅提升。对这些人工群集系统的研究一方面可以使人机物群智涌现动力学借鉴这种生物－人工系统内在的映射机制，另一方面可以发现现有人工群集系统仍存在的不足与挑战，从而指导人机物融合群智系统的动力学建模。

本节将从生物群集动力学建模和人工群集动力学系统建模两个层次展开，阐述群集动力学模型。第一部分将总结四类典型的生物群集动力学建模思想，在归纳和总结中提炼对构建人机物融合群智系统有借鉴意义的建模方法与研究成果；第二部分将介绍一些有代表性的人工群集系统，关注生物群集动力学研究结论与成果是如何启发与促进人工群集动力学系统的设计建模工作的。

4.1.1　生物群集动力学建模

为研究人机物融合群智系统动力学模型，本小节首先回溯到生物群集动力学中探究生物群集行为中的群智涌现过程，将其作为人机物群智涌现动力学的重要基石，以期发掘对人工群集系统和人机物融合群集系统设计构建工作具有指导或借鉴意义的研究成果。

自然界中的很多物种，就单个生物体来说，其感知能力、智能均十分有限，但当它们聚集成群时却往往呈现出令人难以置信的整体能力，这种群体智能涌现的群集现象提升了群体中每个个体的生存能力及物种的进化优势。例如，以沙丁鱼为代表的鱼类，在迁徙途中会聚集形成庞大的鱼群，在面对旗鱼等天敌的捕食时，每个个体仅对有限的感知范围内的环境（包括身边的同伴和临近的敌人）做出反应，群体便可产生涡旋、分群等群集现象[6-7]。这些复杂的群体运动使得捕食者难以在目标群体中精确追捕特定的个体，从而使被捕食者的生存概率较落单时有大幅提升。被捕食者的感知（仅有局部信息）、运动（速度、机动）等能力均逊于捕食者，群集现象"保护"了群体中的每个个体。这种由大量智能有限的个体通过简单的局部交互在群体层面涌现出较高的有序运动能力的现象，广泛地发生在鱼群、鸟群、蚁群、菌群等不同尺度的生物群体中。

群集现象因其在自然界普遍存在，具备从无序中创造有序的神奇特质，吸引了不同领域的研究者们不断探索其中蕴含的科学原理。对群集现象的研究主要可以分为四个阶段[11]：第一阶段是生物学家研究**发现**大量生物群体特有的群体动态行为；第二阶段是物理学家和计算机专家进行实验及仿真，通过计算机对群集现象进行**描述**，用模拟仿真的方法证明这种生物群体现象可以由个体的简单行为规律产生；第三阶段是利用数学方法对群集行为进行严格的建模与分析，**刻画**一些群集现象产生的数学原理；第四阶段是基于新要素不断发展群集动力学并将其**应用**于人工系统中。

发现、描述、刻画、应用四个阶段相互交融、相互促进，在发展中实现了一系列基于生物群集现象中群智涌现机理构建的群集动力学模型，这些典型的群集动力学模型及其在各领域的变种促进了大量人工群集系统的产生，同时这种生物 – 人工系统的映射模式与研究方法对进一步研究人机物背景下的群集动力学系统和超级物种等有着重要的借鉴意义。

由于人机物群智涌现动力学与上述四个阶段中的后两者关联更为紧密，本节所阐述的工作大多归属这两个阶段，下面将着重对群集动力学模型的设计和构建工作进行阐述。

群集动力学建模工作按建模对象与方法的不同可总结为三类（如图 4.1 所示）：欧拉方法、拉格朗日方法以及仿真方法[12]。如图 4.2 所示，欧拉方法的建模对象为整个群体，采用偏微分方程描述群体的密度等的变化，是基于**群体**的宏观建模方法；拉格朗日方法的建模对象为个体，采用常微分方程或差分方程描述个体的运动状态，是基于**个体**的微观建模方法；仿真方法也是基于个体的微观建模方法，但与拉格朗日方法不同的是其模型无须建立个体的运动方程，而是借助生物运动行为中抽取的实际规则，来指导群集动力学模型中个体交互规则与运动方式的设计。接下来将对上述三类方法的建模思想进行介绍并分析其各自的适用场景。

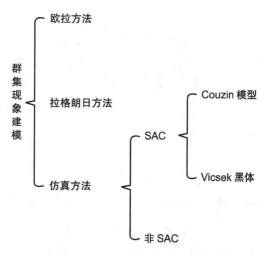

图 4.1　群集现象建模方法分类

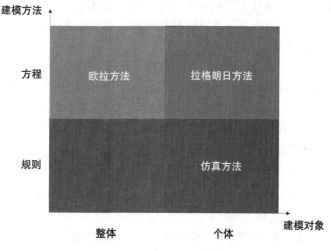

图 4.2　主要群集动力学建模方法差异

1. 群体建模——欧拉方法

　　欧拉方法是指以整个群体为建模对象的宏观建模方法，其特征是采用偏微分方程来描述群体密度、数量等的动态变化 [12]。欧拉方法的理论基础为费克提出的经典扩散理论 [13]。在二维空间中，粒子的扩散方程建立了群体密度 ρ 与迁移量（或扩散率）J_x 之间的关系：

$$\frac{\partial \rho}{\partial t} = -\frac{\partial J_x}{\partial x} = \frac{\partial}{\partial x}\left(D\frac{\partial \rho}{\partial x} \right) \tag{4-1}$$

　　欧拉方法关注群体的密度并用其描述群体的状态变化。群体密度的空间分布受个体随机运动的影响，群体密度分布的变化是群体运动产生的结果，可以很好地表示群体的运动状态变化。

生物学家 Skellam 指出 [14]：在为现实的生物群体建立空间分布模型时不仅需要考虑个体的随机运动因素，还应考虑群体成员之间或成员对外部环境的反应。因此，在考虑一维空间的情况下，Skellam 提出群体通过垂直于 x 轴平面的通量需包含两个组成部分：一是随机扩散项，二是非随机的对流项。这些通量可以形式化地表示为 $D\dfrac{\partial \rho}{\partial x}$ 及 u_p，其中 u 表示群体的平移。模型方程表示为：

$$\frac{\partial \rho}{\partial t} = -\frac{\partial}{\partial x}(u_p) + \frac{\partial}{\partial x}\left(D\frac{\partial \rho}{\partial x}\right) \tag{4-2}$$

对流项不仅包含群体中心漂移的速度项，还可以增加群体成员的相互作用项：

$$u'_p = u_p + AK_a^* p - RpK_r^* p \tag{4-3}$$

其中 K_a^*、K_r^* 分别描述群体中两个个体随间距变化的相互吸引和排斥作用力。

欧拉方法能够成功解释很多群集现象得益于其两大优势：一是由于偏微分方程理论发展得较为完善，因此由偏微分方程构建的群集模型可解释性强，理论分析相对易于进行；二是欧拉法无须对群体所处环境作空间离散化处理，对于描述大规模密集而没有明显不连续分布的群集行为非常有效。

但是，欧拉方法也有明显的缺点，即它忽略了个体的特性。这类方法通常对个体的具体交互行为不予考虑，因而构建的宏观模型不能从个体的视角分析群体行为。因此，若群体由有限数量的大体积个体组成，或是在需要强调个体智能特性的情况下，就不太适合使用基于欧拉方法的连续集模型，如鱼群、鸟群等生物的群集行为就不适合用欧拉方法进行建模，而要考虑后面介绍的拉格朗日方法和仿真方法。

2. 个体建模——拉格朗日方法

拉格朗日方法以个体为建模对象，是基于个体的微观建模方法，通常采用常微分方程或差分方程描述个体的运动状态 [12]。

牛顿运动方程就是拉格朗日法中一种典型的个体运动方程：

$$m_i \ddot{x}_i = \sum_k F_{i_k} = F_i, i = 1, 2, \cdots, n \tag{4-4}$$

其中，m_i 和 $\ddot{x}_i$ 分别表示每个个体的质量及加速度，F_i 包括聚集或分散的力（即描述个体之间的吸引力作用或排斥力作用）、与邻近个体速度与方向相匹配的作用力、确定的环境影响力（如万有引力）以及由环境或其他个体行为产生的随机扰动作用力等。围绕着这些作用力的形式变化与构建方法，展开很多关于群集行为的研究工作。

欧拉方法和拉格朗日方法的不同之处在于**后者将个体的位置信息都体现在模型中，而前者则以群体在所处物理空间中的密度分布为建模基础**。在过去的研究中，基于欧拉方法建立的群集模型因为建立在偏微分方程的理论基础上而占据主导地位。但是，需要注意的是，欧拉模型中对群体所处物理空间的连续性假设多适合于体形较小的生物群。当分析由较大体形的生物组成的群体（如鱼群、鸟群、兽群等）时，由此组成的群体所占据的物理空间也会因为每个个体体形的因素而相对增大，这也使得欧拉方法对于群体所处物理空间是连续的这一假设在现实中也变得难以满足。因此，离散的基于个体的拉格朗日方法在难以使用欧拉方法建立模型的情况下受到了广泛关注。

3. 规则建模——仿真方法

仿真方法也是基于个体的微观建模方法，但与拉格朗日方法不同的是其模型无须建立个体的运动方程，而是借助从生物动态行为中总结的行为模式来指导群体中智能个体的运动规则设计 [12]。

Reynolds[15] 所提出的 SAC（分离、对齐、凝聚）规则（参见 3.1.1 节）对个体遵循什么样的局部交互规则才能产生协调有序的宏观群集运动这一问题做出了经典假设：

- 分离（Separation）：避免与邻近个体发生碰撞。
- 对齐（Alignment）：与邻居运动方向保持一致。
- 凝聚（Cohesion）：向周围邻居靠拢。

这三者共同发挥作用，便可模拟出与实际鸟群或鱼群颇为相似的集体运动形式。图 4.3 从左至右依次展示了分离、对齐和凝聚）。SAC 规则对于群集运动研究具有奠基性意义，在其之后，研究者采用不同的方式相继提出了各种基于该规则的群集运动模型，其中以 Vicsek 模型 [4] 以及 Cousin 模型 [5] 最为经典。

图 4.3 SAC 规则示意图

（1）Vicsek 模型及其变种

Vicsek 模型又称为自驱粒子（Self-propelled particle）模型 [4]，模型中的个体仅遵循一条规则：**按照周围一定范围内邻居的平均方向运动**。Vicsek 模型描述了一个包含 N 个粒子（个体）的离散系统，粒子以恒定速率 v 运行于具有周期边界的方形区域内。状态更新规则满足：

$$x_i(t+1) = x_i(t) + v[\cos \theta_i(t), \sin \theta_i(t)]^\top \qquad (4\text{-}5)$$

$$\theta_i(t+1) = \arctan \frac{\sum_{j \in N_i(t)} \sin \theta_j(t)}{\sum_{j \in N_i(t)} \cos \theta_j(\theta)} + \Delta\theta \qquad (4\text{-}6)$$

其中，x_i 和 θ_i 分别表示粒子位置和运动方向角，$N_i(t)$ 表示 t 时刻位于 i 周边的邻居，$\Delta\theta$ 为服从均匀分布的随机噪声。

这个经典的模型对空间、速度等均做出了一定的简化，从而使模型的结果与所关注的变量之间的关联更加直观。在个体密度较大且噪声较小的情况下，所有个体运动方向将由随机状态趋于一致，而群体运动从无序到有序这一转变过程（如图 4.3 所示，依次展示了 Vicsek 模型所产生的无序运动、聚集、一致迁移的仿真实验结果），仅与粒子密度与噪声强度相关，且这种转变是在密度与噪声越过一定临界强度值后突然发生的。

这种突然发生的转变促使 Vicsek 等人认为：与物质"相变"（如水在 0℃ 时凝结为冰而在 100℃ 时变成蒸气）有关的物理概念有助于解释生物群集从无序到有序的运动转变现象 [4]。这开创了借鉴物理学相关概念（如相、相变、序参量、临界指数等）和方法（如朗之万方程、平均场论等）来分析和解释各种群集现象及其内在机制的先河。

后续出现了很多基于 Vicsek 模型的扩展研究。例如，Aldana 等人 [16] 研究发现：Vicsek 模型中每个粒子趋向于沿其相邻粒子的平均运动方向运动且易受到噪声的影响；而相变的性质取决于噪声引入系统的方式，并随着噪声引入系统方式的不同产生维度的变化。Chaté 等人 [17] 在回顾 Vicsek 模型主要性质的基础上，引入自推进粒子与邻近粒子局部对齐的模型，详细探究了外平流场强度对模型的影响，并得出结论：当流场强度达到一定阈值时，生物群集将由有序运动转变为无序运动；而当持续增强流场时，有序性又得到恢复。Zhang 等人 [18] 通过大量的数值模拟研究了控制 Vicsek 模型收敛速度的一些关键因素，为 Vicsek 模型引入了速率自适应调节机制，最终显著缩短了标准 Vicsek 模型的收敛时间。此外，Roy 等人 [19] 对类 Vicsek 模型中的两种独立感知模式（听觉和视觉）进行了对比试验。由于听觉和视觉模式在粒子邻居的确定上有所不同，因此在组级别导致听觉模式相对于视觉模式产生更高的极化、更低的内聚力和更大的簇大小，且该差异随着粒子密度的增大而变大。Tian 等人 [20] 发现具有受限视觉的 Vicsek 模型存在必然的盲区，此时，具有一个最佳视角使得集群获得最快的方向共识，而最佳视角的取值取决于密度、相互作用半径、集群的绝对速度和噪声强度。Gao 等人 [21] 同样考虑到 Vicsek 模型的受限视觉，发现个体最大角度变化的减小会使群体趋向于产生最佳同步。而 Ginelli 等人 [22] 则通过观察鸟群飞行过程中的拓扑交互示例，提出了一种具有拓扑交互性质的 Vicsek 模型。Costanzo 等人 [23] 通过对 Vicsek 模型进行降低视野和最大角速度的修改使得 Vicsek 这类基于对齐的简单模型也能涌现出涡旋等以往仅在更为复杂的模型中才能出现的群集现象。之后 Costanzo [24] 进一步将 Vicesek 模型拓展到包含两类不同特性的粒子群体，并研究了这种异构群体中涡旋的形成与破坏机制。Clusella 等人 [25] 通过添加任意概率密度函数的角噪声将 Vicsek 模型泛化为一般形式中表达完善的矢量模型。

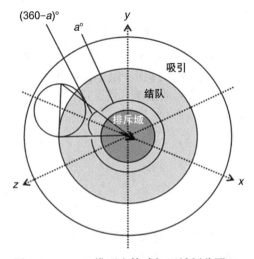

图 4.4　Couzin 模型个体感知区域划分图 [5]

（2）Cousin 模型及其变种

Cousin 模型 [5] 又被称为"三圈模型"，以其模型中将个体感知域划分为三个圈层（如图 4.4 所示）为显著特征，三个圈层的具体含义与作用机制遵循 SAC 规则。

Couzin 模型假设群集运动中的 N 个个体以恒定速率 s 运动。记个体 i 在 t 时刻的空间位置为 $\vec{r}_i(t)$，运动方向为 $\vec{v}_i(t)$，则 $t+\Delta t$ 时刻个体的运动状态为：

$$\vec{v}_i(t+\Delta t) = \mathrm{rand}(\vec{d}_i(t+\Delta t)) \tag{4-7}$$

$$\vec{r}_i(t+\Delta t) = \vec{r}_i(t) + \vec{v}_i(t+\Delta t)s\Delta t \tag{4-8}$$

其中，$\vec{v}_i(t+\Delta t)$ 为 $t+\Delta t$ 时刻 i 的期望方向，$\vec{d}_i(t+\Delta t)$ 是依据感知域计算更新的运动方向，rand(*) 表示对向量引入的随机扰动。与 SAC 规则相对应，个体的感知区域从里到外依次被划分为**排斥域（Zor）**、**结队域（Zoo）**和**吸引域（Zoa）**3 个互不重叠的部分，其中排斥域的优先级最高，该区域出现个体时仅分离运动会被激活；否则，结队和聚集运动同时生效，个体在与结队域中的运动方向趋于一致的同时向着吸引域中的个体运动。上述运动规则通过每个个体的运动方向 $\vec{d}_i(t+\Delta t)$ 的计算方式进行建模：

$$\vec{d}_i(t+\Delta t) = \begin{cases} -\sum\limits_{j\in N_i^{zor}} \dfrac{\vec{r}_{ij}(t)}{|r_{ij}(t)|}, & N_i^{zor} \neq \varnothing \\[3mm] \sum\limits_{j\in N_i^{zoa}} \dfrac{\vec{r}_{ij}(t)}{|\vec{r}_{ij}(t)|} + \sum\limits_{j\in N_i^{zoo}} \dfrac{\vec{v}_j(t)}{|\vec{v}_j(t)|}, & N_i^{zor} = \varnothing \end{cases} \tag{4-9}$$

其中 N_i^{zor}、N_i^{zoo}、N_i^{zoa} 分别为排斥域、结队域、吸引域的个体总数，求和项表示对区域内所有个体位置矢量或速度矢量的平均。

Couzin 模型通过对个体感知区域的划分建立了一种行之有效的群集模型，模型本身和其划分感知区域的假设同样对很多工作有所启发。Conradt 等人 [26] 基于 Couzin 模型发现：在群集运动中群体中个体的未来运动方向不一致时，群体运动方向的最终决策由"需求"最强烈的个体决定，使得群体分裂的风险降低。Conradt 和 Roper [27] 综合利用博弈论知识，发现共享决策（Shared decisions）和非共享决策（Unshared decisions）都可以通过个体选择演变并维持，考虑到为了遵守群体共识而放弃自己最佳行动的成本（共识成本），研究发现"民主决策"往往仅发生在分歧程度较小的情况下且更可能促进进化。此外，Freeman 等人 [28] 为了讨论独裁与民主对于鸽群归巢运动的影响，将 Couzin 模型中的个体赋予不同权重因子，模拟鸽群的层级化交互关系。Guttal 等人 [29] 为 Couzin 模型中的个体提高对长距离和嘈杂环境的梯度响应能力，并引入了行为评价及环境压力下的选择进化机制，讨论了个体的感知能力和交互对群体迁徙的影响以及社会互动在迁徙策略演变中的作用。

4. 实证指导建模

由于前述模型的建立大多基于对生物集群行为的一些假设，这些假设的正确与否对相应模型的评价与应用都有重要影响，因此对生物群集现象的实证研究是人类认识群集现象内在机理、改进相应模型的必由之路。

　　研究者通过对个体运动过程进行高精度的跟踪、采集、重建和分析，目前能够就个体的交互特征及运动习性进行一定程度的推断或还原，这为群集研究的进一步深化奠定了基础。尤其对于仿真建模方法来说，通过实证结果的指导来构建更为切合实际的理论模型，并将模型输出与实验数据进行比较和验证，形成一种相互促进的"闭环"研究模式是必不可少的。

　　一些通过实证启发、改进、指导群集动力学模型建立的有趣例子归纳总结如下。Miramontes 等人 [30] 发现蚂蚁群体的有序 – 无序行为的转变与群体的密度密切相关。Buhl 等人 [31] 发现蝗虫具有极端的种群密度依赖型多态性，在其密度超过某一临界值后，群体会从无序的跳跃转变为沿一定方向集体跳跃的有序运动。类似地，Makris 等人 [32] 和 Mann 等人 [33] 又相继在鲱鱼群和虾群中发现了类似的密度诱导相变现象。Franks 等人 [34] 在一种植物性的蠕虫中同样验证了密度变化改变群集行为的规律。这些实证研究均验证了 Vicsek 模型从理论建模角度预言的密度诱导相变现象。此外，Riedel 等人 [35] 发现海胆精子超过密度阈值后将自发形成呈六边形分布的动态涡旋。Szabo 等人 [36] 在鱼的表皮角质基细胞中也观测到由密度增加所引起的细胞组织从无序到有序的运动转变现象。Sumino 等人 [37] 发现：一定密度阈值是蛋白质微管能够自发形成有序涡旋的必要条件。这些发生在不同尺度和不同生物或物质群体中的相似现象表明**受密度变化所引起的群体宏观运动模式的转变并非特定生物群集或模型所独有的特殊性质，而是一种普适现象**。

　　除了密度以外，Jhawar 等人 [38] 对中小型慈鲷鱼群体中群集行为的研究表明其群集现象（高度极化和相干运动）是由噪声引起的。Tung 等人 [39] 发现牛精子的群集现象（聚集、行进）是借助流体的黏弹性实现的，在低黏度和高黏度的牛顿（非弹性）流体中随机且单独地游动。Cavagna 等人 [40] 发现椋鸟群中个体运动关联具有无标度（Scale-free）性质，即无论群体的规模多大，群体内任意一个个体的运动状态变化都会影响到其他所有个体，使得鸟群中的个体能够感知远远大于个体间直接交互范围的其他个体的运动。这是环境扰动（食物、天敌等）无须作用于每个个体便可间接却快速地引发鸟群的群集运动（捕食、避险）的理论基础。Boyer 等人 [41] 表示无标度的觅食行为在动物群体中普遍存在。Chen 等人 [42] 甚至推断个体运动的无标度相关性或许是生物群集运动的一个普适性特征，可将其作为评判各种理论模型合理性的基准之一。Papageorgiou 等人 [43] 发现珍珠鸡的群体规模和运动特征之间存在二次关系，即中等规模的群体表现出最大的家庭规模和更大的空间变化，从而揭示了群集运动存在的最优群体规模现象。Ballerini 等人 [44] 对椋鸟群的飞行数据进行定量分析后发现了"拓扑交互"（Topology interaction）的存在，即鸟群中的个体在运动中仅与周围距离最近的少量邻居存在交互关系，而与群体的密度和邻居的距离不相关。这一发现颠覆了 Couzin 等模型基于对感知范围内所有个体进行交互的假设认知，为后续新理论、新模型的提出提供了重要的指导。Ling 等人 [45] 发现野生寒鸦群中的局部相互作用（Corvus monedula）在不同的情境中变化很大，可以导致不同的组级属性。寒鸦在前往栖息地时与固定数量的邻居进行交互（拓扑交互），但在集体抵御捕食者围攻期间根据空间距离（度量交互）与邻居进行协作，揭示了局部交互规则的可塑性，可以进一步指导群集模型的设计和人工群集系统的构建。

4.1.2　群集动力学系统建模

生物群集现象研究的相关成果可以作为构建各种人工群集系统的理论依据与机制基础。前述各种基于生物群集现象构建的群集动力学模型及一些归纳的启发式规则可以指导无人车、无人机、多机器人集群等人工集群的设计和构建。本节将详细介绍一个典型的人工群集系统案例并综述多个相关工作。

1. 群集动力学系统典型案例

Tian 等人 [9] 受 Couzin 模型的启发，构建了一种车辆移动群集系统。模型考虑了由期望移动量、避碰倾向和道路约束引起的几个显著的吸引 / 排斥势场，并提出了一种综合的方法来设计和分析作用在互联汽车（Connected Vehicles）上的势场。

该模型不仅考虑了群内车辆之间的相互作用力，而且考虑了障碍物和道路边界的排斥力。用力场中每个位置的矢量来描述这些作用力，将车辆 i 所受的累积力所产生的效应定义为：

$$m_i \dot{v}_i(t) = F_i^{(1)}(t) + F_i^{(2)}(t) + F_i^{(3)}(t) \tag{4-10}$$

其中 $\dot{v}_i(t)$ 是在时间 t 的实际速度，车辆质量为 m。$F_i^{(1)}(t)$ 表示目标车辆的吸引力，$F_i^{(2)}(t)$ 表示连接车辆之间互动的作用力，$F_i^{(3)}(t)$ 表示车辆受环境影响的影响力。

$F_i^{(1)}(t)$ 表示目标车辆的吸引力，借助松弛因子 τ_i 使得车辆速度回归期望速度：

$$F_i^{(1)}(t) = m_i \frac{v_i^0(t) - v_i(t)}{\tau_i} \tag{4-11}$$

互联汽车的特点之一是协同行为。这些车辆得益于无线通信，可以作为一个群体合作移动。车辆以相同的运动模式聚集在一起，彼此保持一定的安全距离。受鱼群群集现象的启发解析车辆之间的群体力量，将车辆之间相互作用的力分为吸引力和排斥力两类，使车辆在保持一定距离的情况下能够成群行驶。类似 Couzin 模型的假设，设计车辆的感知区域为"三圈模型"（如图 4.5 所示），计算吸引力和排斥力并将其合并到 $F_i^{(2)}(t)$ 中，如下：

$$F_i^{(2)}(t) = \sum_{\forall j \in N_i(t)} (F_{ij}^A(t) + F_{ij}^R(t)) \tag{4-12}$$

其中吸引力 $F_{ij}^A(t)$、排斥力 $F_{ij}^R(t)$ 通过位势场函数计算：

$$F_{ij}^A(t) = -m_i \nabla U_A(p_i(t), p_j(t)) - \rho_i \varphi_{ij}(t) v_i(t) \tag{4-13}$$

$$F_{ij}^R(t) = -m_i \nabla U_R(p_i(t), p_j(t)) - \mu_i \varphi_{ij}(t) v_i(t) \tag{4-14}$$

势函数的设计类似于 Couzin 模型，利用车辆位置、感知范围、警报范围、等效半径等来定义。

要考虑到影响联网车辆移动的其他环境因素，如道路障碍、道路约束，以及路上的车辆可能会面对障碍（如事故、道路维修）等紧急情况。此外，车辆还受到道路边界的限制。这与自然界中鱼群的群集现象明显不同，道路障碍和道路边界所产生的影响被建模为：

$$F_i^{(3)}(t) = \sum_{\forall k \in M} F_{ik}^0(t) + F_i^L(t) \tag{4-15}$$

其中 $F_{ik}^0(t)$ 为障碍物 k 的排斥力，$k=1, 2, \cdots, M$，$F_i^L(t)$ 是虚拟排斥力，约束车辆保持在车道内行驶，远离道路边界，防止车辆驶离边界。与车辆间的吸引力、排斥力相似，障碍物排斥力与边界约束力同样利用位势函数计算：

$$F_{ik}^0(t) = F_k^0 \times \varphi_l(p_i(t), p_k^0(t)) n_{ik}(t) \tag{4-16}$$

$$F_i^L(t) = F_i^L \psi_l(p_i(t), p_i^L(t)) n_i^L(t) \tag{4-17}$$

该模型还基于李雅普诺夫稳定性定理进行了理论分析，证明该模型可以实现互联车辆的合作避碰和稳定约束聚集，并通过数值实验证明了无线通信对互联车辆安全性和效率的有效性。

这项工作从鱼群的群集现象中受到启发，借鉴 Couzin 模型的建模思想，成功利用动力学工具构建了互联车辆群集系统，很好地展现了生物群集动力学的研究成果是如何受生物群集行为的启发并应用于人工群集系统中的。

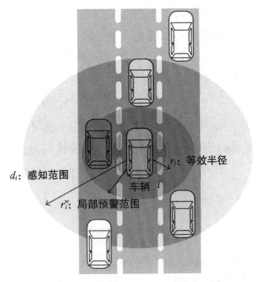

图 4.5　车辆感知交互区域划分图 [9]

2. 群集动力学系统典型研究及方法

当前，群集运动的理论成果为群集机器人的设计和运动协同控制带来了许多启发。根据视线导引模型中的个体运动规则，可以为移动机器人设计启发式导航算法 [46-47]；根据个体的有限视角和有限转向角可以加速 Vicsek 模型速度趋同过程这一理论结果，可优化群集机器人中的控制参数或硬件配置以提高它们的编队效率 [48]；利用 Couzin 模型出现的自排序现象，可以通过简单的自组织方式实现集中式协同难以完成的复杂群体运动模式 [9, 49]。国际上基于群集现象理论研发的人工群集系统发展较快，产生了一系列有影响力的代表性工作。MIT 的 Sitti 等人 [50] 设计的粒子机器人可通过松散耦合的盘状组件的震荡、放缩等方式进行随机运动，并能在外部信号刺激的情况下向着信号源进行有避障能力的群集运动。

此外，哈佛大学的 Rubenstein 等人 [10] 设计的 Kilobots，是一种低成本的群集机器人，可以在由多达数千个机器人的群体上测试群集算法，推动了群集算法的设计与验证。斯坦福大学的 Goc 等人 [51] 研发的 Zooids，作为一种用于开发桌面群接口的开源群集硬件平台，可以在群集运动的基础上进一步实现建造、搬运等功能。Shen 等人 [52] 实现的 Super Bot 是一种由可重构模块组成的机器人，可以利用有限的资源完成各类基于运动的任务。除了上述实验室环境下的群集动力学系统之外，基于群集运动理论成果催生了大量应用于工业、农业等领域具有实际价值的人工群集系统。例如，Ball 等人[53]研发的 SwarmBot 3.0 可以通过与人类的合作在群集运动的基础上实现农作物的种植与灌溉。Albani 等人[54]基于避障等群集运动理论基础研制了可以用于杂草检测和测绘的无人机集群系统。

国内也有不少代表性的工作。谢榕等人[55]受欧椋鸟群集行为实证研究的启发，提出一种欧椋鸟群协同算法，采用无中心自组织思想，利用智能体从其最邻近的 6、7 个邻居信息中寻找最优解，并通过智能体之间相互作用的简单行为规则，实现整个群体运动从无序行为到有序行为的过程。李圣恺等人[56]从群集现象存在于不同尺度的普适现象出发，基于主动黏性物质设计并实现了一种"最小化"（利用物理交互规则驱动而非基于计算与通信）的自组织粒子系统，不需要复杂算法或能力即可实现对群集行为的控制。王保防等人[57]基于领航者－追随者模型实现车式移动机器人的多种简单编队控制。

如上所述，通过借鉴生物群集动力学的研究成果，已设计出大量人工群集系统。这些人工群集系统将一些生物群集现象中的群智涌现机理成功地应用于无人车、机器人等的协同控制中，然而这些工作仍存在系统异构程度低等不足之处，导致群集动力学难以直接在人机物背景下得到广泛应用。关于人机物背景下的群集动力学系统面临的研究挑战及相关工作将在 4.3.1 中进行详细介绍。

4.2　群智演化博弈动力学模型

本节从人机物群智涌现动力学的第二个角度——**演化博弈动力学**进行探索，首先回顾**生物群集演化现象**及**生物群集演化博弈动力学模型**，随后通过介绍无人机集群和机器人集群这两类具有代表性的**人工集群演化博弈动力学系统**来介绍人工集群演化博弈动力学。生物集群演化博弈动力学起源于自然界中存在的生物集群演化现象。而生物集群演化是基于集群中个体的竞争和合作产生的一种漫长的集群和个体共同演化的现象[58]。根据达尔文的自然选择学说，个体在演化时应该倾向于背叛而拒绝合作。但在自然界中，合作击败了背叛，成为生物集群演化的主要方式并广泛出现在各个层次的生命群体中：基因在基因组中合作，染色体在真核细胞中合作，细胞在多细胞生物体中合作等。

4.2.1　生物集群演化博弈动力学模型

如果不考虑经典博弈论中参与者都是完全理性的假设，生态演化的试错过程和演化结果可以使用博弈论来进行合理的建模。研究人员在这些生物集群演化解释的基础上，构建了许多不同的生物集群演化博弈动力学模型。19 世纪 70 年代，生态学家 Maynard 和 Price[59]结合生物演化论和经典博弈理论，在研究生态演化现象的基础上提出了演化博弈论的基本均衡概念——演化稳定策略（Evolutionarily Stable Strategy，ESS）。**演化稳定策略指种群中大部分成员所采取的某种策略，这种策略带来的优势大于其他策略，使用该策略的**

生物集群不会被使用其他策略的生物集群入侵。演化稳定策略概念的提出标志着演化博弈理论的诞生，并在当时的生态研究中大放异彩 [59]。

1978 年，Taylor 和 Jonker[60] 提出了复制因子动力学理论，用它来描述生物集群演化中的动力学模型。此理论中提出了三个条件：生物种群无限大；没有突变；给定策略的变化在收益差额上是线性的。他们基于这三个条件提出了复制因子等式：

$$\dot{x}_i = \chi_i(P_i - \bar{P}) \tag{4-18}$$

其中 P_i 是选择策略 i 时的收益，$\bar{P}$ 是整个集群收益的平均值（$\bar{P} = \sum_{j=1}^{n} x_j P_j$）。

2006 年，Martin[61] 在《科学》杂志发表了关于生物集群演化博弈的五种机制，包括**亲属选择、直接互惠、间接互惠、网络互惠和集群选择**。这五大机制从个体推广至群体，通过公式量化了这种模糊的选择倾向，成为后续人们研究生物集群演化博弈动力学模型的重要依据。其中亲属选择、直接互惠和间接互惠描述了两个个体之间的演化博弈机制，而网络互惠和集群选择将此研究推向更加复杂的情景。

1. 亲属选择

当奉献者和接受者的亲缘关系越近时，彼此合作倾向越强；亲缘关系越远，合作倾向越弱。这里的亲缘关系指共享基因的概率，如两兄弟共享基因的概率为 1/2，表兄弟共享基因的概率为 1/8。该机制又被称为汉密尔顿规则（Hamilton's Rule）。

将此机制进行动力学建模，则要求两者之间的相关系数 r（共享基因的概率）必须超过利他行为的成本效益比：

$$r > \frac{c}{b} \tag{4-19}$$

其中 c 为奉献者付出的代价，b 为接受者得到的利益，c/b 为成本效益比。

2. 直接互惠

当奉献者和接受者之间没有亲缘关系时，他们仍可能选择合作，因此 Trivers[61] 提出了新的合作机制——直接互惠——来解释不同个体甚至不同种群个体之间的合作关系。

假设两个个体之间能够重复相遇，那么在每一次相遇时，每一个个体都会选择合作或背叛，在这种场景下其中一个个体会选择与另一个个体进行直接合作的现象称为直接互惠。Axelord[62] 提出了一种"针锋相对"（Tit-for-tat）的策略，即在最初采取合作行为，而在下一次相遇时采取上一次对方的选择。一旦出现偶然的背叛，背叛将一直持续下去，从而导致生物集群的整体适应性降低，进而在自然选择中被淘汰。

在"针锋相对"策略的基础上，演变出了"即使上一次遭受背叛，下一次相遇时仍会有 $1-(c/b)$ 概率选择合作的慷慨的'针锋相对'"策略和"遭受损失则替换选择的'赢则留，输则改'"的策略（Win-stay，lose-shift），两者的鲁棒性都高于传统的"针锋相对"策略。

对直接互惠机制进行动力学建模，要求两个个体之间相遇的概率 w 大于其成本效益比，生物集群才会进行合作的演变：

$$w > \frac{c}{b} \tag{4-20}$$

3. 间接互惠

与直接互惠不同，间接互惠机制为两个个体不能多次相遇的场景进行了解释。若两个个体之间的互动时间短且不对称，一个个体为另一个个体提供了帮助但可能无法获得直接的回报，这时可引入声誉机制来解决这个问题[61]。

一个个体在采取行动之前，会判断另一个个体的决策机制。一个经常采取合作行为的个体声誉会很高，剩下的个体在遇见它时也会倾向于选择合作；相反，一个经常采取背叛行为的个体声誉会很低，剩下的个体在遇见它时也会倾向于背叛。

虽然在动物中有简单的间接互惠现象，但该机制主要作用于人类社会。因为声誉机制发挥作用的过程需要语言。人类通过语言传播的信息来判断当前遇到的个体是否值得信赖，从而做出选择。间接互惠的机制促进了个体道德和社会规范的产生。由于其复杂性较高，因此只能对其进行简单的动力学建模，即该机制促进生物集群演变时需要知道某人的声誉 Q 的概率超过利他行为的成本效益比，即

$$Q > \frac{c}{b} \tag{4-21}$$

4. 网络互惠

网络互惠机制基于进化图理论[63]，在该理论中，并非所有个体之间互动的概率都相等，有些个体拥有更大的互动范围，与更多的个体发生互动。在该理论下，图中的每个节点代表一个个体，节点之间的连线代表发生互动。对于一个合作的节点来说，它需要付出成本 c ，而每个连接的相邻节点都可以获得效益 b ；而背叛节点的相邻节点无法获得收益。

合作者通过形成集群来抵抗背叛者的入侵，对该机制进行动力学建模，发现当效益成本比超过每个节点的平均相邻节点数 k 时，生物集群会进行合作演化，即

$$\frac{b}{c} > k \tag{4-22}$$

5. 集群选择

自然选择不仅作用在个体上，也作用在集群上。一群合作者可能比一群背叛者更容易成功。在一个集群中，合作者帮助集群中的其他个体，而背叛者不帮助任何个体。个体繁殖概率和得到的效益成正比，后代被添加到同一个集群中。如果一个集群到达一定尺寸就会分裂成两个，在资源优先的情况下，另一个集群就会灭绝。在低层次的集群内部，自然选择倾向于背叛；但在高层次集群间，自然选择则会倾向于合作。

对该机制进行建模，通过弱选择和数学极限逼近的方法，如果 n 是集群的最大尺寸，m 是集群的数量，只有满足式（4-23）时生物集群才能演化成功。

$$\frac{b}{c} > 1 + \frac{n}{m} \tag{4-23}$$

除此之外，在微观集群研究中也有学者借鉴演化博弈动力学，通过个体行为建模来解释其在进化过程中如何进行合作从而达到在不同环境下仍能生存的目的[64]，比如通过对微生物个体行动进行建模来得到其在不同环境下的行动规则和选择倾向。

4.2.2　人工集群演化博弈动力学模型

人工集群演化博弈动力学由生物集群演化动力学发展而来，是生物集群演化博弈动力学思想的应用与延伸。类似于生物集群演化博弈，人工集群演化博弈也是在两个层次上进行工作：在较低的层次上，基因型是进行选择的对象，可以通过制定规则使其发生变异。后代可以通过基于一个亲本的无性繁殖，也可以通过组合来自两个（或更多）父母的基因型产生。变异操作可以使父子代基因型产生部分差异（通常包含基因反转、基因交换、基因变异等），用于应对更为复杂的问题。在较高的层次上选择问题的解决方法（最占优势的集群），通过限定约束条件控制其整体功能、初始化集群、选择变异周期以及算法的终止等。

人工集群演化博弈与生物集群演化博弈的不同之处在于，生物集群演化博弈通常需要考虑来自环境和其他个体或集群的复杂的多个因素的作用力，集群内部成员的出生和死亡平行分散地执行，出生和死亡是不同步的；而人工集群演化博弈通常是一些简单的数学转换或参数化过程，出生和死亡比较集中，由系统选择，后代可以从任意数量的父母那里获得基因。

人工集群演化博弈动力学尝试使人工集群（包括无人机、机器人等）能够在演化博弈的过程中，找到目标任务的最优解或次优解，使整个集群的收益最大化。下面将通过人工集群演化博弈动力学中具有代表性的两类集群（无人机集群和机器人集群）来介绍人工集群演化博弈动力学。

1. 无人机集群演化博弈动力学

随着无人机任务环境的不断变化，单个无人机携带的资源和应对能力有限，其勘测半径、运输半径、攻击范围等都受到限制。为尽可能发挥无人机的工作性能，以无人机集群为基础的多无人机协同控制技术被广泛关注。

在无人机集群协同控制中，为了做到无人机集群整体资源消耗最小、任务完成率最大，研究者引入了演化博弈动力学思想。演化博弈论认为有限理性的经济主体难以准确获悉自身所处的利害状态，但能够在决策中通过不断学习调整自己的策略，通过采取最有利的策略最终达到一种均衡状态（如图 4.6 所示）。无人机集群演化博弈动力学将无人机集群看作演化博弈主体，使其能够快速响应无人机数量、个体无人机任务能力、任务需求等环境变化，有效保证解的收敛性和最优性。

Yan 等人[65]基于演化博弈思想提出了一种无人机集群协调路径规划问题的解决方案，考虑了无人机集群内部的相互作用，有效解决了无人机集群路径规划搜索空间广、限制条件多、难以完成多目标最优路径规划的问题。具体来说，首先在低层次中将无人机集群分为多个子群，在子群中使用演化的方法，删除每代中适应性差（与其他子群无人机合作表现差）的无人机，使剩下的无人机都能够达到单无人机路径规划的限制；随后在高层次上加入合作约束，寻找不同无人机集群架构的最优解。在每个无人机地位相同的去中心化的对称架构中搜索纳什最优解，在拥有领航者和跟随者的双层架构中搜寻斯塔克尔伯格最优解。具体来说，每一代对每一个无人机生成 S 个新个体，经过交叉、插入、删除、交换等操作后，根据该无人机的任务对其适应性进行评估。随后删除适应性差的个体，保持群体数量不变。最后选出该群体中最适合当前这一无人机的基因型，接着在高层中使用纳什博弈模型或斯塔克尔伯格博弈模型（如图 4.7 所示）找到集群的最优解。为了保证在加入新无人机后该集群的路径规划仍最优，需要在每次加入新的无人机后的高层选择中再次使用纳什博弈寻找最优解。

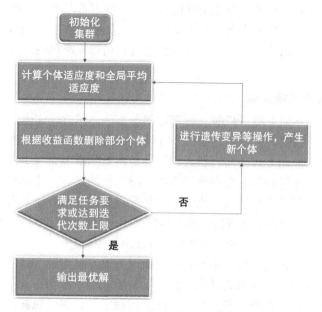

图 4.6 基于演化博弈的无人机协同控制策略

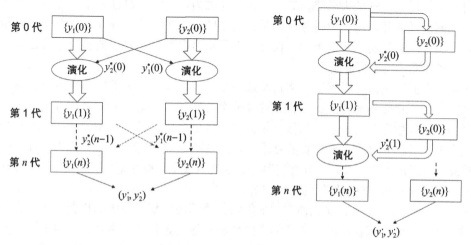

图 4.7 纳什博弈模型（左）和斯塔克尔伯格博弈模型（右）

段海滨等 [66] 提出了一种基于演化博弈动力学的无人机集群资源动态分布架构，在考虑了无人机集群协同作战时战场动态特性的基础上建立了连续资源分配模型。他们利用经济学中边际价值的概念设计了无人机个体的效用函数，并在特定假设下推导了问题的最优解；再利用演化博弈动力学设计了分布式和集中式协同资源分配算法，解决了无人机集群资源分配过程中难以快速响应系统动态变化和快速收敛的问题。具体来说，其将待分配的单位资源作为博弈参与者，将无人机平台等效于博弈纯策略。无人机在特定资源分配结果下的边际效用值等于选择此无人机作为策略的资源个体的博弈收益，而无人机通信拓扑则是博弈的网络结构。在博弈过程中，资源个体的博弈策略仅可在具有通信链路的无人机平台之间切换，这一过程对应于资源在无人机个体邻域内的转移。在上述设置下，动态资源分配就转化为博弈个体的策略选择过程，其目的是通过在相邻策略间的转换最终实现自身利益的最大化。

2. 机器人集群演化博弈动力学

随着工程技术的不断发展，机器人逐渐应用于军事、医疗、工业等多个领域，然而在面对复杂环境时单个机器人能够完成的任务有限，因此诞生了机器人集群 [67]。机器人集群旨在通过自组织协同控制方式使多机器人系统具备高效完成复杂任务的能力，而该类任务通常是单个机器人无法胜任的。受自然界生物集群现象的启发，集群机器人研究旨在通过大量简单机器人的局部相互作用涌现出复杂的集群行为，并使系统具备完成复杂任务的集群智能。以社会性昆虫为例，尽管昆虫的个体能力十分有限，但大量个体合作形成集群后，即可高效完成陌生环境探索、觅食、重物搬运等复杂任务。

当前的机器人集群仍然存在诸多不足：容错能力不足，少数个体故障可能导致系统功能失效；计算开销较大，难以对突发因素做出及时响应；系统动态调节能力有限，难以根据系统规模变化进行适应性调整等。在上述所有问题中，**如何使机器人集群拥有适应环境变化、自动寻找任务解决方案的能力成为当前研究的热门问题**。演化博弈动力学为机器人集群自主化提供了新的解决思路，通过演化博弈动力学建模，机器人集群可以使自己的行为适应不同的任务和环境。值得注意的是，这里的"自主性"体现在两个方面：机器人集群可以在没有外界控制的情况下执行任务，而且不需要外界监督；能够通过演化博弈实现自主学习和环境、任务自适应 [68]。

机器人集群演化博弈受到达尔文自然选择学说的启发：最能适应环境的个体有更多的机会繁殖并将其遗传物质传递给后代，这样整个物种就会向着更好的个体进化，也就是通常所说的"适者生存"理论。在机器人集群中，每个个体以其基因型为特征，即一个给定的解决方案，以任务解决方案的质量为适应度，在每一代中进行评估。"适者生存"的个体被允许复制其基因型进行繁殖，在此过程中也会出现交叉（有性繁殖）或变异（无性繁殖）。通过多代的选择博弈，找到最优的解决方案。

Hai 等人 [69] 提出了一种演化博弈鸽群算法，该算法区别于传统的机器人控制方案的试错调整方法，能够快速提高鸽群算法的适应性和机器人集群的自主性。具体来说，其在传统鸽群算法的基础上，在位置和速度这两个参数上进行迭代，根据适应度函数进行更新，每一轮删除一半不满足要求的个体，保障了整体适应度的提升。该算法解决了机器人控制器调整过程中需要手动调整自抗扰控制器参数导致的效率低、耗时长，难以应用于智能背景下环境快速变化的机器人集群系统的问题。

Ye 等人[70]基于演化博弈提出了一种针对移动机器人集群的最优防碰撞路径规划方法，有效解决了机器人集群协调路径规划中难以快速收敛的问题。该方法可以保证机器人集群在已知、部分已知或完全未知的环境中都能生成从初始点到目标点的最优无碰撞路径，保证每个机器人以最优或接近最优路径的方式同时到达目标点。该方法中的每个个体在第一轮都采取合作模式；随后在每轮博弈中，若个体目标价值函数的值低于初始设计值，下一轮将采取竞争行为模式，否则采取合作模式。通过这种方法使得机器人集群具有自主性，使其朝着目标状态快速收敛，从而快速达到任务目标。

4.3　人机物融合群智系统动力学建模

前两节分别回顾了经典的群集动力学模型和演化博弈动力学模型，并总结了一系列有代表性的人工群集系统和人工演化博弈动力学系统，阐述了生物集群中建立的动力学模型和归纳的启发式规则如何指导人工集群的设计与构建。相较于前文所述的**异构程度较低、可交互性较差、演化能力较弱**的人工集群，人机物背景下的人机物融合群智计算系统需要实现更多且**异构程度更高**的个体的群集运动，充分利用人类智能与机器智能的互补性实现**人机智能融合**，深入实现**多维而普适的演化思想**。因此，本节将从群集动力学中如何融入人类指导、如何使高度异构的集群达成一致性两个角度阐述**人机物融合群集动力学系统建模**；广泛借鉴多维度的演化思想阐述**人机物融合群集动力学系统建模**。最后，介绍人机物和谐融合群智系统的先驱典范——**超级物种**，阐述其概念设想和一些相关的前瞻性工作。

4.3.1　人机物融合群集动力学系统建模

人机物融合群集动力学系统旨在利用人类智能与机器智能的差异性与互补性，通过个体之间、个体与群体间的智能融合实现人机共融共生，完成更复杂的群集任务。人机物融合群集动力学为群集动力学揭示了广阔的发展前景，但目前实现人机物和谐融合的群集动力学系统仍有许多挑战性的问题亟待探索与研究。本节将对人机物融合群集动力学应当重点关注的两个问题进行探讨。

如 4.1 节所述，大量生物个体之间通过简单的规则进行交互便可在整体上涌现出复杂有序的行为，受这种现象背后的群智涌现机理的启发构建了很多由大量简单智能体组成的人工群集系统。这些人工群集系统通过个体间局部、简单的相互作用，宏观上自组织地涌现复杂的群集行为。面对一些传统单智能体、集中控制式多智能体难以胜任的复杂任务和多元场景，表现出智能、灵活、高鲁棒性等优势以及巨大的发展前景。

但目前的人工群集系统仍存在**个体简单同构、系统控制不易、复杂任务执行难**等方面的不足。这使已有的人工群集系统与人机物融合群集动力学系统之间存在较大差距：人机物背景下的群集系统中智能体的异构程度会远高于传统场景，高度异构的群集系统的一致性问题成为新的挑战；人机物融合群集动力学需要充分实现人、机、物的智能融合，群集动力学模型分布式、自组织的特点使人类智慧难以与传统模型和谐融合。本节将从融合人类指导的群集动力学系统构建、人机物背景下异构群集动力学系统一致性两个方面展开讨论。

1. 群集动力学中融入人类指导

人机物融合群集动力学模型中需要融入人类的指导与智慧。基于生物群集现象构建的人工群集系统本质上是通过对生物个体间交互方式等群集特征的形式化模拟实现对生物群集现象中所涌现的群体智能的模拟。但在可预期的未来，尤其是在生物群集现象的群智涌现机理尚不完全明晰的前提下，机器智能很难完全模仿和构造出这种群体智能以及其他自然智能。将人的智能引入人工群集系统的系统回路中，利用人类智能与机器智能的差异性与互补性，充分融合人类智能和机器智能的优势，在未来很长的一段时间内仍是解决人工群集系统所面临困难的有效途径。

在人工群集系统这种分布式、自组织的群智能体系统中融入人类指导存在一些固有挑战。人工群集系统通过个体之间、个体与环境之间的相互作用自组织地涌现出复杂集群行为，而不需要来自中心控制系统的指令等其他因素的干预，即可协作完成预设任务，体现了一定的群体智能。然而**这些特征同时也限制了人对于系统的干预能力与干预方式：由于无中心控制以及领导者，因此操作人员无法直接对整个系统的行为进行干预。**

区别于人工群集系统完全的自组织，人机物融合群集动力学系统中人类操作者基于人类智能、人类决策对群集系统进行指导，通过人与群集系统的适当交互（如软性干预、提供信息等），改善群集系统性能、提高任务完成效率。研究人员对此已经进行了一些早期的尝试。例如，Bashyal 等人 [71] 对人与集群系统交互的不同方式进行了分析，将其划分为"'人—集群'直接交互""'集群—人'直接交互"（通过基站的远程交互）两种主要方式。Kolling 等人 [72-73] 提出了两种控制方式：选择一部分机器人改变其行为，通过局部通信对其他机器人的行为产生影响；改变局部环境特征，通过环境与机器人的局部相互作用改变机器人行为。这些早期尝试揭示了人工群集系统在设计、运行过程中融入人类智慧所采用的间接手段，可为后续研究带来启发。

目前，将人类指导融入人工群集动力学系统中的工作主要以**引导者（Leaders）、对抗控制（Adversarial Control）**两种方式实现。

在最简单的层面，人类可以通过对人工群集系统中的"引导者"发送控制指令。可以进一步通过引导一个虚拟者，并通过该虚拟引导者控制集群的大小和形状及集群的整体运动 [74-75]。Zhou 等人 [76] 开发的虚拟刚体（Virtual Rigid Body）框架也是使用虚拟领导者的一种方式。除此之外，Walker 等人 [77] 指出与操纵一个固定的引导者相比，人类能够更好地使用一组动态引导者来引导群体。类似的控制方式在自动控制领域中，尤其是非群集式的人工集群中已有大量应用 [78-79]。在非群集式人工集群和人工群集系统中，引导者这种控制方式本质上是相同的。事实上，一些引导者式的群集模型已不再是分布式控制了。

对抗控制的概念解决了无法直接利用群体命令和控制算法的情况。对抗控制指通过一个或多个个体使用斥力来控制一个群体，在一些文献中也被形象地称作"牧羊行为"[80]。与引导者的方式相比，对抗控制在人工群集系统中的应用仍不成熟。对抗控制在控制领域有着多样化的应用，比如收集油轮泄漏的石油、让动物远离机场跑道、让人们远离危险区域（如不安全水域、建筑区域）等。Paranjape 等人 [81] 通过利用无人机与鸟群边界上的鸟进行交互来驱赶机场和太阳能农场等敏感地区附近的鸟群。Garrell 等人 [82] 提出了一种基于机器人协作的城市开放区域人员引导模型；Ferrante 等人 [83] 提出了一种结合两种方法的自适应控制模型，其通过一小群机器人控制一群移动机器人的前进方向。尽管研究人员已经进行了一定的探索，但对抗控制至今还没有得到足够的重视，还有许多有待解决的问题，未来仍具有巨大的潜力。

此外，还有一些工作通过添加虚拟信息素 [84]、虚拟信标 [85] 等方式操控环境以间接指导人工集群；人类操作员依据情境直接切换群集算法或者改变群集模型中的参数也是可行的朴素方法。

上述群集动力学系统中人类指导都以软控制（Soft-Control）的方式显式存在于群集系统的动力学方程或算法循环之外。从交互的角度来看，未来人类指导还可以更高效、更自然地隐式融入动力学系统中，更多内容详见第 9 章。目前，通过设计群集系统通用框架、语言，人类还可以用人工群集系统能够理解的语言发出命令；下一阶段则以人类使用的自然语言发出命令，同时仍然以不受控制人工群集系统的算法循环的影响为发展方向。此外，利用计算机来推断人类的意图，使人类成为算法循环的重要组成部分，并且主动寻求人类的输入也是未来的重要研究方向。

一种对未来人机物群集动力学系统的理想展望是：随着互联网、物联网等技术的发展，人机物群集系统中的大量物理设备、无人系统、人脑等可以通过泛在网络实现"上线"和"互联"，使人脑参与到机器智能的系统回路当中，让人理解机器思维的同时也让机器理解人的思维，实现人 – 机思维的无缝互动。一些新型的脑机接口（Brain-Computer Interface）技术发展迅速，并初步实现了人脑对无人系统的控制：受美国国防高级研究计划局（DARPA）资助的 Kryger 等人 [86] 实现了通过脑机接口在飞行模拟环境下控制无人机飞行的操作。DARPA 还开展了名为"阿凡达"的尖端军事科研项目，以控制进攻性武器和系统，替代士兵执行部分作战任务 [87]。但目前的脑机接口技术仍缺乏对人脑在直觉、意识、情感和决策方面的机理认知。从技术上构建有效的人在回路智能通道是未来实现人机物融合群集动力学系统需要解决的关键问题之一。

综上，将人类指导融入群集动力学系统中以实现人机物融合的群集动力学系统已有了可喜的进步，但真正实现和谐融合的人机物群集动力学系统仍需要生物、数学、计算机等多领域研究者的共同努力与跨学科合作。

2. 混合阶异构动力学模型一致性

4.1 节已经指出关注一致性问题的必要性，人机物背景下群集动力学系统的异构程度大大增加，这使系统中智能体能够实现协调一致并在此基础上涌现出复杂群集行为成为新的挑战。

　　传统研究构建的人工群集系统（参考 4.1.2 节）大多是同构的，而人机物融合背景下群集动力学系统引入了很多异构的因素，异构程度的增加使得系统一致性的实现变得更加复杂。为使此时的系统能够涌现出不逊于同构系统的群集行为，需要对异构一致性问题进行深入的研究。这些异构因素的划分如图 4.8 所示，从个体的角度来说，系统内的个体构造及能力不再是相同的，各个智能体根据系统需要会装载不同种类的传感设备，进而获取丰富的异构信息并进行融合（有关信息融合的相关内容详见第 6 章）；系统内智能体的结构不同，个体的动力学方程阶数也不同。从系统整体的角度来说，由于人机物背景下群集任务的复杂性，系统在某些情况下需要分为各个子系统各自实现不同的群集任务，形成系统层面的异构。群智能体系统内的异构程度可以利用 Balch 等人[88]提出的社会熵等信息论的方法来度量。在这种背景下，实现人机物融合的群集动力学系统的动力学理论难点在于解决有牵制的混合阶异构动力学模型一致性问题。具体来说，依据上述异构因素的划分将问题进一步分解为**组一致性问题**和**异构一致性问题**。一致性问题已经在 3.3.2 节简要介绍，而一致性指群智能体内个体在没有集中式控制及全局通信的情况下，通过局部的交互在某种度量下趋于一致：

$$|x_i(t)-x_j(t)|=0 \qquad (4\text{-}24)$$

$$\lim_{t\to\infty}|x_i(l)-x_j(t)|=0 \qquad (4\text{-}25)$$

$$\lim_{t\to\infty}x_i(t)=\frac{1}{n}\sum_{j=1}^{n}x_j(0) \qquad (4\text{-}26)$$

　　$x_i(t)$ 和 $x_j(t)$ 分别表示两相异的个体在 t 时刻的某种状态，$x_j(0)$ 则表示个体的初始状态。若上述三个式子对群体内任意 i 和 j 均成立，则它们分别定义了一致、渐进一致、平均一致三类问题。

　　一致性是群智能体协调运作的基础，只有群体内不同智能个体间的某类状态达到某种度量或者意义上的一致，才能做进一步的群集协同。群体的聚集、编队乃至更复杂的行为都正是在一致性的基础上形成的。

　　本节将对组一致性与异构一致性的研究工作以及有借鉴意义的工作进行总结与展望。同构群体是生物群集现象和人工群集系统协同运动研究的基本对象，由于同构群体中不同个体之间的属性和特征及动力学方程相同，不同个体之间可以互相替代，因而同构群

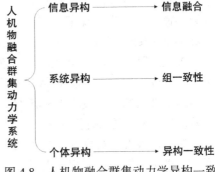

图 4.8　人机物融合群集动力学异构一致性问题分类

体往往易于实现高度且可靠的协同一致。前述生物群集现象及人工群集系统动力学模型多为同构、低阶模型，它们的一致性已经有较多研究工作。为进一步发挥不同个体的特征与优势，使群体稳定易控、硬件资源要求低、能实现更复杂的人机物融合任务，如何构建集

群中动力学特征不同的个体动力学模型以及包含多种不同动力学模型的子群模型成为研究者面临的挑战，其中保证模型的一致性与稳定性成为设计新模型的重中之重。已有很多工作以不同的评价指标衡量群体运动状态的一致性，如采用极化性衡量群体的运动方向[89-90]、用角动量衡量群体的涡旋运动[91-92]、以熵衡量群体位置的无序性[93]。但仅有少数工作不遵循建立具体模型 – 证明模型一致性 – 仿真实验/实物实验验证的研究范式，鲜有工作证明群集模型实现一致性的充分条件或等价条件，未来若能得出实现复杂条件下群集动力学模型一致性的充分条件，则对各类群集动力学模型构建和人机物融合群集动力学模型设计都具有自上而下的指导意义。

在群智能体系统的一致性问题研究初期，研究人员主要关注一阶、同构群智能体系统的一致性。Jadbabaie 等[94]针对原始的 Vicsek 模型，运用代数图论对一致性问题进行了理论分析，证明了 Vicsek 模型是一个不存在公共二次李雅普诺夫函数的稳定切换线性系统，为 Vicsek 模型中所有智能体的运动方向可以趋于一致的群集现象提供了理论解释。Olfati-Saber 等[95]分类探讨了多类具有固定和切换拓扑的动态多智能体网络的一致性问题，给出了一致性控制协议的基本形式、一致性问题的可解性与控制算法的概念，并结合图论引入了平衡图的概念（能有效解决平均一致性问题），从而给出了拓扑结构为平衡图的多智能体系统达到平均一致的充要条件。其研究结果表明，系统达到一致性的收敛速度与多智能体网络的代数连通性直接相关。

在实际应用中，群智能体的运动方程要用二阶甚至更高阶的动力学模型来刻画。不少学者陆续开展了由二阶积分器动力学、二阶以上积分器动力学及一般线性系统模型智能体组成的群智能体系统一致性问题的研究[96]。图论、特征值理论成为分析高阶积分器动力学智能体组成的群智能体系统的一致性问题的重要工具[97]。

（1）组一致性

在实际建立模型时，很多情况下仍需将整个群智能体系统看成是由多个群智能体子系统组成的大系统，每个子系统的内部和不同子系统之间均存在信息的传递，衡量这种群智能体系统的一致性要求子系统中所有智能体就感兴趣的量达成一致（一般要求智能体的状态信息达成一致），而不同子系统的一致性状态取值是彼此独立的：

$$\begin{cases} \lim\limits_{t\to\infty} \left| x_i(t) - x_j(t) \right| = 0 & \forall i,j \in L_1 \\ \lim\limits_{t\to\infty} \left| x_i(t) - x_j(t) \right| = 0 & \forall i,j \in L_2 \end{cases} \tag{4-27}$$

Yu 等人[98]最早拓展并提出了群智能体系统的组一致性这一概念，即网络中的智能体可以渐进地达到多个一致的值，这包含了传统的仅达到单一一致的值的一致性问题，并设计了针对无向拓扑结构的一阶群智能体系统的组一致性协议。Tan 等人[99]解决了具有固定和切换拓扑的有向网络中多智能体系统的一致性问题，基于代数图论和矩阵理论推导出一致性的必要和/或充分条件；研究结果表明对于固定拓扑的情况，系统的分组一致性由系数矩阵的 Hurwitz 稳定性保障。对于切换拓扑系统，系统的分组一致性与一类线性切换系统在任意切换信号下的渐近稳定性是等价的。Wang 等人[97]借助图着色的相关理论，研究图的最大（权重）稳定集和顶点着色问题，将所得结果应用于多智能体系统，设计并实现了分组一致性控制协议方法。Miao 等人[100]利用李雅普诺夫函数、拉萨尔不变性原理和图论等工具，研究具有非线性输入约束的一阶多智能体系统的一致性问题，得到离散时间和连续时间多智能体系统的一致性协议。Gao 等人[101]设计了基于来自相邻智能体位置信息的组一致性协议，给出了多智能体网络遭受网络攻击时一致性的充分条件并将结果扩展到了多个网络攻击子组的一致性问题。Hou 等人[102]将关联组内的智能体状态及其组信息（代表所有智能体内部状态的凸组合）作为每个智能体的控制输入。结果表明当接收到的组信息是非线性变换时，在离散时间和连续时间情况下都可达成一致。

针对群智能体系统中智能体具有二阶动力学模型的情形，目前开展的研究工作相对较少，而这正是进一步实现人机物融合群集动力学系统所必需的。Feng 等人[103]探讨了二阶多智能体系统的静态分组一致性问题。Xie 等人[104]分别研究了具有定向固定和马尔可夫切换拓扑的离散时间二阶多智能体系统的群共识跟踪问题。Liu 等人[105]基于矩阵理论，推导出具有多个引导者的双时间尺度多智能体系统二阶可控性的一些必要和充分条件。

此外，时延问题是群智能体系统建模过程中需要考虑的重要问题，因而有很多研究者探讨了具有时延的群智能体系统的一致性问题。例如，Ma 等人[106]通过领导者-追随者方法和钉扎控制（Pinning Control）解决了二阶非线性多智能体系统的一致性问题。An 等人[107]设计了基于状态预测方案的主动补偿通信延迟的一致性协议，解决了具有通信延迟的多智能体系统中的一致性问题，并获得了关于给定的可接受控制集的多智能体系统一致性的必要和充分条件。Li 等人[108]研究了合作竞争网络中具有延迟非线性动力学和间歇通信的二阶多智能体系统的反向一致性问题。

（2）异构一致性

在人机物融合群集动力学系统中，各智能体的动力学刻画应该是彼此不同的，但在群智能体系统一致性问题的研究中，研究人员关注的大多为所有智能体具有相同的动力学模型的情况，即同构群智能体系统的一致性问题。Lee 等人[109]设计了基于闭环传递函数的局部控制，解决了有向信息图上具有不同有限时滞的异构群智能体系统的一致性问题；Kim 等人[110]根据输出调节理论研究了一类异构不确定线性群智能体系统的输出一致性问题。针对异构群智能体系统一致性问题的研究绝大多数假设所有智能体的输出维数是相同的，但是实际上异构群智能体系统的输出维数往往是不同的，这导致其研究难度较大，大多数研究工作是在一定假设的基础上开展的。鉴于此，王龙[96]等学者开始考虑特殊的异构智能体系统即混合阶群智能体系统的一致性问题。

$$\begin{cases} \dot{x}_i(t) = v_i(t) & i \in I_m \\ \dot{v}_i(t) = u_i(t) & i \in I_m \\ \dot{x}_i(t) = u_i(t) & i \in [m+1, \cdots, n] \end{cases} \tag{4-28}$$

混合阶群智能体系统中包含一阶、二阶等不同阶数的智能体，其中低阶智能体的研究成果颇丰，使得混合阶群智能体的研究具备了较为成熟的理论基础，能够较好地获得直观的结论。

　　宋等人 [111] 第一次提出了混合阶群智能体系统拟平均一致性的概念。Liu 等人 [112] 研究了离散时间混合阶群智能体系统的一致性问题，以非负矩阵理论为主要工具，给出固定及切换拓扑结构下实现一致性的充要条件。Dai 等人 [113] 使用"领导者 – 追随者"一致性协议解决了具有时变通信和输入延迟的混合阶群智能体系统的一致性问题，并获得了具有时延切换拓扑的异构群智能体系统的一致性条件。Li 等人 [114] 解决了无向连通图下的具有线性和 Lipschitz 非线性动力学的异构群智能体系统的分布式一致性问题。Pei 等人 [115] 从个体特征差异和子群拓扑结构差异的角度构建异构系统的相互依存模型，利用本地信息解决了具有固定通信拓扑的异构相互依赖的组系统的一致性问题。Zheng 等人 [116] 考虑了由连续和离散时间两类智能体组成的混合多智能体系统的二阶一致性问题。

　　综上，针对混合阶群智能体系统的一致性问题虽然已经取得了不少有价值的结论，但如何考虑时延、实现自主决策等相关问题仍值得进一步分析。此外，综合考虑各种复杂条件的混合阶群智能体系统的一致性与组一致性的广义一致性条件需要更深入的研究。当群集系统无法通过节点间的相互耦合快速达到一致或者无法预先具体了解节点间的耦合关系时，适当引入外力来实施对整个网络的控制，提高系统的一致性收敛性能也是可行的方法。实现人机物和谐融合群集动力学系统仍然需要构建更加合适的混合阶异构动力学模型与严谨的一致性证明。其中，具有模型指导意义的一致性充分条件也是未来人机物融合群集动力学研究的一个基础性问题。

4.3.2　人机物融合演化动力学建模

　　在漫长的生物演化过程中，生物和环境互相影响、相互制约，共同演化成为具有不同特点的生态系统。在演化的过程中，生物群落能够在该环境下获得更多的资源和更大的生存概率。基于演化这一在生态系统中存在数十亿年、涉及数千万物种的现象，本节将继续探索人机物融合演化动力学建模可借鉴的研究成果和思想，启发人机物融合演化动力学的发展以构建人机物融合智慧空间。

　　如 4.2 节所述，生态演化的结果可以使用博弈论来进行合理的解释，由此诞生的演化博弈动力学吸引了多学科科研工作者的关注，产生了基于演化博弈动力学的无人机集群、机器人集群等同构人工集群演化博弈工作。与传统工作相比，这些人工集群可以更好地开展同构演化博弈自主学习，自适应地完成任务。但是由于人机物融合群智系统有着高度异构、持续演化、深度融合等特征，现有的同构人工集群演化博弈动力学仍难以直接应用。

　　在人机物融合背景下，人、机、物构成的群智能体与其工作的环境共同构成了新型"生态系统"。在该系统下，群智能体与环境在一定时期内处于动态平衡状态，智能体群体从环境中获得信息，通过演化更加适应环境，降低任务完成的成本。智能体群体在环境中采取的不同行为产生的累积效应也在潜在影响着环境变化的方向。

　　除了演化博弈的思想外，其他领域也存在很多关于演化的知识可以借鉴到人机物融合动力学中。演化是一种多维度的普遍现象，小到细胞、微生物，大到生态系统，其既发生在同一时间尺度的多个空间尺度上，也发生在同一空间尺度的连续时间内。接下来将介绍四个较为成熟的演化思想：**决策演化**、**认知演化**、**形态演化**和**硬件演化**。决策演化和认知演化通过研究生物演化的内在机理探索演化的本质，而形态演化和硬件演化则是将生物演化的理论通过计算机模拟来寻找新的演化规则。在人机物融合群智计算中可以借鉴这四种演化思想，从内而外、自上而下地探索如何构建具有自演化能力的异构群智能体系统。

1. 决策演化

人机物融合演化动力学建模可以参考决策演化的中心思想来构建人机物融合系统的演化模式。决策演化的中心思想在于：进行演化模拟时考虑了群体在决策过程中不是完全的理性和利己的真实情况，认为群体通过不断试错和反馈来动态调整策略，从而达到演化的目的 [117]。本节将通过群落生态学中物种此消彼长的现象来进一步解释决策演化的思想。

群落生态学（Community Ecology）[118] 是研究群落与环境相互关系的科学，是生态学的一个重要分支学科。群落生态学不是以某一种生物作为研究对象，而是把群落作为研究对象。群落生态学是近现代应用数学广泛应用的领域，数学的几乎所有分支都已经渗透到生物学中，并产生了许多对理论数学不具有普适性但却很适合于研究生物学问题的专门技巧与方法。

从个体行为到物种丰富度、多样性和种群动态，生态学的大多数基本要素都表现出空间变化。偏微分方程模型提供了一种将生物运动与种群过程融合的方法，并已广泛用于阐明空间变异对种群的影响 [119]。偏微分方程被用来模拟各种生态现象。这里主要讨论扩散、生态入侵、临界斑块大小、扩散介导的共存和扩散驱动的空间格局。这些模型强调**简单的生物运动可以在同质环境中产生惊人的大规模模式，而在异质环境中多种物种的运动可以改变竞争或捕食的结果**。

群落生态动力学最早的尝试建模可以追溯到 1836 年，Malthus[120] 建立了一个简单的人口模型：$\dot{x} = rx$。这里 $x = x(t)$ 代表 t 时刻的人口密度（假设人口密度分布是均匀的），r 代表人口密度随时间的相对增长率（常数，也称为内禀增长率）。根据这个模型，Malthus 得出了人口指数无穷增长的结论。但该结论没有考虑环境和资源因素，因为环境中的资源不是无限的，所以人口的增长不可能是无限的。随后 Verhulst-Pearl 于 1938 年提出了 Logistic 模型 [121] 来描述生物种群的增长：

$$\dot{x} = rx\left(1 - \frac{x}{K}\right) \tag{4-29}$$

这里参数 r 是 Malthus 模型中描述的种群内禀增长率，K 是环境容纳量（$K>0$），也就是在所考虑的环境中最多能允许生存的种群数量（或密度）。由此模型可以看出，存在一个正的平衡态 $x = K$，使种群数量（或密度）保持在稳定水平。但现实中往往不是这样，种群的数量会存在某种周期性的变化：如我国华南地区松针林中的松毛虫数量存在四年为一周期的变化，而非稳定在某个水平上。1974 年，May 把 Logistic 模型作差分，如式（4-30）所示，并发现当 r 在 0～3 之间变化时，不但会有和微分方程 Logistic 模型一样存在大范围稳定平衡态的可能，而且会出现以各种正整数 n 为周期的周期解以及混沌解：

$$x_{r+1} = x_r \left[1 + r(1 - x_r / k) \right] \tag{4-30}$$

但该模型和之前的模型都属于单种群模型，并未考虑在同一环境中共同生存的其他种群的相互作用。

1925 年数学家 Volterra[122] 使用动力学建立了大鱼和小鱼种群相互作用的数学模型：

$$\dot{x} = ax - bxy, \quad \dot{y} = cxy - dy \tag{4-31}$$

这里 $x(t)$ 和 $y(t)$ 分别代表小鱼与大鱼种群的密度，a 为小鱼种群的内禀增长率，d 为大鱼种群的死亡率，b 和 c 表示两种群相互作用的系数。该模型的解是一系列周期解，即所研究的海域内大鱼数量和小鱼数量的比例具有周期性。大鱼多时，其食物小鱼的数量就会变少，反之小鱼的数量就会增多。

根据动力学理论建立的种群相互作用的 Lotka-Volterra 模型 [123] 把每一种群或环境资源看作物理或化学作用中的一个物质：

$$\dot{N}_1 = N_1(b_1 + a_{11}N_1 + a_{12}N_2) \tag{4-32}$$

$$\dot{N}_2 = N_2(b_2 + a_{21}N_1 + a_{22}N_2) \tag{4-33}$$

$N_1(t)$、$N_2(t)$ 分别代表两个种群在 t 时刻的密度（或数量），b_i、a_{ij}（$i = 1, 2$）均为系统的参数 [124]。在具体建立模型时需要通过实验或野外观察数据，获得一个时间序列 (N_1^i, N_2^i)，$i = 1, 2, \cdots, n$，然后用拟合方法求解模型的反问题来确定参数，用以预测未来种群的发展。该模型假设两种群密度在空间分布上是均匀的，即密度仅是时间的函数 $N_1(t)$ 和 $N_2(t)$。如果密度同时还是空间位置的函数 $N_1(X, t)$ 和 $N_2(X, t)$，这里 $X = (x_1, x_2, x_3)$，则模型需加上扩展项：

$$\partial N_1 / \partial t = N_1(b_1 + a_{11}N_1 + a_{12}N_2) + d_1 \Delta N_1 \tag{4-34}$$

$$\partial N_2 / \partial t = N_2(b_2 + a_{21}N_1 + a_{22}N_2) + d_2 \Delta N_2 \tag{4-35}$$

这里 $\Delta \equiv \partial^2 / \partial X_1^2 + \partial^2 / \partial X_2^2 + \partial^2 / \partial X_3^2$，其中 d_1 和 d_2 为扩散系数。如果同一环境中共同生存着多个种群，其相互作用的 Lotka-Volterra 模型可以写成：

$$\dot{N}_i = N_i(b_i + \sum_{i=1}^{n} a_{ij}N_i) \quad (i = 1, 2, \cdots, n) \tag{4-36}$$

其中 N_i 代表第 i 个种群的密度（$i = 1, 2, \cdots, n$），参数 b_i 和 a_{ij} 和前式意义相同。上述模型可以重写为：

$$\dot{N}_1 = N_1(b_1 + a_{11}N_1) + a_{12}N_1N_2 \tag{4-37}$$

$$\dot{N}_2 = N_2(b_2 + a_{22}N_2) + ka_{21}N_1N_2 \tag{4-38}$$

以上两式右端前半部分为每个种群各自增长的 Logistic 模型，因此 b_1、b_2 代表两个种群的内禀增长率，a_{11} / b_1 和 a_{22} / b_2 分别对应于两个种群各自在 Logistic 模型中的 $-1 / K$。由于生态系统通常是一个耗散系统，因此一般来说 $a_{ii} \leq 0(i = 1, 2)$。公式右端部分描述两种群的相互作用，a_{12} 和 a_{21} 的符号可以决定两个种群之间的关系：

- 当 $a_{12}a_{21} < 0$ 时，两个种群为捕食关系；
- 当 $a_{12} < 0$ 且 $a_{21} < 0$ 时，两个种群为竞争关系；
- 当 $a_{12} > 0$ 且 $a_{21} > 0$ 时，两个种群为合作关系。

我们可以尝试使用上述群落生态动力学模型描述人机物融合系统中的异构种群数量的演变过程和异构种群之间的关系，以数学中的形式化描述解释种群之间的活动，得到合适的演化算法。

除了直接的数学模型外，群落生态学中也有许多关于群落演化的理论和知识可以被应用于人机物融合演化动力学中。Ilik Saccheri 等人 [125] 发表了一篇关于自然选择和人口动态的文章，主要阐述了影响人口数量的几大因素，并重点探讨了**遗传漂移**、**近亲繁殖抑制**、**软选择**和**硬选择**对人口数量演化的影响。

- **遗传漂移**是指等位基因频率的随机波动，由于配子的有限抽样，通常导致遗传变异减少，并最终在任何给定的群体中固定一个等位基因；
- **近亲繁殖抑制**是指因亲属间的繁殖而产生的后代的平均适应度或其任何组成部分的降低；
- **软选择**是指选择系数 s 的强度与密度和频率有关的情况，而**硬选择**是指 s 的值与两者无关的情况，如图 4.9 所示。简单来说，软选择是可考虑每个种群的密度进行的选择，如选择每个种群表现最好的 5% 的个体；而硬选择则是设定绝对的表现线，只保留过线个体（如突发自然灾害），可能会导致整个种群的灭绝。在自然界中，一般软选择和硬选择并存。

在人机物融合演化动力学中，我们可以尽可能地模拟自然选择，在选择过程中除了设定软选择外，可在选择进行到一定程度时引入硬选择，控制群落中种群个体的数量和其适应度。但要注意硬选择可能导致某些种群的灭绝，使整个群落的基因丰富度降低，从而可能导致遗传漂移和近亲繁殖抑制，进而无法获得预期结果。

Charlebois 和 Balazsi[126] 提出了一种基于 Allee 效应的细胞种群动力学模型。Allee 效应是指种群大小或密度与种群或物种的平均个体适应度之间呈正相关。强 Allee 效应描述了一个种群在中等种族密度下可以增长，但如果种群密度太大或太小则增长率会下降；弱 Allee 效应是指如果一个种群的增长率是正的，但若其种群大小或密度过小，增长率仍会变为负。也就是说，在人机物融合演化动力学中，若种群密度过小可能会导致种群整体的崩溃，如果要想使种群增长

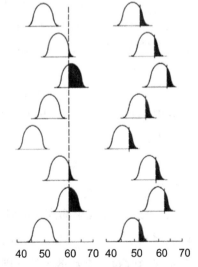

图 4.9 硬选择（左）和软选择（右）示意图

率保持在最大，可使其种群规模和密度保持在中等水平。

Wang G 等人 [127] 受到群落生态学演化的启发，基于超大型 LED 屏作为可编程数字化虚拟环境平台，结合原创环境耦合型机器人集群，创造出来一种新型的活性物质：机器人活性物质（Robotic Active Matter）——通过构建模拟该形式的机器人群落，探索机器人在环境中搜寻缓慢补充的资源的行为。"活性物质"是指由许多可独立运动的元素组成的系统，生物学上的例子包括细菌群落和鸟类群落。研究人员将这些机器人置于 LED 屏幕制成的地板上，LED 屏幕的光被调整为可模拟可消耗资源数量的特定输出——例如鹿需要的草。一旦机器人"吃"尽了一个地方的资源，它们就会离开这片资源枯竭的地区。该工作可以模拟捕捉生物活性物质中呈现的集体行为或"涌现"行为，并可以进一步研究环境如何通过自身的相变来回应与生物群落的相互作用。

2. 认知演化

人机物融合演化过程可以借鉴其他生物的演化过程来进行预演，使整个系统能够更快地过渡到相对稳定的状态，从而完成协作任务。认知演化 [128] 借鉴 20 世纪世界科学标志性的新型研究门类——演化认知科学的思想，通过研究其他动物以及生理结构的演化，进一步研究个体认知模式的演化。从演化的角度研究"认知"，旨在描述人类在演化过程中由选择压力形成的神经认知机制。因为认知模式是一个连续过程，并不是突然出现的，所以很多高级的认知模式都可以在其他生物或者个体幼年时期发现。

吉格伦泽和戈德茨坦 [129] 通过计算机模拟发现复杂的策略的成本往往超过了提高准确性所带来的潜在好处。他们使用了一个简单的启发式决策树来进行预测，发现其性能和使用复杂回归方法的算法一样好，甚至更好。从演化认知心理学的角度考虑，演化本身是有成本的，因为某些大脑回路的开发会增加个体发生的长度，或者从其他机制的发展中去除潜在的能量分配。另外使用复杂算法的决策比使用更简单的决策需要更多的注意力资源。自适应决策通常需要在较短的时间内执行，这很可能会限制最优的策略类型。各种证据表明当人们在时间压力下或追求准确的动机减少时，人们解决问题的方式确实有所不同。因此在人们的日常生活和决策中，大脑的演化可能使人们倾向于在复杂环境内做出简单、快速的决策，而不是单一、一般的最佳适应或识别适应。换言之，人类存在的认知偏差中的一部分可能是由于快捷方式的使用，因为这通常是有效的 [130]；也有证据表明 [131]，放松约束或提高准确性的动机可以提高某些领域的推理效率。在人机物融合演化中，可以在紧急情况下设置智能体快速响应模式，或参考跨层网络，在不追求决策准确性的情况下为智能体提供较简单的网络，从而减少能量消耗并降低时间成本。

错误管理理论（Error Management Theory, EMT）[132] 将信号检测理论原理应用于判断任务，对演化的认知设计进行预测。其中心思想是：任何认知机制都可以产生假肯定（采用错误的决策）和假否定（不采用正确的决策）这两类错误。EMT 预测最优决策规则不会最小化误差率，而是最小化误差对适应度的净影响。如果一个机制发生错误所产生的成本始终比其他机制低，那么演化将倾向于演变出此机制；在错误成本相对较低的条件下，演化倾向于犯更多的错误，以探索到更好的环境适应方式。例如等距离的两个声音，人们会认为强度上升的声音较强度下降的更接近、传播速度更快，这就是"听觉隐现"现象。听觉隐现导致对移动声音源接近的偏差感知，以及低估声音源距离的普遍倾向。受试者判断接近的声音源比后退的声音源更近，而实际上它们距主体的距离相同。这种效应的错误管理可以解释为：让人们最好提前准备好迎接接近的物体，从而避免危险。同样，人们对于传染性疾病和患病的人天生的抵触和远离情绪也可能是因为假否定（无法避免患传染性疾病）成本高昂，而假肯定（避免与非传染性人接触）可能不方便，但不太可能有害。

为了实现系统的自适应和对复杂环境的应对能力，人机物融合系统可以考虑认知心理学和演化认知科学中的这些发现，尽可能采取启发式算法而不是复杂回归算法，允许智能体在一些特定情境下的快速反应（即使该反应无法获得收益甚至会导致损失）以避免出现一些损失更大的错误。通过**模拟生物大脑机器复杂的神经系统的演化形成的演化神经网络模型** [133]融合了演化计算和神经网络两大分支，将演化计算的演化自适应机制与神经网络的学习机制有机结合在一起，有效地弥补了传统人工神经网络的缺陷。例如，Assuncao 等人 [134]利用演化算法的策略提出了深度演化网络结构表征（DENSER），可以自动进行多层深度神经网络结构设计，以搜索最优的网络拓扑结构，并且对超参数（如学习或数据增强参数）进行调优。自动设计是通过两个不同层次的编码方式来实现的，包括外层编码网络的一般结构以及内层编码与每层相关联的参数。在训练过程中，可通过交叉变异促进网络结构的演化。

除此之外，Ellefsen 等人 [135]参考神经网络中的演化实验模拟大脑中神经元的兴奋性与抑制性行为。模拟生物大脑采用了不同的神经调节器，可以局部地修改学习的方法。使用演化来设计神经调节动力学，特定突触的学习率可以根据环境的某些输入而调整。他们在实验中证明了其模块化有助于防止灾难性遗忘。

3. 形态演化

与认知演化不同，形态演化认为除了要研究演化过程中生物理解、学习、推理和归纳的内在机制外，还应考虑演化过程中生物形态的进化过程。通过具体的形态变化总结归纳出演化的本质，即"给智能寻找一个身体"，强调认知和智力活动不仅仅是大脑孤立的计算，而是大脑、身体和环境的相互作用。在此背景下，具身智能（Embodied Intelligence）的概念应运而生 [136]。R. Pfeifer 和 J. Bongard 在其著作中 [137]论证了思维不是独立于身体的，而是受到身体的严格约束，同时又被身体所激活。他们认为了解如何设计和建造智能系统将可以更好地理解通用智能，这对我们构建人机物融合群智系统提供了新的思路。

研究人员通过研究生物物理形态的变化进而探索智能和演化的本质。例如，李飞飞团队 [138]设计了一种基于双循环网络创建具身智能体的框架——**深度演化强化学习**（Deep Evolutionary Reinforcement Learning，DERL），通过模仿物种进化的过程证明了环境复杂性、形态智能和控制的可学习性之间的关系，如图 4.10 所示。该框架的内循环使用新型的 Policy Gradient 算法使个体能够进行本体感知和外部观察，从而学习到更好的表现形态；而外循环使用锦标赛选择算法，每次随机选择 4 个个体，让适应性最好的个体作为父代，进而变异得到子代。通过该方法，李飞飞团队证明了环境复杂性可以促进形态智能的进化，也即 1953 年由美国古生物学家 George Gaylord Simpson 所提出的"鲍德温效应"（Baldwin Effect）。该效应认为：**生物进化时会迅速选择学习速度较快的形态，从而使早期祖先一生中较晚学会的行为在其后代一生中较早表现出来；通过物理上更稳定、能量效率更高的形态的进化，可以促进学习和控制。**这些发现和演化认知学的思想不谋而合。基于这种思想，在人机物融合演化动力学中，我们可以参考"双循环"网络架构，**模拟自然界的进化过程，在种群内部使用内循环使个体得到更好的适应能力和学习能力，在整个人机物环境内采取外循环使种群的整体适应度提升，从而使整个人机物群落得到进化。**

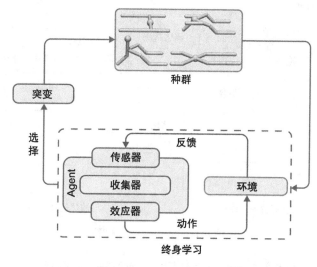

图 4.10　DERL "双循环" 网络框架

2019 年，Howard 等人 [139] 在 *Nature* 杂志的子刊 *Machine Intelligence*（机器智能）中发表了关于有型智能体从材料到机器的演化的文章，探索了多级演化的过程。通过自上而下的设计使机器人跨越多个层次，组成分子和材料的"构建块"，并探索机器人可能的组装形态和感觉运动结构。该文章通过设计机器人认知层面（软件）和形态层面（硬件）的演化方式，使其能够模仿生物进行"繁衍"，从而实现了机器人的整体演化。这种通过探索形态演化得到智能演化规律的方法也可以指导人机物群智能体演化系统的构建，实现从材料到机器等多层次的智能体，使其更具有智能；具有不同优势和不同形态的多智能体相互结合，共同完成任务，使人机物系统更接近理想中的自动化系统。此外，Zardini 和 Milojevic 等人 [140] 以结构化的方式从整体上考虑协同设计实体智能的问题，从硬件组件（如推进系统和传感器）到软件模块（如控制和感知管道）都应用了具身智能协同的理念。在围绕自动驾驶汽车开展的实验中，给定一组所需行为，其设计的框架可以为自动驾驶汽车的整个硬件和软件堆栈计算帕累托高效解决方案。

4. 硬件演化

除了上述三个方面外，人机物融合系统中仍要考虑基础的硬件演化过程，以便基于此构建更好的软件系统。**演化硬件**（Evolvable Hardware）[141] 是一个使用演化算法来构建无须人工参与的专用电子设备的领域，其融合了**可重构硬件、演化计算、容错与自制系统**等多方面的知识来构建可以通过与环境交互自主动态地改变其形态结构和行为的硬件。早在 20世纪 90 年代中期，研究人员开始将演化算法（Evolution Algorithms）应用到一种计算机芯片上，这种芯片可以动态改变其电路的硬件功能和物理连接 [142]。演化算法与可编程电子技术的结合，如现场可编程门阵列（Field Programmable Gate Arrays, FPGA）和现场可编程模拟阵列（Field Programmable Analogue Arrays, FPAA），催生了演化硬件这个具有无限前景的领域（如图 4.11 所示）。

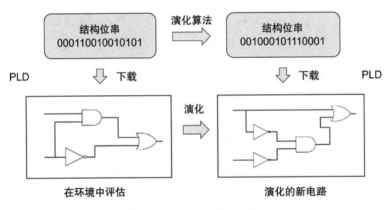

图 4.11　演化硬件示意图

一般来说，硬件演化通过进行一个电路系统的推演，将电路的结构、参数等内容作为染色体加以编码，实施交叉、变异等演化操作，为每个电路计算适应度，即电路满足设计规范的程度。通过演化利用随机算子从现有的电路结构中生成新的电路结构，随着时间的推移达到理想的电路结构。演化设计的结果是**能够对集成电路芯片中可重配置的逻辑单元进行重配和组合，使系统体系结构、连接方式均可得以变更**。从而，可以实现局部的功能调整，甚至予以整体上的重新设定。

Yao 等人 [143] 对进化硬件的进展和未来方向进行了展望，将可伸缩性归类为演化硬件的挑战之一，其可定义为在不相应地增加资源需求（所需物理组件的数量、设计时间和 / 或计算资源）的情况下使硬件系统实现更复杂的功能。在数字电路的演化硬件研究中，Sekanina 等人 [144] 提出了 VRC（Virtual Reconfigurable Circuits）演化加速电路，将其应用与数字图像处理领域，并且取得了很好的效果。Jewajinda 等人 [145] 对 CCGA（Cellular Compact Genetic Algorithm）进行了 FPGA 的硬件实现，进一步提高了演化硬件实现的并行性和实时性。

4.3.3　超级物种集群构建

前面对生物界一些可借鉴的领域进行了广泛而深入的探索，并归纳提出了生物机理与人机物集群间的多种映射关系，以便借助动力学等数学工具研究人机物群智系统模型。上述工作契合各学科发展现状并在其基础上进行了进一步展望。一个有趣的问题是，这种基于生物机理等构建的人机物融合系统的能力边界能否得到很好的具体描述并在不久的将来得以实现？基于此，我们在3.3.5节探讨了超级物种集群（Super-being Swarm）的概念。

作为借鉴生物群智机理构建的人机物和谐融合群智系统的先驱构想，其"超级"之冠来源于对自然界生物群体之"最"的一种借鉴与升华。在目前自然界数千万形态、大小、智能各异的生物中，最大的生物体并非蓝鲸，而是一种由大量菌丝体组成的重约400吨的蜜环菌。类似地，超级物种区别于传统机器人领域所研究的单体智能机器人，我们希望能够以集群的形式构建来获得更强的智能与更广泛的应用场景。阿西莫夫在1982年曾描述一种名为"盖娅"的广义生命体，由其内的所有生物及无机物共同组成，并基于一些机制保证盖娅内部的高效交互协作，实现一种智能体高效自组织演化形式。超级物种区别于传统群集动力学等领域研究的人工集群，应更充分考虑人类智慧等各种因素，实现人机物和谐融合的超级集群。自然界生物群体经历了35亿年的漫长演化、优胜劣汰，才涌现出大量遍布生物圈、充分适应各类不同环境的物种，超级物种集群与传统的能力受限于原始设计的人工集群不同，应当在形态、智能等不同层次上均具备较高的持续演化能力。

综上，所谓超级物种，是一类能够自组织变换形态和结构，集成多种生物集群的优良特性，实现空、天、地、海多栖运动，面对动态的环境自适应组织部署并重构不同的形态，高效协作以适应不同任务的人机物融合新型集群；同时超级物种集群还可以在每次任务中持续学习，在形态结构、个体智慧、群体协作等方面不断演化，以适应未来愈发复杂的任务场景。

人机物融合时代下的新型群体智能集群有着广泛的应用场景：在军事领域，超级物种集群可以承担自组织协同作战任务，并在作战中不断学习、演化作战策略与提升作战能力；在工业领域，超级物种集群可以实现人机物协同工作下更高效的生产管理与流程控制；在建筑领域，超级物种集群可以实现多尺度、多形态建筑物的自动构造等。实际上，在前沿领域已经存在类似超级物种集群的思想及技术雏形。下面就军事和建筑两个具有代表性的领域对超级物种集群进行愿景展望。

1. 军事领域超级物种

以军事领域为例，如今世界新军事变革正进入加速发展时期，战场环境愈发复杂，各种杀伤性大、机动性强的尖端武器设备层出不穷，对有人作战平台[146]构成极大的威胁。**无人作战平台（如无人机）**[147-150]**已成为现代战争的关键制胜手段和未来战争重要的发展趋势。**

军事作战领域的超级物种集群，可以视作一种能够根据战场环境和作战需求的变化随时进行功能和形态演化的超级作战集群，集群内的个体综合具备海、陆、空作战和通信、侦察、反侦察等能力，具备极高的自主性和智能化程度，能够根据动态情境进行自适应形态变换及形态演化，所组成的集群具有极强的协作通信和响应反馈等机制和动态自组织等能力。目前对一些空、天、海、地协同作战的相关研究可以视为军事领域超级物种集群的雏形，可以作为未来构建超级物种集群的重要基础性工作。美军将有人/无人协同列为"第三次抵消战略"五大关键技术领域之一[151]，在这种分布式作战模式下，人类会逐渐把大量重复且确定的工作交给机器完成，而自己只参与重要决策环节。这种作战模式综合了飞行员、地面控制人员对于复杂战场态势的判断分析、对敌方战术意图预估的能力和无人机规划、控制技术；通过有人平台和无人机之间的分工协作形成优势互补，达到"1+1>2"的效果，大幅度提高任务成功率和综合作战效能。

　　面对高度对抗性、高度不确定性、高度动态性的战场环境，无人作战模式更向着**"集群分布式"**和**"个体集成化"**两个方向不断发展。"集群分布式"强调无人作战集群通过个体间的信息或能力互补与行为协调，在单无人作战设备基础上实现任务能力的扩展和集群系统整体作战效能的提升。例如，无人机蜂群战术以数量规模优势和功能各不相同的"蜂"形成复杂的"群"，实现高强作战效能；除了无人机之外，一些专家也提出无人机、无人车、无人船等功能、形态不同的全栖异构作战集群协同的研究问题，更加丰富了"蜂群"的内涵；美军马赛克战[152]中所描述的，由先进计算传感器、多样化集群、作战人员和决策者等组成的高适应性、战法多变的作战体系概念，更是对未来战场集群分布式作战发展提供了重要参考。这种分布式集群的设想在图4.12中进行了直观的展示：军事集群中存在大量异构的作战单元，将战场分割为"马赛克"状，其中部分同构的作战单元编队执行特定的任务，异构集群间通过高效的通信交流，实现战场态势的全面感知并协作完成作战任务。

图 4.12　军事超级物种集群 – 集群分布式

　　"个体集成化"则强调在不显著增加无人设备成本和作战负担的前提下，实现个体上多种功能的应用部署，不断提高设备性能和个体系统集成度。例如，无人机种类多样，能够高效完成情报侦察、军事打击、信息对抗、通信中继和空中预警等任务。而为了满足越来越多的实时作战任务的需求，更高系统集成化的无人机被重点研制，如察打一体无人机、通信对抗无人机等[153]。"个体集成化"的超级物种作战单元应具备如图4.13所示的能力，即超级物种集群中的个体形态结构可以随战场环境的变化实现自适应，并与集群内其他个体高效协作以自组织完成复杂作战任务，个体及群体的智能可随战场态势的演化、战争数据的学习不断自我演化。

而在军事作战设备中，超级物种集群的目标即为综合上述两种发展趋势的最终期望形态：在超级物种集群内，**超级无人作战平台能够根据环境和需求的变化随时进行功能和形态演化**，其自身综合具备海、陆、空作战和通信、侦察等能力，具备自主性和智能化程度；所组成的集群更具有极强的协作通信和响应反馈等机制和自组织动态编队等能力。其本质就是由一群能够自适应变换功能、形态结构，具备高自主性和强智能的新型人工物种所组成的自组织未来群智载体。

图 4.13　军事超级物种集群 – 个体集成化

2.建筑领域超级物种

随着现代工业技术的发展，集成化设计、工业化生产、装配化施工、一体化装修成为建筑业的发展潮流，机器人在建筑业也发挥着越来越重要的作用。超级物种集群应用于建筑建造领域，有望助力建筑设计、搬运、搭建、检查和修复，能够实现多尺度建筑自动构造。事实上，机器人集群已经大量应用于如今的建筑行业，改变了传统建筑方式（如图 4.14 所示）。伊利诺伊大学香槟分校和美国经济政策研究所的研究人员表示：到 2057 年，美国近一半的建筑工作可能会被机器人取代 [154]。例如，Cardno 等人研发的 TyBot[155] 能够快速捆绑浇灌水泥用的钢筋；OKIBO[⊖]可以平整、粉刷乃至直接"打印"墙壁；HRP-5P[156] 可以用来安装石膏隔板；SAM[⊜]半自动垒砖、砌砖的速度是人类的 6 倍。

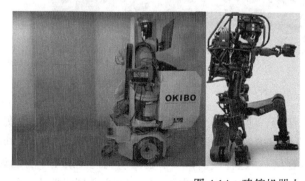

图 4.14　建筑机器人

⊖　https://okibo.com/。

⊜　https://www.construction-robotics.com/sam-2/。

区别于传统的需要脚手架与防护网的现浇建筑方式，目前装配式建筑（如图 4.15a 所示）等新型建筑方式正成为建筑领域的发展潮流。装配式建筑是指把传统建造方式中的大量现场作业工作转移到工厂进行，在工厂加工制作好建筑用构件和配件（如楼板、墙板、楼梯、阳台等），将其运输到建筑施工现场，通过可靠的连接方式在现场装配安装而成的建筑。这种"搭积木"式的建筑方式的预制阶段在工厂进行，而在其装配施工阶段则完全可以由超级物种集群实现。已有一些工作验证了这种技术手段的可行性，比如 Lindsey 等人[157]基于无人机集群成功构建了任意的 2.5 维特殊立方结构（Special Cubic Structures, SCS）。Werfel[158] 受昆虫社会性协调行为的启发，提出了一种自动组装方案（如图 4.15b 所示），并实现了一种完善的多智能体建造系统（如图 4.15c 所示）。他们先通过编译器将目标结构转换为结构路径，即机器人须遵守交通规则以保证交通畅通；再为每个机器人设定行为规则，如每次只能爬上或爬下一块砖的高度等，确保该结构的增长以符合机器人能力的方式完成。

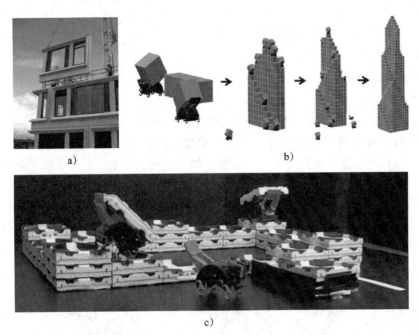

a)

b)

c)

图 4.15　超级物种的自组装建筑方式 [158]

在上述技术路线中，超级物种扮演着"建筑者"的角色，这在不久的将来很可能实现。而另一种超级物种集群实现多尺度建筑建造的方式则是扮演"建材"的角色，二者的区别类似于"搭积木"与"积木本身具有智慧"。这种机器人集群自组织构建建筑物本身的设想在很多科幻作品中都有所体现，如电影《Big Hero 6》中的 Megabot（微型机器人）可以随意组成各类结构（如图 4.16a 所示）；英国电视剧《Doctor Who》中的未来人工智能城市则完全由微型智能机器人组成（如图 4.16b 所示）。

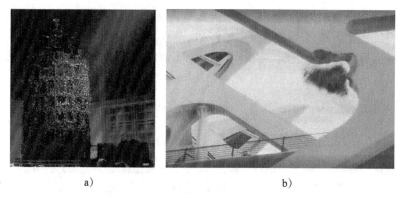

a)　　　　　　　　　　　　b)

图 4.16　科幻影视作品中的自组织建筑方式

　　这种自组织构建三维建筑的设想对超级物种的材料、结构、群智算法等均有较高的要求，其实现过程具有很大的挑战性。一些基于模块化设计的由大量可重构机器人集群自组织形成客观物体的工作可以视为上述群智建筑物构建技术的先驱。Rubenstein 等人[159]设计了一种群集机器人并实现了大规模的机器人集群自组织系统，通过群集机器人构建了复杂多样的二维形状。MIT 研制了一种链式机器人 ChainFORM[160]，每一个单体机器人都在多个接触面拥有触摸传感器、角度传感器、LED 装置和一个基于伺服电动机的驱动装置，而机器人集群则可以依据使用者的需要组成各类用途不同的物品（如图 4.17 所示），例如显示屏、触控笔、外骨骼等；Ryo Suzuki 等人[161]研制出了一种可形变机器人 ShapeBots，主要由控制单元、运动单元和可伸缩卷轴组成，可以实现桌面清理、三维小物件搭建等功能（如图 4.18 所示）。

图 4.17　ChainFORM 通过自组织实现的多种应用 [160]

图 4.18　ShapeBots 通过自组织实现的多种功能 [161]

　　本节结合若干领域在人机物时代的发展趋势对超级物种集群进行了思考与展望，其设想的完善、雏形的构建以及最终实现均需要科研工作者们孜孜不断地进行探索的突破。总之，在人机物融合群智系统中充分融合人类智慧，建立混合阶异构动力学模型一致性的充分条件指导系统构建，将多尺度的演化思想和谐融入演化动力学模型中，逐步构建具有形态结构自适应、异构协同自组织、群体智能自演化的人机物和谐融合群智系统必将成为未来趋势。

习题

1. 结合生活实际，列举几个你所了解的生物群集现象，并阐述自己对群集行为的认识。
2. 阐述三类群集行为建模方法（欧拉、拉格朗日、仿真）的主要思想和其各自的适用场景。
3. 编程复现 Vicsek 模型进行仿真实验（语言不限），观察密度诱导相变的现象。
4. 考虑视野受限情况下 Vicsek 模型的构建（可参考文献 [20-21]），并进行仿真实验。
5. 实现基于 Couzin 模型的车辆移动群集系统（可参考文献 [9]）。
6. 阐述对生物集群演化博弈的五种机制（亲属选择、直接互惠、间接互惠、网络互惠和集群选择）的认识。
7. 基于演化博弈思想实现无人机集群协调路径规划问题的解决方案（可参考文献 [65]）。
8. 分析为什么在人工群集系统中融入人类指导是困难的，并阐述对现有解决思路的认识。
9. 解释四类演化思想（决策演化、认知演化、形态演化、硬件演化）的概念、区别并分析每种演化对人工集群的借鉴意义。
10. 阐述对超级物种集群的认识，设想其在智慧城市、应急救援、智能制造等领域的典型应用场景并给出可能的技术途径与实现。

参考文献

[1] LISSAMAN P B S, SHOLLENBERGER C A. Formation flight of birds[J]. Science, 1970, 168(3934)：1003-1005.

[2] LI L, PENG H, KURTHS J, et al. Chaos–order transition in foraging behavior of ants[J]. Proceedings of the National Academy of Sciences (PNAS), 2014, 111(23)：8392-8397.

[3] DIRIENZO N, DORNHAUS A. Temnothorax rugatulus ant colonies consistently vary in nest structure across time and context[J]. PLoS One, 2017, 12(6).

[4] VICSEK T, CZIRÓK A, BEN-JACOB E, et al. Novel type of phase transition in a system of self-driven particles[J]. Physical Review Letters, 1995, 75(6)：1226.

[5] COUZIN I D, KRAUSE J, JAMES R, et al. Collective memory and spatial sorting in animal groups[J]. Journal of Theoretical Biology, 2002, 218(1)：1-11.

[6] SOSNA M M G, TWOMEY C R, BAK-COLEMAN J, et al. Individual and collective encoding of risk in animal groups[J]. Proceedings of the National Academy of Sciences (PNAS), 2019, 116(41)：20556-20561.

[7] MORGAN D S, SCHWARTZ I B. Dynamic coordinated control laws in multiple agent models[J]. Physics Letters A, 2005, 340(1-4)：121-131.

[8] CHEN Z, LIAO H, CHU T. Aggregation and splitting in self-driven swarms[J]. Physica A: Statistical Mechanics and its Applications, 2012, 391(15): 3988-3994.

[9] TIAN D, ZHU K, ZHOU J, et al. A mobility model for connected vehicles induced by the fish school[J]. International Journal of Distributed Sensor Networks, 2015, 11(10): 163581.

[10] RUBENSTEIN M, AHLER C, NAGPAL R. Kilobot: a low cost scalable robot system for collective behaviors[C]//2012 IEEE International Conference on Robotics and Automation(ICRA). IEEE, 2012: 3293-3298.

[11] 程代展, 陈翰馥. 从群集到社会行为控制 [J]. 科技导报, 2004, 22(0408): 4-7.

[12] BRAMBILLA M, FERRANTE E, BIRATTARI M, et al. Swarm robotics: a review from the swarm engineering perspective[J]. Swarm Intelligence, 2013, 7(1): 1-41.

[13] FICK A V. On liquid diffusion[J]. The London, Edinburgh, and Dublin Philosophical Magazine and Journal of Science, 1855, 10(63): 30-39.

[14] SKELLAM J G. Random dispersal in theoretical populations[J]. Bulletin of Mathematical Biology, 1991, 53(1-2): 135-165.

[15] REYNOLDS C W. Flocks, herds and schools: a distributed behavioral model[C]//Proceedings of the 14th annual conference on Computer graphics and interactive techniques (PCGIT), 1987: 25-34.

[16] ALDANA M, DOSSETTI V, HUEPE C, et al. Phase transitions in systems of self-propelled agents and related network models[J]. Physical Review Letters, 2007, 98(9): 095702.

[17] CHATÉ H, GINELLI F, GRÉGOIRE G, et al. Modeling collective motion: variations on the Vicsek model[J]. The European Physical Journal B, 2008, 64(3): 451-456.

[18] ZHANG J, ZHAO Y, TIAN B, et al. Accelerating consensus of self-driven swarm via adaptive speed[J]. Physica A: Statistical Mechanics and its Applications, 2009, 388(7): 1237-1242.

[19] ROY S, SHIRAZI M J, JANTZEN B, et al. Effect of visual and auditory sensing cues on collective behavior in Vicsek models[J]. Physical Review E, 2019, 100(6): 062415.

[20] TIAN B M, YANG H X, LI W, et al. Optimal view angle in collective dynamics of self-propelled agents[J]. Physical Review E, 2009, 79(5): 052102.

[21] GAO J, HAVLIN S, XU X, et al. Angle restriction enhances synchronization of self-propelled objects[J]. Physical Review E, 2011, 84(4): 046115.

[22] GINELLI F, CHATÉ H. Relevance of metric-free interactions in flocking phenomena[J]. Physical Review Letters, 2010, 105(16): 168103.

[23] COSTANZO A, HEMELRIJK C K. Spontaneous emergence of milling (vortex state) in a Vicsek-like model[J]. Journal of Physics D: Applied Physics, 2018, 51(13): 134004.

[24] COSTANZO A. Milling-induction and milling-destruction in a Vicsek-like binary-mixture model[J]. EPL (Europhysics Letters), 2019, 125(2): 20008.

[25] CLUSELLA P, PASTOR-SATORRAS R. Phase transitions on a class of generalized Vicsek-like models of collective motion[J]. Chaos: An Interdisciplinary Journal of Nonlinear Science, 2021, 31(4): 043116.

[26] CONRADT L, KRAUSE J, COUZIN I D, et al. "Leading according to need" in self-organizing groups[J]. The American Naturalist, 2009, 173(3): 304-312.

[27] CONRADT L, ROPER T J. Conflicts of interest and the evolution of decision sharing[J].

Philosophical Transactions of the Royal Society B: Biological Sciences, 2009, 364(1518): 807-819.

[28] FREEMAN R, BIRO D. Modelling group navigation: dominance and democracy in homing pigeons[J]. The Journal of Navigation, 2009, 62(1): 33.

[29] GUTTAL V, COUZIN I D. Social interactions, information use, and the evolution of collective migration[J]. Proceedings of the National Academy of Sciences (PNAS), 2010, 107(37): 16172-16177.

[30] MIRAMONTES O. Order - disorder transitions in the behavior of ant societies[J]. Complexity, 1995, 1(3): 56-60.

[31] BUHL J, SUMPTER D J T, Couzin I D, et al. From disorder to order in marching locusts[J]. Science, 2006, 312(5778): 1402-1406.

[32] MAKRIS N C, RATILAL P, JAGANNATHAN S, et al. Critical population density triggers rapid formation of vast oceanic fish shoals[J]. Science, 2009, 323(5922): 1734-1737.

[33] MANN R P, PERNA A, STRÖMBOM D, et al. Multi-scale inference of interaction rules in animal groups using Bayesian model selection[J]. PLoS Computational Biology, 2013, 9(3).

[34] FRANKS N R, WORLEY A, GRANT K A J, et al. Social behaviour and collective motion in plant-animal worms[J]. Proceedings of the Royal Society B: Biological Sciences, 2016, 283(1825).

[35] RIEDEL I H, KRUSE K, HOWARD J. A self-organized vortex array of hydrodynamically entrained sperm cells[J]. Science, 2005, 309(5732): 300-303.

[36] SZABO B, SZÖLLÖSI G J, GÖNCI B, et al. Phase transition in the collective migration of tissue cells: experiment and model[J]. Physical Review E, 2006, 74(6).

[37] SUMINO Y, NAGAI K H, SHITAKA Y, et al. Large-scale vortex lattice emerging from collectively moving microtubules[J]. Nature, 2012, 483(7390): 448-452.

[38] JHAWAR J, MORRIS R G, AMITH-KUMAR U R, et al. Noise-induced schooling of fish[J]. Nature Physics, 2020, 16(4): 488-493.

[39] TUNG C, LIN C, HARVEY B, et al. Fluid viscoelasticity promotes collective swimming of sperm[J]. Scientific Reports, 2017, 7(1): 1-9.

[40] CAVAGNA A, CIMARELLI A, GIARDINA I, et al. Scale-free correlations in starling flocks[J]. Proceedings of the National Academy of Sciences (PNAS), 2010, 107(26): 11865-11870.

[41] BOYER D, RAMOS-FERNÁNDEZ G, MIRAMONTES O, et al. Scale-free foraging by primates emerges from their interaction with a complex environment[J]. Proceedings of the Royal Society B: Biological Sciences(PRSBBC), 2006, 273(1595): 1743-1750.

[42] CHEN X, DONG X, BE'ER A, et al. Scale-invariant correlations in dynamic bacterial clusters[J]. Physical Review Letters, 2012, 108(14).

[43] PAPAGEORGIOU D, FARINE D R. Group size and composition influence collective movement in a highly social terrestrial bird[J]. Elife, 2020, 9.

[44] BALLERINI M, CABIBBO N, CANDELIER R, et al. Empirical investigation of starling flocks: a benchmark study in collective animal behaviour[J]. Animal Behaviour, 2008, 76(1): 201-215.

[45] LING H, MCLVOR G E, WESTLEY J, et al. Behavioural plasticity and the transition to order in jackdaw flocks[J]. Nature Communications, 2019, 10(1): 1-7.

[46] HOU Y, ALLEN R. Intelligent behaviour-based team UUVs cooperation and navigation in a water

flow environment[J]. Ocean Engineering, 2008, 35(3-4)：400-416.

[47] LI X, FANG Y, FU W. Obstacle avoidance algorithm for Multi-UAV flocking based on artificial potential field and Dubins path planning[C]//2019 IEEE International Conference on Unmanned Systems (ICUS). IEEE, 2019：593-598.

[48] ZHANG X, JIA S, LI X. Improving the synchronization speed of self-propelled particles with restricted vision via randomly changing the line of sight[J]. Nonlinear Dynamics, 2017, 90(1)：43-51.

[49] QIU H X, WEI C, DOU R, et al. Fully autonomous flying: from collective motion in bird flocks to unmanned aerial vehicle autonomous swarms[J]. Science China Information Sciences, 2015, 58(12): 1-3.

[50] SITTI M. Robotic collectives inspired by biological cells.[J]. Nature,2019,567(7748)：314-315.

[51] LE G M, KIM L H, PARSAEI A, et al. Zooids: Building blocks for swarm user interfaces[C]// Proceedings of the 29th Annual Symposium on User Interface Software and Technology (UIST'16). 2016：97-109.

[52] SHEN W M, KRIVOKON M, CHIU H, et al. Multimode locomotion via SuperBot reconfigurable robots[J]. Autonomous Robots, 2006, 20(2)：165-177.

[53] BALL D, ROSS P, ENGLISH A, et al. Robotics for sustainable broad-acre agriculture[C]//Field and service robotics. Springer, Cham, 2015：439-453.

[54] ALBANI D, MANONI T, ARIK A, et al. Field coverage for weed mapping: toward experiments with a UAV swarm[C]//International Conference on Bio-inspired Information and Communication(ICBIC). Springer, Cham, 2019：132-146.

[55] 谢榕，顾村锋. 一种欧椋鸟群协同算法 [J]. 武汉大学学报（理学版），2019, 65(3)：229-237.

[56] LI S, DUTTA B, CANNON S, et al. Programming active cohesive granular matter with mechanically induced phase changes[J]. Science Advances, 2021, 7(17).

[57] 王保防，张瑞雷，李胜，等. 基于轨迹跟踪车式移动机器人编队控制 [J]. 控制与决策，2015, 30(1)：176-180.

[58] MAYNARD S J, PRICE G R. The logic of animal conflict[J]. Nature, 1973, 246(5427)：15-18.

[59] Smith JM. Evolution and the theory of games[J]. Cambridge: Cambridge University Press, 1982.

[60] TAYLOR P D, JONKER L B. Evolutionary stable strategies and game dynamics[J]. Mathematical Biosciences, 1978, 40(1-2)：145-156.

[61] NOWAK M A. Five rules for the evolution of cooperation[J]. Science, 2006, 314(5805): 1560-1563.

[62] AXELROD R, HAMILTON W D. The evolution of cooperation[J]. Science, 1981, 211(4489)：1390-1396.

[63] LIEBERMAN E, HAUERT C, NOWAK M A. Evolutionary dynamics on graphs[J]. Nature, 2005, 433(7023)：312-316.

[64] WANG M, LIU X, NIE Y, et al. Selfishness driving reductive evolution shapes interdependent patterns in spatially structured microbial communities[J]. The ISME Journal, 2021, 15(5)：1387-1401.

[65] YAN P, DING M Y, ZHOU C P. Game-theoretic route planning for team of UAVs[C]//Proceedings of 2004 IEEE International Conference on Machine Learning and Cybernetics(ICMLC), 2004, 2：723-728.

[66] 段海滨. 基于群体智能的无人机集群自主控制 [M]. 北京：科学出版社，2018.

[67] BAYINDIR L. A review of swarm robotics tasks[J]. Neurocomputing, 2016, 172：292-321.

[68] TRIANNI V. Evolutionary swarm robotics: evolving self-organising behaviours in groups of autonomous robots[M]. Berlin: Springer, 2008.

[69] HAI X, WANG Z, FENG Q, et al. Mobile robot ADRC with an automatic parameter tuning mechanism via modified pigeon-inspired optimization[J]. IEEE/ASME Transactions on Mechatronics, 2019, 24(6): 2616-2626.

[70] CEN Y, YE Y, XIE N, et al. Flocking task research for multiple mobile robots based on game theory[C]//2008 3rd IEEE Conference on Industrial Electronics and Applications(ICIEA). IEEE, 2008：46-49.

[71] BASHYAL S, VENAYAGAMOORTHY G K. Human swarm interaction for radiation source search and localization[C]//2008 IEEE Swarm Intelligence Symposium (SIS). IEEE, 2008：1-8.

[72] KOLLING A, NUNNALLY S, LEWIS M. Towards human control of robot swarms[C]//Proceedings of the seventh annual ACM/IEEE International Conference on Human-Robot Interaction(HRI), 2012：89-96.

[73] KOLLING A, SYCARA K, NUNNALLY S, et al. Human swarm interaction: an experimental study of two types of interaction with foraging swarms[J]. Journal of Human-Robot Interaction, 2013, 2(2).

[74] AYANIAN N, SPIELBERG A, ARBESFELD M, et al. Controlling a team of robots with a single input[C]//2014 IEEE International Conference on Robotics and Automation (ICRA). IEEE, 2014 : 1755-1762.

[75] LEE D, FRANCHI A, SON H I, et al. Semiautonomous haptic teleoperation control architecture of multiple unmanned aerial vehicles[J]. IEEE/ASME Transactions on Mechatronics, 2013, 18(4) : 1334-1345.

[76] ZHOU D, SCHWAGER M. Virtual rigid bodies for coordinated agile maneuvering of teams of micro aerial vehicles[C]//2015 IEEE International Conference on Robotics and Automation (ICRA), 2015：1737-1742.

[77] WALKER P, AMRAII S A, Chakraborty N, et al. Human control of robot swarms with dynamic leaders[C]//2014 IEEE/RSJ International Conference on Intelligent Robots and Systems (IROS), 2014：1108-1113.

[78] SIEBER D, HIRCHE S. Human-guided multirobot cooperative manipulation[J]. IEEE Transactions on Control Systems Technology, 2018, 27(4)：1492-1509.

[79] FENG Z, HU G, SUN Y, et al. An overview of collaborative robotic manipulation in multi-robot systems[J]. Annual Reviews in Control, 2020, 49：113-127.

[80] STRÖMBOM D, MANN R P, Wilson A M, et al. Solving the shepherding problem: heuristics for herding autonomous, interacting agents[J]. Journal of the Royal Society Interface, 2014, 11(100) : 20140719.

[81] PARANJAPE A A, CHUNG S J, KIM K, et al. Robotic herding of a flock of birds using an unmanned aerial vehicle[J]. IEEE Transactions on Robotics, 2018, 34(4)：901-915.

[82] GARRELL A, SANFELIU A, Moreno-Noguer F. Discrete time motion model for guiding people in urban areas using multiple robots[C]//2009 IEEE/RSJ International Conference on Intelligent

Robots and Systems (IROS). IEEE, 2009：486-491.

[83]　FERRANTE E, TURGUT A E, STRANIERI A, et al. A self-adaptive communication strategy for flocking in stationary and non-stationary environments[J]. Natural Computing, 2014, 13(2)：225-245.

[84]　NA S, et al. Bio-inspired artificial pheromone system for swarm robotics applications[J]. Adaptive Behavior, 2020：1-21.

[85]　KOLLING A, NUNNALLY S, LEWIS M. Towards human control of robot swarms[C]//Proceedings of the seventh annual ACM/IEEE international conference on Human-Robot Interaction (HRI), 2012：89-96.

[86]　KRYGER M, WESTER B, POHLMEYER E A, et al. Flight simulation using a Brain-Computer Interface: A pilot, pilot study[J]. Experimental Neurology, 2017, 287：473-478.

[87]　SANCHEZ J, MIRANDA R. Taking neurotechnology into new territory[J]. Defense Advanced Projects Agency 1958-2018, 2018：90-95.

[88]　BALCH T. Hierarchic social entropy: An information theoretic measure of robot group diversity[J]. Autonomous robots, 2000, 8(3)：209-238.

[89]　PROSKURNIKOV A, MATVEEV A, CAO M. Consensus and polarization in Altafini's model with bidirectional time-varying network topologies[C]//53rd IEEE Conference on Decision and Control (CDC), 2014：2112-2117.

[90]　MORIN A, CAUSSIN J B, ELOY C, et al. Collective motion with anticipation: Flocking, spinning, and swarming[J]. Physical Review E, 2015, 91(1)：012134.

[91]　MCINNES C R. Vortex formation in swarms of interacting particles[J]. Physical Review E, 2007, 75(3)：032904.

[92]　CHEN Y, KOLOKOLNIKOV T, ZHIROV D. Collective behaviour of large number of vortices in the plane[J]. Proceedings of the Royal Society A: Mathematical, Physical and Engineering Sciences, 2013, 469(2156)：20130085.

[93]　WANG J, CHEN K, MA Q. Adaptive leader-following consensus of multi-agent systems with unknown nonlinear dynamics[J]. Entropy, 2014, 16(9)：5020-5031.

[94]　JADBABAIE A, LIN J, MORSE A S. Coordination of groups of mobile autonomous agents using nearest neighbor rules[J]. IEEE Transactions on Automatic Control, 2003, 48(6)：988-1001.

[95]　OLFATI-SABER R, MURRAY R M. Consensus problems in networks of agents with switching topology and time-delays[J]. IEEE Transactions on Automatic Control, 2004, 49(9)：1520-1533.

[96]　ZHENG Y, ZHU Y, WANG L. Consensus of heterogeneous multi-agent systems[J]. IET Control Theory & Applications, 2011, 5(16)：1881-1888.

[97]　WANG Y, ZHANG C, LIU Z. A matrix approach to graph maximum stable set and coloring problems with application to multi-agent systems[J]. Automatica, 2012, 48(7)：1227-1236.

[98]　YU J, WANG L. Group consensus of multi-agent systems with undirected communication graphs[C]//2009 7th Asian Control Conference (ASCC). IEEE, 2009：105-110.

[99]　TAN C, LIU G P, DUAN G R. Group consensus of networked multi-agent systems with directed topology[J]. IFAC Proceedings Volumes, 2011, 44(1)：8878-8883.

[100]　MIAO G, MA Q. Group consensus of the first-order multi-agent systems with nonlinear input

constraints[J]. Neurocomputing, 2015, 161：113-119.

[101] GAO H Y, HU A H, SHEN W Q, et al. Group consensus of multi-agent systems subjected to cyber-attacks[J]. Chinese Physics B, 2019, 28(6)：060501.

[102] HOU J, XIANG M, DING Z. Group information based nonlinear consensus for multi-agent systems[J]. IEEE Access, 2019, 7：26551-26557.

[103] FENG Y, XU S, ZHANG B. Group consensus control for double - integrator dynamic multiagent systems with fixed communication topology[J]. International Journal of Robust and Nonlinear Control, 2014, 24(3)：532-547.

[104] XIE D, SHI L, JIANG F. Group tracking control of second-order multi-agent systems with fixed and Markovian switching topologies[J]. Neurocomputing, 2018, 281：37-46.

[105] LONG M, SU H, LIU B. Second-order controllability of two-time-scale multi-agent systems[J]. Applied Mathematics and Computation, 2019, 343：299-313.

[106] MA Q, WANG Z, MIAO G. Second-order group consensus for multi-agent systems via pinning leader-following approach[J]. Journal of the Franklin Institute, 2014, 351(3)：1288-1300.

[107] AN B R, LIU G P, TAN C. Group consensus control for networked multi-agent systems with communication delays[J]. ISA Transactions, 2018, 76：78-87.

[108] LI H. Reverse group consensus of second-order multi-agent systems with delayed nonlinear dynamics in the Cooperation–Competition networks[J]. IEEE Access, 2019, 7：71095-71108.

[109] LEE D, SPONG M W. Agreement with non-uniform information delays[C]//2006 American Control Conference (ACC). IEEE, 2006：6.

[110] KIM H, SHIM H, SEO J H. Output consensus of heterogeneous uncertain linear multi-agent systems[J]. IEEE Transactions on Automatic Control, 2010, 56(1)：200-206.

[111] 宋运忠, 谷明琴 . 混合阶多智能体无向网络的拟平均一致性 [J]. 控制工程，2009, 16(2)：220-222.

[112] LIU C L, LIU F. Stationary consensus of heterogeneous multi-agent systems with bounded communication delays[J]. Automatica, 2011, 47(9)：2130-2133.

[113] DAI P P, LIU C L, LIU F. Consensus problem of heterogeneous multi-agent systems with time delay under fixed and switching topologies[J]. International Journal of Automation and Computing, 2014, 11(3)：340-346.

[114] LI Z, REN W, LIU X, et al. Consensus of multi-agent systems with general linear and Lipschitz nonlinear dynamics using distributed adaptive protocols[J]. IEEE Transactions on Automatic Control, 2012, 58(7)：1786-1791.

[115] PEI H, CHEN S, LAI Q, et al. Consensus tracking for heterogeneous interdependent group systems[J]. IEEE Transactions on Cybernetics, 2018, 50(4)：1752-1760.

[116] ZHENG Y, ZHAO Q, MA J, et al. Second-order consensus of hybrid multi-agent systems[J]. Systems & Control Letters, 2019, 125：51-58.

[117] TAYLOR P D, JONKER L B. Evolutionary stable strategies and game dynamics[J]. Mathematical Biosciences, 1978(1-2)：145-156.

[118] Vellend M . The theory of ecological communities (MPB-57)[M]. Princeton: Princeton University Press, 2016.

[119] CHANG K C . Variational methods for non-differentiable functionals and their applications to partial differential equations[J]. Journal of Mathematical Analysis and Applications, 1981, 80(1)： 102-129.

[120] MALTHUS T R. Principles of political economy considered with a view to their practical application[M]. William Pickering, 1836.

[121] VOLTERRA V. Variazioni e fluttuazioni del numero d'individui in specie animali conviventi[J]. Mem Acad Lincei Roma, 1926：31-113.

[122] VOLTERRA V. Fluctuations in the abundance of a species considered mathematically[J]. Nature, 1926, 118(2972)：558-560.

[123] SAGER S, et al. Numerical methods for optimal control with binary control functions applied to a Lotka-Volterra type fishing problem[J]. Recent Advances in Optimization. Springer, Berlin, Heidelberg, 2006：269-289.

[124] 陈兰荪，王东达．数学，物理学与生态学的结合——一种群动力学模型 [J]. 物理，1994, 23(7)：25-47.

[125] SACCHERI I, HANSKI I. Natural selection and population dynamics[J]. Trends in Ecology & Evolution, 2006, 21(6)：341-347.

[126] CHARLEBOIS D A, BALÁZSI G. Modeling cell population dynamics[J]. In Silico Biology, 2019, 13(1-2)：21-39.

[127] WANG G, PHAN T V, LI S, et al. Emergent field-driven robot swarm states[J]. Physical Review Letters, 2021, 126(10)：108002.

[128] MILLER G A. The cognitive revolution: a historical perspective[J]. Trends in Cognitive Sciences, 2003：141-144.

[129] GIGERENZER G. On narrow norms and vague heuristics: a reply to Kahneman and Tversky[J]. Psychological Review, 1996.

[130] HALLION L S, RUSCIO A M. A meta-analysis of the effect of cognitive bias modification on anxiety and depression.[J]. Psychological Bulletin, 2011, 137(6)：940-58.

[131] RANSDELL S . Online activity, motivation, and reasoning among adult learners[J]. Computers in Human Behavior, 2010, 26(1)：70-73.

[132] HASELTON M G, BUSS D M. Error management theory[J]. Journal of Personality & Social Psychology, 2007, 78(1)：81-91.

[133] STANLEY K O, CLUNE J, LEHMAN J, et al. Designing neural networks through neuroevolution[J]. Nature Machine Intelligence, 2019, 1(1).

[134] FILIPE A, et al. DENSER: deep evolutionary network structured representation[J]. Genetic Programming and Evolvable Machines, 2019, 20(1)：5-35.

[135] ELLEFSEN K O, MOURET J B, CLUNE J. Neural Modularity Helps Organisms Evolve to Learn New Skills without Forgetting Old Skills[J].PLoS Computational Biology, 2015, 11(4).

[136] HOWARD D, et al. Evolving embodied intelligence from materials to machines[J]. Nature Machine Intelligence, 2019, 1(1)：12-19.

[137] MUNARI, L. How the body shapes the way we think — a new view of intelligence[J]. Journal of Medicine & the Person, 2009.

[138] GUPTA A, SAVARESE S, GANGULI S, et al. Embodied intelligence via learning and evolution[J].

arXiv preprint arXiv:2102.02202, 2021.

[139] HOWARD D, EIBEN A E, KENNEDY D F, et al. Evolving embodied intelligence from materials to machines[J]. Nature Machine Intelligence, 2019, 1(1)：12-19.

[140] ZARDINI G, MILOJEVIC D, CENSI A, et al. Co-design of embodied intelligence: a structured approach[J]. arXiv preprint arXiv:2011.10756, 2020.

[141] HADDOW P C, TYRRELL A M . Evolvable hardware challenges: past, present and the path to a promising Future[M]. Berlin: Springer , 2018.

[142] HIGUCHI T, IWATA M, KAJITANI I, et al. Evolvable hardware and its application to pattern recognition and fault-tolerant systems[M]//Towards evolvable hardware. Berlin: Springer, 1996 : 118-135.

[143] YAO X, HIGUCHI T. Promises and challenges of evolvable hardware[J]. IEEE Transactions on Systems, Man, and Cybernetics, Part C (Applications and Reviews), 1999, 29(1): 87-97.

[144] SEKANINA L. Virtual reconfigurable circuits for real-world applications of evolvable hardware[M]. Berlin: Springer, 2003：137-166.

[145] JEWAJINDA Y, CHONGSTITVATANA P. A cooperative approach to compact genetic alogrithm for evolvable hardware[J]. IEEE, 2006：2779-2786.

[146] 尹欣繁, 章贵川, 彭先敏, 等 . 军用无人机技术智能化发展及应用 [J]. 国防科技, 2018, 39(5)：30-34.

[147] 牛轶峰, 沈林成, 戴斌, 等 . 无人作战系统发展 [J]. 国防科技, 2009 (5)：1-11.

[148] 李洪峰, 孙礼明, 曹涛 . 无人化作战力量发展探析 [J]. 飞航导弹, 2016, 10：24-27.

[149] 刘海江, 李宪港, 梁铭 . 加速无人化装备技术发展的思考 [J]. 国防科技, 2020, 41(6)：28-32.

[150] AUSTIN R. Unmanned aircraft systems: UAVS design, development and deployment[M]. New York: John Wiley & Sons, 2011.

[151] United States Department of Defense. Unmanned Systems Integrated Roadmap FY 2013-2038[J]. Approved for Open Publication Reference, 2013(14):0553.

[152] CLARK B, PATT D, SCHRAMM H. Mosaic warfare: exploiting artificial intelligence and autonomous systems to implement decision-centric operations[M]. Center for Strategic and Budgetary Assessments, 2020.

[153] 张笋, 朱昱代, 李菀, 等 . 军用无人机技术发展历程、现状及未来应用研究 [J]. 舰船电子工程, 2021, 41(6)：9-13.

[154] BELTON P. Why robots will build the cities of the future[J]. Online: https://www. bbc. com/news/business-46034469, Accessed, 2018, 19(11).

[155] CARDNO C A. Robotic rebar-tying system uses artificial intelligence[J]. Civil Engineering Magazine, 2018, 88(1)：38-39.

[156] KANEKO K, KAMINAGA H, SAKAGUCHI T, et al. Humanoid robot HRP-5P: An electrically actuated humanoid robot with high-power and wide-range joints[J]. IEEE Robotics and Automation Letters, 2019, 4(2)：1431-1438.

[157] LINDSEY Q, MELLINGER D, KUMAR V. Construction with quadrotor teams[J]. Autonomous Robots, 2012, 33(3)：323-336.

[158] WERFEL J, PETERSEN K, NAGPAL R. Designing collective behavior in a termite-inspired robot

construction team[J]. Science, 2014, 343(6172)：754-758.

[159]　RUBENSTEIN M, CORNEJO A, NAGPAL R. Programmable self-assembly in a thousand-robot swarm[J]. Science, 2014, 345(6198)：795-799.

[160]　NAKAGAKI K, DEMENTYEV A, FOLLMER S, et al. ChainFORM: a linear integrated modular hardware system for shape changing interfaces[C]//Proceedings of the 29th Annual Symposium on User Interface Software and Technology (UIST'16), 2016：87-96.

[161]　SUZUKI R, ZHENG C, KAKEHI Y, et al. Shapebots: shape-changing swarm robots[C]//Proceedings of the 32nd Annual ACM Symposium on User Interface Software and Technology (UIST'16), 2019：493-505.

第 5 章

人机物协作群智感知

近年来，随着物联网、智能移动设备、可穿戴设备的发展和普及，移动群智感知逐渐发展为一种新的感知模式[1-2]。与基于传统传感网络的感知方式不同，移动群智感知利用大众参与者的**广泛分布性、灵活移动性**和**即时连接性**进行大规模时空感知，并融合显式或隐式的群体智能实现对感知数据的优选萃取和增强理解，进而为现代城市及社会管理提供智能辅助支持。其新特性包括**参与者行为的复杂性和动态性、感知能力的差异性和互补性、感知数据的丰富性和低质性**等。与传统感知网络相比，群智感知面临一系列新的科学挑战和问题，目前已经在参与者感知能力评估、感知资源优化组合、感知数据优选汇聚、参与者激励机制等方面取得了很多研究进展。然而，群智感知计算的泛在化发展趋势也为群智感知研究带来了新的机遇与挑战。传统群智感知研究主要存在两方面的不足：它主要利用参与者所携带的移动终端来执行感知任务，数据的来源和覆盖面有限，比如有些区域可能因为较少有人访问而导致任务无法完成；由于感知设备数量的指数级增长、感知数据的急剧扩增，将大量终端设备感知到的数据传输到云端服务器存在高传输成本、高延迟等挑战。

因此，在一些新兴前沿技术（如智能物联网、边缘计算）的推动下，本书探索"人 – 机 – 物"融合的新一代群智感知模式，即**人机物协作群智感知**。与"以人为中心"的传统群智感知不同，人机物协作群智感知指的是通过人（**如智能手机、可穿戴设备等**）、机（**如云设备、边缘设备**）、物（**如具感知计算能力的物理实体**）异构群智能体在社会、信息、物理三元空间的有机融合，利用感知设备的协作性、感知能力的差异性、计算资源的互补性实现更加全面、及时的感知，并从感知数据中获取可靠、有效的感知信息。与传统群智感知模式相比，人机物协作群智感知具有更广泛的研究潜力和应用前景，但也引入了新的问题和挑战。一方面，人机物协作感知中异构群智能体具有感知能力的差异性和感知任务的复杂性等特点。**如何基于不同群智能体的差异化感知能力进行复杂任务分配，实现多种感知节点的协作增强和对环境进行多侧面、多维度感知**，是人机物协作群智感知的一个重要挑战。另一方面，由于人机物协作感知中所获取的感知数据存在异构性、低质性、碎片化、海量性等特点，**如何利用云边端层次化计算架构和智能算法实现对感知数据的高效汇聚与融合**是另一个重要挑战。

针对上述挑战，本章将对人机物协作群智感知的概念、问题和相关研究进行深入讨论。

具体地，首先介绍当前背景下的群智感知新发展（5.1 节），并给出人机物协作群智感知的概念框架；然后针对上述第一个挑战，探讨人机物协作任务分配问题（5.2 节），即如何利用"人－机－物"协作增强的新特点实现异构群智能体之间的高效协作；针对上述第二个挑战，介绍云边端融合数据汇聚方法（5.3 节），即如何利用"云－边－端"网络结构实现对感知数据的优选与融合；为了进一步体现上述研究在群智感知中的相互作用和系统性关联，最后介绍人机物协作群智感知中的典型应用（5.4 节）。人机物协作群智感知框架图如图 5.1 所示。本章所研究的问题对促进群智感知技术的发展和新业务的应用具有重要意义。

图 5.1　人机物协作群智感知框架图

5.1　群智感知新发展

最近，人工智能物联网、边缘智能等一些新兴技术的加速发展与交叉融合催生出新一代群智感知计算需求，即人机物协作群智感知。具体地，与传统的群智感知不同，新一代人机物融合群智感知在"以人为中心"的传统群智感知基础上，融合了"以物为中心"的物联网和"以机为中心"的边缘智能，三类参与角色相互协作并在感知数据、算法和智能应用等抽象空间中实现信息、物理、社会的有序融合。本节将从传统群智感知模式开始介绍，引出新一代人机物协作群智感知的基本概念和系统架构。

5.1.1　人机物协作群智感知的基本概念

1. 传统群智感知

群智感知由众包、参与感知等相关的概念发展而来。众包（Crowdsourcing）是美国《连线》杂志在 2006 年提出的一个专业术语，用于描述一种新的生产组织形式。具体是指企业 / 研发机构利用互联网将工作分配出去，利用大量用户的创意和能力来解决技术问题。参与感知（Participatory Sensing）最早由美国加州大学的研究人员于 2006 年提出 [3]，强调通过用户参与的方式来进行数据采集。2009 年 2 月，麻省理工学院的 Alex Pentland 教授等在 *Science* 上撰文阐述了"计算社会学"（Computational Social Science）的概念 [4]，认为可利用大规模感知数据理解个体、组织和社会，在计算目标上与群体感知不一而同。以上几个相关研究方向都以大量用户的参与或数据作为基础，但分别强调不同的层次和方面。2012 年，清华大学的刘云浩教授首次对以上概念进行融合，提出了"**群智感知计算**"的概念 [1]，即利用大量普通用户使用的移动设备作为基本感知单元，通过物联网 / 移动互联网进行协作，实现感知任务的分发与感知数据的收集和利用，最终完成大规模、复杂的城市与社会感知任务。笔者团队在 *ACM Computing Surveys* 2015 年第 10 期上对群智感知的概念体系、科学挑战、理论方法及典型应用进行了系统性阐述 [5]。

与基于传感网和物联网的感知方式不同，群智感知以大量普通用户及其所携带的移动和可穿戴设备作为感知源，强调利用大众的广泛分布性、移动性和连接性进行感知，并为城市及社会管理提供智能辅助支持。它可以有效地解决传统传感器网络需要部署大量传感器设备作为感知节点所带来的高额部署成本以及覆盖范围不足等问题，且具有部署设备灵活、感知数据多源、覆盖范围广泛和高可扩展性等诸多优点。群智感知已经在很多重要领域展开应用，如智能交通 [6]、公共安全 [7]、环境监测 [8]、城市公共管理 [9] 等。

目前，群智感知领域已在感知资源优化组合 [10]、感知数据优选汇聚 [11]、参与者激励 [12] 等多个重要方面取得了很多研究进展。然而，传统群智感知主要是"以人为中心"的感知，感知主体是人类群体及其所携带的智能设备。随着群智感知应用规模和复杂度的不断扩大，以人为中心的传统群智感知面临着一系列问题与挑战，例如数据采集节点单一、感知覆盖范围受限、感知数据汇聚成本高以及感知信息不完整等。这些挑战催生了新一代群智感知技术——"人机物协作群智感知"的形成与发展。

2. 人机物协作群智感知

人机物协作群智感知，作为新一代的群智感知模式，不同于以人为中心的传统群智感知模式，它指的是**通过人、机、物异构群智能体的有机融合，利用异构智能体感知能力的差异性、感知设备的协作性、计算资源的互补性实现更加全面的深度感知，以提供可靠和有效的感知数据，最终为用户提供高质量的群智服务。**

人、机、物三种要素在同一环境或应用场景下联结共生，但彼此能力有差异、数据可互补，需要通过协作交互来实现能力增强，进而完成复杂的感知任务。总的来说，不同于传统群智感知，**人机物协作群智感知具有以下三个重要特点。**

- **协作感知**：三元空间中具有不同感知能力的异构群智能体（人、机、物）跨空间协作增强，实现对环境全面且深入的感知。
- **资源共享**：不同设备具有不同的感知计算资源，资源受限的终端设备可通过"多设备协同"或者"云–边–端"网络，实现分布式资源共享协同以支持复杂的感知计算任务。
- **数据共融**：来源不同、维度不同、属性不同的数据具有差异性和互补性，汇聚并融合多源异构感知数据，实现对感知目标的深度刻画。

目前，大部分的群智感知工作主要基于"以人为中心"的传统群智感知模式，没有充分考虑和利用新一代群智感知中"人–机–物"异构群智能体协作和增强的优势。在人机物融合背景下，研究如何结合异构群智能体的互补增强特性以高效执行大规模、复杂的感知任务，对促进群智感知技术的演进和应用拓展具有重要意义。**总体而言，人机物协作群智感知面临以下新的挑战。**

- **如何利用人机物协作共融的特点实现对人和环境的深度感知**。由于异构群智能体的差异性、复杂性等特点，如何基于不同群智能体的特征进行复杂任务分配，以实现多种感知节点协作增强的及时、全面感知，是人机物协作群智感知的一个重要挑战。
- **如何利用云边端网络结构实现对异构感知数据的高效汇聚与融合**。由于感知数据的异构性、低质性、冗余性、海量性等特点，如何结合云边端体系结构特征，设计与之相适应的数据质量评估、高质量数据优选以及汇聚方法是另一个重要挑战。

基于本小节对群智感知新发展的介绍和人机物协作群智感知的深入分析，本章将围绕人机物协作群智感知两个重要的研究挑战进行阐述，包括人机物协作任务分配（5.2 节）和数据融合汇聚（5.3 节）。

5.1.2　人机物协作群智感知的系统架构

传统移动群智感知与新型人机物协作群智感知的基本架构对比如图 5.2 所示。

移动群智感知：传统移动群智感知系统由以"人"为中心的感知层、传输层以及应用层组成，服务模式大多是基于云–端网络的集中式计算。传统移动群智感知网络结构简单直接，易于部署，但是需要大量的数据存储资源、传输带宽以及计算资源，在小规模群智感知系统上应用较多。随着群智感知系统的规模越来越大、计算越来越复杂、实时性任务越来越多，大规模集中式群智感知系统面临的问题也越来越严峻。例如，移动无线网络负载过重，运行群智感知系统的云服务器流量巨大，传输效率直线下降；在实时使用场景下，设备间频繁交换信息，信息传播延迟增加，计算代价昂贵；数据采集和处理痕迹都被集中收集，用户隐私受到威胁；等等。另外，随着深度学习技术的迅速发展，机器对数据处理和分析的能力大大提高。由于深度学习模型需要进行大量的计算，因此在传统群智感知系统中，基于深度学习的智能通常只存在于具有强大计算能力的云计算数据中心。但由于数据量大、数据传输效率低，存在延迟、丢失、数据泄露等问题，使得当前云计算服务体系结构受到阻碍。

人机物协作群智感知：为适应大规模和复杂的群智感知任务需求，人工智能和5G通信技术推动群智感知架构创新，提出以"人-机-物"协同感知、"云-边-端"融合计算为核心要素的新型群智感知系统架构。在感知层面，在传统以"人"为中心的经典群智感知基础上，通过人、机、物异构群智能体协作完成大规模、复杂的感知任务。在数据传输和计算层面，在传统云计算的基础上通过引入边缘计算来设计未来的群智感知服务，把中心云、边缘计算以及物联网终端进行连接和算力协同，发挥云中心规模化、边缘计算本地化、物联网终端隐私性等各方面的优势，利用云边端融合的计算模式实现大规模数据传输、优选与汇聚任务，从而达到提高计算效能、降低数据传输延迟与设备能耗的目的，为人机物协作群智感知提供高效便捷的计算模式[13-14]。

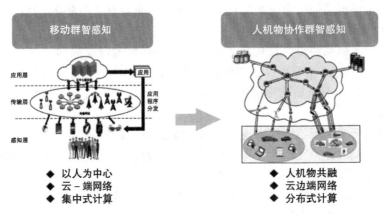

图 5.2　移动群智感知与人机物协作群智感知的基本架构对比

图 5.3 则给出了人机物协作群智感知系统分层体系架构，包括感知层、边缘计算层、云计算层和应用层 4 个功能层。

感知层：融合"人-机-物"异构群智能体感知方式。"人"包括广大普通用户及其所携带的各类可穿戴传感设备、有各种传感功能的智能手机等。"机"包括各类云设备和边缘设备，主要体现为信息空间丰富的互联网应用及云端服务。"物"主要包括在物联网发展背景下，物理空间泛在分布的各类具感知计算能力的物理实体。感知层通过人机物三元协同增强感知，全面收集相关数据，以提高数据的感知质量。如何基于"人－机－物"等异构群智能体的特征进行复杂任务分配，是人机物协作群智感知的一个重要挑战。因此，该层主要研究的问题是人机物协作任务分配。

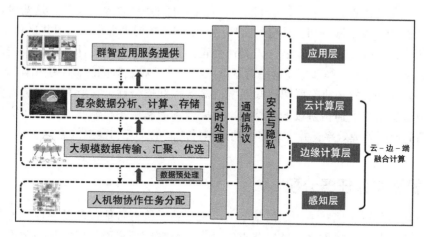

图 5.3　人机物协作群智感知系统分层体系架构

边缘计算层：边缘计算层位于物理空间的传感设备和云计算层之间，由多个边缘节点组成，在更靠近物或数据源头的网络边缘侧提供服务，满足各类应用在敏捷连接、实时业务、数据优化、安全与隐私保护等方面的关键需求。与云计算层不同，边缘计算层将计算和存储资源部署到网络边缘更接近数据源的地方，将更多的数据计算和存储从"云端中心"下沉到"边缘"。一些数据不必经过网络到达云端处理，从而降低时延和网络负荷，也提升了数据的安全性和隐私性。在实际应用中，边缘计算与云计算往往相互配合，两种机制相互协作实现最经济实用的计算模式。在人机物协作群智感知系统中，该层的主要任务是管理区域内的用户及其携带的感知设备、物联网设备等，在靠近用户端进行数据收集、处理和优选，从而减少大规模低质数据传输到云端的情况，提高数据质量并优化系统计算效率。由于人机物协作感知数据的异构性、低质性、海量性等特点，如何利用边缘计算层实现对感知数据的有效处理是人机物协作群智感知的另一个重要挑战。因此，该层主要研究大规模感知数据的传输、汇聚和优选。

云计算层：云计算层位于边缘计算层之上、应用层之下，由云服务器等设备组成云计算中心。在人机物协作群智感知系统中，中心云和边缘云相互配合，实现中心－边缘协同、全网算力调度、全网统一管控等能力，真正实现"无处不在"的云。在边缘计算层之上，云计算层将计算力下沉，无须直接处理底层终端采集的数据，主要处理边缘计算层传输上来的数据，提供边缘计算层无法实现的算力，实现复杂数据分析、计算和存储。在应用层之下，云计算层可以为各类群智感知应用提供信息交互的平台，实现应用间的合作和数据交换，从而有效提高群智感知的服务质量。该层主要研究复杂数据的分析、计算和存储。

总的来说，在人机物融合的群智感知中，数据感知、汇聚与融合贯穿整个云边端网络架构。在大规模群智感知应用中，该层能够为不同的数据规模、不同的数据类型以及不同的应用场景提供强大的算力支持和海量数据存储的支持。

应用层：应用层是在计算层之上开发的，包括不同的用户/平台接口，这些接口通过具有实时用户通知的 Web 服务和移动应用实现用户之间的数据可视化、知识共享和结果交付。近年来，随着人工智能的飞速发展，人类社会正向人机物融合三元计算社会迈进，智慧城市、智能制造、智能工厂等都是在这一背景下人机物三元融合智能的典型应用体现。

此外，为提升人机物协作群智感知系统的高效性和安全性，在所有架构层需要引入**实时处理**的机制、对各类**通信协议**的支持，以及**安全和隐私保护机制**，以确保在执行群智感知服务期间的数据处理效率，并实现多个功能组件之间的交互和数据传播。

5.2　人机物协作任务分配

在人机物协作群智感知中，如何基于人、机、物异构群智能体的差异性、复杂性等特点进行复杂任务分配以协作多个感知节点实现对环境深度而全面的感知是一项重要的研究内容。本节主要就人机物协作群智感知中的任务分配问题和方法进行探讨，包括人机物协作任务分配问题（5.2.1 节）、人机物协作任务分配框架（5.2.2 节），以及人机物协作任务分配方法（5.2.3 节），最后展望了任务分配的相关研究趋势（5.2.4 节）。

5.2.1　人机物协作任务分配问题

任务分配是群智感知中的一个核心研究问题，尤其在新一代人机物协作群智感知模式中，需要三元空间中的异构群智能体作为感知节点相互协作以完成数据收集工作，因此如何有效地协调各个感知节点以达到最好的任务完成效果是一个重要的研究方向。

一般来说，任务分配就是选择一组合适的感知节点完成感知任务，同时满足一定的约束条件，如成本约束、距离约束等。目前，大部分任务分配研究工作都通过解决一个优化问题来选择合适的感知节点完成不同的任务。与传统群智感知相同，人机物协作群智感知任务分配问题也包含三个要素，即**感知任务**、**感知节点**和**任务分配**，其中任务分配基于感知任务和感知节点建立优化模型，如图 5.4 所示。但是，**不同于传统群智感知，人机物协作群智感知中的这三个要素有其独特属性**。首先是**感知任务**，人机物协作群智感知中的感知任务涉及三元空间（信息空间、物理空间、社会空间）中一些复杂的感知任务，因此任务完成的方式不局限于单个感知节点的独立感知，还包括多个异构感知节点的协作感知。其次是**群智能体**，即感知节点，除了社会空间中的个体/群体及其携带的移动/可穿戴设备之外，还包括信息空间中的云/边缘设备、物理空间中的物联网终端设备。由于三元空间中异构感知源存在差异性、互补性等特点，因此人机物协作群智感知可以执行更加复杂的感知任务，实现深度且全面的感知。最后是**任务分配**，需要考虑复杂感知任务需求与多源异构感知资源匹配的问题，比如单个空间/跨空间感知和同构/异构感知节点。一般来说，由于不同情况下感知任务的需求不同或者感知节点的属性不同，因此定义优化问题的优化目标和约束条件也就不相同。比如，在群智感知任务分配中有两种常见的优化问题：第一种优化问题是在满足约束条件的情况下最优化完成任务的质量，第二种优化问题是最小化完成任务的成本。

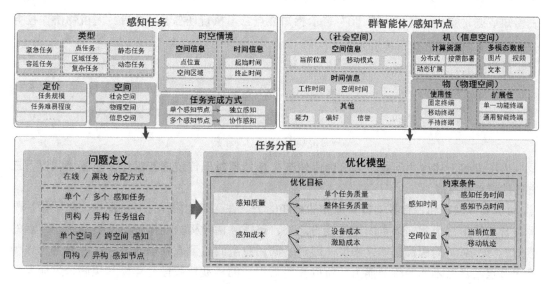

图 5.4　人机物协作群智感知任务分配模型

已知需要分配的**群智感知任务集合** $T = \{t_1, t_2, t_3, \cdots\}$ 和可以参与任务的**异构感知节点集合** $N = H \cup M \cup I$，其中 H 表示社会空间中的个体/群体及其携带的移动/可穿戴设备，$H = \{h_1, h_2, h_3, \cdots\}$；$M$ 表示信息空间中的云/边缘设备，$M = \{m_1, m_2, m_3, \cdots\}$；$I$ 表示物理空间中的物联网终端设备，$I = \{i_1, i_2, i_3, \cdots\}$。群智任务是群智感知的核心要素之一，在群智系统中，各个任务的需求不同，每个任务的形式也各异。基于任务属性，可将每个群智任务定义为 $t_i = \{\text{type}_i, \text{context}_i, \text{completion}_i, \text{price}_i, \cdots\}$，其中属性包括任务类型、时空情境、任务完成方式和任务定价等。不同于传统群智感知中的同构感知节点，人机物协作群智感知中的感知节点是异构的。因此，**对于三元空间中的异构感知节点，需要考虑不同的属性并建立相应的感知节点模型**。比如，可以将社会空间中的感知节点定义为 $h_i = \{\text{context}_i, \text{preference}_i, \text{trust}_i, \cdots\}$，其中感知节点的属性包括时空属性、偏好信息和信任度等；信息空间中的感知节点可定义为 $m_i = \{\text{capacity}_i, \text{modality}_i, \cdots\}$，其中感知节点的属性包括计算资源、数据模态等；物理空间中的感知节点可定义为 $I_i = \{\text{usability}_i, \text{functionality}_i, \cdots\}$，其中感知节点的属性包括其使用性、扩展性等。需要注意的是，感知任务和感知节点的属性不局限于这里提到的属性，根据不同的情景，可分别定义需要的合适属性。

假设任务分配问题的优化目标函数可表示为 $f(x)$，如最优化完成任务的质量或最小化完成任务的成本。需要注意的是，一个任务分配问题可以有一个优化目标，也可以有多个优化目标，即任务分配问题可定义为单目标优化问题或者多目标优化问题。此外，某些任务分配还需要满足一定的约束条件，可表示为 $c(x)$，如每个任务至少由几个感知节点完成、任务的覆盖率大于某个阈值等。其中，x_{ij} 表示感知节点 n_i 完成任务 t_j 的情况，比如"1"代表感知节点 n_i 完成任务 t_j，而"0"表示感知节点 n_i 不执行任务 t_j。最后，人机物协作任务分配问题简单的形式化可表示如下。

目标函数：

$$\max / \min\{f_1(x_{ij}), f_2(x_{ij}), \cdots\} \tag{5-1}$$

约束条件：

$$\{c_1(x_{ij}), c_2(x_{ij}), \cdots\} \tag{5-2}$$

为了求解上述优化问题，**人机物协作群智感知相对于传统群智感知，主要面临以下三方面的难点和挑战**。

1）**如何发现和评估异构群智能体的感知能力**。在人机物协作任务分配中，除了评估同构群智能体中多个感知节点的感知能力之外，还需评估异构智能体中不同类型感知节点的感知能力。对于同构群智能体来说，因为不同用户空间位置或移动轨迹存在差异性，作为感知节点其具有不同的感知能力，所以需要对用户的移动轨迹进行建模和预测，进而发现和评估不同用户的感知能力以进行任务的分配。对于异构群智能体来说，感知能力的差异性除了体现在社会空间中用户的复杂移动轨迹上之外，还体现在信息空间中边缘设备的不均衡计算资源以及物理空间中物联网设备的异构传感器等。因此，如何发现和评估异构群智能体的感知能力是人机物协作任务分配的主要难点之一。

2）**如何实现异构感知节点的高效协作**。现有的任务分配方法大多聚焦于单一空间中的同构感知节点，对感知节点进行统一建模，然后通过组合优化的方法（如二分图匹配算法、匈牙利算法、KM算法等）匹配感知任务和感知节点。然而这些已有研究工作在任务分配/匹配的过程中未考虑人、机、物异构感知节点之间的交互特征、互补关系、协同关系等因素。因此，在人机物协作群智感知中，需要将异构感知节点的时空特性与交互协作关系作为核心出发点，针对复杂感知任务，提取出感知任务和异构感知节点特征并进行相互匹配。在此基础上，人 - 机 - 物异构感知节点如何根据多维任务目标（如计算精度、响应速度、容错能力等）在不同层面进行协同调度也是任务分配问题的主要难点之一。

3）**如何高效获取任务分配问题的最优解**。在实际应用场景中，大部分群智任务分配问题可建模为一个带约束的多目标优化问题，使得优化问题的求解过程比较费时，并且很难求取最优解。传统求解优化问题的方法包括线性规划、动态规划、整数规划和分支定界法等运筹学中的传统算法，但是这些精确算法的复杂度较高，随着问题规模的扩大可能呈指数级或阶乘级增长。对于中等规模或者大规模的问题，在有限的时间内不可能求得最优解。在人机物协作的群智感知中，往往有大量的感知任务和感知节点，因此在大部分情况下都无法利用这些方法来求解。不同于精确算法，一些近似算法一般适用于大规模的优化问题。比如贪婪算法，其优点是可以较快获取一些复杂问题的较优解，但缺点是无法保证得到的最终结果是全局最优解。还有一部分是利用遗传算法或粒子群算法等进化算法进行问题的求解。与简单的贪婪算法相比，进化计算是一种成熟的具有高鲁棒性和广泛适用性的全局优化方法，具有自组织、自适应、自学习特性，能够不受问题性质的限制，有效地处理传统优化算法难以解决的复杂问题（如 NP 难优化问题）。在人机物协作群智感知任务分配问题中，其问题规模较大，异构感知节点的差异性、互补性等因素导致优化目标和约束条件具有动态性和内在关联性，因此如何高效求解也是任务分配问题的主要难点之一。

5.2.2　人机物协作任务分配框架

任务分配过程主要涉及任务发布者、任务分配平台以及任务执行者（即感知节点）。比如任务发布者在任务池中上传一个或多个感知任务，接下来任务分配平台根据感知任务的特点（如时空特性、激励等）选择合适的感知节点，最后任务执行者通过相互协作完成被分配的任务。任务分配的基本框架如图 5.5 所示，主要包括三个模块：**任务发布**、**任务分配**和**任务执行**。下面分别针对各个模块进行介绍。

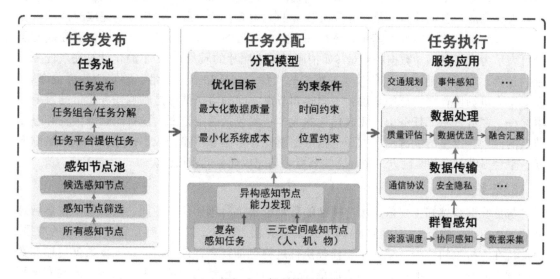

图 5.5　任务分配框架

1. 任务发布

任务发布部分主要涉及两个对象：**群智任务和感知节点**。其目标是收集群智任务和感知节点的相关信息，并进行初步筛选和处理。首先是任务池，任务池中包含由任务发布者提供的所有需要完成的群智感知任务。需要注意的是，不是任务池中所有的感知任务都可以直接分配给感知源完成，因为不同感知任务的完成时间、地点和方式等因素都不同。因此，首先需要初步筛选任务池中的任务，比如选择同一时间段内需要完成的任务或者同一完成方式的任务，然后对筛选出的任务进行进一步处理，包含**任务组合**和**任务分解**。对于任务组合来说，考虑到一些感知任务具有某些时间或空间相似性，可以将这些任务组合起来，同时进行任务分配，以提高任务完成率。对于任务分解来说，考虑到一些复杂任务通常包含多个有不同要求的子任务，可以将这些任务进行分解，然后选择能力不同的感知节点完成不同的子任务，以提高完成任务的质量。其次是感知节点池。感知节点池中的感知节点/群智能体具有不同的感知能力，因此可被选择完成不同的感知任务。为了进行任务分配，平台首先需要获取这些感知节点的相关信息，包括位置、能力、移动轨迹等，然后基于感知节点的信息进行初步筛选，选择当前可用的感知节点作为候选感知节点，进一步参与后续的任务分配。

2. 任务分配

基于当前需要完成的感知任务和候选感知节点的相关信息，任务分配过程主要通过相关的优化模型选择合适的感知节点，最后输出选择的感知节点及其完成的任务集合。不同于传统群智感知中的任务分配模型，**人机物协作群智感知由于异构群智能体感知能力的差异性，需要先进行异构感知节点的能力发现，然后再进行任务分配**。一般来说，由于不同情况下的任务分配要求不同，因此分配问题的优化目标和约束条件也就不同。优化目标包括最大化完成任务的质量和最小化完成任务的成本等，约束条件包括任务完成时间约束和空间位置约束等多个方面。其中，评估任务完成质量的方式有多种，比如，任务完成的质量可表示为收集到感知数据的质量（如拍照任务中照片的质量）。为了简化计算完成任务质量的过程，也可以通过其他参数代表感知的质量，如感知节点数量、感知任务覆盖率等。而对于人机物协作群智感知来说，不同感知节点之间的协作情况是影响任务质量的重要因素之一。在群智感知任务中，完成任务的成本一般包括两个方面：设备的能源消耗和感知节点的激励。设备的能源消耗方面包括数据感知、存储和传输的成本；感知节点的激励方面，平台提供一定的奖励方式增加感知节点参与完成任务的积极性。

3. 任务执行

与传统群智感知主要依靠用户携带的移动设备执行感知任务不同，人机物协作群智感知通过人、机、物三元协作融合完成更加复杂的感知任务，以实现感知和计算能力的增强。因此，在人机物协作群智感知中，任务执行过程更加复杂，包括协同感知、数据传输和数据处理。此外，完成的任务类型更加多样化，如城市精细化治理、灾难救援、公共安全事件感知等。具体来讲，任务执行过程包括四个层面：首先在物理层进行人、机、物协同感知，其次将感知数据通过网络层进行传输，再次在计算层进行数据处理和信息提取，最后提供相应的城市服务。在不同的层，人机物可以通过不同的方式进行协作以完成协作感知任务。

- **群智感知**：不同感知节点获取到任务分配过程中分配到的任务，然后人机物相互协作执行所分配的任务，比如用户依靠自己的智能设备执行任务、物联网终端或者边缘设备也同时完成数据的采集和存储等任务。

● **数据传输**：在群智感知环境下，人、机、物异构节点会提供海量感知数据，进而产生较大的传输成本。为降低传输成本，需通过本地质量评估或边端聚合等方式进行数据选择以传输优质数据。

● **数据处理**：通过云边端融合模式，把中心云、边缘计算以及物联网进行连接和计算力的协同，发挥云中心规模化、边缘计算本地化、物联网终端感知等各方面的优势，结合 AI 智能算法，进行数据质量评估和优选、个体 / 群体决策、群智数据挖掘与理解等工作，为高质量群智服务提供支撑。

5.2.3　人机物协作任务分配方法

在介绍人机物协作群智感知任务分配的问题和框架后，本节将从五个方面介绍对任务分配方法的典型研究，包括单任务分配、多任务分配、低成本任务分配、质量驱动的任务分配和异构感知节点任务分配等。

1. 单任务分配

从提出群智感知的最初概念开始，大多数任务分配研究工作就集中在单个感知任务上，即单任务分配。单任务分配选择一部分最优的感知节点集合完成一个给定的感知任务，同时满足一定的约束条件。比如选择多个用户作为感知节点收集城市中某些道路的交通状况，那么这些感知节点就需要在特定的时间和位置收集相关的数据信息。这些工作的主要需求包括优化能源的消耗、降低激励成本、提高感知质量等。根据感知节点的移动模式和任务的完成时间，可将单任务分配研究工作分为以下几种。

（1）有意识 / 无意识移动

群智感知中一般包含两种类型的用户感知节点。第一种类型是用户机会式地执行感知任务，即用户不改变他们的日常移动模式，而只是在日常移动轨迹中顺便完成一些感知任务，即无意识移动完成任务。第二种类型是用户有意识地前往特定的任务位置完成感知任务，即有意识移动完成任务。通常来说，这两种不同类型的单任务分发方式是分开研究的。

对于"无意识移动"来说，研究人员通常要先研究和挖掘用户的历史移动轨迹来获取用户的日常移动模式，以确保任务分配的高效性。在理想情况下，可以将一个任务分配给未来会路过任务位置的用户，即被选择的用户可以在正常移动轨迹上适时地完成任务。但是，由于用户的移动方式具有一定的不确定性，因此这种分配方式并不容易实现。Reddy 等人[15]提出了一个用户选择框架，该框架的特点是选择的用户可以最大化完成任务的空间覆盖率。Cardone 等人[16]在任务分配中同时考虑了用户智能手机的电池电量，确保被选择的用户不会因为设备问题影响任务的完成情况，以最大化任务的完成率。Zhang 等人[17]提出了一个用户选择框架 CrowdRecruiter，其目标是保证选择的参与者可以最小化激励成本，同时满足影响的概率覆盖约束。如图 5.6 所示，CrowdRecruiter 首先预测每个用户的移动轨迹，然后基于预测的位置选择用户无意识地完成其轨迹上的感知任务。与上述工作主要是集中式的任务分配方法不同，Tuncay 等人[18]提出了一种分布式的任务分配策略。总的来说，以上无意识完成任务的工作都基于一个假设，即用户即使被分配了需要完成的感知任务，完成任务的过程中他的日常移动轨迹依然不会改变。

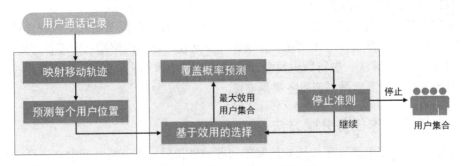

图 5.6　CrowdRecruiter 框架 [17]

对于"**有意识移动**"来说，大部分研究工作假设用户可以主动移动到任务所在位置来完成相应的感知任务，以获取更多的奖励。这种情况下，用户为完成任务专门移动的距离或者时间成为主要考虑因素，因为用户通常不愿意偏离日常移动轨迹很长的距离完成某些感知任务。He 等人 [19] 提出了一种针对位置相关的群智任务的最佳任务分配方案，旨在最大限度地提高群智平台的回报，同时将每个用户移动到指定位置的时间作为约束。Cheung 等人 [20] 提出了一种分布式的任务分配方法，该方法考虑了任务时间、移动成本、用户信誉等因素，以实现相对于集中式方法的较优性能。如图 5.7 所示，假设服务提供商在用户的帮助下收集了位置相关的时间敏感信息，通过移动应用程序界面，服务提供商向用户提供每个任务的奖励、位置和执行时间，然后，每个用户决定在接下来的时间内如何移动以及要处理哪些任务。

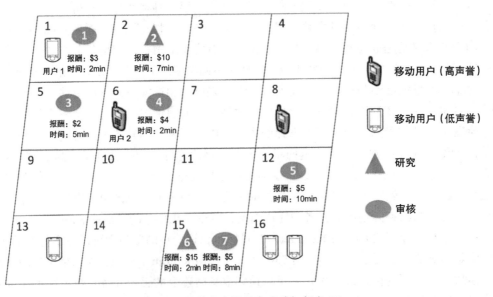

图 5.7　用户有意识地完成感知任务 [20]

（2）离线 / 在线分配

考虑任务分配策略中的时间因素，可以将现有的分配方法分为两种类型：离线分配方法和在线分配方法。对于离线分配方法来说，任务分配策略是在任务开始之前确定的。在这些方法中，通常可以提前获取任务的时空信息，同时也可以通过相关的预测方法获取用户的未来位置。因此，在这样的分配策略中，位置预测成为一个关键研究问题，因为它可能影响最终任务分配的性能。目前常用的位置预测算法是基于泊松分布的算法[17]，并且任务分配的性能通常会随着用户历史移动轨迹的积累而提高。

目前，越来越多的工作研究在线分配方法，因为在线分配机制可以根据实时的任务和用户情况进行调整。Tong 等人[21]设计了一种在线任务分配机制，以处理任务和用户动态产生的群智场景。特别的是，他们提出的解决方法为在线随机模型提供了理论上的性能保证。Han 等人[22]设计了可信任的分配机制，用于离线和在线背景下的用户选择。Pu 等人[23]提出了一种称为 CrowdLet 的在线任务分配策略，在该策略下，服务请求者可以通过机会式地招募用户来自主地组织任务分配过程。

2. 多任务分配

一般来说，在一个大型的人机物协作群智感知平台上会有多个并发的感知任务（如 Campaignr[24]、Medusa[25]），任务之间不再独立，多个任务之间可能存在相互依存的关系。因此需要同时针对多个感知任务进行任务分配，比如收集城市的环境信息和公共设施的损坏情况等。与单任务分配问题不同的是，多个任务同时分配可以充分利用平台中的用户资源，优化平台的整体性能，同时用户完成多个任务可以提高其参与任务的积极性。

一般而言，多任务分配方法主要面向两种类型的多任务情况，即同构任务和异构任务。由于不同任务的位置通常不同，因此同构 - 异构的分类在很大程度上取决于感知任务是否还有其他要求。**同构的多个任务**可能仅具有不同的任务位置，而**异构的多个任务**可以具有多个不同的需求，例如时间（不同的任务需要不同的完成时间段）或感知（不同的任务需要不同的传感器）需求。值得注意的是，由于同构的多个任务在某种程度上与包含多个子任务的单个任务场景相关，因此它们的任务分配策略在一定条件下是可以相互启发和促进的。下面分别介绍两种情况。

（1）同构任务分配

同构任务分配面向多个同一类型的任务选择合适的用户，比如监控多个路口的人流量。Xiao 等人[26]研究了移动社交网络中的群智多任务分配问题。在移动社交网络中，可以将其中一个移动用户称为请求者，该请求者需要寻求网络中其他用户的帮助，以便同时完成多个任务。但是，该请求者只能将任务分配给附近的用户来完成收集数据的任务，比如通过 Wi-Fi 或蓝牙确定附近可用的用户。该方法为请求者设计了在线和离线的任务分配方法，通过考虑用户的移动模式选择合适的用户以最小化完成任务的时间。Song 等人[27]考虑群智任务中的不同信息质量要求，包括粒度和数量，提出了一种多任务分配策略。该任务分配策略在总预算一定的约束条件下，选择最少的用户数以满足任务的质量要求。Activecrowd[28]同时研究了有意识和无意识运动情况下的多任务用户选择问题，这两种情况分别适合于时间敏感和延迟容忍的任务。文献 [10] 尝试从另一个角度解决多任务分配问题。它将任务分为两种情况，即用户资源匮乏情况下的任务分配和用户资源充足情况下的任务分配，如图 5.8 所示。首先是用户资源匮乏情况下的任务分配。由于紧急任务需要尽快完成，对用户的感知及时性要求较高，因此需要用户专门移动到任务所在的位置完成感知任务。在用户资源匮乏的情况下，该问题的优化目标是最大化完成任务的个数以提高任务完成率，同时最小化完成任务所移动的总距离以减少完成任务的时间。该文献提出了用改进的最小费用最大流模型（Minimum Cost Maximum Flow，MCMF）求解该问题（如图 5.9 所示），并且基于一个真实的数据集分析不同因素对用户选择的影响。其次是用户资源充足情况下的任务分配，由于用户资源充足，所以需要在多个可用的用户中选择一部分合适的用户完成任务。该问题的优化目标是最小化用户的激励成本以减少任务的总成本，同时最小化完成任务所移动的总距离以减少用户的负担。该文献基于双目标优化理论，提出线性加权法和约束法求解该问题。

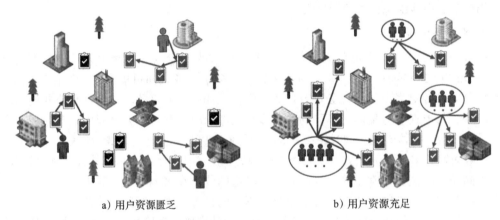

a) 用户资源匮乏   b) 用户资源充足

图 5.8   用户资源匮乏情况下和用户资源充足情况下的任务分配 [10]

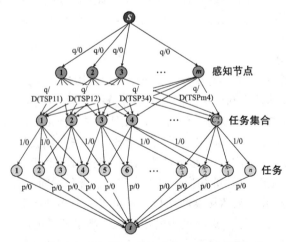

图 5.9   向多任务分配的改进 MCMF 模型 [10]

（2）异构任务分配

与同构多任务研究工作相比，异构多任务分配通常需要考虑**每个任务的差异化需求**。Li 等人[29]考虑了一个面向异构感知任务的动态用户选择问题（即用户动态出现），这些异构任务具有不同的时间和空间需求。该方法的目标是在满足任务覆盖约束的同时最大限度地降低感知成本，并且提出了三种贪婪算法来解决此动态用户选择问题。文献[30]研究时间敏感任务的用户选择问题，即每个任务都有一个完成时间期限的要求。为了解决该问题，该文献提出了一种概率任务分配方法（即被分配完成任务的用户以一定的概率完成感知任务），其中多个用户可以协作执行任务以满足任务期限，如图 5.10 所示。具体来讲，任务发布者首先将多个任务分配给一个用户集合。接下来，用户集合中的每个用户自行决定可完成的任务子集。在此期间，用户也可以确定完成任务子集中每个任务的概率。事实上，用户完成任务的概率与该用户之前访问任务位置的频率有关，即用户历史访问任务所在位置的次数越多，该用户完成该任务的概率越大。最后，基于用户提供的完成任务概率信息，最终选择完成任务的用户。除了时间的需求以外，异构任务还可能需要不同类型的传感器。比如，文献[31]考虑了利用不同参与者传感器协作完成任务的可能性。该文献提出了一个两阶段的离线多任务分配框架 PSAllocator。不同于其他任务分配方法，PSAllocator 在任务分配过程中考虑了每个用户允许的最大传感任务数量以及每个移动设备的传感器可用性，以使包含多个任务的系统的整体实用性最大化。具体来讲，PSAllocator 先根据用户的历史通话数据预测每个用户的移动轨迹和该用户与不同信号塔的连接情况，再将多任务分配问题转换为二部图的表示形式，并采用一个迭代贪婪算法来解决该异构任务分配问题。

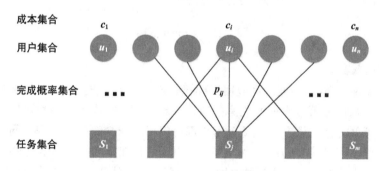

图 5.10　概率任务分配方法[30]

3. 低成本任务分配

降低成本（如能源消耗、数据收集传输成本和激励预算等）始终是群智任务分配的主要目标。下面介绍关于低成本群智任务分配的一些新的研究思路和方法。

（1）背负式群智感知

一般而言，在用户的感知设备（如智能手机）上，如果将群智任务与其他正在运行的移动应用程序一起搭载执行，可以减少群智任务本身所需的能耗[32]。比如，用户在与基站通信（如打电话、使用蜂窝移动网络等）的过程中，可以顺便上传感知数据以降低专门传输数据消耗的能量。Wang 等人 [33] 通过实验证明，与利用 3G 网络专门传输感知数据相比，基于用户 3G 通话并行上传感知数据可以减少大约 75% 的数据传输能耗。因此，分配给用户任务并让他们在其感知设备中的移动应用程序运行的同时上传收集到的数据，可以显著节省所有用户感知设备的总体能源消耗 [34]。基于这种策略，Xiong 等人 [35] 提出了一个接近最优任务分配的框架 iCrowd，以权衡用户的整体能耗、激励成本以及任务的感知覆盖质量，如图 5.11 所示。其中，背负式感知任务应用程序在每个分配的感知周期内，通过用户在新区域进行 3G 通话时感知和上传数据。具体来讲，该方法首先根据用户的历史轨迹记录预测移动用户的呼叫情况和移动性，然后在每个传感周期中，选择一组用户通过背负式方式完成感知任务，从而使最终解决方法实现两个最优的群智数据收集目标。目标一是在给定的激励预算内实现接近最大的 k 深度覆盖范围，目标二是在满足给定的 k 深度覆盖约束下实现最小的激励成本。

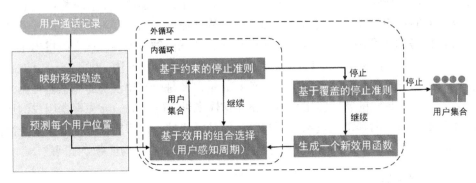

图 5.11　iCrowd 框架

（2）压缩群智感知

目前，压缩感知 [36] 已经被广泛应用于群智感知，基于已收集到的感知数据推断未感知到区域的数据，从而显著减少所需收集的数据。Xu 等人 [37] 提出了一种可用于各种类型群智任务的压缩感知方法。该方法使每个用户都可以提供较少的感知数据，同时仍保持群智平台的总体准确度在可接受的范围内。除了利用压缩感知推断缺失数据之外，文献 [38] 还利用压缩感知解决其他两个重要问题，即任务分配（在何处感知）和质量评估（如何实时量化利用压缩感知推断到的缺失数据的质量）。针对缺失数据推断，该文献将温度和交通监控应用程序中的数据推断转化为矩阵完成问题（一个维度表示子区域，另一个维度表示周期），如图 5.12 所示。为了解决这个问题，温度监控应用程序使用时空压缩感知，而交通感知应用程序利用不同的算法进行交通速度估计。针对最优任务分配，该文献使用了几种推理算法，包括 K 近邻、压缩感知、时空压缩感知和交通专业压缩感知，来推断所有未感知单元的值，然后将任务分配给在这些推荐值上具有最大方差的单元。针对数据质量评估，该文献首先获得多个推断错误的样本（每个感知单元格作为一个样本），然后基于这些样本，使用贝叶斯推理来估计推理准确性的概率密度函数。

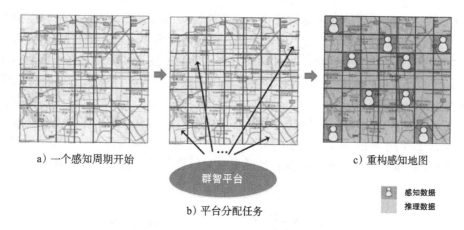

a）一个感知周期开始　　　　　　　　　　　　　　c）重构感知地图

群智平台

b）平台分配任务

👤 感知数据
⬛ 推理数据

图 5.12　城市中的温度监控

（3）机会式群智感知

在大多数群智任务中，用户可以使用移动通信网络上传感知数据。但是，在感知数据量很大的情况下，数据的通信成本很大。为了降低数据的传输成本，可以将短距离无线传输技术（例如蓝牙和 Wi-Fi）引入群智任务分配中。

文献 [39] 研究了移动社交网络中的群智任务分配问题，一个问题是最小化所有任务的平均完成时间，另一个问题是最小化所有任务中的最大完成时间。与其他工作不同的是，该文献中的任务完成时间包括任务执行时间和感知数据传输时间，其中感知数据基于移动社交网络通过机会式的方式从任务完成者传输到任务请求者，比如直接通过蓝牙传输感知数据或者间接通过 Wi-Fi 传输感知数据。Wang 等人 [40] 提出了一种群智感知数据上传机制 EcoSense，以帮助降低所有用户上传感知数据带来的额外数据传输成本，如图 5.13 所示。EcoSense 包含两种类型的用户，即网络流量不限量用户和网络流量计费用户，并将这两类用户分为相应两组完成感知任务，以最大限度地减少总体数据上传的能源消耗和通信成本。具体来讲，在数据上传周期内，如果两类用户可通过机会网络进行数据传输（如蓝牙或 Wi-Fi），那么网络流量计费用户将通过短距离无线传输方式直接把感知数据传输给网络流量不限量用户，然后由网络流量不限量用户将所有感知数据上传到服务器，以减小数据上传的成本。

4. 质量驱动的任务分配

感知质量是群智任务分配中需要考虑的关键问题。群智感知任务的完成质量可以从多个侧面进行刻画，包括感知时空覆盖范围、感知数据粒度、数据量与数据质量等。

Song 等人 [41] 基于数据粒度和数据量引入了质量感知指标，然后提出了一个移动预测模型以预测感知区域内用户收集到的数据量，最后设计了一种动态用户选择策略。该用户选择策略基于贪婪算法从具有不同感知能力、初始位置、激励要求的所有用户集合中选择最优的用户子集，其目标是在任务总成本的约束下最大化任务完成的质量。文献 [38] 提出

了一种称为 $(\varepsilon, p\%)$-质量的度量标准来量化压缩感知中的数据质量，该度量标准指的是大于 $p\%$ 的感知周期推理误差低于 ε。具体来讲，该文献提出了一个任务分配框架 CCS-TA，该框架结合了最先进的压缩感测、贝叶斯推理和主动学习技术，可动态选择每个感知周期中最小数量的子区域以进行任务分配，同时在保证数据准确率的情况下推断出未分配任务的缺失数据，如图 5.14 所示。Xiong 等人[35]定义了一个时空覆盖质量评估标准，称为 k-coverage，以额外考虑覆盖子区域的比例，同时提出了一种优化算法来降低激励成本，并满足 k-coverage 约束。Pu 等人[23]通过同时考虑用户的能力、及时性和任务奖励，提出使用服务质量度量标准来衡量群智任务执行的质量，同时提出了一种动态规划算法来最大化期望的服务质量。

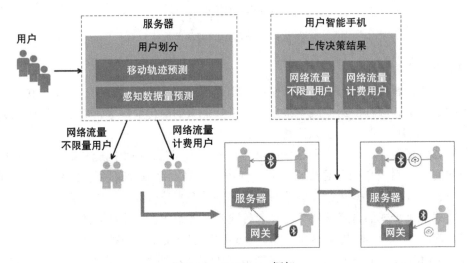

图 5.13　EcoSense 框架

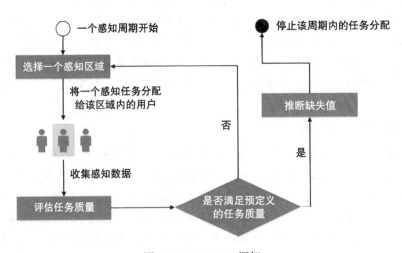

图 5.14　CCS-TA 框架

除了感知数据的数量之外，数据的有效性也会影响群智任务的质量。考虑到对不同用户的不同信任程度，任务分配面临的一个挑战是如何衡量用户收集到的数据的有效性。为了解决这个问题，Kazemi 等人 [42] 利用信用评分来表明用户正确完成任务的概率，同时还引入了针对每个空间任务的置信度水平，以判断对于空间任务的置信度结果是否可以被接受。数据质量也可能受到激励因素的影响 [43]，比如没有适当的激励措施，用户贡献的数据质量可能会降低。

5. 异构感知节点任务分配

不同于传统的群智感知，人机物协作的群智感知指的是通过人、机、物异构群智能体相互融合协作完成更加复杂的感知任务，以提供具有高可靠性和高有效性的感知数据。由于三元空间中异构群智能体的不同属性和能力，比如用户的便携设备适用于收集移动数据，而边缘设备和云设备适用于对数据进行进一步的分析和处理，因此，在任务分配过程中需要充分考虑不同类型设备的特点，组合不同设备的优势，汇集来自不同设备、不同感知源的信息，以实现人机物协作群智感知，为人类提供精准和智能化的服务。

多智能体系统，可作为一个典型的异构感知节点或智能体任务分配场景，因为该系统涉及异构群智能体（如人类个体、机器人、车辆等）的交互和协作。具体来讲，多智能体系统是多个智能体组成的集合，它的目标是将大而复杂的系统建设成小的、彼此互相通信和协调的、易于管理的系统 [44]。在一个多智能体系统中，智能体常常是异构的，系统中的智能体互相通信，彼此协调，并行地求解问题，以有效地提高问题求解的能力。因此，如何进行任务分配以协同异构智能体（人、机、物）完成更复杂和更多样化的任务是一个主要的研究方向。

现有大部分工作主要研究**机和物之间的协作交互问题**，如 Nourbakhsh 等人 [45] 提出了一个用于城市搜索和救援的多智能体系统，通过高层次和低层次的通信实现不同智能体之间的交互。具体来说，该系统包括四种类型的智能体：促进用户交互的界面智能体、完成用户目标的任务智能体、提供基础架构的中间智能体，以及获取外部信息的信息智能体。为了促进这四种不同类型的异构智能体的交互协作，该工作提出了一个将物理机器人转化为机器人智能体的融合算法，该算法对常用的三层架构进行了扩展，在每个较高层的下层加入了一个功能抽象，在每个较低层减少了预见结果同时增加了细节。Kiener 等人 [46] 提出了一个用于异构智能体团队协作执行任务的框架，该框架针对一个包括人形机器人和轮式机器人的异构机器人的团队协作问题，不同类型的机器人可被建模为不同类型的智能体，这些异构智能体之间存在互补和竞争关系。比如人形机器人和轮式机器人作为一个团队完成踢球运动，人形机器人和轮式机器人都可以在很长的距离上跟随一个球，但是球最终只能被人形机器人踢入球门，如图 5.15 所示。具体来讲，该框架通过对整个任务池中的各个任务进行建模，并存储每个智能体可以执行这些任务的程度来实现这一目标。预先确定每个智能体的能力以及对所有可能任务的适用性权重，然后中央控制器根据这些信息进行任务分配。

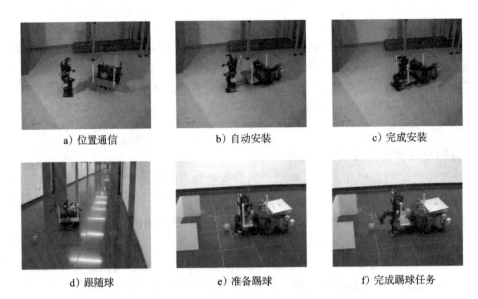

a) 位置通信　　　　　　b) 自动安装　　　　　　c) 完成安装

d) 跟随球　　　　　　e) 准备踢球　　　　　　f) 完成踢球任务

图 5.15　人形机器人和轮式机器人协作踢球

　　目前，已有少部分工作研究**人和机协同任务分配问题**，比如人机协同搜索问题，即人和无人机相互协作无遗漏地遍历搜索目标搜索区域。人机协同搜索的应用领域主要包括安全监控、战场侦察、目标搜索、地形测绘、矿藏勘测等。不同于多无人机协同搜索，人机协同搜索的难点是需要基于人和无人机的不同特性进行搜索优化。Zheng 等人 [47] 提出了一个针对在逃犯罪分子的人机协同搜索问题，其目的是最大限度地减少预期的抓捕时间而不是检测时间。在如图 5.16 所示的人机协同搜索实例中，区域 1 具有比区域 2 高的目标存在概率。当问题目标为最小化预期检测时间时，无人机被分配完成区域 1 的搜索任务，同一时间工作人员团队搜索区域 2，如图 5.16a 所示。如果目标是最大限度地减少预期的抓捕时间，那么无人机和工作人员团队要同时搜索区域 1，如果目标在区域 1 中，那么它将很快被抓捕，如图 5.16b 所示；如果目标在区域 2 中，那么无人机将对其进行检测，随后工作人员团队到达，如图 5.16c 所示。为了解决该问题，该工作提出了一种混合进化算法（EA），该算法使用三个进化算子（即全面学习、变量变异和局部搜索）来有效地搜索求解空间。文献 [48] 研究人机协同的电网维修调度问题，通过无人机检查这些故障可以显著提高工作人员后续恢复网络的效率。无人机工作时间表和人员工作时间表之间的相关性使这种人机协作的调度问题变得非常复杂。该文献提出了一种协同进化算法，该算法可以同时演化两个种群，一个是无人机调度解决方案（U-solutions），另一个是工作人员团队调度解决方案（H-solutions），它们为每个 H-solution 确定最佳匹配的 U-solution，并基于一个不断迭代改进的目标函数来评估 U-solution 选择的效果。

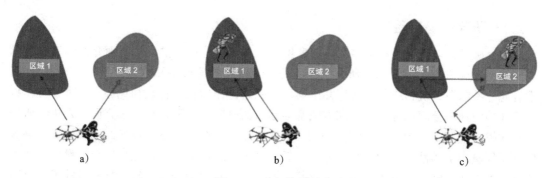

图 5.16 人机协同搜索

相对于机物协作和人机协作，**人机物协作问题**由于涉及三元空间异构智能体，使智能体之间的协作和交互更加复杂，传统多智能体系统中的异构智能体协作优化方法无法深入刻画复杂的智能体交互关系，因此之前几乎没有工作研究人机物协作任务分配。近年来，随着深度学习和强化学习的快速发展，一部分工作开始利用深度学习、强化学习等方法解决**人机物异构智能体协作任务分配问题**。文献 [49] 基于深度强化学习框架同时对人 – 机器人交互和机器人 – 机器人交互进行建模，以用于人群中的机器人导航。具体来说，该文献提出的方法主要包括三部分，即交互、池化和规划，如图 5.17 所示。具体来讲，交互模块对人机交互行为进行显式建模，并通过细粒度的地图对人机交互行为进行编码；池化模块通过自注意力机制将交互行为特征聚合为固定长度的嵌入向量；规划模块估算机器人和人群的联合状态值以进行导航。Liu 等人 [50] 研究了工业制造环境中的人机物协作问题。比如在工厂环境中，工业机器人需要动态改变预先设置的任务以协作工作站操作人员的工作。由于传统的工业机器人大部分由预设置程序来控制，无法满足人机物协作的新兴需求，因此该工作探索了基于深度学习的多模式机器人交互控制界面以解决人机物协作问题。首先，系统获取三种类型的数据，包括从摄像机中捕获的人体姿势、传感器感知的手部运动以及由麦克风记录的语音命令。其次，利用深度学习算法对获取的数据进行理解和分类。最后，已经被分类的数据被进一步用来生成机器人控制命令并将其输入机器人控制界面中，在该界面中分别控制不同的工业机器人。

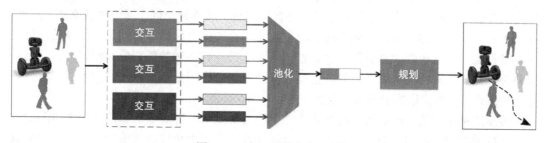

图 5.17 人 – 机器人交互导航

5.2.4 研究趋势展望

如上所述，目前已经有很多工作研究群智感知任务分配方法，如上面介绍的五种常见类型任务分配方法。但大部分研究工作还是基于传统的群智感知方式进行相关任务分配，没有充分考虑在人机物协作群智感知中异构智能体协作增强的特点和优势。人机物协作群智感知中的任务分配问题、框架和方法都面临新的研究契机和挑战。一方面，人机物协作的感知模式拓宽了该领域研究的方法域，有助于提升复杂群智感知任务的完成效率，突破单一感知模式下的性能瓶颈。另一方面，任务分配问题和框架变得更加复杂，设计高效的任务分配方法面临多个方面的困难和挑战，不仅需要有效融合人、机、物三者的感知能力以提升数据质量，还需要优化协作感知任务的整体效率和成本（人力成本、设备成本等）。

基于对群智感知任务分配问题的分析和对现有群智感知复杂任务分配方法的介绍，本节最后给出未来人机物协作群智感知模式下，复杂任务分配工作的一些研究趋势展望。

- **异构感知节点多样化感知能力的统一表达与评估**：针对人机物异构感知节点属性异构、能力不同、跨空间交互等问题，需构建统一的异构感知节点表示模型，对不同类型感知节点的关联、组织模式、行为决策、知识表示等进行结构化表征。
- **复杂感知任务与异构感知节点的高效匹配**：针对人机物异构感知节点交互协作完成复杂感知任务问题，需考虑异构感知节点的动态组织形式与感知任务多样化需求之间的快速高效匹配，可借鉴生物界中的各种生态模式和组织形式，进而研究复杂要素协同模式与感知需求的协作和匹配问题。
- **异构感知节点多维情境自适应组织与感知**：针对人机物融合群智感知系统具有应用场景复杂多变、感知对象多样和动态变化等不确定性，需考虑多情境自适应协作感知问题，实现动态灵活的感知节点自组织感知方法，通过动态群组连接、群体智能决策、情境关联组队等方式，实现面向自身运行环境、多样应用场景和感知节点拓扑变化的自适应协作感知。

5.3 感知数据的高效汇聚

数据收集和优选汇聚是群智感知系统的核心，数据集的质量很大程度上决定了群智感知系统的性能，高质量的数据集对于推动群智感知在不同领域获得广泛应用显得尤为重要。在人机物协作群智感知中，不同终端的时空重叠和感知能力异构等特性，使得原始的群智感知数据流中常常包含大量低质冗余数据。在人－机－物共融的群智感知网络中，数据质量是提升群智感知性能和服务质量的前提与保证，它的作用是对所收集的数据进行有效评估，并据此采取相应措施来提高数据质量 [5]。

传统的基于"云－端结构"的群智感知系统需要大量的计算资源、网络带宽以及时间进行数据的传输、汇聚和分析。近年来，边缘计算的发展为传统群智感知的云－端协同数据汇聚方式带来了新的机遇。为了优化群智感知系统的性能，研究者们在"云－端结构"中引入边缘计算，形成了基于"云－边－端架构"的新型群智感知系统。边缘计算的引入使得大量数据处理和整合都在离数据源最近的本地进行，大大减少了移动端的流量，促进了群智感知系统规模的扩大。在新型群智感知系统中，如何利用云－边－端网络架构实现对感知数据的高效汇聚是重要的研究内容。群智数据具有多模异构、低质冗余、质量参差等缺点，如何结合云、边、端计算特征，设计与之相适应的数据质量评估、高质量数据的优选以及汇聚方法是新型群智感知网络数据汇聚方面的重大挑战。具体地，本节将从**终端感知数据质量评估、冗余数据优选**和**数据高效汇聚**三个方面展开介绍。

5.3.1　终端感知数据质量评估

终端感知数据质量评估旨在对感知数据在传输之前进行有效的前期评估和优选。在传统群智感知模式中，收集到的群智数据通常被全部传输到汇聚端（如云服务器），然后再对其中的冗余或低质量数据进行筛选，这种方法对数据传输和存储资源都会造成浪费。为了解决该问题，研究者们提出了在产生数据的终端对数据质量进行评估，对数据进行部分筛选之后再进行传输。如 Uddin 等人 [51] 研究了灾后现场照片在容延网络环境下的传输问题，在数据上传前根据时空和内容相似度约束进行照片选择，提高了群智感知数据移交效率。Wu 等人 [52] 提出了一种带宽和存储约束下的群体图像感知数据传输方法，能通过数据选择有效降低传输成本，然而这些研究仅利用端设备进行部分数据质量评估工作。随着终端设备计算能力的提升，直接在端设备上完成完整的数据质量评估成为新的研究方向。特别地，为了提高数据评估的质量，基于深度学习模型进行终端数据处理逐渐成为趋势。例如，基于数据内容的质量评估模型（如图像模糊度、真假度判断等）通常基于深度学习等模型以获取较高的准确率。然而，终端设备往往性能受限以及不同终端之间有较大的性能差异，为基于深度学习的复杂的质量评估模型在终端运行带来了挑战。因此在进行端设备质量评估的过程中，需要根据终端设备资源状态自适应地调整模型结构，以提高质量评估模型的计算效率。

近年来，越来越多的研究者开始关注资源受限终端的深度模型压缩，从而提高终端处理数据的性能。例如，Liu 等人 [53] 提出利用强化学习自适应调整深度模型结构的技术，旨在通过网络剪枝、卷积分解等模型压缩技术对模型结构进行简化以提高计算效率。Yao 等人 [54] 提出了通用自动化压缩框架，设计了单独的优化网络，对构建起神经网络的基本结构进行压缩，输入是原始网络中的各层权重矩阵，通过确定原始网络中最小数量的非冗余隐藏参数，对原始网络进行压缩。

这些方法为深度学习模型在终端运行提供了可能性，但如何将深度学习模型与群智感知质量评估目标相结合，使之能自适应地在异构终端运行还存在诸多挑战。针对异构终端资源受限和位置时变等特点，研究高效的端感知数据质量评估模型是新型群智感知网络数据质量评估的重点。

在端设备本地进行数据质量的"前置式"实时评估，是一种提升云边端融合群智数据汇聚效率的理想途径。然而，要实现实时、有效的终端数据质量评估仍需解决下列问题。首先，构建群智数据质量评估模型，通过对海量多模态群智感知数据内容进行分析，结合数据的时效性、完整性、准确性等特性对数据质量进行评估与预测，实现终端设备上的"前置式"实时群智数据质量评估。其次，针对感知终端的资源受限问题，根据终端设备的状态自适应调整质量评估模型。为解决该问题，一方面构建终端情境感知模型，需考虑终端设备的计算能力、负载和电量等环境情境；另一方面构建终端情境预测模型，利用少量终端设备特性高效预测终端设备状态，为自适应数据质量评估计算提供支持。最后，为了适应终端的动态感知情境，需研究构建可伸缩的情境自适应质量评估模型。结合不同终端设备所处的情境，动态调整质量评估模型使其匹配异构终端设备。

1. 终端数据质量度量

通过对多模态群智感知数据的分析与理解，结合数据的时效性、完整性和准确度等特点进行群智数据质量的评估。海量的人群所携带的移动智能设备可以被看作物理空间的传感器，能够实时感知物理空间中发生的事件，而海量的终端设备则会在与环境交互的过程中产生大量的交互数据以及本身的状态数据。这些群智数据包含各种模态，例如图片、语音、视频、文本等类型，通过训练将多模态数据映射到共享空间，得到多模态群智数据的统一表示，实现对多模态群智数据内容的高效理解。根据多模态群智数据的统一语义表示，进行数据的时效性、完整性和准确度等特性的测量，基于这些特性进行端设备上的群智数据质量评估，发现内容准确且语义清晰的高质量群智数据，为后续的数据优选与汇聚提供保障，如以下公式所示：

$$P(y) = P(y \,|\, T, C, A) \sim \mathrm{DNN}(T, C, A) \tag{5-3}$$

$$T, C, A = \mathrm{DNN}(\mathrm{SR}(x)) \tag{5-4}$$

其中 T、C、A 分别代表数据的时效性、完整性、准确度特征，DNN 为深度神经网络，$\mathrm{SR}(x)$ 代表输入多模态数据的统一语义表示，SR 为共享向量子空间映射函数，根据多模态数据的统一语义表示，利用深度神经网络预测数据的时效性、完整性和准确度等特征。

2. 终端情境状态度量

通过在端设备上进行"前置式"群智数据质量评估，可以在数据采集终端处筛选出高质量的群智数据，从而减少海量数据的传输压力。另外，由于异构终端间的性能差异较大且同一设备在不同情境中可以提供的计算力也不同，因此需要进行终端环境情境感知。根据感知终端设备所处状态，实现动态调整数据质量评估。终端设备状态由计算能力、计算负载、存储以及当前电量等因素共同决定，以一定的时间间隔测量终端设备当前所处状态数据，进而根据状态数据对终端设备所处情境进行量化，实现终端设备情境动态感知。实时感知终端设备的各种状态数据是困难的，可能只能获取一部分的状态数据。在此情况下，可根据已收集的终端设备历史状态数据，构建终端设备情境演化的事件序列模型，再利用深度循环注意力模型 RNN 对终端设备状态变化的时序特征进行建模，实现在状态数据缺失的情况下进行终端设备情境的预测，如以下公式所示：

$$P(y_t) = \mathrm{RNN}(C_{t-1}, L_{t-1}, S_{t-1}, E_{t-1}, y_{t-1}) \tag{5-5}$$

其中，C、L、S、E分别代表终端设备的计算能力、计算负载、存储以及当前电量等状态因素。该公式根据已收集的终端状态参数，利用递归神经网络捕捉设备状态之间的时序变化，实现对终端未来时刻的情境状态预测。

3. 终端情境自适应的数据质量度量

在获得终端情境信息后，根据情境对群智数据质量评估模型进行动态调整，以提高质量评估模型的计算效率，实现更加高效的群智数据质量评估。采用基于模型压缩的深度学习方法等构建资源受限环境下的数据质量评估模型。如在计算力较低的终端设备上对质量评估模型进行压缩，降低模型复杂程度。通过牺牲一定的质量评估准确率来保证质量评估的高效性。在计算力较高的终端设备上则以质量评估的准确性为目标进行模型结构的调整。根据异构终端的多维能力，建立可伸缩的情境自适应质量评估模型，实现终端群智数据质量的实时评估与选择。

5.3.2　冗余数据优选

由于终端通常采用分布式、自发式的数据采集策略，因此当多个终端协同采集数据时，还面临数据冗余和不一致等问题。针对该问题，目前研究主要结合时空特征、内容特征、数值分布等进行群智数据的优选。以图像数据采集任务为例，图像内容的多样性是群智感知任务评价图像数据质量的重要方面 [55-56]。为了挑选更加多样化的数据，一般采用的图像数据冗余识别方法包括基于图像内容相似度的方法，如 FlierMeet[9] 和 iMoon[57] 等，以及基于语义内容相似度的方法，如 MediaScope[58] 等。iMoon 根据拍照位置和拍照方向的不同挑选图像以实现多侧面视觉内容覆盖，而 FlierMeet 则提取图像的 SIFT（Scale-Invariant Feature Transform）特征，并根据两幅图像数据的 SIFT 特征匹配点计算图像的相似度，再结合时间差和地理距离，采用判定树方法判定图像是否重复。PhotoCity[59] 通过群智感知收集建筑物照片，用于城市 3D 建模，它通过向数据提供者实时可视化地呈现已收集到的数据来促进数据提供者对感知对象的多角度覆盖。除了图像数据之外，其他类型的群智数据同样需要进行数据优选。如 MoVieUp[60] 提出一系列摄影采集规则来实现对群智视频数据的融合和集成。CrwodMap[61] 利用群体轨迹数据来构建室内地图，通过挖掘用户访问模式来过滤异常数据。Koutsopoulos[62] 等人针对数值类感知任务（如空气污染），通过计算时空约束下群体用户贡献数据的均值来解决数据的不一致问题。

现有针对群智感知数据的冗余数据优选工作多通过汇聚到云端后进行选择，传输成本较高，如何结合新型群智感知网络的云－边－端网络结构，在边端汇聚过程中实现冗余数据的发现和优选以降低传输代价是值得探索的方向。

在群智感知网络环境下，数据往往需通过终端或边缘设备的机会式协作构成"边端协同"网络进行优质的数据移交。移交通常采用"携带－连接－复制"的方式，在终端相遇时互相复制对方的数据以提高数据移交效率，但同时也存在存储空间需求高、数据交换成本高等问题。由于群智感知的分布式、自发式采集特点，该方式会产生大量冗余和低质数据。为提高感知数据的移交效率，在"边－端"交互过程中引入了数据选择策略，形成了"携带－连接－选择－复制"移交方式。在数据表示层面，为实现高效冗余数据发现，可根据感知任务的多维约束采用分层约束树等模型对终端携带数据进行结构化表示。在数据优选层面，在终端间或边缘节点与终端节点交互时提出基于树融合的优选方法，交换双方树结构进行数据冗余判定和数据优选。

1. 分层约束树构建

很多群智感知数据类型（如照片、视频等）除数据内容信息外，还具有丰富的语义信息，这为冗余数据的准确发现带来了挑战。如两张照片虽然拍摄内容类似，但如果拍摄时间、角度或距离不同则可以代表感知对象不同侧面的语义信息（如白天/晚上、正面/侧面、远景/近景）。因此，针对具体的感知任务，除了考虑内容上的冗余之外，还需要考虑语义层面的冗余。而不同感知任务具有不同的数据冗余定义，可以通过时间、地点、角度、距离等任务约束或特征来刻画和度量。针对某个感知任务，可采用布尔函数融合其多维特征以表示两个感知数据间的语义相似度，如以下公式所示：

$$S(P_i, P_j) = \bigwedge_{k=1}^{n} \mathrm{dis}_k(p_{i,k}, p_{j,k}) \leqslant c_k \tag{5-6}$$

其中 P_i 和 P_j 表示两个数据，共有 n 个特征，$p_{i,k}$ 指 P_i 的第 k 个特征，c_k 指数据第 k 个特征的相似度阈值，c_k 在任务约束中定义。当所有的特征计算结果都为"真"时，两个数据语义相似关系成立。函数 dis_k 由第 k 个特征决定，如果该特征表示距离（如位置、角度、时间等），则选择使用欧氏距离、曼哈顿距离等表示；如果该特征代表图像内容，可选择使用 SIFT、颜色直方图等图像相似度计算公式。

将终端携带的数据采用"分层约束树"结构进行结构化表示。其基本构造如图 5.18 所示，树的每一层非叶子节点表示任务特征约束（如时间、地点等），叶子节点表示数据。每一层根据不同的约束阈值可以形成不同的分支。某层分支涵盖的数据代表该层以上汇聚的结果。不同的分层特征选择策略对树的计算效率会有影响，可进一步研究数据特征约束、分层选择、树结构以及计算效率之间的关系，形成优化的树生成策略以提高冗余发现效率。

2. 基于树融合的数据优选

在对每个终端数据进行结构化表示后，可通过"边端协同"方式进行冗余发现与数据优选。如图 5.18 所示，当终端（如 N_1 和 N_2）或者终端与边缘设备相遇时，不直接交换数据，而是先移交双方的树结构并进行自顶向下的融合（嫁接、剪枝和替换），在语义层面发现双方冗余或缺失的数据。针对语义缺失数据（如 N_1 有而 N_2 没有的分支）进行分支"嫁接"；针对语义冗余数据则根据多维情境判别双方数据质量，可从可信度、准确性、清晰度等不同方面进行评估，利用高质量数据来替换对方的低质量数据。结合面向质量可信的协同采集机制中的信誉机制和激励机制对数据的可信度和准确性等进行评估，如通过分组多个数据融合可以发现聚类中心，离中心近的数据一般具有较高的质量。另外，针对多媒体感知数据，采用内容分析的方法来进行清晰度判断计算代价过高，因此提出了基于多维交互情境的质量评估方法，综合利用感知中获取的光照、抖动、目标距离、拍摄角度等交互情境信息进行数据选择。

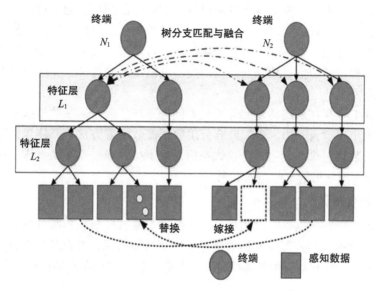

图 5.18　基于分层约束树融合的节点间数据移交

当数据流逐渐增长时，描述当前数据集的树会非常庞大，边 – 端间树融合将变得非常缓慢，故需研究如何对树进行剪枝以提高融合效率并优化存储成本。根据感知任务约束，如果一个树节点的所有子节点覆盖了所有属性值组合的数据，那么以这个树节点起始的分支被称为"饱和"分支，"饱和"分支不再接受任何新数据。另外，根据数据的 TTL（Time-To-Live），可判断分支是否已过期。因此，可以首先将"饱和"或者"过期"的分支剪除。

5.3.3　数据高效汇聚

如何在资源受限、网络动态变化、数据提供者不确定性高的环境下实现数据的高效汇聚一直是群智感知的重要研究内容。由于移动终端的续航能力有限，且结构复杂的数据质量评估算法需要消耗大量的计算资源，因此大多数群智感知应用都避免让终端设备承载过多的计算任务，而是将数据在云端进行汇聚，这就是典型的"端 – 云"汇聚策略。例如GarbageWatch[63] 招募校园志愿者进行垃圾检测，Google Waze[64]、SeeClickFix[65] 让市民上报交通状况和市政问题时都直接采用了"端 – 云"汇聚策略。"端 – 云"汇聚一般采用两种数据处理模式：一是完全基于云进行处理；二是在终端设备上完成一些轻量级处理任务。在这两种模式下，计算和通信资源的可伸缩性仍然是一个巨大的挑战，比如在城市大规模群智任务背景下会面临终端计算能力受限、云 – 端通信量大幅增长以及任务服务质量的实时性难以保障等问题。

边缘计算为群智感知数据汇聚提供了新的途径，使得具有云 – 边 – 端网络结构特征的新型群智感知网络获得了发展机遇。如 Basudan[66] 等提出基于边缘设备的"汽车 – 人群"感知网络，通过引入边缘设备来临时存储和处理由端设备观测到的数据，提高了群智网络性能。NeuroSurgeon[67] 则探索了深度学习模型的有效分割问题，通过边缘端增强来降低终端的计算成本，这为群智感知网络数据的高效汇聚提供了新思路。另外，传统的端 – 云群智感知数据汇聚还存在弹性不够、能耗较高问题。目前基于云 – 边 – 端的群智感知数据汇聚工作还很少，利用新型群智感知网络云 – 边 – 端网络结构特征，实现跨层融合汇聚具有十分重要的价值。

为解决数据汇聚存在的高传输和计算成本问题，在"云 – 端"数据移交基础上引入边缘计算模式，提出了"云 – 边 – 端"融合分层数据高效汇聚方法，具体包括终端计算代价评估、边端协同数据汇聚和云边端分层式数据汇聚策略。通过端本地处理、边端协同和云边协同三个层面实现数据的分层高效汇聚。

1. 终端计算代价评估

在终端设备上进行数据采集过程中，对数据进行建模分析，预测处理其可能会消耗的计算资源，为后期的数据处理模式提供选择依据。具体来说，结合终端设备的资源状态基于递归神经网络预测群智数据的计算代价，判断群智数据能否在终端完成数据质量的评估，如以下公式所示：

$$P(y_t) = \text{RNN}(X_t, S_{t-1}, E_{t-1}) \tag{5-7}$$

其中，X_t 表示当前采集到的多模态数据量，S_{t-1} 表示上一时刻的硬件资源状态，E_{t-1} 表示上一时刻的资源消耗，$P(y_t)$ 表示当前时刻可能产生的计算资源消耗。

对采集的数据基于随机森林模型进行传输代价的预测，对于不能在终端完成的质量评估的数据，考虑数据传输代价，决定最终的数据融合策略，如以下公式所示：

$$H(x) = \frac{1}{T} \sum_{i=1}^{T} w_i h_i(x) \tag{5-8}$$

其中，x 是采集到的数据，T 是学习器的个数，h_i 是个体学习器，w_i 是个体学习器的权重，通常 $w_i \geq 0$、$\sum_{i=1}^{T} w_i = 1$。采集到的多模数据与可能产生的传输代价作为数据对输入随机森林模型中，用于训练模型。在模型训练完成后，将采集到的数据输入模型，完成传输代价预估计算。

2. 边端协同数据汇聚

在终端设备的计算能力不足以支撑运行整个数据质量评估模型时，通过模型分割的方法将质量评估模型的部分深度学习计算模块卸载到边缘设备上。具体来说，将数据传输计算代价评估作为约束条件，设定一个计算代价阈值，当数据在终端设备上进行计算的代价超过这一阈值时，将启动模型分割模型。以降低模型在终端设备上的计算资源的消耗为目标，设定模型的奖励和动作策略空间，基于强化学习算法进行模型最佳分割点的选择，如以下公式所示：

$$v(s_t) = E_\pi(R_{t+1} + \gamma v(s_{t+1})) \tag{5-9}$$

$$q(s_t, a_t) = E_\pi(R_{t+1} + \gamma q(s_{t+1})) \tag{5-10}$$

$v(s_t)$ 是状态价值函数，描述了在状态 s_t 采取策略 π 的价值，R_{t+1} 为离开当前状态获得的奖励回报，γ 为折扣因子。$q(s_t, a_t)$ 是采取策略 π 的情况下在状态 s_t 采取动作 a_t 的价值。将数据质量评估模型进行分割后，分别部署到边、端不同设备上以完成分布式的质量评估计算。数据在终端设备和边缘设备共同完成数据质量的推断过程，实现边端分割式质量评估。

3. 云边端分层式数据汇聚

在数据汇聚的不同层级，需要选择不同的汇聚策略进行高效的数据萃取汇聚，具体分为边端侧汇聚和云边侧汇聚两个部分。在边端侧进行汇聚时，需要综合根据终端设备能力、网络通信环境、任务需求等动态情境自适应地选择端数据质量评估或边端协同数据质量评估策略。在边端协同数据质量评估中，提出融合终端模型压缩和边端模型分割的方法，能进一步降低端处理负担和减少通信延迟。最终，由端设备和边设备共同完成数据的质量评估及处理任务，通过边端协同减少低质量数据的传输汇聚。

在云边侧进行汇聚时，需要通过云边协同实现面向感知任务需求的数据语义覆盖评估与萃取汇聚。根据感知服务需求构建云边侧"分层约束树"来发现不同边缘设备汇聚数据中的冗余，并对感知语义覆盖情况进行评估。评估结果将通过感知任务反馈给各个终端，采取权重优先激励机制来促进未覆盖维度感知数据的获取。此外，在汇聚过程中还会出现数据不一致等问题，结合终端可信度、设备状态、群体数据分布等信息，提出基于贝叶斯投票策略的数据汇聚。

5.4　人机物协作群智感知的应用

近年来，群智感知在不断改变城市 / 社会管理及运行的方式，并且已经逐渐融入城市管理、公共安全、智能交通等多个领域。

在**城市管理**方面，当无线传感器设备遍布整个城市空间及城市居民身上时，就可以利用收集的大规模数据解决一些日益严重的城市问题。SeeClickFix[65] 和 PublicSense[68] 通过市民参与，利用其携带的智能移动终端实现对城市市政问题（道路塌陷、井盖丢失、路灯不亮）、环境卫生问题的及时发现与报告，提高了城市精细化管理的效率和质量。微软亚洲研究院通过城市跨空间数据优化城市规划 [69]，并实现对 PM2.5 的细粒度预测 [70]。

在**公共安全**方面，利用信息和物理空间的多种信息源，可以对影响公民安全的事件（如恐怖袭击、自然灾难等）进行预警或及时响应。InstantSense[71] 通过群体参与实现对城市热点和敏感事件的实时感知与多侧面在线呈现。美国警方使用多源感知数据对历史性逮捕模式、发薪日、体育项目、降雨天气和假日等变量进行分析，结合大规模历史犯罪记录对犯罪行为进行预测，实现了警力的优化配置，并大幅降低了犯罪率。

在**智能交通**方面，美国麻省理工学院的"实时罗马"[72]项目，利用从罗马市内收集的移动电话、公交车及出租车信息，分析城市热点地区的动态变化规律。 Google Waze 允许驾驶员及时报告道路交通状况（交通事故、拥堵）和周边信息（加油站打折信息），实现城市实时交通的动态共享。TripPlanner[73]通过融合基于位置社交网络数据和城市出租车轨迹数据，实现个性化的旅游路线推荐。

除了这些传统的群智感知应用以外，人机物协作群智感知由于人－机－物协作的感知方式和云－边－端融合的数据汇聚方法将具有更广泛的应用场景。

在**智能家居**中 [74]，物联网终端传感器作为感知节点感知周围环境（如温度、湿度传感器等），同时用户及其所携带的移动设备（如智能手机、手环等）也可作为感知节点收集与用户密切相关的细粒度数据，如睡眠质量、移动轨迹等，实现了人与人、人与物、物与物等的互联互通，由此导致数据量呈现爆发式增长。在此背景下，云－边－端融合计算模式的出现和应用能有效提高智能家居系统的计算效率。

在**智能制造**中 [75]，针对用户机器等异构智能体协作组织、工业流数据实时分析、边缘侧智能计算、分布式实时控制等工业互联网智能制造典型应用场景，充分利用物联网终端的嵌入式计算能力，与云计算相结合，通过云端的交互协作，实现系统整体的智能化。

在**车联网**系统中 [76-77]，车联网业务对时延的需求非常苛刻，边缘计算可以为故障检测、防碰撞、编队等自动/辅助驾驶业务提供毫秒级的时延保证，同时可以在基站本地提供算力，以支撑高精度地图的相关数据处理和分析，更好地支持视线盲区的预警业务。

下面以智慧城市中的安全救援为例介绍人机物协作群智感知的典型应用。

灾难救援对维护公共安全和人民生命财产安全具有重要意义，可通过人机物融合提高救援效率。Chatziparaschis 等人 [78]研究了一种**地面机器人与无人机**协作的灾难救援方法，其整体框架如图 5.19 所示。首先，无人机通过多立体摄像机系统提取深度信息，然后使用树映射方法构建 3D 环境的表示特征。然后，它基于激光测距数据构建 2D 地图，同时利用 SLAM 方法来估计所生成地图中的无人机姿态。在获取当前环境的表示之后，将该表示传递给地面机器人。同时，无人机开始感知地面机器人的位置。在识别地面机器人后，无人机可以通过检测安装在其头部的增强现实（AR）标记并参考地面机器人相对于自身的位置，来计算地面机器人在地图框中的姿态。此外，无人机还可以将激光雷达空间数据转换为最新获取的地面机器人位置。经过这种转换，地面机器人可以通过无人机视觉系统感知世界。最后，地面机器人使用路径计划器来获得地图上任何所需目标位置的无障碍路径。在探索某区域时，将使用深度神经网络方法进行人体检测。一旦检测到人员信号就及时通知救援人员参与救援。以上方法充分利用异构群智能体的差异化能力来协作完成复杂任务，在其他领域也具有广泛的应用前景。

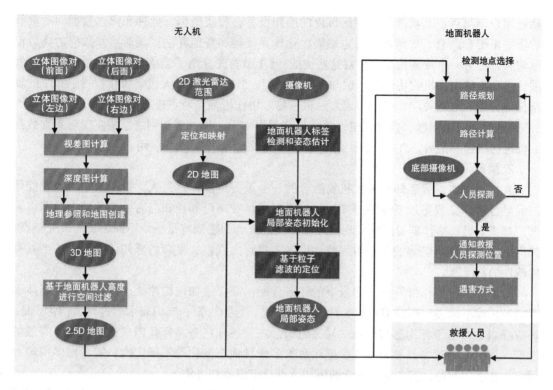

图 5.19　异构多智能体协作感知

5.5　本章总结和展望

1. 总结

近年来，一些新兴前沿技术（如智能物联网、边缘计算）的加速发展与交叉融合催生出新一代群智感知需求，即人机物协作群智感知。人机物协作群智感知将人 – 机 – 物异构群智能体作为感知节点，通过融合人类智能，提升传统基于机器设备的感知能力，实现人机物的优势互补，从而提高感知的效能。针对人机物协作群智感知中异构群智能体的协作和融合，如何利用感知设备的协作性、感知能力的差异性、计算资源的互补性实现更加全面、及时的感知，并从感知数据中获取可靠、有效的感知信息是人机物协作群智感知中需要解决的主要问题。

人机物协作群智感知通过人（如智能手机、可穿戴设备等）、机（如云设备 / 边缘设备）、物（如具感知计算能力的物理实体）异构群智能体收集相关感知数据，通过融合不同来源的数据提高数据感知质量。如何基于不同群智能体的感知能力特点进行复杂任务分配，实现多种感知节点的协作增强和对环境进行多侧面、多维度感知是一个重要的挑战。人机物协作群智感知在云计算的基础上通过引入边缘处理资源实现群智感知服务，形成云 – 边 – 端融合架构，匹配大规模和复杂的感知任务需求。边缘计算部分处于物理传感设备和云之间，靠近用户端附近,其功能是管理区域内的感知设备、收集数据、处理和筛选数据同时进行数据的汇聚和融合。如何利用云边端层次化计算架构和智能算法实现对感知数据的高效汇聚与融合是另一个重要挑战。针对这些挑战,5.1 节首先介绍了当前背景下的群智感知新发展,进一步给出人机物协作群智感知的概念框架。5.2 节介绍了人机物协作群智感知中的复杂任务分配,重点关注如何利用"人-机-物"协作增强新特点进行复杂任务的优化组合。5.3 节介绍了云边端融合数据汇聚,关注如何利用"云-边-端"网络结构实现对感知数据的优选与融合。最后,5.4 节介绍了人机物协作群智感知中的典型应用。

2. 展望

人机物协作群智感知作为人机物融合的一个重要应用,通过人、机、物异构群智能体三元融合协作完成更加复杂的感知任务,以提供具有高可靠性和高有效性的感知数据。未来,基于人机物协作群智感知实现对环境深度且全面的感知将是一个不断增长的研究热点,如何结合异构群智能体的互补增强特性以高效执行大规模、复杂的感知任务仍是一个具有挑战性的新问题。

对于人机物协作群智感知背景下的任务分配,需探索如何构建统一的异构群智能体表示模型,对不同类型感知节点的关联、组织模式、行为决策、知识表示等进行结构化表征。还应探索如何基于异构感知节点的动态组织形式与感知任务多样化需求进行快速、高效的匹配。同时,针对场景复杂多变、感知对象多样且动态变化等不确定性,需考虑多情境自适应协作感知问题,实现动态灵活的感知节点自组织感知方法。

数据收集和汇聚是群智感知系统的核心,数据集的质量很大程度上决定了群智感知系统的性能。在数据方面,应该通过合理的任务分配保证充足的数据源,充分利用云边端融合的网络结构特征,对数据进行优选和汇聚。在方法方面,结合传统数据优选和深度学习等模型,对数据质量进行评估,实现数据的优选和汇聚,提高数据优选的质量和效率。

习题

1. 简述人机物协作群智感知相对传统群智感知的特点和优势。
2. 总结人机物协作群智感知系统框架中不同模块的作用,并结合具体应用场景模拟感知系统解决具体任务的流程。
3. 基于本章给出的人机物协作群智感知通用任务分配模型,结合研究问题定义具体的任务分配模型。
4. 简述不同类型人机物协作任务分配方法适合的应用场景。
5. 结合 5.2.3 节中异构感知节点的任务分配方法,试基于深度强化学习框架对异构智能体交互进行建模并进行任务分配。
6. 简述如何利用"云-边-端"网络结构实现对感知数据的优选与融合。
7. 模拟冗余数据集,试实现基于树融合的数据优选方法,进行冗余判定和数据优选。
8. 基于 5.4 节给出的人机物协作群智感知应用,分析人机物协作群智感知可解决的其他实际的城市问题。

参考文献

[1]　刘云浩. 群智感知计算 [J]. 中国计算机学会通讯，2012, 8(10)：38-41.

[2]　GUO B, YU Z, ZHOU X, et al. From participatory sensing to mobile crowd sensing[C]// 2014 IEEE International Conference on Pervasive Computing and Communication Workshops (PERCOM WORKSHOPS). IEEE, 2014：593-598.

[3]　BURKE J A, ESTRIN D, HANSEN M, et al. Participatory sensing[C]. Workshop on World-Sensor-Web: Mobile Device Centric Sensor Networks and Applicotion, 2006.

[4]　LAZER D, PENTLAND A S, ADAMIC L, et al. Life in the network: the coming age of computational social science[J]. Science, 2009, 323(5915)：721.

[5]　GUO B, WANG Z, YU Z, et al. Mobile crowd sensing and computing: the review of an emerging human-powered sensing paradigm[J]. ACM Computing Surveys (CSUR), 2015, 48(1)：1-31.

[6]　ZHOU P, ZHENG Y, LI M. How long to wait? Predicting bus arrival time with mobile phone based participatory sensing[C]// Proceedings of the 10th International Conference on Mobile Systems, Applications, and Services. 2012：379-392.

[7]　LEE R, WAKAMIYA S, SUMIYA K. Discovery of unusual regional social activities using geo-tagged microblogs[J]. World Wide Web, 2011, 14(4)：321-349.

[8]　LIU L, LIU W, ZHENG Y, et al. Third-eye: a mobilephone-enabled crowdsensing system for air quality monitoring[J]. Proceedings of the ACM on Interactive, Mobile, Wearable and Ubiquitous Technologies, 2018, 2(1)：1-26.

[9]　GUO B, CHEN H, YU Z, et al. FlierMeet: a mobile crowdsensing system for cross-space public information reposting, tagging, and sharing[J]. IEEE Transactions on Mobile Computing, 2014, 14(10)：2020-2033.

[10]　LIU Y, GUO B, WANG Y, et al. TaskMe: multi-task allocation in mobile crowd sensing[C]// Proceedings of the 2016 ACM International Joint Conference on Pervasive and Ubiquitous Computing. 2016：403-414.

[11]　GUO B, CHEN H, HAN Q, et al. Worker-contributed data utility measurement for visual crowdsensing systems[J]. IEEE Transactions on Mobile Computing, 2016, 16(8)：2379-2391.

[12]　GUO B, CHEN H, YU Z, et al. TaskMe: toward a dynamic and quality-enhanced incentive mechanism for mobile crowd sensing[J]. International Journal of Human-Computer Studies, 2017, 102：14-26.

[13]　HU Y C, PATEL M, SABELLA D, et al. Mobile edge computing—a key technology towards 5G[J]. ETSI White Paper, 2015, 11(11)：1-16.

[14]　MAO Y, YOU C, ZHANG J, et al. A survey on mobile edge computing: the communication perspective[J]. IEEE Communications Surveys & Tutorials, 2017, 19(4)：2322-2358.

[15]　REDDY S, ESTRIN D, SRIVASTAVA M. Recruitment framework for participatory sensing data collections[C]// International Conference on Pervasive Computing. Berlin:Springer, 2010：138-155.

[16]　CARDONE G, FOSCHINI L, BELLAVISTA P, et al. Fostering participaction in smart cities: a geo-social crowdsensing platform[J]. IEEE Communications Magazine, 2013, 51(6)：112-119.

[17] ZHANG D, XIONG H, WANG L, et al. Crowdrecruiter: selecting participants for piggyback crowdsensing under probabilistic coverage constraint[C]// Proceedings of the 2014 ACM International Joint Conference on Pervasive and Ubiquitous Computing, 2014: 703-714.

[18] TUNCAY G S, BENINCASA G, HELMY A. Autonomous and distributed recruitment and data collection framework for opportunistic sensing[C]// Proceedings of the 18th Annual International Conference on Mobile Computing and Networking, 2012: 407-410.

[19] HE S, SHIN D H, ZHANG J, et al. Toward optimal allocation of location dependent tasks in crowdsensing[C]// IEEE INFOCOM 2014-IEEE Conference on Computer Communications. IEEE, 2014: 745-753.

[20] CHEUNG M H, SOUTHWELL R, HOU F, et al. Distributed time-sensitive task selection in mobile crowdsensing[C]// Proceedings of the 16th ACM International Symposium on Mobile Ad Hoc Networking and Computing, 2015: 157-166.

[21] TONG Y, SHE J, DING B, et al. Online mobile micro-task allocation in spatial crowdsourcing[C]// 2016 IEEE 32Nd International Conference on Data Engineering (ICDE). IEEE, 2016: 49-60.

[22] HAN K, ZHANG C, LUO J, et al. Truthful scheduling mechanisms for powering mobile crowdsensing[J]. IEEE Transactions on Computers, 2015, 65(1): 294-307.

[23] PU L, CHEN X, XU J, et al. Crowdlet: Optimal worker recruitment for self-organized mobile crowdsourcing[C]// IEEE INFOCOM 2016-The 35th Annual IEEE International Conference on Computer Communications. IEEE, 2016: 1-9.

[24] JOKI A, BURKE J A, ESTRIN D. Campaignr: a framework for participatory data collection on mobile phones[J]. Center for Embeded Network Sensing, 2007.

[25] RA M R, LIU B, LA PORTA T F, et al. Medusa: a programming framework for crowd-sensing applications[C]// Proceedings of the 10th International Conference on Mobile Systems, Applications, and Services, 2012: 337-350.

[26] XIAO M, WU J, HUANG L, et al. Multi-task assignment for crowdsensing in mobile social networks[C]// 2015 IEEE Conference on Computer Communications (INFOCOM). IEEE, 2015: 2227-2235.

[27] SONG Z, LIU C H, WU J, et al. QoI-aware multitask-oriented dynamic participant selection with budget constraints[J]. IEEE Transactions on Vehicular Technology, 2014, 63(9): 4618-4632.

[28] GUO B, LIU Y, WU W, et al. Activecrowd: a framework for optimized multitask allocation in mobile crowdsensing systems[J]. IEEE Transactions on Human-Machine Systems, 2016, 47(3): 392-403.

[29] LI H, LI T, WANG Y. Dynamic participant recruitment of mobile crowd sensing for heterogeneous sensing tasks[C]// 2015 IEEE 12th International Conference on Mobile Ad Hoc and Sensor Systems. IEEE, 2015: 136-144.

[30] XIAO M, WU J, HUANG H, et al. Deadline-sensitive user recruitment for mobile crowdsensing with probabilistic collaboration[C]// 2016 IEEE 24th International Conference on Network Protocols (ICNP). IEEE, 2016: 1-10.

[31] WANG J, WANG Y, ZHANG D, et al. PSAllocator: multi-task allocation for participatory sensing with sensing capability constraints[C]// Proceedings of the 2017 ACM Conference on Computer Supported Cooperative Work and Social Computing, 2017: 1139-1151.

[32] LANE N D, CHON Y, ZHOU L, et al. Piggyback crowdsensing (pcs) energy efficient crowdsourcing of mobile sensor data by exploiting smartphone app opportunities[C]// Proceedings of the 11th

ACM Conference on Embedded Networked Sensor Systems, 2013: 1-14.

[33] WANG L, ZHANG D, XIONG H. EffSense: Energy-efficient and cost-effective data uploading in mobile crowdsensing[C]// Proceedings of the 2013 ACM Conference on Pervasive and Ubiquitous Computing Adjunct Publication, 2013: 1075-1086.

[34] XIONG H, ZHANG D, WANG L, et al. EEMC: enabling energy-efficient mobile crowdsensing with anonymous participants[J]. ACM Transactions on Intelligent Systems and Technology (TIST), 2015, 6(3): 1-26.

[35] XIONG H, ZHANG D, CHEN G, et al. iCrowd: near-optimal task allocation for piggyback crowdsensing[J]. IEEE Transactions on Mobile Computing, 2015, 15(8): 2010-2022.

[36] DONOHO D L. Compressed sensing[J]. IEEE Transactions on Information theory, 2006, 52(4): 1289-1306.

[37] XU L, HAO X, LANE N D, et al. More with less: lowering user burden in mobile crowdsourcing through compressive sensing[C]// Proceedings of the 2015 ACM International Joint Conference on Pervasive and Ubiquitous Computing, 2015: 659-670.

[38] WANG L, ZHANG D, PATHAK A, et al. CCS-TA: Quality-guaranteed online task allocation in compressive crowdsensing[C]// Proceedings of the 2015 ACM International Joint Conference on Pervasive and Ubiquitous Computing, 2015: 683-694.

[39] XIAO M, WU J, HUANG L, et al. Online task assignment for crowdsensing in predictable mobile social networks[J]. IEEE Transactions on Mobile Computing, 2016, 16(8): 2306-2320.

[40] WANG L, ZHANG D, XIONG H, et al. EcoSense: minimize participants' total 3G data cost in mobile crowdsensing using opportunistic relays[J]. IEEE Transactions on Systems, Man, and Cybernetics: Systems, 2016, 47(6): 965-978.

[41] SONG Z, LIU C H, WU J, et al. QoI-aware multitask-oriented dynamic participant selection with budget constraints[J]. IEEE Transactions on Vehicular Technology, 2014, 63(9): 4618-4632.

[42] KAZEMI L, SHAHABI C, CHEN L. Geotrucrowd: trustworthy query answering with spatial crowdsourcing[C]// Proceedings of the 21st Acm Sigspatial International Conference on Advances in Geographic Information systems, 2013: 314-323.

[43] KAWAJIRI R, SHIMOSAKA M, KASHIMA H. Steered crowdsensing: Incentive design towards quality-oriented place-centric crowdsensing[C]// Proceedings of the 2014 ACM International Joint Conference on Pervasive and Ubiquitous Computing, 2014: 691-701.

[44] MCARTHUR S D J, DAVIDSON E M, CATTERSON V M, et al. Multi-agent systems for power engineering applications—Part I: Concepts, approaches, and technical challenges[J]. IEEE Transactions on Power systems, 2007, 22(4): 1743-1752.

[45] NOURBAKHSH I R, SYCARA K, KOES M, et al. Human-robot teaming for search and rescue[J]. IEEE Pervasive Computing, 2005, 4(1): 72-79.

[46] KIENER J, VON STRYK O. Cooperation of heterogeneous, autonomous robots: a case study of humanoid and wheeled robots[C]//2007 IEEE/RSJ International Conference on Intelligent Robots and Systems. IEEE, 2007: 959-964.

[47] ZHENG Y J, DU Y C, LING H F, et al. Evolutionary collaborative human-UAV search for escaped criminals[J]. IEEE Transactions on Evolutionary Computation, 2019, 24(2): 217-231.

[48] ZHENG Y J, DU Y C, SU Z L, et al. Evolutionary human-UAV cooperation for transmission network restoration[J]. IEEE Transactions on Industrial Informatics, 2020, 17(3)：1648-1657.

[49] CHEN C, LIU Y, KREISS S, et al. Crowd-robot interaction: Crowd-aware robot navigation with attention-based deep reinforcement learning[C]// 2019 International Conference on Robotics and Automation (ICRA). IEEE, 2019：6015-6022.

[50] LIU H, FANG T, ZHOU T, et al. Deep learning-based multimodal control interface for human-robot collaboration[J]. Procedia CIRP, 2018, 72：3-8.

[51] UDDIN M Y S, WANG H, SAREMI F, et al. Photonet: a similarity-aware picture delivery service for situation awareness[C]// 2011 IEEE 32nd Real-Time Systems Symposium. IEEE, 2011：317-326.

[52] WU Y, WANG Y, HU W, et al. Resource-aware photo crowdsourcing through disruption tolerant networks[C]// 2016 IEEE 36th International Conference on Distributed Computing Systems (ICDCS). IEEE, 2016：374-383.

[53] LIU S, LIN Y, ZHOU Z, et al. On-demand deep model compression for mobile devices: A usage-driven model selection framework[C]// Proceedings of the 16th Annual International Conference on Mobile Systems, Applications, and Services, 2018：389-400.

[54] YAO S, ZHAO Y, ZHANG A, et al. Deepiot: compressing deep neural network structures for sensing systems with a compressor-critic framework[C]// Proceedings of the 15th ACM Conference on Embedded Network Sensor Systems, 2017：1-14.

[55] VAN LEUKEN R H, GARCIA L, OLIVARES X, et al. Visual diversification of image search results[C]// Proceedings of the 18th International Conference on World Wide Web, 2009：341-350.

[56] SONG K, TIAN Y, GAO W, et al. Diversifying the image retrieval results[C]// Proceedings of the 14th ACM International Conference on Multimedia, 2006：707-710.

[57] DONG J, XIAO Y, NOREIKIS M, et al. iMoon: using smartphones for image-based indoor navigation[C]// Proceedings of the 13th ACM Conference on Embedded Networked Sensor Systems, 2015：85-97.

[58] JIANG Y, Xu X, TERLECKY P, et al. MediaScope: selective on-demand media retrieval from mobile devices[C]// 2013 ACM/IEEE International Conference on Information Processing in Sensor Networks (IPSN). IEEE, 2013：289-300.

[59] TUITE K, SNAVELY N, HSIAO D, et al. PhotoCity: training experts at large-scale image acquisition through a competitive game[C]// Proceedings of the SIGCHI Conference on Human Factors in Computing Systems, 2011：1383-1392.

[60] WU Y, MEI T, XU Y Q, et al. MoVieUp: automatic mobile video mashup[J]. IEEE Transactions on Circuits and Systems for Video Technology, 2015, 25(12)：1941-1954.

[61] ZHENG Y, SHEN G, LI L, et al. Travi-navi: self-deployable indoor navigation system[J]. IEEE/ACM Transactions on Networking, 2017, 25(5)：2655-2669.

[62] KOUTSOPOULOS I. Optimal incentive-driven design of participatory sensing systems[C]// 2013 Proceedings IEEE INFOCOM. IEEE, 2013：1402-1410.

[63] REDDY S, ESTRIN D, HANSEN M, et al. Examining micro-payments for participatory sensing data collections[C]// Proceedings of the 12th ACM International Conference on Ubiquitous computing, 2010：33-36.

[64] Waze Mobile. Driving Directions, Traffic Reports & Carpool Rideshares by Waze[CP/OL]. (2021-11-16)[2021-12-15]. https://www.waze.com.

[65] SeeClickFix.SeeClickFix | 311 Request and Work Management Software[CP/OL]. (2012-12-10) [2021-12-15]. https://seeclickfix.com/.

[66] BASUDAN S, LIN X, SANKARANARAYANAN K. A privacy-preserving vehicular crowdsensing-based road surface condition monitoring system using fog computing[J]. IEEE Internet of Things Journal, 2017, 4(3)：772-782.

[67] KANG Y, HAUSWALD J, GAO C, et al. Neurosurgeon: collaborative intelligence between the cloud and mobile edge[J]. ACM SIGARCH Computer Architecture News, 2017, 45(1)：615-629.

[68] ZHANG J, GUO B, CHEN H, et al. PublicSense: Refined urban sensing and public facility management with crowdsourced data[C]// 2015 IEEE 12th Intl Conf on Ubiquitous Intelligence and Computing and 2015 IEEE 12th Intl Conf on Autonomic and Trusted Computing and 2015 IEEE 15th Intl Conf on Scalable Computing and Communications and Its Associated Workshops (UIC-ATC-ScalCom). IEEE, 2015：1407-1412.

[69] ZHENG Y, LIU Y, YUAN J, et al. Urban computing with taxicabs[C]// Proceedings of the 13th International Conference on Ubiquitous Computing. 2011：89-98.

[70] ZHENG Y, LIU F, HSIEH H P. U-air: When urban air quality inference meets big data[C]// Proceedings of the 19th ACM SIGKDD International Conference on Knowledge Discovery and Data mining. 2013：1436-1444.

[71] CHEN H, GUO B, YU Z, et al. Toward real-time and cooperative mobile visual sensing and sharing[C]// IEEE INFOCOM 2016-The 35th Annual IEEE International Conference on Computer Communications. IEEE, 2016：1-9.

[72] ROJAS F, CALABRESE F, KRISHNAN S, et al. Real time rome[C]// Networks and Communications Studies. 2006.

[73] CHEN C, ZHANG D, GUO B, et al. TripPlanner: personalized trip planning leveraging heterogeneous crowdsourced digital footprints[J]. IEEE Transactions on Intelligent Transportation Systems, 2014, 16(3)：1259-1273.

[74] ZHANG X, WANG Y, CHAO L, et al. IEHouse: a non-intrusive household appliance state recognition system[C]// 2017 IEEE International Conference on Ubiquitous Intelligence & Computing(UIC'17)0. IEEE, 2017：1-8.

[75] JIANG C, WAN J F, ABBAS H. An edge computing node deployment method based on improved k-means clustering algorithm for smart manufacturing[J]. IEEE Systems Journal, 2021, 15(2): 2230-2240.

[76] ZHANG X, QIAO M, LIU L, et al. Collaborative cloud-edge computation for personalized driving behavior modeling[C]// Proceedings of the 4th ACM/IEEE Symposium on Edge Computing. 2019：209-221.

[77] LU S, YAO Y, SHI W. Collaborative learning on the edges: a case study on connected vehicles[C]// 2nd {USENIX} Workshop on Hot Topics in Edge Computing (HotEdge 19). 2019.

[78] CHATZIPARASCHIS D, LAGOUDAKIS M G, PARTSINEVELOS P. Aerial and Ground Robot Collaboration for Autonomous Mapping in Search and Rescue Missions[J]. Drones, 2020, 4(4)：79.

多源异构群智数据融合

如第 5 章所述，物联网、边缘计算、工业互联网和人工智能等技术的发展推动了丰富多样的泛在感知与计算场景，其利用人机物异构智能体作为基本感知单元，通过智能物联网和移动互联网等进行连接和协作，从而完成大规模的感知计算任务。因此，**人机物群智数据**通常具有多源异构的特性。在此背景下，人机物融合的多源异构群智数据融合成为人机物融合群智感知计算中的关键一环。其中，群智数据融合是一种从人机物群智数据出发，衡量和利用群体行为的聚集效应，并利用计算技术分析和理解群体参与数据的学习方法。

人、机、物智能体跨社会、信息和物理三元空间／域共存，既存在域间差异，也存在域内差异。一方面，不同域的智能体在能力、行为等方面具有不同特质，例如，社会空间中的"人"对数据的感知具有主观、联想等特性，而物理域中具感知计算能力的物理实体和边缘设备则具有连续、多维等特性。另一方面，源于同一域的智能体同样存在显著差异。"人"具有不同的职责和权限，"机"具有不同的软硬件配置，"物"具有不同的感知精度和范围。因而，人机物群智数据具有鲜明的多源异构特性。

人机物群智数据的上述特性，使得传统数据融合计算理论与方法难以解决人机物智能体有机融合与高效协同带来的新问题和新需求，主要挑战表现在以下三个方面。

1）**异质性**。人机物贡献的数据通常来自人群、环境、互联网、具感知计算能力的物理实体等丰富异构的载体，涵盖文本、图像、位置、音／视频、环境感知信息等多模态异质内容。

2）**碎片化**。对于所关注的目标或者任务，不同智能体贡献的数据往往呈碎片化但相互关联。例如，人类参与的感知活动获得的数据往往不是连续的，社交网络中群体贡献的热点事件信息通常也以碎片化的方式出现，但这些数据之间存在多样化的语义关联，体现目标／任务的不同侧面。

3）**杂乱性**。人机物贡献的数据质量和可靠性参差不齐。一方面，部分智能体由于某种原因采集到的数据会存在不准确现象；另一方面，不同来源的数据之间存在冗余，例如，不同类型的智能体在特定维度采集到的数据会产生语义或内容的重叠。

针对群体贡献数据的杂乱性、碎片化和异质性带来的挑战，本章将详细介绍多源群智数据融合研究中应对这些挑战的方法，整体结构如图 6.1 所示。6.1 节主要介绍解决异质性的跨模态群智数据关联，包括跨模态数据介绍、跨模态群智数据表示、跨模态群智数据耦合关系学习，以及对应于这些技术的应用案例。6.2 节介绍解决碎片化问题的群智知识集聚与发现，并针对每种技术介绍相对应的研究实践案例。6.3 节介绍基于杂乱性数据的群智融合时空预测，分别从时间、空间以及时空的角度介绍了此类问题存在的挑战、最新技术研究以及相对应的实践案例。最后，6.4 节对群智数据的关联、聚合方法和应用预测进行总结，并面向多源群智数据融合研究的前景进行展望。

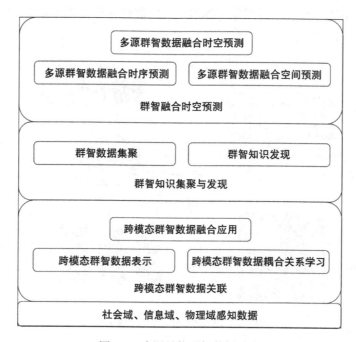

图 6.1　多源异构群智数据融合

6.1　跨模态群智数据关联

　　多源群智能体贡献的数据具有异质性特征，即体现为跨模态数据形式。由于单一模态的数据往往具有片面性，难以独立获得对一幅场景的全面描述，因此需要构建能够关联和融合跨模态数据的模型。

　　不同模态的群智数据因其描述形式不同，数据之间差别较大，往往很难直接将多种模态的数据直接进行关联。跨模态群智数据关联技术的提出，实现了不同模态数据之间的互补融合，能够联合学习多种模态数据的潜在耦合（Coupled）信息，进而有效地完成分类、识别、决策等智能分析目标。因此，本节对跨模态群智数据的数据表示、耦合关系学习、融合应用三个核心技术挑战进行探讨。

6.1.1　何为跨模态群智数据

　　数据的"模态"（Modal）代表数据的来源或者形式，同一对象或事件的描述信息通常以多种不同的模态出现。例如，社交网络热点事件中的语音、视频、文字等，城市公交的实时位置、行驶轨迹、客流量等。通过单一模态数据从某一特定的角度进行描述，通常有很大的局限性。如图 6.2 所示为一条网络媒体信息，其中同时包含文本和图像两种模态的数据。只依赖媒体文本或者图像中的某一种模态进行理解很难得出正确结果。文本中提到了"保时捷"，但由于文本存在歧义性，仅依赖自然语言处理技术很难识别出"保时捷"具体指汽车还是某品牌的手机；通过图像与标签、文本信息进行关联才能明确此网络媒体信息介绍的是华为的一款手机。

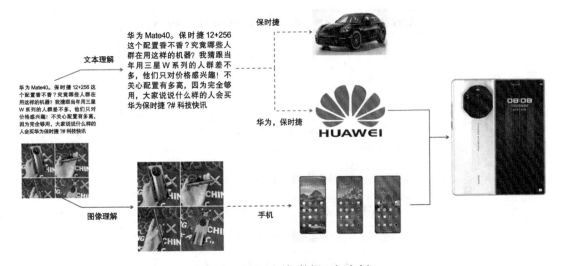

图 6.2　跨模态群智数据理解案例

在描述同一对象时，每个模态能为其余模态提供一定的辅助信息，即模态之间存在一定的关联性。如何利用此种特性，通过关联不同模态的数据实现信息互补成为跨模态问题的主要研究目标。"跨模态"（Cross-Modal）这一概念最早由 Cohen 等人[1]于 1999 年提出，但未涉及人机物融合群智计算领域所研究的范畴。21 世纪初，有学者提出[2]，人脑的认知过程是跨模态的，大脑通过一个复杂的神经模块来处理视觉、听觉信号，总结规律并进行认知。与此同时，计算机领域神经网络研究的逐渐成熟与深度机器学习的发展，为把人脑认知过程应用到跨模态问题中提供了重要基础。

在 2004 年的 ACM SIGKDD 会议上，Pan 等人[3]正式将"跨模态"的概念引入计算机领域，并以此为起点开始了物联网中跨模态问题的相关研究。同时，世界已从二元空间结构（人 - 物）演变为三元空间结构（人 - 机 - 物），人机物之间的互动将形成各种新计算，包括多源群智感知融合、跨媒体计算等。在浙江大学的潘云鹤、庄越挺与吴飞等人提出的"跨媒体计算"（Cross-Media Computing）概念[4-5]中指出，不同模态的数据及其交互属性将紧密混为一体，作为机器认知外界环境的基础，让计算机与人协同，取长补短从而成为一种"1+1>2"的智能系统。特别是潘云鹤院士领衔提出的人工智能 2.0[6]中已经指出：人工智能 2.0 将不但以更接近人类智能的形态存在，而且以提高人类智力活动能力为主要目标，紧密融入我们的生活（跨媒体计算），可以收集、组织和融合丰富的人类知识（多源群体智能），为生活、生产、资源、环境等社会发展问题提出建议，在越来越多专门领域的博弈、识别、控制、预测中接近甚至超越人的能力。此外，京东的郑宇团队在跨模态数据融合领域也进行了大量的研究工作 [7]，结合城市计算背景提出了很多不同模态数据融合的方法。

跨模态学习的应用前景非常广泛，但当前尚处于发展萌芽状态，可望形成新一代 AI 的重要领域。在目前已有的前瞻性研究中，图像与文本、视觉与语义之间的跨模态检索技术当前相对较为成熟。例如，Zhen 等人 [8] 基于对不同模态的相关性矩阵的谱分析，提出了一种谱哈希编码方法并将其应用于跨模态检索问题，实现了基于哈希编码的快速跨模态检索。Xu 等人 [9] 提出了一种面向大规模跨模态检索的判别性二值编码学习方法，该方法可通过学习模态特异的哈希函数得到统一的二值编码，并可将得到的二值编码作为判别性特征用于后续分类。Cao 等人提出了一种非独立同分布理论 [10]，该理论致力于解决不同模态数据异构且复杂耦合的问题，将 Copula 函数应用于机器学习与深度学习领域，有效学习不同分布、不同类型、不同因果关系的多种模态的数据之间关联性随时间动态变化和复杂交互的情况。

近几年，随着深度学习技术的兴起，跨模态数据关联研究在不同领域取得了新的进展，如基于多视图哈希算法的大规模图像和视频检索 [11]，基于层级编 – 解码算法的零样本视频抽取 [12]，基于文本 – 视频嵌入算法的文本到视频的检索和映射 [13]，基于时空图卷积模型的步态情绪感知 [14] 等。对不同模态数据进行同等处理或对所有模态特征进行简单的关联已经无法满足所建立模型的有效性。尤其是在人机物融合群智计算的背景下，如何有效解决数据的跨模态融合仍然面临很大挑战。

图 6.3 展示了来自不同信息域的新闻数据实现跨模态数据关联的相关研究挑战。每个模态的数据分别经过不同的方法提取特征，例如对文本数据通过词频 – 逆文件频率（TF-IDF）、主题词模型（LDA）等提取文本特征；对图像数据通过尺度不变特征变换（SIFT）、卷积神经网络（CNN）等方法检测图像的局部特征。随后通过跨模态数据表示方法将每个模态数据所蕴含的语义信息数值化为实值向量，并且将某一特定模态数据中的信息通过子空间表示映射至另一模态；然后通过耦合行为分析技术识别不同模态之间的数据、特征和结果之间存在的对应关系，保证跨模态数据在时间、空间、粒度、语义等方面能够对齐；最后通过跨模态数据建模技术整合不同模态间的数据与特征，建立数据关联模型，利用在信息富集的模态上学习的知识补充信息匮乏的模态，使各个模态的训练和学习过程能够互

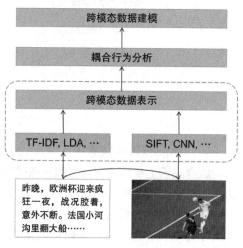

图 6.3　人机物群智数据的跨模态关联挑战

相辅助。

拓展思考

多视图（Multi-View）、多模态（Multi-Modal）、跨模态（Cross-Modal）是三个容易混淆的术语，下面简要分析它们之间的区别与联系。通常来说，多视图是指同一个对象不同的表现形式，比如一个3D物体在不同角度或者不同频谱下的成像图像。而多模态指不同模态，它们所表现的可能是不同的对象，但彼此之间有联系，比如文本和对应的音视频，两者之间最关键的区别是后者可能不是描述完全一样的物体或对象，所以往往需要关联对齐或者建立两者之间的对应关系。多模态没有限定数据形式的数量和种类，例如新闻可以包括图片、文字、视频等两种或者两种以上形式的数据。而跨模态是多模态的一个子集，通常是指图像到文本、文本到音频不同模态间关联的情况。换言之，跨模态关注不同模态之间关系的建模，难点就是跨越语义鸿沟。

6.1.2 跨模态群智数据表示

"单模态数据表示"旨在将传感器采集的信息表示为计算机可以理解和处理的数值向量，或者进一步抽象为更高层的特征向量。当多个模态共存时，需要借助不同的智能算法同时从多源异构数据中提取被研究对象的特征。在单模态数据表示的基础上，"跨模态数据表示"还要考虑多种模态信息的一致性和互补性，剔除模态间的冗余性，从而学习到更好的特征表示。目前跨模态数据表示主要有两种形式：**联合表示**和**协同表示**。图6.4展示了不同的跨模态数据表示方式。

- **联合表示**：将多个模态的信息一起映射到一个统一的向量空间进行表示。
- **协同表示**：将多个模态中的每个模态分别映射到各自的向量子空间中，但映射后的向量之间满足一定的相关性约束（例如欧几里得距离）或结构约束（例如数据局部结构）。

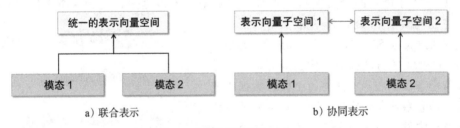

a）联合表示   b）协同表示

图6.4 跨模态数据表示方式

1. 跨模态数据联合表示

联合表示主要用于在训练和预测过程中同时存在不同模态数据的任务。本节将介绍建立跨模态群智数据联合表示的三种方法，分别是：深度**神经网络、概率图模型**和**序列表示模型**。

（1）深度神经网络

作为一种非常流行的单模态数据表示方法，深度神经网络主要用于表示视觉、声音和文本信息，同时也应用于跨模态数据表示领域。下面将描述如何使用神经网络来构建联合跨模态数据表示以及该方法的潜在优势。

通常来说，神经网络由连续的神经元和非线性激活函数组成。为了使用神经网络来表示数据，首先要对特定的任务进行训练（例如识别图像中的对象）。由于深度神经网络由多层网络连接而成，假设每一层后续的网络以更抽象的方式来表示数据，因此通常使用最后一层或倒数第二层作为一种数据表示形式。为了使用神经网络构建一个跨模态数据表示，每个模态都从几个单独的神经层开始，然后是一个隐藏层，该层将模态投射到一个共同空间[15]，进而通过多个隐含层进行预测。如图 6.5 所示，Geng 等人[16] 对其思想进行扩展并将其应用于跨模态的城市交通时空预测问题，通过不同的图模型分别表示每个模态的特征，然后依次使用门控递归神经网络（Recurrent Neural Network, RNN）学习序列的时间依赖关系，利用图卷积网络学习不同空间节点之间的关联，最终对多个图进行融合和预测。使用神经网络建立跨模态数据联合表示的主要优势在于性能优越，能够在无监督的情况下进行预训练。由于使用自动编码器构造的表示是通用的，不一定是针对特定任务优化的，因此在根据特定任务进行训练时，需要对结果表示进行微调。其不足之处在于模型性能依赖于训练样本的数量，需要对大量训练样本进行人工标记。

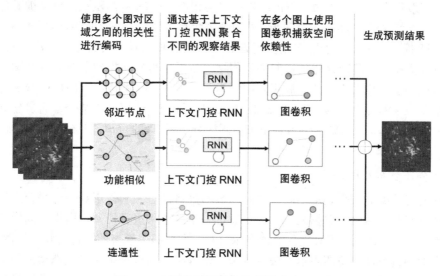

图 6.5　多源群智跨模态数据联合表示[16]

（2）概率图模型

通过使用潜在的随机变量来构造跨模态数据表示。基于概率图模型表示的最常见方法是叠加受限玻尔兹曼机（Restricted Boltzmann Machines，RBM）[17] 得到的深度信念网络（Deep Boltzmann Machines，DBM）[18]。与神经网络类似，DBM 的每个连续层都期望在更高的抽象级别上进行数据表示，是一个生成模型。DBM 的优势在于使用隐变量来描述输入数据的分布，具有能够处理缺失 / 不规则数据的优点；另外，DBM 也是一个无监督模型，不需要数据的标签信息。Srivastava 等人[19] 的工作引入了多模深度信念网络作为跨模态数据表示。Huang 等人 [20] 将 DBM 应用于多任务学习领域，对每一种模态的任务都使用了一个深度信念网络，然后通过建立共享表示层学习不同模态数据之间的关联关系，并解决交通预测的实际应用问题。

多模态 DBM 能够从多种模态中学习联合表示，方法是使用隐藏层合并两个或多个无向图。由于模型的无向性，它们允许每个模态的低级表示在联合训练后相互影响。使用多模态 DBM 学习跨模态数据表示的最大优点之一是其生成特性，能够有效地处理数据丢失问题——即使整个模态的数据丢失，模型也能够正常处理。同时还可以用于在另一种模态存在的情况下生成一种模态的样本，或者从表示中生成两种模态的样本。与自动编码器类似，可以以非监督的方式对表示进行训练，从而支持使用未标记的数据。DBM 的主要缺点是训练困难，计算成本高，需要使用近似变分训练方法 [21]。

（3）序列表示模型

与上述深度神经网络和概率图模型主要用于表示模态长度固定的数据不同，序列表示模型用于表示不同长度的序列，例如句子、视频或音频等数据。递归神经网络及其变体，如长短时记忆网络（LSTM）[23]，主要用于表示单模态的单词、音频或图像序列，目前已经在语音领域取得了很大的成功。与传统神经网络相似，RNN 的隐藏状态可以被看作数据的一种表示，也就是说，RNN 在时间步 t 处的隐藏状态可以被看作该时间步之前序列的总结。Niu 等人 [24] 提出了一种基于层次化多模态 LSTM 的密集视觉 – 语义嵌入方法。具体而言，该工作首先提出了一种层级化的递归神经网络，该网络可以建模句子与词以及图像与图像中局部区域的层次化关系，然后利用该网络学习词、句子、图像以及图像区域的特征。如图 6.6 所示，ye 等人 [22] 将 CNN、Encoder-Decoder 与 LSTM 模型相结合，通过建立人机物跨模态融合预测模型，有效地学习到城市不同区域出租车和自行车需求量的时空耦合关系，进而做出精准预测。

2. 跨模态数据协同表示

与跨模态数据的联合表示不同，协同表示不是将模态一起投影到一个联合空间中，而是为每个模态建立单独的数据表示，但是通过一个约束来进行协调。由于不同模态中的信息并不是平等的，因此学习独立的数据表示有利于保持每个模态的独特性和有效性。通常，根据约束类型的不同，协调表示方法可分为**基于跨模态相似**和**基于跨模态相关**两类。基于跨模态相似方法的目标是学习一个共同的子空间，向量到不同模态的距离可以直接通过计算获得，从而使该模型能够保持模间相似性和模内相似性结构，即期望与相同语义或对象相关的跨模态相似性距离尽可能小，而与不同语义相关的跨模态相似性距离尽可能大。而基于跨模态相关的方法的目标是学习一个共享的子空间，并且使来自不同模态的表示集的相关性最大化。

近年来，深度神经网络由于具有强的学习表示的能力，已成为一种常用的构造协同表示的方法，其优势在于能够以端到端的方式共同学习。在深度学习领域应用较为广泛的一种约束是跨模态排序，其中的一个例子是设计深度视觉语义嵌入 DeViSE [25]，该方法预先训练一对深度网络，将图像及其相关标签分别映射到嵌入向量 v 和 t 中，然后利用跨模态相似排序学习两种模式的共享语义嵌入空间。类似地，Kiros 等人 [26] 利用 CNN 和 LSTM 模型分别对图像和文本进行特征表示，进而通过两两排序损失对特征空间进行约束以实现文本和图像的协同表示。Socher 等人 [27] 处理了类似任务，但引入基于依赖树的递归神经网络（DTRNN）对语言模态进行编码，从而提升了所提出模型对词序等变化的鲁棒性。

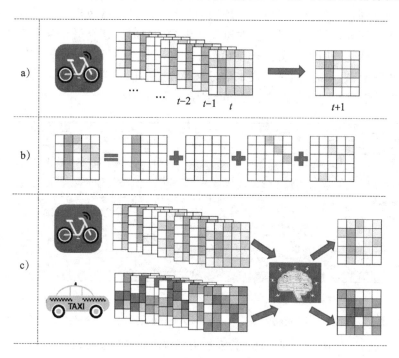

图 6.6　人机物跨模态融合预测模型 [22]（见彩插）

除了跨模态排序之外，另一个广泛使用的约束是欧几里得距离，此类约束的主流方法是最小化成对样本之间的距离。Pan 等人 [28] 提出的模型旨在学习用于生成视频描述的视觉语义嵌入。该模型将视觉表达和语言表达都投射到一个低维的嵌入空间，在这个空间中，成对样本之间的距离被最小化，从而使视觉嵌入的语义与它们相关的句子保持一致。Liong 等人 [29] 提出的跨模态匹配模型旨在通过最小化所有层上隐藏表示的差异来减少配对数据的模态差距。

6.1.3　跨模态群智数据耦合关系学习

群智数据耦合（Data Coupling）用来描述不同模态数据之间的非独立关系，即数据之间存在广泛的关联 [30]。具体来说，跨模态数据的耦合涉及很多方面，有比较复杂的关系、层次、类型等，主要表现为序列、特征、输入与输出之间存在相互作用及相互影响的关系。因此，不同模态的数据在模式、结构、分布等方面存在相关关系（相似或相反性）、交互关系（因果关系），这些皆可称为数据耦合 [31]。群智数据耦合行为分析旨在挖掘不同模态数据表示子空间之间的对应关系，尽可能消除模态间的不匹配问题，增强模态间数据的相关性，表示模态间数据显式或者隐式的交互关系，从而更好地学习到群智数据中不同模态数据之间深层次的关联关系。

图 6.7 展示了一个不同模态数据间复杂耦合的例子，其中灰色模块分别为两种不同模态的数据形成的序列，橙色模块对应各自序列的隐状态序列，蓝色模块为所有隐状态交互的特征序列。每个序列在受到自身历史时刻变化影响的同时，还会受到来自隐状态序列的影响；而隐状态的变化同时也会受到来自状态序列和隐状态交互特征序列的影响。因此，此种耦合关系极其复杂，如何通过建模来学习这种复杂的耦合关系显得至关重要。目前已有的数据耦合关系学习可以分为显式学习和隐式学习两种类型。

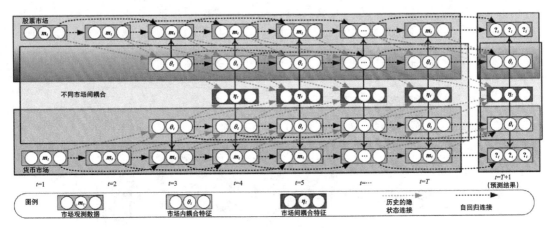

图 6.7　不同模态数据之间的复杂关联 [34]（见彩插）

1. 显式学习

显式学习需要对多种模态数据的分布、结构、变化等进行人为的数据分析，并基于分析结果建立数据的相似性度量。度量变量之间相似性最常用的方法是建立联合分布，通常是多元正态分布。在高斯假设下基于均值方差分析进行推断。但是在现实中，尤其是跨模态群智数据的应用场景下，高斯假设并不合适，因为许多模态的数据都存在明显的非高斯特征。另外，它们仅考虑依赖关系，而忽略不同模态间的依赖关系结构。例如，给定一个耦合函数，对于相同的相关性（依赖性程度），它可以显示不同的依赖性结构。另一种方法是计算条件相关性，例如动态条件相关性（Dynamic Condition Correlation，DCC）模型 [32]。DCC 模型的一个缺点是，如果不对协方差矩阵（依赖结构）施加限制，那么参数的数量将很大。如果对协方差矩阵施加限制，则结构的灵活性较差。

针对上述问题，当前主流的研究方法是采用概率统计模型对相关联模态进行显式学习，包括贝叶斯网络和关系依赖性网络。这些模型通常会建立一个图模型来表示随机变量之间的条件依赖结构。传统的联合概率分布需要不同的变量之间服从不同的分布，因此在跨模态场景下并不适用。根据 Sklar 定理 [33]，一个给定的 p 个变量的联合分布函数 $H(F_1, F_2,$

$F_3, \cdots, F_p$ 为其边缘分布函数），必存在这样一个关联函数 C 使得 $H=C(F_1, F_2, F_3, \cdots, F_p)$，由此可以得到 Copula 函数的定义：把多个随机变量的联合分布与它们各自的边缘分布相连接起来的函数。以二项分布为例，Sklar 定理应用如下所述：对任意一个二项分布函数 $H(x, y)$，令 $F(x)=H(x, \infty)$ 而 $G(y)=H(\infty, y)$ 为其单变量边缘概率分布函数，那么存在一个 Copula 函数使

$$H(x, y) = C(F(x), G(y)) \tag{6-1}$$

基于以上定理，Xu 等人 [35] 利用加权 Vine-copula 模型学习不同经济指标时序间的依赖结构，通过在不同的序列之间选取不同的 Copula 函数，能够有效解决不同模态数据异构的问题。这些模型具有处理高维度数据并从中学习潜在关系的优势。此外，另一种对模态间关系进行显式学习的方法是利用隐马尔可夫模型（HMM）进一步观察序列和贝叶斯网络上的概率分布，从而分析得到模态间的关系。如果在高维情况下使用 HMM，则其泛化模型（例如阶乘 HMM、树结构 HMM 和切换状态空间模型）将使用更丰富的隐式表示来学习简单 HMM 所无法捕获的高维关联关系。

综上，显式学习方式需要依靠前期先验知识，对不同模态数据、特征、结果的分布做出一定的假设，即假设数据服从某种类型的分布，然后使用条件相关来计算变量之间的协方差或联合概率分布。此种方式的优势在于对训练样本数量需求较小，并且通过学习得到的模型具有直观可解释性。缺点在于需要大量的数据分析作为基础支撑，同时在构造数据样本的分布和关联关系时依赖一定的假设。

2. 隐式学习

与上述显式学习相反，隐式学习通过建立深度神经网络来学习不同模态数据间隐藏的交互和关联关系。这使其在许多人机物融合任务（如边缘设备语音识别、传感器数据异常检测、群智感知和时空数据挖掘）中，都可以获得更好的性能。这类模型不需要通过人工分析数据建立模型，而是通过多层神经网络学习数据之间的潜在关联关系或层次化耦合关系建立模型。

当前，基于深度神经网络的跨模态数据隐式学习成为一种前沿研究热点。其中最常见的方法是通过注意力机制 [36] 使解码器将注意力集中于各个模态中关系最为紧密的部分，这与在传统编码器 - 解码器模型中将每个模态所有数据一起编码形成对比。例如，在序列预测训练任务中，与使用 CNN 对整个向量、张量进行编码不同，注意力机制能够利用解码器（通常是 RNN）在生成连续值的同时聚焦于数据的特定部分。以城市中的交通流量预测问题为例，由于城市交通数据存在异构且复杂耦合的问题，且传统的方法经常忽视空间和时间依赖性，因此不能满足中长期精准预测任务要求。Yu 等人 [37] 最早将时空图卷积网络应用于城市计算领域，通过纯卷积结构建立模型，使得模型能够使用更少的参数带来更快的训练速度，同时通过建模多尺度交通网络有效捕获全面的时空相关性，以解决各种真实世界城市交通中时间和空间层面的复杂耦合问题。如图 6.8 所示，网络通过输入多个时间步的图的特征向量以及对应的邻接矩阵，经过时空卷积模块和模型输出层，可以准确地预测未来多个时间步后的结果。

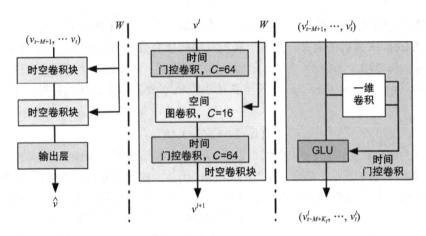

图 6.8　时空图卷积网络 [37]

6.1.4　跨模态群智数据融合研究实践

跨模态数据融合问题近年来受到国内外学者的广泛关注，包括基于多种智能算法的跨模态数据表示、基于耦合关系学习的跨模态数据融合等。通过跨模态群智数据的表示（6.1.2 节）与耦合关系学习（6.1.3 节），能够有效地处理不同模态数据异构与耦合的问题，为跨模态数据融合的应用提供底层的技术支撑。本节将重点介绍如何通过跨模态群智数据融合将人机物多种模态的信息集成在一起，通过与已有的多种智能算法相结合的方式来解决认知、识别、预测等实际应用问题。下面以跨模态群智数据联合表示为案例进行说明。

在跨模态群智数据表示的研究中，近年来得益于深度学习技术的发展，**联合表示方法**得到了广泛的研究和应用。下面针对人机物融合背景下的跨模态群智数据融合给出一个研究案例。具体来说，将结合跨模态数据融合的交通轨迹关联性分析来介绍如何建立异构数据的图表示模型，考虑不同模态数据间交互和相同模态数据共性的关系，以提升预测任务的准确性。

【问题背景】 为了能够在复杂的城市交通中提供安全、有效的导航，自动驾驶汽车需要能够对周边的交通参与者（例如车辆、自行车、行人等）的移动轨迹做出准确预测，进而辅助自动驾驶汽车做出合理的导航决策。在各种交通参与者相互影响的城市交通场景中，每个实例在任何时候都有自己与他人相互作用的状态，并且具有时间序列上的连续信息。然而，已有的方法对于同时学习不同交通参与者的运动模式并分别进行准确预测仍然效果不佳。

【模型设计】 基于以上问题，这一工作提出了一种基于长短期记忆网络（LSTM）的实时交通轨迹预测算法 TrafficPredict [39]。该算法通过构建异构的图模型来描述不同交通参与者多模态的数据，使用图模型的实例层来学习实例的移动和交互，并使用类别层来学习相同模态的实例数据的相似性以调整预测结果。为了评估其性能，该工作收集了不同条件和交通密度的大城市轨迹数据集，其中包括多种车辆、自行车和行人之间相互移动等具有挑战性的场景。通过与已有模型进行对比，实验结果证明该模型在轨迹预测任务中具有更好的性能。

TrafficPredict 将交通参与者作为实例节点，将关系作为边，通过建立**四维交通序列异构图模型**来融合不同模态交通参与者的轨迹数据，如图 6.9 所示。模型的 4 个维度分别为：两维用于表示个体间的交互关系，一维用于表示时间序列，最后一维表示交通参与者的类别。异构图模型分为实例层和类别层，图 6.9a 给出了实例和类别的图标，图 6.9b 和 6.9c 分别为实例层与类别层，其中实线表示一帧中两个实例节点之间的空间关系，它可以在空间中传递两个交通参与者之间的交互信息。相邻帧中同一实例之间的虚线边表示时间关系，它能够随时间逐帧传递历史信息。通过这个异构图模型，该工作将整个交通的信息网络进行了统一表示，不同模态的数据都可以通过图的节点和边来传递和利用。

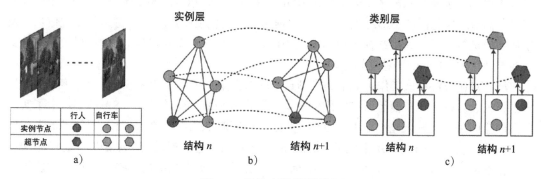

图 6.9　四维交通序列图 [38]

实例层的目标是学习图模型中实例的移动模式。对于每个实例节点，都有一个对应的 LSTM 网络用来建模，表示为 L_i。由于不同类型的交通参与者具有不同的动态约束和运动规则，只有相同类型的实例才能够进行参数共享，而数据集中有三种类型的交通参与者：车辆、自行车和行人。因此，对于实例节点，该工作采用了三个不同的 LSTM 进行建模，同时也为图的每条边（A_i, A_j）分配 L_{ij}。所有的空间边设为共享参数，表示个体与个体间的相互作用。所有的时间边则根据相应的节点类型进行划分。

考虑到相同种类的交通参与者往往具有相似的动力学特性，包括速度、加速度、转向等，个体间的交互方式比较接近，因此这种同时提取类别运动特征和个体运动特征的方法能取得一个更好的结果。**类别层**用于学习相同类别个体的移动模式，从而更好地预测每个个体的轨迹。类别层包括三个部分：超节点（代表一个特定的类别）、个体与对应超节点之间的边、相邻时刻超节点与自己的时间边。第一步先将实例对应的 LSTM 提取到的特征作为类别层的输入，通过共享参数的方式对每一类的模态数据分别建模所对应实例的运动模式；之后将类别层的输出反作用于实例层，从而改善实例层的预测结果。

【预测评估】假设交通参与者（行人、自行车、汽车）的位置服从双变量高斯分布（bivariate Gaussian distribution）：

$$(x_i^t, y_i^t) \sim N(\mu_i^t, \sigma_i^t, \rho_i^t) \tag{6-2}$$

通过线性投影对双变量高斯分布的参数进行预测：

$$[\mu_i^t, \sigma_i^t, \rho_i^t] = \varphi(h2_i^{t-1}; W_f) \tag{6-3}$$

损失函数构建如下：

$$L_i(W_{\text{spa}}, W_{\text{tem}}, W_{\text{ins}}, W_{\text{st}}, W_{\text{sup}}, W_s, W_f) = -\sum_{t=T_{\text{obs}}+1}^{T_{\text{pred}}} \log(P(x_i^t, y_i^t \mid \mu_i^t, \sigma_i^t, \rho_i^t)) \tag{6-4}$$

【实验验证】使用 BaiduApollo 采集车收集的交通数据对所提出的 TrafficPredict 模型进行了性能对比，实验对比模型包括 RNN ED (ED)、Social LSTM (SL)、Social Attention (SA) 等交通轨迹预测领域常用的深度神经网络以及不包含实例层和类别层的模型变种 TrafficPredict-NoCL (TP-NoCL)、TrafficPredict-NoSA (TP-NoSA) 等。实验数据由多种传感器采集得到，包括激光雷达（Velodyne HDL-64E S3）、雷达（Continental ARS408-21）、照相机、高清晰度地图和 10Hz 定位系统，数据类型主要包括图片、基于雷达的点位信息以及生成的轨迹数据等。最终数据集包括多达 100KB 的 1920×1080 像素的 RGB 视频和各种交通参与者大约 1000km 的移动轨迹。

所有对比方法和该工作所提出的模型在实验数据集上的性能如表 6.1 所示，表中分别计算了行人、自行车和车辆等所有实例的平均位移误差和最终位移误差。SA 模型考虑了实例之间的空间关系，其误差小于 ED 和 SL 模型。无类别层方法（TP-NoCL）不仅考虑了实例之间的交互，而且通过使用不同的 LSTM 来区分实例，它的误差与 SA 相似。通过添加不带自注意的类别层，TP-NoSA 在两个指标上的预测结果都更加准确。最终，该工作所提出的 TrafficPredict 在所有指标方面表现最优，预测准确率提高了约 20%。这意味着类别层学习了同一模态数据的内在变化模式，为预测提供了良好的依据。实例层和类别层的结合融合了不同模态数据之间的影响，使算法更适用于数据异构条件下的交通预测任务。

表 6.1　交通轨迹预测实验结果

指标	方法	ED	SL	SA	TP-NoCL	TP-NoSA	TrafficPredict
Avg.disp.error	行人	0.121	0.135	0.112	0.125	0.118	0.091
	自行车	0.112	0.142	0.111	0.115	0.110	0.083
	汽车	0.122	0.147	0.108	0.101	0.096	0.083
	总共	0.120	0.145	0.110	0.113	0.108	0.085
Final.disp.error	行人	0.255	0.173	0.160	0.188	0.178	0.150
	自行车	0.190	0.184	0.170	0.193	0.169	0.139
	汽车	0.195	0.202	0.189	0.172	0.150	0.131
	总共	0.214	0.198	0.178	0.187	0.165	0.141

6.2　群智知识集聚与发现

由于传统群智数据存在碎片化、低质性等特征，针对个体用户或设备收集的数据不能全面反映环境和行为模式，并且具有较低的可信度，因此难以从这些杂乱的数据中分析和挖掘出有用的知识。我们需要通过群智数据集聚和群智知识发现对群智数据进行智能分析和处理，以便高效地实现行为检测、趋势预测等后续目标。在群智数据集聚和发现的过程中，我们主要面临两大挑战：第一，在群智感知收集数据的过程中，用户及设备差异性导致群智数据的低质性、碎片化，造成数据冗余，难以挑选出有用数据；第二，群智数据中包含的多模态数据导致群智数据中的隐藏知识较为分散，难以发现对后续检测和预测有用的知识。

为了解决传统群智感知带来的问题，我们提出了以**人－机－物为中心的知识集聚与发现的通用框架**，如图 6.10 所示。该通用框架利用隐式人机物智慧实现对群智数据的分析和理解，共由四层组件组成，包括多源群智数据层、群智数据集聚层、群智知识发现层和群智融合应用层。

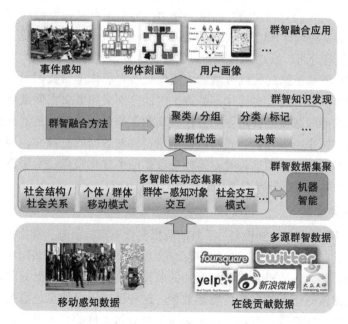

图 6.10　通用的群智知识集聚与发现框架

- **多源群智数据层**：负责从移动感知社区或在线社交媒体收集数据，相关的技术包括结合人－机－物的移动或可穿戴感知技术、移动群智感知技术、无线感知技术、社交媒体数据获取技术等。
- **群智数据集聚层**：针对群智数据的低质性、碎片化等特征，采用多种数据分析和处理技术，结合"人"的认知能力、"物"的感知能力和"机"的计算能力，智能整合碎片化的群智数据，如利用人的行为模式和移动模式、群体－感知对象交互模式和社交交互模式等减少群智数据中的冗余，提高群智数据质量。
- **群智知识发现层**：为了解决传统群智感知中的多样性、动态性的问题，我们利用隐式人机物智慧融合特征和决策解决各种数据相关的学习或推理任务，提供可靠服务，如决策、分类 / 标记、聚类 / 分组等。

- **群智融合应用层**：利用群体智能实现各种潜在的创新服务，如多维度事件感知、物体细粒度刻画、用户深度画像等。

针对来自人机物感知平台以及物理环境的低质性和碎片化数据，本节分别从**群智数据集聚**和**群智知识发现**两方面来详细介绍隐式人机物智慧在人机物感知平台中的应用。

6.2.1　群智数据集聚

随着参与群智感知的智能体（用户和设备）的增多，我们可以收集到大量多样化、多粒度的数据，同时也带来了一些问题和挑战：对于大量杂乱的群智数据，我们很难直接从原始数据中找到环境 / 事物与人类活动的关联，难以分析和理解群智数据中的隐藏信息；虽然可以结合"人"的认知能力和"物"的感知能力，但是也会带来大量的冗余数据。为了提高集聚的效率，需要利用计算设备（机）从数据集中挑选出有价值的数据，并根据它们之间相似性和特异性进行分组，以达到对感知对象进行丰富描述的目的。

因此，我们利用基于隐式人机智慧的方法集聚多智能体感知数据中的有用数据。由于感知数据具有杂乱、差异性、多样化等特点，因此分别采用**语义相似度度量**、**多粒度群智数据匹配**和**协作式感知数据互补增强**的方法提高数据质量。针对杂乱的群智数据，通过语义相似度度量的方法来减少冗余、提高数据质量；针对数据的差异性，利用多粒度群智数据匹配方法从不同粒度进行表达；针对跨模态数据的多样化特点，采用协作式感知数据互补增强方法对感知对象进行多方面描述。

1. 语义相似度度量

多智能体（不同的人和感知设备）采集的数据包含丰富的信息，如文本、图像等数据以及采集时的地点、时间、标签等，这些信息综合起来为感知任务、感知对象提供了全面的数据支持。例如，面向人 – 机 – 物群智感知的照片不同于传统意义上只关注图像本身的信息，还包括采集图像时记录的大量传感器数据。这些反映语义信息的数据有利于对物理事件的实时感知：从空间维度，可以通过传感器数据分析事件的影响范围；从时间维度，可以通过拍摄时间快速定位突发事件。

然而，用户和感知设备贡献的数据质量和可靠性参差不齐导致感知数据十分杂乱：为了满足感知任务的需求，多智能体贡献的数据常常是冗余的；并且不断涌入的大量群智数据导致难以高效地找到有价值的信息。例如，在视觉数据处理中，通常会面临两大挑战：由于感知数据集中常常包含低质量数据（如异常数据、模糊的图像数据），因此难以从视觉数据中提取出有用的语义信息；通过群智感知方式收集的数据会随着时间的增长而不断增多，其中存在大量的噪声和冗余数据，导致难以在不断增长的数据流中高效地找到有用信息。

针对上述问题，我们通过判断感知对象和感知内容的语义相似度来提升数据集质量，并处理冗余数据。例如，Mobishop[40] 集聚大量购物小票的照片，分析其中的语义信息可获取商品销售情况；Bao 等人 [41] 集聚大量的视频数据对视频中的亮点画面进行检测。

根据多智能体感知得到的主要数据类型，主要衡量语义相似度的方法有：图片相似度、文本相似度和空间相似度。

- **图片相似度**：图片相似度是指采用传统的图像相似度计算方法计算图像之间的相似程度，从而判定两张图片是否相似。提取图像特征的方法有 SURF（Speed-Up Robust Features，加速健壮特征）、SIFT（Scale-Invariant Feature Transformation，尺度不变特征变换）、颜色直方图、边界检测，然后计算特征之间的距离，如欧氏距离和 KL 距离（Kullback-Leibler Divergence，相对熵）。
- **文本相似度**：文本相似度计算由两部分组成，即文本表示模型和相似度度量方法，首先将文本内容通过切分和特征构建对文本进行表示，如信息熵、词向量、句向量等，再使用度量方法计算文本表示间的相似度，常见的相似度度量方法有海明距离、最小编辑距离、余弦距离等。
- **空间相似度**：空间相似度可以用于衡量感知设备收集数据时的物理距离，利用收集到的 GPS 轨迹或传感器轨迹可以判定感知对象的相关程度。

2. 多粒度群智数据匹配

在人机物群智感知平台中，需要对大量不断涌入的感知数据进行集聚，然而异构智能体数据精度的差异带来的多粒度数据将会引入大量的计算量和计算时间。为了提高集聚效率和并发能力，可以将多粒度数据视为多条并发路径，利用多粒度数据之间的特征建立多条并发路径之间的结构关系，进而通过该结构关系同时对比多路细粒度数据，例如话题和事件、GPS 轨迹序列、传感器轨迹序列（如加速度传感器轨迹序列）等。除此之外，不同粒度的数据所携带的信息量、准确度等存在差异，可以支持从不同粒度（从宏观到微观）了解感知对象或感知环境。例如利用群智感知收集的轨迹数据常常包含两种粒度：粗粒度的GPS 轨迹序列和细粒度的传感器轨迹序列。粗粒度的 GPS 轨迹点准确度较高，但一般感知设备（如智能手机、智能手表）的精度较低，无法描述精准路径，如用户的转弯行为；细粒度的传感器轨迹序列的采集频率较高，但是噪声较大，不同用户收集的轨迹数据存在差异性。

因此可利用不同粒度数据的优势，整合多粒度轨迹，然后再进行后续的分析、导航、预测等处理。通常对多粒度群智数据进行匹配时，首先利用聚类、树结构、节点对齐、神经网络等方式建立不同粒度之间的关联关系，进而对细粒度数据进行准确的集聚。例如，iMoon[42] 利用轨迹信息对在各点拍摄的图片进行集聚，最终实现对室内环境的全景建模。Li 等人 [43] 通过 Wi-Fi 信号建立 Wi-Fi 位置指纹库，结合细粒度的传感器数据对用户进行精准定位和导航。Wang 等人 [44] 研究了多粒度数据联合优化方法，提出了粒度计算的基本关系图，图 6.11 所示为多粒度结构示意图，第 k 层表示粒度最细的数据。他们通过建立层状结构分析和处理不同粒度之间的关系。

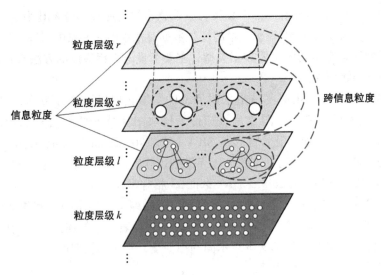

粒度层级 r

信息粒度

跨信息粒度

粒度层级 s

粒度层级 l

粒度层级 k

图 6.11　多粒度结构示意图

3. 协作式感知数据互补增强

协作式感知是指利用智能体间感知能力的差异性，通过其协作以实现对感知对象的增强刻画。例如，不同用户对一个事件有不同的文本描述、图片等。这些协作感知的数据具有互补性，给我们提供了多种分析和理解对象的角度。社交媒体数据是典型的协作式感知数据，用户会通过社交网络平台发表一些事件的相关信息（文字、图片、视频、转发等）及其感受，例如在微博上发表对某一重大事件的看法、在马蜂窝⊖上分享他们对景点的描述和旅游感受等。这些社交网络上的图文信息集聚起来相互补充可以帮助人们了解事件的发展、规划旅游路线等。

然而，与传统群智感知的协作感知相比，人 - 机 - 物融合的群智感知适用于更加复杂多变、服务对象泛在多样的场景。由于单一视角／智能体又难以全方面地感知对象，因此我们需要对人机物智能体进行合理的组织和调度才能使其具有高度的动态性协作感知能力。如图 6.12 所示为事件现场的人们对事件进行实时感知的示意图 [45]。在事件现场的不同用户对事件的感兴趣程度不同、视角不同，拍摄的角度也不同；另外，在远程关注事件发展的用户使用的感知方式和认知角度也不尽相同。为了获得具有代表性且全面的感知数据，需要实现可动态调度的协作式感知数据互补增强。

为了实现协作式感知数据互补增强，首先进行数据优选来选出不同模态或群智数据中具有代表性的数据，再建立这些数据之间的关系矩阵，最后利用其关系来实现协作增强目标。例如，Marcus 等人 [46] 集聚某个事件的大量博文，建立博文中文本和图片之间的关系以及博文之间的转发关系，这有助于及时发现重要的事件；Chen 等人 [47] 利用群体贡献的关

⊖　https://www.mafengwo.cn/。

于某事件的多样化图片信息，通过对这些信息从时间和主题维度进行聚类来得到各个子事件，最后利用群体 – 事件交互关系的信息熵来识别代表性的事件数据。

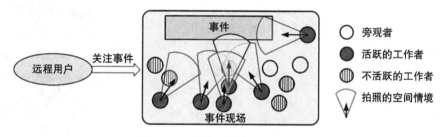

图 6.12 群体对事件的协作感知

4. 群智数据集聚研究实践

针对协作式感知数据互补增强方法在人机物感知平台中的应用，我们将结合旅游路线推荐案例阐述如何从大量群体贡献的游记中集聚代表性的景点描述。具体来说，由于用户会在不同的社交网络平台（如马蜂窝、百度旅游等）上撰写游记，因此针对各个景点形成了丰富多彩的群智旅游数据（文字、图片、路线等），本案例将介绍如何有效集聚多智能体不同视角感知的游记数据来形成对旅游景点的细粒度刻画。

【问题背景】旅行评论和游记博客是用户旅游共享的两种主要方式，是旅游信息提取的群智知识来源。由于个体兴趣偏好的差异，单一的旅游评论或游记仅能反映景点的某方面特征。为了能为不同需求的用户（如旅游季节、时间安排、旅伴等差异）提供所需的旅游信息，需要对群体贡献的海量旅游数据进行集聚和知识抽取。虽然不同游记数据中包含丰富的旅游景点描述信息，但却呈现知识碎片化、组织方式多样化等特征，这为细粒度地分析和挖掘景点信息带来了挑战。

由于用户在上传游记或评论时并不是以辅助群智任务为目的，因此景点的评论数据噪声较大，主要体现在文本中重要景点信息刻画不突出且对景点无关的描述过多，难以筛选出重要信息。除此之外，不断增加的游记、评论和照片不仅会带来对景点的多角度评价，还会给挖掘旅游知识带来巨大的负担。

【模型设计】为了解决以上难题，本案例设计了 CrowdTravel[49] 旅游景点路线推荐模型（如图 6.13 所示），对社交网络上的碎片化旅游知识进行集聚，利用发现的隐式人 – 景点 – 评论之间的交互关系（对景点的特有描述，游记之间的关联）集聚跨媒体（文本和图片）数据，进而实现个性化旅游路线推荐。本案例首先利用人 – 物交互规律（人群对景点的评论）对数据进行集聚以找到重要或受欢迎的景点。当一个景点的旅游热度增加时，其评论也会随之增加，因此可以通过人群对景点的评论趋势发现重要或受欢迎的景点。为了找到重要或受欢迎的景点，本案例借鉴统计分析方法中的平均增长率（AGR）对景点的热度进行评估。本案例通过计算评论的月度平均增长率（AMGR）筛选出每个月讨论最多的 K 个景点，计算方式如式（6-5）所示，其中 R_i 表示第 i 个月的评论集合，N 设置为 12，表示一年中的 12 个月。

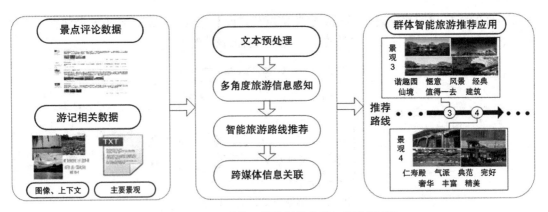

图 6.13　基于群体贡献数据的旅游知识集聚 [48]

$$\text{AMGR}(|R_i|) = \left[\frac{1}{N-1}\sum_{i=1}^{N-1}\frac{|R_i+1|-|R_i|}{|R_i|}\right] \qquad (6\text{-}5)$$

在评论中频繁出现的描述景点的句子可认为是充分描述该景点的文本。根据这一认知，本案例通过评估每个文本的熵 $H(s)$ 找到对景点详细描述的文本，计算方式如式（6-6）所示，其中 $p(w_k)$ 表示词语 w_k 在文本中出现的频率。

$$H(s) = -\sum_k p(w_k)\log p(w_k) \qquad (6\text{-}6)$$

为了实现对不同景点的细粒度刻画，需发现描述某一景点特征的特有词语而不是描述所有景点的通用词语。在判断某一词语是否为特征词时，应对该词在文本中出现的频率进行约束，找到描述该景点的特有词语，计算方式如式（6-7）所示，其中 $p(w_i|S_n)$ 为词语 w_i 在描述景点 n 的文本中出现的频率，$p(w_i|S)$ 是词语 w_i 在描述所有景点的文本中出现的频率。当该词语在描述景点 n 时出现的频率大于描述所有景点时的频率时，则认为该词为一个候选词，最终选择使得 $F(w_i, S_n)$ 较高的 K 个候选词作为特征词。

$$F(w_i, S_n) = \frac{1}{1+e^{-x}}, \ x = p(w_i|S_n) - p(w_i|S) > 0 \qquad (6\text{-}7)$$

旅游路线规划：为了给用户推荐流行度高且语义信息丰富的旅游路线，本案例一方面利用序列模式挖掘算法以发现游记中活跃的旅游路线，另一方面通过构建跨模态数据关联模型（游记中的文本描述和图片展示）从图像集群中为每个景点特征刻画挑选具有代表性的相关图片（如图 6.14 所示）。为实现该目标，提出了亲和力传播算法 [50] 以挑选具有代表性的图片，并将选取出的图片与对应的景点特征组合，作为最终推荐路线的可视化结果。

【实验验证】 为了验证对游记中的图文数据的集聚效果，本案例对大众点评和马蜂窝两个平台的图文数据进行集聚，分别从景点发现和路线推荐这两个方面进行验证。本案例选取了北京和西安两个城市，图 6.14 所示为根据集聚的图文数据为北京故宫和西安大唐芙蓉园两个景点生成的推荐路线。从结果可以看出，两个城市的推荐路线中都包含了这两个景点中的重要观景地点，并且找到了每个观景地点具有代表性的图片。

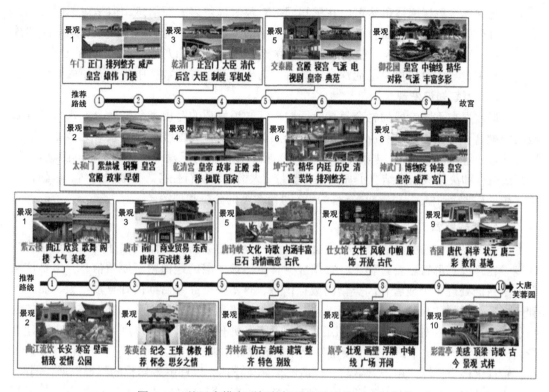

图 6.14　基于多模态群智数据的旅游路线刻画与推荐

图 6.15 所示为用户对北京和西安各大景点的旅游路线体验调查结果。用户分别从相关度、图文一致性和满意度这三个方面对各景点推荐路线进行打分。从反馈结果中可以明显看出，该推荐方法生成的路线与景点的相关度较高，图文一致性较好，并且用户对这种图文结合的路线推荐方式的满意度较高。

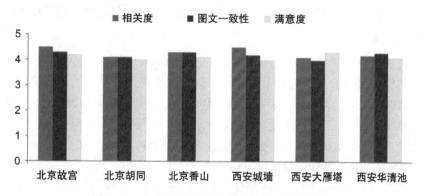

图 6.15　北京和西安的景点路线用户体验调查

6.2.2　群智知识发现

人机物异构群智能体虽然可以在感知同一对象时提供多方面信息，但是对不同模态数据仅仅进行同等处理或对所有模态特征进行简单的连接整合不能有效地发现和理解感知数据中隐藏的知识。所以，为了获取深层次的群智能体交互语义以及多模态之间的复杂关联，实现对物理世界中对象更全面而深度地刻画，需要从海量群智数据中提炼有用的知识，这个过程称为**群智知识发现**。

根据数据在不同阶段的融合目标，面向群智知识发现的跨模态数据融合方式可以分为**数据级融合**、**特征级融合**和**决策级融合**三个层面。其中，数据级融合直接对大量原始数据进行处理，容易忽略个体、群体行为模式中隐藏的知识。为了发现群智数据中的隐藏知识，特征级融合和决策级融合结合了显式人机智慧（人类主动执行任务、理解数据等）和隐式人机智慧（人类活动模式、社交交互行为等）进行数据的分析和理解。

1. 特征级融合

为了满足感知任务的需求，往往会收集多种模态的数据以全面地描述感知对象或感知环境。在跨模态群智融合过程中，数据级融合虽然最大限度地保留了原始信息，但是该融合方法只能处理单个或者相同类型的数据信息，这不仅会导致后期的计算量增大，而且不利于对群智数据的理解。与数据级融合相比，特征级融合将人机物群智感知平台收集的数据进行特征提取和处理。该过程利用显式/隐式人机智慧降低数据维度，大大减少了计算量，提升了容错和抗干扰能力，便于发现和理解群智知识。

特征级融合广泛应用于对事物、环境的多样化描述，以理解多样化的群智数据。例如，Cranshaw 等人 [51] 利用人群移动模式（隐式群体智慧）预测用户之间的社会关系。为了更好地理解人群移动模式，该文献引入了一些空间关联的群智特征以刻画地理区域的多样性，例如购物中心、餐饮区域游客数量、访问频率等。Redi 等人 [52] 通过融合人的行为特征提取视觉线索来推测 FourSquare 个人资料图片中所呈现的环境氛围（平静、放松、局促等），该特征涉及美学、情感学、人口统计学等。例如，光线较暗的图片多来自环境局促的地方（美学），去陌生地方的人较不喜欢微笑、去有吸引力的地方则喜欢微笑（情感学）。Twitinfo[46] 利用群体微博的发表模式（共同关注、发表频率变化等）来对大量微博中的子事件进行检测。

2. 决策级融合

由于人机物融合群智平台感知能力和感知速度的不断增强，持续增长的数据量会影响数据级融合和特征级融合的处理性能。因此，随着智能终端计算能力的提高，可以先在智能感知设备上进行决策，再由服务器端融合上传的群体决策，即决策级融合。常见的决策级融合方法有推理方法和人工智能方法。推理方法包含贝叶斯推理、经典推理、D-S 证据推理、支持向量机理论、投票等方法；人工智能方法包含神经网络、遗传算法、逻辑模糊法、知识系统等方法。通常先从多维特征向量中学习得到单一结果，再将各个结果在决策层面进行融合。

在人机物融合群智平台中，这种融合方式可以基于多个智能体分布式检测的结果进行综合决策。一方面可减少关于目标或事件的假设集合，另一方面对同一对象或事件的多个

（同一时刻多个用户）或多次（群体在不同时序）独立检测还可有效提高结果可信度及抗干扰能力。为了融合多个 / 多次检测结果，需利用群体行为模式（隐式人机智慧）评估用户行为以保证决策融合的可信度。具体来说，决策级融合可分为**实时多智能体决策融合**和**多时刻多智能体决策融合**两种方式。

- **实时多智能体决策融合**：根据同一时刻或时间段的多个感知设备或用户对该时刻 / 时段感知对象的检测结果进行融合。例如，Jiang 等人 [53] 为了最大化群智任务完成率，将用户执行任务的完成度作为该用户的可信度，使用投票机制从中挑选出有利于完成本次任务的用户并根据其可信度进行额外奖励。
- **多时刻多智能体决策融合**：根据多个时刻、感知设备或用户对同一感知对象的检测结果进行融合。例如，Rabanimotlagh 等人 [54] 通过大量用户感知的通信信号不断迭代更新城市内细粒度的通信信号统计地图。该文献设计了一个迭代贝叶斯决策模型以筛选不断加入的用户并融合其检测的通信信号。

3. 群智知识发现的研究实践

针对实时群体决策融合问题，我们结合极端驾驶行为检测案例详细介绍如何融合多名乘客对客车司机驾驶行为的识别结果，实现对驾驶员危险驾驶行为的准确评估。本案例采用了乘客群体在客车内不同位置对极端驾驶行为进行群智感知的方式。由于驾驶行为的多样性和感知数值的位置关联性，不同位置的乘客针对同一驾驶行为可能产生不一致的识别结果。为了得到更具可信度的检测结果，本案例提出基于贝叶斯投票理论的决策级融合方法以融合不同乘客的决策结果。

【**问题背景**】极端驾驶行为检测即对驾驶员的超速、急转弯、急变道等危险行为进行检测，是人们安全出行的重要保障，特别是大型客车或长途巴士由于承载大量乘客，对其进行实时安全驾驶监测极为重要。近年来，随着智能手机的不断普及，通过乘客的智能手机进行极端驾驶行为检测成为可能。图 6.16 所示的例子为同时通过多名乘客携带的移动终端对驾驶员的驾驶行为进行检测，并将多个（可能不一致的）检测结果进行融合以得到高可信度的评估结果。

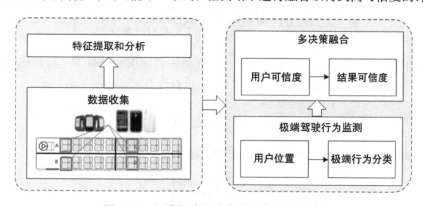

图 6.16 极端驾驶行为决策融合示意图 [58]

然而，对同一时刻多个乘客的决策进行融合时面临以下两个挑战。①各用户决策的可信度受不同因素影响，如乘客在车内的位置、移动设备放置的位置（手持、放置于口袋）等。如图 6.16 所示，本案例分别通过对客车中 A、B、C、D 四个位置乘客的移动设备对驾驶行为进行检测。然而，不同位置对驾驶行为的感知能力不同，导致不同位置的乘客检测到的结果不同。因此，需要对不同用户的决策（极端或不极端）结果进行融合。②**如何有效融合差异化的检测结果**，在不同位置的用户检测结果不同，如何融合多个用户的检测结果才能得到高可信的检测结果。

【**模型设计**】为了解决以上挑战，保证客车上各个位置乘客的安全，本案例提出了使用多个乘客的手机同时对极端驾驶行为检测的模型 CrowdSafe[55]，实现实时多个用户的决策级融合，进而检测司机是否存在危险驾驶行为。

在融合多个决策时，需要对每个决策的可信度进行评估。但是仅从检测结果（决策）的角度融合各个决策存在不足。由于决策是由各用户携带的移动设备计算得到的，因此该决策的可信度与用户的行为习惯也有极大的关系。因此，本案例首先对乘客的可信度进行计算，进而对其决策的可信度进行评估，最终获取高可信度决策结果。

乘客可信度评估。用户的可信度（检测准确率）主要受检测时两种行为的影响：一是乘客在车内的位置；二是移动设备放置的位置，如手持或放置于口袋。本案例分别通过检测乘客从上车到落座的步行距离来确定其相对位置，同时通过移动设备的传感器抖动程度判定其放置位置。该检测结果可用于评估各个乘客对极端驾驶行为的准确率。

基于乘客的可信度进一步融合其检测结果。由于不同位置的乘客对极端驾驶行为的感知能力不同，因此在乘客可信度的基础上还需要对该位置的感知能力进行评估。为了解决不同位置乘客的检测结果融合决策的问题，本案例结合贝叶斯投票理论 [56] 进行群体决策。

基于贝叶斯投票理论的群体决策融合：假设一个客车中有 n 名乘客 $\{u_1, u_2, u_3, \cdots, u_n\}$，他们感知该极端驾驶行为的准确率分别是 $\{a_1, a_2, a_3, \cdots, a_n\}$，我们使用 $f(u_i)$ 表示乘客 u_i 所感知到的极端驾驶行为。根据贝叶斯理论，定义感知结果共计 R 种，正确结果的概率可以由式（6-8）进行计算，其中 Ω 代表感知到的极端驾驶行为的种类数目：

$$P(r\,|\,\Omega) = \frac{P(\Omega\,|\,r)P(r)}{P(\Omega)} = \frac{P(\Omega\,|\,r)P(r)}{\sum\limits_{r_i \in R} P(\Omega\,|\,r_i)P(r_i)} \qquad (6\text{-}8)$$

然后定义感知结果总计数目 $R=m$，在没有任何先验知识的条件下，每种感知结果 r_i 出现的概率均为 $1/m$，因此 $P(\Omega|r)$ 可以由式（6-9）进行计算：

$$P(\Omega\,|\,r) = \prod_{f(u_j)=r} a_j \prod_{f(u_j)\neq r} \frac{1-a_j}{m-1} \qquad (6\text{-}9)$$

进而根据以上公式，可以计算得到每个检测结果的概率如下：

$$P(r\,|\,\Omega) = \frac{\prod\limits_{f(u_j)=r} \dfrac{(m-1)a_j}{1-a_j}}{\sum\limits_{r_i \in R}\left(\prod\limits_{f(u_j)=r_i} \dfrac{(m-1)a_j}{1-a_j}\right)} \qquad (6\text{-}10)$$

假设所有的极端驾驶行为都在同一时刻被感知到，本案例进一步考虑手机放置位置的影响因素而对上述公式进行改进。具体来说，本案例对不同位置的用户感知能力 c_j 进行评估，如式（6-11）所示，其中 w 代表用户的手机放置位置的系数，a_j 是在某一位置上的乘客对已感知到的极端驾驶行为的准确率。

$$c_j = w * \ln \frac{a_j}{1 - a_j} \tag{6-11}$$

最终，利用各乘客的决策权重计算出群体决策结果的概率 $\rho(r)$，如式（6-12）所示，其中 r 代表每个用户的检测结果。

$$\rho(r) = P(r \mid \Omega) = \frac{e^{\sum_{f(u_j)=r} c_j}}{\sum_{r_i \in R} \left(e^{\sum_{f(u_j)=r} c\_j} \right)} \tag{6-12}$$

【实验验证】 本案例通过不同乘客在车上使用手机传感器数据对司机的极端驾驶行为进行检测和评估，乘客在车上可以分布在不同的区域，采取不同的方式放置手机对极端驾驶行为进行感知。本案例首先对每个位置的乘客数据综合统计，计算每个位置的错检情况。统计结果如表 6.2 所示，从统计表中可以看出，单一的位置识别准确率基本维持在 70% 左右，离实际应用还有一些距离。

表 6.2　不同位置识别结果统计

	A 区域	B 区域	C 区域	D 区域
准确率	72.3%	77.5%	79.7%	82.1%

本案例使用贝叶斯投票解决不同位置的乘客感知的结果不一致问题。为了验证贝叶斯投票在决策融合中的有效性，本案例设计了对比试验来比较不同用户行为下各个投票方式的准确率。由表 6.3 可知，贝叶斯投票方法在非手持、手持全部移动设备和仅手持一半移动设备三种情况下都呈现较好的效果。因为该方法不仅考虑了人数和位置因素，还考虑了乘客的手机放置位置这一因素，在综合考虑这些因素后使得感知的准确率进一步提高。

表 6.3　不同用户行为下的最终决策结果准确率

	多数投票决策	位置投票决策	贝叶斯投票决策
全员非手持	86.1%	76.3%	91.7%
全部手持	83.5%	73.6%	89.3%
一半用户手持	85.3%	75.4%	90.8%

拓展思考

群智数据集聚可以有效地提取群智数据中的知识，从不同侧面对感知对象进行刻画。其方法主要分为基于显式人机智慧的知识聚合和基于隐式人机智慧的知识聚合。基于显式人机物交互规律的知识聚合采用启发式的规则提取群智数据中特征。这种方式虽然部署简单、效率较高、解释性强，但是多场景适应性差，需要针对特殊场景进行具体设计，不易挖掘数据中潜在的知识。基于隐式人机物交互规律的知识聚合通过机器学习等方式挖掘群智数据中的潜在语义信息，从潜在层面将数据关联在一起。这种方式虽然可以挖掘潜在知识，但是一般模型较复杂，时间成本高。因此，如何结合二者的优势实现高效的群智数据集聚是后续仍需研究的问题。此外，还需思考如何对用户进行引导以提高群智贡献数据的质量。近期，一些研究工作通过游戏激励的方式[57]对群体参与者进行引导，帮助用户更有效地进行数据收集，这为人机物群智数据高效集聚提供了新的解决思路。

多模态群智知识发现通过多个模态之间数据相互补充，可以最大化利用群智数据中的知识，前面分别介绍了数据级融合、特征级融合和决策级融合三种方法。虽然特征级融合和决策及融合相比数据级融合减少了运算成本，但是损失了原始数据中的部分信息。在后续研究中，需要思考结合多层级优势的混合式融合方法，避免数据信息损失，提高模型的鲁棒性。

6.3　群智融合时空预测

随着感知设备和感知技术的不断发展，群体在信息空间、物理空间和社会空间中的大量行为与活动被记录下来，形成了丰富的群体时空数据。由于群体的行为具有时间和空间属性，因此这些数据也被称为时空数据。通过挖掘群体丰富的时空数据，能够产生大量有价值的领域知识，并且可以运用到人机物群智融合的多种重要应用场景，包括群体行为理解、智慧城市、商业智能等。因此，群智融合的时空预测在人机物群智融合领域具有重要的研究和应用价值。

在人机物群智融合的背景下，群体的行为与活动产生了大量时空关联数据，这些数据能够从多种不同角度来刻画群体及其行为，存在多维、异质、互补、复杂关联等特点。通过融合人机物群智数据中蕴含的丰富群体知识能够有效地进行时空预测。群智融合时空预测旨在构建数据中蕴含的时间关联、空间关联、时空关联，挖掘影响时空变化的多种复杂因素及交互，学习有效的时空特征表示，从而进行时空预测。

6.3.1　群智融合时空预测任务

群智融合的时空预测受多种复杂时空因素的影响，给时空预测带来了如下挑战。在时间上，数据中存在多种**时序因素**，如内部时间因素和外部时间因素。内部时间因素是指历史的时间序列会影响当前时刻，而外部时间因素是指当前时刻或历史时刻的外部环境因素（如天气、温度等）会影响当前状态。不同因素带来的影响不同，并且多种因素之间还存在复杂的关联与耦合。在空间上，影响因素包括**局部空间因素**和**全局空间因素**等。局部空间因素是指当前区域会受到该区域内多种因素的影响，而全局空间因素是指该区域附近其他区域带来的影响。在时空上，除了时间和空间单独的影响，时间因素与空间因素也会存在

时空关联与耦合。以下内容将进一步介绍每个研究问题的具体内容、存在的挑战和当前研究工作概述。

1. 群智数据融合的时序预测

群体的行为通常是随时间不断变化的，这些行为构成了群体时序数据，其中蕴含了大量的人机物群智知识，可以用于解决群体行为演化等人机物群智融合领域的研究问题。**群智融合的时序预测**旨在分析和挖掘多维群智时序数据，通过分析不同因素对时序数据的影响，建立有效的模型对多源数据以及多种特征进行融合，从而实现时序预测。

然而，群智融合的时序预测受多种因素的影响，给时序预测带来了如下挑战：一方面，数据中存在多种复杂因素的影响，如内部因素和外部因素；另一方面，多种因素之间还存在着复杂的关联与交互，给群智时序预测带来了挑战。为了解决上述问题，需要考虑多种复杂因素的影响，并建立有效的模型对多种复杂因素进行融合，从而实现时序预测。

研究人员提出了多种时序预测模型来应用于人机物群智融合的重要场景，时序预测模型可以分为：**传统时序预测方法、基于统计机器学习的时序预测方法以及基于深度学习的时序预测方法。传统时序预测方法**有指数平滑法[58]、滑动平均法[59]、自回归法[60]、回归滑动平均法[61]及其相关的变体[62-63]等。这类方法通过建立数学模型来拟合历史的时间趋势曲线，但是，它们仅根据历史的发展趋势预测未来，而忽略了多种复杂时序因素的影响，因此只有在时间序列显示出明显的趋势或季节性特点时才能进行有效预测。**基于统计机器学习的时序预测方法**有线性回归[64-65]、支持向量回归[67]、随机森林[68]等。这类方法都是利用回归模型来进行时间序列预测，但是，它们没有考虑多个影响因素之间的复杂耦合关系[71]，因此难以应用于复杂的应用场景，也无法对多个影响因素之间的耦合进行建模。基于深度学习的时序预测方法有递归神经网络[69-70]、注意力机制[71]等。递归神经网络通过捕获时间片之间的非线性关系，进而进行时序预测。而注意力机制则可以用于捕获多个不同时间片之间的关联。例如，Feng 等人[72]利用递归神经网络来刻画影响群体移动的多种因素，然后利用注意力机制捕获群体移动的周期性，并且能够发现与当前时刻相关的历史记录，从而实现城市中的人流量预测。Liu 等人[73]基于大规模的共享单车历史行程记录来预测共享单车站点的需求量，从而实现共享单车的资源调度。尽管这类方法获得了不错的效果，但是它们很少注意到序列特征之间的异构和耦合关系[74]。

2. 群智数据融合的空间预测

随着移动设备、传感器网络、定位技术的快速发展，群体活动的位置信息能够被记录下来，产生了大量的空间数据，通过挖掘空间数据中蕴含的人机物群智知识，可以用于解决群体活动理解、智能交通、商业智能等人机物群智融合领域的研究问题。群智融合的空间预测旨在分析和挖掘多源群智空间数据，通过分析和提取多维空间特征，建立有效的模型对多源空间数据进行融合，从而实现空间预测。因此，群智融合的空间预测具有重要的研究和应用价值。

然而，群智融合的空间预测（如实体店铺选址预测）受多方面因素的影响，给空间预测带来了如下挑战：一方面，如何从多源群智数据中提取出有效的空间特征信息，不同于时间特征在时序上呈现的连续性，空间特征通常是离散分布的；另一方面，多种空间特征之间还存在复杂的关联，为了学习更加有效的特征表示，需要考虑不同特征之间的交互作用。

为了解决上述问题，研究人员提出了多种空间预测模型来应用于人机物群智融合的重要应用场景。深度学习方法，如自编码器[75]、卷积神经网络[76]、图神经网络[77]等被广泛应用于空间建模与预测。例如，Guo 等人[78]通过跨城市同实体的知识迁移，以及同城市跨实体的知识迁移实现连锁店选址推荐。城市空间通常可以表示为二维网格，而卷积神经网络可以有效地处理这种类型的数据，Zhang 等人[79]利用卷积神经网络对城市空间建模，来预测人群流量。在交通流量预测领域[80]，城市路网还可以被建模为图结构，因此，利用图神经网络对不同交通站点之间的流量建模为图上节点之间的信息传递，进而进行交通流量预测。Yin 等人[81]通过考虑用户的个性化兴趣以及地点偏好，给用户推荐可能感兴趣的地点（如餐馆、商场等）。Yin 等人[82]提出了一种概率生成模型用于通过统一利用语义，时间和空间模式对用户的签到行为进行联合建模，进而对其进行 POI 推荐。

3. 群智数据融合的时空预测

群体在物理空间中的行为和活动会产生大量的时空数据，通过挖掘时空数据中蕴含的人机物群智知识，可以用于解决智慧城市、智慧交通等人机物群智融合领域的研究问题。群智融合的时空预测旨在分析和挖掘多源群智的时空数据，通过分析和提取多种时序特征和空间特征，挖掘时序关联、空间关联，并建立有效的时空预测模型对多种时空特征进行融合，从而实现时空预测。因此，群智融合的时空预测具有重要的研究和应用价值。

然而，群智融合的时空预测（如城市火灾预测）受多种时空因素的影响，这给时空预测带来了如下挑战。①时间关联。在时序上，内部时间因素，即历史时间序列会影响当前时刻某一事件的发生概率，此外，当前时刻的多种外部因素（如环境因素等）也会影响事件的发生概率。不同的外部因素也可能会造成不同的影响，如即时影响、延迟影响。②空间关联。在空间上，当前区域不仅会受到区域内多种因素的影响，还会受到附近其他区域的影响。

为了解决上述问题，研究人员提出了多种时空预测模型来应用于人机物群智融合的重要应用场景。概率图模型[83]由于其可解释性和不错的预测性能，可以被应用于群智时空预测。例如，Yi 等人[84-85]使用基于 CRF 的树结构聚类将高相似区域进行聚类，用于预测犯罪发生率。Zheng 等人[86]利用 CRF 将时间序列建模为时空模型的一部分。近年来，随着大数据和深度学习技术的发展，深度学习技术被广泛应用于群智时空预测。例如，Yi 等人[87]利用空气质量数据、气象数据和天气预报数据，通过考虑空气污染物的空间相关性以及引起空气污染的多种因素，预测每个监测站点在未来 48 小时内的空气污染情况。Huang 等人[88]利用深度学习框架发现动态的犯罪模式，并探索城市空间中犯罪事件之间，以及与其他数据之间的相互依赖关系。Zhao 等人[89]通过探索区域内的时间关联和区域间的空间关联，进行城市犯罪预测。区域内的时间关联有助于了解城市中某个区域内的犯罪事件随时间的演变，而区域间的空间关联则揭示了城市中各区域之间的地理关系与影响。

6.3.2　群智融合时空预测研究实践

　　针对群智数据融合的时序预测中存在的多种复杂因素的影响，以及多种因素之间存在的复杂关联与交互，我们结合移动 App 流行度预测和移动 App 竞争预测两个案例来介绍如何对多种复杂因素以及复杂因素之间的关联进行建模，从而提升时序预测的性能。

1. 基于群智数据的移动 App 流行度预测

　　【问题背景】智能移动应用程序（Mobile Apps）已经成为人们生活中必不可少的工具。移动 App 与用户及个人手持终端密切关联，并且可以作为连接人、机、物三要素的桥梁促进人机物群智融合。移动 App 的快速迭代演化，使得其种类、数量和功能迅速增多。移动应用市场中存在多种复杂且互相关联的因素来影响移动 App 的流行度。为了维持和促进移动 App 的智能演化，对于移动 App 的开发人员而言，了解移动 App 在时序上的流行度演化规律，并预测未来的流行度演化是至关重要的。

　　移动 App 的流行和演化是一个随时间变化的长期过程，在此过程中可能会有多种复杂因素来影响移动 App 的流行度（如 App 的发布时间、历史的流行度、版本更新、用户评论、评分等）。当开发者更新移动 App 时，用户可以选择体验新版本的 App。当用户实际使用过之后，可以根据使用体验在移动应用市场发表评论，表达他们的观点态度和情感，并根据使用的满意程度对该移动 App 进行评分。这些因素都会影响移动 App 的流行度，并且这些因素都是影响流行度的外在因素，可将其定义为外生刺激。除了上述外在因素，移动 App 的发布时间和历史的流行度也会影响未来的流行度。这些因素都是移动 App 自身的因素，可以将其看作影响流行度的内在因素，定义为内生刺激。因此，多种内外因都会影响移动 App 的流行度，并且不同因素的影响程度也不一样。为了更好地理解移动 App 流行度的演化过程，需要对上述多种复杂因素进行建模来预测移动 App 未来的流行度，并分析和解释不同因素对流行度的影响。

　　【模型设计】移动 App 的流行度可以用其下载量表示，而 App 的流行度变化则可以表示为每日下载量的变化。如图 6.17 所示，移动 App 的流行度不仅会受到当前时刻的外生刺激的影响，还会受到内生激励的影响。

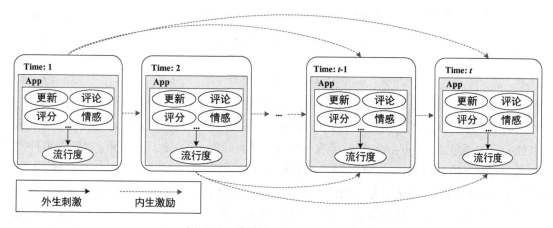

图 6.17　移动 App 流行度演化过程

为了对移动 App 的流行度建模，设计了移动 App 流行度预测系统框架 [96]，如图 6.18 所示，该框架包含三个主要模块：数据预处理、复杂因素分析、移动 App 流行度预测。首先进行数据预处理，提取移动 App 在时序上的流行度演化序列。然后，对复杂因素进行分析，提取内生激励和外生刺激。最后，针对复杂因素，提出多因素霍克斯过程来对移动 App 的流行度建模，并预测未来的流行度。接下来详细介绍移动 App 的流行度建模与预测的过程。

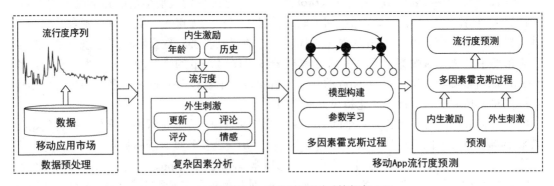

图 6.18　移动 App 流行度预测系统框架 [93]

移动 App 的流行度演化是一个长期的过程，在该过程中可能会有许多随机的或确定的因素来影响流行度。为了更好地理解和建模移动 App 的流行度变化过程，可以将流行度演化过程看作一个自激点过程，即霍克斯过程（Hawkes Process）[91-92]。因此，可以基于霍克斯过程，对内生激励和外生刺激因素进行建模，即在每一个时刻，不仅有当前时刻的外生刺激影响流行度，也会有历史的内生激励影响流行度，基于此模型来预测移动 App 未来的流行度。

具体地，当利用霍克斯过程对流行度进行建模时，一次下载事件发生的速率，也叫作强度，可以用来度量在未来一次下载事件发生的概率。给定在 t 时刻所有的历史下载事件 H_t，在 t 时刻下载事件发生的条件强度 $\lambda(t\,|\,H_t)$ 可以表示为：

$$\lambda(t\,|\,H_t) = \lambda_0 + \sum_{j:t>t_j} \phi(t-t_j) \tag{6-13}$$

$$\phi(\tau) = (\tau+c)^{-(1+\theta)} \tag{6-14}$$

其中，式（6-13）中 λ_0 是基础强度，等式右边的第二项是指由历史所有的下载事件引起在 t 时刻的下载强度，t_j 是指历史上第 j 次下载事件发生的时间，核函数 $\phi(t-t_j)$ 表示第 j 次下载事件引起的强度。式（6-14）介绍了核函数 ϕ，时间间隔 $\tau = t - t_j$，表示第 j 次下载事件发生时刻 t_j 距离时刻 t 的时间间隔。$c\,(c>0)$ 是偏置项，当 $\tau \to 0$ 时可以保证 $\phi(\tau)$ 有界，当 τ 越大时，$\phi(\tau)$ 越小，这表示很久以前的下载事件对当前下载事件的影响要比最近的下载事件的影响要小。因此，核函数 $\phi(\tau)$ 也可以被称为记忆核函数，用于记忆历史下载事件对现在影响。$1+\theta\,(\theta>0)$ 是幂律项，θ 是记忆衰减因子，能够控制记忆的衰减。当 θ 越大时，记忆衰减越快。

然而，流行度演化是一个复杂的过程，因为多种复杂因素（外生刺激和内生激励）会同时影响 App 的流行度，而直接使用霍克斯过程仅能对内生激励进行建模，无法对多种外生刺激建模。给定在 t 时刻所有的历史下载事件 H_t，以及多种外部因素，在 t 时刻下载事件发生的条件强度 $\lambda(t\,|\,H_t)$ 可以表示为：

$$\lambda(t\,|\,H_t) = \lambda_S(t) + \lambda_E(t) \tag{6-15}$$

其中，条件强度 $\lambda(t\,|\,H_t)$ 是外生刺激引起的条件强度 $\lambda_S(t)$ 和内生激励 $\lambda_E(t)$ 引起的条件强度之和。

在式（6-15）中，条件强度 $\lambda(t\,|\,H_t)$ 是两部分的线性组合，$\lambda_S(t)$ 是由外生刺激引起的强度，$\lambda_E(t)$ 是由内生激励引起的强度。其中，$\lambda_E(t)$ 的定义为式（6-13），$\lambda_S(t)$ 的定义如下：

$$\lambda_S(t) = a_u s_u(t) * \sum_{k=1}^{n} \beta_a^{(k)} e_a^k(t) + \sum_{m=r, r', s} a_m s_m(t-1) \tag{6-16}$$

其中，$\lambda_S(t)$ 由两部分组成，第一部分为内生的移动 App 的年龄 e_a 对外生的版本更新 s_u 的影响。$s_u(t)$ 表示在 t 时刻的版本更新状态，即为 0 或 1。$e_a(t)$ 表示在 t 时刻移动 App 的年龄，可以用多项式 $\sum_{k=1}^{n} \beta_a^{(k)} e_a^k(t)$ 来表示流行度随着年龄增长的变化，具体地，$n=3$ 时，$\beta_a^{(k)}$ 为特征 $e_a^k(t)$ 的权重。在不同时刻版本更新对流行度的影响可能会不同。在移动 App 发布的早期，其用户数量较少，此时版本更新引起的下载量也会较小。随着移动 App 年龄的增长，用户量也会增加，由版本更新带来的下载量也会不断增加。因此，将内生的年龄与外生的版本更新两个因素相乘，作为一个新的影响移动 App 流行度的因素。

$\lambda_S(t)$ 的第二部分为外生的评论、评分、情感这三个因素对流行度的影响。具体地，s_m 表示评论 s_r 或评分 $s_{r'}$ 或情感 s_s，α_m（即 α_r、$\alpha_{r'}$、α_s）为这些因素对应的权重。最后，App 在 t 时刻的流行度 $p_i(t)$ 可以表示为条件强度 $\lambda(t\,|\,H_t)$ 关于所有的历史下载事件的期望。

$$\begin{aligned} p_i(t) &= E_{H_t}[\lambda(t\,|\,H_t)] \\ &= \lambda_0 t + \lambda_S(t) + \int_0^t p_i(t-\tau)(\tau+c)^{-(1+\theta)} \mathrm{d}\tau \end{aligned} \tag{6-17}$$

其中，$\lambda_S(t)$ 在求期望之后还是常数，因为它是当前时刻的外部因素所引起的强度，不会受历史的影响。流行度 $p_i(t)$ 同时受外生刺激和历史流行度的影响。

上述模型的损失函数 $L(\theta)$ 定义为实际流行度 $p_i(t)$ 与预测流行度 $\hat{p}_i(t)$ 之间的均方根误差（RMSE）。

$$L(\theta) = \frac{1}{n} \sum_{i=1}^{n} (p_i(t) - \hat{p}_i(t))^2 \tag{6-18}$$

其中，θ 模型的参数集合，为了防止模型过拟合，对模型参数增加了 L2 正则项。采用梯度下降的方法训练该模型。

【实验结果】为了验证 MHP 在移动 App 流行度预测的有效性，我们分别对 12 类 App

进行了实验。选取了五种对比方法，并以 RMSE 作为评价指标。误差表示预测的流行度与实际流行度之间的误差。图 6.19 显示了 MHP 与对比方法的 RMSE 分布，可以观察到 MHP 的总体误差分布小于这些对比方法。

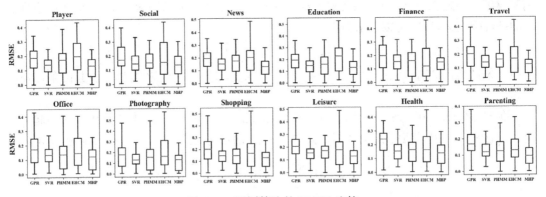

图 6.19   不同算法的 RMSE 比较

此外，为了验证外生刺激对流行度预测的有效性，我们比较了 MHP 与 HP。图 6.20 显示了这两种方法的 RMSE 累积分布函数 CDF，其中，x 轴是 RMSE（范围为 0～0.6），y 轴是 RMSE 的累积概率。可以观察到 MHP 优于 HP。具体而言，MHP 的累积分布在 HP 上方，这表明在相同的概率下 MHP 的 RMSE 小于 HP。

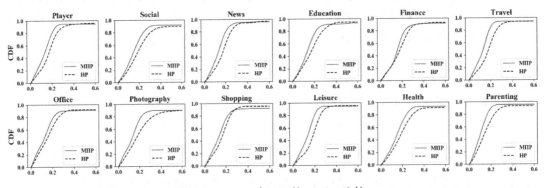

图 6.20   MHP 与 HP 的 RMSE 比较

综上所述，MHP 的性能优于上述对比方法，对外生刺激和内生激励的建模有利于预测移动应用的流行度。

2. 基于多源群智数据的移动 App 竞争预测

【问题背景】近年来，人机物融合的移动 App 广泛地出现在人们的日常生活中，如共享单车 App、外卖 App、网约车 App 等。与传统的移动 App 不同，用户在使用这类 App 时，都是通过线上发布需求，然后在线下体验服务。随着人机物融合的移动 App 使用越来越广泛，这类 App 之间的竞争也越来越激烈。为了在激烈的竞争中保持竞争力，对于移动应用的开发人员而言，及时地了解并预测 App 之间竞争是很有必要的，有助于移动 App 的智能演化。移动互联网和社交网络的发展提供了丰富的数据来源，可以从中获取大量的与移动 App 相关的多源异构群智数据，有助于分析并预测它们之间的竞争。

以摩拜单车和 ofo App 为例，与之相关的多源群智数据包括应用商店数据和微博数据。其中，应用商店数据能客观反映用户在线上使用单车 App 的体验，而微博数据能反映用户在线下使用单车的实际体验，结合应用商店和微博数据，从中提取有效的特征来刻画并预测共享单车 App 之间的竞争。然而，基于多源异构群智数据预测移动 App 之间的竞争存在一个主要的挑战，即如何从中提取有效的特征来刻画并预测移动 App 之间的竞争。

【模型设计】为了解决上述问题，CompetitiveBike[93]（如图 6.21 所示）从应用商店和社交媒体数据中提取出粗粒度和细粒度竞争特征来刻画移动 App 之间的竞争态势，并预测未来移动 App 之间的竞争趋势。CompetitiveBike 主要包含三个模块：数据预处理、特征提取、竞争性预测。首先对多源异构数据进行预处理，从应用商店数据中提取 App 的基本的统计信息，以及评论信息；从微博数据中提取基本的统计信息，以及用户的观点。然后，针对上述基本信息，进一步提取两类竞争特征来刻画 App 之间的竞争，即粗粒度竞争特征和细粒度竞争特征。最后，利用提取的两类竞争特征，采用回归模型来预测 App 之间未来的竞争演化。接下来详细介绍粗粒度竞争特征和细粒度竞争特征。

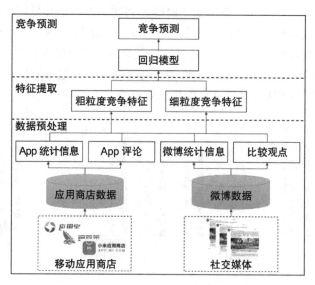

图 6.21　移动 App 间的竞争预测

粗粒度竞争特征是指以一周为时间窗，从应用商店和微博数据中提取两部分特征，即应用商店数据特征和微博数据特征。

1）应用商店数据特征。当用户下载并使用移动 App 时，他们可以在应用商店中反馈对该 App 的评论和评分。从应用商店数据中可以提取这些评论量和评分值等统计信息以及 App 的评论中的情感信息作为特征。因此，可以提取应用商店中的评论和评分数据特征来刻画 App 竞争。

2）微博数据特征。除应用商店数据之外，微博数据还包含多维度的丰富信息。因此，通过提取微博数据的统计信息、文本内容等特征可以进一步帮助理解和刻画 App 的竞争。

细粒度竞争特征是指，在每个时间窗内，每个粗粒度竞争特征都是一个长度为一周的时间序列，能够提取该时间序列的时间动态性作为细粒度竞争特征，来刻画时间序列的动态变化趋势。具体地，时间动态性[94]包括：描述统计信息，指在每个时间窗口，每个时间序列的均值、标准差、中位数、最小值和最大值；跳数，指时间序列出现脉冲的次数，用来反映该序列的波动；最长的单调子序列的长度，用来表示序列单调递增或递减的模型，可以反正描述序列的趋势。

最后，基于提取的粗粒度和细粒度竞争特征，利用回归模型（如随机森林）来预测在未来某个时刻摩拜单车与 ofo App 之间的竞争。

【实验结果】为验证 CompetitiveBike 在移动 App 竞争预测的有效性，我们以摩拜单车和 ofo App 研究对象，采集了一段时间内与之相关的多源群智数据：应用商店数据和微博数据。首先，我们比较不同算法的预测性能，如图 6.22a 所示，随机森林 RF 的预测性能最好。然后，使用随机森林作为预测模型，比较了粗粒度竞争特征 CF 和细粒度竞争特征 FF 的影响，如图 6.22b 所示，仅使用细粒度竞争特征的预测效果要好于仅使用粗粒度竞争特征，因为细粒度竞争特征能进一步地反映时间序列的动态性，并且同时使用粗粒度和细粒度竞争特征的预测效果最好。最后，我们比较了应用商店特征 AF 和微博特征 MF 的影响，如图 6.22c 所示，仅使用应用商店的特征的预测效果要好于仅使用微博特征，因为应用商店特征能直接反映移动 App 之间的竞争，而微博特征则是从其他角度反映移动 App 之间的竞争，并且同时使用应用商店和微博特征的预测效果最好。

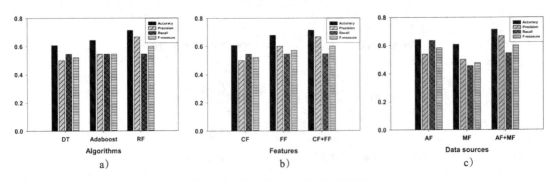

图 6.22　不同算法的预测性能比较

6.4　本章总结和展望

1. 总结
人机物异构群智能体之间的交互带来新的感知和数据融合模式。其中，多源群智数据融合是一种以人机物三类元素为主体，以群体参与数据为来源的计算模式。云 – 边 – 端协同计算体系构成的大量智能体通过捕获现实世界的动态信息，既完成了大规模的感知任务，又从物理空间获取个体和环境的动态知识。然而，多源群智数据往往存在冗余性，为了提高群智知识融合的效率，需要利用合适的计算设备从群智数据中发现跨模态的数据关联关系、完成跨模态知识的聚合和互补，最终实现人机物三者交互下多源数据融合的预测应用。

针对上述问题，首先，6.1 节介绍和探讨了跨模态数据关联的三个核心技术挑战，包括如何对不同模态数据进行表示、如何对不同模态数据之间的耦合性进行分析，以及如何建立不同模态数据之间的关联并实现共同学习。其次，6.2 节针对群智知识集聚方法和群智知识互补方法进行详细介绍，包括群智数据集聚的三种方式，即语义相似度量、多粒度群智数据匹配、协作式感知数据互补，以及特征级融合和决策级融合两种融合方式的群智知识发现技术。再次，6.3 节详细介绍了多源群智预测模型的预测方法并结合具体案例介绍模型构建方法，包括群智融合的时序预测、空间预测和时空预测。最后，本节对群智数据的数据关联、聚合方法和应用预测进行总结，并面向多源群智数据融合的聚合方法与预测研究前景进行展望。

2. 展望

人 – 机 – 物多源数据融合是群智融合计算中的关键环节，也是未来不断增长的前沿研究热点，如何有效挖掘人机物交互下不同模态的数据关联关系，发现多模态、多层级数据融合方法和实现基于多源数据融合的现实预测仍是具有挑战的重要问题。首先，面向人机物交互的跨模态数据关联技术需要进一步发现人类智能与机器智能在虚拟对象和现实环境中的表示方法和互补特征，这需要不断思考如何发现多源数据间的耦合关联性，以及如何利用关联信息实现共同学习。其次，在后续研究中，需要思考如何进行多种层级的融合，避免数据信息损失，提高模型的鲁棒性。除此之外，在人机物交互的多模态群智数据融合过程中还需要考虑如何在数据融合过程、特征融合过程以及决策融合过程中对多模态数据进行学习。最后，应该在人机物多源群智预测模型方面进行更加深入的研究，进一步考虑如何发现人机物融合下预测任务的时序关联，如何探索空间条件变化下预测任务的建模等，还要在多源群智数据融合预测中考虑模型可解释性问题，对不同的应用场景对进行联合学习，研究新的人机物协作及智能融合方法。

习题

1. 试论述多视图、多模态、跨模态等概念之间的区别和联系。
2. 基于递归神经网络（RNN）的序列表示模型属于何种类型的跨模态数据表示？试说明原因。
3. 请列举几个采用概率统计模型对不同模态间关联关系进行显式学习的典型方法。
4. 试阐述注意力机制在数据耦合关系学习中所起到的作用，与传统编码器 – 解码器模型相比，注意力机制具有哪些优点？
5. 试述群智数据集聚在群智数据应用过程中的作用。
6. 试述数据级融合、特征级融合以及决策级融合之间的区别，并分别列举出 1~2 个特征级融合和决策级融合的具体算法。

7. 试论述群智数据融合的时序预测、空间预测、时空预测问题和方法的关联与区别。

8. 试阐述群智数据融合的时空预测中时序因素与空间因素的融合策略与方法。

9. 试构建群智数据融合的时空预测模型以解决人机物群智融合领域的其他重要问题,如城市人流量预测、空气质量预测等。

10. 试编程实现跨模态数据耦合实践案例中的 GeoMAN 隐式学习模型,尝试对多层注意力机制的注意力权重矩阵进行可视化。

参考文献

[1] COHEN L G, et al. Period of susceptibility for cross - modal plasticity in the blind [J]. Annals of Neurology: Official Journal of the American Neurological Association and the Child Neurology Society, 1999, 45(4): 451-460.

[2] CALVERT G A. Crossmodal processing in the human brain: insights from functional neuroimaging studies [J]. Cerebral cortex, 2001, 11(12): 1110-1123.

[3] PAN J Y, et al. Automatic multimedia cross-modal correlation discovery [C]// Proceedings of the tenth ACM SIGKDD International Conference on Knowledge Discovery and Data Mining. 2004: 653-658.

[4] PENG Y X, et al. Cross-media analysis and reasoning: advances and directions [J]. Frontiers of Information Technology & Electronic Engineering, 2017, 18(1): 44-57.

[5] WU F, et al. Towards a new generation of artificial intelligence in China [J]. Nature Machine Intelligence, 2020, 2(6): 312-316.

[6] PAN Y H. Heading toward artificial intelligence 2.0 [J]. Engineering, 2016, 2 (4): 409-413.

[7] ZHENG Y. Methodologies for cross-domain data fusion: An overview [J]. IEEE Transactions on Big Data, 2015, 1(1): 16-34.

[8] ZHEN Y, et al. Spectral multimodal hashing and its application to multimedia retrieval [J]. IEEE Transactions on Cybernetics, 2015, 46(1): 27-38.

[9] XU X, et al. Learning discriminative binary codes for large-scale cross-modal retrieval [J]. IEEE Transactions on Image Processing, 2017, 26(5): 2494-2507.

[10] CAO L. Coupling learning of complex interactions [J]. Information Processing & Management, 2015, 51(2): 167-186.

[11] NIE X, et al. Joint multi-view hashing for large-scale near-duplicate video retrieval [J]. IEEE Transactions on Knowledge and Data Engineering, 2019.

[12] DONG J, et al. Dual encoding for zero-example video retrieval [C]// Proceedings of the IEEE Conference on Computer Vision and Pattern Recognition. 2019: 9346-9355.

[13] MIECH A, et al. Howto100m: learning a text-video embedding by watching hundred million narrated video clips [C]// Proceedings of the IEEE iInternational Conference on Computer Vision. 2019: 2630-2640.

[14] BHATTACHARYA U, et al. STEP: spatial temporal graph convolutional Networks for emotion

perception from gaits [C]// Proceedings of the AAAI Conference on Artificial Intelligence. 2020: 1342-1350.

[15] MROUEH Y, MARCHERET E, GOEL V. Deep multimodal learning for audio-visual speech recognition [C]// IEEE International Conference on Acoustics, Speech and Signal Processing (ICASSP). 2015: 2130-2134.

[16] GENG X, et al. Spatiotemporal multi-graph convolution network for ride-hailing demand forecasting [C]// Proceedings of the AAAI Conference on Artificial Intelligence. 2019, 33: 3656-3663.

[17] HINTON G E, OSINDERO S, TEH Y W. A fast learning algorithm for deep belief nets [J]. Neural Computation, 2006, 18(7): 1527-1554.

[18] SALAKHUTDINOV R, HINTON G E. Deep boltzmann machines [J]. Journal of Machine Learning Research, 2009, 5(2):1967 - 2006.

[19] SRIVASTAVA N, SALAKHUTDINOV R. Learning representations for multimodal data with deep belief nets [C]// International Conference on Machine Learning Workshop. 2012, 79: 3.

[20] HUANG W, et al. Deep architecture for traffic flow prediction: deep belief networks with multitask learning [J]. IEEE Transactions on Intelligent Transportation Systems, 2014, 15(5): 2191-2201.

[21] SRIVASTAVA N, SALAKHUTDINOV R. Multimodal learning with deep boltzmann machines [C]. NIPS. 2012, 1: 2.

[22] YE J C, et al. Co-prediction of multiple transportation demands based on deep spatio-temporal neural network [C]// Proceedings of the 25th ACM SIGKDD International Conference on Knowledge Discovery & Data Mining. 2019: 305-313.

[23] SCHMIDHUBER J, HOCHREITER S. Long short-term memory [J]. Neural Computation, 1997, 9(8): 1735-1780.

[24] NIU Z, et al. Hierarchical multimodal lstm for dense visual-semantic embedding [C]// Proceedings of the IEEE International Conference on Computer Vision. 2017: 1881-1889.

[25] FROME A, et al. DeViSE: a deep visual-semantic embedding model [C]// Proceedings of the 26th International Conference on Neural Information Processing Systems-Volume 2. 2013: 2121-2129.

[26] KIROS R, Salakhutdinov R, Zemel R S. Unifying visual-semantic embeddings with multimodal neural language models [J]. arXiv preprint arXiv:1411.2539, 2014.

[27] SOCHER R, et al. Recursive deep models for semantic compositionality over a sentiment treebank [C]// Proceedings of the 2013 Conference on Empirical Methods in Natural Language Processing. 2013: 1631-1642.

[28] PAN Y, et al. Jointly modeling embedding and translation to bridge video and language [C]// Proceedings of the IEEE Conference on Computer Vision and Pattern Recognition. 2016: 4594-4602.

[29] LIONG V E, et al. Deep coupled metric learning for cross-modal matching [J]. IEEE Transactions on Multimedia, 2016, 19(6): 1234-1244.

[30] CAO L. Non-iidness learning in behavioral and social data [J]. The Computer Journal, 2014, 57(9): 1358-1370.

[31] CAO L. Coupling learning of complex interactions [J]. Information Processing & Management,

2015, 51(2): 167-186.

[32] AIELLI G P. Dynamic conditional correlation: on properties and estimation [J]. Journal of Business & Economic Statistics, 2013, 31(3): 282-299.

[33] SKLAR M. Fonctions de repartition an dimensions et leurs marges [J]. Publ. inst. statist. univ. Paris, 1959, 8: 229-231.

[34] CAO W, HU L, CAO L. Deep modeling complex couplings within financial markets [C]// Proceedings of the AAAI Conference on Artificial Intelligence, 2015, 29(1).

[35] XU J, WEI W, CAO L. Copula-based high dimensional cross-market dependence modeling [C]// 2017 IEEE International Conference on Data Science and Advanced Analytics. IEEE, 2017: 734-743.

[36] BAHDANAU D, CHO K, BENGIO Y. Neural machine translation by jointly learning to align and translate [J]. arXiv preprint arXiv:1409.0473, 2014.

[37] YU B, YIN H, ZHU Z. Spatio-temporal graph convolutional networks: a deep learning framework for traffic forecasting [C]// Proceedings of the 27th International Joint Conference on Artificial Intelligence, 2018: 3634-3640.

[38] MA Y, et al. Trafficpredict: Trajectory prediction for heterogeneous traffic-agents [C]// Proceedings of the AAAI Conference on Artificial Intelligence, 2019, 33: 6120-6127.

[39] MA Y, et al. Trafficpredict: trajectory prediction for heterogeneous traffic-agents [C]// Proceedings of the AAAI Conference on Artificial Intelligence, 2019, 33: 6120-6127.

[40] SHITIZS, KANHERE S S, CHOU C T. Mobishop: using mobile phones for sharing consumer pricing information [C]// Demo Session of the International Conference on Distributed Computing in Sensor Systems, 2008, 13:1-3.

[41] BAO X, CHOUDHURY R R. MoVi: mobile phone based video highlights via collaborative sensing [C]// ACM International Conference on Mobile Systems, 2010: 357-370.

[42] JIANG D, et al. iMoon: using smartphones for image-based indoor navigation [C]// ACM Conference on Embedded Networked Sensor Systems, 2015: 449-450.

[43] LI F, et al. A reliable and accurate indoor localization method using phone inertial sensors [C]// ACM International Joint Conference on Pervasive and Ubiquitous Computing, 2012: 421-430.

[44] WANG G, YANG J, XU J. Granular computing: from granularity optimization to multi-granularity joint problem solving [J]. Granular Computing, 2017, 2(3): 105-120.

[45] CHEN H, et al. Toward real-time and cooperative mobile visual sensing and sharing [C]// IEEE International Conference on Computer Communications, 2016: 1-9.

[46] MARCUS A, et al. Twitinfo: aggregating and visualizing microblogs for event exploration [C]// Proceedings of the SIGCHI Conference on Human Factors in Computing Systems, 2011: 227-236.

[47] CHEN H, et al. A generic framework for constraint-driven data selection in mobile crowd photographing [J]. IEEE Internet of Things Journal. 2017, 4(1):284-296.

[48] FREY B J, DUECK D. Clustering by passing messages between data points [J]. Science, 2007, 315(5814):972-976.

[49] GUO T, et al. CrowdTravel: scenic spot profiling by using heterogeneous crowdsourced data [J]. Journal of Ambient Intelligence and Humanized Computing, 2018, 9(6):2051-2060.

[50] CRANSHAW J, et al. Bridging the gap between physical location and online social networks [C]// ACM International Joint Conference on Pervasive and Ubiquitous Computing. 2010. 119-128.

[51] REDI M, et al. Like partying? your face says it all. predicting the ambiance of places with profile pictures [C]// The International AAAI Conference on Web and Social Media. 2015: 347-356.

[52] JIANG N, et al. Toward optimal participant decisions with voting-based incentive model for crowd sensing [J]. Information Sciences, 2019, 5(12):1-17.

[53] RABANIMOTLAGH A, JANAKARAJ P, WANG P. Optimal crowd-augmented spectrum mapping via an iterative Bayesian decision framework [J]. Ad Hoc Networks, 2020: 105.

[54] GUO Y, et al. CrowdSafe: detecting extreme driving behaviors based on mobile crowdsensing [C]// IEEE SmartWorld, Ubiquitous Intelligence & Computing, Advanced & Trusted Computed, Scalable Computing & Communications, Cloud & Big Data Computing, Internet of People and Smart City Innovation, 2017: 1-8.

[55] TIAN T, ZHU J, YOU Q. Max-margin majority voting for learning from crowds [J]. IEEE Transactions on Pattern Analysis and Machine Intelligence, 2018, 4(10): 2480-2494.

[56] ZHANG C, FEI S. A matching game-based data collection algorithm with mobile collectors [J]. Sensors, 2020, 20(5):1398.

[57] GARDNER Jr E S. Exponential smoothing: the state of the art [J]. Journal of forecasting, 1985, 4(1): 1-28.

[58] BOX G E P, PIERCE D A. Distribution of residual autocorrelations in autoregressive-integrated moving average time series models [J]. Journal of the American Statistical Association, 1970, 65(332): 1509-1526.

[59] SHIBATA R. Selection of the order of an autoregressive model by Akaike's information criterion [J]. Biometrika, 1976, 63(1): 117-126.

[60] HAMILTON J D. Time series analysis [M]. Princeton University Press, 1994.

[61] CONTRERAS J, et al. ARIMA models to predict next-day electricity prices [J]. IEEE Transactions on Power Systems, 2003, 18(3): 1014-1020.

[62] SZETO W Y, et al. Multivariate traffic forecasting technique using cell transmission model and SARIMA model [J]. Journal of Transportation Engineering, 2009, 135(9): 658-667.

[63] SHI Q, ABDEL-ATY M, LEE J. A bayesian ridge regression analysis of congestion's impact on urban expressway safety [J]. Accident Analysis & Prevention, 2016, 88: 124-137.

[64] LI J, CHEN W. Forecasting macroeconomic time series: LASSO-based approaches and their forecast combinations with dynamic factor models [J]. International Journal of Forecasting, 2014, 30(4): 996-1015.

[65] BAO Y, XIONG T, HU Z. Multi-step-ahead time series prediction using multiple-output support vector regression [J]. Neurocomputing, 2014, 129: 482-493.

[66] LIAW A, WIENER M. Classification and Regression by Random Forest [J]. R news, 2002, 2(3): 18-22.

[67] CAO L, OU Y, PHILIP S Y. Coupled behavior analysis with applications [J]. IEEE Transactions on Knowledge and Data Engineering, 2011, 24(8): 1378-1392.

[68] GERS F A, SCHMIDHUBER J, CUMMINS F. Learning to forget: continual prediction with LSTM

[J]. Neural computation, 2000, 12(10): 2451-2471.

[69] CHUNG J, et al. Empirical evaluation of gated recurrent neural networks on sequence modeling [J]. arXiv preprint arXiv:1412.3555, 2014.

[70] RUSH A M, CHOPRA S, WESTON J. A neural attention model for abstractive sentence summarization [J]. arXiv preprint arXiv:1509.00685, 2015.

[71] FENG J, et al. Deepmove: predicting human mobility with attentional recurrent networks [C]// Proceedings of the 2018 World Wide Web Conference. 2018: 1459-1468.

[72] LIU J, et al. Rebalancing bike sharing systems: a multi-source data smart optimization [C]. Proceedings of the 22nd ACM SIGKDD International Conference on Knowledge Discovery and Data Mining. 2016: 1005-1014.

[73] CAO L. In-depth behavior understanding and use: the behavior informatics approach [J]. Information Sciences, 2010, 180(17): 3067-3085.

[74] HINTON G E, SALAKHUTDINOV R R. Reducing the dimensionality of data with neural networks [J]. Science, 2006, 313(5786): 504-507.

[75] HE K, ZHANG X, REN S, et al. Deep residual learning for image recognition [C]// Proceedings of the IEEE Conference on Computer Vision and Pattern Recognition. 2016: 770-778.

[76] ZHOU J, CUI G, HU S, et al. Graph neural networks: a review of methods and applications [J]. AI Open, 2020, 1: 57-81.

[77] GUO B, et al. Citytransfer: Transferring inter-and intra-city knowledge for chain store site recommendation based on multi-source urban data [J]. Proceedings of the ACM on Interactive, Mobile, Wearable and Ubiquitous Technologies, 2018, 1(4): 1-23.

[78] ZHANG J, et al. DNN-based prediction model for spatio-temporal data [C]// Proceedings of the 24th ACM SIGSPATIAL International Conference on Advances in Geographic Information Systems. 2016: 1-4.

[79] LI Y, et al. Diffusion convolutional recurrent neural network: Data-driven traffic forecasting [J]. arXiv preprint arXiv:1707.01926, 2017.

[80] YIN H, et al. LCARS: A spatial item recommender system [J]. ACM Transactions on Information Systems (TOIS), 2014, 32(3): 1-37.

[81] YIN H, et al. Joint modeling of user check-in behaviors for real-time point-of-interest recommendation [J]. ACM Transactions on Information Systems (TOIS), 2016, 35(2): 1-44.

[82] LAFFERTY J, MCCALLUM A, PEREIRA F C N. Conditional random fields: Probabilistic models for segmenting and labeling sequence data [C]// Proceedings of the 18th International Conference on Machine Learning, 2001.

[83] YI F, et al. Neural network based continuous conditional random field for fine-grained crime prediction [C]// Proceedings of International Joint Conference on Artificial Intelligence. 2019: 4157-4163.

[84] YI F, et al. An integrated model for crime prediction using temporal and spatial factors [C]// 2018 IEEE International Conference on Data Mining, 2018: 1386-1391.

[85] ZHENG Y, LIU F, HSIEH H P. U-air: when urban air quality inference meets big data [C]// Proceedings of the 19th ACM SIGKDD International Conference on Knowledge Discovery and

Data Mining, 2013: 1436-1444.

[86]　YI X, et al. Deep distributed fusion network for air quality prediction [C]// Proceedings of the 24th ACM SIGKDD International Conference on Knowledge Discovery & Data Mining, 2018: 965-973.

[87]　HUANG C, et al. DeepCrime: attentive hierarchical recurrent networks for crime prediction [C]// Proceedings of the 27th ACM International Conference on Information and Knowledge Management. 2018: 1423-1432.

[88]　ZHAO X, TANG J. Modeling temporal-spatial correlations for crime prediction [C]// Proceedings of the ACM Conference on Information and Knowledge Management, 2017: 497-506.

[89]　OUYANG Y, et al. Modeling and forecasting the popularity evolution of mobile apps: a multivariate hawkes process approach [J]. Proceedings of the ACM on Interactive, Mobile, Wearable and Ubiquitous Technologies, 2018, 2(4): 1-23.

[90]　CRANE R, SORNETTE D. Robust dynamic classes revealed by measuring the response function of a social system [J]. Proceedings of the National Academy of Sciences, 2008, 105(41): 15649-15653.

[91]　HAWKES A G. Spectra of some self-exciting and mutually exciting point processes [J]. Biometrika, 1971, 58(1): 83-90.

[92]　OUYANG Y, et al. Competitivebike: competitive analysis and popularity prediction of bike-sharing apps using multi-source data [J]. IEEE Transactions on Mobile Computing, 2018, 18(8): 1760-1773.

[93]　LU X, et al. Characterizing the life cycle of point of interests using human mobility patterns [C]// Proceedings of the 2016 ACM International Joint Conference on Pervasive and Ubiquitous Computing, 2016: 1052-1063.

第 **7** 章

自学习增强与自适应演化

随着物联网、大数据和人工智能技术的快速发展与加速融合，智能物联网（Artificial Intelligence of Things, AIoT）[1] 正成长为一个具有广泛发展前景的新兴前沿领域。AIoT 首先通过各种传感器联网实时采集各类数据（环境数据、运行数据、业务数据、监测数据等），进而在终端设备、边缘设备或云端通过数据挖掘和机器学习方法来进行智能化处理和理解，如智能感知、目标识别、能耗管理、预测预警、智能决策等。近年来，智能物联网应用和服务已经逐步融入国家重大需求和民生的各个领域，例如，智慧城市、智能制造、无人驾驶等。预计 2025 年，我国物联网连接节点将达到 200 亿个，未来数百亿的设备并发联网产生的数据分析和融合需求将促使物联网与人工智能的深度融合。智能物联网的兴起为人机物融合群智计算提供了海量而泛在的感知与计算资源，成为推动群智计算发展的重要基础。

在智能物联网时代，在**移动嵌入式终端上执行深度学习模型实现智能推断**逐渐成为一种趋势 [2]。随着边缘计算网络终端的感知、计算和存储能力不断提升，边缘设备终端每秒都会产生数以万计的海量感知数据，然而终端向服务端不加约束地提交感知数据会存在隐私风险和网络连接丢失风险。因此**终端智能**（On-device Intelligence）[3] 是一种理想模式：将智能应用 / 服务中频繁调用的深度计算模块从云端推向靠近产生海量数据和请求应用 / 服务的终端平台，从而提供分布式、低延迟和高可靠的人机物智能应用 / 服务。

针对人机物融合群智计算应用情境复杂多变、数据分布差异、数据和学习任务不断增加演化，以及终端平台资源（计算、存储和电量）受限等问题，很难设计一个普遍适用于所有复杂应用情境的统一的深度学习模型。因此终端智能模式下急需一种具有稳定的自适应能力和自学习增强能力的深度学习模型演化范式。具体来说，深度学习模型的自主演化范式中包括深度学习模型的**自适应演化**和**自学习增强演化**。

模型的自适应演化范式旨在确保模型性能的前提下，根据情境（尤其是计算和存储等资源约束）变化动态调整模型规模和运算模式，从而降低全局资源消耗、提高运算效率。**模型的自学习增强演化范式**持续感知应用情境（尤其是新数据和新任务性能需求）变化，不断维护并吸收增长的知识库，使模型在不遗忘旧知识的基础上，以正向迁移的方式高效融合旧知识并建立新知识。两者在模型面向动态情境多样性的**自适应能力优化**和**生命周期优化**上相辅相成。

模型的这两种自主演化范式的研究契机和挑战都在于：人机物融合群智计算的实际应用环境是复杂多样的，并且随智能应用发生的时间和空间而动态变化。然而深度学习模型通常是基于特定环境和数据集的孤立学习过程，对动态情境的自适应能力和自学习能力差。

- **狭义的环境**：是指应用所处的物理条件（如影响拍照的光线、影响声音采集的环境噪声等）。
- **广义的环境**：是指包括物理条件、应用数据类型及分布、目标任务的精度和时延等性能需求、目标平台的计算和存储资源等所有软硬件条件在内的应用环境上下文。

为了让深度学习模型在横向任务和纵向时间序列上实现自适应演化和自学习增强演化，模型都必须首先主动掌握（量化）**当前的环境画像**，并通过**自动化决策器**（如强化学习）**按需采取适当的自适应策略**（如模型自适应压缩、云－边－端融合的自适应分割、运行时动态自适应执行、神经网络架构搜索、模型自学习增强等），从而在模型性能与环境约束之间寻找最佳平衡。

本章将围绕深度学习模型自适应和增强演化问题，从其概念、框架、研究挑战、关键技术与基础实践等不同方面进行阐述和讨论。

图 7.1 给出了一个移动终端情境敏感的自适应深度学习模型演化系统参考架构。其中，**环境感知层**主动捕获动态环境状态，并将环境状态描述输入给自适应演化层和自学习增强演化层。**模型自适应演化层**根据情境变化调用一个或组合多个自适应压缩、分割、动态自适应执行和网络架构搜索等自适应演化技术方案，**模型自学习增强演化层**按需调用单增量终身学习和多任务拓展终身学习策略实现新旧应用性能和环境约束之间的最优折中方案。自适应方案为**应用层**提供支撑，实现用户可定义的各类人－机－物融合的移动应用和服务。

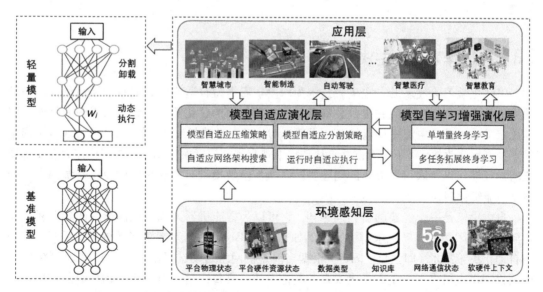

图 7.1　移动终端情境敏感的自适应深度学习模型演化系统参考架构

数学上，模型自适应演化和自学习增强演化的**需求通常可以建模为一个带约束的（动态）多目标优化问题**。例如，深度模型的实时性能（如模型的分类精度、整体延迟等）是多个动态优化目标，目标平台的资源预算（如实时剩余电量、移动应用程序的运行时内存上限等）是优化约束。**这一需求是由环境变更按需触发的，并由模型持续地自主捕获并自适应处理**。具体地，模型的自适应演化需求由应用环境的上下文变更引起，而模型的自学习增强演化需求是由新数据到来以及新任务拓展引入的，环境感知层持续地主动感知这些变更并按需（例如变更程度大于某个阈值）调用两个演化层。不同的模型自适应演化和自学习增强演化方法旨在实现模型架构和运算方式的自适应调整、改进以及设计过程自动化。具体的演化方法通过调整模型架构和运算模式，直接影响模型相关的精度、参数量和计算量，间接影响模型在终端平台相关的存储占用和计算时延等指标，并且满足终端平台的存储、计算和电量预算。

针对这一问题，首先，7.1 节介绍以强化学习为代表的自主决策技术，它们可以为两种模型自主演化中不同的优化问题提供自动化的闭环求解方案。其次，7.2 节详细介绍不同的模型自适应演化研究工作如何面向特定的应用情境需求和目标平台资源量化模型性能，包括关注哪些深度学习模型的性能指标优化（7.2.1 节）、如何设计不同的模型自适应压缩框架（7.2.2 节）、模型运行时动态执行路径设计（7.2.3 节）、模型跨多个云 – 边 – 端设备的自适应分割技术（7.2.4 节）和自适应神经网络架构搜索技术（7.2.5 节），并为它们所关注的带约束优化问题提供启发式的闭环求解方案。再次，7.3 节将详细介绍模型的自学习增强演化研究工作如何设定和优化深度学习模型在旧任务以及持续累加和拓展的新任务上的**序列性多重模型性能优化问题**。最后，7.4 节对两种深度模型的自主演化研究进行总结，并面向人机物融合群智计算模式中丰富的终端智能应用情境，对这两种模型的自主演化研究前景进行展望。

7.1　强化学习与自主决策

以强化学习为代表的自主决策技术为深度学习模型自适应演化和自增强演化范式中带约束的动态多目标优化问题提供**具有自动化决策能力的优化器**。它无须人工介入就能按照预先定义的方式自主观察环境状态，通过自动化搜索和选择动作（如 7.2 节和 7.3 节所列举的多种模型演化技术）不断尝试并将从环境中观察到的深度模型动态性能指标作为动作选择策略的反馈，以期取得最大化的期望奖励，从而求解模型自主演化中的设备资源约束下的模型性能优化问题。

自主决策是一个经典的研究问题 [4]，它可以为智能机器人和智能制造中的各类复杂优化问题提供闭环的自动化求解方案。例如，AlphaGo 是一个人工智能的围棋选手 [5]，它采用自动化决策技术（即强化学习 [6]）根据当前走棋网络自动选择落子，以期获得最终胜利。而围棋下棋点极多，分支因子大大多于其他游戏，且每次落子对棋盘长远局势的作用好坏瞬息万变，传统的自动化决策技术（如贪心搜索 [7]、网格搜索 [8]、基于规则的搜索 [9]）没有结合长远推断，很难奏效。强化学习是近年来备受关注的自动化决策技术，可以让程序具备人类观察环境、学习经验和总结规律的自主决策能力。

7.1.1 何为强化学习

强化学习（Reinforcement Learning）是一类这样的算法：它能让计算机从一开始什么都不懂，通过不断地尝试，并从错误中学习，最后找到规律，学会达到目的（获取利益）的方法。

强化学习是奖励（如分数）导向的。强化学习的核心思想是计算机能够自主学习。这时，计算机也需要一位虚拟的老师，这个老师不会告诉计算机如何做决定，它只给计算机的行为打分。计算机只需要记住那些被打分的经验（高分和低分对应的行为），下次采取能够拿高分的行为，并避免低分的行为。在实际应用中可以将想要获取的一切目标（例如最大化模型精度、最小化模型能耗）定义到强化学习的打分机制（奖励）中。这种分数导向性就像监督学习中的正确标签，不同之处在于监督学习的标签是预先给定的，而强化学习的分数标签是机器通过一次次在环境中尝试获取的。例如，如果将模型的运行性能作为分数，这种分数就是机器在模型运行中观察到的性能。这也就证明了在强化学习中，分数标签就是它的老师。

强化学习没有比较好的统一化模块，它是一个具有复杂性和多样性的机器学习大家族，具体包括多种方法。强化学习方法主要包括以下五个基本要素，如图 7.2 所示。

- 状态 s：对当前环境 / 状态的描述，可以是离散的或连续的。
- 动作 a：对 agent 可选动作的描述，可以是离散的或连续的。
- 奖励 $r(s, a, s')$：是 agent 根据当前状态 s 选择动作 a 后，环境反馈的奖励，其中 s' 指执行动作后的新状态。
- 策略 $\pi(a|s)$：是 agent 根据环境状态 s 决定下一步动作 a 的策略函数，分为确定性策略（Deterministic Policy）和随机性策略（Stochastic Policy）。
- 状态转移概率 $p(s'|s, a)$：是 agent 根据当前环境状态 s 选择动作 a 之后，环境在下一个时刻转变为状态 s' 的概率。

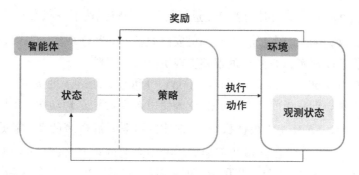

图 7.2 强化学习的基本要素

强化学习算法重点学习如何构建策略 $\pi(a|s)$ 和值函数 $V_{\pi(a|s)}$、$Q_{\pi(a|s)}$。早期的强化学习主要采用表格记录策略和值函数，只能解决状态和动作都是离散的简单问题。后来研究者们利用深度学习模型来建模复杂的环境状态和策略之间的映射关系，从而提供更具推广性的自动化决策框架，并且可以解决诸如机器人自动导航的连续性控制问题。

迄今为止，强化学习经过数十年的发展已包含许多不同的算法，其中 Q-Learning[10] 是早期最为经典的强化学习算法之一。Q 即 $Q(s,a)$，记录某一时刻的 s 状态下采取动作 a 能够获得的期望收益。算法的主要思想是以一张 Q 表格来存储不同状态 s 和动作 a 下的 Q 值，然后根据 Q 值使用 ε- 贪婪法选择当前状态下的最佳动作以期获得最大收益。ε- 贪婪法是在贪婪法的基础上，有一定概率选择其他动作保证探索性。以小球走迷宫为例，小球来到一个岔路口，有"向上"和"向右"两个动作，收益规定为：若没有撞到墙壁则得到"1"的收益，反之则给予"–10"的收益。如图 7.3 所示，在 s_1 状态下根据 Q 表的估计值发现向上走会获得更高的收益，于是使用 ε- 贪婪法选择了动作 a_2，紧接着状态更新为 s_2，以此类推，这就是 Q-Learning 算法的决策过程。

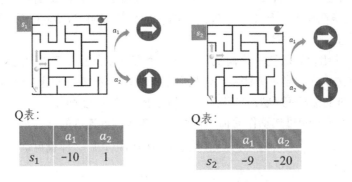

图 7.3　Q-Learning 算法的决策过程

训练过程中需要不断更新 Q 表，其更新模式遵循一个原则：如果在当前状态下执行某个动作后，下一个状态能够获得更大的收益（即 Q 值），则应该向该方向更新。Q 表格的更新公式中以 γ 表示奖励的衰变系数，在 0～1 之间取值，0 表示 Q 值只关心即时收益，1 则表示未来的收益更重要。采用时间差分法进行更新，即将到达下一状态 s_{t+1} 后预计获得的最大收益乘衰变系数 γ 再加上到达 s_{t+1} 时获取的实际收益 r 作为 Q 现实，以旧表格中的 Q 值为 Q 估计，通过学习 Q 现实和 Q 估计的误差实现所遵循的原则。

SARSA（State-Action-Reward-State-Action）[11] 和 Q-Learning 的决策部分相似，都是借助 Q 表格进行决策，即在当前状态下根据 Q 表使用 ε- 贪婪法选择动作。不同的是，SARSA 的更新方式不一样，SARSA 中根据状态 s_{t+1} 估计并用来更新 Q 表的动作就是接下来要执行的动作。由于 SARSA 经常在训练初期形成一些不必要的重复环路，SARSA(λ)[6] 算法对 SARSA 进行了改进。SARSA 是单步更新，即只对前一步的 $Q(s,a)$ 进行更新，而 SARSA(λ)

则是对之前的 λ 步进行更新。

7.1.2　深度 Q 网络

强化学习（Q-Learning）方法通过与深度模型相融合，克服了传统 Q-Learning 中以表格形式存储状态、行为及奖励的表达能力瓶颈。由此深度强化学习（Q-Learning）作为深度学习与强化学习的产物，掀起了新的浪潮，解决了传统强化学习理论在过去几十年中所遇到的复杂问题。

深度 Q 网络（Deep Q-Network，DQN）于 2013 年由 Deep Mind 提出[12]，是一种典型的基于 Q 值的深度强化学习模型。因为实际应用问题通常比较复杂，状态个数不计其数（比如下围棋的局面状态）。如果全部使用表格存储，那么对计算机的内存是一项考验，而且每次在庞大的表格中搜索对应状态也十分耗时。不过，神经网络非常擅长处理这类任务。如图 7.4 所示，DQN 可以使用神经网络生成 Q 值：将状态和动作当成神经网络的输入，经过神经网络分析后得到动作的潜在奖励 Q 值。神经网络像人的眼睛和鼻子一样感知环境信息，然后通过神经元分析输出每种动作的 Q 值，最后按照 Q-Learning 的强化学习原则，选择拥有最大 Q 值的动作作为下一步的动作。

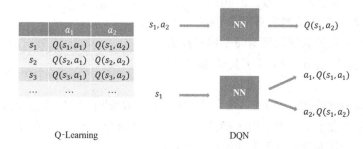

图 7.4　Q-Learning 与 DQN 的主要区别在于存储策略的方式：前者采用表格，后者采用神经网络

DQN 中有两种关键技术，使其具有类似人类的自学习能力并在某些游戏中打败人类：经验回放（Experience Replay）和冻结 Q-target 值（Fixed Q-target）[12]。经验回放是借助一个记忆库来存储并利用历史经验。由于 Q-Learning 是离线学习（off-policy），可以学习当前经历、过去经历，甚至学习别人的经历。所以 DQN 在更新时，使用经验回放策略随机抽取一些经历进行学习。同时，通过随机采样可以降低数据的相关性，提高网络更新效率。冻结 Q-target 值策略也是一种打乱数据相关性的机制，可以在 DQN 中使用两个结构相同但参数不同的神经网络，预测 Q 估计的神经网络拥有最新参数，而预测 Q 现实的神经网络使用的参数则是数步更新前的。

然而 DQN 及 Q-Learning 中所有的目标 Q 值都是通过贪心方法得到的，需要使用求最大值（max）操作来找到最大收益 Q 值，虽然可以快速让 Q 值向可能的优化目标靠拢，但是容易导致过估计（Over Estimation）问题。过估计是指由于估计的 Q 值比真实的 Q 值偏大导致最终得到的算法模型有较大偏差。Double DQN[13]则通过解耦目标 Q 值中动作的选择和计算这两步，达到了消除过估计的目的。

如图 7.5 所示，Double DQN 也有两个神经网络。Double DQN 不再直接在 Q 现实网络中寻找各个动作中最大 Q 值，而是先在 Q 估计网络中找出最大 Q 值对应的动作，然后利用选择出来的动作在 Q 现实网络中计算 Q 值。

在 Double DQN 的基础上，Schaul T 等人 [14] 提出了优先级经验回放技术（Prioritized Replay DQN）来进一步优化经验回放策略。DQN、DDQN 等在经验回放过程中是随机均匀采样的，即所有样本被采样到的概率是相同的。

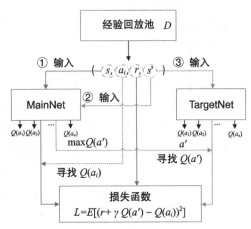

但是，经验回放池中不同样本的 TD 误差（Q 现实 –Q 估计）不同，对反向传播的作用是不同的。Prioritized Replay DQN 则在 Q 网络中，根据 TD 误差对经验样本标记优先级，使 TD 误差较大的样本更容易被采样。这样算法更容易收敛，抽样回放更加有效。针对多任务网络，Yin 等人 [15] 进一步提出了分层优先经验回放。多任务网络需要从每个问题域的大量数据中学习，因此开发高效的采样策略来选择有意义的数据更新网络是非常必要的，分层优先经验回放则对每个域采样的经验分布进行重新划分，提高了优先排序的效果。

图 7.5   Double DQN 算法架构 [12]

除了对经验回放的优化之处，Liu 等人 [16] 提出的 Dueling DQN 还通过修改 DQN 中的神经网络结构来优化算法。Dueling DQN 将每个动作的 Q 值拆分成状态的值和每个动作的优势值，从而显著提升学习效果并加速收敛过程。

以上介绍的算法都是对深度 Q 网络（DQN）的改进，如图 7.6 所示，Double DQN、Prioritized Replay DQN 和 Dueling DQN 等分别从解决过拟合问题、提升经验回放效果和加速收敛三个方面进行了不同改进。

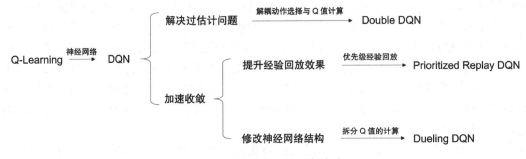

图 7.6   基于 DQN 的研究改进

7.1.3　策略梯度

与基于价值的 DQN 需要根据最高价值选择动作的方式不同，策略梯度（Policy Gradient）算法 [17] 不需要分析动作的价值，而是直接输出动作。具体地，策略梯度算法的输出不是动作收益值，而是具体的动作，这样策略梯度就跳过了学习 Q 值的阶段。而且，策略梯度方法的最大优势是：输出的动作可以是一个连续的值，即从一个连续分布上选择最大值的动作，而基于价值的方法输出的只是离散值。

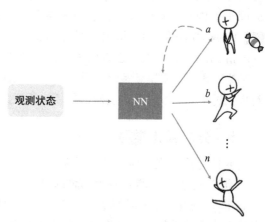

如图 7.7 所示，假设机器观测环境信息让神经网络选择了行为 a，该行为 a 随之在网络中反向传递，希望网络下次选中行为 a 的概率高一点。这时奖惩信息也告诉网络这是好行为，在这次反向传递时候加大力度，这就是策略梯度的核心思想。而 DQN 则是神经网络直接输出离散的动作及计算好的收益值，然后选择最大收益值的动作来执行。

图 7.7　策略梯度算法：神经网络直接输出动作，可以在连续区间内挑选动作，被奖励的动作通过反向传播使下次被选中的概率升高

7.1.4　演员 - 评论家架构

强化学习中的智能体在迭代中可能不清楚哪个动作对最后结果是有用的，于是会选择很多动作，从而导致强化学习算法存在高方差、奖励值稀疏和收敛速度慢等问题。为解决上述问题，演员 - 评论家（Actor-Critic）架构 [18] 被提出。演员 - 评论家算法是 DQN 和策略梯度算法的一种巧妙结合，它通过引入 Critic 网络的评价机制来解决算法高方差问题。

同时，Actor-Critic 框架也是 DQN 和策略梯度算法的优缺点互补。如图 7.8 所示，Actor 是基于策略梯度思想，策略网络能在连续动作中选取合适的动作；Critic 则是基于价值的 Q-Learning 思想，价值网络可以单步更新，可以弥补策略梯度的回合更新效率低的缺点。

Actor-Critic 算法中 Critic 网络需要进行价值判断，同时 Actor 网络也需要及时更新，因此存在收敛较慢的问题。Lillicrap 等人 [19] 进一步提出了深度确定性策略梯度算法（Deep Deterministic Policy Gradient，DDPG）来解决较难收敛的问题，该算法可拆分为"深度"和"确定性策略梯度"来理解。"深度"是指借助 DQN 的两个关键技术，即经验回放和冻结 Q-target 值策略，使其走向更深层次的学习。"确定性策略梯

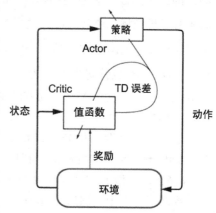

图 7.8　Actor-Critic 算法架构图

度"则是改进策略梯度输出动作的过程，只在连续动作上输出一个动作值，最终实现在连续动作上更有效的学习。Mnih 等人[20] 则提出另一种方式——异步优势演员 – 评论家算法（Asynchronous Advantage Actor-Critic，A3C）来解决该问题，它引入并行计算的概念，将 Actor-Critic 放入多个线程中并行训练。其核心思想类似于多人同时玩游戏，将游戏攻略同步上传至中央服务器，然后再从服务器获取最新玩法。与 A3C 中并行计算的思想相同，Heess 等研究者[21] 提出一种分布式的近端策略优化算法（Distributed Proximal Policy Optimization，DPPO），也采用了并行计算的思想，不同之处在于 DPPO 通过利用新策略和旧策略的比例，限制新策略的更新幅度，从而解决了策略梯度中更新步长难确定的问题（更新步长过小会导致收敛速度慢，更新步长过大不易收敛）。

7.1.5　分层强化学习

上述的传统强化学习方法会存在"维数灾难"问题，即待训练参数的数量会随着智能体状态复杂度的增加而呈指数级增长，而分层强化学习（Hierarchical Reinforcement Learning）则提供了一种解决"维数灾难"问题的有效思路。其核心思想是引入抽象机制实现状态变量的空间降维，将复杂的学习任务分解为不同层次的多个子任务，分别在小规模的子问题空间下求解每个子任务，最终达到解决复杂问题的目的。

目前分层强化学习的典型方法有以下三种：基于分层抽象机（Hierarchical Abstract Machines，HAM）的方法、基于选项（Option）的方法和基于 MaxQ 值函数分解的方法。基于分层抽象机[22] 的方法是将每个子任务抽象为一个建立在 MDP 之上的随机有限状态机，并为每个状态机设计了动作（action）、调用（call）、选择（choice）和停止（stop）4 种状态，实现了部分状态条件下的状态间转换，适用于部分可观测环境。1999 年，基于选项的方法[23] 被提出，其核心思想则是将学习任务抽象成若干个 Option，每个 Option 可以理解为一个为完成某个子任务而定义在某状态子空间上的按一定策略执行的动作序列。其中，每个动作既可以是一个简单的基本动作，也可以是另一个 Option。通过上层 Option 对下层 Option 或基本动作的调用形成层级控制结构。2000 年，Dieterich 提出了 MaxQ 价值函数分解的方法[24]，其核心思想是将一个马尔可夫过程 M 分解为子任务集 $\{M_0, M_1, \cdots, M_n\}$，并将策略 π 分解为策略集合 $\{\pi_0, \pi_1, \cdots, \pi_n\}$，策略 π_i 与任务 M_i 对应。各子任务形成以 M_0 为根节点的分层结构，解决了 M_0 也就解决了原任务。其中，要解决 M_0 所采取的动作既包含基本动作，也包含其他子任务。基于 MaxQ 的方法结构清晰，便于实现，目前已经成为分层强化学习中应用最广泛的基础算法之一。

近年，研究者们将分层强化学习与神经网络相结合，取得了一系列突破性进展。例如，Kulkarni 等人[25] 为解决外在环境反馈稀疏和反馈延迟的问题，将传统的 Option 方法与 DQN 结合，提出了 hierarchical-DQN（h-DQN）框架。如图 7.9 所示，该框架包含两个层级的神经网络，其中，顶层（Meta Controller）用于目标决策，即根据状态信息从所有可能选项（子目标）中选取一个子目标交给下一层的控制器完成；底层（Controller）用于具体行动，负责接收上层分配的子目标，并根据状态及目标来选择一个可能的行动执行。由于子目标的设计是通过内在奖励鼓励智能体探索环境，因此在一定程度上解决了奖励稀疏的问题。

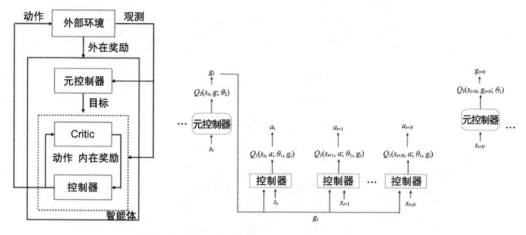

图 7.9 h-DQN 框架 [25]

类似地，Florensa 等人 [26] 提出了一种训练策略的分层框架。该框架首先在预训练环境中，将随机神经网络（SNN）与信息论正则化结合使用，来学习有用的底层技能；然后在这些技能基础上为每个底层任务训练一个高级策略。此外，在预训练环境中，该框架同样使用了少量下层任务的领域知识来设计内在激励，以鼓励智能体进行自我探索。

7.1.6 元强化学习

强化学习的性能对超参数有很大的依赖性，因此其自适应能力有限，即一个智能体在不断变换的环境中运行，如果需要学习新技能和完成新任务就会出现适应性差、速度慢的问题。若要使智能体具备快速适应的能力，元学习 [27] 是一种可参考的范式，通过利用相关任务中积累的经验，使强化学习模型基于少量的新尝试就能快速适应新环境中的任务。

因此，将元学习与强化学习相结合的元强化学习 [28] 应运而生。它将强化学习中的超参数设置为元参数，通过元学习以动态、自适应的方式调整元参数，并进一步指导强化学习的更新和推断过程。元强化学习包含两个优化循环，如图 7.10 所示，外循环的每次迭代对新环境进行采样，调整决定智能体行为的元参数；在内循环中，智能体通过强化学习与环境交互并优化策略。

近期，元强化学习还取得了一些新进展。伯克利大学的 Anusha 等研究者提出了一个基于模型的快速自适应元强化学习算法 [30]。如图 7.11 所示，它通过元训练得到一个先验模型，利用近期的观测值与先验模型结合，使用过去 M 个时间步的数据将模型调整更新到适合当前环境，同时使用基于模型的强化学习提高采样效率，从而实现快速在线自适应。

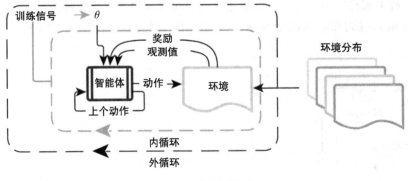

图 7.10　元强化学习 [29]

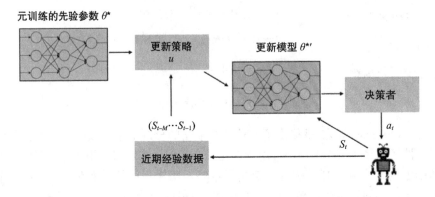

图 7.11　快速自适应元强化学习 [30]

此外，该研究团队还提出了一种基于模型的在线元强化学习算法 [31]，使用模型不可知元学习算法（Model Agnostic Meta Learning，MAML）[32]，通过对先验知识中多个任务的平均性能的学习，得到新任务的初始化参数，从而对先验知识进行元训练，然后通过中国餐馆过程（CRP）算法对任务分布进行预测。中国餐馆过程是由中国人就餐时喜欢坐在人多的桌子上的这一现象命名的，因此该算法预测下一任务为旧任务的概率，类比为顾客来到餐馆按照桌子上人数的比例进行就座的概率。最后使用期望最大化（EM）算法调整模型以适应当前新的任务，从而实现连续在线自适应，解决了深度神经网络模型允许表示复杂功能但缺乏快速在线适应能力的问题。

拓展思考

深度强化学习（DRL）尚未在更多的自适应深度学习解决方案中广泛应用。读者可以为不同复杂度的应用情境选择合适的强化学习算法（或对已有算法做适当改进），从而为深度学习模型的演化过程添加人类描述环境、学习经验和总结规律的自学习能力。强化学习智能体可以被看作一个额外的控制器，根据环境动态变化更新自己的参数，并控制深度学习模型演化过程中的模型架构和运算模式自适应调整。此外，读者还需要重点思考和研究如何根据特定需求设计强化学习算法中的几个关键指标：环境（状态）描述、可选动作和奖励。

例如，部署平台的硬件状态（如电池电量、存储空间），可以看作强化学习智能体的"状态"，需要构建可量化的状态描述方法。深度学习模型性能（例如模型精度、运行时存储占用等）可以看作奖励，指导智能体在动态情境中自动选择奖励最高的模型演化策略。He 等研究者在文献 [33] 中已经验证了将强化学习算法用于深度模型压缩率自动化选择的可行性，并以每层网络的压缩率为切入点初步探索了深度模型对设备硬件环境的自适应方法。强化学习算法作为解决模型自适应演化问题的可行方法，值得更丰富的探索。此外，深度强化学习算法（如 DQN、DDPG 等）通常也采用一个神经网络结构，因此可以与需要演化的原始神经网络同步计算和联合训练。

DRL 智能体需要在给定环境中反复试验来掌握任务知识，因此仍需要耗费较多的训练时间。因此研究者仍然需要开展更多关于在线强化学习的研究，不仅需要解决算法实践方面的挑战，还需要精心设计在线强化学习元参数优化、经验回放自适应、环境状态刻画（简化）以及在线性能管控等方案。近期，DeepMind 开源了 OpenSpiel[34]、Sprite World⊖和 bsuite⊖三个不同的 DRL 栈，可以帮助和启发研究者们开展更多值得挖掘在线强化学习潜力的研究，进一步面向更多的人机物融合群智计算应用过程，从不同层面探索模型自适应演化的不同阶段的自动化。

7.2 深度计算方法的自适应演化

模型的自适应演化可以自适应地提升终端智能。基于深度学习的终端智能研究的一个众所周知的挑战就是：如何面向不同的应用情境，为不同的深度模型性能需求（如精度、时延）和多种终端设备资源（如计算、存储和电量）约束寻找一个稳定的**模型自适应演化范式**。终端智能的一个主要特性是终端设备可本地执行深度计算模型。然而深度计算模型往往是计算密集的，需要较大的存储和电量资源支持，因此受到移动终端设备有限的计算和存储资源制约。

模型的自适应演化范式旨在为不同的人机物融合群体智能的终端智能情景提供动态最优的深度学习模型。如图 7.12 所示，自适应演化范式需要不断地自主捕获和量化动态环境状态并从环境中观察模型的实时性能反馈（详见 7.2.1 节），然后按需调用一个或组合多个模型自适应压缩（详见 7.2.2 节）、模型运行时自适应（详见 7.2.3 节）、多平台自适应分割（详见 7.2.4 节）以及自适应神经网络架构搜索（详见 7.2.5 节）等终端轻量化模型的自适应演化策略和方案。

7.2.1 模型性能指标量化

如前所述，模型自适应演化是由应用环境上下文变更（按需）触发的，演化的目的是以

⊖ https://sourceforge.net/projects/spriteworld/.

⊖ https://github.com/deepmind/bsuite.

自动化的方式在多个模型的运行时性能（如精度、时延）和资源约束（如计算量、存储、电量）之间实现最佳平衡。因此一个非常重要的环节就是主动捕获和量化模型的运行时性能以及资源消耗，并将它们与目标应用的性能要求和设备附加资源预算以可量化的方式关联起来。量化的性能需求和资源约束作为优化目标和约束条件输入到按需优化模块中，这也将作为模型自动化按需调用和实时调整一种最佳的自适应演化方案的结果反馈。

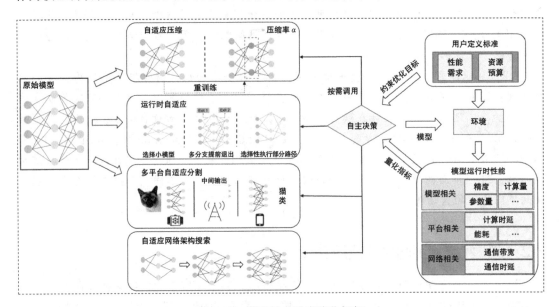

图 7.12　模型的自适应演化框架

目前，大多数深度模型压缩和轻量化架构设计都是由专家**手动设置的**，而且选择标准对非专家的应用开发人员而言是一个黑盒，它更像一种"炼金术"。因此，**允许用户定义标准**是模型自适应演化中的一个重要特性，它将大大推动深度学习赋能各类移动应用系统的广泛部署。

用户定义标准涉及各种模型性能指标和资源预算，本章将深度模型的性能和资源消耗指标划分为以下三种类别：

- 模型参数相关的性能：精度、计算量、模型参数量（存储）。
- 平台相关的性能：深度计算时延、能耗（存储和加载）。
- 网络交互相关的性能：通信带宽、通信时延。

在模型部署到移动平台之前预测深度模型的性能指标（尤其是平台相关的移动端上的能耗和时延）并非易事。例如，目前仍然没有关于目标部署平台上深度模型能耗估算模型的普适性方案。本节将介绍一系列涉及计算以上性能指标的系统性方案，并将它们与深度模型参数和目标移动平台相关联。同时，还会介绍最新估算建模方法并对其进行修改以适应不同的终端软/硬件基础。

为了对移动端深度模型的运行时性能和资源消耗进行预测，我们于 2018 年提出了

AdaDeep 模型 [35]，其中介绍了如何根据 DNN 参数量和平台资源约束来设计针对用户需求的量化规范，包括精度 A、能耗 E、延迟 T 和存储 S。难点在于如何在训练时（即**将 DNN 部署到各种移动设备之前**）获得在平台上测试的运行时性能量化，AdaDeep 设计了一系列预测量化公式来进行估计。

1）**精度 A**：测试中的识别精度定义如下：

$$A = \text{prob}(\hat{d}_i = d_i), i \in D_{mb} \tag{7-1}$$

其中，$\hat{d}_i$ 和 d_i 分别表示分类器决策和真实标签，D_{mb} 代表 mini-batch 中的样本。

2）**存储 S**：利用与权值和激活相关的占位总数来计算运行时 DNN 所需的存储：

$$S = S_f + S_p = |\chi| B_a + |\omega| B_w \tag{7-2}$$

其中 S_f 和 S_p 表示激活和权值的存储需求，χ 和 ω 是网络中所有激活值和权值，B_a 和 B_w 分别表示激活和权值的精度。例如，在 TensorFlow 张量中，$B_a = B_w = 32$ 位。

3）**计算量 C**：将一个 DNN 的计算成本 C 作为 DNN 中的乘加（MAC）操作总数的模型。例如，卷积层的点积操作的 MAC 总数是一个权值和激活向量大小的函数 [36]。

4）**延迟 T**：在移动设备中执行 DNN 推理的延迟，很大程度上取决于给定设备的系统结构和分级存储系统。Venieris 和 Bouganis[36] 提出了一个卷积神经网络延迟模型，该模型已在硬件实现中得到验证。具体来说，延迟 T 来源于同步数据流模型，它是考虑批量、部署设备的存储和处理能力、算法（即 DNN）复杂度等要素的复合函数。

5）**能耗 E**：评估 DNN 的能耗包括计算成本 E_c 和内存访问成本 E_m。前者可表示为总的 MAC 运算能耗，即 $E_c = \varepsilon_1 C$，其中 ε_1 和 C 分别表示每个 MAC 的操作能耗和 MAC 的总数。后者取决于给定的移动设备上执行 DNN 的存储方案。我们假设一个存储方案，权值和激活分别存储在 Cache 和 DRAM 内存中，该方案可以加速 DNN 的推理执行 [37]。因此，E 可建模为：

$$E = E_c + E_m = \varepsilon_1 C + \varepsilon_2 S_p + \varepsilon_3 S_f \tag{7-3}$$

其中，ε_2 和 ε_3 分别表示访问 Cache 和 DRAM 内存时每比特的能源成本。为了获得能量消耗量化，我们参考了文献 [38] 中最先进的 DNN 硬件实现中的能量模型，其中访问 Cache 和 DRAM 内存（标准为 MAC 操作）的能耗系数分别为 MAC 运算的 6 倍和 200 倍。因此可以建模为：

$$E = \varepsilon_1 \cdot C + 6 \cdot \varepsilon_1 \cdot S_p + 200 \cdot \varepsilon_1 \cdot S_f \tag{7-4}$$

其中，ε_1 是测量得到的（我们在移动设备上的测量值约为 52.8 pJ）。

用户需求度量（精度 A、存储 S、延迟 T 和能源成本 E）可以用 DNN 的参数（例如，MAC 操作数 C、所有激活 X 的索引集和权值 W）和平台相关参数（例如每比特的能源成本）来确定。我们可以通过采用各种 DNN 压缩技术调整 DNN 的参数量。然而，不同移动平台的平台参数和资源约束可能有所不同。因此，需要自动化地选择适当的压缩技术来优化每个应用和移动平台的性能需求和资源约束。

此外，还有一些其他涉及移动端深度模型的部分性能量化研究。Li 等人在 DeepCham[39] 中首先针对系统各个组件的延迟时间建立延迟时间表，在框架运行时对各个模块的延迟时间进行累加，求得总延迟。其次，他们采用了类似的方法对系统内存成本进行了测量。首先根据经验建立了各个部分的内存消耗表，然后通过对各部分内存的累加求得整个系统的内存消耗。最后，他们使用 PowerTutor○工具测量系统产生的能耗。总的来说，对于 DeepCham 系统的综合性能，他们所采用的方式基于实际测量，但是这对于不同设备或不同模型的部署将产生极大的工作负担。DeepRebirth[40] 对于能耗的测量也是采用了 PowerTutor，而对于模型的存储与运行时的内存情况则采用了直接测量的方法。Deepware[41] 采用 Monsoon 来量化深度模型在智能手机中的能耗，并对智能手表的能耗模型进行了研究。Neurosurgeon[42] 对于延迟和能耗的量化采用了基于经验结果预测模型的方法，基于收集的延迟和能耗数据使用决策树和线性回归来进行预测。

值得注意的是，精确量化模型性能和资源消耗是十分困难的，尤其是平台相关的性能指标（例如能耗），因为它们与底层硬件紧密耦合，并且在不同设备上存在差异。然而，如果基于预测的量化模型得出的深度模型估算成本排序与移动设备上测量的模型实际成本排序是一致的，仍然可以用于深度模型压缩策略的横向对比和设备资源的约束参考。

7.2.2　模型的自适应压缩

上一节的模型运行时性能指标量化可以建模用户定义标准，本节的模型自适应压缩研究可根据开发人员和目标平台对精度、延迟、存储和能耗的定义标准，自适应地对模型的不同层选择不同的压缩策略和超参数。大多数深度模型压缩技术关注如何降低模型规模或提高运行速度，没有考虑移动平台对性能的影响和资源限制，这样的解决方案不具有普适性，而且单个压缩技术不能同时满足用户对模型的多种性能需求（包括精度、时延、能耗、存储和计算量）。

目前有很多基于规则的启发式模型自适应压缩方法。例如，以"层"为粒度的自适应，在第一层采用较低的压缩率，以保留原始信息的精确度；在全连接层修剪更多参数，因为全连接层主导了模型的存储量；在卷积层采用矩阵低秩分解简化计算，因为卷积层主导模型的计算量。然而，基于规则的自适应压缩策略往往不是最优的，因为深度神经网络中的各层是有内在联系的，不能直接在不同的模型之间迁移。随着网络的不断加深（例如，从 8 层的 AlexNet 到 152 层的 ResNet），模型设计空间复杂度呈指数级增长，在神经网络架构工程自动化的启发下，我们需要一种自动化的自适应模型压缩机制，在模型的结构压缩、运行时动态执行、多平台分割等不同层面开展更加灵活的模型自适应压缩研究。

1. 自适应模型压缩

当环境上下文动态变化时，为了使模型始终满足用户定义的性能需求和终端平台资源

○　http://ziyang.eecs.umich.edu/projects/powertutor/download.html。

约束，我们需要一种自适应的模型压缩机制。具体地，模型的自适应压缩是将模型的动态性能和硬件资源变化作为优化目标和约束条件，通过自动化搜索算法找到最佳的压缩超参数，以实现模型结构对环境变化的自适应。

模型压缩旨在采取降低模型权值精度、操作数量或两者兼有的模型压缩方式以降低深度模型的复杂度[43]。研究者们提出了多种 DNN 压缩技术，包括模型训练好之后实施的权值剪枝和压缩[44]、卷积层分解[45-46]、轻量级层结构[47-48]，以及适用于深度模型训练前的模型蒸馏技术[49-50]。

面向不同的应用系统性能需求和平台施加的资源约束，**自适应的深度模型压缩**框架是非常有必要的。因为现有的深度模型压缩技术大多基于实验结果提供一种 one-fit-all 的方案，例如，已有研究关注如何使用一种压缩技术来降低 DNN 的计算量或计算时延，但是没有考虑跨平台的差异化资源约束（如处理器、存储单元和电池）。此外，大多数压缩技术都是基于公共数据集的验证效果而提出的，面向不同的移动应用任务（如声音感知和人体活动感知等）和移动平台（如智能手机和可穿戴设备等），很难找到为其量身定制的深度模型压缩技术。

（1）典型研究及算法

Yao 等人初步探索了深度模型的自适应压缩问题，并提出了一种通用的自适应深度模型压缩框架 DeepIoT[51]。DeepIoT 是早期关注适用于所有类型神经网络层的自动化模型压缩技术之一，它旨在通过一种统一的方法对各种形式的卷积神经网络以及递归神经网络进行压缩，在简化模型架构的同时保持其优越的性能。具体地，如图 7.13 所示，DeepIoT 采用了额外的压缩器网络，将待压缩模型隐藏层输入其中，由压缩器网络计算冗余概率并自动剔除冗余连接。由于神经网络不同层中存在参数互联，DeepIoT 巧妙地利用了这一特点，根据神经网络参数的丢失概率来修剪隐藏元素，设计了全局共享冗余信息并逐层生成丢失概率的递归神经网络。通过找出最少数量的非冗余隐藏层神经元（如每层的卷积滤波器尺寸）将神经网络的结构压缩为较小的密集矩阵。DeepIoT 在训练过程中不断迭代优化压缩器智能体网络和待压缩的原始神经网络。但是该方法的压缩器采用序列网络结构，为模型压缩的自动化搜索过程引入了更高的计算复杂度和并行运算难度。

Masana 等人[52] 提出领域自适应的低秩分解技术，针对领域自适应的模型压缩问题，关注基于矩阵低秩分解的压缩算法，同时将网络权重和网络激活值的统计信息作为模型压缩依据，在跨领域迁移时可以更好地消除领域迁移中的权重冗余度。Cai 等人[53] 针对现有模型压缩方法需要重复的网络设计过程且不同情况下模型需要重新训练的弊端，提出解耦训练和搜索阶段、一次训练一个"一劳永逸"（ONCE-FOR-ALL）网络的方法，支持多种架构设定（网络深度、宽度、卷积核大小和输入图片分辨率等），实现为不同硬件平台派生定制子网络，同时与一般 NAS 框架相比极大降低了搜索成本。

（2）研究实践

我们提出的 AdaDeep 框架[35] 首次将自适应模型压缩问题与 DNN 的超参数优化框架相结合，将压缩技术看作一种粗粒度的 DNN 超参数，利用强化学习对不同的计算任务需求和平台资源约束进行自动化选择，从而实现自适应的轻量级模型架构搜索。它考虑了丰富的模型性能（包括精度、计算量、运行时能耗、存储和时延）以及对于不同平台资源约束的可用性。AdaDeep 从整体系统级的角度探讨了用户指定的性能需求和资源约束之间的理想平衡。

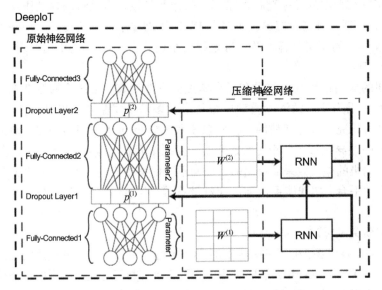

图 7.13 DeepIoT 自适应压缩系统框架：其中橙色框代表退出操作，绿色框代表原始神经网络的参数（见彩插）

如图 7.14 所示，AdaDeep 主要由三个功能模块组成：DNN 模型的初始化（DNN Initialization）、用户需求建模（User Demand Formulation）和按需优化（On-Demand Optimization）。DNN 初始化模块从已有的最先进的 DNN 模型池中为按需优化模块选择一个初始的 DNN 模型架构。用户需求建模模块可以对用户定义的性能需求和资源约束进行量化并与模型参数关联起来，然后将其作为优化目标和约束条件输入到按需优化模块中。按需优化模块再将初始的 DNN 模型与优化约束和需求进行结合，自动搜寻出一种最佳的 DNN 压缩技术组合以及对应的最佳压缩超参数，这种组合可以最大限度地提高系统性能并且满足资源约束。在应用过程中，用户（例如，DNN 赋能移动应用程序开发人员）将性能需求和目标平台的资源限制提交给 AdaDeep，AdaDeep 会自动生成综合考虑这些需求和约束的最佳 DNN 进行返回。

在数学上，AdaDeep 需要解决下述约束优化问题：

$$\underset{J_s \in J_{\text{all}}}{\arg\max} \mu_1 N(A - A_{\min}) + \mu_2 N(E_{\max} - E) \tag{7-5}$$
$$\text{s.t.} \, T \le T_{\text{bgt}}, S \le S_{\text{bgt}}$$

其中 A、E、T 和 S 表示特定移动平台上模型的精度、能耗、延迟和存储占用。T_{bgt} 和 S_{bgt} 分别表示目标移动平台需要的延迟预算和存储预算。$A_{\min}$ 和 $E_{\max}$ 是用户可接受的最小精度和最大能耗。这两个约束由系数 μ_1 和 μ_2 加权组合。$N(x)$ 是标准化操作，即 $N(x) = (x - x_{\min})/(x_{\max} - x_{\min})$。准确度 A 和能耗 E 与模型相关，延迟 T 和存储 S 与模型架构和目标平台相关。这些变量可以通过应用不同的模型压缩技术调整。AdaDeep 的目标是从满足性能需求和资源约束的所有可能的压缩技术 J_{all} 中选择最佳的压缩技术组合 J_s。

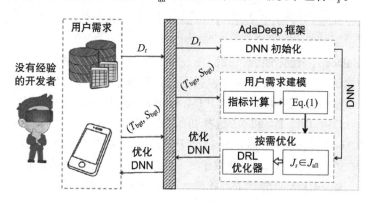

图 7.14　移动终端自适应的深度模型压缩框架（AdaDeep）

AdaDeep 利用深度强化学习求解式（7-5）中的优化问题。具体地，采用 DQN（详见 7.1.2 节）算法自适应地选择压缩技术，在满足用户指定约束（即存储 S 和时延 T）的同时，最大限度地优化目标（即精度 A 和能耗 E）。

为了验证 AdaDeep 的有效性，我们进行了丰富的实验，选择三种不同类别的十种压缩技术作为基准方法，包括权重压缩（$W_{1f[45]}$，$W_{2[46]}$，$W_{3[54]}$，$W_{1c[45]}$）、卷积分解（$C_{1[55]}$，$C_{2[56]}$，$C_{3[57]}$）和设置特殊体系结构层（$L_{1[47]}$，$L_{2[48]}$，$L_{3[48]}$）。

为了评估 DQN 优化器的优势，设置了 Exhaustive 优化器与 Greedy 优化器作为基准进行对比，表 7.1 总结了上述三个优化器实现的最佳性能。与另外两个优化器生成的网络相比，由 DQN 优化器生成的网络在存储、延迟和能耗方面达到了最佳的总体性能，产生的精度损失（0.1% 或 2.1%）可忽略不计。特别是，与采用剪枝算法 [44] 的 DNN 相比，Greedy 优化器生成的最佳 DNN 在 <LeNet, MNIST> 和 <AlexNet, CIFAR-10> 情况下仅将存储大小 S_p 分别降低了 4.6 成和 2.2 成。相反，Exhaustive 优化器（即固定优化器）中的最佳 DNN 可以将 S_p 分别减少 23.9 成和 3.5 成。而在这两种情况下，由 DQN 优化器生成的 S_p 分别最大降低 28.5 成和 4.6 成。总之，DQN 优化器在存储、延迟和能源消耗方面优于其他两种方案，是因为 DQN 将运行时性能指标（A、S、T 和 E）和资源约束（S 和 T）系统性地包含在奖励值的定义中，并自动地反馈给 DQN 决策过程。同时，DQN 优化器在不同的识别任务中由于压缩 DNN 引入的精度降低几乎可以忽略不计。

表 7.1　在 [LeNet, MNIST] 和 [AlexNet, CIFAR-10] 上采用不同优化器压缩优化后的模型性能对比结果

优化器	与剪枝的 LeNet 相比较				与剪枝的 AlexNet 相比较			
	精度	参数量	时延	能耗	精度	参数量	时延	能耗
Exhaustive	降 0.1%	减 23.9 成	减 2.7 成	减 1.1 成	增 7.2%	减 3.5 成	减 0.7 成	减 1.2 成

（续）

优化器	与剪枝的 LeNet 相比较				与剪枝的 AlexNet 相比较			
	精度	参数量	时延	能耗	精度	参数量	时延	能耗
Greedy	降 2.3%	减 4.6 成	减 0.6 成	减 2.7 成	降 0.3%	减 2.2 成	减 1.2 成	减 1.9 成
DQN	降 0.4%	减 24.5 成	减 3.1 成	减 2.4 成	增 2.6%	减 2.5 成	减 2.5 成	减 1.4 成

注：精度损失（%）和资源消耗降低是与采用压缩技术 W_3 的性能进行比较的结果。

为了验证 AdaDeep 的泛化性能，我们在五种应用数据和十二种终端平台上对 AdaDeep 性能进行了综合测试。五种数据和应用包括手写数字识别（D1: MNIST）、图像分类（D2: Cifar10 和 D3: ImageNet）、音频感知应用（D4: UbiSound[58]）和活动识别（D5: Har⊖）。根据样本大小，我们为 D1、D2、D4 和 D5 选择初始 DNN 架构 LeNet，为 D3 选择初始 DNN 架构 AlexNet 和 VGG-16。如表 7.2 所示，相比于采用剪枝算法[44]压缩的模型，AdaDeep 生成的 DNN 可以减少 1.8 成～38 成的参数量 S_p、0.8 成～3.3 成的计算量 C、0.8 成～19.8 成的时延 T 以及 1.1 成～4.3 成的能耗 E。此外，精度损失可忽略不计（小于 1%），甚至有时会提升精度（小于 4.9%）。而且 AdaDeep 发现了现有文献中未被探索过的多种有效压缩技术组合。

表 7.2   基于红米 3S 智能手机（设备 1）对不同任务 / 数据集的 AdaDeep 性能进行评估，在使用 W_3 压缩的 DNN 上进行归一化

任务	压缩技术和压缩超参数	与剪枝模型对比				
		S_p	C	T	E	A loss
MNIST+LeNet	*C_3(0.96, 0.24)+W_3(0.85)	1.8x	1.5x	1.8x	1.3x	−2.5%
CIFAR−10+AlexNet	L_1+W_3(0.78, 0.82)	4.7x	3.1x	2.3x	1.8x	−4.9%
ImageNet+AlexNet	*L_2+C_2(0.88, 0.81)+L_3	18.5x	2.3x	3.6x	1.4x	−1.2%
ImageNet+VGG	*L_2+C_1+L_3	37.3x	2.3x	18.6x	4.1x	0.2%
UbiSound+LeNet	*C_3(0.83, 0.31)+L_3	3.2x	1.9x	1.6x	1.1x	0.4%
Har+LeNet	L_1+W_3(0.76)	2.1x	0.8x	0.8x	1.5x	−2.6%

注：标有"*"的压缩技术组合是已有研究中未发现的新颖组合。

表 7.3 总结了 AdaDeep 生成的压缩组合以及相应压缩 DNN 的性能。对于 12 种不同的平台资源约束，AdaDeep 产生的 DNN 可以分别将参数规模减小 3.4～28.1 成、计算成本减小 1.6～6.8 成、延迟减小 1.1～3.1 成、能耗减小 1.1～9.8 成，同时精度损失可忽略不计（小于 2.1%）。AdaDeep 还发现了一些在已有工作中未提出的有效压缩技术组合（例如，设备 1 的 C_1+W_3，设备 3、4 和 5 的 C_2+W_3，设备 11 的 C_3+W_3）。

⊖ https://goo.gl/m5bRo1。

表 7.3　使用 UbiSound 数据集（D4）在不同设备上的 AdaDeep 性能，在相应的初始 DNN 上进行归一化

设　备	压缩技术和压缩超参数	与 W_3 压缩的 DNN 对比				
		S_p	C	T	E	A loss
Xiaomi Redmi 3S	$C_1+W_3(0.81)$	12.1x	2.1x	1.6x	1.1x	0.9%
Xiaomi Mi 5S	$C_2(0.41, 0.48, 0.77, 0.65)+L_3$	27.1x	3.6x	2.1x	1.2x	1.8%
Xiaomi Mi 6	*$C_2(0.65, 0.68, 0.97, 0.65)+W_3(0.83)$	13.1x	5.6x	1.9x	1.6x	1.1%
Huawei pra-al00	*$C_2(0.63, 0.66, 0.96, 0.85)+W_3(0.81)$	12.7x	6.8x	1.4x	1.8x	1.2%
Samsung note5	*$C_2(0.63, 0.68, 0.94, 0.83)+W_3(0.81)$	12.8x	4.1x	1.6x	1.8x	1.2%
Huawei iP9	$C_1+W_3(0.82)$	13.0x	1.6x	1.6x	1.7x	0.9%
Sony watch SW3	$C_2(0.73, 0.86, 0.98, 0.86)+W_2(0.89)$	6.4x	2.1x	1.5x	9.8x	1.6%
Huawei watchH2P	L_2+L_3	27.8x	3.6x	3.1x	8.3x	2.1%
firefly-rk3999	$L_1+W_3(0.83)$	13.2x	5.6x	2.6x	1.2x	1.8%
firefly-rk3288	$C_2(0.63, 0.68, 0.97, 0.85)+W_{1f}(0.21)$	3.4x	4.8x	1.1x	1.3x	0.7%
Xiaomi box 3S	*$C_3(0.89, 0.48, 0.95, 0.12)+W_3(0.84)$	14.1x	4.1x	1.4x	1.1x	1.2%
Huawei box	L_1+L_3	28.1x	1.6x	2.8x	1.2x	1.9%

注：标有"*"的压缩技术组合是已有研究中未发现的新颖组合。

2. 自适应模型压缩超参数设置

DNN 的超参数对于 DNN 的推理准确度至关重要，包括层和神经元数量、滤波器大小和模型结构。压缩技术（例如 SVD 分解、卷积稀疏化等）可以看作粗粒度的超参数，压缩超参数（例如压缩率、稀疏化因子等）可以看作细粒度的超参数。受最新自动超参数优化技术的启发，AdaDeep[35] 提出的自动化和层智化深度模型压缩和优化框架是最早将 DNN 压缩与压缩超参数视为 DNN 中可自动调整的超参数的研究工作。

典型研究及算法

He 等人 [33] 提出了模型压缩的自适应方法（AutoML for Model Compression，AMC），利用强化学习自动采样设计空间，提高模型压缩质量。他们观察到，压缩模型的准确性对每一层的稀疏性非常敏感，需要一个细粒度的动作空间。因此，该工作没有在离散空间中搜索，而是提出了一种深度确定性策略梯度算法（DDPG，见 7.1.4 节）使智能体实现连续的压缩率选择。它的学习过程是惩罚精度的损失，并鼓励模型的压缩和加速。AMC 系统框图见图 7.15，左图用 AMC 取代了人类，并使模型压缩完全自动化，同时性能优于人类，右图将 AMC 刻画为强化学习问题。

具体地，AMC 的 DDPG 本质上是 Actor-Critic 策略思想，有助于减少差异，促进更稳定的训练过程。它以分层的方式处理网络。对于每一层 L_t，DDPG 智能体代理接收一个层嵌入 s_t，s_t 编码该层的有用特征，然后输出一个精确的最优压缩比率 a_t。层 L_t 使用 a_t 压缩后，代理移动到下一层 L_{t+1}。在不进行模型微调重训练的情况下，对所有压缩层的剪枝模型

的验证精度进行评估。这种简单的近似可以提高搜索时间而不必对模型进行重训练。在完成策略搜索之后，将对最佳探索的模型进行微调，以获得最佳性能。他们针对不同的场景提出了两种压缩策略搜索协议：对于时延敏感的智能应用（如自动驾驶），AMC 提出资源约束的压缩，在给定的资源条件下实现最好的精度（如计算力、延迟和模型大小）；对于质量敏感的智能应用（如谷歌照片），延迟不是一个硬约束，AMC 在保障最大化精度的同时，寻找最小的模型压缩率。它们通过约束搜索空间来实现资源约束压缩，其中的动作空间（压缩率，即修剪比例）受到约束，使得被代理压缩的模型总是低于资源预算。为了保证压缩的精度，还定义了一个同时与精度和硬件资源有关的奖励，可在不影响模型准确性的情况下探索压缩的极限。

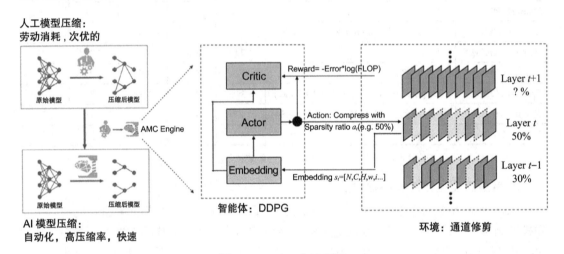

图 7.15   AMC 方法框图

7.2.3 模型运行时自适应

上一节介绍模型的自适应压缩，通常需要借助一个自动化控制器实现自适应压缩。本节将介绍模型的动态运行时自适应（model runtime adaptation）研究，通过为智能应用维护多个不同性能和资源成本的可用深度学习模型或分支，在运行时自适应地、有选择性地执行某个最佳的**模型、分支或路径**，从而在模型的资源消耗和推断精度之间寻找最佳权衡。

典型研究及算法

Teerapittayanon 等人提出了经典的 BranchyNet 多分支网络结构[59]。该工作观察到深度模型前几层网络学习到的特征，对大多数数据样本分类已足够，而对于较难分辨的样本则需要利用更多层才能得到更好的精度。基于这一观察，他们设计的 BranchyNet 体系结构如图 7.16 所示，该体系结构允许当样本推断可信度高于某个阈值时提前退出推断。BranchyNet 将多个分支结构添加到主干网络（基准神经网络）中，每个分支点由一个或多个层组成，这种神经网络结构允许某些测试样本的提前退出。

　　BranchyNet 对于大多数样本都可以在较早的网络出口处提前退出，从而降低进行逐层权重计算的成本，节省运行时资源。BranchyNet 通过联合优化网络所有退出点的加权损失进行训练，每个退出点都对其他出口点进行正则化，起到了避免过度拟合、提升测试精度的效果。提前退出点在反向传播中提供额外且更直接的梯度信号，在较低层获得更具可分性的特征，提高推断精度。具体地，在每个出口处，BranchyNet 使用分类结果的熵（例如，通过 softmax）作为推断置信度。如果一个测试样本的熵低于一个学到的阈值，这意味着分类器对推断结果充满信心，样本在此出口点退出网络且不进入较高的网络层进行处理；如果熵值高于阈值，则对该出口点的分类器不自信，样本将继续到下一个网络出口；如果样本到达最后一个出口点，即原始基准网络的最后一层，它将直接执行分类。

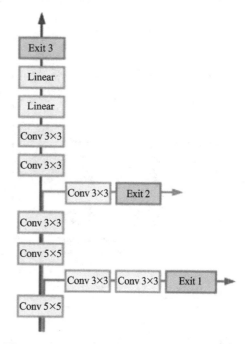

图 7.16　BranchyNet 模型结构：它为基准模型 AlexNet 添加了两个分支，每个分支由一个或多个层以及一个退出点组成，这里 Exit 框代表了模型的不同运行退出点，研究结果发现不需要为每个分支添加太多卷积层就能获得较好的性能

　　此外，Wu 等人提出了 BlockDrop 框架 [60]，在运行时动态选择深度网络的执行深度，以便在不降低精度的情况下最大限度地减少总体计算量。具体地，BlockDrop 为一个预训练的 ResNet 训练一个强化学习策略网络，为每个给定的图片实时选择执行残差块，以实现计算量与精度之间的平衡。

　　Ogden 等人 [61] 根据数据输入、电池电量约束和网络条件等模型推断需求的动态变化，提出了一种新颖的移动终端自适应深度模型推断平台 MODI（如图 7.17 所示），以实现推断精度和速度之间的权衡。MODI 通过以下三个方面优化提高深度学习驱动的移动应用性能：第一，MODI 提供了多个可用模型并在运行时从其中动态选择一个最佳模型执行推断；第二，MODI 通过在边缘服务器部署一个高质量的模型来拓展每个移动应用可调用的模型集合；第三，MODI 管理一个中央模型仓库并阶段性更新边缘设备上的模型，从而以较低的网络时延在边缘设备上维护最新的模型。

　　在这些研究的基础上，研究者们还进一步探索了更灵活的基于图的神经网络动态自适应执行策略。Andreas 等人 [62] 提出了自适应推断图的神经网络（ConvNet-AIG），可以根据输入图片自适应地定义网络拓扑。参考一个类似于 ResNet 的网络结构风格，ConvNet-AIG 可以为每个输入图片确定哪些层是必须执行的。

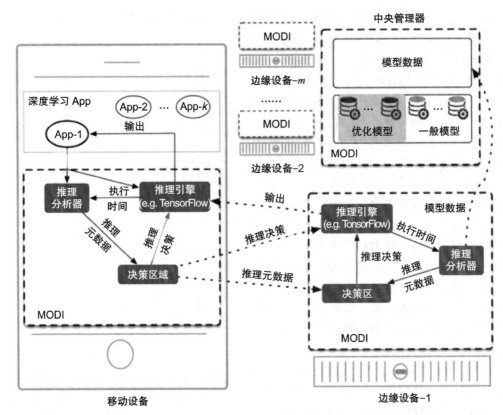

图 7.17   MODI 系统：图中描述了移动设备与其边缘服务器（边缘设备-1）之间的控制数据流，
当用户移动至新的位置时，可能会调用不同的边缘服务器（边缘设备-i）

7.2.4   多平台自适应分割

上述两节的模型自适应压缩（7.2.2 节）和运行时自适应（7.2.3 节）探索了将模型推断**全部卸载**到终端的模式。本节将介绍如何有效利用云端和其他边缘节点的计算和存储资源将模型**部分卸载**到移动终端的模式，为大规模模型提供性能和资源约束之间的最佳权衡方案。具体地，本节将介绍深度计算模型在云－边－端多平台自适应分割研究，它们以不同的粒度（例如层、卷积通道）寻找模型的最佳分割点，并将模型的不同组件分发到多个边缘设备或云－边－端的不同位置，在保证模型整体性能的同时降低资源消耗。

尽管在很多场景下移动终端部署和执行深度学习能够有效缓解网络负载、降低通信延迟、提高服务可靠性以及保护移动用户的数据隐私，但依靠移动端智能完全取代云计算仍是不充分的。将深度模型在云端、边缘和移动端形成一种分布式协作执行的融合运算架构才是一个能够处理复杂多变场景的最佳方案。

目前已经涌现了多种针对边缘智能的新研究，例如 Cloudlet、微数据中心（Micro Data Center）和雾计算（Fog Computing），然而边缘计算社区仍未对云－边－端协作范式下深度模型计算体系结构和协议达成共识。未来仍有许多有价值的问题值得深入研究和探索，包括在应用性能和异构的边缘设备能耗、服务器负载、网络资源、传输和执行延迟等全面的性能指标上达到最佳平衡。

（1）典型研究及算法

Kang 等人[42]提出了一种轻量级的模型自适应分割调度框架——Neurosurgeon。如图 7.18 所示，该框架可以自动地在移动设备和数据中心之间以"层"为粒度对深度神经网络进行分割。Neurosurgeon 不需要预定场景，它适应不同的深度模型架构、运算负载、硬件平台和网络条件，智能化地根据最佳时延和能耗拆分深度计算模型。

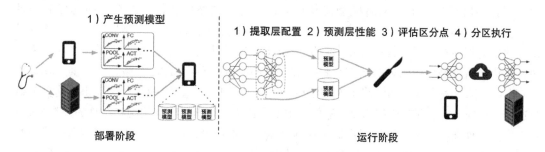

图 7.18　Neurosurgeon 的整体架构：部署时为每一层类型生成预测模型，运行时其根据层的类型和配置预测每一层的延迟/能耗，并根据各种动态因素选择最佳分割点

Neurosurgeon 将深度模型划分为多个部分，然后分配给移动嵌入式设备上的异构处理器（例如 GPU、CPU）、分布式边缘节点以及协作式的"云–端"架构。挑战在于如何自适应地选择分割点。确定分割点一般分为三个步骤：①测量和建模不同深度模型层的资源成本；②通过特定的层配置和网络带宽预测总消耗成本；③根据延迟、能量需求等从候选分割点中选择最佳分割点。Neurosurgeon 对每种特定的移动设备和服务器建立一个专用的延迟和能耗预测模型。根据不同的层类型选择对数函数或线性函数作为回归函数。在部署时首先获取各层的类型和配置，并使用回归模型预测在移动设备和云上执行层的等待时间及能耗。之后评估在每个候选点进行分区时的性能，最终选择满足最佳性能、能耗和时延需求的层分割点。

Teerapittayanon 等人[63]将网络多分支结构与云–边–端分割策略巧妙融合，设计出由云、边、端平台执行的分布式网络计算结构。基于地理分布的物联网智能设备可以支持中央与边缘的协调决策，并为大规模系统提供可伸缩性决策。这种分布式方法的一个示例是在终端设备部署一个较小的 NN1 模型（较少参数），并在云中部署一个较大的 NN 模型（更多参数）。终端设备上的小型 NN1 可以快速提取初始特征，如果分类结果置信度较高就可以直接进行分类。否则，终端设备再接入云端的大型 NN 模型，做进一步特征提取和最终的分类操作。这种方法与完全在云端执行计算的模式相比具有较低的通信成本，而且与终端设备上简单的模型相比精度更高。另外，由于从终端设备发送给云端的是特征摘要而非原始传感器数据，因此还可以更好地保护用户隐私。

（2）研究实践

为使深度学习模型能够实现对环境的自适应，我们在文献 [64] 中探索了"多变体自演化模型"的新型训练方式 AdaSpring，并在文献 [65] 中进行了基于 X-ADMM 的模型自适应压缩研究。具体地，AdaSpring 针对根据动态需求动态缩放模型时压缩后模型的在线缩放会丢失结构信息、权重的在线演化容易造成权重的灾难性干扰的问题，提出了"多变体自演化模型"的新型训练方式，如图 7.19 所示。在训练时，AdaSpring 提前考虑多种无须重训练的压缩算子变体（例如多分支通道、权重矩阵低秩分解、通道级/层级缩放），通过多变体权重共享和通道级/层级知识蒸馏等机制的联合训练策略形成了一种自演化的网络模型。根据实验结果，这种网络模型使其在运行时的在线缩放和权重的在线演化也能满足精度和时延的需求。针对搜索空间巨大、候选解空间性能验证耗时、难以实现对前述算子在线地实时搜索的问题，AdaSpring 使用了 Runtime3C 的搜索算法。在运行时，之前训练好的自演化网络模型根据当前的动态情景需求（剩余电量、可用 Cache 存储等），定期（每 2 小时）或者在情景发生突变的情况下对网络模型进行基于 Pareto 决策的运行时卷积压缩算子组合选择，直到当前的网络模型满足动态情景的资源约束。搜索过程采用动态测算的模型参数/激活值的计算强度指标以及延迟指标来指导搜索算子的组合，避免算子组合搜索空间爆炸的问题。通过此过程得到的神经网络模型便是符合当前动态资源情景下运行时生成的新模型。

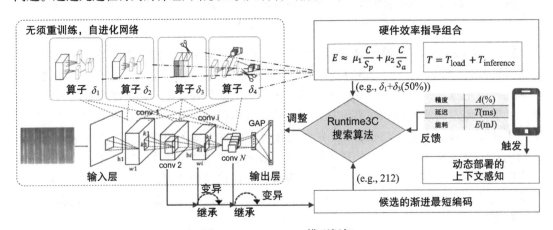

图 7.19   AdaSpring 模型框架

AdaSpring 通过与三类共九种主流算法实验结果的对比（表 7.4），表明其生成的深度模型的时延和能耗性能普遍优于其他方法，证明 AdaSpring 将动态硬件指标融入自适应选择反馈中有助于深度模型的系统性能优化。更关键的是，AdaSpring 形成了无须重训练的运行时自适应模型压缩，在线搜索延迟也达到毫秒级别。如前所述，这对于执行实时的深度模型任务的物联网终端具有深远意义。比如，在无人机飞行任务中，高效的在线模型压缩能实时地应对各种环境变化带来的新挑战，也避免了重训练过程带来的更多资源和时延的损耗，最终能够满足飞行时高精度、低失误、低时延、快处理的需求，也对任务执行时的安全性提供了更多的保障。

表 7.4 AdaSpring 与主流算法的对比结果

基准	DNN 压缩技术	专用 DNN 的性能					DNN 特化方案的性能			
		A(%)	T(ms)	C/S_p	C/S_a	E_n(mj)	搜索成本	重训练成本 (hours)	缩减	扩大
独立的压缩	Fire	72.3	24.7	81.2	394.7	3.1	0	1.5N	fix	—
	MobileNetV2	72.6	48.1	84.3	128.4	5.2	0	1.8N	fix	—
	SVD decomposition	71.2	21.7	68.6	165.8	4.8	0	2.3N	scalable	—
	Sparse coding decomposition	72.9	22.3	69.8	195.2	4.6	0	2.3N	scalabe	—
按需的压缩	AdaDeep	73.5	21.9	78.3	264.6	3.5	18N hours	38N	scalable	—
	ProxylessNAS	74.2	49.5	121.3	232.1	3.8	196N hours	29N	scalable	—
	OFA	71.4	51.2	123.4	257.3	3.1	41 hours	0	scalable	scalable
运行时自适应压缩	Exhaustive optimizer	58.3	21.1	81.2	283.2	2.9	0	0	—	—
	Greedy optimizer	65.3	16.7	83.5	298.4	3.1	25ms	0	—	—
	AdaSpring	4.1	15.6	158.9	358.7	1.9	3.8ms	0	scalable	scalable

此外，基于 Neurosurgeon[42] 框架在不同设备间分割模型可降低网络延迟、设备能耗的发现，我们进一步探索了模型压缩与模型分割技术的组合应用并在 4 个深度学习模型上进行了实验。具体来说，X-ADMM 采用了结构化剪枝并基于 ADMM 进行精细修剪，如图 7.20 所示。首先，通过结构化剪枝修剪训练过程中产生的冗余权重，实现部署前的模型简化，以达到减少计算和存储成本的目的。虽然对模型精度略有影响，但是其可以大幅减少模型的参数量与运算量。其次，模型每层的修剪率、剪枝方式（或剪枝方式的组合）作为超参数待定。最后，将确定的超参数集合作为约束条件，求解满足预定网络"结构"情况下的最优解。

终端模型压缩完成之后，就实现了对模型的缩小。在此基础上，X-ADMM 进一步基于 Neurosurgeon 的分割方法，以层为粒度进行模型的划分，并将分割后的模型分别部署在不同的终端设备与边缘设备上。首先，预测在模型每层分割可能产生的延迟。其次，结合任务的要求综合考虑模型的推断延迟和资源消耗，选择最佳的模型分割点。总的来说，X-ADMM 在完成终端模型压缩工作之后，进一步使用模型分割算法将深度学习模型进行分割，并分别部署在边缘设备与终端设备上。

我们采用了树莓派 4 作为终端设备，戴尔 Inspiron 13-7368 作为边缘设备，对所提出的 X-ADMM 和最新扩展的 ADMM 方法——RAP-ADMM 方法进行了性能对比。结果表明，在绝大多数情况下，X-ADMM 都取得了较好效果。在 AlexNet 中，因为其本身网络规模较小，而网络分割会产生额外延迟，所以 RAP-ADMM 相对较好，具体结果如表 7.5 所示。

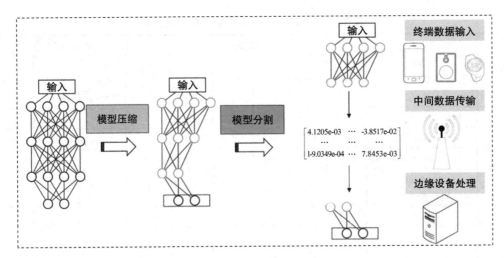

图 7.20   X-ADMM 模型结构

表 7.5   X-ADMM 实验结果

基准网络	初始准确率	初始推断时间（ms）	模型压缩与分割				
			压缩比	ADMM 推断时间（ms）	ADMM 准确率	X-ADMM 推断时间（ms）	X-ADMM 准确率
Alexnet	85.82%	46.8	14.7	40.2	84.21%	46.3	84.17%
GoogleNet	87.48%	943.6	15.6	908.9	84.91%	532.6	84.60%
Resnet-18	91.60%	285.5	15.4	267.7	90.01%	213.5	89.80%
VGG-16	91.66%	203.7	16.0	155.8	89.590%	88.3	89.20%

实验结果表明，X-ADMM 对所有 4 种 DNN 模型都具有加速效果，相比于原始模型，推断时间分别减少了 1.07%、43.56%、25.22%、56.65%。而精度则分别下降了 1.65%、2.88%、1.80%、2.46%。X-ADMM 与 RAP-ADMM 相比，在 4 种 DNN 模型的推断时间分别下降了 −15.17%、41.40%、20.25%、43.32%，而精度分别下降了 0.04%、0.31%、0.21%、0.39%。从结果可以看出，对于绝大多数深度学习模型，X-ADMM 都可以取得优于 RAP-ADMM 的加速效果，而精度下降则非常有限。因此，X-ADMM 方法对于面向硬件资源的模型自适应是具有实际意义的。

7.2.5   自适应网络架构搜索

上述几节关注如何在现有模型的基础上添加自适应压缩、动态执行和分割等机制，本节将介绍另一种思路：如何自适应地设计全新的神经网络模型。因为现有模型主要是基于在资源充足的云端解决计算机视觉问题而提出的（如 AlexNet[66] 和 VGG[67]），它们对人机物融合的群智计算场景中复杂的应用问题和部署环境不一定能达到令人满意的性能，有时必须针对具体场景构建特有的神经网络模型。

建立神经网络模型往往需要大量的架构工程。即使可以通过迁移学习从相似领域中得到成功模型（例如用于识别图像的 VGG 网络）的架构参考，但如果想得到最佳的性能效果，还是需要构建自己特有的神经网络架构。然而，构建自己的神经网络架构通常需要专家知识，而且存在各种挑战 [68]，因为即使是专家也无法清晰界定现有深度模型的能力范围以及它们针对各类实际问题可能出现的技术鸿沟。此外，设计神经网络模型本身也是一个非常耗时的过程，需要不断试错、对比性能和积累经验。这就是神经网络架构搜索（Neural Architecture Search, NAS）[68] 的研究动机：将深度神经网络模型的设计和训练过程自动化。NAS 是一类自动搜索最优神经网络架构的算法，有助于推动深度学习自动化、降低深度学习门槛、扩大深度学习赋能应用的普及率。

大多数 NAS 算法都遵循这样的步骤：首先定义一组可能用到的神经网络组件（如表 7.6 所示），然后由一个自动化控制器（例如 RNN 或强化学习算法）搜索并组合这些基本组件形成一个完整的网络架构。最后，以传统的方式（例如最小化真实标签与推断类别之间的交叉熵）训练组成的神经网络模型，并以模型精度为反馈迭代更新控制器权重使其可以选择更优的神经网络组件及其连接方式 [69-71]。

表 7.6 神经网络架构搜索中的可选组件

1×7 和 7×1 的卷积	1×3 和 3×1 的卷积
3×3 的平均池化	3×3 的空洞卷积
5×5 的最大池化	3×3 的最大池化
1×1 的卷积	7×7 的最大池化
3×3 的深度可分离卷积	3×3 的卷积
7×7 的深度可分离卷积	5×5 的深度可分离卷积

（1）NAS 典型研究及算法

Yan 等人 [72] 提出了 HM-NAS 架构，它通过两项创新解决了传统 NAS 手工设计架构候选产生的弊端。具体来说，他们观察到传统 NAS 主要采用手工设计的启发式方法来生成候选架构，这种方式使架构候选空间被限制在所有可能架构的子集中，使得架构搜索结果不是最优的。HM-NAS 解决了这一限制，首先它采用多级架构编码方案，可以搜索更灵活的网络架构；其次，它舍弃了手工设计的启发式方法，并结合了可自动学习和确定最佳体系结构的分层屏蔽方案。

为了构建包含搜索空间中所有可能架构的超网，现有工作首先使用有向无环图（Directed Acyclic Graph, DAG）来表示单元，图中的节点表示局部计算，边表示信息流。其次，对每个边内不同候选操作的重要性进行编码。每个候选操作分配了可学习的变量用来编码候选操作的重要性。这样，与特定边相关联的候选操作可混合表示为所有候选操作上的 softmax：

$$\overline{o}(x) = \sum_{i=1}^{N} \frac{\exp(\alpha_i)}{\sum_j \exp(\alpha_j)} o_i(x) \tag{7-6}$$

其中 $\{o_i\}$ 表示 N 个候选操作的集合，$\{\alpha_i\}$ 表示 N 个实值操作混合权重的集合。

尽管此超网对每个边内不同候选操作的重要性进行了编码，但它没有提供对整个 DAG 中不同边的重要性进行编码的机制。相反，DAG 上的所有边都必须具有相同的重要性。但是，放宽此限制能够帮助 NAS 找到更好的架构。出于这种动机，在 HM-NAS 的超网中，除了对边内每个候选操作的重要性进行编码外，还引入了一组独立的可学习变量（即边缘混合权重），以独立编码跨 DAG 的每个边的重要性。这样，DAG 中的每个中间节点 $x^{(i)}$ 都根据其所有前任节点计算为：

$$x^{(i)} = \sum_{j<i} \frac{\exp(\beta^{(i,j)})}{\sum_{k<i}\exp(\beta^{(i,k)})} \bar{o}(x^{(j)}) \qquad (7\text{-}7)$$

其中 $\beta^{(i,j)}$ 表示有向边 (i, j) 的实值边混合权重。

总之，$\alpha = \{\alpha_i\}$ 在操作级别对体系结构进行编码，而 $\beta = \{\beta^{(i,j)}\}$ 在边级别对体系结构进行编码，因此构建了一个具有多层架构编码的超级网络。其中 α 和 β 一起对网络的整体架构进行编码，并且将 $\{\alpha, \beta\}$ 称为架构参数。

在给定训练完毕的超网之后，他们将神经体系结构搜索公式化为模型修剪问题，并以分层方式迭代修剪超网的冗余操作、边缘和网络权重，以推导最佳体系结构。具体来说，HM-NAS 从训练有素的超级网络作为基础网络开始，并分别针对操作、边缘和网络权重初始化三种类型的实值掩码。这些掩码通过确定性阈值函数获得相应的二进制掩码。然后将这些生成的二进制掩码与体系结构参数 $\{\alpha^*, \beta^*\}$ 和超网的网络权重 w^* 元素相乘以生成搜索的网络。通过以端到端的方式结合反向传播和网络二值化技术，迭代地训练实值掩码，最终学习到的二进制掩码能够掩盖超级网络中的冗余操作、边和网络权重，从而得出最佳结构。HM-NAS 采用了 BinaryConnect[73] 中类似的近似策略，即采用二进制掩码梯度来近似实值掩码梯度，该策略实际上是实值掩码梯度的正则化器或噪声估计器。

实验结果表明，因为 HM-NAS 没有了手工设计试探法的约束，所以其搜索网络包含更灵活、更有意义的架构，这是传统 NAS 方法所无法发现的。与传统 NAS 相比，HM-NAS 实现了更好的架构搜索性能和更有竞争力的推断精度。

（2）面向移动端应用的典型 NAS 研究

为不同类型的数据、感知任务、目标终端设备设计最优的深度神经网络具有挑战性，因为适用于终端智能应用的深度学习模型需要更加轻量、快速、精确。当网络架构的设计空间非常大时，很难手动平衡这些折中。Tan 等人 [74] 提出了一个自动化的移动神经网络架构搜索（Mobile Neural Architecture Search，MNAS）方法。该方法明确将模型延迟设定为主要目标，以便可以搜索出在准确性和延迟之间取得良好折中的模型。与以往工作不同，MNAS 没有采用 FLOPS 等代理指标来衡量延迟，而是通过在手机上执行模型来直接测量实际推理延迟。为了进一步在灵活性和搜索空间大小之间取得适当的平衡，MNAS 提出了一种新颖的因式分层搜索空间，该空间鼓励了整个网络的层多样性。实验结果表明，在多种视觉任务中，该方法始终优于最新的移动端深度卷积模型。

具体来说，MNAS 引入了一种新颖的分解式分层搜索空间，该结构将 CNN 模型分解成块，然后分别搜索每个块内的操作和连接，从而允许在不同的块中使用不同的层体系结构。在 CNN 分解的块中，MNAS 在块中定义了相同的层列表，这些层的操作和连接由每个块的子搜索空间确定：

1）卷积运算（ConvOp）：常规转换（conv）、深度转换（dconv）和移动倒置瓶颈转换。

2）卷积内核大小（KernelSize）：3×3、5×5。

3）挤压和激励比率（SERatio）：0、0.25。

4）跳过操作（SkipOp）：合并，残留身份或不跳过。

5）输出滤波器尺寸 F_i。

6）每个块 N_i 的层数。

其中，ConvOp、KernelSize、SERatio、SkipOp 和 F_i 用于确定层的体系结构，而 N_i 确定该层将为该块重复多少次。最后，MNAS 选择了最新的搜索算法 – 强化学习寻找这些参数的最优解。

NAS 研究在近几年得到了广泛关注，研究者还从其他不同方向展开了深入的研究。例如，NASNet[70] 采用强化学习实现了自动化的神经网络模型设计。但它对谷歌以外的普通用户不可访问，而且训练效率很低。例如，采用 450 个 GPU 训练 3～4 天才能找到一个性能不错的架构。因此，NAS 上的许多最新研究都集中在提高此过程的效率上 [75-76]。Progressive Neural Architecture Search（PNAS）采用基于顺序模型的自动优化策略（SMBO）[77]。SMBO 的搜索过程不是立即尝试所有选项，而是由简单开始，只有在需要时才尝试复杂的选项。它不再随机地从集合中抓取和试用神经网络组件，而是对组件进行测试并按照复杂性递增的顺序搜索网络结构。尽管它没有缩小搜索空间，却将效率提升为原始 NAS 的 5～8 倍。Efficient Neural Architecture Search（ENAS）[68] 探索另一种提高架构搜索效率的方式，它假设 NAS 搜索时间过长的关键在于训练每种模型使其收敛，因此它仅测试各网络的精度，然后强制所有的子模型共享权重，从而提升 NAS 的效率。

自动化机器学习（Automated Machine Learning, AutoML）[33] 是一种将自动化和机器学习相结合的新的研究方向，可以使机器（如移动终端或计算机）独立完成机器学习的设计、调优和训练工作。在关注深度学习的 AutoML 研究中，通过运行预设的 NAS 算法，用户无须涉足艰巨的神经网络设计和训练任务，包括数据预处理、模型架构设计、模型训练。谷歌推出的 Cloud AutoML 服务是这方面的典型代表⊖。用户只需上传数据，谷歌的 NAS 算法就可以为其提供最优的神经网络（架构和超参数）设计以及部署方案。Cloud AutoML 还融合了元学习和迁移学习（详见第 10 章）技术，利用历史经验和训练数据辅助面向新任务的模型设计和训练。然而，Cloud AutoML 对于谷歌以外的用户不够友好，它按次收费，而且用户不能直接导出训练好的模型，必须使用其 API 在云上运行网络。此

⊖ https://cloud.google.com/automl。

外，百度 EasyDL、阿里云 PAI、AI Prophet AutoML 等其他自动化机器学习平台，都有助于降低深度学习门槛，扩大移动端智能应用的普及率、推动深度学习赋能的传统产业变革。AutoKeras[68] 是一个使用 ENAS 算法的 GitHub 项目，可以使用 pip 工具进行安装。由于它是用 Keras 编写的，因此非常易于控制和使用。

拓展思考

深度学习的自动化研究，尤其是 NAS 和 AutoML，使其更容易被普通用户和企业使用。NAS 是最近提出的自动搜索最优神经网络架构算法，其主要目的是取代人力来设计最优的神经网络架构。通过执行搜索算法搜索不同模块的组合，以达到最优的效果。但是存在搜索空间巨大、搜索时间长且局限于手工设定模块等缺点。研究者们可以针对这些缺陷尝试不同的改进工作。总体上，NAS 为我们设计神经网络结构提供了一种全新的思路，基于此可以发现更多有趣的应用，来减少人工成本。然而，无论是 NAS 算法还是云端 AutoML 服务，都对普通用户都不够友好，由于 NAS 算法的搜索空间很大因此训练时间较长，而 AutoML 服务又存在用户权限的问题。因此，仍需要进一步研究提高 NAS 的搜索效率，使其可以变得更加高效。当前的 NAS 算法仍然基于手工设计的结构和组件，只是将它们以不同的方式组合在一起。要真正寻找新颖的体系结构，一方面依赖于不断扩大搜索范围，另一方面则在于结合多学科知识不断探索和发掘深度神经网络的可解释性机理及其作用机制。

7.3　深度计算方法的自学习增强演化

模型的自适应演化（7.2 节）主要关注如何"孤立地"优化一个深度学习模型，使其自适应地在目标应用性能和设备资源约束上达到最优平衡。但它不具备人类的知识记忆能力和终身学习能力，因而仍然会**制约一个好模型的生命周期**。例如，我们基于 7.2 节所述的研究路线设计了一个非常优秀的具有自适应演化能力的模型 / 框架，但是该模型只能解决固定的图像分类任务。面对新增的任务需求，该模型生命周期将会终结，需要重新设计和训练新的模型。与模型的自适应演化研究正交，本节将介绍模型的**自学习增强演化范式**，使一个深度模型具备持续学习（Continual Learning）[78] 或终身学习（Lifelong Learning）[79] 的能力，不断延长其模型生命周期和提升应对不同任务的能力。

在人机物融合群智计算的多智能体协作、智能制造、无人系统等实际应用中需要**长期部署**一些不同规模的深度学习赋能应用 / 服务，并且随着**新数据持续到来、任务需求变更或学习策略拓展**，模型应该在避免知识遗忘的同时学习增长新的任务技能。例如，我们希望为一个训练好的图像识别模型累加新的图像分类类别或者使其适应不同场景（域）下的样本特征差异等，这时**模型的自学习增强演化**将发挥作用。本节将详细介绍模型的自学习增强演化问题，并对该领域的前沿研究进行阐述。

7.3.1　自学习增强演化

为了优化深度学习模型的生命周期，急需一种能够在动态变化的个性化应用场景中不断提升模型持续学习能力的稳定范式。

我们认为，人机物深度学习模型应该具备**自主的终身学习能力**（即不断地积累已学到的知识并以一种自激励的方式学习新任务），那么它就不仅适用于当前的一个特定应用情境，还能在动态多变的应用情境中持续性地**优化模型架构和权重，从而优化模型的生命周期**。而传统深度学习模型生命周期的起始和结束都只是面向某个特定的应用任务。例如遇到每一个应用任务，我们都需要以监督（基于训练数据）或非监督的方式重新训练一个新模型，任务结束则该模型的生命周期终结。本节将深入探讨深度模型的自学习增强演化范式，关注如何延长深度模型的生命周期，即当某个任务结束后仍然基于该模型进行训练，以增加新知识、拓展新技能。

例如，在智慧医疗应用中，基于深度学习模型的人体活动识别能够实时反馈个人健康状况，从而推荐合适的运动干预或治疗计划（如患有膝关节炎的患者应及时进行康复运动，并避免损害膝关节的运动）。因此，应该对用于个人活动识别的深度学习模型进行实时变更管理——模型根据应用环境上下文变化持续自学习增强演化，避免遗忘患者历史活动习惯或产生错误的活动识别结果 [80]。

深度学习模型的自学习增强演化研究非常重要，因为它对人机物融合群智计算应用中下列几个常见的**应用挑战**大有裨益：

- 假设有一个训练好的模型，希望基于新数据集（可能存在全新的数据类别或不同的数据分布）持续更新它，但我们已经丢弃了旧的训练数据或者旧数据的生命周期已经终止或者无权再访问它们。模型已经学到的这些旧知识对于保障应用的基础识别功能不可或缺，如果该模型没有保留旧知识同时增长新知识的持续学习能力，那么这样的问题将非常棘手。

- 在某些场景下，必须面向一系列任务渐进式地训练模型。例如，在人机物融合群智计算的应用场景中，多个智能体或分布式机构都搜集数据并训练了一个小模型，我们希望每个智能体都能不断接收并融合其他智能体的模型技能，并且每个智能体自身也在持续不断地感知新数据和开展新训练。但是硬件平台（尤其是移动终端和嵌入式设备）存储不下所有任务对应的旧训练数据集，或者现有硬件的计算能力无法实施基于所有数据的模型训练运算。这时我们非常希望训练好的模型本身就是一个旧任务数据集的"智慧结晶"，并且在后续的模型持续学习训练中不需要基于大量的旧数据集实施模型统一训练。

- 我们希望模型学习多种策略，但是随着应用业务的迭代变更，可能难以知道目标学习任务何时、以何种方式变化。例如，在人机物融合的多智能体机器人建房子的应用中，一个复杂的深度模型需要集成多个具有不同损失函数的学习模块，有的模块基于最小化样本标签交叉熵学习判定识别策略，有的模块基于最小化合成数据误差学习仿真数据的生成策略，而有的模块基于最大化增强学习奖励学习自动化策略。

对于大多数持续运行和维护的智能物联网应用，不同模态的感知数据逐渐增多、用户基数和群体范围不断扩展，模型必须基于持续到来的数据流不断学习和更新参数。

自学习增强演化问题的定义。按照新旧任务差异性递增、模型持续学习复杂度递增以及处理实际问题能力递增的顺序，我们定义了以下几个具体的模型自学习增强演化问题，针对这些问题的具体研究将在 7.3.4 节详细介绍。

1）**数据分布偏移**：新任务对应的数据与旧任务对应的数据分布存在偏移，也称作概念偏移（Concept Drift）。例如，新任务和旧任务都是分类"猫"和"狗"，只是新任务的数据是"黑猫"和"黑狗"，而旧任务中的数据是"白猫"和"白狗"。

2）**数据类别拓展**：新任务增加了与旧任务不同的类别。例如，所有旧任务就是分类"猫"和"狗"，而新任务中需要分类"汽车"和"轮船"。

3）**策略优化**：新任务所学策略包含在旧模型中，新任务与旧模型中某些集成的策略模块是相同的类型（如合成数据（Synthetic Data）或强化学习），且采用同种类型的网络架构，但是需要优化策略。例如，所有旧任务都是基于生成模型（如自动编码器）的数据合成问题，新任务也是基于自动编码器的数据合成问题。但是需要基于新数据对模型的某个策略进行持续更新和优化。又例如，强化学习模型中的环境观测信号发生变化或者奖励信号发生变化。

4）**架构拓展**：所有旧任务与新任务是相同类型（如分类）的任务，但采用不同类型的网络架构。例如，所有旧任务都是基于判定模型（如卷积神经网络）的分类问题，新任务也是基于判定模型的分类问题，但是可采用全连接神经网络、低秩分解的卷积神经网络等不同类型的架构；或者所有旧任务都是基于生成模型（如自动编码器）的数据合成问题，新任务也是基于生成模型的数据合成问题，但是采用了变分自动编码器或生成对抗模型架构。

5）**策略拓展**：旧任务与新任务是不同类型（如分类、合成数据、提取特征）的任务，且采用不同类型的网络架构。例如，旧任务包括基于判定模型（如卷积神经网络、全连接网络）的分类问题，新任务可能是基于生成模型（如自动编码器）的特征提取问题。

7.3.2　何为终身学习

本节将分类介绍深度学习模型的终身学习过程。

人类的大脑能够在不遗忘旧知识的同时不断积累新知识，并且能够通过旧知识学习新知识、解决新问题，而且变得越来越善于学习。类似地，我们希望深度学习模型模仿人类的持续学习能力，学习和迁移周边所有相互联系的已有知识，并将其运用于新的学习任务，这被称为模型的**终身学习**（Lifelong Learning）或**持续学习**（Continual Learning）过程[81]。它可以随时间自主学习外部环境变化，并逐步建立一套复杂的技能和知识；同时模型已经学习到的概念和关系（知识）可以帮助它们更好地理解和学习一个新的任务，因为不同领域和任务中的很多知识都是共享的。

模型的终身学习过程，与模型的迁移学习（transfer learning）[83]、多任务学习[84]、领域自适应（domain adaption）[85] 或元学习（meta learning）[32] 等研究本质上是不同的。如图 7.21 所示，终身学习有两个特性：持续地学习，并明确地积累已经学到的知识；有选择地利用知识库帮助学习新任务。迁移学习和领域自适应也关注如何在不同的领域间迁移知识，但是它们只关注模型在新领域问题中的性能，不关心新模型对旧领域知识的识别能力是否被保留，是利用源领域帮助学习新领域知识的单向学习过程。而多任务学习仍然遵循传统的机器学习范式同时优化多个任务，而不是一个持续的知识累加过程。元学习也涉及多个任务学习，通常称作"学习如何学习"，但是它通常只是利用过去经验的元数据（例如超参数），以期提高模型学习新知识的能力，它不关注旧任务所学知识的遗忘问题。具体地，元学习看重的是模型在学习越来越多新任务时如何逐步提高学习效率。读完本书的其他章节后，这些方法之间的差异将会变得更加清晰。

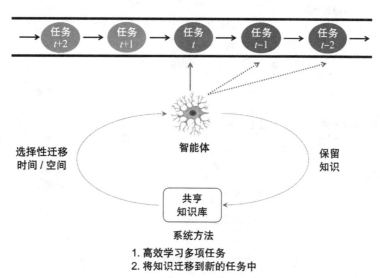

图 7.21 模型的终身学习示意图：①有效地学习一系列任务并保留知识；②有选择性地迁移旧知识解决新任务，并在解决新任务后将其扩充到知识库。终身学习系统在对一系列任务的学习过程中，调控①和②之间的有效交互 [82]

当前，模型的终身学习算法大多是根据特定数据和任务类型而设计的，还没有一个能支持所有领域中不同任务类型的普适终身学习系统。

典型的模型终身学习系统如图 7.22 所示，模型的终身学习系统包含多个子模块。**知识库**（Knowledge Base，KB）模块用于存储已学到的知识，借助不同的信息挖掘技术能够进一步为其增加智慧。可以通过存储历史数据、每个历史任务的中间结果以及每个历史任务所学到的模型存储以往的知识。保留哪些信息用于新任务学习主要取决于具体的学习任务和算法。此外，还可以基于这些基础知识进行元挖掘，从中挖掘更高层次的知识，再将由此产生的知识存储在元知识中。知识推理还可以推断其他更多的知识。采用有多种不同的知识挖掘和推理算法产生不同类型的结果，将有助于更多维度的知识融合。**基于知识的学习器**（Knowledge-Based Learner，KBL）模块包含一个学习器，用于识别哪些信息有助于特定新任务学习，它能够借助知识库中的不同知识类型（数据、中间输出、模型、挖掘信息、推理信息）区分出哪些信息对新任务是最合适的。**基于任务的知识挖掘**（Task-based

Knowledge Miner，TKM）模块是面向特定任务挖掘有用的知识信息。**模型**（Model）即任务模型，可以是判定模型、生成模型、聚类模型等。**应用**（Application）可以是模型终身学习系统的驱动力或结果。应用驱动的模型终身学习演化，就是面向某个定义好的应用，为模型开展终身学习优化过程；发掘新应用的演化方式即基于知识库和学习器自动发掘有意义的新应用，新应用是模型终身学习的附加结果。**任务管理器**（Task Manager）模块用于管理到达模型终身学习演化系统的任务。

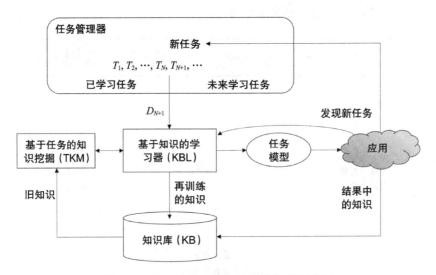

图 7.22　典型的模型终身学习系统模块图 [86]

　　模型终身学习的性能评估。如图 7.23 所示的模型终身学习性能评估表格可用于评估终身学习任务序列中学习的性能，观察模型在学习新任务时记住了什么遗忘了什么。$R_{i,j}$ 表示模型学习任务 i 之后在任务 j 上的性能。当 $i>j$ 时，$R_{i,j}$ 评估模型学习了任务 i 之后，是否遗忘之前任务 j 的技能。当 $i<j$ 时，$R_{i,j}$ 用于评估任务 i 的技能是否有助于未来任务 j 的学习。因此终身学习算法的性能可由平均精度 Accuracy 计算：

		测试			
		任务 1	任务 2	…	任务 T
随机初始化		$R_{0,1}$	$R_{0,2}$		$R_{0,T}$
训练后	任务 1	$R_{1,1}$	$R_{1,2}$		$R_{1,T}$
	任务 2	$R_{2,1}$	$R_{2,2}$		$R_{2,T}$
	…				
	任务 $T-1$	$R_{T-1,1}$	$R_{T-1,2}$		$R_{T-1,T}$
	任务 T	$R_{T,1}$	$R_{T,2}$		$R_{T,T}$

图 7.23　模型终身学习性能的交叉评估表格

$$\text{Accuracy} = \frac{1}{T}\sum_{i=1}^{T} R_{T,i} \tag{7-8}$$

对已有任务的记忆可以通过 Backward Transfer 计算：

$$\text{Backward Transfer} = \frac{1}{T-1}\sum_{i=1}^{T-1} R_{T,i} - R_{i,i} \tag{7-9}$$

对新任务的迁移可以通过 Forward Transfer 计算：

$$\text{Forward Transfer} = \frac{1}{T-1}\sum_{i=2}^{T} R_{T-1,i} - R_{0,i} \tag{7-10}$$

如果想实现在线终身学习，可以通过避免使用外部存储器存储原始数据或者限制每个训练集规模来实现。实际上，避免存储原始数据意味着学习算法能够从当前任务中获取一些对当前任务有用并且有助于未来学习的知识。

7.3.3　灾难性遗忘

模型终身学习的研究核心关乎保留哪些知识、如何表示和使用该知识，以及如何维护知识库。而模型终身学习的最大挑战就是学习新任务时对以往知识的"灾难性遗忘"。模型的自学习增强演化研究必须深入探索模型的"灾难性遗忘"（Catastrophic Forgetting）问题。因此，本节将单独介绍模型终身学习研究中关于灾难性遗忘的研究探索。

灾难性遗忘是指**深度学习模型在依次基于新数据训练时，对先前学习任务出现性能下降的现象** [87]。如果不加处理，该问题在模型的持续性自学习增强演化过程中非常容易出现。模型的灾难性遗忘现象也可确切地称为灾难性干扰，因为模型在获取新技能时会修改模型基于旧知识学到的重要参数，从而干扰已掌握的技能。模型的增强演化需要优化双向学习目标（即同时保证模型在旧任务和新任务上的性能），这与迁移学习只关注单向学习目标（即旧任务技能如何辅助提高新任务性能，不关心旧任务性能）是不同的。

为了避免灾难性遗忘，需要深入研究如何处理知识记忆：保留哪些知识，如何表示和使用该知识，以及如何维护知识库。首先，我们需要一种机制来**存储关于过去任务的记忆**，以不同的方式研究旧模型中有哪些重要信息是必须保留的以及在新任务学习中哪些下降梯度不会导致旧模型的技能遗忘（干扰）。值得说明的是，深度模型的记忆可以用不同的形式保存：原始数据、特征表示、模型权重、正则化矩阵等。因此，研究者可以借助这些不同的记忆保存形式从不同维度实现知识记忆的保存和更新，在新任务学习中只保留重要信息，并将这些重要信息用于辅助新任务学习。其次，模型终身学习中处理知识记忆的难点在于**如何在保存的信息精度与可接受的遗忘之间找到一个最佳折中** [88]。具体地，包括如何自动化地评估信息重要性、新的学习过程以何种方式遗忘旧知识以及避免干扰旧技能导致旧任务的性能退化。在实际的复杂应用中，我们很难清楚地知道什么是值得保留的重要信息以及什么知识对于新任务学习（效率和性能）是有帮助的。尤其当我们不能访问旧任务对应的数据集和标签时，评估模型对旧任务的直观识别精度都很困难，评估更加复杂的多任务、多策略模型终身学习中的重要信息组件的干扰和共享则更具挑战。例如，Kirkpatrick 等人 [96]

针对需要依次训练学习任务的问题，提出了弹性权重合并算法来避免知识遗忘，它根据权重相对于以前任务的重要性降低特定权重的学习速度，可用于监督学习和强化学习问题。

1. 典型研究及算法

Li 等人在文献 [89] 中为多种图像分类问题提出了一种简单而有效的避免遗忘的终身学习策略 LWF（Learning Without Forgetting），并将其与特征提取[90]、微调[91]、联合训练[92]等常见策略做对比分析，以体现持续学习的优势。

在图像分类问题中，通常基于 CNN 进行模型的训练学习。CNN 具有一组共享参数 θ_s（例如 AlexNet 中的五个卷积层和两个全连接层）、面向先前学习任务的特定参数 θ_o，以及针对新任务 θ_n 的随机初始化参数。可以将 θ_o 和 θ_n 视为在共享参数 θ_s 输出特征之后的分类器。目前有三类常见的借助旧任务相关参数 θ_o 学习新任务相关参数 θ_n 的方法（如图 7.24 所示）。①**特征提取方法**：共享参数和旧任务相关参数不变，采用一个或多个层作为新任务特征训练 θ_n。②**微调（Fine-Tuning）方法**：旧任务相关参数固定，针对新任务，优化共享参数和新任务相关参数。通常采用较低的学习率防止 θ_s 的大漂移。③**联合训练所有参数** θ_s、θ_o 和 θ_n。这三种方法均有一定的不足，如共享参数无法表示某些对新任务有区别的信息，微调会降低以前学习任务的性能，复制和优化每个任务会导致测试时间线性增加。与上述方法不同，LWF 仅使用新任务样本，同时对新任务性能和旧任务性能进行优化，以实现新任务学习的同时保留对即有任务的响应。该方法与联合训练差不多，但是不需要旧任务的图像样本和标签。显然，如果网络在旧任务相关参数上保持完全相同的输出，旧任务精度将得以保持。实际上，新任务可能无法很好地表示原始任务域，但实验表明，保留样本输出，仍然可以在旧任务上保持较好的性能，并且还能充当正则化方法提高性能。在新任务上，LWF 方法有几个优点：LWF 性能比特征提取方法好，它在旧任务上的性能比微调方法好；训练时间比联合训练方法快很多，只比微调方法慢一点，与使用多个经过微调的网络执行不同任务的测试时间相比，测试时间更快；学习到任务后，不需要保留训练数据，因此部署简单。

如图 7.24e 所示，LWF 方法首先输入新任务图像，并记录模型基于旧任务参数的响应。然后根据新任务类别数量设置新层，同时保持新参数个数与新类别个数相同。最后，通过最小化所有任务的损失，以正则化方法（例如采用 0.000 5 的权重衰减方法）采样，以随机梯度下降法训练网络。为了简化计算，该方法记录每个样本的损失函数、输出和真实标签，然后对小批次内的所有样本的损失函数求平均。对于每个原始任务，希望每个图片的输出概率与原始网络中的记录无限逼近，最终采用知识蒸馏[50]算法实现了一个网络的输出向另一个网络的逼近。

此外，新旧数据分布的多样性也会导致知识遗忘。持续到来的新数据经常会在数据分布上与以往数据相比存在偏移现象。终身学习必须能够自行检测数据分布的偏移并解决它。数据分布随时间的变化可称为概念偏移，可通过在线变化算法进行检测[93-94]。Alexander 等人的增量式学习研究[95]中定义了两种概念偏移：伪概念偏移仅涉及输入数据的分布偏移，通常由类别随时间出现的不平衡导致；真概念偏移则是由完全新颖的数据或类别引起的，可以通过对分类准确性的影响来检测。针对此问题，主要有以下解决方法。

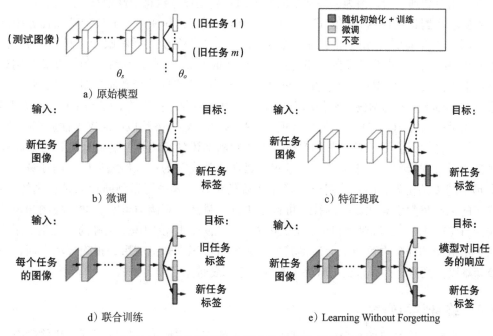

图 7.24 避免遗忘的学习方法和其他对比方法 [89]

2. 综述其他相关方法

正则化方法可以用于避免在模型终身学习过程中学习新任务时对旧知识的遗忘。其中，Joan 等人在 EWC[96] 中采用 Fisher 矩阵量化已学习权重对旧任务技能的重要性。具体地，他们提出一种基于任务的硬注意力机制，通过随机梯度下降对每个任务学习硬注意力掩码，掩码可以用于激活或抑制每层神经元的输出，根据所有先前任务的累积注意力来动态调整梯度，从而对当前任务学习进行约束。该机制可以保留先前任务的信息，而不会影响当前任务的学习。为了实现在线终身学习，需要简化复杂的 Fisher 矩阵运算。Ritter 等人[97] 采用克罗内克尔因式分解（Kronecker Factored，KFAC）近似 Fisher 矩阵运算，量化权重对旧任务技能的重要性。具体地，该工作使用块对角的 KFAC 近似 Hessian 矩阵来进行 Laplace 逼近。文献 [98] 提出使用一种称为增量矩匹配（Incremental Moment Matching，IMM）的正则化方法来克服灾难性遗忘，这种方法保存过去任务神经网络权重的后验分布，并使用它来规范化新任务的学习。

用代表性样本记录旧任务的记忆可以在模型学习新任务的同时混合旧任务的数据，让模型能够在学习新任务的同时兼顾旧任务。其中，Gepperth 和 Karaoguz [99] 提出的 GeppNet 模型保留了训练数据以在每个新类进行训练后重播。该模型使用自组织映射（Self-Organization Mapping，SOM）作为隐藏层来对来自输入层的数据进行拓扑重组（即将输入聚类到二维晶格中），将其输入简单的线性层中进行分类，在训练新任务的同时加入所有以前的数据进行训练。该方法不能用于以前任务数据不可用的情况，此外，这种方法的可扩展性也可能会受到质疑，因为存储样本的所需内存会随任务数量线性增长。

用生成模型记忆数据分布的记忆也可以称作伪训练，即使用生成模型从旧任务中产生样本，而无须存储所有先前任务的训练数据。FearNet[100]受人类睡眠中记忆重播的启发，使用 DNN 训练出一种生成式自动编码器（Auto Encoder）进行伪训练，用于存储长期记忆及重构输入。具体地，FearNet 使用 Encoder 的类别统计信息进行高斯分布采样，将采样信息通过 Decoder 生成伪示例，将伪示例与新任务数据混合进行重播。Chenshen Wu 等人[101]基于生成对抗网络（GAN）提出记忆重现 GAN（MeRGAN）方法以解决灾难性遗忘问题。

此外，将知识应用于新任务学习时，需要判断**知识的正确性**。简而言之，可以将模型的终身学习过程看作一个连续的引导过程。错误会从先前的任务传播到后续的任务，从而产生越来越多的错误，阻止终身学习产生正确的结果。人类可以判断什么是正确的知识，但现在的工作仍然没有比较好的技术可以解决这一挑战。有两类策略有助于检测知识的正确性：与先前任务/领域对比和从上下文中发现。此外，即使知识是正确的，但是如果将具应用于不恰当的任务中可能也会适得其反。人类擅长识别知识应用的正确环境，而自动化系统却难以做到这一点，这也为解决灾难性遗忘问题带来了新的挑战。

7.3.4　终身学习研究

本节介绍一些经典的和最新的模型终身学习研究，它们可以用来刻画人机物融合群智计算情境中模型自学习增强演化的主要动机，也以不同的方式为模型的自主学习和持续性技能增强问题奠定了研究基础。

根据具体的应用需求，终身学习可以广泛应用于不同类型的模型中，例如监督学习模型（如分类识别模型）、非监督学习模型（如生成模型）以及强化学习模型。假设模型已经学习了一个包含 N 个任务的任务序列 T_1，T_2，…，T_N，当新数据 D_{N+1} 到来，我们必须学习第 $N+1$ 个新任务 T_{N+1} 时，模型的终身学习研究关注如何有效利用知识库中的已有知识来帮助学习新任务 T_{N+1}。知识库中存储的先验知识包括从过去 N 个任务中学习和累积的旧知识。在学习了任务 T_{N+1} 后，知识库也会根据任务 T_{N+1} 中学习到的中间或最终结果进行更新。

现有的模型终身学习问题通常包括以下两大类。

1）**单增量学习任务**（Single Incremental Task，SIT）：该研究对应的是 7.3.1 节所述的**数据分布偏移**问题，它的一个示例是猫和狗的分类任务，其中数据分布随时间变化。

- 数据 D_1 & 任务 T_1：只有白狗和白猫的图像，希望模型区分白狗和白猫。
- 数据 D_2 & 任务 T_2：新加入了黑狗和黑猫的图像，希望模型在学习区分黑猫和黑狗的同时，不应忘记区分白猫和白狗。

这里，任务 T_1 和任务 T_2 是相同的——都是区分猫和狗，但是新加入的数据与旧数据分布可能存在差异（如猫和狗颜色上的差异），这将导致模型遗忘已学习技能。

2）**多增量学习任务**（Multi-Task, MT）研究对应 7.3.1 节所述的**数据类别拓展**问题。分类类别会随时间变化，同时分布也可能在任务内部发生变化。

- 数据 D_1 & 任务 T_1：基于猫和狗的图像，模型学习区分猫和狗。

- 数据 D_2 & 任务 T_2：新加入了汽车和帆船的图像，希望模型学习区分汽车和帆船的同时，不会忘记区分猫和狗。

这里，任务 T_2 相对于任务 T_1 的分类类别改变了，模型需要同时最大化任务 T_1 和任务 T_2 的分类性能。同一任务可以在任务序列中发生多次。任何模型的终身学习策略都应使其具备学习新概念和新实例的能力。

上述两种场景下的任务标签也会存在不同的指示性。①无指示：任何任务标签都不会表示分布变化，任务始终是相同的，这就等同于 SIT 方案。②稀疏指示：存在稀疏的任务标签指示数据分布变化。③强指示：数据分布中的每个更改都由给出的任务标签发出信号。这些不同的指示性将会为模型的终身学习过程引入不同的难度。

如表 7.7 所示，模型的自学习终身演化是由新数据、环境的变化触发的网络架构和权重的更新演化。针对不同诱因，对应有不同的演化策略。新数据分布的偏移变化通常通过隐式修改模型架构更新部分权重；数据类别的增加，可以通过显示修改模型架构以实现持续演化；环境变化带来的策略优化，则需要一种在线的变化检测算法检测环境状态、奖励信号的改变，实现模型的自学习增强演化算法。

表 7.7　各类自学习增强演化问题中的变化诱因和演化策略概述

	变化（诱因）				演化策略		
	数据分布	数据类别	观测信号	任务类型	终身学习策略	网络架构	权　重
数据分布偏移	改变	—	—		分类模型	局部隐式修改	更新部分
数据类别拓展	改变	改变	—		分类模型	局部显式修改	更新部分
策略优化	—	—	改变		生成模型 强化学习	不改变类型	更新部分
架构拓展	改变	改变	改变			拓展模型样式	更新部分
策略拓展	改变	改变	改变	拓展新任务类型		拓展模型样式	更新部分

1. 数据分布偏移

数据分布偏移问题常见于分类模型和生成模型。分类模型需要基于"数据 – 标签"对进行学习，从输入数据学习预测分类类别。因此，当训练数据和样本标签不能一次到位时，模型可以基于一系列依次到来的数据进行终身学习。生成模型不需要标签，但是当新的数据分布发生变化时，也需要终身学习来更新生成模型合成符合当前数据分布的新数据。

针对数据分布偏移问题，通常不需要对模型架构做显著修改。只需要保留一部分网络权重用来避免灾难性遗忘，同时留出一部分自由神经元用于新任务的学习。

（1）冻结权重法
典型研究及算法

通常，新任务的学习会改变旧任务的模型参数从而降低模型在先前任务上的性能，人们由此考虑能否通过冻结旧任务的权重以避免参数修改引发的灾难性遗忘问题。Arun 等人提出了一个基于权重修剪的多任务深度神经网络融合模型框架——PackNet[102]。受模型剪枝技术的启发，该模型利用大型深度网络中的冗余来释放参数，被剪枝的神经元被作为自由神经元用于新任务的学习。通过执行迭代修剪和网络重训练，将多个任务顺序"打包"到单个网络中。训练过程中冻结先前任务的权重以确保在添加新任务后，旧任务的性能不会发生变化。

如图 7.25 所示，该模型针对某个任务进行训练后（图 7.25a），使用 S. Han 等人[103]提出的基于权重的修剪技术，将训练好的参数权重按照绝对值大小进行重要性排序，并选择一定比例不重要的网络权重进行修剪，而修剪的神经元则被作为自由神经元用于未来新任务的学习（图 7.25b 中的白色神经元），具体通过参数置零实现。最后通过重训练恢复模型由于剪枝导致性能下降的准确性（任务 I 剪枝、重训练结果如图 7.25b 所示）。当新任务来临时，模型将冻结先前任务的参数（图 7.25c 中的灰色神经元），然后使用同样的方法进行剪枝及重训练。重复此过程，直到添加了所有必需的任务或没有更多可用的空闲参数为止。在测试过程中，模型会根据训练过程中存储的稀疏掩码（指示对特定任务有效的参数）对网络参数进行屏蔽，以使网络状态与在训练过程中学习到的网络状态相匹配。由于在剪枝过程中冻结旧任务参数并只对当前任务权重进行修改，因此先前任务的性能不会发生变化，同时，存储的稀疏掩码使网络可恢复至训练状态，从而克服灾难性遗忘问题。

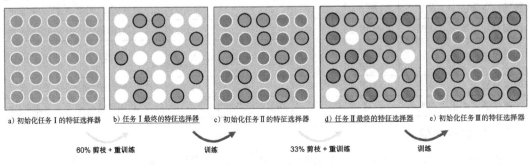

a) 初始化任务 I 的特征选择器   b) 任务 I 最终的特征选择器   c) 初始化任务 II 的特征选择器   d) 任务 II 最终的特征选择器   e) 初始化任务 III 的特征选择器

60% 剪枝 + 重训练   训练   33% 剪枝 + 重训练   训练

图 7.25   PackNet 模型训练过程 [102]

此外，Heechul Jung 等人[104]提出了一种较少遗忘的学习方法（Less-forgetting Learning Method）来缓解 DNN 中的灾难性遗忘问题。由于在 DNN 中，底层通常被视为特征提取器，顶层被视为线性分类器，这就意味着 softmax 函数的权重可以代表分类特征的决策边界。如图 7.26 所示，该方法利用以上知识，通过冻结 softmax 层的权重以保持分类器的边界，具体通过将学习率置零实现。此外，考虑到数据分布偏移问题，目标网络提取的特征应与源网络提取的特征位置接近，因此该工作将损失函数定义为如式（7-11）所示。

$$L_t(x; \theta^{(s)}, \theta^{(t)}) = \lambda_c L_c(x; \theta^{(t)}) + \lambda_e L_e(x; \theta^{(s)}, \theta^{(t)}) \tag{7-11}$$

其中，L_c 表示交叉熵损失，可帮助网络正确地对输入数据进行分类，L_e 表示欧几里得损失，用于约束目标网络学习提取与源网络提取的特征相似的特征。实验结果表明，该方法在学习目标域的同时可以减少对源域知识的遗忘。

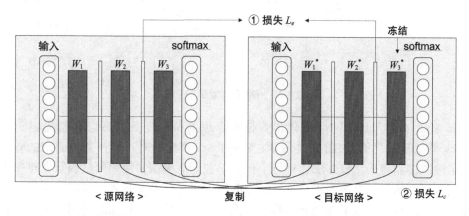

图 7.26　Less-forgetting Learning Method 模型概念图 [104]

冻结权重法通过禁止参数修改来避免新任务学习对旧任务性能的影响，对于通常不需要对模型架构做显著修改的数据分布偏移任务有较好的适用性。

（2）任务关联掩码定义法

以 PackNet 为代表的冻结权重法通过网络剪枝识别对先前任务重要的权重，并在训练特定任务后将重要权重固定，从而避免了由于允许网络的所有权重被不同程度地修改而引起的先前任务的性能变化。然而冻结权重法会导致缺少可用的自由神经元，随着任务的增加，自由神经元不断减少，导致后来添加到网络中的任务性能降低。此外，网络的大小固定使最终可以添加的任务总数受到限制。针对数据分布偏移问题的另一种解决思路是为新任务定义不同的掩码，使用掩码选择性屏蔽或激活神经元。Joan Serra 等人 [105] 提出了一种基于任务的硬注意力机制（Hard Attention to the Task, HAT），如图 7.27 所示，HAT 在每一个神经网络层都添加一个掩码层，通过随机梯度下降对每个任务学习硬注意力掩码，使用任务的 ID 并根据掩码来屏蔽或激活神经元。

在 HAT 模型中，掩码和任务 ID 是嵌入式的，是与原始网络一起训练的一个额外分支，先前任务的注意力向量用于定义掩码，并利用之前的掩模限制当前任务上网络权重的更新。具体通过将梯度乘以掩码的相反数实现，例如若某任务的掩码较高（接近 1），则影响该神经元的所有参数的梯度都将乘以一个接近 0 的值，因此参数权重不会发生改变。与冻结权重法无法修改参数不同，基于掩码的方法并不一定是二进制的，因此在某些情况下可以牺牲一些知识为代价以学习新的任务。

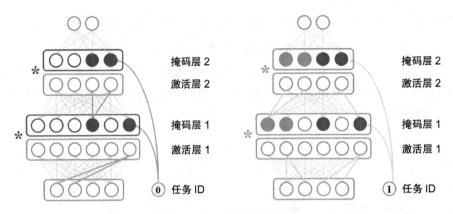

图 7.27　HAT 模型结构 [105]

Arun Mallya 等人基于网络量化和剪枝的思想为每个任务学习二进制掩码，并提出 Piggyback 模型框架 [106]。如图 7.28 所示，Piggyback 模型针对不同任务为固定的骨干网络搭载特定的二进制掩码。该方法针对每个任务单独训练模型，使用阈值函数获得每个任务的二进制掩码，通过二进制掩码与骨干网络叠加取得最终基于任务的网络。为新任务定义不同掩码的方法增加了自由神经元的数量，保证了在避免灾难性遗忘的同时又可以在新任务中训练出较好的性能。

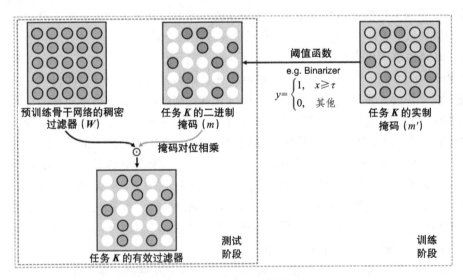

图 7.28　Piggyback 模型框架

（3）动态路径法

针对数据分布偏移问题，还可以通过动态寻找最优路径的方法解决，即通过预先定义好不同类型的神经网络模块，根据任务类型动态选择网络模块进行组合训练。Fernando 等人 [107] 提出了一种集成方法 PathNet。PathNet 是一个由神经网络组成的网络，在 PathNet 中网络每层有 10～20 个模块，其中每个模块都可以是一个任意类型的神经网络——卷积网络、循环网络、前馈网络等。使用遗传算法找到一条最佳路径，然后冻结此路径中的权重，以便在学习新任务时不会忘记较早的知识。与显式集成相反，PathNet 的大小是固定的，并且有可能重新使用学习的表示，从而允许使用更小的、可部署的模型。不足之处是由于在学习新任务时网络会被冻结，因此一旦达到最大容量，PathNet 就有可能失去其学习能力。

2. 数据类别拓展

数据类别拓展问题也常见于分类模型和生成模型。实际中，我们总是会有这样的诉求，就是当模型可以对类别 A 进行分类时，希望通过持续学习可以对类别 B 进行分类，即不断增加模型的可分类类别。为了应对这一问题，通常需要在保留部分重要的参数权重基础上，显式地修改网络结构。

（1）为模型添加新层

典型研究及算法：Wang 等人 [108] 通过深度增强和宽度增广两种方法向 CNN 添加新层，以提高网络的表征能力，从而增加模型的可分类类别。向网络模型中添加新层（即加深网络）的方法允许现有单元进行新的组合，进而提高网络能力；向网络模型现有层进行宽度增广（即加宽网络）的方法允许发现更多可解决目标任务的补充线索，从而增加模型能力。

微调（Fine-Tuning）是神经网络进行迁移学习的主要方法，如图 7.29a 所示，通常将预训练网络最后的分类层替换为一个新的随机初始化层，然后通过在目标数据集训练对网络进行微调。微调的方法专注于提高模型在目标域的性能，忽视了源域性能。针对该问题，Wang 等人提出了深度增强网络（Depth Augmented Network，DA-CNN），如图 7.29b 所示。该方法直接在网络全连接层后构建一个新的顶层，添加的新层可以视为一个适应层，允许现有单元进行新的组合，新层增强了模型的表示能力，用于适应学习新任务，同时对预训练模型层的参数进行冻结以避免对预训练层进行大幅度修改而引起的灾难性遗忘问题。此外，该工作还提出宽度增广网络（Width Augmented Network，WA-CNN），如图 7.29c 所示。该方法在现有层上扩展网络的同时保持网络深度不变，扩展的新层可以从目标域中提取更多要素以学习新的技能。此外，WA-CNN 需要为新层添加横向连接权重，同时必须适当地标准化和缩放预训练层与新层，以使新层的“学习步伐”与模型现有单元保持平衡。WA-CNN 同样会冻结预训练层参数以避免遗忘，不同于 DA-CNN，WA-CNN 通过反向传播对顶层的缩放因子进行调节，从而提高模型在新任务中的性能。

在此基础上，该工作还提出将深度增强与宽度增广两种方法结合，构建联合深度 – 宽度增强网络（Jointly Depth and Width Augmented Network，DWA-CNN）（图 7.29d 所示）和递归宽度增强网络（Recursively Width Augmented Network，WWA-CNN）（如图 7.29e 所示）。作者将 DWA-CNN 和 WWA-CNN 与 DA-CNN 和 WA-CNN 进行了比较，实验表明两层 WWA-CNN 通常可达到最佳性能，说明增加模型容量的重要性。联合的 DWA-CNN 比 WA-CNN 性能差很多，这是由于深度增强与宽度增广方法不同的学习行为使二者的结合成为一项艰巨的任务。尽管如此，为模型添加新层的确可以极大地帮助现有模型更好地适应新的目标任务。

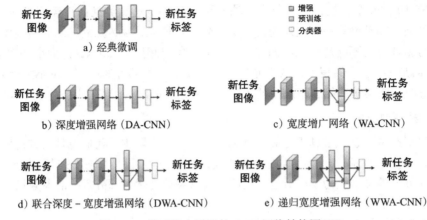

图 7.29　模型能力增强的 CNN 网络结构图 [108]

（2）为模型添加新神经元

通过添加新层的方式可以很好地学习新任务的特征，解决数据类别拓展问题，而我们现在考虑是否有比层更细粒度的添加方式，即通过添加新的神经元学习特定任务的特征以应对新类。通过添加新神经元实现终身学习的挑战在于，如何在不干扰其他类别分类能力的情况下，引入新的神经元。

Xu 等人 [109] 提出了强化持续学习（Reinforcement Continual Learning, RCL）框架来自适应扩展网络。当面对一个新的任务时，使用强化学习来确定每一层神经元的最优数量。RCL 框架由三个网络组成：控制器网络、值网络以及任务网络。其中控制器网络用于生成策略并确定为每个任务添加多少新神经元。如图 7.30a 所示，假设任务网络有 m 层，面对一个新任务，对每一层指定添加 $0 \sim n_{i-1}$ 个神经元，使用强化学习收集最佳动作组合。如图 7.30b 所示，RCL 将一系列操作视为一个固定长度的序列，控制器为一个 LSTM 网络，对于每个任务 t，输出第 i 层要添加神经元的数量，则策略可表示为 $\pi(a_{1:m} \mid s; \theta_c) = \prod_{i=1}^{m} p_{t,i,a_i}$。该方法通过强化学习来为即将到来的任务寻找最佳的神经结构。

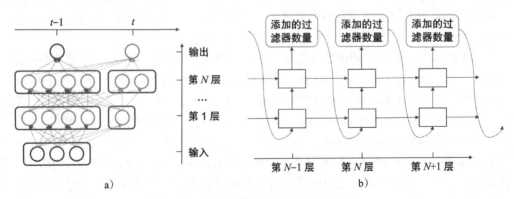

图 7.30　RCL 框架中的控制器网络 [109]

受学生通过总结笔记防止遗忘的启发，Gyeong-Moon 等人 [110] 提出了 CNN with Developmental Memory（CNN-DM）算法，该算法将 DM 看作一组摘要注释，用于存储学得的新任务的相关特征。如图 7.31 所示，当新任务来临后，DM 通过不断产生新的子存储器来有效地学习新任务，同时 DM 采用较低层次的跳跃连接，使 CNN-DM 可以同时利用非线性和线性变换来提高模型的性能。

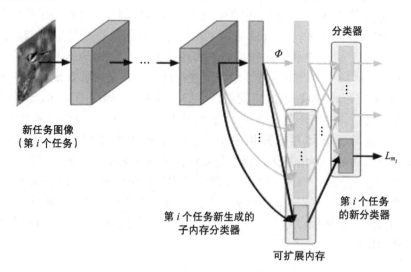

图 7.31 CNN-DM 结构图 [110]

3. 策略优化

策略优化问题常见于强化学习模型的终身学习过程，比如环境无法一次访问完所有的数据、环境可观测信号发生变化或者奖励机制发生变化。在策略优化问题中，由于数据分布、类别及任务类型通常不会发生改变，因此一般不改变网络架构类型。

典型研究及算法。Ring 等人 [111] 提出了 CHILD，结合持续学习（Continental Learning）、分层学习（Hierarchical Learning）、增量学习（Incremental Learning）及发展（Development）在持续强化学习中迈出第一步。CHILD 算法将 Q-Learning 算法和 Temporal Transition Hierarchies（TTH）算法结合，其中 TTH 是一种基于神经网络的结构化学习系统，可以用于查找更广泛的上下文信息以帮助当前时间步的学习。CHILD 具体使用分层神经网络，通过逐步增加神经元并编码更广泛的动作时间上下文来解决日益复杂的强化学习问题。

神经网络的神经元 u^i 有三种类型：感官神经元 s^i、动作神经元 a^i 和高级神经元 l^i_{xy}。其中高级神经元可以由网络动态添加，用于修改感官神经元和动作神经元二者之间的连接权重。由于在连续的强化学习过程中，上下文任务可能相关，因此 TTH 算法在网络中引入了新的神经元，目的是搜索之前的时间步以获得上下文信息，从而更准确地预测事件。对于何时添加新神经元，该工作采用权重变化的平均值 $\Delta\bar{w}_{ij}$ 和权重变化的平均幅度 $\Delta\tilde{w}_{ij}$ 进行衡量，当 $\Delta\bar{w}_{ij}$ 变化较小但 $\Delta\tilde{w}_{ij}$ 变化较大时，即 $\Delta\tilde{w}_{ij} > \Theta\left|\Delta\bar{w}_{ij}\right| + \varepsilon$，表明学习算法正在大幅度改变

权重，但权重在正负方向上的修改大致相等，此时可以添加新的神经元。此外，CHILD 采用分层学习，通过将新神经元添加到现有网络层级结构的顶部，可以在现有知识的基础上进行迁移修改。

针对策略优化问题，主要有以下两种方法。

1）**设置多个智能体并行学习**。理想的持续学习智能体应该可以解决多项任务，当任务相关时表现出协同效应并且可以处理任务之间的深度依赖。一种解决策略优化问题的有效思路是设置多个智能体进行并行学习，使其具有并行完成每个任务的能力，通过共享经验以及跨任务重复使用表示形式和技能来实现持续学习。Mankowitz D J 等人[112]提出了 Unicorn 智能体体系结构以促进持续学习。在持续学习环境中，智能体应具有同时学习多个任务的能力，从而能够在不断遇到新任务的领域中进行学习。Unicorn 模型框架使用联合并行训练设置，由执行不同任务的 M 个不同演员（actor）并行学习来完成此任务（如图 7.32 所示）。随着智能体累积知识的增加，Unicorn 模型使用 UVFA（Universal Value Function Approximators）将任务标识直接合并到值函数定义中，从所有任务知识中分离目标依赖和目标独立的表征，通过重用部分知识来进行泛化迁移以解决相关的任务。此外，针对任务深度依赖问题，Unicorn 提出从所有任务的经验中进行离线策略学习（off-policy）来解决，使用离线策略训练可以并行地了解其他任务，从而在持续学习问题中跨任务共享经验并重复使用技能。

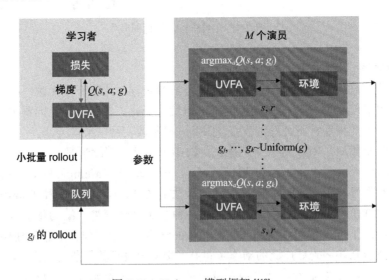

图 7.32　Unicorn 模型框架[112]

2）**经验回放**。在强化学习的马尔可夫决策过程中，经验回放等同于终身学习中的记忆（rehearsal），它使得在线强化学习的智能体能够记住和重新利用过去的经验以促进新知识的学习。MnihV. 等人[113]将深度神经网络与 Q-Learning 相结合提出了 Deep Q-Learning（DQN）算法，DQN 算法主要采用经验回放将系统探索环境得到的数据存储起来，然后随机采样样本更新深度神经网络的参数。该算法具有以下优点：提高数据的利用率，智能体可以记住并多次重用经验样本；可以利用经验知识加速新任务的学习；减少强化学习中连续样本的相关性，减轻相关性导致参数更新的方差较大的问题。

4. 架构拓展

对于任务类型相同、网络架构不同的问题，为了保证在不忘记旧任务的同时能利用旧任务的网络学习新任务，通常可以为新任务增加新的模型（可以是显式或隐式的方式），使得多个任务实质上还是对应多个模型，最后将多个模型进行整合，这样就演变成架构拓展的终身学习问题。下面从两个方面来介绍典型的架构拓展终身学习研究及其代表案例。

（1）显式的架构修改

DeepMind 提出了一个渐进式神经网络（Progressive Neural Network）[114]，通过为每个新任务构建一个新模型，显式地支持在不同任务序列之间进行知识迁移。渐进式神经网络主要通过两种思路解决微调难以处理的多任务间迁移学习问题：保留并冻结所有旧任务网络，通过为新任务实例化新的神经网络（列）来防止灾难性遗忘；通过横向连接到旧任务的特征来实现知识迁移。

渐进式网络在每层通过使用一个 Adapter（图 7.33 中的模块 a）来实现新旧模型之间的横向连接，其功能在于自由地重用、修改或忽略先前学习的特征。该模块使用单隐藏层 MLP 将所有先前网络的上一层输出作为附加输入，同该网络的输出一起输入下一层，在输入前乘以一个标量以降低输入维度，避免维度爆炸。如式（7-12）所示，每一层的网络输入包括两部分，第一部分是当前任务网络的上一层输出，第二部分是通过横向连接实现知识迁移，其中 $V_i^{(k:j)}$ 表示投影矩阵，用于降低输入维度，保证与原始输入维度相统一。

$$h_i^{(k)} = \sigma(W_i^{(k)} h_{i-1}^{(k)} + U_i^{(k:j)} \sigma(V_i^{(k:j)} \alpha_{i-1}^{(<k)} h_{i-1}^{<k})) \tag{7-12}$$

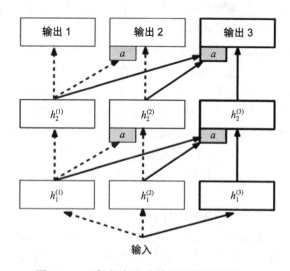

图 7.33　三任务渐进式神经网络示意图 [114]

　　由于为每个新任务实例化一个神经网络，并且在横向连接过程中旧任务网络保持冻结状态，因此任务之间没有干扰，也没有灾难性遗忘。通过 Fisher 信息矩阵对该模型进行评估，实验结果表明渐进式神经网络可以很好地进行知识重用并且不会降低旧任务的模型性能。

　　渐进式神经网络的优点是可以保留之前的训练结果，不像微调那样会改变源域网络，从而可避免灾难性遗忘问题，其次它具有重用旧知识并学习新知识的能力，每一层的特征信息都能得到迁移并可以进行具体化分析。但是渐进式网络最大的缺点是网络架构及参数数量会随着任务的增加而大量增加，且不同任务的设计需要人工知识，在未来工作中可以考虑利用剪枝、在线压缩等技术弥补该模型的不足。

（2）仿生学双结构

　　斯坦福大学心理学教授麦克莱兰德（James L. McClelland）[115] 于 1995 年提出了互补学习系统（Complementary Learning Systems，CLS）理论，该理论认为人脑学习是两个互补学习系统的综合产物：一个是大脑新皮质学习系统，负责从接触到的经验中逐渐吸取知识和技巧，缓慢学习结构化知识；第二个是海马体学习系统，记忆特定的体验，并让这些体验能够在大脑中不断重放，从而与新皮质学习系统有效集成，主要负责长时记忆的存储转换和定向等功能。参考人类的学习记忆机制，人们提出了仿生学双结构，一个模仿海马体用于记录记忆，一个模仿大脑皮层用于学习新任务，由此实现持续学习。

　　Gepperth 和 Karaoguz[99] 受互补学习系统的启发提出了 GeppNet+STM 网络，其中 GeppNet 作为长期记忆学习模型（即大脑新皮质学习系统）由自组织映射（Self-Organizing Map，SOM）和线性回归分类器组成，短期存储器（Short-Term Memory，STM）作为短期记忆存储模型（即海马体学习系统）由一种简单的队列形式构成。

　　神经生物学研究表明，不同的感觉输入（运动、视觉、听觉等）以有序的方式映射到大脑皮层的相应区域，这种映射被称为拓扑映射。拓扑映射形成的原则是："输出层神经元的空间位置对应于输入空间的特定域或特征"。如图 7.34 所示，GeppNet 模型使用自组织映射（SOM）作为隐藏层对来自输入层的数据进行拓扑映射（即将输入聚类到二维晶格中），以一种允许增量学习的方式对输入进行重新编码，同时保留信息。为了不触发过多线性回归权重的调整，通过测量输入与特定单元相关原型之间的相似性（即输入 – 原型距离）选择性激活隐藏层单元来参与线性回归分类训练。模型通过对预测类与真实类之间的准确性评估决定是否自适应更新隐藏层与输入层神经元的权重。GeppNet 模型对输入空间进行划分，并在每个分区中学习独立模型，这使得每个分区中某一部分的数据更改不会影响其他遥远分区的学习。正是这种属性避免了"串扰"，因此避免了在许多连接主义模型中出现的灾难性遗忘问题。

　　作为补充，该模型增加了一个短期存储器（STM）以存储新示例，其中当示例无法被模型正确分类时，即被看作新知识。通过模仿人类海马体在睡眠期间的记忆重放，STM 的全部内容按一定的时间间隔（即睡眠阶段）重播到系统中，使用 STM 中的新数据训练网络中的所有节点，将新知识逐渐转移到新皮层从而形成长期记忆。

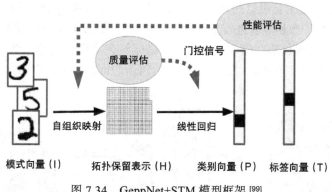

图 7.34　GeppNet+STM 模型框架 [99]

　　互补学习系统的双重结构还可以扩展到两个以上的组件，Kemker 和 Kanan[100] 从大脑的基底外侧杏仁核中汲取灵感，提出了 FearNet 模型架构，与 GeppNet+STM 模型相比，FearNet 添加了第三个组件，可以在弹性记忆（短期记忆）和稳定记忆（长期记忆）之间进行选择。如图 7.35 所示，FearNet 模型包含三个部分：一个是 HC 网络，该网络受海马复合体（Hippocampal Complex，HC）的启发用来存储最新的记忆，一个是 mPFC 网络，该网络受内侧前额叶皮层（medial Prefrontal Cortexm，mPFC）的启发用来存储长期记忆，第三个是 BLA 网络，该网络受基底外侧杏仁核（Basolateral Amygdala，BLA）的启发用于决定是使用 HC 还是 mPFC 对输入进行分类。

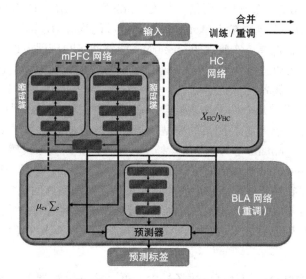

图 7.35　FearNet 模型框架 [100]

　　FearNet 受睡眠中记忆重播的启发，采用了一种生成式自动编码器进行伪训练，通过生成先前学习的示例并与新信息合并一起重播，从而减轻了灾难性遗忘。如图 7.36a 所示，mPFC 网络使用 DNN 训练出一个自动编码器，用于存储长期记忆及重构输入。在睡眠阶段，使用解码器的类别统计信息进行高斯分布采样，将采样信息通过解码器生成伪示例；然后将伪示例与 HC 中存储的数据混合进行重播，使用反向传播对 mPFC 网络进行微调。FearNet 通过将最近的记忆整合到长期存储中进行伪训练来减轻灾难性的遗忘。伪训练允许网络在增量训练过程中重新访问以前的记忆，而无须存储以前的训练示例，以此方式提高记忆效率。

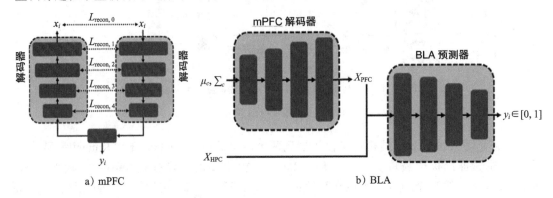

图 7.36　mPFC 网络和 BLA 网络 [100]

　　研究发现，记忆在海马体和新皮层中的长期储存是同时形成的，而在到达成熟状态之前，这一长期记忆会保持长达两周的"沉默"。在新皮层的记忆成熟前，相关记忆的唤醒与判断更多在海马体中进行。受基底外侧杏仁核启发的第三个神经网络 BLA 用来确定模型针对特定示例应使用 mPFC 还是 HC 网络。如图 7.36b 所示，BLA 使用与 mPFC 编码器层数相同的网络，并使用一个逻辑输出单元，根据 mPFC 网络和 HC 网络对输入向量类别的判断概率对两个网络进行选择。实验表明，FearNet 能够回忆和巩固最近学习到的信息，同时保留旧信息。此外，可以进行伪训练的 FearNet 具有较高的记忆效率，这使得它非常适合大小、重量和功率有限的场景。

　　人类和动物能够通过几个例子快速整合新知识，并在整个生命周期中持续不断地重复这项能力。相比之下，基于神经网络的模型依赖静止的数据分布和逐步训练过程来获得良好的泛化。Pablo Sprechmann 等人 [116] 从互补学习系统理论中汲取灵感，提出了基于记忆的参数自适应（Memory-based Parameter Adaptation，MbPA）方法，这是一种用情景记忆增强神经网络的方法，可以在快速获取新知识的同时保持高性能和良好的泛化能力。MbPA 将样本存储在记忆中，然后使用基于上下文的查找来直接修改神经网络的权重。它弥补了神经网络的一些短板，如避免灾难性遗忘、快速而稳定地获取新知识，以及在评估过程中快速学习。

5. 策略拓展

　　在复杂的人机物融合群智计算应用场景中，可直接运用监督终身学习方法解决的问题比较少，因为来自环境的监督信号或标签十分有限或者比较稀疏。这时就需要借助非监督学习模型做进一步的数据增强或特征增强，这样就演变成了策略拓展的终身学习问题。

典型研究及算法

Chen 等人 [82] 采用两个记忆网络和蒸馏技能网络，探索《我的世界》（Minecraft）游戏中的高维度强化学习模型的终身学习问题，将可重用技能称作 Deep Skill Network（DSN），并采用两种技术将其集成到层次化深度增强学习网络架构（H-DRLN）中（如图 7.37 所示）：技能蒸馏和深度技能模块。技能蒸馏可以让 H-DRLN 通过积累知识并将多种可重复使用的技能封装到蒸馏网络中的方式有效地保留知识，从而扩大模型的终身学习范围。

深度技能模块是将预学习的技能表示成深度网络，即深度技能网络（DSN）。它基于各种使用 DQN 算法和经验重播的子任务训练一个先验者。这里 DQN 只是一种可选的架构，也可以使用其他合适的网络。深度技能模块代表一组（N 个）DSN。给定输入状态 $s \in S$ 和一个技能索引 i，它根据相应的 DSN 策略输出动作 a。Chen 等人提出了两种不同的深度技能模块架构：① DSN 阵列（图 7.37 中的模块 A）：预训练的 DSN 数组，其中每个 DSN 表示为一个单独的 DQN；②蒸馏技能网络（图 7.37 中的模块 B）：可以将多个技能网络蒸馏为单个网络。在这里，不同的 DSN 共享所有隐藏层，每个 DSN 都采用策略蒸馏训练单独的输出层。蒸馏技能网络允许我们将多个技能集成到一个网络中。

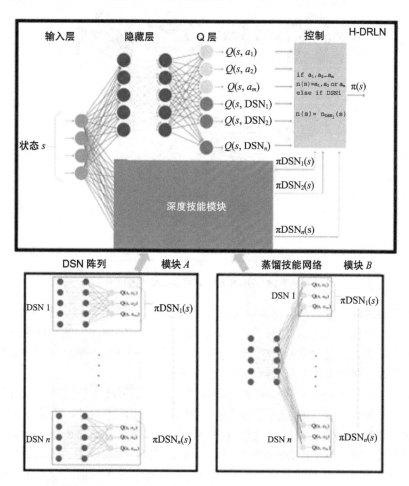

图 7.37　H-DRLN 模型：包括一个深度技能模型（模块 A）和一个蒸馏技能网络（模块 B）[82]

H-DRLN 模型输出包括原始动作以及技能。它学习到一个策略确定何时执行原始动作以及何时重用预先学习的技能。如果 H-DRLN 选择在时间 t 处执行原始动作，它将在单个时间戳内执行该动作。如果 H-DRLN 选择执行技能，则执行策略直到终止，然后将控制权交还给 H-DRLN。这里就需要进行必要的修改才能将技能增长融入学习过程并产生真正的分层深度网络，具体分为两方面：优化一个集成技能的目标函数；建立一个存储技能经验的技能回放。通过实验验证，在《我的世界》游戏中，与传统 DQN 网络相比，H-DRLN 表现出了优异的性能和较低的学习复杂度。

策略蒸馏是由 RuSu 等人 [117] 提出的一种将知识从教师模型 T 转移到学生模型 S 的方法，如图 7.38 所示。这个过程通常是通过监督学习来完成的。当教师网络和学生网络都是独立的深度神经网络时，将训练好的学生网络用来预测教师网络的输出层（充当学生网络的标签），进而将教师网络的输出输入 softmax 函数中，并使用均方误差损失训练蒸馏网络。

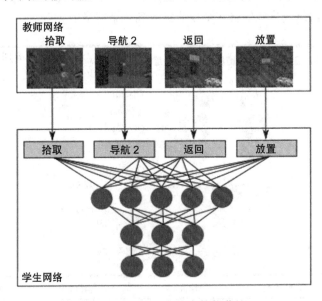

图 7.38   H-DRLN 中的多技能蒸馏 [82]

成长型智能机器人中的模型终身学习研究。机器人必须学会通过一个持续的观测流（如周边环境的动态图像），适应周边环境并与之产生交互。从机器人学的角度来看，终身学习是实现成长型机器人的有效途径 [118]。模型终身学习关注的目标和重点是**如何使模型具有忘记不重要知识并保留对未来学习有帮助的重要知识的能力**。

成长型智能机器人是一个跨学科的应用领域，它模拟婴幼儿自然认知系统的学习和发展模式，允许开发者对人工机器人的行为和认知能力进行自主设计。大多数现有研究只是基于稳定的数据集或者在受限的实验环境中进行仿真，并没有提出终身学习是否有助于机器人性能的深入见解。Lesort 等人 [119] 在机器人背景下探索终身学习，在现有机器人研究的基础上引入终身学习方法和统一评估指标，提出了终身学习在机器人应用中的统一计算框架，以建立各应用领域与机器人自主学习方法之间的联系。

拓展思考

如本章所述，模型自学习增强演化的关键在于自主探索环境变化和产生学习目标（如本章开头所述的约束优化问题）的能力。模型的自学习增强演化需要在不遗忘旧任务技能的同时，以最少的历史数据依赖和训练时间高效叠加新任务技能。因此，模型的自学习增强演化必须包含一个**学习和累积技能的过程，并且可以逐步提高所处理任务的复杂性和多样性**。

面向不同的模型自学习增强演化问题，读者可以从上述模型的终身学习研究中找到可借鉴的思想或技术方法。然而更重要的是，研究者如何通过巧妙地改进已有终身学习策略或基于现有研究基础，设计更加新颖的策略使模型能够基于历史的或其他领域的一系列学习经验，面向某个垂直的应用情境或者普遍存在的应用问题，提出新颖的模型自学习增强演化系统。

7.4　本章总结和展望

1. 总结

5G 通信、人工智能、群体智能和边缘计算催生出人机物融合的智能物联网这一新的研究热点，而移动终端可离线运行全部或部分深度计算模型也成为移动终端智能的一个重要属性。针对人 - 机 - 物融合的群智计算物联网应用情境复杂多变的问题，急需一种具有自适应能力和自学习增强能力的深度学习模型演化范式。

运行一个训练好的深度学习模型需要消耗大量的计算、存储和电量资源，而移动和嵌入式终端有限的资源则成为一个深度学习赋能的移动终端智能应用普及的重要瓶颈。同时，设备的资源和应用情境是动态变化的。针对这些挑战，7.1 节介绍的强化学习研究工作为模型的自主演化提供了一种自动化方法，也为模型的综合性能优化提供了自动化的闭环求解方案。7.2 节介绍了模型面向环境变化的自适应演化是一个**孤立的学习过程**，重点关注如何降低模型资源消耗，以自适应于目标平台的软硬件资源约束和目标应用情境，并且不过多地损失模型精度。与模型的自适应演化正交，7.3 节介绍的模型自学习增强演化是一个**持续的学习过程**，关注如何保留并高效迁移模型的一系列历史经验技能，在加速模型对（多个）新任务学习能力的同时保障其在旧任务上的性能（如分类精确度）。两类演化范式在模型面向动态的、复杂的移动端应用情境的**自适应能力优化**和**生命周期优化**上是相辅相成的。

本章从不同角度介绍了面向移动终端动态应用情境的模型自主演化相关的前沿研究，以寻找模型性能和设备资源约束之间的最优折中。由应用环境上下文动态变更触发，模型的自适应压缩研究（7.2.2 节）探索如何在不过多降低模型精度的前提下，根据目标平台的资源约束自动地减小模型规模和资源消耗。模型的运行时自适应研究（7.2.3 节）研究如何平衡模型的精度、时延和能耗等指标以动态执行不同的可用模型、分支或路径。多平台的自适应分割（7.2.4 节）关注如何将深度计算模型全部或部分在边缘计算网络的多个终端或云 - 边 - 端的不同位置，实现多个设备资源和模型精度的综合权衡。自适应网络架构搜索（7.2.5 节）则通过自动化搜索神经网络的基础模块为移动终端应用情境找到最优的轻量级神经网络架构。在新数据到来、新任务或新策略拓展的触发下，针对一系列序列化累加的大规模深度学习模型，7.3.2 节介绍了模型的终身学习过程，7.3.3 节阐述了模型自学习增强演化的灾难性遗忘等挑战，7.3.4 节细化了人机物融合群智计算应用情境中需要由模型自学习增强演化研究才能突破的挑战。

2. 展望

未来，人 – 机 – 物融合群智计算的深度学习赋能智能应用是一个不断增长的研究热点，如何按需调用人 – 机 – 物技能、融合群体智慧，以提高深度模型的生存适应性和应对环境变化的学习能力仍是一个具有挑战性的新问题。

首先，人机物融合群智计算模式下的模型自主演化模型，就是需要探索如何将"人"擅长的技能（如需要逻辑分析的知识推理）以及"机"擅长的技能（如管理、挖掘和搜索大数据和知识库）相结合，并利用好群体数据、知识和智慧，不仅探索**智能化的模型自主演化过程**（intelligent model evolution），例如本章所述的自动化、自适应、自学习的模型演化方向，还应该探索**模型自主演化过程的智能化**（intelligence of model evolution），在模型自主演化系统及周边探索更加智能化的管控，例如任务管理、群智知识库的语义管理和群智模型管理的智能化。模型的自主演化研究仍处于初级阶段，针对本章所述的不同模型自适应演化技术、模型和某个模块的设计和优化研究，或者是一个包含上述多个模块的普适性框架研究都值得做进一步深入探索。

其次，我们不应把模型的自适应压缩、运行或分割视为相互独立的技术，它们应该在一种宏观的最优化调度下**协同运作**。例如，各种模型的自适应压缩和终身学习方法都有优缺点，读者应根据具体的移动智能应用情境，巧妙地应用、改进或组合多种策略，以自动化的方式探索模型性能、资源占用及软硬件约束上的最佳平衡。

最后，我们应该对移动终端上的深度学习模型自适应演化和自学习增强演化进行更加彻底的研究，进入深度网络架构、矩阵运算、卷积通道、过滤器和链式层级依赖的**底层**，探索更加新颖的模型自主演化方案。作为自主演化研究的附加产物，基于丰富多样的人机物融合群智计算数据和实验结果，深入挖掘深度学习模型中各组件如何保障精度、如何导致性能退化、如何降低资源消耗，并依此探索模型的理论可解释性。

习题

1. 强化学习与常规的监督学习、无监督学习的区别是什么？
2. 强化学习中使用 Memory Replay（记忆重放）有什么意义？
3. 请选择一个深度强化学习环境，如板车平衡游戏（CartPole⊖），参考 DON 算法使杆子尽量长时间不倒。
4. 在小球走迷宫问题（如图 7.3 所示）中，若将奖励设定为：小球走出迷宫奖励为 +1，其他状态奖励为 0，目标是最大化期望回报。经过一段时间的训练后，对于小球来说，走出迷宫的任务毫无

⊖　https://gym.openai.com/envs/CartPole-v1/。

进展，请问应该如何改进以提高性能？

5. 请结合树莓派、智能小车等终端硬件设备，利用 ResNet、GoogLeNet 等深度神经网络，参考模型的自适应压缩技术，尝试实现一个运行时能达到任意压缩率（25%～100%）的自适应压缩模型。

6. 请尝试结合树莓派、智能手表、智能手机等多台边端设备，参考多平台自适应模型分割技术，如 Neurosurgeon 工作，实现一个根据网络环境变化进行模型分割方案自适应实时调优的算法。

7. 请尝试参考自适应网络架构搜索中所介绍的 HM-NAS 工作，基于深度神经网络（如 VGG），尝试复现包含搜索空间中所有可能架构的超网，并实现深度神经网络子网的搜索。

8. 终身学习模型框架一般包含哪些主要模块？并简述各个模块的主要功能。

9. 在各类自学习增强演化问题中，引发变化的诱因有哪些？具体有哪些解决方法？

10. 灾难性遗忘问题是如何产生的？目前有哪些有效措施能避免灾难性遗忘问题？你认为未来要实现通用人工智能背景下的终身学习模型，还需要做哪些方面的探索。

11. 请基于强化学习在 Atari 游戏中顺序学习 Pong 和 Alien 游戏任务，并分别参考模型自学习增强演化所介绍的 Fine-Tuning 和 EWC 算法，解决学习新任务导致的灾难性遗忘问题。

参考文献

[1] ZHANG J, TAO D. Empowering things with intelligence: a survey of the progress, challenges, and opportunities in artificial intelligence of things[J]. IEEE Internet of Things Journal, 2020, 8(10): 7789-7817.

[2] MOHAMMADI M, AL-FUQAHA A, SOROUR S, et al. Deep learning for IoT big data and streaming analytics: a survey[J]. IEEE Communications Surveys & Tutorials, 2018, 20(4): 2923-2960.

[3] LI E, ZHOU Z, CHEN X. Edge intelligence: on-demand deep learning model co-inference with device-edge synergy[C]//Proceedings of the 2018 Workshop on Mobile Edge Communications (MECOMM'18). 2018: 31-36.

[4] FARATIN P, SIERRA C, JENNINGS N R. Negotiation decision functions for autonomous agents[J]. Robotics and Autonomous Systems, 1998, 24(3-4): 159-182.

[5] SILVER D, HUANG A, MADDISON C J, et al. Mastering the game of Go with deep neural networks and tree search[J]. Nature, 2016, 529(7587): 484.

[6] SUTTON R S, BARTO A G. Reinforcement learning: An introduction[M]. Cambridge: MIT press, 2018.

[7] HUANG S, LI X, CHENG Z Q, et al. Gnas: A greedy neural architecture search method for multi-attribute learning[C]//Proceedings of the 26th ACM International Conference on Multimedia (MM'18). 2018: 2049-2057.

[8] HUANG Q, MAO J, LIU Y. An improved grid search algorithm of SVR parameters optimization[C]//2012 IEEE 14th International Conference on Communication Technology. IEEE (ICCT'12), 2012: 1022-1026.

[9] ESCALANTE H J, MONTES M, SUCAR L E. Particle swarm model selection[J]. Journal of Machine Learning Research, 2009, 10(Feb): 405-440.

[10] WATKINS C J C H, DAYAN P. Q-learning[J]. Machine Learning, 1992, 8(3-4): 279-292.

[11]   SUTTON R S. Generalization in reinforcement learning: successful examples using sparse coarse coding[J]. Advances in Neural Information Processing Systems, 1996: 1038-1044.

[12]   MNIH V, KAVUKCUOGLU K, SILVER D, et al. Playing atari with deep reinforcement learning[C]//NIPS'13 Workshop on Deep Learning (NIPS'13), 2013.

[13]   VAN HASSELT H, GUEZ A, SILVER D. Deep reinforcement learning with double q-learning[C]// Proceedings of the AAAI Conference on Artificial Intelligence (AAAI'16). 2016, 30(1).

[14]   SCHAUL T, QUAN J, ANTONOGLOU I, et al. Prioritized experience replay [C]//International Conference on Learning Representations (ICLR'16), 2016.

[15]   YIN H, PAN S J. Knowledge transfer for deep reinforcement learning with hierarchical experience replay[C]//Thirty-First AAAI Conference on Artificial Intelligence (AAAI'17), 2017.

[16]   LIU W, SI P, SUN E, et al. Green mobility management in UAV-assisted IoT based on Dueling DQN[C]//ICC 2019-2019 IEEE International Conference on Communications (ICC'19). IEEE, 2019: 1-6.

[17]   SILVER D, LEVER G, HEESS N, et al. Deterministic policy gradient algorithms[C]//International Conference on Machine Learning (ICML'14). PMLR, 2014: 387-395.

[18]   BARTO A G, SUTTON R S, ANDERSON C W. Neuronlike adaptive elements that can solve difficult learning control problems[J]. IEEE Transactions on Systems, Man, and Cybernetics, 1983 (5): 834-846.

[19]   LILLICRAP T P, HUNT J J, PRITZEL A, et al. Continuous control with deep reinforcement learning[C]//International Conference on Learning Representations (ICLR'16). 2016.

[20]   MNIH V, BADIA A P, MIRZA M, et al. Asynchronous methods for deep reinforcement learning[C]// International Conference on Machine Learning (ICML'16). 2016: 1928-1937.

[21]   HEESS N, TB D, SRIRAM S, et al. Emergence of locomotion behaviours in rich environments[J]. arXiv preprint arXiv:1707.02286, 2017.

[22]   PARR R, RUSSELL S J. Reinforcement learning with hierarchies of machines[C]//Advances in Neural Information Processing Systems (NIPS'98). 1998: 1043-1049.

[23]   SUTTON R S, PRECUP D, SINGH S. Between MDPs and semi-MDPs: A framework for temporal abstraction in reinforcement learning[J]. Artificial Intelligence, 1999, 112(1-2): 181-211.

[24]   DIETTERICH T G. Hierarchical reinforcement learning with the MAXQ value function decomposition[J]. Journal of Artificial Intelligence Research, 2000, 13: 227-303.

[25]   KULKARNI T D, NARASIMHAN K, SAEEDI A, et al. Hierarchical deep reinforcement learning: Integrating temporal abstraction and intrinsic motivation[C]//Advances in Neural Information Processing Systems (NIPS'16). 2016: 3675-3683.

[26]   FLORENSA C, DUAN Y, ABBEEL P. Stochastic neural networks for hierarchical reinforcement learning[J]. arXiv preprint arXiv:1704.03012, 2017.

[27]   SCHMIDHUBER J. Evolutionary principles in self-referential learning, or on learning how to learn: the meta-meta-⋯ hook[D]. Technische Universität München, 1987.

[28]   SCHWEIGHOFER N, DOYA K. Meta-learning in reinforcement learning[J]. Neural Networks, 2003, 16(1): 5-9.

[29]   BOTVINICK M, RITTER S, WANG J X, et al. Reinforcement learning, fast and slow[J]. Trends in

cognitive sciences, 2019.

[30] NAGABANDI A, CLAVERA I, LIU S, et al. Learning to adapt in dynamic, real-world environments through meta-reinforcement learning[C]//International Conference on Learning Representations (ICLR'18), 2018.

[31] NAGABANDI A, FINN C, LEVINE S. Deep online learning via meta-learning: continual adaptation for model-based RL[C]//International Conference on Learning Representations (ICLR'18), 2018.

[32] FINN C, ABBEEL P, LEVINE S. Model-agnostic meta-learning for fast adaptation of deep networks[C]//Proceedings of the 34th International Conference on Machine Learning-Volume 70 (ICML'17). JMLR. org, 2017: 1126-1135.

[33] HE Y, LIN J, LIU Z, et al. Amc: Automl for model compression and acceleration on mobile devices[C]//Proceedings of the European Conference on Computer Vision (ECCV'18), 2018: 784-800.

[34] LANCTOT M, LOCKHART E, LESPIAU J B, et al. Openspiel: A framework for reinforcement learning in games[J]. arXiv preprint arXiv:1908.09453, 2019.

[35] LIU S, LIN Y, ZHOU Z, et al. On-demand deep model compression for mobile devices: A usage-driven model selection framework[C]//Proceedings of the 16th Annual International Conference on Mobile Systems, Applications, and Services (MobiSys'18), 2018: 389-400.

[36] VENIERIS S I, BOUGANIS C S. Latency-driven design for FPGA-based convolutional neural networks[C]//2017 27th International Conference on Field Programmable Logic and Applications (FPL'17). IEEE, 2017: 1-8.

[37] CHEN Y H, EMER J, SZE V. Eyeriss: a spatial architecture for energy-efficient dataflow for convolutional neural networks[J]. ACM SIGARCH Computer Architecture News, 2016, 44(3): 367-379.

[38] YANG T J, CHEN Y H, SZE V. Designing energy-efficient convolutional neural networks using energy-aware pruning[C]//Proceedings of the IEEE Conference on Computer Vision and Pattern Recognition (CVPR'17), 2017: 5687-5695.

[39] LI D, SALONIDIS T, DESAI N V, et al. Deepcham: collaborative edge-mediated adaptive deep learning for mobile object recognition[C]//2016 IEEE/ACM Symposium on Edge Computing (SEC'16). IEEE, 2016: 64-76.

[40] LI D, WANG X, KONG D. Deeprebirth: accelerating deep neural network execution on mobile devices[C]//Proceedings of the AAAI Conference on Artificial Intelligence (AAAI'18), 2018, 32(1).

[41] XU M, QIAN F, ZHU M, et al. Deepwear: adaptive local offloading for on-wearable deep learning[J]. IEEE Transactions on Mobile Computing, 2019, 19(2): 314-330.

[42] KANG Y, HAUSWALD J, GAO C, et al. Neurosurgeon: collaborative intelligence between the cloud and mobile edge[J]. ACM SIGARCH Computer Architecture News, 2017, 45(1): 615-629.

[43] SZE V, CHEN Y H, YANG T J, et al. Efficient processing of deep neural networks: A tutorial and survey[J]. Proceedings of the IEEE, 2017, 105(12): 2295-2329.

[44] HAN S, MAO H, DALLY W J. Deep compression: compressing deep neural networks with pruning,trained quantization and huffman coding[C]//International Conference on Learning

Representations (ICLR'16), 2016.

[45] LANE N D, BHATTACHARYA S, GEORGIEV P, et al. Deepx: a software accelerator for low-power deep learning inference on mobile devices[C]//2016 15th ACM/IEEE International Conference on Information Processing in Sensor Networks (IPSN'16). IEEE, 2016: 1-12.

[46] BHATTACHARYA S, LANE N D. Sparsification and separation of deep learning layers for constrained resource inference on wearables[C]//Proceedings of the 14th ACM Conference on Embedded Network Sensor Systems (SenSys'16), 2016: 176-189.

[47] IANDOLA F N, HAN S, MOSKEWICZ M W, et al. SqueezeNet: AlexNet-level accuracy with 50x fewer parameters and< 0.5 MB model size[J]. arXiv preprint arXiv:1602.07360, 2016.

[48] LIN M, CHEN Q, YAN S. Network in network[C]//International Conference on Learning Representations (ICLR'13), 2013.

[49] SAU B B, BALASUBRAMANIAN V N. Deep model compression: Distilling knowledge from noisy teachers[J]. arXiv preprint arXiv:1610.09650, 2016.

[50] HINTON G, VINYALS O, DEAN J. Distilling the knowledge in a neural network [C]. NIPS'14 Workshop on Deep Learning (NIPS'14), 2014.

[51] YAO S, ZHAO Y, ZHANG A, et al. Deepiot: compressing deep neural network structures for sensing systems with a compressor-critic framework[C]//Proceedings of the 15th ACM Conference on Embedded Network Sensor Systems (SenSys'17), 2017: 1-14.

[52] MASANA M, VAN DE WEIJER J, HERRANZ L, et al. Domain-adaptive deep network compression[C]//Proceedings of the IEEE International Conference on Computer Vision (ICCV'17), 2017: 4289-4297.

[53] CAI H, GAN C, WANG T, et al. Once-for-all: Train one network and specialize it for efficient deployment[C]//International Conference on Learning Representations (ICLR'19), 2019.

[54] HAN S, MAO H, DALLY W J. Deep compression: compressing deep neural networks with pruning, trained quantization and huffman coding[C]//International Conference on Learning Representations (ICLR'16), 2016.

[55] LIU B, WANG M, FOROOSH H, et al. Sparse convolutional neural networks[C]//Proceedings of the IEEE conference on computer vision and pattern recognition (CVPR'15), 2015: 806-814.

[56] HOWARD A G, ZHU M, CHEN B, et al. Mobilenets: efficient convolutional neural networks for mobile vision applications[J]. arXiv preprint arXiv:1704.04861, 2017.

[57] CHANGPINYO S, SANDLER M, ZHMOGINOV A. The power of sparsity in convolutional neural networks[J]. arXiv preprint arXiv:1702.06257, 2017.

[58] SICONG L, ZIMU Z, JUNZHAO D, et al. Ubiear: bringing location-independent sound awareness to the hard-of-hearing people with smartphones[J]. Proceedings of the ACM on Interactive, Mobile, Wearable and Ubiquitous Technologies, 2017, 1(2): 1-21.

[59] TEERAPITTAYANON S, MCDANEL B, KUNG H T. Branchynet: fast inference via early exiting from deep neural networks[C]//2016 23rd International Conference on Pattern Recognition (ICPR'16). IEEE, 2016: 2464-2469.

[60] WU Z, NAGARAJAN T, KUMAR A, et al. Blockdrop: dynamic inference paths in residual networks[C]//Proceedings of the IEEE Conference on Computer Vision and Pattern Recognition

(CVPR'18), 2018: 8817-8826.

[61]　OGDEN S S, TIAN G. MODI: Mobile deep inference made efficient by edge computing[C]// Workshop on Hot Topics in Edge Computing (HotEdge'18), 2018.

[62]　VEIT A, BELONGIE S. Convolutional networks with adaptive inference graphs[C]//Proceedings of the European Conference on Computer Vision (ECCV'18). 2018: 3-18.

[63]　TEERAPITTAYANON S, MCDANEL B, KUNG H T. Distributed deep neural networks over the cloud, the edge and end devices[C]//2017 IEEE 37th International Conference on Distributed Computing Systems (ICDCS'17). IEEE, 2017: 328-339.

[64]　LIU S, GUO B, MA K, et al. AdaSpring: context-adaptive and runtime-evolutionary deep model compression for mobile applications[J]. Proceedings of the ACM on Interactive, Mobile, Wearable and Ubiquitous Technologies (Ubicomp'21), 2021, 5(1): 1-22.

[65]　郭斌，仵允港，王虹力，等. 深度学习模型终端环境自适应方法研究 [J]. 中国科学 : 信息科学 ,2020,50(11):1629-1644.

[66]　KRIZHEVSKY A, SUTSKEVER I, HINTON G E. Imagenet classification with deep convolutional neural networks[C]//Advances in Neural Information Processing Systems (NIPS'12), 2012: 1097-1105.

[67]　SIMONYAN K, ZISSERMAN A. Very deep convolutional networks for large-scale image recognition[J]. arXiv preprint arXiv:1409.1556, 2014.

[68]　ZOPH B, LE Q V. Neural architecture search with reinforcement learning [C]//International Conference on Learning Representations 2016 (ICLR'16), 2016.

[69]　PHAM H, GUAN M, ZOPH B, et al. Efficient neural architecture search via parameters sharing[C]// International Conference on Machine Learning (ICML'18). PMLR, 2018: 4095-4104.

[70]　ZOPH B, VASUDEVAN V, SHLENS J, et al. Learning transferable architectures for scalable image recognition[C]//Proceedings of the IEEE conference on computer vision and pattern recognition (CVPR'18), 2018: 8697-8710.

[71]　BAKER B, GUPTA O, NAIK N, et al. Designing neural network architectures using reinforcement learning [C]//International Conference on Learning Representations 2016 (ICLR'16), 2016.

[72]　YAN S, FANG B, ZHANG F, et al. Hm-nas: Efficient neural architecture search via hierarchical masking[C]//Proceedings of the IEEE/CVF International Conference on Computer Vision Workshops (ICCVW'19), 2019.

[73]　COURBARIAUX M, BENGIO Y, DAVID J P. Binaryconnect: training deep neural networks with binary weights during propagations[C]//Advances in Neural Information Processing Systems (NIPS'15), 2015: 3123-3131.

[74]　TAN M, CHEN B, PANG R, et al. Mnasnet: platform-aware neural architecture search for mobile[C]//Proceedings of the IEEE/CVF Conference on Computer Vision and Pattern Recognition (CVPR'19), 2019: 2820-2828.

[75]　LIU H, SIMONYAN K, YANG Y. DARTS: differentiable architecture search[C]//International Conference on Learning Representations (ICLR'18), 2018.

[76]　XIE S, ZHENG H, LIU C, et al. SNAS: stochastic neural architecture search[C]//International Conference on Learning Representations (ICLR'18), 2018.

[77] LIU C, ZOPH B, NEUMANN M, et al. Progressive neural architecture search[C]//Proceedings of the European Conference on Computer Vision (ECCV'18), 2018: 19-34.

[78] RING M. Continual learning in reinforcement environments[J]. PhD thesis, University of Texas at Austin, 1994.

[79] SILVER D L, MERCER R E. The task rehearsal method of life-long learning: overcoming impoverished data[C]//Conference of the Canadian Society for Computational Studies of Intelligence (AI'02). Springer, Berlin, Heidelberg, 2002: 90-101.

[80] YE J, DOBSON S, ZAMBONELLI F. Lifelong learning in sensor-based human activity recognition[J]. IEEE Pervasive Computing, 2019, 18(3): 49-58.

[81] PARISI G I, KEMKER R, PART J L, et al. Continual lifelong learning with neural networks: A review[J]. Neural Networks, 2019, 113: 54-71.

[82] TESSLER C, GIVONY S, ZAHAVY T, et al. A deep hierarchical approach to lifelong learning in minecraft[C]//Proceedings of the AAAI Conference on Artificial Intelligence (AAAI'17), 2017, 31(1).

[83] SHIN H C, ROTH H R, GAO M, et al. Deep convolutional neural networks for computer-aided detection: CNN architectures, dataset characteristics and transfer learning[J]. IEEE transactions on medical imaging, 2016, 35(5): 1285-1298.

[84] ZHANG Z, LUO P, LOY C C, et al. Facial landmark detection by deep multi-task learning[C]// European conference on computer vision (ECCV'14). Springer, Cham, 2014: 94-108.

[85] TZENG E, HOFFMAN J, SAENKO K, et al. Adversarial discriminative domain adaptation[C]// Proceedings of the IEEE Conference on Computer Vision and Pattern Recognition (CVPR'17), 2017: 7167-7176.

[86] CHEN Z, LIU B. Lifelong machine learning[J]. Synthesis Lectures on Artificial Intelligence and Machine Learning, 2018, 12(3): 1-207.

[87] FRENCH R M. Catastrophic forgetting in connectionist networks[J]. Trends in Cognitive Sciences, 1999, 3(4): 128-135.

[88] MERMILLOD M, BUGAISKA A, BONIN P. The stability-plasticity dilemma: Investigating the continuum from catastrophic forgetting to age-limited learning effects[J]. Frontiers in Psychology, 2013, 4: 504.

[89] LI Z, HOIEM D. Learning without forgetting[J]. IEEE Transactions on Pattern Analysis and Machine Intelligence, 2017, 40(12): 2935-2947.

[90] DONAHUE J, JIA Y, VINYALS O, et al. Decaf: A deep convolutional activation feature for generic visual recognition[C]//International Conference on Machine Learning (ICML'14). PMLR, 2014: 647-655.

[91] GIRSHICK R, DONAHUE J, DARRELL T, et al. Rich feature hierarchies for accurate object detection and semantic segmentation[C]//Proceedings of the IEEE Conference on Computer Vision and Pattern Recognition (CVPR'14), 2014: 580-587.

[92] CARUANA R. Multitask learning[J]. Machine learning, 1997, 28(1): 41-75.

[93] MOENS V, ZÉNON A. Learning and forgetting using reinforced Bayesian change detection[J]. PLoS Computational Biology, 2019, 15(4): e1006713.

[94]　SUN Y, GOMEZ F, SCHMIDHUBER J. Planning to be surprised: Optimal bayesian exploration in dynamic environments[C]//International Conference on Artificial General Intelligence (AGI'11). Springer, Berlin, Heidelberg, 2011: 41-51.

[95]　GEPPERTH A, HAMMER B. Incremental learning algorithms and applications[C]//European symposium on artificial neural networks (ESANN'16), 2016.

[96]　KIRKPATRICK J, PASCANU R, RABINOWITZ N, et al. Overcoming catastrophic forgetting in neural networks[J]. Proceedings of the national academy of sciences, 2017, 114(13): 3521-3526.

[97]　RITTER H, BOTEV A, BARBER D. Online structured laplace approximations for overcoming catastrophic forgetting[J]. arXiv preprint arXiv:1805.07810, 2018.

[98]　LEE S W, KIM J H, JUN J, et al. Overcoming catastrophic forgetting by incremental moment matching[J]. arXiv preprint arXiv:1703.08475, 2017.

[99]　GEPPERTH A, KARAOGUZ C. A bio-inspired incremental learning architecture for applied perceptual problems[J]. Cognitive Computation, 2016, 8(5): 924-934.

[100]　KEMKER R, KANAN C. Fearnet: Brain-inspired model for incremental learning[J]. arXiv preprint arXiv:1711.10563, 2017.

[101]　WU CS, HERRANZ L, LIU X, et al. Memory replay gans: learning to generate images from new categories without forgetting[J]. arXiv preprint arXiv:1809.02058, 2018.

[102]　MALLYA A, LAZEBNIK S. Packnet: Adding multiple tasks to a single network by iterative pruning[C]//Proceedings of the IEEE conference on Computer Vision and Pattern Recognition (CVPR'18), 2018: 7765-7773.

[103]　HAN S, POOL J, NARANG S, et al. Dsd: Dense-sparse-dense training for deep neural networks[C]//International Conference on Learning Representations (ICLR'17). 2017.

[104]　JUNG H, JU J, JUNG M, et al. Less-forgetting learning in deep neural networks[J]. arXiv preprint arXiv:1607.00122, 2016.

[105]　SERRA J, SURIS D, MIRON M, et al. Overcoming catastrophic forgetting with hard attention to the task[C]//International Conference on Machine Learning (ICML'18). PMLR, 2018: 4548-4557.

[106]　MALLYA A, DAVIS D, LAZEBNIK S. Piggyback: Adapting a single network to multiple tasks by learning to mask weights[C]//Proceedings of the European Conference on Computer Vision (ECCV'18), 2018: 67-82.

[107]　FERNANDO C, BANARSE D, BLUNDELL C, et al. Pathnet: evolution channels gradient descent in super neural networks[J]. arXiv preprint arXiv:1701.08734, 2017.

[108]　WANG Y X, RAMANAN D, HEBERT M. Growing a brain: fine-tuning by increasing model capacity[C]//Proceedings of the IEEE Conference on Computer Vision and Pattern Recognition (CVPR'17), 2017: 2471-2480.

[109]　XU J, ZHU Z. Reinforced continual learning[J]. arXiv preprint arXiv:1805.12369, 2018.

[110]　PARK G M, YOO S M, KIM J H. Convolutional neural network with developmental memory for continual learning[J]. IEEE Transactions on Neural Networks and Learning Systems, 2020.

[111]　RING M B. CHILD: a first step towards continual learning[M]. Learning to learn. Springer, Boston, MA, 1998: 261-292.

[112]　MANKOWITZ D J, ŽÍDEK A, BARRETO A, et al. Unicorn: continual learning with a universal,

off-policy agent[J]. arXiv preprint arXiv:1802.08294, 2018.

[113] MNIH V, KAVUKCUOGLU K, SILVER D, et al. Human-level control through deep reinforcement learning[J]. Nature, 2015, 518(7540): 529-533.

[114] RUSU A A, RABINOWITZ N C, DESJARDINS G, et al. Progressive neural networks[J]. arXiv preprint arXiv:1606.04671, 2016.

[115] MCCLELLAND J L, MCNAUGHTON B L, O'Reilly R C. Why there are complementary learning systems in the hippocampus and neocortex: insights from the successes and failures of connectionist models of learning and memory[J]. Psychological Review, 1995, 102(3): 419.

[116] SPRECHMANN P, JAYAKUMAR S M, RAE J W, et al. Memory-based parameter adaptation[J]. arXiv preprint arXiv:1802.10542, 2018.

[117] RUSU A A, COLMENAREJO S G, GÜLÇEHRE Ç, et al. Policy Distillation[C]//International Conference on Learning Representations (ICLR'16), 2016.

[118] LUNGARELLA M, METTA G, PFEIFER R, et al. Developmental robotics: a survey[J]. Connection Science, 2003, 15(4): 151-190.

[119] LESORT T, LOMONACO V, STOIAN A, et al. Continual learning for robotics: definition, framework, learning strategies, opportunities and challenges[J]. Information Fusion, 2020, 58: 52-68.

第 **8** 章

群智能体分布式学习方法

在人机物融合群智计算中，人群（智能手机、可穿戴设备等）实现"移动群智感知能力"，机群（云和边缘设备）提供"高性能协同计算能力"，物群（具感知计算能力的物理实体）进行"泛在感知计算能力"，这些具有差异化感知和计算能力的集群统称为"群智能体"。群智能体分布式学习是指由泛在分布的群智能体协作完成单智能体所无法完成的复杂学习、认知与决策任务，达到"1+1>2"的效果。

与集中式机器学习相比，分布式机器学习通过综合多个智能体的学习与计算能力为模型整体性能的提升提供了可能；分布式机器学习还具有很强的可扩展性，在对不断增长的数据进行计算的场景中，也能通过增加子模型（智能体参与）来实现动态扩展。然而在人机物融合背景中群智能体设备的异构性、智能体间高耦合的协作与竞争等挑战，对分布式机器学习提出了特殊的要求。首先，群智能体间的交互、共享、协作中带来数据与算法等方面的隐私问题，我们从联邦学习入手，寻求在设备异构、数据异构、模型异构的人机物融合场景下的隐私保护解决方案。其次，由于人机物融合计算背景下任务的复杂性，单纯依靠传统分布式机器学习无法满足任务需求，于是我们转向群智深度强化学习寻求思路，与传统的分布式机器学习相比，群智强化学习赋予智能体自主学习能力，通过智能体之间、智能体与环境之间的不断交互和不断试错来学习智能策略，以达到全局最优。最后，完成人机物智能体分布式模型学习之后，如何将模型部署运行在计算能力、能耗等方面异构的多个智能体设备上，以达到性能与效率的最大化也是一个十分具有挑战性的问题。

如图 8.1 所示，针对隐私保护需求，我们在传统分布式机器学习（8.1 节）的基础上进一步介绍了联邦学习（8.2 节），它的主要思想是基于分布在多个设备上的数据集构建机器学习模型，在保障数据交换隐私安全的前提下，通过多设备协作训练来开展高效率学习。对于人机物背景下复杂任务的决策需求，我们在 8.3 节介绍了群智能体深度强化学习，通过多智能体在分布式的竞争与协作中学习最优决策策略以解决复杂问题。针对单个智能体由于资源受限可能无法执行深度神经网络推理模型的问题，我们在 8.4 节介绍了群智能体协同计算，通过多个智能体的协作和任务的优化分配（考虑通信代价、计算能力、能耗等）来进行协同推理，即将一个深度模型推理任务（如视频行人重识别）通过多个智能体协同完成。

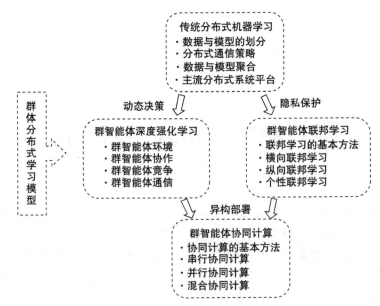

图 8.1　群智能体分布式学习模型整体架构

8.1　传统分布式机器学习

在人机物融合背景下，存在着海量的感知数据与复杂的处理任务，通常需要基于大规模数据的复杂机器学习模型来解决。然而，由于存储和计算资源受限，单个设备往往难以训练出如此复杂的模型，分布式机器学习（Distributed Machine Learning）[1] 的出现为解决该问题提供了可能，它通过协调和利用大量的设备集群来完成深度学习模型的训练任务。人机物融合群智计算中群智能体泛在分布特性，为进行分布式机器学习提供了良好的前提条件。

分布式机器学习并不是一个新的概念，在相关领域已有近 20 年的研究历史。近年来，人工智能的飞速发展带来了海量数据与大规模机器学习模型，这对算法训练和推理的可伸缩性、运行效率提出了极大挑战，单个设备的计算与存储性能往往难以满足其需求，因此分布式机器学习成为一种重要的解决方案。分布式机器学习研究如何基于计算设备集群，使用大数据训练出具有较高性能的大规模机器学习模型。与传统集中式机器学习相比，分布式机器学习具有以下优点：分布式机器学习使用并行处理，因此总的计算能力强于单个集中式系统；由于其使用不同的学习过程训练出多个模型再整合出最终结果，这为模型准确性的提升增加了可能；分布式的架构能够有效避免单点故障问题，因此增强了系统的可靠性；分布式机器学习还具有很强的可扩展性，在对不断增长的数据进行计算的场景中，能通过增加子模型实现有效的扩展和提升。

分布式机器学习通常要解决两类问题：一是训练数据过大，二是模型规模过大。面对这两种情况提出了两种解决方案：**数据并行模式**（Data-Parallel approach）与**模型并行模式**

（Model-Parallel approach）。

在**数据并行模式**中，需要对数据进行划分并将其分配给多个工作节点进行协同训练，来保证子训练数据量在每个工作节点的存储容量上限内。每个工作节点基于子训练数据在本地训练出子模型，同时工作节点会基于通信策略与其他工作节点进行通信，如交换子模型参数等，这样可有效整合来自各个工作节点的训练结果，最终获得全局的机器学习模型。如图 8.2a 所示，数据被划分为 P 部分，第 p 份数据记为数据分片 p，给每个工作节点分配一个数据分片，每个工作节点基于分配的数据分片独立地计算更新函数 $\Delta\theta$，最后将每个工作节点的结果进行累加，将参数更新到新的状态 $\theta(t+1)$。

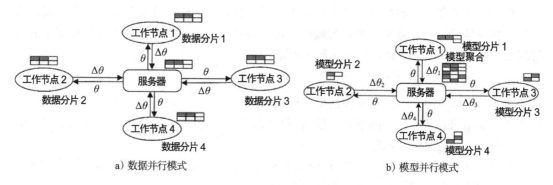

a）数据并行模式 b）模型并行模式

图 8.2 分布式机器学习并行模式

在**模型并行模式**中，则需要对模型进行划分并将其分配到不同的工作节点上进行训练，该模式下各个子模型之间的依赖关系非常强，因此，对通信的要求较高。如图 8.2b 所示，模型 θ 被分割为 P 部分并划分给工作节点进行分布式计算，更新梯度，$\Delta\theta_p$ 表示工作节点 p 的更新状态值。由于模型间的参数存在依赖关系，因此每个 Δp 的更新会影响多维参数 θ 的不同元素。因此模型并行需要一个调度函数 $S_p^{(t)}$，对 Δp 变化时可更新的 θ 参数维度范围进行约束。

在该两种模式下，除了机器学习算法本身之外，分布式机器学习还需要研究**数据与模型的划分、节点间的通信、数据与模型的聚合**等问题。下面将首先针对这些问题介绍相关方法，进而介绍主流的分布式学习平台并提出在人机物融合群智计算背景下分布式机器学习所面临的挑战及未来发展方向。

8.1.1 数据与模型划分

前面提到分布式机器学习有两种模式，在数据并行模式下需要对数据进行有效划分，从而能够将数据分配给不同的工作节点；在模型并行下需要对模型进行合理切分，然后将子模型分发给工作节点。本小节将介绍典型的数据及模型划分方法及其最新进展。

1. 数据并行下的数据划分

数据并行下的数据划分主要有两种：一种是按照训练样本数量划分，称为**训练样本逐**

条划分，另一种是按照训练样本特征维度划分，称为**训练样本特征维度划分**。

1）**训练样本逐条划分**：训练样本逐条划分一般来说有以下两种方法。①基于随机采样的方法[2]是指对原训练集进行有放回的随机采样，然后根据每个工作节点的容量为其分配相应数目的训练样本。这样做可保证抽取出的局部训练数据集和原训练数据集独立同分布，弊端是由于训练集数据量较大，全局的采样成本较高。②基于置乱切分的方法[3]将训练数据进行乱序排列，然后按照工作节点的个数将打乱的数据顺序划分成相应的小份并将其分配给各个工作节点。

2）**训练样本特征维度划分**[4]：假设训练数据为d维向量的数据形式，将这d维特征顺序分为K份，然后根据这K份特征把数据集划分为K份，并将其分配到K个工作节点上。与数据样本划分相比，数据维度划分与模型性质、优化算法的耦合度较高。一般来说，若优化目标线性可分且计算某个维度的偏导数可以通过较小的代价得到，则可使用基于数据维度划分的数据并行，高效地对模型进行更新。

2. 模型并行下的模型划分

进行模型划分时，不同的模型结构对应的模型划分方式存在差别。对于具有变量可分性的线性模型可以针对不同的特征维度进行划分，对于变量不同而维度之间相关性很高的非线性模型，情况会相对复杂。

在线性模型中，包括线性回归、logistic 回归等，模型参数往往是与输入数据的维度一一对应的。因此可以在数据基于数据维度划分的情况下，对模型也按照相应的数据维度进行划分，将其分配到不同的工作节点进行训练。

针对神经网络模型，常用的并行方法有按层的横向划分、跨层的纵向划分[5]，以及模型随机划分[6]。

1）**横向按层划分**是把一个层或多个层的运算划分给单个工作节点。以四层全连接神经网络为例，其按层划分的示意图如图 8.3 所示。

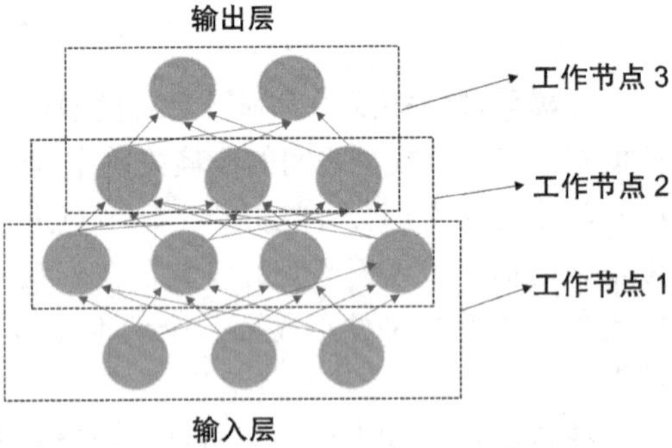

图 8.3   分布式机器学习模型横向按层划分示意图

横向按层划分的并行算法的具体过程如表 8.1 所示，设神经网络参数为ω_0，工作节点数为K，按层划分的子网络设为 $\{G_1, G_2, \cdots, G_k\}$。该种方式需要相互等待借用相邻工作节点的信息来完成前传和后传。为了提高工作效率，一般会让这些节点按照编号依次开始工作，形成流水线。

表 8.1   横向按层的并行算法流程

横向分层的并行算法

初始化：神经网络参数为ω_0，工作节点数为K，按层划分的子网络设为 $\{G_1, G_2, \cdots, G_k\}$

1：   对工作节点 $k \in \{1, 2, \cdots, K\}$：

2：   等待直到工作节点 $k-1$ 完成参数 G_{k-1} 的前传后，与工作节点 $k-1$ 进行通信以获取其底层的激活值

3：   前向更新 G_k 中各层节点的激活值

4：   等待直到工作节点 $k+1$ 完成对 G_{k+1} 中参数的后传后，与工作节点 $k+1$ 通信以获取其底层的激活值

5：   完成一轮迭代

2）**纵向跨层划分**用于层数不多但是单层的神经元很多的情况。仍以全连接神经网络为例，纵向切分将模型跨层切分开来，切分后的子网络包含原网络中每一层中的部分神经元与指向这部分神经元的边，如图 8.4 所示。其中黑色圆点代表分配给当前工作节点模型中所包含的神经元，灰色圆点代表分配给其他工作节点模型中包含的神经元。

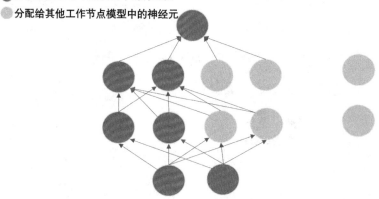

图 8.4　分布式机器学习模型纵向跨层划分示意图

纵向分层的并行算法如表 8.2 所示。将 k 个工作节点上保存的子模型记为 $\{G_1, G_2, \cdots G_k\}$，记 $G_k = (G_k^0, E_k)$，其中 G_k^0 表示子模型内部连边的权重以及激活函数值和误差传播值，E_k 为该子模型和其他子模型之间的连边权重。记其他子模型信息为 V_k，工作节点在更新子模型过程中，需要通信获取 V_k 中所有神经元的激活函数值和误差传播值。先对神经参数 ω_0 进行初始化，然后在每个迭代轮次中完成对整个模型的更新。

表 8.2　纵向跨层的并行算法流程

纵向跨层的并行算法

初始化：神经网络参数 ω_0，设工作节点数为 K，跨层划分的子网络设为 $\{G_1, G_2, \cdots, G_k\}$
1：　对工作节点 $k \in \{1, 2, \cdots, K\}$：
2：　　进行前向传播，按层从输入层开始前向更新 G_k 各层神经元的激活函数值
3：　　前向更新 G_k 中各层节点的激活值
4：　　根据 E_k 的信息等待相邻节点的同层神经元完成更新
5：　　请求 V_k 通信，获取其他节点的激活函数值
6：　　进行后向传播，按层从输出层开始向后更新各层神经元的误差传播值和连边参数
7：　　根据 E_k 的信息等待相邻节点的同层神经元完成更新
8：　　请求 V_k 通信，获取其他节点的误差传播值
9：　完成一轮迭代

3）**模型随机划分方式**[6] 是为解决大规模神经网络下纵向和横向划分存在的通信代价较大的问题而提出的。该方法的基本思想是：神经网络一般具有一定的冗余性，可以找到一个规模小很多的子网络（称为骨架网络），同时加入少量随机选取的神经元，用于求解方案的探索，从而来保证简化后的模型效果与原网络相当（如图 8.5 所示）。一般流程是先选出骨架网络将其存储在各个工作节点之中，然后除骨架网络之外，每个节点随机选择一些其他网

络存储。骨架网络会周期性地根据更新后的网络重新选取，而用于探索的节点也会每次随机选取。

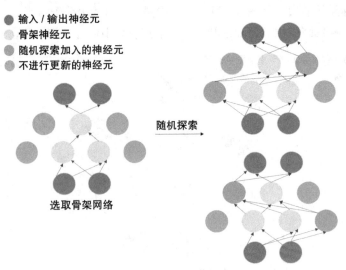

图 8.5   分布式机器学习模型随机划分示意图

模型随机划分的关键在于选取骨架网络，一般会根据网络研究中的指标（如边的权重）进行选取。该问题在模型压缩领域（参见第 7 章）有深入的研究，这里不展开详细讲解，只说明算法基本思想。

模型随机划分的并行算法过程如表 8.3 所示。设神经参数为 ω_0，设工作节点数为 K，原神经网络为 G。

表 8.3   模型随机划分的并行算法流程

模型随机划分的并行算法
初始化：神经网络参数 ω_0，工作节点数 K，原神经网络 G
1： 迭代轮次 1 to T
2： 按照当前参数随机选取当前网络的骨架网络记为 $\tilde{G}$
3： 对工作节点 $k \in \{1, 2, \cdots, K\}$：
4：   随机选择骨架网络 $\tilde{G}$ 以外的结构加入骨架网络 $\tilde{G}$ 中
5：   按照当前参数更新子模型 G_k
6： 完成一轮迭代

除了上述经典的数据并行模式与模型并行模式外，近年来为满足并行度不断提高的需求，也产生了一些混合的划分模式。在 Krizhevsky[7] 提出的 DisBilief 系统中就使用了数据并行与模型并行模式混合的方式。对于 DNN 网络来说，大多数的计算是卷积层执行的，但大多数模型参数属于全连接层，于是对卷积层的训练使用数据并行，对全连接层使用模型并行中的纵向切分。使用该方法可以在更快达到收敛的同时保证精度只损失 1%。在 DisBelief 分布式机器学习系统中，首先使用数据并行模式，将不同的数据子集分配给多个

工作节点进行模型训练，然后在每个工作节点上采用模型并行模式对本地模型进行训练。采用与 DisBelief 相似思想的还有 Project Adam[8] 等工作。

8.1.2 分布式通信策略

上面我们讲到数据划分与模型划分，就是将数据和模型切分后分配给不同的工作节点，而为了协同训练模型，必不可少地要考虑节点之间的通信问题。由于机器学习任务往往是迭代优化的，意味着要进行很多次通信，因此需要通过高效的通信机制来尽量降低通信成本。接下来将从通信的拓扑结构、通信的步调以及减少通信成本的策略三方面来讲解分布式框架下的通信问题。

1. 通信拓扑结构

通信拓扑结构是指分布式机器学习系统中各个工作节点之间的连接方式。早期当训练数据量不够大、模型不够复杂时，分布式机器学习可借用已有的分布式计算框架，如 MapReduce[9]。MapReduce 将程序抽象为四个主要操作：先对输入数据进行数据分片，将分片后的数据分配给每个工作节点，然后 Map 操作完成在本地工作节点上的计算；Shuffle 操作是将每个 Map 操作的结果进行分片并随机分给不同的 Reduce 操作，而 Reduce 操作是指对来自不同工作节点局部参数的整合以及对全局参数的同步更新过程。整个计算流程就是不断迭代重复数据分片、Map、Shuffle、Reduce 的操作。MapReduce 适用于实现典型的数据并行模式下的同步分布式机器学习算法，比如带有样本划分的分布式随机梯度下降法的算法。

AllReduce 框架 [10] 也是分布式机器学习早期经常借鉴的组织方式，同样适用于数据并行模式下的同步分布式机器学习算法。AllReduce 的目标是高效地将不同机器中的数据整合之后再把结果分发给各个机器。AllReduce 的实现方法有很多种，其中最简单的实现方法就是每个工作节点将自己的数据发给其他所有工作节点，然而这种方式存在大量通信资源的浪费。一个略优的实现是利用主从式架构，将一个工作节点设为中心节点，其余节点把数据发送给该节点并由其进行整合运算，完成之后将结果分发给其余节点，但这种情况下中心节点往往会成为整个网络的瓶颈。百度在 2017 年提出了 Ring-AllReduce[⊖]，这个实现被广泛应用于很多深度学习平台，下面主要介绍该过程。

Ring-AllReduce 中的工作节点按照环状被组织起来，每个工作节点都拥有一个左邻、一个右邻，并且只能向自己的右邻居节点发送数据，并从左邻居节点接收数据。图 8.6 给出了五个工作节点的示例。Ring-AllReduce 的实现分为两个步骤：Scatter-Reduce 和 AllGather。

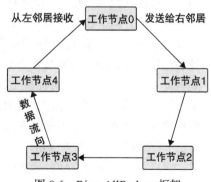

图 8.6 Ring-AllReduce 框架

⊖ https://github.com/baidu-research/baidu-allreduce。

在 Scatter-Reduce 步骤中，工作节点将交换数据，使每个节点可得到最终结果的一个分块。在 AllGather 步骤中，节点将交换这些包含部分最终结果的分块，使所有节点得到完整的最终结果。

具体地，设存在 N 个工作节点，P_i 表示第 i 个节点，$i \in [0, N-1]$。每个节点都有一个数组 A，长度也为 N，用来保存节点自身计算的结果。在 Scatter-Reduce 步骤中，对于节点 i，将数据块 $A_i[j]$ 传输给自己的右邻居节点，接收左邻居节点的数据块，并将自身与接收数据对应的数据块和接收数据块进行整合（j 的初始值为 i），对所有节点进行上述的计算作为一轮迭代，对 j 值进行更新（$j=(j+1)\%N$），迭代 $N-1$ 轮。基于 Scatter-Reduce 步骤完成后的工作节点存储结果，在 AllGather 步骤中，首先对节点 i，将数据块 $A_i[j]$ 传输给自己的右邻居节点，接收左节点的数据块，并用接收数据替换自身对应位置的数据块（j 的初始值为 $(i+1)\%N$）。对所有节点进行上一步的计算作为一轮迭代，对 j 进行更新（$j=(j+1)\%N$），迭代 $N-1$ 轮。最终，每个工作节点都拥有完整的计算结果。

上面讲到的 MapReduce 通信拓扑和 AllReduce 框架，都只支持同步算法，系统整体的计算效率往往受到最慢的节点的限制，而且很容易出现单点故障问题。另外，对于模型划分的并行模式，MapReduce 也无法适用。因此，适用于异步更新的分布式机器学习框架——参数服务器框架 [11] 被提出。参数服务器使用一系列分布式的工作节点结合共享内存的中心节点来进行通信。所有的模型参数都存储在参数服务器中，供所有工作节点读写。参数服务器框架的优点是模型参数存储在共享内存使模型的监测变得更加容易，但缺点是参数服务器处理所有的通信请求，会容易产生通信瓶颈。

如图 8.7 所示，参数服务器架构中所有节点在逻辑上分为工作节点和参数服务器节点。各个工作节点主要负责处理本地的训练任务并与参数服务器通信。工作节点对全局参数的访问请求通常分为获取参数（PULL）和更新参数（PUSH）两种。PUSH 操作是指工作节点将本地训练产生的模型参数或者参数更新发送给参数服务器，PULL 操作是指工作节点从参数服务器处获取当前最新的模型参数。参数服务器框架可以灵活地设计全局参数更新的机制，比如异步更新逻辑等。得益于该优势，参数服务器框架近年来被产业界和学术界广泛采用。

近年来，基于数据流的分布式机器学习系统被提出 [12]。在这种系统中，计算被描述为一个有向无环的数据流图。图中的每个节点进行数据处理或者计算，每条边代表数据的流动。上述的迭代式 MapReduce 和基于参数服务器的通信拓扑，都可用数据流图表示。经过长期的实践验证，数据流和参数服务器模型在不同场景中各有利弊。Google Brain 团队基于将数据流和参数服务器综合使用的思想，在 DistBelief 的基础上研发了混合模型 Data-Flow [12]。该模型是将计算任务抽象成一个可变状态的有向循环图。图中的节点表示操作，如计算、通信等，边表示节点间相互依赖的多维矩阵。混合模型中包含三个部分：客户节点、服务器节点和工作节点。客户节点首先将符号表达式抽象为计算图，然后将计算请求发送给服务器节点，为确保每个工作节点的运行需求，服务器节点负责计算任务调度。工作节点内部使用多线程消息传递机制通信，不同工作节点间通过会话交互，从而有效减少与不必要节点进行通信的开销。与数据流和参数服务器相比，混合模型能够取得更快的速度、更高的可移植性和灵活性。

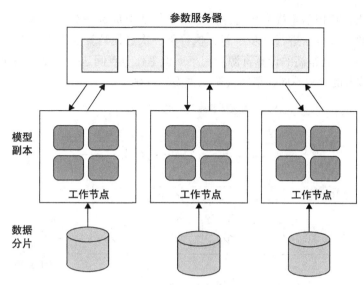

图 8.7　分布式机器学习的参数服务器框架 [11]

2. 通信步调

为了更好地进行不同节点间的协调配合，在训练任务被分配给工作节点后，还需要控制各个节点的通信步调。节点间通信的步调会影响全局模型的收敛速率和精度。例如在同步算法中，某个工作节点速度很快，当其在全局模型的基础上训练了 100 轮之后，另外一个工作节点由于速度慢可能才进行了一轮，造成步调不一致问题。当后者把一个陈旧的局部模型提交给服务器时，很可能会减慢全局的收敛速度。因此，建立节点间合适的通信步调十分重要。下面介绍几种常用的算法。

1）**整体同步并行**（Bulk Synchronous Parallel，BSP）[2]：如图 8.8 所示，BSP 算法在每一轮计算结束后进行通信，同步所有工作节点的计算结果，这确保了模型的一致性和正确性，但缺点是率先完成一轮计算的工作节点不得不停下来等待其他较慢节点完成计算，当工作节点间计算速度相差较大时，会带来不小的时间成本。

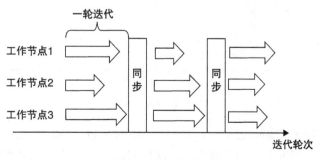

图 8.8　BSP 算法

2）**异步并行**（Asynchronous Parallel，AP）[13]：如图 8.9 所示，异步并行中各个工作节

点以互相不干扰、互相不等待为执行原则，各工作节点负责一部分计算，然后将本地计算结果传递给参数管理节点进行同步更新，执行下一次迭代计算。由于工作节点之间无须等待，因此 AP 可以达到很高的计算资源利用率，但工作节点间迭代速度的差异会导致每次迭代计算中工作节点的参数不同，最终会影响模型的准确率。

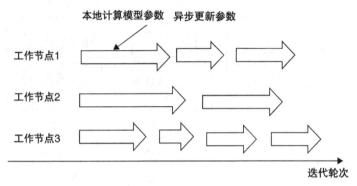

图 8.9　AP 算法

3）**延迟异步并行**（Stale Synchronous Parallel）[14]：SSP 在 BSP 的基础上放宽了对同步的要求，它允许工作速度较快的节点向前迭代几轮，例如图 8.10 中的工作节点 1，可以最多向前迭代三轮，当超过最大允许向前迭代轮次时，速度快的节点需要停下来等待其他节点赶上。该方法仍然具有较强的同步性，可以一定程度上保证模型的一致性和正确性，但当速度较慢的节点数目比较多时，较慢的节点产生的"旧模型"会冲淡较快节点的"新模型"的作用，影响收敛速度。

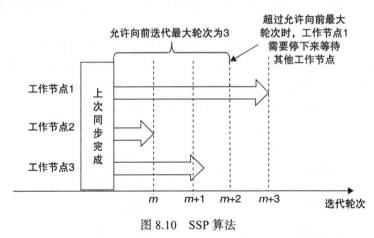

图 8.10　SSP 算法

4）**近似同步并行**（Approximate Synchronous Parallel，ASP）[15]：ASP 在 SSP 基础上根据参数的"陈旧"程度来控制参数更新。简单来说，一个低迭代次数模型的参数与一个高迭代次数的模型参数相比，其"陈旧"程度较大，在参数更新时会对前者的模型参数不予考虑。但该方法的缺点是很难去衡量哪些更新是重要的，哪些更新是不必要的。

5）**无障碍异步并行 / 全异步并行**（Barrierless Asynchronous Parallel[16], Total Asynchronous Parallel[15], BAP/TAP）：该方法的思想是让每个工作节点并行通信，所以无须彼此等待，其优点是速度很快，但缺点是难以保证模型的一致性和准确性。

3. 减少通信成本的策略

本小节前两部分主要从工作节点的连接拓扑与通信步调的角度介绍了如何降低通信的成本与时延，本部分主要从请求调度与通信内容本身的角度，介绍解决通信拥塞以及延迟的策略。

1）**连续通信**（Continuous Communication）[11]：例如，在上面提到的 SSP 算法中，它允许工作节点在迭代轮次结束后才进行节点间通信，这就导致通信网络在其他大部分时间都是空闲的，而当大量的通信请求同时发生时会导致通信的延迟。而使用连续通信可以解决这样的通信拥塞问题。连续通信的思想是等待系统当前的所有更新完成提交与传播后再开始新一轮的更新，具体实现可以通过将当前接收到的外来的通信任务进行排队，等先前的通信任务完成，再调度下一个任务。由于连续通信减少了通信同步延迟，因此节省了收敛时间，同时其还在一定程度上保留了 SSP 对模型的一致性。

2）**无等待反向传播**（Wait-Free Backpropagation，WFBP）[17]：神经网络包含许多层，这些层的结构是高度线性的，同时用于训练深度学习模型的反向传播算法是分层训练模型的。与此同时，神经网络的第一层包含最多的模型参数但所需的计算成本在总计算量中占比很小（例如典型的 CNN 网络 AlexNet[18]，其首层全连接层包含大约 90% 的参数，但只占全部计算量的 10%[19]），这为催生 WFBP 算法提供了基础。WFBP 算法的思想是在首层执行完反向传播后，将首层的模型参数进行通信的同时，执行在后面层中的反向传播训练。该算法的优点是降低了大部分通信延迟。

3）**更新优先排序**（Update Prioritization）：更新优先排序的思想是将对收敛来说十分关键的参数的更新设为优先。这一做法保证了重要参数的变化会及时被传输给其他节点，以便更快地达到模型收敛。以机器学习算法中的随机梯度下降（Stochastic Gradient Descent，SGD）算法为例，目标函数 L 随着参数 A_j 成比例地变化，因此变化速度最快的参数 A_j 通常是模型精度的重要贡献者。更新的优先级可以根据绝对或相对的维度判定，在 SGD 的例子中，在绝对维度上，可以计算 A_j 的累积改变量 δ_j；在相对维度上，判定标准可以是 δ_j/A_j。在 SSP 和连续通信的基础上，使用更新优先排序可以达到 25% 的加速 [11]。

8.1.3　数据与模型聚合

每个工作节点完成某一阶段的本地模型训练后，会将训练结果上传至服务器，服务器需要将各个工作节点的本地计算结果进行整合，此时就需要进行模型聚合。不同的分布式算法中模型聚合的内容不同：在数据并行模式下，聚合的可以是每个子模型的输出结果也可以是子模型参数；在模型并行模式下，聚合的是模型参数。在模型并行模式下，由于许多机器算法的模型参数间存在较强的耦合，模型切分不适用于很多情况 [20]，因此模型并行的方式不是十分常用。于是在模型聚合中更多的研究集中在数据并行模式下的聚合方法，本节将介绍数据并行模式下的聚合方法：**模型参数聚合**与**预测结果集成**。

1. 模型参数聚合

在聚合的内容为模型参数时，常用的聚合方法之一是基于模型加和的聚合方法。当不同工作节点训练产生各自的模型或模型更新后，聚合逻辑负责综合考虑它们来产生全局模型，该方法适用于同步算法。常用的基于全部模型加和的聚合方法是在参数服务器端将来自不同工作节点的模型或模型更新进行加权求和，例如模型平均（MA）[21] 是一种最简单的模型聚合方式，即将各个节点的模型加和平均；SSGD[22] 将各个节点上的梯度平均之后更新；弹性平均 SGD[23] 将工作节点的模型平均值与全局模型之间做了一个权衡，一方面保留历史状态，另一方面探索新模型。上述方法运算复杂度低、逻辑简单，但由于要求同步，少量速度慢的节点可能会拖累甚至阻塞整个系统的学习进度。

针对上述方法的问题，只进行部分节点结果平均的模型聚合方法被提出。NG-SGD[24] 的思想是平均所有工作节点中的 k 个工作节点的计算结果，这类方法降低了出现单点失败的概率，但缺点是收敛速度会慢于传统的 SGD 算法，此外由于模型的加和平均还是以中心化的方式进行，因此容易在中心处形成瓶颈。

鉴于此提出了去中心化的思想。该思想是让每个工作节点可以根据自己的需求来选择性地只与少数其他节点通信，让每个工作节点有更多的自主性，使模型的维护和更新更加分散化，易于扩展。D-PSGD[25] 使用自身与邻居节点的计算结果来进行更新，每个工作节点在每次迭代时需要两方面的输入：一是在当前模型的基础上根据本地数据计算出来的梯度，二是来自邻接节点的最新模型参数。在实践中，去中心化方法通常比中心化方法通信代价更小、效率更高。

2. 预测结果集成

在数据并行模式下，基于不同数据子集训练出多个模型，这时为了得到更精确的全局模型，常用的方式之一是集成方法（Ensemble Method）。集成方法和数据并行模式下预测结果的聚合思想十分相近，因此许多集成方法也可以应用于数据并行模式下的分布式机器学习。目前常用的集成方法有**装袋**、**提升**与**堆叠**，下面详细介绍相关算法 [26]。

1）**装袋**（Bagging）：基于随机抽样的不同的子数据集构建多个分类器，然后对这多个分类器的结果进行整合得到最终分类结果的过程，常见的方法有随机森林等。该方法主要包含以下几个步骤，如图 8.11 所示：①对于给定的训练样本 S，每轮从训练样本 S 中采用有放回抽样 (Boofstraping) 的方式抽取 n 个训练样本，共进行 m 轮，得到 m 个样本集合，需要注意的是，这里的 m 个训练集之间是相互独立的；②每次使用一个样本集合得到一个预测模型，对于 m 个样本集合来说，总共可以得到 m 个预测模型；③对前面得到的 m 个模型采用投票的方式得到最终分类的结果，对于回归问题来说，可以采用计算模型均值的方法作为最终预测的结果。

2）**提升**（Boosting）：加强对先前模型误判的数据的学习，从而不断迭代训练出效果更好的模型的过程。常用的方法有 AdaBoost(Adaptive Boosting)、GBM(Gradient Boosting

Machine)、XGBoost 等。该方法主要包含以下几个步骤，如图 8.12 所示：①所有分布下的基础学习器对于每个样本分配相同的权重，初始训练集为 S_0；②如果数据点在当前的学习算法中预测错误，则该点在下一次的学习算法中有更高的权重，训练集被转化为 S_i；③迭代第 2 步，直到到达预定的学习器数量或预定的预测精度。最终，将输出的多个弱学习器组合成一个强学习器，以提高模型的整体预测精度。

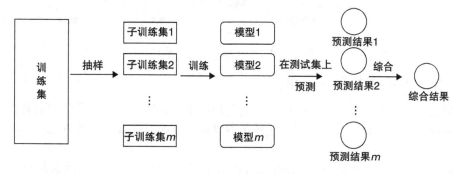

图 8.11　Bagging 聚合过程

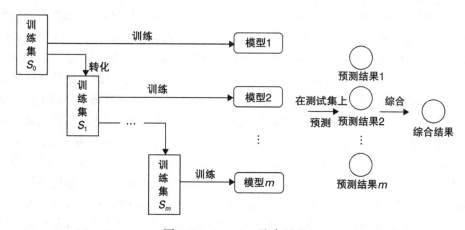

图 8.12　Boosting 聚合过程

3）**堆叠**（Stacking）[27]：将已经训练好的模型的预测结果作为新模型的训练数据集进行训练，以获得表现更好的模型的过程。该方法主要包含以下几个步骤：①将数据划分为训练集和测试集，将训练集划分为 k 份，取其中一份作为验证数据，其余为训练数据；②对多个异质或同质的模型在训练集上训练出模型（如图 8.13 的示例中，三个异质模型分别为 XGBboost、Lightgbm 和 Random Forest），每个模型都进行 k 次的 k 折交叉验证（在 8.13 中，k 为 5，每次交叉验证选取的验证集都不同，被彩色标记的为验证集）；③对每个训练好的模型，都输入测试集，得到测试集的预测结果；④将每个模型所有验证集的预测结果与真实标签进行拼接作为第二层的训练集，将所有模型的测试集中的结果取平均作为第二层的测试集。训练好的第二层模型即为所得。

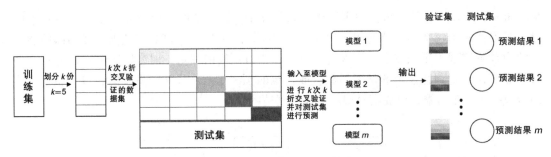

图 8.13   Stacking 聚合过程（见彩插）

8.1.4   主流分布式机器学习平台

本节前面介绍了传统分布式机器学习的基础问题与方法研究，为了便于研究人员更好地设计和使用满足场景需求的分布式机器学习算法，下面对现有主流的分布式系统平台进行介绍。

早期的 MapReduce[9] 和 Hadoop[28] 严重依赖于分布式文件系统，中间结果也存储在存储层上，这在需要重复访问相同数据的迭代工作中会产生不小的开销。Spark[29] 被提出用于解决这一挑战，它是一种典型的数据流模型计算框架，属于符号式编程计算平台。它能够完全在内存中执行转换（如映射）和动作（如归约），也更适合于复杂的工作负载。MXNet[30] 是轻量级分布式机器学习平台，用于训练参数服务器。该平台既属于符号计算框架又属于命令式框架，由多状态数据流循环计算图组成，用户在其上只需考虑数据量、计算量与模型构建逻辑，而不需要关注硬件细节。Petuum[31] 是 2014 年卡耐基梅隆大学研发的一个基于参数服务器模型的专门针对机器学习算法的分布式计算平台。Petuum 注重优化通信和等待时间，为用户提供了数据并行、模型并行、数据和模型并行 3 种可编程方式。TensorFlow[32] 是 Google 推出的 DisBelief 基础上的第二代系统，旨在实现大规模机器学习模型的应用和部署。TensorFlow 采用数据流图与参数服务器的混合模型，同时实现了数据并行、模型并行训练。PyTorch[33] 是 Facebook（Meta）在 2017 年推出的轻量级分布式机器学习平台，支持 GPU 且具有更高级的性能，为深度学习研究平台提供了最高的灵活性和最快的速度。与 TensorFlow 相似，网络模型的符号表达式都被抽象成计算图，同时提供损失函数反向模式自动微分法来反向求导传播参数；不同的是，PyTorch 更适用于小规模项目，并且其计算图不是在 Python 编译过程中生成的，而是在运行时动态构建的，每次迭代都依据需求重新构建一个计算图，这加快了网络模型的收敛速度。

8.1.5   人机物群智能体分布式学习新挑战

人机物融合群智计算中的隐私保护需求、复杂任务需求所带来的挑战，对分布式机器学习提出了更多的要求。除此之外，为了完成人机物融合群智计算，除了考虑群智能体分布模型学习之外，还需要解决群智能体协同执行复杂任务中的模型部署问题，下面对此展开叙述。

- **共享数据隐私敏感**。在人机物融合群智计算中，人、机、物之间会产生大量交互、共享、协作行为，同时也会带来数据、算法等方面的隐私问题。数据隐私包含数据集隐私、智能体之间的相互通信，并且对异构数据的关联推理会从不同侧面暴露智能体隐私。算法隐私是指一方面攻击者可以通过数据分析的手段窥探智能体内部的算法，另一方面机器学习模型的记忆性会保存一些训练信息从而泄露隐私。因此人机物融合计算场景下对隐私保护的要求很高，联邦学习正是保障分布式学习环境中隐私性与安全性的技术。联邦学习借助多种隐私加密技术实现基于分布在多个设备上的数据集构建完整的机器学习模型，使得在人机物融合的复杂设备环境下每个设备可以利用自身的硬件算力资源在保证数据隐私的情况下进行大规模模型计算。我们将在 8.2 节中深入介绍相关内容。
- **复杂任务协同决策需求**。人机物融合计算背景下的任务大多是十分复杂的，单纯依靠传统分布式机器学习中将数据或模型静态分配给工作节点，工作节点协同训练出全局模型的方式，无法满足如此复杂的任务需求。群智深度强化学习为完成复杂任务提供了解决方案。在群智深度强化学习中，每个智能体都具有自主性和学习能力，智能体对象与环境或其他智能体交互，通过不断试错学习来获取奖励，从而使智能体在不同环境状态中学习相应的竞争协作策略，最终能够达到全局最优。由于群智深度强化学习中每个智能体具有自主决策能力，因此在通信上也提出了不一样的要求，除了像分布式机器学习一样使用预设好的通信拓扑外，多智能体还需要在竞争协作过程中学会在何时通信、与谁通信等通信策略。我们将在 8.3 节中详细讲解相关内容。
- **复杂任务协同部执行需求**。在群智能体协作竞争实现复杂任务中，除了需要多智能体分布式模型学习之外，还需要通过多智能体协同计算来执行复杂任务，因此我们需要考虑复杂模型在多智能体上的部署执行问题。在人机物计算背景下，智能体设备与云服务器、群智能体设备在计算能力、能耗等方面都存在异构性，传统的任务均分方式无法达到性能与效率的最大化。因此群智能体协同计算的一个众所周知的挑战就是如何在这些异构的设备间进行合理的任务分配来实现模型性能与消耗资源的最优化问题。我们将在 8.4 节中展开介绍相关内容。

8.2 群智能体联邦学习

在人机物融合计算中，人群、机群和物群等"群智能体"会进行大量交互、共享、协作行为，在该过程中，数据的移动带来了隐私泄露的风险。8.1 节中提到的传统分布式机器学习不仅要求将数据传输到服务器，还会将某一方的数据发送给另一方进行模型训练，为数据安全带来了挑战。联邦学习 [34] 有效解决了人机物融合计算中的隐私问题，实现了数据在不出本地的同时联合群智能体建立模型的效果。具体地，联邦学习在保证各个边缘智能体的自有数据不泄露的基础上，通过加密机制下的神经网络模型参数交换的方式，联合训练一个高精度全局模型。在模型训练的时候，数据本身是保存在边端不进行传递的，也不会泄露隐私，同时也遵守相关的法规。

联邦学习可以根据数据孤岛的不同类型进行分类。考虑到多个智能体，每个智能体拥有方各自持有的数据集为 D_i，将样本 ID(U_1, U_2, U_3, ….) 维度理解为不同的智能体，将样本特征 $(X_1, X_2, X_3, ….)$ 维度理解为某一智能体不同的特征，可能会出现如下三种情况：

1）样本特征维度 $(X_1, X_2, X_3, …)$ 重叠部分较大，而样本 ID 维度 $(U_1, U_2, U_3, …)$ 重叠部分较小；

2）样本特征维度 $(X_1, X_2, X_3, …)$ 重叠部分较小，而样本 ID 维度 $(U_1, U_2, U_3, …)$ 重叠部分较大；

3）样本特征维度 $(X_1, X_2, X_3, …)$ 和样本 ID 维度 $(U_1, U_2, U_3, …)$ 重叠部分都比较小。

针对以上三种数据的分布情况，可以把联邦学习分为**横向联邦学习**（Horizontal Federated Learning）、**纵向联邦学习**（Vertical Federated Learning）和**联邦迁移学习**（Federated Transfer Learning）[35]，如图 8.14 所示。

1）**横向联邦学习**：把数据集按照横向（即样本 ID 维度）切分，并取出多个样本特征相同而样本 ID 有差异的那部分数据进行联合训练。

2）**纵向联邦学习**：把数据集按照纵向（即智能体特征维度）切分，并取出多个样本 ID 相同而样本特征有差异的那部分数据进行联合训练。

3）**联邦迁移学习**：不对数据进行切分，利用迁移学习克服数据或标签不足的情况。

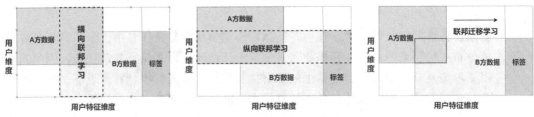

图 8.14 联邦学习的分类

然而，在人机物融合计算背景下，涉及数量众多的异构智能体，如计算性能、带宽、存储性能、连接稳定性等能力各异的智能体；还涉及不同智能体的异构数据，如模态、类别等差异化的本地数据。因此，人机物背景下的联邦学习具有设备异构和数据异构问题。由于联邦学习的范式即为下载模型参数、本地训练、上传模型参数的迭代过程，因此，设备异构的核心问题是异构智能体带来的通信难题，数据异构则带来的是模型建模、分析及评估困难的问题，而模型异构带来的则是模型低精度及收敛困难的问题。下面将详细阐述这些挑战。

- **设备异构挑战**：也称为设备异质性或智能体异质性。人机物联邦学习系统中每个智能体的存储（内存）、计算（CPU）、通信能力（4G、5G、Wi-Fi）和稳定性（电池续航）都可能不同。例如，网络限制以及移动设备、物联网设备、可穿戴设备等智能体本身的限制可能导致某一时间仅有一部分智能体处于活动状态。此外，智能体还会出现零电量、网络无法接入等突发状况，导致瞬时无法连通。通常整个联邦学习网络可能包含大量的智能体，网络通信速度可能比本地计算慢多个数量级，这就导致高昂的通信代价成为联邦学习的瓶颈。

- **数据异构挑战**：人机物联邦学习网络中的数据往往为非独立同分布（Non-Independent and Identically Distributed, Non-IID）的，也称为数据异构性、数据异质性或统计异质性。智能体通常以不同分布方式在本地生成或收集数据，不同智能体的数据特征、数量、特征分布等可能因智能体的固有属性、应用场景、地理位置、时间等因素的不同而发生变化。Peter Kairouz 等人 [36] 提出了联邦学习中非独立同分布的三种表现。①**特征偏移**：特征的表现方式不一样，如每个智能体相同的行为动作却有不同的具体表现。②**标签偏移**：标签的表现方式不一样，如相同的感知数据（例如图片），不同的智能体有不同的理解（将同一张图片识别为不同的类别）。③**数量偏移**：不同智能体存储的数据量各不相同，如有的智能体存储数据频率较低，导致存储的数据量较低。主流机器学习算法主要是基于 IID 数据的假设前提推导建立的，因此异质性的 Non-IID 数据特征给联邦学习建模、分析和评估都带来了很大挑战。

- **模型异构挑战**：也称模型异构性或模型异质性。在联邦学习网络中，不同智能体的应用场景不同，对应的任务有可能存在差异。对于同一输入，不同智能体的期望输出可能不同。单一的全局模型不能满足所有参与的联邦智能体的需求，导致全局模型在一些智能体上的表现较差。所以近期的研究趋向于为每个智能体设计自己的模型，然而大量异构模型在聚合时如何实现收敛是一个重要挑战。

下面将针对以上提出的挑战，介绍三类联邦学习方法，即横向联邦学习、纵向联邦学习以及个性化联邦学习，为人机物融合背景中的联邦学习提供基础性方法支撑。

8.2.1　横向联邦学习

横向联邦学习的定义是在样本特征重叠较多而样本 ID 重叠较少的情况下，把数据集按照横向即智能体维度进行分割，并取出双方样本特征相同而样本 ID 存在差异的那部分数据联合建模。与纵向联邦学习相比，横向联邦学习的应用更为广泛，研究更为深入，大多数针对设备异构与数据异构挑战的研究都产生自横向联邦学习框架。本节先介绍横向联邦学习的典型范式与经典算法，再分别介绍针对数据异构与设备异构挑战的前沿研究。

横向联邦学习问题涉及利用存储在数千万到潜在的数百万边缘智能体上的数据来学习单个全局统计模型。其整体的目标是在智能体生成的数据被约束在本地进行存储和处理的情况下，通过周期性的智能体 – 中央服务器通信来学习这个模型。横向联邦学习的目标任务可以表示为以下函数：

$$\min_w F(\omega), where F(\omega) := \sum_{k=1}^{m} p_k F_k(\omega) \tag{8-1}$$

m 为智能体的总数，$p_k > 0$，$\sum_k p_k = 1$，F_k 是第 k 个智能体的本地目标函数。本地目标函数通常被定义为对本地数据的经验风险，如：

$$F_k(\omega) = \frac{1}{n_k} \sum_{j_k=1}^{n_k} f_{j_k}(\omega; x_{j_k}, y_{j_k}) \tag{8-2}$$

其中，n_k 是客户端本地可以使用的样本数。智能体指定的 p_k 是指每个边端智能体的相对影响，其自然设定为 $p_k = \frac{1}{n}$ 或 $p_k = \frac{n_k}{n}$，其中 $n = \sum_k n_k$ 是所有的样本总数。横向联邦学习架构如图 8.15 所示。

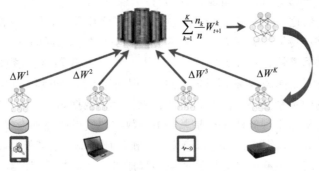

图 8.15   横向联邦学习架构

横向联邦学习架构最早由谷歌研究院的 McMahan 等人 [37] 在 FedAvg 算法中提出，首次实现了可在数据不共享的情况下完成联合建模。该算法在独立同分布的数据集（Independently Identically Distribution，IID）上取得了良好的效果，对数据异构问题也有所缓解。

首先，FedAvg 算法的总体目标函数是：

$$\min_{x \in \mathbb{R}^d} \left[F(\boldsymbol{x}) = \frac{1}{n} \sum_{i=1}^{n} f(\boldsymbol{x}; s_i) \right] \tag{8-3}$$

其中，n 是样本容量，s_i 表示第 i 个样本个体，$f(\boldsymbol{x}, s_i)$ 表示在模型上的损失函数。假设有 K 个局部模型或智能体，$\mathcal{P}_k$ 表示第 k 个模型拥有的样本个体的序号集合。如果令 $n_k = |\mathcal{P}_k|$，则目标函数可以重写为：

$$
\begin{aligned}
F(\boldsymbol{x}) &= \sum_{k=1}^{K} \frac{n_k}{n} F_k(\boldsymbol{x}) \\
F_k(\boldsymbol{x}) &= \frac{1}{n_k} \sum_{i \in \mathcal{P}_k} f(\boldsymbol{x}; s_i)
\end{aligned}
\tag{8-4}
$$

接下来，对局部模型（智能体模型）进行迭代更新，用 b 表示随机梯度下降中的一个 batch，那么第 k 个智能体的模型迭代公式为：

$$\boldsymbol{x}_k \leftarrow \boldsymbol{x}_k - \frac{\eta}{|b|} \sum_{i \in b} \nabla f(\boldsymbol{x}_k; s_i) \tag{8-5}$$

FedAvg 算法的思想很直观，假设每一轮选择比例为 C 的智能体参与训练，再将训练过程分为多个回合，则每个回合中选择 $C*K$（$0 \leqslant C \leqslant 1$）个局部模型对数据进行学习。第 k 个局部模型在一个回合中的 epoch 数量，即梯度下降次数为 E，batch 大小为 B，从而迭代次数为 En_k/B。在一个回合结束之后，对所有参加训练的局部模型的参数进行加权平均，从而获取全局模型。

总的来说，FedAvg 的计算量由三个关键参数控制：C，每轮执行计算的客户端的数量比例；E，每个客户端每轮对其本地数据集进行训练的次数；B，客户端更新的本地小批量数据大小。服务器首先初始化任务，随后 i 个参与者进行本地训练，并针对原始数据集的微批次优化目标。这里的小批量是指每个参与者数据集的随机子集。在第 t 次迭代中，服务器通过平均聚合的方式来平均所有客户端的模型参数：

$$w_G^t = \frac{1}{\sum\limits_{i \in N} D_i} \sum_{i=1}^{N} D_i w_i^t \qquad (8-6)$$

反复进行上述联邦学习训练过程，直到全局损失函数收敛或达到所需的精度为止。以上就是 FedAvg 算法的主要流程。

虽然在独立同分布的数据集上 FedAvg 算法表现出了良好的效果，但在许多现实应用中，智能体中的数据并不是独立同分布的。多项研究表明，在非独立同分布数据集上，FedAvg 算法面临着模型收敛困难与准确率大幅降低的问题。

针对数据异构带来的问题，Li 等人 [38] 提出了 FedProx，对损失函数进行修改，使其包含一个可调参数，该参数限制了局部模型更新影响当前模型参数的程度。FedProx 算法可以进行自适应调整，例如，当训练损失增加时，可以对模型更新进行调整以减少对当前参数的影响。Huang 等人 [39] 还提出了 LoAdaBoost FedAvg 算法，在 LoAdaBoost FedAvg 算法中，参与者在其本地数据上训练模型，并将交叉熵损失与上一轮训练的中值损失进行比较。如果当前的交叉熵损失较高，则在全局聚合之前对模型进行重新训练，以提高学习效率。仿真结果表明该方法可以更快地收敛。近期，谷歌研究院的 Yu 等人 [40] 使用了一种训练类别嵌入向量的方法，在处理 Non-IID 数据的同时考虑它们在全局层面的异构性，取得了接近于将所有数据集中在服务器训练的准确率，是联邦学习面向 Non-IID 数据良好的解决方案。

以上研究工作缓解了数据异构挑战，同时设备异构方面也有许多相关代表性研究工作。设备异构可以分为**设备通信异构**与**设备资源异构**。在人机物背景下，某些智能体由于网络条件不可靠，可能因为网络中断而退出联邦学习过程；同时由于互联网连接速度不对称，上传速度快于下载速度，因此智能体上传模型时有延迟，这种设备通信异构造成了联邦训练时的瓶颈。设备资源异构则考虑到不同设备在存储、计算、稳定性等方面存在偏差。这两种异构挑战分别有不同的解决方案，将在下面进行介绍。

对于设备通信异构挑战，由于在联邦学习环境下，智能体的通信成本和计算成本是相关的，因此可以在每次全局聚合之前在边缘节点或终端智能上执行更多计算，以减少传输次数，降低通信成本。例如，为了减少通信回合的数量，可在每次通信迭代之前对参与的终端智能体执行其他计算，以进行全局聚合。McMahan H B 等人 [37] 考虑用两种方法来增加对智能体上的计算的参与度：首先是增加并行性，选择更多的参与者参加每一轮训练；其次是增加每个参与者的计算，每个参与者执行更多的本地化计算后再进行全局聚合。降低通信成本的另一种方法也可以是修改训练算法以提高收敛速度，如 Huang 等人[39]基于 FedAvg 和数据共享策略，提出了一种针对医学数据的提高联邦学习效率的自适应增强方法 LoAdaBoost FedAvg，该方法在服务器进行模型平均之前，进一步优化了具有高交叉熵损失的本地模型。Yao 等人[41]通过采用在迁移学习和领域自适应中普遍使用的流模型来增加每个参与智能体的计算量。在每一轮训练中，参与者都会收到全局模型，并将其固定为训练过程中的参考。在训练期间，参与者不仅从本地数据中学习，而且从其他参与者那里学习到固定的全局模型。该方法进而利用 MMD 测量两个数据分布的均值之间的距离，通过最小化局部模型和全局模型之间的 MMD 损失，参与者可以从全局模型中提取更通用的特征，从而加快训练过程的融合程度并减少交流次数来降低通信成本。

对于设备资源异构挑战，有一种思路是进行自适应的联邦参数聚合过程。例如，以 FedAvg 为代表的同步聚合参数的算法，只有当最慢的智能体完成本地训练后才能进行全局聚合，因此存在滞后效应。Liu 等人[42]提出了一种分层的联邦学习算法（HierFAVG），该算法可以根据系统状态自适应地选择最佳的全局聚合频率。如果全局聚合太耗时，系统会在全局聚合前更多地进行边缘聚合。通过这样的方式，联邦学习系统可以更好地适应弱性能智能体。

自 FedAvg 算法被提出后，目前联邦学习算法大多是基于 FedAvg 算法进行的改进，其中一些代表性工作可以总结为表 8.4 所示。

表 8.4 FedAvg 的改进方法

算　法	针对问题	背　景	方　法	创新点
FedProx	数据异构	联邦学习系统存在数据异构（Non-IID）问题	为不同智能体在不同的轮次设定不同的本地迭代更新次数；为损失函数增加一个偏置项来限制本地更新的幅度	算法自动调整本地迭代次数
FedAwS	数据异构	多分类问题需要：①最大化不同类别样本训练结果的差异；②最小化相同类别样本训练结果的差异。而联邦学习由于数据不出本地，只能实现目标①	在服务器端和智能体端训练类别嵌入向量，以此获取不同类别样本在高维空间的表示。将该嵌入向量发送给智能体，使得智能体本地数据与其他类别样本的训练结构差异最大，实现了目标②	以类别嵌入向量的方式将不同类别样本信息传递给各智能体，实现了数据集中式机器学习的效果
FedSplit	数据异构	由于本地更新次数大于1，FedAvg 算法的解并不是分布式最优化问题的解	通过运算符分割的方法将本地更新分为两步，首先求一个子问题的解，再利用该解更新本地参数；在理论和实验上进行验证，最终结果即分布式最优化问题的解	从理论上求出联邦学习优化问题的最优解
FedCS	设备异构	在移动边缘计算中，智能体的资源各不相同，系统每轮的训练时长取决于最慢的智能体	通过提取采样智能体信息的方式，预估智能体每一轮的训练时长；每一轮，通过一种贪心算法找出最佳的智能体组合方式，使得这些智能体一起训练时整体耗时最小	在智能体性能各异的条件下提出了一种智能体选择的方法
HierFavg	设备异构	边缘智能体不稳定，进行模型训练的开销大，每轮训练带来的通信成本高	一个边缘服务器聚合收集几个局部模型。在一定数量的边缘服务器上聚合完成后，在云上进行全局聚合	在全局聚合前进行更多的边缘聚合，减少通信成本

8.2.2 纵向联邦学习

与横向联邦学习正交，纵向联邦学习是在不同数据集的智能体重叠较多而智能体特征重叠较少的情况下，把数据集按照图 8.16 中的纵向（即从特征维度）进行切分，并取出群智能体中样本 ID 相同而样本特征不完全相同的部分数据进行训练，标签则由某一方智能体提供。纵向联邦学习侧重于在数据异构中的数据非独立情况下联合不同智能体进行学习。本节首先介绍纵向联邦学习的典型框架与算法，再介绍该框架下的数据异构挑战与相关研究。

纵向联邦学习一般只有两方参与。在实际使用过程中，系统首先使用基于加密的样本 ID 对齐技术，来确认双方的共同样本；同时在样本对齐过程中，系统不会公开彼此不重叠的样本。随后在确定公共样本之后，可以使用这些公共样本的数据来训练加密机器学习模型。纵向联邦学习框架如图 8.16 所示。

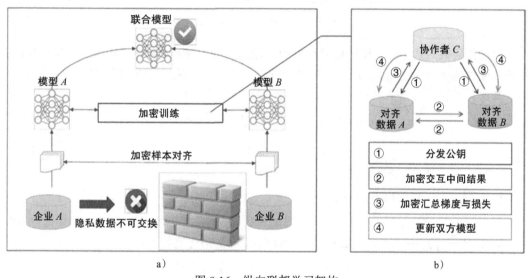

图 8.16 纵向联邦学习架构

纵向联邦学习倾向于有协作者的两方计算，模型使用简单的二分类逻辑回归模型，而 Feng 等人[46] 基于多视图学习的思想扩展了该方案，设计了多方参与的多类回归纵向联邦学习（Multi-participant Multi-class Vertical Federated Learning，MVFL）框架，将有标签一方的标签信息以多视图学习的方式提供给无标签的参与者，如图 8.17 所示。

具体地，假设每个参与方都有自己的数据集 X_k、模型 W_k，每个数据集包含不同的特征，每个参与方都拥有自己的伪标签信息 Z_k，仅第一个参与方有标签信息 Y。要研究的问题变为如何将第一个参与者的标签信息迁移到其他参与者，同时保护标签的隐私不泄露。

首先，通过如下优化函数，使用无监督学习选择无标签参与方的特征，使得 Z_k 变为数据 X_k 的伪标签：

$$\min_{W_k, z_k, z} \sum_{k=1}^{K} \|X_k W_k - Z_k\|_F^2 + \beta_k \|W_k\|_{2,1} \tag{8-7}$$

$$\text{s.t. } Z_1 = Y, Z_k = Z, Z_k \geq 0, Z_k^{\mathrm{T}} Z_k = \mathrm{I}$$

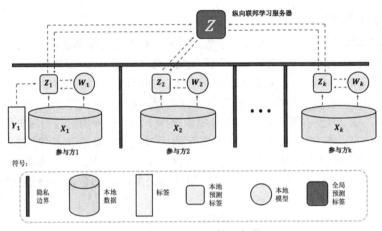

图 8.17　MMVFL 算法架构

该优化函数的目标在于使所有参与方的模型预测值 $X_k W_k$ 与第一个参与方的标签信息 Y 相近，通过共享伪标签 Z_k 的方法迁移了标签信息，而不让其他参与方得知 Y 的具体数值。

其次，根据 Hou 等人[47]的工作，式（8-7）可以改写为：

$$\min_{W_k, A_k} \|X_k W_k - Z_k\|_F^2 + \beta_k T_r(W_k^{\mathrm{T}} A_k W_k) \tag{8-8}$$

$$A_k^{(i,i)} = 1/[2(\|W_{k(i)}\|_2 + \varepsilon)] \tag{8-9}$$

再次，考虑以下几种特殊情况：

- A_k 固定，可以解出 W_k 的最优值如下：

$$W_k^* = (X_k^{\mathrm{T}} X_k + \beta A_k)^{-1} X_k^{\mathrm{T}} Z_k \tag{8-10}$$

- Z_k（$k = 2, 3, \cdots, K$）以及 Z 固定，可以求出 Z_1 的最优值如下：

$$Z_1^* = (X_1 W_1 + \zeta_1 Z + \eta Y)/(1 + \zeta_1 + \eta) \tag{8-11}$$

- Z_1 以及 Z 固定，可以求出 Z_k 的最优值如下：

$$Z_k^* = (X_k W_k + \zeta_k Z)/(1 + \zeta_k) \tag{8-12}$$

- Z_k（$k = 1, 2, \cdots, K$）固定，可以求出 Z 的最优值如下：

$$Z^* = \sum_{k=1}^{K} \zeta_k Z_k / \sum_{k=1}^{K} \zeta_k \tag{8-13}$$

最后，根据以上等式求解整个优化问题，算法如表 8.5 所示。

表 8.5　MMVFL 算法流程

MMVFL 算法
输入：每个智能体本地数据集 $\{X_k\}$，$k = 1, 2, \cdots, K$
输出：智能体各自学习到的模型集合 $\{W_k\}$，$k = 1, 2, \cdots, K$
1：　随机初始化 W_k，初始化每个 Z_k 和 Z 使得 $Z_k^{\mathrm{T}} Z_k = \mathrm{I}$ 并且 $Z^{\mathrm{T}} Z = \mathrm{I}$
2：　如果 所有模型 未收敛，重复：
3：　　对 K 个智能体，并行计算：
4：　　　如果 智能体模型 未收敛，重复：

（续）

```
5:          根据公式（8-9）更新 A_k
6:          根据公式（8-10）更新 W_k
7:      结束循环
8:      如果 k = 1：
9:          根据公式（8-11）更新 Z_k
10:      否则  ：
11:          根据公式（8-12）更新 Z_k
12:      结束循环
13:      根据公式（8-13）更新 Z
14:  结束循环
```

目前，纵向联邦学习的挑战是如何在数据非独立的情况下设计快速收敛的联合训练算法，以及如何将标签信息分享给其他参与者来方便模型训练，同时保护智能体隐私。这也为解决人机物背景下联邦学习的数据异构问题提供了思路。Liu 等人[48]介绍了联邦随机块坐标下降算法，所有参与方多次更新本地模型，从而减少整体通信的轮次。纵向联邦学习的数据基于 ID 对齐，但传统纵向联邦学习对于有标签的一方数据无法提供足够的隐私保护，对于所有参与者是对等的，于是腾讯公司的 Liu 等人[49]提出了不对称纵向联邦学习算法，通过波里格·赫尔曼加密的方法保护了 ID 覆盖范围小的、有标签一方的数据隐私。在系统架构方面，Chen 等人[50]提出了异步纵向联邦学习算法，并使用了差分隐私算法保护数据安全，允许每个参与者间歇性地进行梯度下降更新模型，而不用与其他参与者协作。Yang 等人[51]设计了无须第三方协作者的纵向联邦学习方法，借助集群的参数服务器加速大量参与者情况下的联合训练。纵向联邦学习一般用于工业界规避政策风险，实现多方联合建模。目前纵向联邦学习研究中有许多内容是隐私保护部分，具体的隐私保护方法详见第 11 章。

8.2.3　个性化联邦学习

前两节介绍了联邦学习的基本方法，无论是横向联邦学习还是纵向联邦学习，都实现数据保留在本地的同时又联合训练模型，从而保护了智能体隐私。而在现实应用中，联邦学习往往并没有起到预期的效果。由于数据异质性等原因，通过传统算法训练出的全局模型相当于将数据集中后训练出的模型，很难充分满足每个智能体独特的数据特点。而个性化联邦学习就考虑到了各个智能体的异构数据特性，为每个智能体训练独一无二的模型。例如，在输入法应用程序的下一词预测任务中，通过 FedAvg 算法训练出的全局模型输出的是大部分智能体接下来最有可能键入的单词。然而，如果能考虑到智能体独特的语言风格、个人信息和用词习惯，将能为智能体预测出更加精准、更加智能、更加个性化的下一个单词，如图 8.18 所示。个性化联邦学习主要解决数据异构挑战与模型异构挑战，也可以在一定程度上缓解设备异构挑战。本节首先介绍个性化联邦学习的必要性与典型范式，再针对数据异构挑战与模型异构挑战介绍个性化联邦学习的六种技术分类，最后针对设备异构挑战进行相关算法介绍。

图 8.18　个性化联邦学习在单词预测中的应用

群智能体参与联邦学习的主要动机是获得更好的模型。联邦学习的最大受益者是因个人数据少而无法训练精确私人模型的智能体。而对于那些数据充足、有能力在本地训练精确模型的客户来说，参与一些联邦训练任务无法让他们获益，因为全局共享模型并没有自己训练的本地模型准确[52]，这打消了他们参与联邦训练的积极性。在许多实际应用中，跨客户端的数据是高度 Non-IID 的，这种统计上的异质性导致很难训练出适用于所有客户端的单一全局模型，也就会导致某些智能体拥有者不愿参与联邦训练任务。为了解决异质性问题，有一种思路是在智能体、数据和模型级别上进行个性化处理、为每个客户生成有针对性的个性化模型，从而减轻异质性的影响，这就是个性化联邦学习。

模型异质性是个性化联邦学习面临的独特挑战。对于模型异质性，可以考虑以下例子：在下一单词预测任务中，对于同一个句子"我住在……"，每个客户都有不同的期望结果，面对同样的数据，不同客户分配给它们的标签可能不同。

大多数个性化技术通常涉及下面两个步骤。第一步，以协作的方式建立全局模型；第二步，用客户的私人数据将全局模型进行个性化处理。Jiang 等人[53]提出，为了使联邦学习个性化在实践中有用，必须同时而非独立地达到以下三个目标：开发改进的个性化模型，使大多数客户收益；开发精确的全局模型，使那些私人数据有限的客户受益；在少量的训练轮次中实现快速模型收敛。

针对数据异质性与模型异质性，可以采用以下六种个性化联邦学习的方法。

（1）迁移学习

迁移学习可以让深度学习模型利用过去在解决一个问题时获得的知识来解决另一个相似问题。如果将联邦学习的过程当作使用一个虚拟数据集（该数据集由所有参与智能体的数据构成）训练得出一个全局模型，那么迁移学习在联邦环境中也可以被使用。在迁移学习的概念下，可以将这个虚拟数据集当作源域，而将智能体本地数据集当作目标域。例如，Chen 等人[54]提出了 FedHealth———一个针对可穿戴式医疗服务的联邦迁移学习框架。其中智能体在接收到全局模型后，在本地进行迁移学习，再训练并上传模型。智能体在接收到新数据后，又可以重复之前的训练过程。FedHealth 中的迁移学习通过将全连接层替换为一种对齐层来适应不同域的输入,如图 8.19 所示。

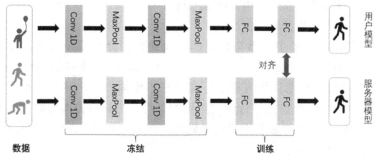

图 8.19　FedHealth 中的迁移学习过程

（2）元学习

元学习可以通过对多个学习任务进行训练,以生成高适应性模型,训练后的模型可以通过少量的新训练实例进一步学习如何解决新的任务。Finn 等人[55] 提出了一种模型不可知元学习（Model-Agnostic Meta-Learning,MAML) 算法,该算法与任何使用梯度下降法训练的模型兼容。MAML 构建了一个适用于多任务的内部表征,以便微调新任务的顶层,以产生良好的结果。MAML 分为两个相互关联的阶段:元训练和元测试。元训练构建多任务的全局模型,元测试针对单独的任务逐个调整全局模型。

Jiang 等人[53] 指出,如果把联邦学习过程看作元训练、把个性化过程看作元测试,则 FedAvg 算法与流行的元学习算法 Reptile 非常相似。他们还观察到,仔细的微调可以产生一个高精度的全局模型,很容易实现个性化,但仅对全局精度优化会损害模型后续的个性化能力。Fallah 等人[56] 提出了一种包含 MAML 的联邦学习新公式,它寻求一个在每个智能体根据自己的损失函数更新后仍能表现良好的全局模型。此外,他们还提出了一种联邦平均的个性化变体 Per-FedAvg,以解决上述问题。

在具体实践中,联邦元学习方法的复杂度高于联邦迁移学习,但联邦元学习方法获得的模型更加健壮,对于数据样本很少的智能体可能非常有用。

（3）知识蒸馏

知识蒸馏通过让学生模仿教师,将大型教师网络中的知识提取到较小的学生网络中。对于本地数据集较小的智能体来说,如何解决过拟合问题是联邦个性化过程中的一个重大挑战。Yu 等人[57] 提出,通过将全局联邦模型视为教师,将个性化模型视为学生,可以减少个性化过程中过拟合的影响。Li 等人[58] 提出了基于知识蒸馏和迁移学习的联邦学习框架 FedMD,允许客户使用本地私有数据集和全局公共数据集独立设计自己的网络。

（4）添加智能体上下文信息方法

如果将客户的个人信息适当特征化地合并到数据集中,那么共享的全局模型也可以生成高度个性化的预测。不过大多数公共数据集并不包含上下文特征,如何在数据集中合并上下文特征还有待研究。同时,将个人信息放入数据集中也会导致隐私安全问题,不解决这一问题就无法在现实中进行应用。Masour 等人[59] 提出了一种介于单个全局模型和纯局部模型之间的一种方法，将客户分为几个类别，对每一类客户分别建模。分类过程是假设有 k 个固定模型，客户被分类在损失最小的模型上进行训练。

（5）基础层与个性化层分割

在典型的联邦学习场景中，参与智能体之间的数据分布差异很大。为了缓和这种统计异质性的不利影响，Arivazhagan 等人[60] 提出了 FedPer 神经网络结构，其中基础层由 FedAvg 算法集中训练，个性化层由梯度下降法在本地训练。这种方法与迁移学习方法相反，在迁移学习中，所有层首先进行全局数据的训练，之后再去本地数据上对所有或部分层进行训练；FedPer 则在全局数据上训练基础层，在本地数据上训练个性化层。

（6）全局和本地模型的混合

训练一个具有更多本地经验的模型，使其与全局模型协同决策，是一个自然的个性化思路。Peterson 等人[61] 提出在协同训练通用模型时，再为每个智能体分别训练一个私人模型。每个智能体将通用模型及私人模型的输出进行加权平均，获得最终的预测结果。这种方法在保护隐私的前提下，可以保证预测准确率几乎不下降，如图 8.20 所示。Hanzely 等人[62] 寻求全局模型和本地模型之间的明确权衡，使每个智能体学习全局模型和本地模型的混合。作者提出了一种新的无环局部梯度下降法（LLGD）。这种方法与联邦平均相似，但并不执行完整的平均步骤，而只是朝着平均步骤迈进。

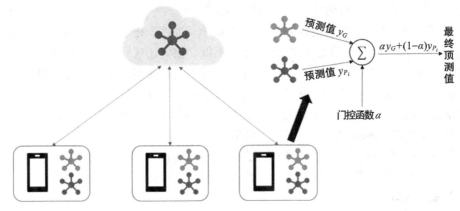

图 8.20　一种全局模型与局部模型的混合方法 [61]

上述若干种个性化方法主要解决了**数据异质性**与**模型异质性**问题，这也就是我们通常所说的个性化联邦学习。但严格来说，也应该将**智能体异质性**考虑进联邦个性化问题中。例如在物联网背景下，一些智能体的计算能力较弱，可能需要引入边缘计算来解决问题。Wu 等人[63] 提出了一个个性化联邦学习的云边端框架 PerFit，其中的协作学习过程分为卸载、学习和个性化三个阶段。在卸载阶段，物联网智能体根据边缘的可信赖与否选择是否将数据样本及整个模型保存在本地。还有其他解决智能体异质性的方法，如异步聚合[64]，但与个性化的联系不大。目前的联邦个性化技术在解决智能体异质性问题上仍有待深入研究。

总之，联邦学习能够在保护智能体隐私的前提下将数据孤岛连起来，进行协作式的模型训练。但由于智能体异质性、数据异质性、模型异质性等原因，联邦学习仍面临实际应用困难的问题。个性化联邦学习根据不同客户的需求为其构建个性化模型，以解决异质性问题。在通常情况下，个性化模型比全局模型或本地模型在个人客户端上具有更好的性能表现，一些个性化模型也可以减轻差分隐私等隐私保护技术对联邦模型准确率的影响[61]，从而有效解决传统联邦学习效果不佳的问题。

拓展思考

联邦学习作为一个新兴的领域，近年来受到了很多关注，群体智能相关领域的研究使其在工业界和学术界都取得了一定的进展。在现阶段，联邦学习在通信、优化算法、隐私保护等多方面都有相关的研究，这也展现了联邦学习的复杂性与多样性。未来对联邦学习的探索还可以从以下几个方面来进行。

- **联邦学习的通信昂贵问题**。在联邦网络中，通信问题一直是一个技术瓶颈，再加上原始数据的隐私问题，使得在每个智能体上生成的数据必须保持在本地。事实上，联邦网络可能由大量智能体组成，例如数百万部智能手机，网络中的通信速度可能比本地计算慢很多个数量级。为了使模型与联邦网络中智能体生成的数据相匹配，有必要开发通信效率高的方法，作为训练过程的一部分，迭代地发送消息或进行模型更新，而不是通过网络发送整个数据集。
- **系统的异构性**。由于硬件（如 CPU 或内存）、网络连接（如 Wi-Fi 或蜂窝网络）以及电源的变化，联邦网络中每个智能体的存储、计算和通信能力可能不同。此外，每个智能体上的网络大小和系统相关限制导致同时活跃的智能体通常仅占一小部分。例如，一百万个智能体网络中可能只有数百个活跃智能体。而且由于每个智能体可能不可靠或者连接性或电量限制，活跃智能体在给定迭代中随机失活的情况并不少见。这些系统级特性极大地加剧了容错方面的挑战。
- **隐私问题**。在联邦学习应用中，隐私通常是一个主要的关注点。联邦学习通过共享模型的隐含信息（例如梯度）而非原始数据完成学习和更新。在整个训练过程中，进行模型更新的通信仍然可以向第三方或中央服务器显示敏感信息。虽然最近的方法旨在使用安全多方计算或差异隐私等工具增强联邦学习的隐私性，但这些方法通常以降低模型性能或系统效率为代价。如何平衡隐私与系统效率也是一个需要关注的问题。

8.3 群智能体深度强化学习

在上一节中，我们了解到：通过群智能体联邦学习，在多个设备的数据集上完成本地训练并构建完整的机器学习模型，可以有效解决传统分布式机器学习的数据隐私问题。但是，无论是传统的分布式机器学习还是群智能体联邦学习，其本质都是以某种固定的协作模式来完成任务分配，每个设备节点只是按照分配好的任务内容进行本地模型训练，设备本身缺乏自主决策能力。而在分布式学习模型中，只有节点本身具备了自主决策能力，才能在任务多变的场景下达到全局最优，实现真正意义上的分布式智能。强化学习正是通过试错与奖励实现了智能体的自主决策，本节将从强化学习的角度出发，介绍群智能体深度强化学习方法，探究群智能体对象如何与环境不断交互，并通过与其他智能体的协作与竞争来获取更多奖励，最终学习到不同环境状态下的最优决策，从而达到全局最优。

具体来说，**群智能体深度强化学习** [65] 是借助深度学习与强化学习两种技术，对多智能体系统下的非稳态环境进行描述和观测，**联合训练多个同构智能体**或**多种异构智能体**，指导智能体对象与环境交互并获取奖励，最终完成群体协作、竞争或混合任务。传统的强化学习方法主要针对单个智能体，指导单智能体对象与环境交互来不断更新策略，能够解决基础的优化问题，比如车辆自动驾驶问题、简单的 Atari 游戏策略问题等；而群智能体强化学习将问题环境拓展到多智能体系统中，可以在非稳态环境下完成复杂群体任务，如交通灯控制、大规模车辆控制以及集体机器人制造任务等，更具现实意义。

传统的强化学习基于马尔可夫决策过程（Markov Decision Process，MDP）进行建模。MDP 可由元组 (S, A, P, R, γ) 描述，其中：S 为有限的状态集，A 为有限的动作集，P 为状态转移概率，R 为奖励函数，γ 为用于计算累积奖励的折扣因子。群智能体强化学习同样需要基于 MDP 进行建模，表述为：

$$M_1 = (N, S, A, P, R, \gamma) \tag{8-14}$$

其中，N 代表智能体的数量；S 代表系统状态空间，一般指多智能体的联合状态，包含所有智能体的个体状态信息；$A = A_1 \times A_2 \times \cdots \times A_n$，代表所有智能体的联合动作空间，其中 $A_i(i = 1, 2, \cdots, n)$ 是每个智能体自身的动作空间；$P: S \times A \times S \to [0, 1]$，代表状态转移概率；$R_i: S \times A \times S \to R$，代表每个智能体的奖励函数；$\gamma$ 为折扣因子。需要注意的是，在群智能体系统中，智能体本身的观测范围往往是有局限的，难以获知当前环境的所有状态信息 S，只能观测到不完全的环境信息，因此往往要将 MDP 推广到一个部分可观测马尔可夫决策模型（Partially Observable Markov Decision Process，POMDP）[66]，表述如下：

$$M_2 = (N, S, A, P, R, O, Z, \gamma) \tag{8-15}$$

其中，O 代表智能体获取的有限观测值；$Z: S \times A \to \Delta(O)$，代表观测函数，即系统状态与观测值之间的映射；其他参数与 M_1 中的定义一致。

在完成群智能体深度强化学习的理论建模之后，从单智能体拓展到群智领域进行模型的训练与评估仍然面临很多问题，比如环境非稳态、部分可观测、环境探索困难等 [67]。同时针对具体的群智协作、竞争等复杂应用，还应该考虑更加高效的训练方式。针对群智系统下的这些问题与挑战，本节将基于最新研究，从群智系统下的环境、协作、竞争、通信四个方面，对群智能体深度强化学习展开详细介绍，其内容结构如图 8.21 所示。

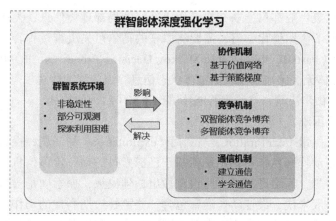

图 8.21 群智能体深度强化学习

8.3.1 群智能体环境

在介绍群智能体深度强化学习方法之前，首先需要了解从单智能体环境拓展到群智能体环境后，其环境特性会发生哪些变化。只有明确了群智能体环境的特点以及相应的问题，才能为智能体建立起有效的感知与决策。在强化学习领域，与智能体交互的所有内容都可以称为环境，即智能体之外的一切事物均为环境。智能体通过观测环境来获知自身内在状态或者外在环境状态，进而基于状态做出决策；可见，环境是强化学习的基础要素，环境的变化也会极大影响强化学习的训练效果。当交互环境由单智能体环境拓展到群智系统环境时，不仅原单智能体环境下的一些问题变得更加突出，还会增加一些新的问题与挑战。

（1）环境非稳态性

在单智能体环境下，智能体仅需要关注其自身动作的结果，环境是相对平稳的；拓展到群智系统之后，智能体不仅需要关注自身动作，还要观测其他智能体的动作。在群智系统中，智能体将其他智能体当作环境的一部分，由于其他智能体行动不确定，多智能体之间的交互在不断重塑环境，因此导致环境不稳定。在群智环境下的马尔可夫博弈过程中，环境的状态转移函数和单个智能体的奖励函数受到其他智能体动作的影响。在训练多个智能体的过程中，由于每个智能体的策略随着时间在不断变化，因此每个智能体所感知到的转移概率分布和奖励函数也会发生变化。通常的单智能体强化学习算法假定这些函数具有平稳性，导致这些算法不能被很好地应用于群智场景。

（2）环境部分可观察性

环境的部分可观察性是指智能体观测环境的视角有限，无法获知环境的整体状态信息。传统单智能体下的多数场景满足马尔可夫性质，因此智能体可以根据当前系统整体状态做出决策；但是也存在部分场景的整体状态信息难以精确获取的情况。例如，在制造业的复杂机械系统中，负责测量系统状态的传感器信号经常会受到噪声污染，导致难以获得系统的精确状态。而拓展到群智系统环境，环境的部分可观测性更为突出，因为在多智能体的参与下，智能体对象一般都只能获知自己周边区域的局部环境信息，无法获知完整的状态信息。在这种情况下应用强化学习，需要将原来的马尔可夫决策过程转变为部分可观测马尔可夫决策过程（Partially Observable Markov Decision Processes，POMDP）模型。由于POMDP 假设智能体无法感知到系统的整体状态信息，因此智能体对象需要根据当前所观测到的部分状态信息做出决策，这给多智能体协作带来了很大的挑战。

（3）环境探索困难

强化学习涉及探索（exploration）与利用（exploitation）的问题，探索是指基于当前环境状态选择某个新动作来执行；利用是指基于已探索过的动作价值信息，在已知动作中选择最佳动作。换言之，利用是基于当前信息做出最佳决策，探索则是尝试不同的动作来收集更多的信息。一般来说，最佳动作通常包含一些牺牲短期利益的动作，要想达到宏观上的策略最佳，需要通过足够的探索来实现。因此探索和利用具有一定的矛盾性。在群智系统环境下，这种探索 – 利用的困境尤为突出。智能体对象探索获取的不仅是环境的信息，还包括其他智能体的信息，以衡量自身行为价值从而更新策略。然而，过多的探索又会破坏其他智能体对象的策略稳定，从而使智能体的探索任务更加困难。

8.3.2 群智能体协作

与传统的分布式机器学习相比，群智能体深度强化学习更加注重如何训练出智能体本身的自主决策能力，从而在多变场景下实现全局最优。在群智能体协作任务中，智能体的自主决策能力主要体现为如何学会与队友合作。因为在群智能体协作场景下，智能体仅以贪婪的方式进行决策是无法达到全局最优的，必须通过与其他智能体协作改善本身部分可观察的局限性，才能更好地完成任务，达到全局最优。

在解决单智能体的决策任务时，DQN（Deep Q-Learning）算法以及基于策略梯度的各种算法都取得了良好效果，但当问题范围从单智能体任务拓展到群智系统下的协作任务时，环境的复杂动态性使传统深度强化学习算法无法直接应用。另外，由于很多协作场景下无法使用显式通信，因此运用深度强化学习方法来完成协作任务变得更加困难。为此，很多研究人员对传统的基于价值和基于策略的两类深度强化学习方法进行改进。本小节主要通过基于价值函数的群智协作方法与基于策略梯度算法的群智协作方法来介绍如何在群智系统下完成协作任务。

1. 基于价值函数的群智协作方法

在上一节中，我们了解到群智能体协作的难点在于环境的部分可观测性，即每个智能体只在局部观测下获取信息并做出决策，导致该决策很难达到全局最优。一种很自然的思路是集中式训练，即在训练时允许智能体获取到全局信息，训练出全局价值网络 $Q_{total}(s, u)$。但是由于智能体在执行时获取的观测值是局部状态 o，而不是全局状态 s，因此智能体在实际执行时难以利用全局的价值信息 $Q_{total}(s, u)$。为了有效利用全局信息，处理好智能体的部分可观测性，相关研究人员提出了一系列**基于值函数分解的方法**。

典型研究及算法：为保证多智能体训练时考虑全局价值 Q，同时全局 Q 又可以纳入单智能体训练，Sunehag 等人[68] 开创性地提出了 VDN（Value-Decomposition Network）方法，其核心思想是使用智能体价值函数 $Q_i(o_i, u_i)$ 对 $Q_{total}(s, u)$ 进行价值函数分解，而不是直接去学习全局价值函数，其价值函数的分解方式如下：

$$Q_{total}(s, u) = \sum_{i=1}^{N} Q_i(o_i, u_i) \qquad (8-16)$$

通过以上分解的方式可以近似得到全局价值 $Q_{total}(s, u)$，其方法结构如图 8.22 所示。实际训练时，该全局价值网络采取 DQN 的方式，基于全局奖励的 TD 差值进行更新。由于 Q_{total} 是每个智能体的价值网络的线性累加，在更新 Q_{total} 的梯度同时可以反向传播给每一个智能体的价值网络 Q_i，从而在全局观察下实现了每个单独智能体的训练与执行。

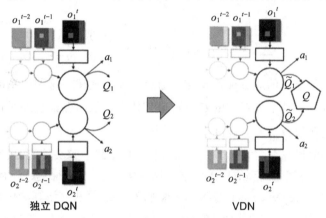

图 8.22　独立 DQN 与 VDN 的对比

仔细考虑 VDN 中的分解方法，会发现一个问题：基于分解得到的全局价值 Q_{total} 是直接对每个智能体局部价值函数进行线性累加，与真实的全局价值之间是存在差异的。如果真实的全局价值 Q^*_{total} 与智能体局部价值 Q_i 存在非线性的复杂关系，那么这种分解方法就会失效。因此，Rashid 等人[69] 提出了新的改进方法 QMix。如图 8.23 所示，该方法同样基于值函数分解的思想，但不再通过线性累加来计算 Q_{total}，而是通过建立一个新的神经网络（Mixing Network）来近似 Q_{total}，从而可以最大限度地实现 Q_{total} 与每个智能体 Q_i 之间的关系表示。QMix 的训练方式与 VDN 一样，都是基于 TD 差值的方式，但在近似 Q_{total} 时加入了全局状态 s，所以 QMix 会额外地基于全局状态信息 s 进行训练，而不仅仅是利用 Q_i 进行训练。

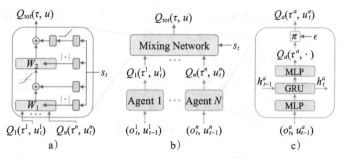

图 8.23　QMix 方法框架[71]

在上述两种方法中，VDN 是将 Q_{total} 分解成所有 Q_i 的累加和，QMix 则是将 Q_{total} 分解成所有 Q_i 的某种单调函数表示。不管是累加表示还是单调函数表示，它们都严格限制了 Q_{total} 与 Q_i 之间的关系，一旦真实的全局价值 Q^*_{total} 与 Q_i 之间并不是这种线性组合或者单调函数的关系，以上两种方法得到的 Q_{total} 都会与 Q^*_{total} 有较大差异。因此，Hostallero 等人[70]提出了一种改进方法 QTRAN。该方法不通过分解为 Q_i 组合的形式来学习 Q_{total}，而是先直接基于全局观测学习得到一个与真实 Q^*_{total} 接近的 Q_{total}。此时各个智能体基于局部观测无法利用 Q_{total}，需要进一步建立 Q_{total} 与 Q_i 之间的某种关系。但由于基于全局信息训练出的 Q_{total} 与 Q_i 之间并不是简单的线性组合关系，需要引入 $V(s)$ 来弥补，Q_{total} 与 Q_i 之间的关系建立方式如下：

$$\sum_{i=1}^{N} Q_i(o_i, u_i) - Q_{\text{total}}(s, u) + V(s) \begin{cases} = 0 & u = \bar{u} \\ \geq 0 & u \neq \bar{u} \end{cases} \tag{8-17}$$

其中，$\bar{u}$ 代表智能体的局部最优动作。通过上述公式建立这种关系的核心是让局部最优动作组成的 $\bar{u}$ 比其他所有 u 对应的 Q_{total} 价值都要大，从而保证全局最优性，同时建立二者关系之后就可以利用 Q_{total} 去更新 Q_i 了。

除了以上典型的研究方法之外，为了在群智协作场景下解决传统 DQN 经验池失效的问题，Palmer 等人[71]将宽容处理应用于多智能体强化学习中，把状态 – 动作对映射为衰减的温度值，进而提出了 Lenient Deep Q-Network（LDQN）算法。该算法包括两个操作：防止温度过早冷却的追溯温度衰减计划（Temperature Decay Schedule，TDS）和 $\bar{T}(s)$ – 贪婪探索策略。智能体选择最佳动作的概率会基于当前状态的平均温度进行。通过以上操作来解决经验样本过时的问题，从而克服了环境的非稳定性。Foerster 等人[72]则提出了用于稳定 DQN 经验回放池的两种方法，其核心思想是向经验池加入附加信息，降低非稳定环境对多智能体训练的影响。第一种方法是将经验回放池中的经验数据解释为非环境数据，通过增加经验池中每个元组数据的联合动作概率来进行重要性采样。该方法在对经验池中的元组数据进行采样训练时，会根据智能体所使用的策略计算出一个重要性采样校正值。由于较旧的数据倾向于生成较低的重要性权重，因此这种方法会自然衰减过时的数据，从而避免了非平稳环境下经验池的混乱性。第二种方法是基于 hyper Q-learning，让每个智能体学习一个策略，而该策略以通过观察其他智能体的行为来推断它们的策略为基础，避免了独立 Q-learning 的非平稳性。同时通过指纹标记的方法确定经验池中样本的新旧程度，这个标记值可以消除经验回放池中元组数据取样歧义的问题。

2. 基于策略梯度的群智协作方法

在群智系统中使用传统的策略梯度方法会产生较大的方差，使智能体整体表现不佳。这是因为所有智能体的报酬都依赖于其余的智能体，导致训练过程中的方差进一步增大，并且随着智能体数量的增加，向正确梯度方向更新的概率呈指数下降。

典型研究及算法

为了解决该挑战，Lowe 等人[73]在 DDPG 的基础上，提出了多智能体深度确定性策略梯度（MADDPG），该算法在训练过程中为每个智能体训练一个给定所有智能体策略的集中式 Critic，通过消除智能体并发学习引起的非平稳性来减小方差。其核心思想是负责每个智能体训练的 Critic 会考虑其他智能体的动作策略来进行评判，Actor 则根据自己的本地观察采取行动，进行中心化训练和分布式执行，取得了显著效果。图 8.24 展示了 MADDPG 的多智能体分布式 Actor-Critic 结构。

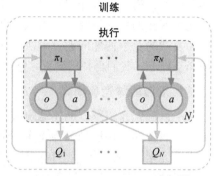

图 8.24　MADDPG 方法框架 [75]

除了利用集中式训练、分布式执行的架构外，MADDPG 还进行了策略集合效果优化，进一步加强了原来的多智能体训练方案。MADDPG 基于一种策略集合的思想，将第 i 个智能体的策略 μ_i 定义为一个具有 K 个子策略的集合，在每一个训练流程中只使用其中一个子策略 $\mu_i^{(k)}$。对每一个智能体，需要最大化其策略集合的整体奖励，形式化为：

$$J_e(\mu_i) = E_{k\sim\text{unif}(1,K),\,s\sim\rho^\mu,\,a\sim\mu_i^{(k)}}\left[\sum_{t=0}^{\infty}\gamma^t r_{i,t}\right] \qquad (8\text{-}18)$$

因为 MADDPG 方法考虑优化策略集合的整体效果，所以针对每个子策略的更新梯度为：

$$\nabla_{\theta_i^{(k)}} J_e(\mu_i) = \frac{1}{K} E_{x,\,a\sim D_i^{(k)}}\left[\nabla_{\theta_i^{(k)}}\mu_i^{(k)}(a_i\mid o_i)\nabla_{a_i}Q^{\mu_i}(x,a_1,\cdots,a_n)\big|_{a_i=\mu_i^{(k)}(o_i)}\right] \qquad (8\text{-}19)$$

其中，$D_i^{(k)}$ 为每个子策略 k 的历史经验池。这样利用所有策略的整体效果进行优化，每个智能体可以学习多个策略，进一步提高了算法的稳定性和鲁棒性。

此外，Sun 等人 [74] 提出了一种基于经典 MADDPG 的并行 Actor-Critic 方法，以减轻合作任务下多机器人异构训练不稳定的问题。该方法的核心是引入一种策略平滑技术，以减少学习策略的差异，与原始 MADDPG 相比，显著提高了训练稳定性。针对群智协作任务下的策略梯度改进方法，反事实多智能体训练方法（COMA）[75] 是另一类有效方法。该方法与 MADDPG 的不同之处在于反事实准则（counterfactual baseline）的引入。反事实准则提出，每个智能体应该拥有不同的奖励，这样才能知道在这一次的全局行为决策中单个智能体的贡献是多少；所以单个智能体的奖励会通过计算当前情况下的全局奖励和将该智能体行为替换为一个默认行为后的全局奖励之间的差值进行计算。

8.3.3　群智能体竞争

在上一小节中，我们研究了如何基于群智能体深度强化学习来提高智能体的自主决策能力，从而更好地完成协作任务。而在群智能体竞争任务中，智能体的自主决策能力则体现为如何与对手进行博弈，包括自身决策改进、预测对手策略以及通过与队友合作来更好地打败对手等。

本节将针对群智系统下的竞争任务对群智强化学习相关方法进行详细介绍。本节分两部分展开，第一部分介绍双智能体竞争博弈的建模方式和典型算法，第二部分介绍多智能体竞争博弈的最新研究。尽管双智能体博弈是一种最简单的博弈形式，但群智系统下其他更为复杂的竞争博弈问题及解决方法大都是以此为基础建立起来的。在了解双智能体竞争博弈基础上，我们再拓展到更多智能体的竞争博弈问题上，了解相关的群智强化学习方法。

1. 双智能体竞争博弈

本节首先介绍双智能体竞争博弈的常规建模方式以及常见的几种博弈形式。关于双智能体竞争博弈，可以通过为每个智能体设计奖励矩阵的形式进行建模。具体地，奖励矩阵 R_i 中的元素 r_{ab} 表示第一个智能体采用动作 a 且第二个智能体采用动作 b 时，智能体 i 所获得的奖励。例如，对于只有两个动作的双智能体博弈问题，其奖励矩阵如下：

$$R_1 = \begin{bmatrix} r_{11} & r_{12} \\ r_{21} & r_{22} \end{bmatrix}, \quad R_2 = \begin{bmatrix} r'_{11} & r'_{12} \\ r'_{21} & r'_{22} \end{bmatrix} \tag{8-20}$$

智能体间博弈有几种常见的表现模式。**零和博弈**是指两个智能体是完全竞争对抗关系，其奖励关系为 $R_1 = -R_2$。比如常见的对战游戏，对战双方有输有赢，一方所赢正是另一方所输，游戏的总奖励值为零。在零和博弈中，有且只有一个纳什均衡点。**一般和博弈**是指任何类型的矩阵博弈，包括完全对抗博弈、完全合作博弈以及二者的混合博弈。零和博弈是一般和博弈的一种特殊形式。在一般和博弈中可能存在多个纳什均衡点。

Minimax-Q-Learning 算法是最早应用于两个智能体的随机零和博弈中的典型算法。该算法基于 Minimax 方法构建线性规划方程来求解状态 s 下的纳什均衡策略。Minimax-Q-Learning 算法是一种对手独立算法，即不管对手采取何种策略，该算法训练下的智能体都会学习到该博弈下的纳什均衡策略。然而如果对手采取的策略很差，该算法不能做到让智能体根据对手策略来优化自身策略，从而无法学到比纳什均衡策略更好的策略。其具体算法流程如表 8.6 所示。

表 8.6　Minimax-Q-Learning 算法流程

Minimax-Q-Learning 算法
1:　初始化 $Q_i(s, a_i, a_{-i})$, $V_i(s)$, π_i
2:　for $i = 1$ to N_t do
3:　　第 i 个智能体根据当前状态 s 采用探索 - 利用策略得到动作 a_i 并执行
4:　　得到下一个状态 s'，以及智能体 i 获得的奖励 r_i，并且观测智能体 $-i$ 在状态 s 下执行的策略 a_{-i}
5:　　更新 $Q_i(s, a_i, a_{-i}) \leftarrow Q_i(s, a_i, a_{-i}) + \alpha[r_i + \gamma V_i(s') - Q_i(s, a_i, a_{-i})]$
6:　　利用线性规划求 $V_i^*(s) = \max_{\pi_i(s_i)} \min_{a_{-i} \in A_{-i}} \sum_{a_i \in A_i} Q_i^*(s, a_i, a_{-i}) \pi_i(s, a_i), i = 1, 2, \cdots$，并更新 $V_i(s)$ 与 $\pi_i(s, \cdot)$
7:　end for

Friend-or-Foe Q-Learning（FFQ）算法是早期应用于多人一般和博弈的强化学习算法之一。其核心思想在于"朋友"与"敌人"的分组处理，适用于一般和博弈场景。具体地，针对智能体 i，该算法将其他智能体分为"朋友"与"敌人"两组，"朋友"的目标是最大化智能体 i 的奖励值，"敌人"的目标是最小化智能体 i 的奖励值。每个智能体都有"朋友"

和"敌人"两组智能体对象，这便将多人一般和博弈问题转化为双智能体的零和博弈问题，其收敛性也得到了保证。Nash Q-Learning 算法同样是将 Q-Learning 算法拓展到非合作的多智能体环境，该算法不局限于零和博弈场景，而是可应用于多人一般和随机博弈中。在随机博弈中，每个智能体的奖励取决于所有智能体的联合行动和当前状态，状态转移服从马尔可夫性。在一般和随机博弈的框架下，将最优 Q 值定义为在纳什均衡中得到的 Q 值，并将其称为纳什 Q 值。学习的目标是通过反复游戏找到纳什 Q 值。基于习得的 Q 值，智能体可以推导出纳什均衡策略，并相应地选择动作。

2. 多智能体竞争博弈

传统的双智能体竞争博弈，其智能体规模较小，而且要求获知竞争对手的大部分信息，难以直接实际应用于大多数博弈环境。目前，无论是虚拟游戏平台还是机器人对抗等领域，都涉及多智能体即时对抗，一般无法获取对手的完全信息，例如在游戏中是无法看到对手视野的；同时动作空间组合数目也会远远大于简单的二元博弈，甚至拓展到连续性的动作空间。接下来将通过 DeepMind 的最新研究，详细介绍目前针对多智能体竞争博弈的前沿方法。

在虚拟场景特别是游戏平台中，DeepMind 开发的用于星际争霸游戏的 AlphaStar[76] 采用了集中式训练和分布式执行范式，其中设计了三类智能体对象，即主智能体、主剥削者以及联盟剥削者，它借助联盟强化学习训练（League Training）以及虚拟自我博弈（Fictitious Self Play）完成异构智能体环境下的有效训练，训练之后的 AlphaStar 成功超越了99.8% 的玩家。

AlphaStar 的具体训练框架如图 8.25 所示，其训练过程可以概括为：先进行基于人类数据的监督学习，再进行使用了联盟方法的强化学习。这里我们着重介绍基于联盟强化学习的方法，关注如何完成竞争博弈的训练。该框架首先输入小地图图像以及当前所有的兵种信息；输出则通过神经网络层之后输出动作信息，包括移动、攻击、训练等动作。

AlphaStar 的强化学习目标是：基于 Actor-Critic 框架，通过不断与其他玩家（实际上是其他智能体或自身）对抗来进行学习。而联盟强化学习的核心思想是：创建一个联盟，联盟内有很多个体；通过不断让联盟内部的个体之间相互对抗来进行强化学习训练，使每个个体都能得到提升。经过不断的内部对抗，其得到的不是一个极度强大的个体，而是一个十分强大的群体。在 AlphaStar 的训练中，其创建了四类个体：**主智能体**（Main Agents）、**主探索者**（Main Exploiters）、**联盟智能体**（League Exploiters）和**历史个体**（Past Players）。

1）**主智能体**：最核心的智能体，决定最终的动作输出。

特点：其对手是全部历史个体、主探索者、主智能体；定期对自身参数进行存储，每次存储会形成一个新智能体（player）加入历史个体池中；使用 PFSP（优先虚拟自我对弈）的方式匹配对手。

PFSP 是一种为了高效率学习的匹配极值。每个个体（包括历史个体与当前的三类智能体个体）都会记录与其他个体对抗的胜率，主智能体会优先选择使自己胜率低的个体对抗。主观上的理解就是：与低级智能体对抗可能学不到什么知识，但是和决策能力很强的智能体对抗就很可能学到新技巧。

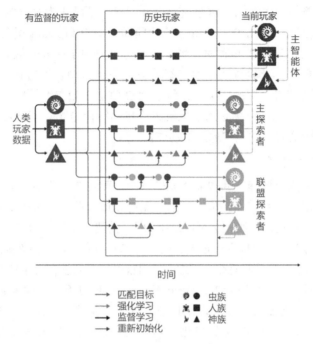

图 8.25　AlphaStar 训练框架 [76]

2）**主探索者**：用于寻找主智能体的弱点。

特点：其对手是主智能体、主智能体的历史个体；同样定期对自身参数进行存储，每次存储会形成一个新智能体（player）加入历史参数个体池中；每存储一次自身参数，就会把自己还原为监督学习的参数。

3）**联盟智能体**：用于寻找整个群体的弱点。

特点：其对手是全部历史个体；同样定期对自身参数进行存储，每次存储会形成一个新智能体（player）加入历史个体池中；每存储一次自身参数，就有 25% 的概率将自己还原为监督学习的参数。

4）**历史参数个体**：用于存储智能体的历史参数。

我们对其联盟强化学习的博弈方式进行总结，主要有以下几个关键点。

- 参数存储机制：定期存储自身参数为一个新智能体（player）并将其加入历史个体池中，使用 PFSP 方式进行学习。通过记录历史参数并与其对抗的方式，可以使智能体不断强于过去的自己，从而克服循环式胜利，即 A 战胜 B、B 战胜 C 但 C 又战胜 A 的情况。

- 参数还原机制：联盟智能体和主探索者的参数会定期还原为监督学习的原参数，以鼓励多样性的智能体策略，同时它们可能会迅速发现一些不具备强鲁棒性但又能够击败部分智能体的独特策略。主智能体作为最终的输出智能体，不会进行参数还原。

- 对手匹配机制：不同类别智能体的对手匹配池存在差异。主智能体是核心智能体，负责最终的动作输出，因此其对手包括全部个体；主探索者负责寻找主智能体的弱点，因此其对手包括主智能体及其历史个体；联盟探索者负责寻找整体的弱点，因此其对手包括全部历史个体。

而在多机器人对抗领域，Zheng 等人[77] 提出了一种新型的能感知混合环境的多主体深度强化学习方法（Mix-DRL），该方法应用于 2 架 UAV 和 2 辆 UGV 的异构团队完成竞争任务。在 Mix-DRL 中，将机器人能力和环境因素正则化以更新对抗策略，建模异类团队部署策略与实际环境条件之间的非线性关系，可以在了解环境限制的同时充分利用机器人的功能特性。此外，还可以通过为对手进行建模的方法进行竞争对抗。通过模拟其他智能体的意图和政策，可以稳定智能体的训练过程。在多智能体系统中建模其他智能体已经得到了广泛的研究，Raileanu 等人[78] 提出了一种预测方法，其中智能体使用自身策略来预测其他智能体的行为。该方法基于 Actor-Critic 结构，并重用相同的网络来估计其他智能体的目标。

8.3.4　群智能体通信

在群智能体系统中，针对具有合作性质的任务以及部分可观测性的环境，很自然地可以加入智能体间的通信。通信对于群体系统中的训练性能至关重要。当智能体个体收集的信息被共享或者协调处理时，可以更好地利用各种智能体的传感器功能以及执行器功能，更大程度地发挥多智能体的优势，方便完成协作任务或混合任务。

但群智能体深度强化学习中的通信有别于传统分布式学习中的通信。传统的分布式学习框架中的通信是研究如何通过合适的通信拓扑结构来建立节点间的参数传递，同时考虑协调节点间的通信步调、降低通信成本，从而提高系统整体的计算效率。而群智能体深度强化学习中的通信不仅需要考虑如何实现智能体间的通信，更为重要的是考虑如何让智能体学会通信。前者与传统分布式学习中的通信类似，偏向于通信机制的建立；后者偏向于指导智能体学会在何时、何地与哪个智能体进行通信是最有效的，需要基于动态的拓扑结构以及有限的通信带宽实现智能体间的有效通信，因此其实现更加具有挑战性。

典型研究及算法

为实现智能体间的有效通信，Foerster 等人[79] 最早将通信学习引入多智能体强化学习中，提出了训练智能体学会通信的两种方法：Reinforced Inter-Agent Learning（RIAL）方法与 Differentiable Inter-Agent Learning（DIAL）方法。两种方法的前提假设都是完全协作的部分可观测环境，即所有智能体共享一个全局的回报函数，同时每个智能体只拥有自己的局部观察，由此引入智能体间的通信。训练与执行时，智能体间的通信约束不同：因为采取集中式训练和分布式执行架构，训练期间智能体之间的通信不受限制，由集中式算法控制；而在执行学习到的策略时，智能体只能通过有限的带宽通道进行通信。

RIAL 方法将 DRQN 算法与 IQL 算法结合，在智能体之间加入显式的通信来增强智能体对于环境的感知。其中，DRQN 对传统 DQN 的网络结构进行改进，主要是将 DQN 的全连接层替换为 LSTM 网络。这样尽管智能体在每个时间步只能看到局部的观测信息，但可以在时间序列上整合多步信息，减少部分可观测性的局限。将 DRQN 引入 IQL 算法也解决了 IQL 算法本身难以应对非稳定环境的局限。

在智能体的动作选择上，该方法将智能体的通信也作为一个离散的动作空间，并设定消息的维度为 $|M|$、原始的动作空间的维度为 $|U|$。需要注意的是，如果一个智能体向另一个智能体发送有用的消息，则只有当接收方正确解释消息并根据该消息采取行动时，它才会收到积极的奖励，通信动作本身不会有直接的奖励。但如果只使用一个 Q 网络，那么总的动作空间的维度就是 $|U||M|$。为了降低输出维度，RIAL 算法使用了两个 Q 网络，分别是动作价值函数 Q_u 和通信价值函数 Q_m，分别对应原始的动作 o_t 以及通信动作 m_{t-1} 的输入及其价值输出，具体如图 8.26 所示。

但是 RIAL 方法存在一个严重缺陷，即智能体之间无法对通信动作进行反馈，只是被动地接收信息并做处理，这样智能体难以学会是否开始或继续通信。考虑到人类之间的有效交流往往建立在彼此的即时反馈上，比如当我对你的话语表现出很感兴趣时，这种交流一般可以持续下去。类似于人类的交流，Foerster 在 RIAL 的基础上提出了 DIAL 方法。

DIAL 的工作原理如图 8.27 所示，可以看到该方法与 RIAL 的最大区别在于通信动作的处理。在 RIAL 中，智能体 2 的通信动作 m_{t-1} 直接输入到智能体 1 的 Q-Net 中；而在 DIAL 中，智能体 2 的网络 C-Net 的一路输出通过 DRU 单元作为智能体 1 的网络 C-Net 输入（如图 8.27 中的红线所示），这种智能体网络之间的通道连接替换到了原先的通信动作 m_{t-1} 的输入。因此，在学习过程中，智能体之间可以彼此自由地发送消息。由于这种信息传递的功能函数与任何网络的激活函数一样，其梯度可以沿着通道返回，从而允许跨智能体的反向传播，即可以实现通信动作的即时反馈。

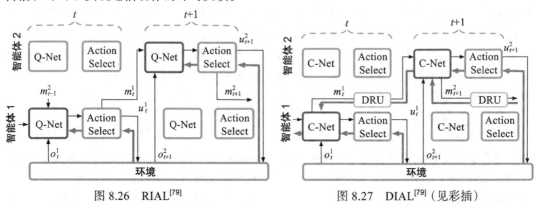

图 8.26　RIAL[79]　　　　　　　图 8.27　DIAL[79]（见彩插）

上述通信学习方法是基于离散的通信，Sukhbaatar 等人[80] 通过连续的通信变量提出了 CommNet 方法。该方法同样采取集式训练与分布式执行，集中训练时以所有智能体的局部观察作为输入，输出所有智能体的决策。其通信方式是基于广播的方式，或者加以修正来让每个智能体只接收其相邻 K 个智能体的信息。但集中训练时的网络输入并不是所有智能体的消息平均化，而是选取对应于其领域范围下的智能体消息。

然而，无论是 RIAL、DIAL 还是 CommNet，都是在每一个时间步要求所有智能体之间进行通信或者智能体与自己相邻的智能体进行通信，这相当于预定义了一种通信模式，很大程度上限制了智能体学习何时与哪个智能体通信。因此，Jiang 等人[81] 提出了一个基于注意力机制的通信模型 ATOC，该模型通过智能体的局部观测与动作来决定是否需要进行通信以及与哪个智能体通信，适用于协作任务或混合任务。如图 8.28 所示，ATOC 模型采用的是 Actor-Critic 框架，遵循集中式训练与分布式执行的方式，同时考虑到在多智能体环境下的可扩展性，所有智能体会共享策略网络、注意力单元以及通信信道的参数。

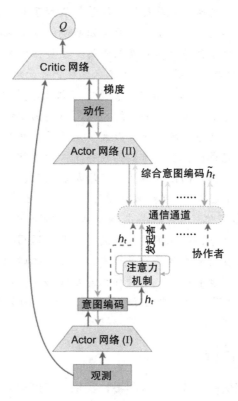

图 8.28　ATOC 框架 [81]

为实现有效通信，首先需要确定智能体之间的通信方式。ATOC 采用一个双向的 LSTM 网络作为智能体之间的群组通信信道，LSTM 以通信群组中各个智能体的局部观测与动作作为输入，其输出的编码信息作为各智能体策略网络的额外输入，来指导协作策略的生成。基于以上的群组通信方式，某个智能体可以选择进行通信，即成为通信的发起者（initiator），从其视野范围内选择协作者共同形成一个通信群组。何时发起通信则由注意力模块实现，该模块通过智能体的局部观察与动作的编码来决定其是否需要与其视野范围内的其他智能体进行通信。具体来说，注意力模块是一个 RNN 网络，每隔 T 个时间步完成该智能体是否通信的选择，其输入是上一时间步的隐藏状态以及此时的智能体局部观测及动作，输出是一个二分类器，判断其是否要成为发起者。需要注意的是，注意力模块的训练过程是独立于整个强化算法的训练过程的，并不是通过端到端的方式来训练。

如果基于注意力机制判断出该智能体需要发起通信，下一步将决定与邻近的哪些智能体建立群组通信。ATOC 模型将发起者周边的智能体分为三种，即其他发起者、被其他发起者选定的智能体以及未被其他发起者选定的智能体，此三类智能体被选中的通信优先级逐渐升高。因此，发起者会根据优先级选取最多 m 个邻近智能体完成通信。

拓展思考

尽管深度强化学习发展迅速，从单智能体场景拓展到了多智能体场景，从起初的游戏领域拓展到了现实领域，解决了传统机器学习难以解决的诸多难题，但目前群智能体深度强化学习所解决的协作或竞争任务大多是有局限的，主要体现为智能体类别以及数量都相对较少，随着智能体种类以及规模的扩大，其未来发展仍要面对以下两大问题。

1）如何针对不同智能体对象设计合适的奖励？在强化学习中，奖励影响着模型的训练及性能，恰当的奖励设计可以缩短模型的训练周期，而奖励设计失误则很可能导致模型最终难以收敛。目前强化学习任务中的奖励函数大多是基于领域知识进行人为的设计，这在单智能体任务上比较容易完成；但在群智能体任务下，由于智能体本身属性不同，加上任务的协作或竞争需要，奖励函数的设计难度大大增加。因此，考虑借助模仿学习以及逆强化学习来实现奖励函数的自主学习。关于模仿学习以及逆强化学习的内容详见 9.2 节。

2）如何充分利用群智能体任务中的样本与知识？目前在强化学习领域，智能体学到的知识一般只针对预定义的任务，而在不同任务间并不具备通用性。特别是在群智能体系统下，每个智能体的训练往往需要大量的交互样本，导致训练时间过长、算力需求极高。因此我们需要考虑任务之间或者智能体之间的知识复用和移植，比如借助迁移学习等方法来解决该问题。关于群智能体强化学习中的迁移学习方法详见 10.7 节。

8.4 群智能体协同计算

在上述内容中，我们借助传统分布式学习，实现了在群智能体之间以分布式方式训练深度模型，同时借助联邦学习与强化学习解决了人机物融合背景下分布式学习中存在的诸多问题。在完成分布式模型训练后，为了满足人机物环境中的复杂任务执行需求，我们希望将模型部署在智能体中以赋予其智能。然而，一方面随着深度模型的不断发展，模型资源消耗也呈指数趋势增长，从 AlexNet 到 ResNet，模型的计算量有了数十倍的提升；另一方面在人机物融合群智计算中，常出现的计算设备（智能手机、智能手表、物联网设备等）受限于硬件架构、能耗限制、设备大小、内存占用等物理方面的约束，无法为深度模型提供足够的硬件资源。因此，如何在资源受限设备上部署复杂深度模型成为亟待解决的难题。

为了解决这类模型部署问题，作为人机物融合群智计算的重要实现方式——群智能体协同计算为此提供了解决方案。群智能体协同计算将计算任务以模型结构或输入维度进行划分，并将划分好的计算任务分配到多个智能体设备上协同计算，以此聚合多个设备的计算资源解决模型部署问题。然而在人机物融合计算场景中，群智能体设备在计算能力、能耗等方面都存在异构性，传统协同计算中经典的平均分配方式无法达到最大性能与效率。因此，群智能体协同计算中亟待解决的问题是：如何在不同能力、不同状态与不同工作环境的智能体之间进行合理的分配，以实现最小化时间延迟（计算时延、传输时延）、能量消耗（计算能耗、传输能耗）、设备资源（内存消耗、存储消耗）等指标。

针对群智能体协同计算问题，本章首先介绍协同计算的基本方法，随后根据设备协同方式的不同，分别介绍**串行协同计算**与**并行协同计算**，最后介绍综合前两类方法优势的**混合并行计算**。

8.4.1　协同计算的基本方法

协同计算，即在进行模型计算的过程中，将计算任务以不同方式划分为多块并分配给群智能体，通过传输模型计算的中间数据，实现多个设备的无缝协作。在此过程中，协同计算主要分为以下三个步骤：

- 针对不同能力、不同状态与不同工作环境的智能体，分别测量模型运行时单层的计算时延、计算能耗以及层间的通信时延、通信能耗，根据数据分别建模不同深度模型层的资源成本；
- 通过特定的层配置和网络带宽预测不同分割点下的资源总消耗成本，根据当前系统对于系统总延迟、系统总消耗等多种需求中使用搜索算法快速从候选分割点中选择最符合当前要求的一个或多个目标分割点；
- 根据选择的目标分割点将模型任务划分为多个模块，根据当前候选的参与设备的工作状态与通信代价选择合适的设备组合并将模型的不同模块分别部署其中，依靠传输模型中间结果实现多设备协作的模型推断任务。

在复杂的环境下，群智能体间的协同计算主要存在以下挑战。

- **设备异构**：群智能体系统中每个设备的存储（内存、缓存）、计算能力（CPU、GPU）、通信能力（4G、5G、Wi-Fi）、能源供应（电池、电源、无线供电）等存在差异，使得不同设备在模型中的计算时延、通信时延与能耗各不相同。
- **数量丰富**：群智能体系统依托人机物融合环境，导致参与协作的节点受动态环境影响较大。普通环境下有数个到数十个节点进行协作，而在复杂环境中，例如人流量密集的商场则有数个到数百个不同的节点可以选择，这使得任务协作的搜索空间十分庞大。
- **拓扑易变**：在群智能体系统中，大量的参与设备处于动态的网络环境当中，从而导致拓扑结构易变。一方面，网络与设备本身的限制会导致设备活动状态不稳定，存在零电量、网络无法接入等突发状况；另一方面，参与设备可能处于不断移动中，存在中途离开正在参与的任务的可能。因此需要实时根据变化调整协作方案。

协同计算的分类方法根据设备协作方式的不同分为：串行协同计算、并行协同计算和混合协同计算，如图 8.29 所示。

- **串行协同计算**对模型层进行划分，多个智能体分别处理部分模型，通过传输模型处理的中间数据以串行方式进行协作；

- **并行协同计算**对输入数据进行划分，多个智能体分别处理部分的输入数据或者中间数据，以并行方式处理后进行汇聚以得到计算结果；
- **混合协同计算**则综合使用串行协同计算与并行协同计算两种方法实现多智能体协作计算。

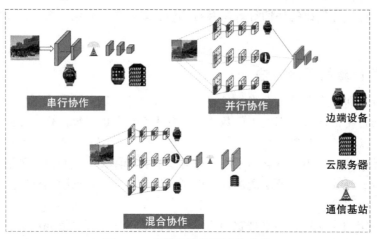

图 8.29　群智能体协同计算分类

8.4.2　串行协同计算

串行协同计算会首先以模型层为粒度选择合适的模型分割点，然后基于该分割点将模型划分为多个块并分配给不同的设备进行计算。在实际运行过程中，拥有输入数据的设备首先开始计算，并将模型计算的中间结果传输给下一设备，该设备接收到中间结果后继续计算并向后传输，该过程不断进行直到拥有最后一块模型的设备运行结束并输出模型的计算结果。在这个过程中，多个设备以串行方式完成模型运行。

在人机物融合计算背景下，串行协同计算更多的是多个智能体以集群的形式在边缘端进行泛在感知与移动计算。这些智能体之间存在着计算能力、通信能力等方面的不同，因此探究如何聚合多个智能体，在不同能力、不同状态与不同工作环境的智能体之间选择最佳的模型分割点，使串行协同下总体时间消耗最少或者整体能量消耗最低更加符合人机物环境下的需求。

本小节主要从基于强化学习网络的串行协同方法与基于图论算法的串行协同方法两方面来介绍如何在复杂网络模型下寻找最佳分割点并完成协作任务。

典型研究及算法

Zeng 等人 [82] 提出了一种针对工业物联网环境下的基于边缘智能的按需协作 DNN 推理框架——Boomerang。在 Boomerang 中，通过改变 DNN 模型的大小（层数）和模型分割点选择两种方式来完成具有低延迟和高精度特性的 DNN 推理任务。模型的整体结构如图 8.30 所示。

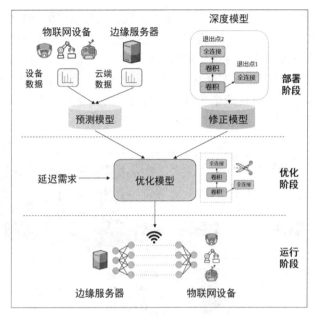

图 8.30　Boomerang 系统框图[82]

具体而言，在 DNN 模型大小改变方面，该模型借鉴了 Teerapittayanon 等人[83] 提出的 BranchyNet 多分支网络结构，通过在主干网络中加入多个分支结构，达到设置多个退出点的目的。在实际运行过程中，若系统对于任务精度的要求较低，则 Boomerang 可以选择靠前的退出点，以便当样本的推断可信度高于所需阈值时提前退出推断；反之，当任务精度的要求较高时，Boomerang 可以选择靠后的退出点，通过增加当前模型层数的方式提高任务结果的精确度。

而在模型分割点选择方面，Boomerang 使用了深度强化学习的方法，通过基于值网络的 DQN 代替 Neurosurgeon[84] 中的遍历式搜索算法，以实现更高效的分割点选择。在 DQN 中，以数据大小、传输延迟、设备推断延迟与边缘推理延迟作为主要的状态输入，而在总延迟与准确率的平衡上以奖励函数作为判断依据：

$$R_t = \begin{cases} \mathrm{e}^{\gamma a_t} & \text{如果 } l_t \leqslant L \\ 0 & \text{其他} \end{cases} \qquad (8\text{-}21)$$

其中 e 是自然基数，L 是应用等待时间要求，a_t 和 l_t 是精度和当前计划的延迟。此外，超参数 γ 用于调整奖励幅度以优化整体绩效。

Xu 等人[85] 提出使用图论进行任务最佳分区选择的系统 DeepWear。在现有模型分割方法中，分割的模型一般都是链式结构，在链式结构网络上选择分割点并把任务分成边缘侧与服务器侧两个部分。随着模型复杂度的上升，模型中开始存在路径分支与交叉点，使得模型维度也随之增加。在这种情况下，面向链式网络的分割方法无法满足当前任务的需求。在 DeepWear 中，如图 8.31 所示，作者把复杂的深度学习模型抽象为有源（输入）的有向无环图（DAG），其中每个节点代表一个层，每条边代表这些层之间的数据流，虚线表示隐藏了更多节点以节省空间。为了有效地确定部分卸载决策，DeepWear 首先修剪模型，根据计算量对每个节点的不同类型进行分类，通过仅保留计算密集型节点的方式来修剪 DAG，然后针对深度模型中常见的重复子图结构，即"频繁子图"，通过分组方式来将重复的子图捆绑在一个虚拟节点上。经过这两个步骤，复杂的有向无环图通常变成线性简单的图结构，从而可以使用链式模型分割方案解决复杂网络的分割需求。

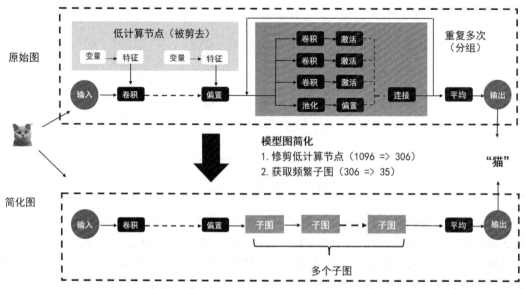

图 8.31　DeepWear 模型图修剪流程 [85]

Wang 等人 [86] 针对移动设备端计算情景差异大、动态变化多等问题，提出了情境感知的自适应模型分割方法 CAS，通过实验与理论相结合的方法，探索深度模型的边端协同计算配置随环境资源条件自适应变化的内在机理。CAS 提出了模型分割点近邻效应，即与最优分割策略相邻的分割策略中总是存在次优分割策略。这为在下一资源状态下寻找最优分割策略提供了近邻搜索候选集，在多维性能优化空间中，利用该效应指导深度模型最优边端分割点的快速搜索过程。如图 8.32 所示，当模型运行情景（如设备电量、网络带宽、性能需求等）发生变化时，CAS 优先在上一资源状态的次优分割点中快速搜索最能满足资源约束的分割方式，实现快速自适应调整，同时协同边端设备提高运行效率。

在这些研究的基础上，研究者们发现深度模型在分割后上载到边缘节点时，如果遇到较为恶劣的通信环境，可能仍会产生严重的延迟，从而影响整个模型分割的过程。为了解决这一问题，Jeong 等人 [87] 提出了一种增量卸载系统 IONN。在 IONN 中，不再将需要上载的模型视为一个整体，而是将其分为多个子模型，然后按顺序上载到边缘节点。在边缘节点处，接收子模型的同时根据子模型逐步重构深度模型，这样就可以在未上载整个模型之前也能够执行任务卸载的部分计算，解决了等待完全卸载模型带来的延迟问题。Laskaridis 等人 [88] 提出了一种分布式推理系统 SPINN，该系统采用协同设备云计算和渐进式推理方法来在各种设置下提供快速而可靠的 CNN 推理,通过引入一种新颖的调度程序,在运行时共同优化了提前退出策略和 CNN 拆分,以适应动态条件并满足用户定义的服务级别要求。

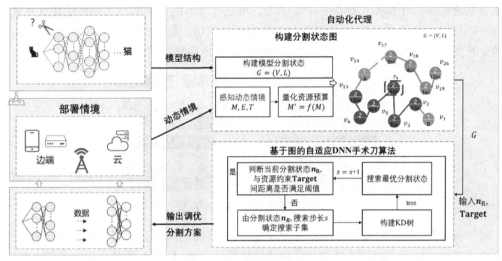

图 8.32　CAS 系统框架图 [86]

8.4.3　并行协同计算

串行协同计算方法虽然解决了多智能体的协作问题,但是计算任务的处理间存在依赖关系,当前设备需要等待前面的设备完成计算后才能开始运算,这使得整个计算速度受限于计算性能较差的设备。此外在人机物融合的多智能体协作环境中,计算设备内存有限,如果运行的模型过大,即层中设计的参数与数据过于庞大,内存较小的智能体便无法参与到协作计算中。

因此研究人员考虑对模型进行层内划分,将多个模型层划分给多个设备协作运行,这样在降低内存需求的同时使多个设备可以并行计算,避免了串行协同中的等待问题。本小节介绍了针对不同模型层的两种层内划分方式,并更细粒度地探讨了如何利用功能重用与工作窃取来加速并行协同计算系统。

Mao 等人 [89] 提出了一种通过减轻每个模型的资源成本来加速深度学习计算的系统 MoDNN。在这个方法中,任务分割的粒度不再是深度模型的层数,而是对模型进行层内的划分。通过这种方式,DNN 的每一层都被划分为多个切片,以提高并行度并减少内存占用,并且这些切片逐层执行,经过多个终端设备之间的并行执行可以显著加快深度模型计算的速度。在整体系统中,工作节点分为两种:负责任务分配的主节点与进行具体数据计算的子节点。主节点包含所有的训练数据并负责运行任务分配系统,根据任务分配系统的分配结果将需要执行的具体任务与对应数据分发给各个工作子节点。

在任务分配过程中,针对不同层的特性,该文献设计了两种任务分配算法,如图 8.33 所示,分别对应在整体模型中最为重要的卷积层和全连接层。在卷积层的任务分配中,由于卷积层的数据传输量较少,在 MoDNN 中其主要的时间开销是设备的唤醒时间(因为设备如果一段时间未被使用会自动进入休眠模式)。为了减少设备的唤醒次数,卷积层的计算任务以一维的方式分配给各个工作节点。全连接层的任务分配需要计算均衡稀疏数据。该文献将稀疏数据的计算模式看作一个无向图,再通过求解图分割的算法来最优化计算效率。这种方法可以通过增加参与节点实现进一步的任务细化,但同时随着节点数目的增加,节点的交互次数和数据传输会也增多,最终使模型的加速效果变弱。

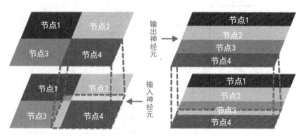

图 8.33　MoDNN 中的两种分区方式 [89]

对于特定的 DNN 结构(如 CNN),可以应用更精细的网格分区以实现最小化通信、同步和内存开销。Zhao 等人 [90] 提出了一种能够将每个 CNN 层划分为独立可分配任务的融合切片分区(FTP)方法。

与按层划分 DNN 相比,FTP 可以在层之间进行融合并以网格方式垂直对 DNN 进行分区,因此,无论分区和设备的数量如何,参与的边缘设备所需的内存占用空间都很小,同时减少了通信和任务迁移的成本。具体来说,FTP 将一个完整的卷积层分为大小相等的数个子块,通过把子块分配给不同的边缘设备来实现协作。对于分块导致的数据缺失问题,FTP 通过重用其他分区的特征数据来填充空白区域。如图 8.34 所示,FTP 方法在不影响整体精度的情况下尽可能地减少了边缘设备之间的通信量。此外为了支持 FTP,作者开发了分布式的工作窃取系统,即边缘设备在空闲时刻可以从具有活动工作的其他设备中窃取任务,这样就可以自适应地分配 FTP 分区以平衡协作边缘设备的工作量。

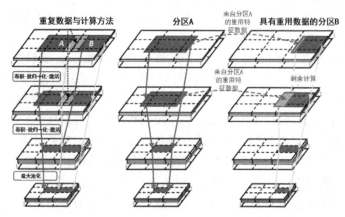

图 8.34　FTP 中相邻分区之间的功能重用 [90]

在这些研究的基础上,Stahl 等人 [91] 针对分布式协作系统对内存、计算和通信的需求进行优化，实现覆盖所有层的完整神经网络分布式执行方案，并通过将特征和权重划分与通信感知层融合方法结合以实现跨层整体优化。

8.4.4　混合协同计算

虽然可以通过层内聚合的方法实现多个设备上的模型并行协同计算，解决了资源受限设备内存过小无法参与计算的问题，但是通常需要根据特定的设备设计较为精密的解耦合方案，这需要丰富的专业经验。同时，一旦设备数量或资源发生变化，就需要重新设计方案，因此存在灵活性差、泛化性低、训练过程复杂的缺点。另外，由于并行协同计算在多设备上完成子任务后需要进行数据融合和后续层的推理，因此通常需要至少一个强计算能力的设备做支撑。以上弊端使得这一计算范式难以适用于智能制造场景，因为该场景下需要根据动态情境自适应的选择协同计算策略，并且终端设备智能体的计算能力普遍较弱。

而串行协同计算则是对模型进行层间分割从而协同多设备共同完成推理过程，在其确定的协同计算策略下，仅需要传输中间层的输出数据即可完成模型推理。与并行协同计算相比，其灵活性和泛化性更高且不需要数据融合，对参与协同计算的设备无强计算能力的硬性需求。但是，串行协同计算中各个设备之间的计算具有顺序性，需要等待前一设备执行完毕，才可以继续完成推断，这会大大增加模型的响应时间。并且串行协同计算难以应对数据输入尺寸较大的情况，因为大量的中间数据需要高昂的内存消耗。

因此，我们提出混合协同计算，即融合串行协同计算和并行协同计算的计算模式，希望同时利用输入划分与模型划分带来的优势解决单一协同方式下存在的问题。在此背景下，混合协同计算中串行协同计算与并行协同计算也存在多种组合方式，例如先使用串行协同计算模式，根据设备能耗资源预算、实时推断时延需求等对模型进行层间分割；再进一步根据异构智能体资源和模型特征图，设计并行协同计算方案，实现多设备并行计算。或者在使用并行协同计算完成子任务后，针对数据融合和后续层的推理问题使用串行协同计算方案，解决低计算能力群智设备间的协同问题。目前混合协同计算属于一个新兴概念，有部分研究基于这种思路使用了多种技术混合的策略，下面将对此进行介绍。

Hadidi 等人 [92] 搭建了一套基于 Raspberry Pi 3 硬件的分布式机器人协作系统，并以此为基础探究最新的动作识别任务和两种不同的图像识别任务在低能力分布式系统上的表现效果。针对单个机器人内存不足、能耗受限等导致无法单独处理整体任务的情况，该工作结合研究场景特点，从数据并行与模型并行两个角度，利用低成本机器人的协同计算能力以实现有效的实时识别，如图 8.35 所示。在数据方面，针对视频数据以帧形式传输的数据特征，通过处理原始静止帧获取空间信息，采用 Färenback 算法将 10 个连续的视频帧进行堆叠以获取时间流信息。为了从两个流中生成单个表示，该工作将多个最大池化层堆叠为金字塔结构，通过这种方式创建一个与视频持续时间无关的固定大小的输出，以便在数据层面上进行稳定的划分。在模型方面，输入数据被一分为二地发送到各执行一半计算工作的两个同构设备上，针对消耗资源最多的全连接层与卷积层，设立不同的融合方式以实现工作量的分割。在全连接层中，层输出的值取决于所有输入的加权和，因此将全连接层进行均分，在子设备上完成计算后合并结果并输出到下一层；在卷积层中，由于卷积核之间的计算是独立的，因此可以在子设备之间部署不同的卷积核来构成不同分配形式。

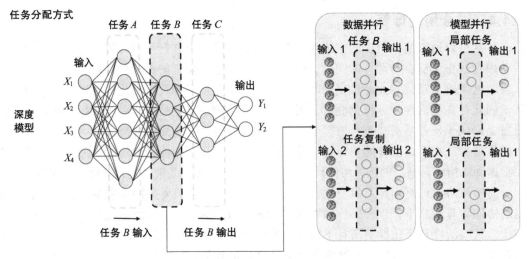

图 8.35　数据分割与模型分割并行方案 [92]

Chen 等人 [93] 提出了一种分布式智能监控系统（DIVS），通过建立多层边缘计算架构和分布式模型并对数据与模型进行合理划分，DIVS 系统可以将计算工作负载从网络中心迁移到网络边缘，以减少巨大的网络通信开销，并提供低延迟和准确的视频分析解决方案，如图 8.36 所示。在数据方面，DIVS 针对视频数据的特点将数据以视频帧的形式划分为块，不同的块被输入给多个 CNN 模型以同时执行车辆分类和交通流量预测任务。在模型方面，在卷积层上引入了卷积核参数矩阵，通过将输入矩阵划分为多个区域并与参数矩阵分别卷积来避免不同卷积区域间的数据依赖。此外，考虑到监视终端的连接不平衡和边缘节点的计算能力不平衡，提出了一种动态数据迁移方法，以改善 DIVS 系统的工作负载平衡。

拓展思考

在人机物协同计算中，群智能体协同计算为边缘端赋予智能，通过不同种类的划分方式来联合多个设备的计算能力，使计算能力较弱的设备也可以执行复杂的模型。目前，群智能体协同计算在许多领域都有着广泛的应用，但是仍存在可以改进的方向。

首先是针对不同模型层的建模阶段，当前工作建立的时间预测模型与能源预测模型都基于单一实验设备采集与测量的数据，因此该工作运行在异构运算设备中时，需要重新进行一整套数据收集与模型建立方法，这导致其缺乏在异构设备上的通用性。如果可以根据设备性能等可预见性的指标，建立起一套跨设备的时间预测模型就能大大降低重新训练的时间。

其次在模型的划分选择阶段，环境因素自适应的动态划分也是未来的研究方向之一，当前工作的模型分割点选择是根据当前需求与环境条件下求得的最优解，如果环境处于动态变化中，实际状态下的最佳分割点也会随之变化，使得当前的最佳分割状态与之前的选择存在偏差。在选择了最优分割点之后，一旦外部环境变化，可以通过预收集的变化阈值触发策略重新调整过程，从而实现动态的自适应分割。

最后还可以考虑多设备协作当中的设备自适应问题，在当前模型分割的工作中，如果协作过程中有设备工作能力发生变化或者有设备退出协作流程，应当考虑如何使用剩余的设备组成新型协作网络或者如何接替流失节点的工作。横向协同与纵向协同组合的混合方法也是未来值得期待的方向。

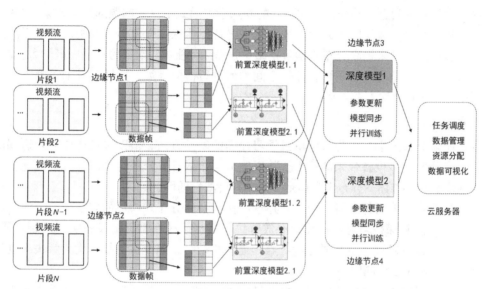

图 8.36 基于边缘计算的分布式模型 [93]

8.5 本章总结和展望

1. 总结

在人机物融合背景下的群智能体分布式机器学习是由人群（智能手机、可穿戴设备等）实现"移动群智感知能力"，机群（云和边缘设备）提供"高性能协同计算能力"，物群（具感知计算能力物理实体）进行"泛在感知计算能力"，最终协作训练出大规模高精度的机器学习模型，其中涉及如何分配训练任务、调配计算资源、协调各个功能模块，以达到训练速度与精度的平衡以及完整模型的分布式部署。在群体分布式学习中，不同环境下不同类型的物理终端充分利用本地信息（数据）和个体计算能力，同时结合云端服务，以实现群体分布式学习，从而解决复杂场景下的任务。

群体分布式学习模型具有以下特点：在隐私保护方面，群体分布式学习在边缘处理用户数据、训练个体模型，而在设备间只需要传输梯度等无特征数据，从而可以有效避免隐私泄露；在数据传输方面，群智能体分布式学习区别于传统的云计算，更加重视边缘设备的计算与通信，减少了云端计算，降低了带宽消耗与传输时间消耗；在动态决策方面，群体分布式学习可以针对复杂任务，通过群智能体间的竞争与协作，学习最优决策，最终达成全局的最优策略；在模型部署方面，群体分布式学习通过对模型进行多角度划分，实现多个异构智能体协作运行的复杂模型，提升边缘设备智能。

本章 8.1 节从传统的分布式机器学习角度，介绍了分布式学习的两种并行模式下的模型与数据划分、分布式的通信策略、模型和数据聚合以及目前主流的分布式系统平台；8.2 节从联邦学习的角度出发，介绍了联邦学习定义以及人机物环境下联邦学习的设备异构、数据异构、模型异构问题，并介绍了在不同的联邦学习模式下这些问题的解决方案；8.3 节从环境、协作、竞争、通信四个方面详细介绍了群智能体深度强化学习方法，基于不同设备对动态环境的感知，来提高分布式学习模型中设备（智能体）本身的自主决策能力；8.4 节从数据与模型两个角度介绍了群智能体之间如何进行协同计算，并针对每个角度中的存在的问题提出了多种解决方案。

2. 展望

群智能体分布式学习作为打破单机学习桎梏的新型方法，借助多机协作、云边端协作等方式，充分利用多设备带来的算力优势以完成复杂的计算任务与训练任务。因此，如何高效、准确地完成群体式分布学习仍是一个具有挑战性的问题。

首先是群智能体联邦学习方面，联邦学习作为群体分布式学习的安全核心，为不同设备的交互提供隐私保护与通信优化，有效解决了数据敏感场景下的设备协同问题。同时，联邦学习方法也可以进一步与强化学习等其他方法结合，综合多种技术优势解决大规模通信任务与多异构设备协同问题。

其次是群智能体深度强化学习方面，目前该领域所解决的协作或竞争问题大多是有局限的，主要体现为智能体的类别及数量都相对较少。未来可进一步扩大智能体的种类与规模，利用强化学习的决策优势，结合迁移学习的知识复用，着力完成大规模智能体场景下的协调优化；同时，可以将群智深度强化学习应用于更多现实领域，比如智能制造、交通优控等场景，并与博弈论、控制理论等领域进行更深入的交叉融合，以提升智能体在执行复杂任务时的智能决策能力。

最后是群智能体同计算方面，群智能体协同计算在不同能力、不同等级的设备之间构筑了协同计算的桥梁，让边缘设备上不可能完成的任务变为可能。群智能体设备的算力优势相结合，可以提供更加丰富的计算资源，使我们可以在边缘端部署更加复杂、更加精准的模型，从而有效提高设备处理数据、分析数据的效率，为设备的智能化发展提供了新的方向。

习题

1. 数据并行下的数据划分方法和模型并行下的模型并行方法有哪些？请分别论述。
2. 有哪些典型的分布式通信拓扑？
3. 分布式学习的结果有哪些常用的聚合方式？你还能想到其他好的方法吗？
4. 人机物融合背景下的分布式机器学习有哪些特殊挑战？

5. 联邦学习的初衷是什么？请举例说明在实际工作和生活中的应用场景。联邦学习一般有哪些分类？请指出它们的区别和联系。

6. FedAvg 算法分为哪几步？服务器侧和多智能体侧的执行的操作是什么？可以对 FedAvg 算法进行哪些改进？

7. 联邦学习常用的算法是同步算法，如何设计异步的联邦学习算法？

8. 如何设计联邦学习的激励机制以促使所有参与者做出贡献？

9. 群智能体强化学习与单智能体强化学习相比有哪些显著区别？同时又有哪些新挑战？

10. 分类说明群智能体强化学习的典型协作方法。

11. 从游戏 AI、智慧物流、智慧交通等领域出发，选择一个具体的实践场景，比如多人足球游戏、物流车协作配送、多路口交通信号灯控制等，设计并实现一种 MADRL 算法，可基于 OpenAI 的 Gym 库设计相关仿真环境进行测试。

12. 群智能体协同计算方法可以划分几类？每类方法各自有什么特点？

13. 使用两台设备对模型进行串行协作，假设模型总共由六层神经层组成，每一层的计算成本分别为 {15, 25, 25, 20, 15, 10}，层间的通信成本为 {10, 50, 50, 20, 20}，两台设备的计算上限为 {100,80}，如何设计协作方案使得总成本最小？当有更多设备协作时如何处理？

参考文献

[1] 刘铁岩，陈薇，王太峰，等 . 分布式机器学习：算法、理论与实践 [M]. 北京：机械工业出版社，2018.

[2] DEKEL O, GILAD-BACHRACHR, et al. Optimal distributed online prediction using mini-batches[J]. Journal of Machine Learning Research, 2012, 13(1).

[3] MENG Q, CHEN W, WANG Y, et al. Convergence analysis of distributed stochastic gradient descent with shuffling[J]. Neurocomputing, 2019, 337(4):46-57.

[4] CHO M , LAI L , XU W . Communication-efficient distributed dual coordinate ascent for machine learning in general tree networks[J]. arXiv preprint arXiv:1703.04785, 2017.

[5] DEAN J, CORRADO G, MONGA R, et al. Large scale distributed deep networks[J]. Advances in Neural Information Processing Systems, 2012, 25: 1223-1231.

[6] SUN S, CHEN W, BIAN J, et al. Slim-DP: a multi-agent system for communication-efficient distributed deep learning[C]//Proceedings of the 17th International Conference on Autonomous Agents and Multi Agent Systems (AAMAS'18). 2018: 721-729.

[7] KRIZHEVSKY A. One weird trick for parallelizing convolutional neural networks[J]. arXiv preprint arXiv:1404.5997, 2014.

[8] CHILIMBI T, SUZUE Y, APACIBLE J, et al. Project adam: building an efficient and scalable deep learning training system[C]//11th USENIX Symposium on Operating Systems Design and Implementation (OSDI'14). 2014: 571-582.

[9] DEAN J, GHEMAWAT S. MapReduce: simplified data processing on large clusters[J]. Communications of the ACM, 2008, 51(1): 107-113.

[10] PATARASUK P, YUAN X. Bandwidth optimal all-reduce algorithms for clusters of workstations[J]. Journal of Parallel and Distributed Computing, 2009, 69(2): 117-124.

[11] WEI J, DAI W, QIAO A, et al. Managed communication and consistency for fast data-parallel iterative analytics[C]//Proceedings of the Sixth ACM Symposium on Cloud Computing (SoCC' 15), 2015: 381-394.

[12] BOUAKAZ A, TALPIN J P, VITEK J. Affine data-flow graphs for the synthesis of hard real-time applications[C]//IEEE 12th International Conference on Application of Concurrency to System Design (ACSD'12), 2012: 183-192.

[13] LIAN X, HUANG Y, LI Y, et al. Asynchronous parallel stochastic gradient for nonconvex optimization[J]. arXiv preprint arXiv:1506.08272, 2015.

[14] HO Q, CIPAR J, CUI H, et al. More effective distributed ml via a stale synchronous parallel parameter server[J]. Advances in neural information processing systems, 2013: 1223.

[15] HSIEH K, HARLAP A, VIJAYKUMAR N, et al. Gaia: geo-distributed machine learning approaching {LAN} speeds[C]//14th USENIX Symposium on Networked Systems Design and Implementation (NSDI'17), 2017: 629-647.

[16] HAN M, DAUDJEE K. Giraph unchained: barrierless asynchronous parallel execution in pregel-like graph processing systems[J]. Proceedings of the VLDB Endowment, 2015, 8(9): 950-961.

[17] ZHANG H, ZHENG Z, XU S, et al. Poseidon: an efficient communication architecture for distributed deep learning on GPU clusters[C]//2017 USENIX Annual Technical Conference (ATC'17), 2017: 181-193

[18] KRIZHEVSKY A, SUTSKEVER I, HINTON G E. Imagenet classification with deep convolutional neural networks[J]. Advances in Neural Information Processing Systems, 2012, 25: 1097-1105.

[19] ZHANG H, HU Z, WEI J, et al. Poseidon: a system architecture for efficient gpu-based deep learning on multiple machines[J]. arXiv preprint arXiv:1512.06216, 2015.

[20] VERBRAEKEN J, WOLTING M, KATZY J, et al. A survey on distributed machine learning[J]. ACM Computing Surveys, 2020, 53(2): 1-33.

[21] MCDONALD R, HALL K, MANN G. Distributed training strategies for the structured perceptron[C]//Proceedings of International Conference on Association for Computational Linguistics (ACl'10), 2010: 456-464.

[22] ZINKEVICH M, WEIMER M, SMOLA A J, et al. Parallelized stochastic gradient descent[C]//Neural Information Processing Systems (NIPS'10), 2010, 4(1): 4.

[23] ZHANG S, CHOROMANSKA A, LECUN Y. Deep learning with elastic averaging SGD[J]. arXiv preprint arXiv:1412.6651, 2014.

[24] POVEY D, ZHANG X, KHUDANPUR S. Parallel training of deep neural networks with natural gradient and parameter averaging[J]. arXiv preprint arXiv:1410.7455, 2014.

[25] LIAN X, ZHANG C, ZHANG H, et al. Can decentralized algorithms outperform centralized algorithms? a case study for decentralized parallel stochastic gradient descent[J]. arXiv preprint arXiv:1705.09056, 2017.

[26] FERNÁNDEZ-DELGADO M, CERNADAS E, BARRO S, et al. Do we need hundreds of classifiers to solve real world classification problems?[J]. The Journal of Machine Learning Research, 2014, 15(1): 3133-3181.

[27] CHEN J, WANG C, WANG R. Using stacked generalization to combine SVMs in magnitude and

shape feature spaces for classification of hyperspectral data[J]. IEEE Transactions on Geoscience and Remote Sensing, 2009, 47(7): 2193-2205.

[28] NANDIMATH J, BANERJEE E, PATIL A, et al. Big data analysis using Apache Hadoop[C]// IEEE 14th International Conference on Information Reuse & Integration (IRI'13). IEEE, 2013: 700-703

[29] ZAHARIA M, CHOWDHURY M, FRANKLIN M J, et al. Spark: cluster computing with working sets[J]. 2nd USENIX Workshop on Hot Topics in Cloud Computing, 2010, 10(10-10): 95.

[30] CHEN T, LI M, LI Y, et al. Mxnet: A flexible and efficient machine learning library for heterogeneous distributed systems[J]. arXiv preprint arXiv:1512.01274, 2015.

[31] XING E P, HO Q, DAI W, et al. Petuum: a new platform for distributed machine learning on big data[J]. IEEE Transactions on Big Data, 2015, 1(2): 49-67.

[32] ABADI M, AGARWAL A, BARHAM P, et al. Tensorflow: large-scale machine learning on heterogeneous distributed systems[J]. arXiv preprint arXiv:1603.04467, 2016.

[33] PASZKE A, GROSS S, CHINTALA S, et al. Automatic differentiation in pytorch[C]// 31st Conference on Neural Information Processing Systems (NIPS'17), 2017.

[34] LI T, SAHU A K, TALWALKAR A, et al. Federated learning: challenges, methods, and future directions[J]. IEEE Signal Processing Magazine, 2020, 37(3): 50-60.

[35] LIU Y, KANG Y, XING C, et al. A secure federated transfer learning framework[J]. IEEE Intelligent Systems, 2020, 35(4): 70-82.

[36] KAIROUZ P, MCMAHAN H B, AVENT B, et al. Advances and open problems in federated learning[J]. arXiv preprint arXiv:1912.04977, 2019.

[37] MCMAHAN B, MOORE E, RAMAGE D, et al. Communication-efficient learning of deep networks from decentralized data[C]//Artificial Intelligence and Statistics (AISTATS'17). Proceedings of Machine Learning Research , 2017: 1273-1282.

[38] LI T, SAHU A K, ZAHEER M, et al. Federated optimization in heterogeneous networks[J]. arXiv preprint arXiv:1812.06127, 2018.

[39] HUANG L, YIN Y, FU Z, et al. LoAdaBoost: loss-based AdaBoost federated machine learning with reduced computational complexity on IID and non-IID intensive care data[J]. Plos One, 2020, 15(4).

[40] YU F, RAWAT A S, MENON A, et al. Federated learning with only positive labels[C]//International Conference on Machine Learning (ICML'20). Proceedings of Machine Learning Research , 2020: 10946-10956.

[41] YAO X, HUANG C, SUN L. Two-stream federated learning: reduce the communication costs[C]//2018 IEEE Visual Communications and Image Processing (VCIP). IEEE, 2018: 1-4.

[42] LIU L, ZHANG J, SONG S H, et al. Edge-assisted hierarchical federated learning with non-IID data[J]. arXiv preprint arXiv:1905.06641, 2019.

[43] YU F, RAWAT A S, MENON A, et al. Federated learning with only positive labels[C]//International Conference on Machine Learning. Proceedings of Machine Learning Research, 2020: 10946-10956.

[44] PATHAK R, WAINWRIGHT M J. FedSplit: An algorithmic framework for fast federated optimization[J]. arXiv preprint arXiv:2005.05238, 2020.

[45] NISHIO T, YONETANI R. Client selection for federated learning with heterogeneous resources in mobile edge[C]// IEEE International Conference on Communications (ICC'19). IEEE, 2019: 1-7.

[46] FENG S, YU H. Multi-participant multi-class vertical federated learning[J]. arXiv preprint arXiv:2001.11154, 2020.

[47] HOU C, NIE F, LI X, et al. Joint embedding learning and sparse regression: a framework for unsupervised feature selection[J]. IEEE Transactions on Cybernetics, 2013, 44(6).

[48] LIU Y, KANG Y, ZHANG X, et al. A communication efficient collaborative learning framework for distributed features[J]. arXiv preprint arXiv:1912.11187, 2019.

[49] LIU Y, ZHANG X, WANG L. Asymmetrically vertical federated learning[J]. arXiv preprint arXiv:2004.07427, 2020.

[50] CHEN T, JIN X, SUN Y, et al. Vafl: a method of vertical asynchronous federated learning[J]. arXiv preprint arXiv:2007.06081, 2020.

[51] YANG S, REN B, ZHOU X, et al. Parallel distributed logistic regression for vertical federated learning without third-party coordinator[J]. arXiv preprint arXiv:1911.09824, 2019.

[52] YU T, BAGDASARYAN E, SHMATIKOV V. Salvaging federated learning by local adaptation[J]. arXiv preprint arXiv:2002.04758, 2020.

[53] JIANG Y, KONECNY J, RUSH K, et al. Improving federated learning personalization via model agnostic meta learning[J]. arXiv preprint arXiv:1909.12488, 2019.

[54] CHEN Y, QIN X, WANG J, et al. Fedhealth: a federated transfer learning framework for wearable healthcare[J]. IEEE Intelligent Systems, 2020, 35(4): 83-93.

[55] FINN C, ABBEEL P, LEVINE S. Model-agnostic meta-learning for fast adaptation of deep networks[J]. Proceedings of the 34th International Conference on Machine Learning, 2017, 70: 1126-1135.

[56] FALLAH A, MOKHTARI A, OZDAGLAR A. Personalized federated learning with theoretical guarantees: A model-agnostic meta-learning approach[J]. Advances in Neural Information Processing Systems, 2020, 33: 3557-3568.

[57] YU T, BAGDASARYAN E, SHMATIKOV V. Salvaging federated learning by local adaptation[J]. arXiv preprint arXiv:2002.04758, 2020.

[58] LI D, WANG J. Fedmd: Heterogenous federated learning via model distillation[C]//Federated Learning for User Privacy and Data Confidentiality in Conjunction with NeurIPS 2019 (FL-NeurIPS'19), 2019.

[59] MANSOUR Y, MOHRI M, RO J, et al. Three approaches for personalization with applications to federated learning[J]. arXiv preprint arXiv:2002.10619, 2020.

[60] ARIVAZHAGAN M G, AGGARWAL V, SINGH A K, et al. federated learning with personalization layers[J]. arXiv preprint arXiv:1912.00818, 2019.

[61] PETERSON D, KANANI P, MARATHE V J. Private federated learning with domain adaptation[C]//Federated Learning for User Privacy and Data Confidentiality in Conjunction with NeurIPS 2019 (FL-NeurIPS'19), 2019.

[62] HANZELY Y F, RICHTÁRIK P. Federated learning of a mixture of global and local models[J]. arXiv preprint arXiv:2002.05516, 2020.

[63] WU Q, HE K, CHEN X. Personalized Federated learning for intelligent IoT applications: a cloud-edge based framework[J]. arXiv preprint arXiv:2002.10671, 2020.

[64] XIE C, KOYEJO S, GUPTA I. Asynchronous federated optimization[C]// 12th Annual Workshop on Optimization for Machine Learning (OPT'20), 2020.

[65] HERNANDEZ-LEAL P, KARTAL B, TAYLOR M E. A survey and critique of multiagent deep reinforcement learning[J]. Autonomous Agents and Multi-Agent Systems, 2019, 33(6): 750-797.

[66] SONDIK E J. The optimal control of partially observable Markov processes[M]. Stanford University, 1971.

[67] NGUYEN T T, NGUYEN N D, NAHAVANDI S. Deep reinforcement learning for multiagent systems: A review of challenges, solutions, and applications[J]. IEEE Transactions on Cybernetics, 2020, 50(9): 3826-3839.

[68] SUNEHAG P, LEVER G, GRUSLYS A, et al. Value-decomposition networks for cooperative multi-agent learning[J]. arXiv preprint arXiv:1706.05296, 2017.

[69] RASHID T, SAMVELYAN M, SCHROEDER C, et al. Qmix: monotonic value function factorisation for deep multi-agent reinforcement learning[C]//International Conference on Machine Learning (ICML'18). PMLR, 2018: 4295-4304.

[70] SON K, KIM D, KANG W J, et al. Learning to factorize with transformation for cooperative multi-agent reinforcement learning[C]//Proceedings of the 31st International Conference on Machine Learning(ICML'19), Proceedings of Machine Learning Research. PMLR, 2019.

[71] PALMER G, TUYLS K, BLOEMBERGEN D, et al. Lenient multi-agent deep reinforcement learning[C]//Proceedings of the 17th International Conference on Autonomous Agents and MultiAgent Systems (AAMAS'18), 2018: 443-451.

[72] FOERSTER J, NARDELLI N, FARQUHAR G, et al. Stabilising experience replay for deep multi-agent reinforcement learning[C]//International conference on machine learning(ICML'19). PMLR, 2017: 1146-1155.

[73] LOWE R, WU Y I, TAMAR A, et al. Multi-agent actor-critic for mixed cooperative-competitive environments[C]//Advances in Neural Information Processing Systems(NeuIPS'17), 2017: 6379-6390.

[74] SUN Y, LAI J, CAO L, et al. A novel multi-agent parallel-critic network architecture for cooperative-competitive reinforcement learning[J]. IEEE Access, 2020, 8: 135605-135616.

[75] FOERSTER J, FARQUHAR G, AFOURAS T, et al. Counterfactual multi-agent policy gradients[C]// Proceedings of the AAAI Conference on Artificial Intelligence (AAAI'18), 2018, 32(1).

[76] VINYALS O, BABUSCHKIN I, CZARNECKI W M, et al. Grandmaster level in StarCraft II using multi-agent reinforcement learning[J]. Nature, 2019, 575(7782): 350-354.

[77] ZHENG Y, MENG Z, HAO J, et al. Weighted double deep multiagent reinforcement learning in stochastic cooperative environments[C]//Pacific Rim international conference on artificial intelligence (PRICAI'18). Springer, Cham, 2018: 421-429.

[78] RAILEANU R, DENTON E, SZLAM A, et al. Modeling others using oneself in multi-agent reinforcement learning[C]//International Conference on Machine Learning (ICML'18). PMLR, 2018: 4257-4266.

[79] FOERSTER J N, ASSAEL Y M, DE FREITAS N, et al. Learning to communicate with Deep multi-agent reinforcement learning[C]//Proceedings of the 30th International Conference on Neural Information Processing Systems (NIPS'16), 2016: 2145-2153.

[80] SUKHBAATAR S, SZLAM A, FERGUS R. Learning multiagent communication with backpropagation[J]. arXiv preprint arXiv:1605.07736, 2016.

[81] JIANG J, LU Z. Learning attentional communication for multi-agent cooperation[J]. arXiv preprint arXiv:1805.07733, 2018.

[82] ZENG L, LI E, ZHOU Z, et al. Boomerang: on-demand cooperative deep neural network inference for edge intelligence on the industrial Internet of Things[J]. IEEE Network, 2019, 33(5): 96-103.

[83] TEERAPITTAYANON S, MCDANEL B, KUNG H T. Branchynet: fast inference via early exiting from deep neural networks[C]//2016 23rd International Conference on Pattern Recognition (ICPR'16). IEEE, 2016: 2464-2469.

[84] KANG Y, HAUSWALD J, GAO C, et al. Neurosurgeon: collaborative intelligence between the cloud and mobile edge[J]. ACM SIGARCH Computer Architecture News (SIGARCH'17), 2017, 45(1): 615-629.

[85] XU M, QIAN F, ZHU M, et al. Deepwear: adaptive local offloading for on-wearable deep learning[J]. IEEE Transactions on Mobile Computing (TMC'19), 2019, 19(2): 314-330.

[86] WANG H, GUO B, LIU J, et al. Context-aware adaptive surgery: a Fast and effective framework for adaptative model partition[J]. Proceedings of the ACM on Interactive, Mobile, Wearable and Ubiquitous Technologies, 2021, 5(3): 1-22.

[87] JEONG H J, LEE H J, SHIN C H, et al. IONN: Incremental offloading of neural network computations from mobile devices to edge servers[C]//Proceedings of the ACM Symposium on Cloud Computing (SoCC'18), 2018: 401-411.

[88] LASKARIDIS S, VENIERIS S I, ALMEIDA M, et al. SPINN: synergistic progressive inference of neural networks over device and cloud[C]//Proceedings of the 26th Annual International Conference on Mobile Computing and Networking (MobiCom'20), 2020: 1-15.

[89] MAO J, CHEN X, NIXON K W, et al. Modnn: local distributed mobile computing system for deep neural network[C]//Design, Automation & Test in Europe Conference & Exhibition (DATE'17), 2017. IEEE, 2017: 1396-1401.

[90] ZHAO Z, BARIJOUGH K M, GERSTLAUER A. Deepthings: distributed adaptive deep learning inference on resource-constrained iot edge clusters[J]. IEEE Transactions on Computer-Aided Design of Integrated Circuits and Systems (IEEE TCAD'18), 2018, 37(11): 2348-2359.

[91] STAHL R, ZHAO Z, MUELLER-GRITSCHNEDER D, et al. Fully distributed deep learning inference on resource-constrained edge devices[C]//International Conference on Embedded Computer Systems (SAMOS'19). Springer, 2019: 77-90.

[92] HADIDI R, CAO J, WOODWARD M, et al. Distributed perception by collaborative robots[J]. IEEE Robotics and Automation Letters (RA-L'18), 2018, 3(4): 3709-3716.

[93] CHEN J, LI K, DENG Q, et al. Distributed deep learning model for intelligent video surveillance systems with edge computing[J]. IEEE Transactions on Industrial Informatics (IEEE TII'19), 2019: 1.

[94] HONGLI W, BIN G, JIAQI L, et al. Context-aware adaptive surgery: a fast and effective framework for adaptative model partition[C]//The 2021 ACM International Joint Conference on Pervasive and Ubiquitous Computing (ACM UbiComp'21), 2021.

第**9**章

人机混合学习方法

　　人机协同的混合增强智能正成为新一代人工智能的典型特征 [1]。目前，人工智能与人类相比在搜索、计算、存储和优化等领域具有更大的优势，但它的高级认知功能，例如感知、推理等方面还远不及人脑。因此，人工智能和人类智能擅长的任务具有较多差异，这一事实被称为"莫拉维克悖论"（Moravec's paradox）[2]。例如，让计算机在智力测试或国际象棋中表现良好相对容易，但让它们具备 1 岁儿童的感知能力和行动能力却很难甚至不可能 [2]。鉴于人类智能和机器智能间的差异，人机混合智能（Hybrid-augmented Intelligence，HI）[3] 或人机共融智能 [4] 近年来成为一个新的研究趋势，如图 9.1 所示。人机混合智能使人类智能和机器智能交互融合，使其各取所长，创造出性能更高的智能形态，以提升整个系统的感知、推理和决策能力。

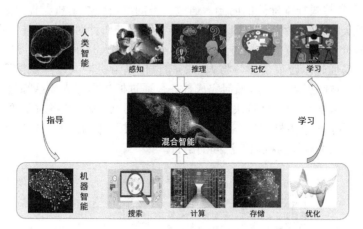

图 9.1　人机混合智能

　　人机混合智能要求人工智能智能体与人类之间进行有意义的交互，以调和二者的目标、意图及行动，对解决人机物融合群智计算中的挑战问题具有如下重要意义：

- 对机器而言，在某些任务（如认知任务）中，将一般性问题映射到计算性问题并使之能够被读取和理解仍是一个棘手的挑战。如果将人域知识集成到 AI 中以设计、补充和评估 AI 的功能，则可以简化问题并使之易于被机器理解，从而提高机器的学习效率。
- 机器学习模型是在大数据中挖掘知识、规律并对趋势进行预测的重要工具，在人机物融合的一些应用场景中常常只有少量的数据可用,此时机器学习方法的应用也将会受到限制。而人类能够从少量样本中提取抽象概念,进行领域间的知识关联,从而与机器协同构建有效的学习模型。

- 在某些涉及安全或高度动态复杂的应用场景(如医学诊断、无人驾驶、视频监控等)中,机器本身具备较高的感知不确定性的特点,完全交由机器处理的安全性仍待提高。因此,在机器算法中引入人类的参与、指导与反馈(如错误标注、指导示范等),在人类和机器之间创造人机混合智能服务,可以提高系统的感知与决策能力以及服务的可信任度。

混合智能的实现形式可以分为两种:一是**人在回路的混合智能**(Human-In-The-Loop hybrid-augmented intelligence,HITL 混合智能),将人的作用引入智能系统,形成人在回路的混合智能范式,提高智能系统的置信度;二是**基于认知计算的混合智能**(Cognitive Computing based hybrid-augmented intelligence,CC 混合智能),通过模仿人脑认知机理和功能模式提高计算机的感知、推理和决策能力。目前人机混合智能的发展还处于初级阶段,这两种混合智能形式都面临着诸多挑战:

- 如何构建数据驱动的机器学习方法,实现从人类标注的训练样本(即人类知识)中学习,并利用所学到的知识完成目标任务?
- 如何将人的直观决策与机器的逻辑决策相结合,以实现高效的人机协作?
- 如何突破人机交互的障碍,设计合适的人类介入方式,使人类指导可以自然融入机器学习的训练过程?

针对以上问题与挑战,本章将详细介绍人机混合学习模型,其整体内容架构如图 9.2 所示。9.1 节介绍了参与式样本标注的内涵,通过人类的参与标注给机器提供数据层的人类认知知识,并基于众包平台介绍参与式标注的基本框架,进而针对参与式样本标注成本过高、质量不一的问题介绍了相应的控制方法。9.2 节介绍了从人类示教中学习期望行为的示范模仿学习方法,其通过示范模仿学习将人类的知识传递给机器人以降低搜索空间,使机器人无须大量的编码技能就可以理解如何完成任务,通过模仿学习人类认知过程中的注意力、感知和识别,解决人类认知、直观决策的复杂性表达问题。9.3 节将对基于人为评估反馈、基于人类偏好和基于注意力机制这三种人类指导方式展开详细介绍,这比传统策略示范的成本更低,更利于人类认知与机器算法间的融合。

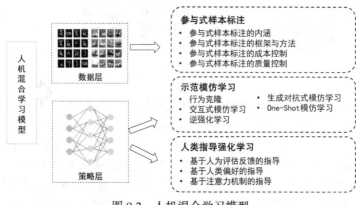

图 9.2　人机混合学习模型

9.1　参与式样本标注

机器学习成功的关键要素之一是其能提取好的特征进行训练，充分利用数据本身来开发可提供动力的模型。因此，训练数据标注的准确性、精细度等极大地影响着模型的训练效果。在纷繁复杂的应用场景中，人类视觉总能快速定位重要的目标区域并进行细致的分析，而对其他区域仅仅进行粗略分析甚至忽视。此外，在一定条件下，一群普通人的表现可能会优于该群体中的任何一个人，甚至胜过一个专家[5]。所以我们希望利用人类社会的群体智能对样本进行标注，以参与标注的方式介入模型训练，将人的认知能力以样本标注的方式传递给机器。本节将介绍参与式样本标注的内涵、挑战以及相关方法。

9.1.1　参与式样本标注的概念

在人机物融合群智计算中，异构的智能体感知源采集各类数据（环境数据、运行数据、业务数据、监测数据等）。在传统方法中，为了让机器准确理解和识别数据，研究人员需要耗费大量时间对样本进行手动识别和标注。精确的模型通常需要大量正确的样本数据，例如，如果要训练一个准确检测停车标志的自动驾驶汽车模型，机器学习工程师可能需要 500 个停车标志实例、500 个其他道路标志实例以及不存在标志的实例。要获得这些地面真实实例，可能需要从 100TB 的视频数据中进行捕获，这将导致因数据标注问题而延长模型的训练周期。因此，在模型需求不断变化的人机物融合大数据时代，传统数据标注方式表现出明显的不足。人类个体具有学习和推理能力，比如语言、识别、预测、决策等，而人类群体则体现出集群智能的优势，对提高数据标注的准确率和效率带来了可能。本节将深入探讨上述人机混合的参与式样本标注的内涵与相关挑战。

众包（Crowdsourcing）是经典的参与式标注方法[6]。它体现出人类群体智能的集群优势，为人机物融合群智计算中的人机融合挑战提供了有效的解决方法：

- 对于人的直观决策与机器的逻辑决策相结合的挑战，参与式样本标注通过特征标记将人类对于图像、语言等信息的加工、提取能力展现出来，通过特征训练有效地将机器与人类的认知能力相结合。
- 对于人类介入问题的挑战，参与式样本标注在最底层的数据中赋予人类知识，通过标注样本的方式避免了与计算机进行复杂的交互。

然而参与式标注在实际的应用过程中可能产生以下问题：

- **样本标注质量低**。在参与式样本标注中，标注人员的知识水平参差不齐，执行标注任务的工作态度也差别较大，常常会出现样本标注质量低的情况。
- **标注依赖专业知识**。众包可以吸引社会大众通过兼职做任务获取额外收入，但某些任务需要标注人员具有某一领域的专业知识，部分参与者专业知识的缺乏会导致标注质量低的问题。
- **标注人员的工作兴趣与效率**。当前人工费用逐年增长，传统的标注方式需要大量的人力，且乏味的工作一方面无法激起标注人员的兴趣，另一方面还会降低其工作效率。

如何设计更有效的标注方式以提高大家的参与积极性和标注效率是一个重要的问题。

随着人工费用的逐年增长及机器效率与准确率的提高，为了尽可能地减少训练集及标注成本，Settles 等人 [7] 提出基于主动学习（Active Learning，AL）的标注方法，如图 9.3 所示。机器使用学习算法可以主动地提出一些标注请求，将一些经过筛选的数据提交给专家进行标注，然后用查询到的样本训练分类模型来提高模型的精确度，从而使获得标记数据的成本最小化。

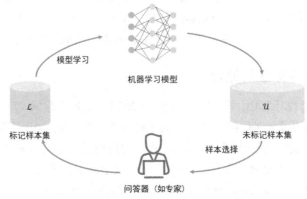

图 9.3　基于主动学习的参与者样本标注

9.1.2　参与式样本标注的框架与方法

人类参与式样本标注已经成为训练数据生成的一种有效手段，而且伴随着众包平台的发展，人类参与标注的技术与应用也越发成熟。目前很多最新研究都将众包平台纳入人机混合智能系统中，利用人类在某些领域的专长解决机器智能局限性以及监督学习下数据缺失的问题。本节将以人机混合智能系统中的众包平台为例介绍参与式样本标注的基本架构。

众包是一种将任务外包给群体用户的方法，这一概念由 Jeff Howe 在 2006 年正式提出 [8]。过去的众包模式需要招募专业用户来完成，而如今，更多的众包平台在互联网平台发布任务，并由用户自愿选择众包任务参与。众包模式如今已被广泛应用，它将人和机器相融合，解决对人类容易但对计算机困难的任务。

典型案例

我们以 CrowdLearn 平台 [9] 为典型实例，介绍参与式样本标注的架构。CrowdLearn 是一种众包 AI 混合系统，该系统利用众包平台对人群智能与机器智能进行融合，从而对黑箱 AI 算法进行故障排除、调整和最终改进。该系统是专门为基于深度学习的损害评估（Deep learning based Damage Assessment，DDA）应用而设计的。在这种应用中，人群比机器更准确，但反应较慢。

CrowdLearn 框架概述如图 9.4 所示，该框架由四个主要模块组成：查询集选择（Query Set Selection，QSS）模块，用于识别 AI 算法中的故障实例并将查询发送给群组；激励策略设计（Incentive Policy Design，IPD）模块，从 QSS 获取查询集，并为查询分配有效的激励措施期望的响应延迟；人群质量控制（Crowd Quality Control，CQC）模块，从人群响应中获得真实答案；机器智能校准（Machine Intelligence Calibration，MIC）模块，该模块包含来自 CQC 的查询答案，以提高 AI 算法的准确性。

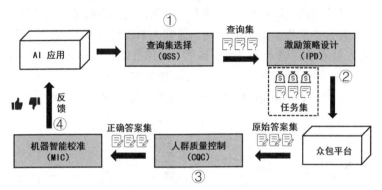

图 9.4　CrowdLearn 框架图 [9]

（1）查询集选择方案设计

QSS 的设计是由 AI 算法中两个常见的故障场景驱动的：缺乏足够的训练数据；AI 算法本身的固有问题（如假设过于简单、模型不合适）。CrowdLearn 通过主动要求群组提供更可靠的标签（例如，DDA 应用程序中特定图像的损坏程度）并使用标签来重新训练模型。此外，CrowdLearn 还通过将推理任务直接下放给参与人群，开展人群质量控制。在上述情况下，我们都需要先确定要从众包平台标记的数据样本子集。值得注意的是，由于预算和时间的限制，将人群的所有数据样本发送至标签通常是不切实际的。QSS 模块通过寻找数据样本的子集来查询人群，从而有效地解决了人工智能算法的失效问题。

为了识别查询子集，关键的策略是识别人工智能算法不确定的数据样本，即不确定样本的标签。以 DDA 为例，如果 AI 算法无法区分哪个损伤级别最能描述图像，那么最好将图像发送给人群进行标记。基于这一想法，CrowdLearn 设计了一个基于委员会查询（QBC）的主动学习（AL）方案来推导 AL 算法的不确定性。在 QBC 方案中，一组相关的人工智能算法对需要从人群中查询的新数据样本进行投票。

（2）激励策略设计（IPD）方案设计

在 DDA 应用中，及时从人群中获得高质量的响应是至关重要的。因此，在 QSS 选择查询集之后，CrowdLearn 将决定如何激励参与人群，使其更好地完成标注任务。由于存在以下两个典型的挑战，对激励政策的设计是困难的：对激励与人群响应的质量和延迟之间的关系进行建模，这对于黑盒众包平台而言极其困难；质量和延迟取决于上下文（例如，响应延迟在一天中的不同时间具有不同的特征）。

为了解决上述挑战，CrowdLearn 设计了一种新的基于强化学习的 IPD 方案，以激励该众包平台及时响应来自人群的查询。研究人员首先基于 MTurk 平台开展了一项用户研究，以探索激励措施对响应延迟和质量的影响：一共选择了 7 个激励级别（1 美分、2 美分、4 美分、6 美分、8 美分、10 美分和 20 美分）和四个不同的时间背景（上午、下午、晚上和午夜）。在每个组合（激励级别，时间上下文）中，总共为 MTurk 平台分配了 100 个人类智能任务，即总共发出 20 个查询，每个查询允许 5 位工作人员回答。

图 9.5 显示了人群在不同时间背景和激励水平下的响应时间。可以发现，随着激励在上午和下午两个时间段的增加，响应时间在减少。但是，大多数激励级别（最低和最高激励除外）在晚上和午夜具有非常相似的响应时间。研究人员将此观察结果归因于这样一个事实，即 MTurk 参与的人员通常在晚上（例如下班后）更加活跃，因此查询始终可以找到一组愿意参加 HIT 的参与者。但是，在白天，参与人员在参加 HIT 时不那么活跃，似乎更有选择性。该结果表明在设计 CrowdLearn 奖励计划时需考虑时间背景的重要性。

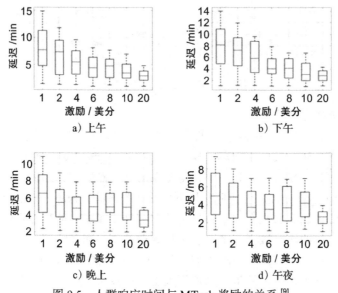

图 9.5   人群响应时间与 MTurk 奖励的关系 [9]

基于以上调研结果，CrowdLearn 研究员提供了 IPD 模块的以下设计原则：必须将上下文信息纳入策略设计；必须明确考虑动态响应延迟；仅为了提高注释质量而增加激励并不明智。

根据以上原则，CrowdLearn 应用了一个基于强化学习的激励方案，旨在最大限度地减少人群工作者的响应延迟。其中，IPD 中的环境要素是指具有不平凡的激励延迟权衡的黑盒众包平台；上下文是指众包平台的时间上下文，包括上午、下午、晚上和午夜四种上下文；动作空间是指为查询选择激励级别；奖励是指查询答案的平均延迟的加和逆，延迟越短，收益就越高。

（3）人群质量控制方案设计

众包平台的一个关键挑战是人员标注的质量参差不齐，由于部分参与者的知识或主观意见有限，他们可能会提供错误的答案。现有解决方案大多具有局限性，例如，多数表决方式是一种通用技术，但其汇总结果只是大多数人员返回的结果。当人员具有不同的可靠性时，这种方法被认为是次优的。基于真理发现原则 (Truth Discovery-Expectation

Maximization，TD-EM）的方法[10]能够联合得出查询的真实标签以及工作人员的可靠性。但是，当每个参与者的响应数很低时，此技术无法很好地工作。另一种常用的技术是参与者质量过滤（Filtering），该技术将记录了不良标签质量的参与者列入黑名单。但是，当工作人员是平台的新手并且没有足够的标签历史记录时，此方法仍然会失败。还存在一些可感知专业知识的参与者分配方案，这些方案直接将查询分配给高质量的参与者，而这种方法假设应用对参与人员池具有完全控制权，不适用于大多数众包平台。

鉴于现有人群质量控制方案的知识性差距，CrowdLearn 提出了一个新的想法：不仅要求人群提供数据样本的直接标签，而且要求他们提供相应的证据——通过收集一组问卷，可以获得更加真实的图像标签。例如，在 DDA 应用程序中，要求参与标注的人员回答"该图像是否是伪造的图像？""此图像是否显示道路损坏？"等问题。给定人员提供的标签和特征，CrowdLearn 训练一个监督分类器（XGBoost），该分类器以标签和查询的问卷答案作为输入，并输出图像的真实标签。标签和问卷答案的组合使 CQC 的准确性比现有方法至少高出 5.75%。

（4）机器智能校准方案设计

MIC 模块旨在根据人群工作者提供的标签来校准和改进 AI 算法。CrowdLearn 设计了一种动态的专家评分更新策略，当从人群中收集反馈时，可以学习每个专家的表现。其所提出的策略使用人群反馈作为控制信号来构建反馈控制过程，对于每个 AI 算法 AI_m，基于其分类结果与来自人群的真实标签的差异来计算损失函数：

$$\mathcal{L}_m^t = \sum^{i \in Q^t} 1 - \delta(KL^{sym}(\mathcal{D}(AI_{m,i}^t), \mathcal{D}(TL_i^t))) \tag{9-1}$$

其中 Q^t 表示每个周期为 MTurk 选择的图像集。$\mathcal{D}(TL_i^t)$ 是从 CQC 模块获得的标签的概率分布。$KL^{sym}(\mathcal{D}(AI_{m,i}^t))$、$\mathcal{D}(TL_i^t)$ 是两个标签分布之间的 KL 散度。δ 是归一化过程，用于将散度映射到 [0，1] 比例。AI 算法的输出与人群的真实标签的差异越大，损失越大。给定损失函数，基于指数权重更新规则在每个周期动态更新 AI 算法的专家权重，更新的权重反映了每个专家在当前传感周期的可靠性。

经过四个流程的训练评估，与最新的仅 AI 和 AI 集成系统相比，CrowdLearn 可以对自然灾害事件提供及时且更准确的评估。

与之类似，Flock 平台[11]主要用于混合人群机器学习分类器。如图 9.6 所示，针对某个具体分类任务，比如判断该人是否撒谎，分类模型会以对目标的书面描述开始（比如：是否保持眼神交流？眨眼多吗？内容可信吗？自信吗？等等）通过人群参与提出针对这些书面描述的预测特征和标签数据，进而基于机器学习方法权衡这些特征，最后基于人类可理解的特征生成准确的模型。Flock 平台使用众包来训练混合人群机器学习分类器，以实现机器学习模型的快速原型化，从而可以提高算法性能和人为判断能力，完成自动化特征提取尚不可行的任务。Bubbles 平台[12]是一种用于完成细粒度图像分类任务的平台（如图 9.7 所示，区分"北扑翅䴕"和"赤腹啄木鸟"）。该平台将人类纳入识别循环流程中，人类在该平台的任务目标是确定一些十分模糊的图像类别，以帮助计算机选择区别特征。此外，Yang

等人[13]创建了人机合作框架——HMCF（Human-Machine Cooperation Framework），首先将人机合作应用于视频异常检测和分析中。具体地，其所选的异常帧会被发送到人机交互式界面，由人类决策组进行确认或校正，而人类决策组由五位专家组成，对异常帧做出判断并基于投票策略形成最终决定。

图 9.6   Flock 平台[11]

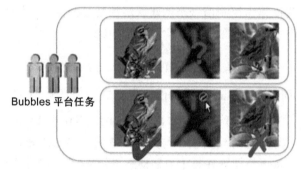

图 9.7   Bubbles 平台[12]

9.1.3   参与式样本标注的成本控制

在参与式样本标注过程中，如果所有任务均需借助参与者进行大规模的标注，会导致成本过高且质量控制会更加困难。为了应对上述挑战，一种名为主动学习（Active Learning，AL）的算法[7]，使得机器智能有选择地主动向领域专家请求一些实例的标签来降低成本。如图9.8所示，主动学习技术一般可以分为两个部分：**学习引擎和选择引擎**[14]。学习引擎基于已标注样例来训练基准分类器，使其性能不断提高；而选择部分基于样例选择算法来选择某个未标注的样例，将其交由人类专家标注后再添加到已标注样例集中。学习和选择交替循环进行，使得基准分类器的性能逐渐提高，直至满足预设条件后终止循环。其中，参与式标注主要体现在主动学习的选择部分。

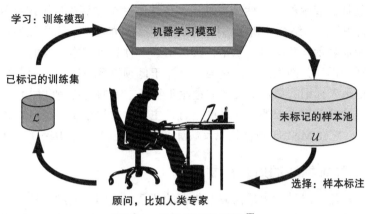

图 9.8 主动学习的流程 [7]

传统的主动学习算法可以建模如下：

$$A = (C, L, S, Q, U) \tag{9-2}$$

其中 C、L、S、Q、U 分别代表分类器模型、已标注样本集、查询函数、未标注样本集、标注者。主动学习算法的核心在于查询函数的设计，即如何在大量的未标注样本中选择应该用于标注训练的样本。针对查询函数的设计，我们主要介绍两类典型的主动学习算法：**基于委员会的启发式方法**（Query By Committee，QBC）和**基于边缘的启发式方法**（Margin Sampling，MS）[15]。

（1）基于委员会的主动学习算法

基于委员会的主动学习算法会基于一定数量的分类模型来组成一个模型委员会。每个委员会成员，即每个分类模型，会对未标记的样本实例进行分类。最终选择委员会分类结果最不一致（信息量最大）的样本实例。为了衡量委员会成员的分歧程度，主要基于投票熵或者 Kullback-Leibler（相对熵）进行。具体地，熵值装袋查询算法（Entropy Query-by-Bagging，EQB）基于熵值来度量委员会分类结果的信息量，最终选择熵值最大的样本。自适应不一致最大化（Adaptive Maximize Disagree，AMD）算法则是将特征空间进行划分，基于特征空间的子集构造模型委员会。对于每个子集同样会选择分类熵值最大的样本。

（2）基于边缘的主动学习算法

基于边缘的主动学习算法根据分类模型计算出样本到分类界面的距离来选择样本。一般来说，距离分类界面越近，说明分类模型对其分类的确信度越低，该样本的信息量越大，所以该样本更应该被选中。具体地，边缘抽样算法会计算样本点到分类超平面的距离，选择最近的样本进行模型训练。多层不确定性抽样（Multiclass-Level Uncertainty，MCLU）则是计算距离分类界面最远的两个可能样本间的差值，选择差值最小即模型确信度最低的样本进行训练。

在图像分类领域，诸多技术与应用在很大程度上依赖于带注释的训练样本，其中需要大量的人工标注。Wang 等人 [16] 提出了一种新颖的主动学习框架——具有成本效益的主动学习（Cost-Effective AL，CEAL），能够通过有限数量的带标记的训练实例以增量学习的方式构建具有最佳特征表示的竞争性分类器。该方法在两个方面改进了现有的 AL 方法。一是，其将深度卷积神经网络合并到 AL 中，通过适当设计的框架，可以使用逐步注释的信息样本同时更新特征表示和分类器。二是，其提出了一种具有成本效益的样本选择策略，以较少的人工注释来提高分类性能，而这与仅专注于低预测置信度的不确定样本的传统方法不同，会特别地从未标记的集合中发现大量用于特征学习的高置信度样本。Gal 等人[17] 以实际的方式将贝叶斯深度学习的最新进展结合到主动学习框架中，为高维数据开发了一个活跃的学习框架，它在 MNIST 数据集以及病灶图像的皮肤癌诊断中表现突出。

9.1.4　参与式样本标注的质量控制

参与式样本标注可以借助大量任务参与者的智慧解决实际问题。然而，有的参与者不一定能够提供高质量的标注，提交的结果质量低下，因此参与式样本标注存在标注结果不一致、质量参差不齐的现象。现有研究提出了各种质量控制技术来解决这个问题。这类工作的基本思想是，首先使用某种类型的参与者模型来表征参与标注的质量水平，然后基于参与者模型采用不同的质量控制策略，例如消除低质量的参与人员等。最后，其将任务分配给多个参与者并汇总他们的答案，完成对不一致标注的处理。

1. 参与者表征

在参与式标注中，要保证标注结果的质量，首先需要对参与者进行建模。现有研究提出了不同的方法来对参与者的特征进行建模，我们对提出的模型进行了总结。

（1）参与者概率模型

将每个参与者建模为单个参数 $q \in [0, 1]$，表示该参与者正确完成标注的概率，即：

$$q = \Pr(\text{the worker's answer} = \text{true}) \tag{9-3}$$

例如，如果参与者有 70% 的概率正确回答任务，则参与者的特征被建模为 $q = 0.7$。一些研究对其进行了扩展：

1）将 $q \in [0, 1]$ 扩展到更大的范围 $(-\infty, +\infty)$，其代表着参与者的得分评价，分数越高意味着该参与者完成正确标注的能力越强。

2）为参与者引入新参数，如置信区间来扩展参与者模型。其捕获了计算出的 q 的置信度，且随着参与者回答更多任务，参与者的置信区间将变得更小。

（2）混淆矩阵模型

混淆矩阵通常用于为参与者的单项选择任务能力建模。例如，情感分析任务要求工作人员回答给定句子的正确情感（肯定、中性或否定），因此该任务包含三种可能的答案，即 $l = 3$。混淆矩阵是 $l \times l$ 矩阵：

$$\boldsymbol{Q} = \begin{bmatrix} Q_{1,1} & Q_{1,2} & \cdots & Q_{1,\ell} \\ Q_{2,1} & Q_{2,2} & \cdots & Q_{2,\ell} \\ \vdots & \vdots & & \vdots \\ Q_{\ell,1} & Q_{\ell,2} & \cdots & Q_{\ell,\ell} \end{bmatrix} \tag{9-4}$$

其中第 j 行表示为 $\left[Q_{j,1}, Q_{j,2}, Q_{j,3}, \cdots, Q_{j,l}\right]$，代表参与者对某项任务可能的答案的概率分布。而 $Q_{j,k}(1 \leqslant j, k \leqslant \ell)$ 表示：鉴于任务的真实答案是第 j 个答案，参与者给出第 k 个答案的概率。

例如，假设我们将情感分析任务的参与者素质建模为：

$$Q = \begin{bmatrix} 0.6 & 0.2 & 0.2 \\ 0.3 & 0.6 & 0.1 \\ 0.1 & 0.1 & 0.8 \end{bmatrix}$$

上式表示第一个答案是肯定的，第二个答案是中性的，第三个答案是否定的。而 $Q_{3,1} = 0.1$ 表示：如果任务的真实标注是否定的，则参与者将情感作为肯定进行标注的可能性是 0.1。

2. 低质量参与者消除

在完成参与者表征后，需要针对参与者执行相应的质量控制策略。最常见的提高参与式样本标注质量的一类策略为参与者消除策略。

一种简单的方法是使用黄金标准检测法，将参与者提交的结果与标准答案（黄金标准）进行比较检测出低质量工作者，并拒绝采纳他们提交的结果；也可以将黄金标准检测安排在参与者回答实际任务之前，根据参与者对测试任务的回答计算出参与者的质量，而低质量（如参与者回答正确的概率小于 0.6）的参与者将被阻止回答接下来的实际任务。

除了参与者概率模型外，还有一些基于更复杂的参与者质量评估模型。例如，Ipeirotis 等人[18]提出基于恶意欺骗检测的参与者评估方法。其基本思想是，将每个参与者建模为一个混淆矩阵，根据参与者的混淆矩阵计算一个分数，该分数表示参与者的答案对任务的真实答案的接近程度。参与者的得分越高，他/她回答的问题就越接近问题的真实答案，也就越可靠。因此其可以通过拒绝采纳得分低于预先定义阈值的参与者回答来去除恶意欺骗的回答，保证参与者的质量水平。同时，除了基于恶意欺诈检测的参与者质量控制方法外，Marcus 等人[19]提出了一种基于不同参与者给出的不一致答案检测方法。该方法首先计算一个参与者的答案与大多数其他参与者答案的偏差。如果偏差较大，则该参与者的回答将不被采纳。

3. 标注不一致处理

由于某些参与者可能对标注任务有认知偏见，其结果也存在较大差异。针对参与者标注的不一致性，现有研究大多数采用一种答案聚合的方法（投票策略）。其基本思想是将每个任务分配给多个参与者，并通过聚合这些参与者的所有答案来推断其结果。

具体来讲，可以将投票策略看作一个需要两组参数作为输入的函数——任务的答案和回答任务的每个参与者的质量。而其输出则是任务的推断结果。其中，典型的投票策略包括多数投票、加权多数投票和贝叶斯投票等。

多数投票选择获得最高票数的结果。假设一项任务是要求工作人员识别"IBM"是否等于"BIG BLUE"。如果三名参与者（分别具有 0.2、0.6 和 0.9 的质量）给出的答案分别是"是""是"和"否"，则多数投票将获得"是"的结果，因为它获得的最高票数（2 个"是"，1 个"否"）。类似的策略（加权多数投票）也考虑了每个参与者的质量，高质量的参与者将被分配较高的投票权，结果将返回总权重最高的答案。对于同一示例，"是"和"否"的总权重分别为 0.8（0.2+0.6）和 0.9，因此返回"否"。另一种投票策略是贝叶斯投票，它不仅考虑每个参与者的质量，而且利用贝叶斯定理来计算每个答案为真实答案的概率分布。在此示例中，假设先验统一，我们有：

$$\Pr(\text{true answer is Yes}) \propto 0.2 \cdot 0.6 \cdot (1 - 0.9) = 0.012$$

$$\Pr(\text{true answer is No}) \propto (1 - 0.2) \cdot (1 - 0.6) \cdot 0.9 = 0.288$$

通过归一化，每个答案（"是"或"否"）为真实答案的概率分布为：

$$\left(\frac{0.012}{0.012 + 0.288}, \frac{0.288}{0.012 + 0.288} \right) = (4\%, 96\%)$$

贝叶斯投票策略将返回"否"，因为它更有可能成为真正的正确答案。

9.2   示范模仿学习

参与式样本标注（9.1 节）主要关注从**数据层面**将人类的认知能力融入机器的逻辑推理中，在应用方面偏向于数据标注的分类问题。而人机物融合群智计算的类人机器人、人机交互、智能制造等实际应用通常为**序列决策问题**，仅依靠数据驱动策略学习的方式变得不再适用，本节将介绍如何从**策略层面**学习人类的认知能力。

模仿学习（Imitation Learning，IL）[20] 是一种基于专家示教重建期望策略的方法。通用的模仿学习方法可以将人机物融合群智计算的人机交互、类人机器人等实际应用中讲授任务的问题简化为提供演示的问题，而无须针对任务的奖励功能进行明确的编程或设计，以最少的专家知识来教授复杂的任务。模仿学习通过人类行为隐式地提供有关任务的先验信息，从而提高学习效率，并且适用于复杂任务，而无须人工编程所需的相关专业技能和知识。本节将详细介绍示范模仿学习的问题、挑战和研究方法。

9.2.1   何为模仿学习

在人机物融合群智计算中，以强化学习为代表的自主决策技术（7.1 节）在智能体自动化决策中表现出独特优势，然而在现实世界中存在以下挑战：一是**奖励稀疏**（如围棋比赛只有在结束后才能判断输赢）；二是在某些任务中**奖励函数难以定义**（如在自动驾驶任务中，如何分别定义与车辆、动物碰撞后的惩罚）；三是**人为设计的奖励可能会得到不受控制的行为**（如在考试过程中，智能体为了得到高分而作弊）；四是在没有任何先验知识的情况下，**寻找最优策略需要大量的时间和数据**。尽管可以将复杂任务表述为优化问题来解决，但已经被广为接受的事实是，由专家提供的先验知识比从头开始寻找解决方案更高效。

模仿学习，也称作示范学习（Learning by demonstration）[21] 或学徒学习（Apprenticeship Learning）[22]，旨在模仿人类在特定任务中的行为，通过学习观察和动作之间的映射，训练智能体执行演示中的任务。模仿学习目标是学习一个策略，而这一策略可以重现专家示教执行的期望任务。

如图 9.9 所示，模仿学习包括以下四个基本要素：

- **示教数据 $\mathcal{D}$**：专家知识的集合，由一组专家示教轨迹组成 $\mathcal{D} = \{\tau^0, \tau^1, \cdots, \tau^m\}$，其中轨迹由状态 – 动作序列组成 $\tau = \{s_0, a_0, s_1, a_1 \cdots\}$。
- **模仿学习算法**：从具体示教中学习具体策略的方法。
- **策略 π**：包括专家策略 π^E 和学徒策略 π^L（如图 9.10 所示），其中专家策略 π^E 是从专家示教数据中学习状态到动作的映射，学徒策略 π^L 是智能体模仿专家习得的策略。
- **环境**：可以交互地执行和评估策略的系统，本质上是一个马尔可夫决策过程（MDP）。

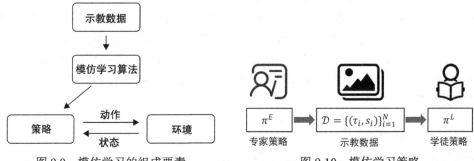

图 9.9 模仿学习的组成要素   图 9.10 模仿学习策略

一般来说，模仿学习会根据专家示教学习生成初始化策略，基于初始化策略来和环境不断交互，进而优化该策略，最终得到期望的策略。目前，模仿学习方法可以分为两类：一类称为**行为克隆**（Behavioral Cloning，BC）[23]，该方法**直接从专家示教数据中学习策略**，以解决人机物群智融合计算中自动化决策搜索空间大、奖励稀疏的问题；另一类称为**逆强化学习**（Inverse Reinforcement Learning，IRL）[24]，该方法**利用恢复奖励函数方法间接地学习策略**，以解决自动化决策问题中奖励函数难以定义的问题。两种方法从不同角度为模仿学习提供解决思路。

9.2.2 行为克隆

行为克隆方法是模仿学习中最简单的方法，其本质上是一种监督学习方法，可以直接从专家示教数据中学习状态到动作的映射，而无须求解奖励函数。

对于人类专家提供的示教数据 $\mathcal{D} = \{\tau^0, \tau^1, \cdots, \tau^m\}$，每个轨迹中包含一个状态 – 动作序列，即 $\tau^i = <s_1^i, a_1^i, s_2^i, a_2^i, \cdots, s_n^i>$，行为克隆方法从轨迹序列中抽取所有的状态 – 动作对，并构造成新的集合 $\mathcal{D} = \{(s_1, a_1), (s_2, a_2), (s_3, a_3), \cdots\}$，这些数据被视为是独立同分布的，然后将状态作为特征（feature）、动作作为标记（label）进行分类（对于离散动作）或回归（对于连续动作）任务的学习，从而得到最优的策略模型。模型的训练目标是使学徒策略的概率分布 $p(\phi)$ 和专家策略的概率分布 $q(\phi)$ 尽量相似，即 $\pi^* = \arg\min_{\pi} D(q(\phi), p(\phi))$。由于行为克隆的目标函数一般表示示教策略和学徒策略的相似性，因此可以用损失函数来表示。常见的损失函数为二次损失函数、L1-损失函数、L2-损失函数、KL 散度、对数损失函数等。

模仿学习的第一个应用 ALVINN（Autonomous Land Vehicle In a Neural Network) 是 Pomerleau 等人[25] 开发的自动驾驶系统，该方法收集了成对的摄像机图像和转向角度，通过模仿学习训练了一个神经网络，该网络模拟了从摄像机图像到转向角度的直接映射。ALVINN 的神经网络具有一个包含 5 个神经元的隐藏层，与现代具有数百万个参数的神经网络相比，虽然该网络结构非常简单，但该系统成功在北美大陆实现了自动驾驶。

在某些无须**长期规划、专家轨迹可覆盖所有状态空间且错误行为不会带来严重后果**的应用中，行为克隆可以发挥出色的作用，它的主要优点是简单和高效。但是，对于大多数情况而言，行为克隆可能会带来很多问题，主要原因是**行为克隆在构造新数据集时假设"状态-动作对"符合独立同分布**。但在马尔可夫决策过程中，给定状态下的动作会诱发下一个状态，而这会**打破独立同分布的假设**。因此，智能体所犯的错误很容易将其置于从未训练过的状态。在这种状态下，智能体的行为将存在不确定性，在级联错误中，每一步微小错误会累积为大错误，导致学徒与专家示教有很大偏差，使最终得到的性能不佳且可能导致灾难性故障。

9.2.3　交互式模仿学习

交互式模仿学习（Interactive Imitation Learning）[26] 也称为直接策略学习（Direct Policy Learning，DPL），是行为克隆的改进版本。为了解决行为克隆的不足，交互式模仿学习应运而生，其主要通过在策略更新和当前状态分布之间交替性学习实现。同行为克隆方法一样，我们可以收集一些专家的演示数据，然后使用监督学习来学习策略。不同的是，交互式模仿学习假设在训练期间可以访问一个交互式专家。如图 9.11 所示，智能体使用学得的策略在环境中收集轨迹，并请

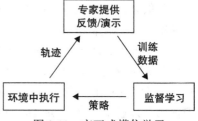

图 9.11　交互式模仿学习

专家对轨迹进行评估（即在相同状态下，专家将执行何种动作），这样就可以获得更多的训练数据。接着，这些数据将被反馈给监督学习以不断优化策略，并持续循环直到策略收敛。

针对传统行为克隆因非独立同分布的特征使其不适用于序列决策并产生累计误差的问题，Chernova 等人[27] 提出了一种基于置信度的自治方法（Confidence-Based Autonomy，CBA），此方法基于置信度决定是否需要请求额外的专家示教。该方法包含两个组成部分：置信执行（Confident Execution）和纠正示范（Corrective Demonstration）。当置信度低于阈值时，学习者将请求专家提供额外的示教以提高执行动作的置信度；当专家观察到学习者不正确的动作时，专家会为学习者纠正动作并将校正的动作添加到训练数据集，以改善策略和将来的任务表现。

典型研究及算法

Ross 等人[28] 提出了一种数据聚合算法（Data Aggregation Approach，DAGGER），该算法是一种基于 Follow-The-Leader 算法的主动学习方法，通过学徒策略诱导下的状态分布来收集专家示教，帮助学习者从错误中恢复。该方法将研究目的从优化策略 $\pi_\theta(u_t|o_t)$ 转移到添加训练数据上，即令样本空间更加接近于真实样本空间。如图 9.12 所示，DAGGER 具体采用了以下几种思想：在线学习（Online Learning）；Follow-The-Leader 算法思想；数据聚合。

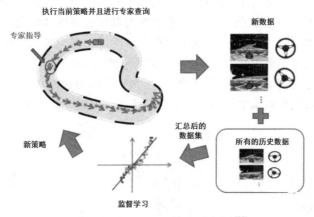

图 9.12　DAGGER 算法示意图 [28]

在线学习的思想是使用当前学徒策略 π_i^L 预测新的状态轨迹 s，通过向专家寻求帮助获取新状态所对应的专家动作 $\pi^E(s)$（被视为最优动作），进而在线获取数据并不断优化学习策略。Follow-The-Leader 的思想是在专家数据的指导下不断优化策略，从而降低学徒策略与专家策略的差距，具体采用了无悔算法（No-regret Algorithm），其公式为 $\frac{1}{N}\sum_{i=1}^{N} l_i(\pi_i) - \min_{\pi\in\Pi}$

$\frac{1}{N}\sum_{i=1}^{N} l_i(\pi_i) \le \gamma_N, \lim_{N\to\infty}\gamma_N = 0$。随着训练迭代，学习者的累计损失与专家之间的差趋近于 0，这也意味着学习者在事后没有后悔跟随专家的指导。与行为克隆只能收集到有限示范数据相比，数据聚合（Data Aggregation）将每轮主动学习获取的专家数据 $\mathcal{D}_i = \{(s, \pi^E(s))\}$ 与先前数据 $\mathcal{D}$ 聚合，即 $\mathcal{D} \leftarrow \mathcal{D} \cup \mathcal{D}_i$，通过数据聚合丰富样本数据，令样本空间更加接近于真实样本空间。

DAGGER 算法的优势是每一次迭代都会增加新的数据 $\mathcal{D}_i$ 并重新训练分类器，可以使学习器及时地从错误中恢复过来，并且对于简单问题和复杂问题都适用。

交互式模仿学习会对来自人类观察者的丰富数据进行采样，与单纯的示范学习相比可以探索更多未知状态并可以从错误中恢复，与单纯的与人类交互相比可以减少大量的人力消耗，提高训练效率。Goecks 等人[29] 提出的 Cycle-of-Learning(CoL) 算法利用人类示范通过 IL 学习期望学习，利用人类干预来纠正模仿学习者所产生的不良行为。人类充当监督者，在必要时阶段性地接管控制或进行干预，提供正确的行动来驱动智能体回到正确的方向，然后再把控制权重新释放给智能体。智能体通过从干预中学习状态和动作来扩充原始训练数据集，然后对其策略进行微调。作者在实验中将 CoL 算法与仅使用单一人机交互方式（即仅演示或仅干预）进行了比较，实验结果如图 9.13a 所示，在任务完成度测试中，CoL 方法完成度达到了 90.25%（标准误差的 ±5.63%），相比之下，通过演示仅达到 76.25%（标准误差的 ±2.72%）。在初始化为随机策略后，仅从干预中学习就会产生更多的随机行为，从而使收敛到基线行为的速度要慢得多，因此总体性能发展较慢，相同数量的交互片段完成率较低。相反，仅从示教数据中学习就可以更快地收敛到稳定的行为，但是在不同数量的交互作用下，CoL 始终优于仅从示教学习，因为其可以获得更多高效的训练数据。算法所需人类示范数据样本数量的测试结果如图 9.13b 所示，在最终性能测试中与仅使用演示相比，CoL 使用的数据样本减少了 37.79% 同时完成度提高了 14.00%。由此可知交互式模仿学习可以利用演示学习与交互学习的优势，提高数据效率。

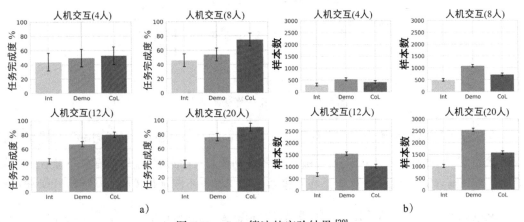

图 9.13   CoL 算法的实验结果 [29]

交互式模仿学习是一种非常有效的方法，它不会遭受困扰行为克隆的问题。这种方法的唯一局限性在于需要一个可以随时评估智能体行为的专家，这使得该方法在某些应用中无法使用。

9.2.4   逆强化学习

9.2.2 节和 9.2.3 节通过**模仿人类在特定场景下的行为决策**将人的直观决策与机器的逻辑决策相结合，但是并没有了解人类执行该动作的真正意图。因而，在新场景且没有人类行为演示的情况下，已学得的人类直观决策可能不再适用。所以，考虑**如何"执果索因"来解释和理解人类行为**，可以更深入地学习人类的直观决策。由于动作通常是由奖励所驱动的，因此学习人类的行为意图就可简化为学习奖励函数。

逆强化学习 (Inverse Reinforcement Learning, IRL)[24] 是模仿学习的另一类方法，该方法利用**恢复奖励函数方法间接地学习策略**。其主要思想是在专家示教中学习环境的奖励函数，然后利用强化学习找到最优策略（使该奖励函数最大化的策略）。与行为克隆方法相比，其只能模仿轨迹而无法进行泛化，因此相当于模仿到了**"表面"**，而逆向强化学习从专家示例中学到背后的奖励函数，并可以泛化到其他情况，因此相当于模仿到了**"精髓"**。

如图 9.14 所示，传统的强化学习目标是基于给定的奖励函数学习最优策略以产生可获得最大化奖励的行为。而逆强化学习目标是根据示范数据学习该任务的奖励函数——一旦学习到正确的奖励函数，目标就成转换为寻找最优策略，此时即可使用标准的强化学习方法来解决。

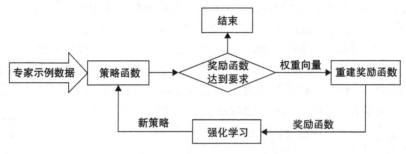

图 9.14　逆强化学习流程图

在一般情况下，可以将解决 IRL 问题的算法视为一种利用专家知识将任务描述转换为紧凑型奖励函数的方法。如图 9.15 所示，目前，逆强化学习方法可以分为两类，**即最大边际形式化方法**和**基于概率模型的形式化方法**，前者是用数学形式表示逆强化学习的早期思想，主要包括学徒学习（Apprenticeship learning，AL）、最大边际规划（Maximum Margin Planning，MMP）方法、基于结构化分类的方法和神经逆向强化学习（Neural Inverse Reinforcement Learning，NIRL）方法。最大边际化的缺点是存在不适定问题，即一个最优策略可能有多个奖励函数，这种方法无法解决歧义的问题。基于概率模型的形式化方法则为了获得唯一解，提出了优化附加目标函数等方法，利用概率模型可以很好地解决歧义问题，主要包括最大熵逆强化学习（Maximum Entropy Inverse Reinforcement Learning）、相对熵逆强化学习（Relative Entropy Inverse Reinforcement Learning）和深度逆向强化学习（Deep Inverse Reinforcement Learning）。

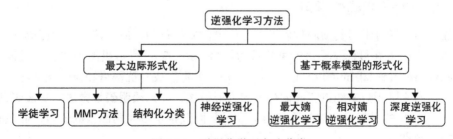

图 9.15　逆强化学习方法分类

Andrew 等人[22]提出的学徒学习（Apprenticeship learning，AL）让智能体从专家示例

中学到奖励函数，使得在该函数下所得的最优策略在专家示例策略附近。学徒学习方法可分为两步：第一步是在已经迭代得到的最优策略中，利用最大边际方法（如图 9.16 所示，从支持向量机的角度理解，专家策略为一类，其他策略为另一类，而参数的求解就是找到一条超曲面将专家策略和其他策略区分开来，使两类之间的边际最大）求出当前奖励函数的参数值；第二步是将求出的奖励函数作为当前系统的奖励函数，并利用正向强化学习的方法求出此时的最优策略。接着，有了最优策略后再转到第一步，进入下次循环。为获得唯一解，Ratliff 等人[30] 提出了最大间隔规划（Maximum Margin Planning，MMP），它是一种找到最优策略和其他策略最大差异的成本函数。上述两种方法需要迭代求解马尔可夫决策过程（MDP），求解过程复杂且计算代价昂贵。为了在学习奖励函数过程中不对 MDP 进行求解，Klein 等人[31] 提出了基于结构化分类的方法。对于一个动作空间很小的问题，最终的策略其实是找到每个状态所对应的最优动作，而结构化分类方法对每个状态下的动作进行约束，而不是对 MDP 的解进行约束从而降低计算量。逆向强化学习要学习的是回报函数，人为指定的基底表示能力不足，难以泛化到其他状态空间，Chen 等人[32] 提出了神经逆向强化学习，利用神经网络表示奖励函数的基底。

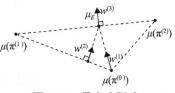

图 9.16　最大边际法

　　基于最大边际的方法往往会产生歧义，比如或许存在很多不同的回报函数导致相同的专家策略。在这种情况下，所学到的回报函数往往具有随机的偏好，基于概率模型的方法可以解决歧义性的问题。在最近的逆强化学习研究中，最大熵原理常常被用来获得唯一奖励函数。Ziebart 等人[33] 基于最大熵理论旨在选择一个分布，这一分布匹配示教特征期望的分布并且熵最大，但是仅适用于确定性环境。Boularias 等人[34] 提出了相对熵方法，通过最小化一个基准策略的先验轨迹分布 $q_0(\tau)$ 和学徒策略的轨迹分布 $p(\tau)$ 的相对熵来求得轨迹分布，进而得到奖励函数中的参数。此方法利用重要性采样估计特征期望。文献 [35] 把 IRL 的最大因果熵方法扩展到失败示教中，进而从失败示教中学习策略。该方法考虑学徒与失败示教的特征差异性，并且将其融入 IRL 的最大因果熵方法，利用梯度下降法得出特征权重。

9.2.5　生成对抗式模仿学习

　　逆强化学习通过学习奖励函数可以更好地模仿专家行为，但是该方法运行成本非常高，考虑到学习者的最终目标是模仿专家的行为策略，Ho 等人[36] 提出的生成对抗式模仿学习（Generative Adversarial Imitation Learning，GAIL）将生成对抗网络和逆强化学习结合，能够根据未知的奖励函数来约束智能体行为到近似最优，**而无须明确地尝试恢复该奖励函数**。GAIL 引入 GAN 的思想避免学习明确的奖励函数而直接学习奖励函数的分布，通过直接优化策略模仿专家行为。

　　如图 9.17 所示，GAIL 模型引入了生成器和判别器，其中可将生成器看作策略优化过程，用于训练模仿真实数据分布的生成数据样本，使判别器无法区分轨迹是由专家还是生成器生成的。可将判别器看作 IRL 中的奖励函数，用于区别专家策略和学徒策略。

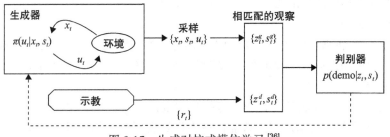

图 9.17　生成对抗式模仿学习 [36]

　　GAIL 的优化目标是把生成对抗损失和占用率度量（可近似看作使用策略 π 时的状态 - 动作分布，占用率度量的匹配度越高，说明两个策略的近似程度越高）相结合。其中，生成对抗损失用来保证生成的策略真实度，即"按套路出牌"，占用率度量的损失保证生成的策略和专家策略更加接近、更加合理。GAIL 的判别器与 GAN 中的判别器训练方法相同，找到一个损失函数最大化专家奖励同时降低学习者奖励。在得到判别器给予的奖励后，生成器利用置信域策略优化（Trust Region Policy Optimization，TRPO）算法 [37] 进行策略学习，将新的策略所对应的回报函数分解为旧策略所对应的回报函数和其他项。其中，只要新的策略所对应的其他项大于等于零，那么新的策略就能保证回报函数单调不减，因此寻找策略的过程被完全转换成了一个不断寻找函数最大值的过程。使用 TRPO 的目的与学徒学习算法的目的相同，即都是通过一个优化限制来更新策略参数以保证策略在一个单步更新中不会改变太多，进而限制噪声所造成的影响。GAIL 引入 GAN 的思想用于模仿学习，能将策略作为直接学习的目标，运用高效的策略梯度方法训练策略模型可以避开 IRL 所需的消耗大量计算资源的内部计算过程，在大规划、高维度问题中与其他方法相比有了很大的提高。

　　与传统的模仿学习方法相比，GAIL 的鲁棒性、表征能力和计算效率更高，在人机物混合智能（如自动驾驶 [39]、机器人操控 [40]）等大规模复杂问题中也同样表现出优异的性能。然而，GAIL 存在模态崩塌问题（Model Collapse Problem）、交互样本利用效率低等问题。针对模态崩塌问题，可以**运用 GAN 的变形形式对 GAIL 进行改进**，包括基于多模态假设的改进、基于生成模型的改进等。文献 [41] 利用动态捕捉数据通过 GAIL 建立了多个子技能策略网络，以解决来自更高级别控制器的任务；InfoGAIL[42] 通过学习不同专家之间的隐藏因子（Latent Factor）c 表示专家策略的变化或不确定性；通过添加变分自动编码器（Variational Auto-Encoder，VAE）学习不同行为之间的关系，并在不同种类的行为之间进行切换；Triple-GAIL[43] 在 GAIL 的基础上增加了一个模态选择器（Selector），用于区分多个模态。针对生成样本利用效率低的问题，可以**运用 RL 技术等对 GAIL 进行改进**，包括基于动态模型的改进、基于确定性策略的改进、基于贝叶斯方法的改进等。MAIL[44] 通过前向模型对随机的动态环境建模；DDPG-GAIL[45] 通过假设策略的确定性解决随机性策略生成样本利用效率低的问题；BGAIL[46] 使用贝叶斯方法构建损失函数，其中多个不同参数的奖励函数模型可以重复利用生成样本从而提高样本利用率。此外，基于第三人称的方法 [47]、基于上下文的方法[39]、基于观察的方法[23]等**观察机制**和基于多智能体生成对抗模仿学习方法等**多智能体系统**对 GAIL 进行拓展。

典型研究及算法

Zhu Y 等人[48]将强化学习算法 DPPO 与模仿学习方法 GAIL 相结合，以解决复杂、大量的机器人视觉运动任务。实验证明，二者结合训练出的智能体性能明显优于仅使用 RL 或 IL 训练出的智能体。

针对复杂的机器人控制任务，作者直接从像素输入入手，利用少量人类演示数据隐式地提供有关任务的先验信息，减少智能体在连续域进行探索的难度。Zhu Y 等人构建了如图 9.18 所示的统一训练框架，其中生成器为深度视觉运动策略，该策略输入摄像头观测结果及本体特征，输出关节速度；而判别器为 GAIL，输入物体中心的位置特征和生成器输出的下一关节速度，输出鉴别分数。

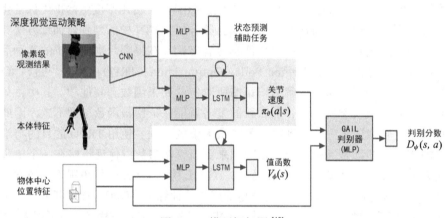

图 9.18　模型框架图[48]

该方法以两种形式利用包含人类知识的演示数据：混合奖励，基于 GAIL 将任务奖励 r_{task} 与模仿奖励 r_{gail} 相结合；构建课程（curriculum），利用演示数据构建状态的课程，基于该数据在训练过程中初始化 episode。混合奖励定义为 $r(s_t, a_t) = \lambda r_{gail}(s_t, a_t) + (1-\lambda)r_{task}(s_t, a_t)$，其中模仿奖励鼓励策略产生更接近示范轨迹，而任务奖励鼓励策略在任务上获得高回报。此外，在连续域进行探索时，巨大的搜索空间会导致任务收敛问题加剧，将人类演示数据作为初始状态可以极大地提高策略学习效率。将强化学习和模仿学习相结合，极大地提高了训练系统的能力，使其能够从像素角度解决具有挑战性的灵巧操作任务。

9.2.6　单样本模仿学习

行为克隆和逆强化学习主要关注某一场景下的人类直观决策能力，被用于**孤立地解决不同的任务**，但是以上方法都需要大量的训练样本，不符合生活实际的需求。真正的机器人应该能够在任何任务中仅使用少量的示范数据，就能够快速泛化到新的场景以处理相同的任务。因此，考虑**如何构建人机混合的知识演化模型**，即如何通过学习和组合人类决策能力来快速获取和生成新的知识是十分必要的。

在机器人模仿学习领域，"一眼学习"可能是众多研究者的最终目标，即希望机器人看一遍示教动作，就能够学会该任务，并且能够泛化到相似的任务中。Duan 等人[49] 提出了单样本模仿学习（One-Shot Imitation Learning），通过一次演示（可能包含一个或多个任务）告诉机器人当前有哪些任务以及如何完成这项任务。它能够根据当前样本推广到**未知但相关联的任务**中，从而做到看一眼就能模仿。可以看出，如何制定任务"相关联"是单样本模仿学习的关键研究内容。

单样本模仿学习的经典方法是 Duan 等人[49] 提出的**基于元学习（Meta-Learning）的方法**。在训练阶段，其通过给定已知域中的一组任务及对应的动作完成模仿学习；在测试阶段，其利用模仿学习通过一段演示推广获取完成未知任务的能力。

基于元学习的单样本模仿学习方法进行模型训练需要大量的演示数据。而为了解决样本问题，Huang 等人[50] 提出了**基于符号规划（Symbolic Planning）的单样本模仿学习方法**，利用符号域定义的结构将策略执行与任务间的泛化处理分离开来，从而大大减少元学习方法在训练阶段所需的任务数量，提高了方法的效率。基于元学习和基于符号规划的方法都以第一视角进行学习，导致演示的优劣直接影响方法的效果。Pauly 等人[51] 提出**基于活动特征的单样本观察学习方法**，利用深度网络将演示视频片段转化为活动的抽象表示（活动特征），从第三视角进行学习。基于活动特征的不可变性，该方法可以在不同的观察视角、对象属性、场景背景和机械手形态下，跟随演示中的学习任务。

9.3　人类指导强化学习

在序列决策任务中，模仿学习、强化学习等诸多算法在实际应用中取得了显著的成绩。这些算法使智能体对象能够通过模仿人类演示者的行为或通过与环境交互的反复试错来学习最优策略。深度学习的最新进展使这些学习算法能够解决更具挑战性的任务。然而，对于这些任务，深度学习算法面临的一个主要问题是样本利用效率较低，例如，强化学习可能需要数百万个培训样本来学习某种游戏的最优策略。因此在实践中需要引入不同类型的人类指导作为领域知识的来源来加速学习。

在模仿学习中，人类演示者通过亲自执行任务并向智能体（机物）对象演示正确的操作来传达策略。然而在许多情况下，人类无法提供演示数据，直接使用人类策略作为指导是不切实际的。此外，部分算法可能需要大量高质量的演示数据，而收集人类行为数据可能成本高昂且容易出错。因此，一个有效的解决方案是利用多种类型的人类指导来帮助智能体学习策略。

本节主要对**基于人为评估反馈**、**基于人类偏好**和**基于注意力机制**这三种类型的人类指导进行详细介绍。可以将这里所讨论的人类指导看作一种反馈。也就是说，即使对人类来说任务难以实际完成演示，但人类仍然可以提供关于性能的反馈，并在这方面指导智能体对象。这些人类指导要比传统策略示范的成本低，或者可以与策略示范同时进行，从而为智能体训练提供更多的信息。

9.3.1 基于人为评估反馈的指导

基于人为评估反馈的指导，指人工指导者在观察智能体执行任务时给出评估信息，而智能体根据收到的评估反馈在线调整其策略。人为评估反馈最简单的形式是定义一个标量，它代表人类认为智能体所采取行为的理想程度。与策略论证相比，这种方法大大减少了所需的人力资源，因为它不一定要求人类指导者是执行任务的专家，只要求指导者可以较准确地判断智能体行为即可。这种方法的主要挑战之一是如何正确地解释人的评估反馈，因为这种解释决定了如何使用反馈来改进 MDP 框架中的策略。

1. 将人的评估反馈解释为直接的策略标签

直接构建人类行为的模型是非常困难的，但是一种可行思路是利用人类行为改进原始模型，从而带来更好的性能。在这一类工作中，Cederborg 等人 [52] 使用了策略塑造方法，将人类反馈解释为对智能体动作选择的评估，如人类针对智能体"向左移动""向前移动"等动作进行评估，该评估可以视为策略标签。策略塑造的方法可以直观地被解释为：好的行动带来好的评价，坏的行动导致糟糕的评价。在策略塑造过程中，最重要的参数是某个人类教师对行为选择的评估是否正确的概率，该参数表示为 C。如果一个动作是好的（或坏的），那么假设老师给出正面（或负面）批评的概率为 C（$C = 0$ 是一个完全无效的老师，$C = 0.5$ 是一个随机的非信息型教师，$C = 1$ 是一个完美的教师）。该方法简化了假设，即每个评估实例的精度是条件独立的，从而得到一个动作是好的概率：

$$\Pr_c(a) = \frac{C^{\Delta_{s,a}}}{C^{\Delta_{s,a}} + (1-C)^{\Delta_{s,a}}} \tag{9-5}$$

其中 $\Delta_{s,a}$ 是在给定的数据集中，将状态 s 和行动 a 的正面评价实例数减去否定评价实例数。该方法设 $C = 0.7$，该值假定人类教师以 70% 的概率做出正确评估。在学习过程中，采取动作 a 的概率 $\Pr(a)$ 为将由与上述来自人类教师评估的概率 $\Pr_c(a)$ 与 Q 值导出的概率 $\Pr_q(a)$ 相结合：

$$\Pr(a) = \frac{\Pr_q(a)\Pr_c(a)}{\sum_{\alpha \in A} \Pr_q(a)\Pr_c(a)} \tag{9-6}$$

此外，在交互式强化学习领域，一个长期目标是结合非专家的反馈来解决复杂的任务。Griffith 等人 [53] 同样为人类反馈建立了另一个更有效的特征即策略塑造，引入了一种贝叶斯方法来从人类反馈中获得最大化信息，并将其作为直接的策略标签，该方法对于不频繁和不一致的人类反馈更具有鲁棒性。

2. 将人的评估反馈解释为价值或奖励函数

相比于将人的评估反馈解释为策略标签，更多的研究是利用奖励塑造的思想将人的反馈解释为价值函数或者奖励函数。Warnell 等人 [54] 提出了 Deep TAMER，它是 TAMER 框架的一个扩展，利用了深度神经网络的表示能力，以便在短时间内通过人工训练器学习复杂的任务。Deep TAMER 算法的工作模式是，人类教师在观看视频的过程中要求智能体对象对细节进行观察，然后模仿具体行为，随后对该行为的属性进行批判，类似于驯养员训练动物。如图 9.19 所示，该框架假设一个人类教师观察智能体状态轨迹并周期性地提供标量值反馈信号 $(h_1, h_2, h_3 \cdots)$，传达他们对智能体行为的评估。

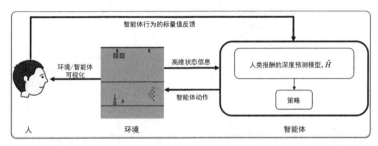

图 9.19　Deep TAMER 框架图 [54]

为了在状态空间维数较大的情况下有效地学习基于人类教师反馈信号的奖励函数，Deep TAMER 用一个深层神经网络对该函数进行建模。具体来说，由于任务主体主要针对由图像组成的状态空间，该框架对奖励函数 $\hat{H}$ 采用深卷积神经网络（CNN），其中 $\hat{H}(s, a) = z(f(s), a)$。为了在有限的训练时间和有限的人类输入的约束下有效地学习该网络的参数，该框架采用了两种策略：使用自动编码器对网络的 CNN 部分进行预训练；使用反馈重放缓冲区来提高学习率。最终，该方法在 Atari 保龄球游戏中进行了 15 分钟的反馈训练，智能体对象获得了比人类更好的表现。

与此类似，Arakawa 等人 [55] 引入了一个"人在回路"（Human-in-the-loop）的 RL 方案。该方案考虑二进制、延迟、随机性、不可持续性和自然反应等因素，完成了对人类教师精确建模的实验；同时其提出了一种称为 DQN-TAMER 的 RL 方法，有效地利用了人的反馈和长期奖励。该方法在迷宫和出租车模拟环境中表现优异。

在身份识别领域，Li 等人 [56] 提出了一种新颖的框架——RLTIR（Reinforcement Learning methods to update a Tree-structured Identity Recognition model），该框架利用强化学习方法，根据动态环境中人的反馈指导来更新基于树结构的身份识别模型。如图 9.20 所示，该框架包括三个部分：树结构的识别模型、人类专家反馈和模型更新。具体地，基本树结构的分类器负责对人员身份进行识别，输出当前实例属于相应用户的概率，其中每个分类器会包含多个决策树，以避免偶然性的误差；人类专家反馈将作为奖励用于模型更新，以提高模型对于动态环境的适应性。

我们在此主要介绍框架中人类专家反馈的设计。人类专家的反馈指导提高模型性能，但并不需要为所有实例进行反馈。过多的反馈请求将增加人类专家的负担，而过少的反馈则不足以用来改善模型。因此该框架考虑利用不确定性来评估实例反馈的必要性，即将具有更高不确定性的实例参与到人类专家的反馈中。具体地，将实例的不确定性定义为预期概率与实际输出概率的差值，当不确定性大于阈值时，请求来自人类专家的反馈。

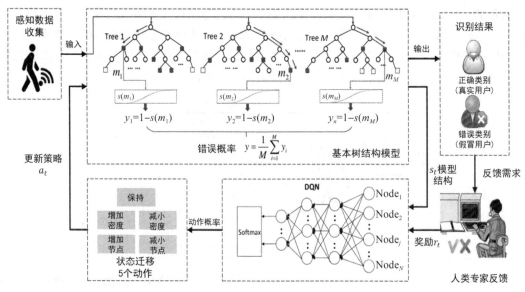

图 9.20   RLTIR 框架图[56]

9.3.2   基于人类偏好的指导

对于人类而言，许多强化学习任务很难提供实时评估反馈；但对于智能体对象来说，向人类查询它们对一系列行为的偏好或排名是可以实现的。人类可以在智能体对象的一组状态或动作序列上提供此类偏好反馈，也可以将偏好作为优先级加入智能体对象的动作选择中。

在基于人类偏好的指导中，典型思路是将人类偏好或者轨迹纳入机器决策的预训练。Christiano 等人[57]将人类偏好纳入预训练，其中策略 $\pi : \mathcal{O} \rightarrow \mathcal{A}$ 和奖励函数 $\hat{r} : \mathcal{O} \times \mathcal{A} \rightarrow \mathbb{R}$ 都由深层神经网络参数化。这些网络通过以下三个过程进行更新：

1）策略网络 π 与环境交互以产生一组轨迹 $\{\tau^1, \cdots, \tau^i\}$，其参数通过传统的强化学习算法进行更新，以使预测奖励总和 $r_t = \hat{r}(o_t, a_t)$ 最大化。

2）从步骤 1 中产生的轨迹 $\{\tau^1, \cdots, \tau^i\}$ 中选择样本对 (σ^1, σ^2)，并将它们发送给人类进行比较。

3）通过监督学习对参数 $\hat{r}$ 进行优化，以适应从人类收集的比较结果。

这些流程是异步运行的，其轨迹从流程 1 流向流程 2，人员比较流程从流程 2 流向流程 3，而参数 $\hat{r}$ 从流程 3 流向流程 1。其中核心在于流程 2，即人类偏好部分。该部分具体将可视化后的两个轨迹段提供给人类指导者，该轨迹段均以短片形式给出，片段长度为 1～2 秒。然后人类会给出三种判断：他们更喜欢哪个片段；这两个片段同样好；无法比较这两个片段。人类的判断记录在一个三元组 $(\sigma^1, \sigma^2, \mu)$ 中，置于数据库 D 中，其中 σ^1 与 σ^2 是两个片段，μ 是 $\{1, 2\}$ 上的分布，表示用户更喜欢哪个片段。如果人类选择一个片段作为首选，那么 μ 将其所有分布放在该选择上；如果人类将片段标记为同样优选，则 μ 是均匀的；最后，如果人类将这些片段标记为不可比较，那么比较就不会包含在数据库中。

这种新型的预训练降低了人员监督的成本，因此可被实际应用于最新的 RL 系统。

此外，Wilson 等人[58]考虑如何通过轨迹偏好的专家查询来学习控制策略。其方法的独特之处在于智能体向专家展示源自同一状态的一对策略的短期运行过程，然后专家指出哪个轨迹是首选的。该文献提出了一种新的贝叶斯查询过程模型，并介绍了利用该模型主动选择专家查询的两种方法，其中智能体的核心目标是用尽可能少的查询次数从专家那里获取一个潜在的目标策略。Ibarz 等人[59]结合了两种从人类偏好中学习的方法（专家演示和轨迹偏好）来训练一个深度神经网络和建模奖励函数，并基于此奖励预测在 9 个 Atari 游戏上进行测试，实验结果展示其性能在 7 款 Atari 游戏中超越了传统模仿学习。

9.3.3　基于人类注意力的指导

基于注意力机制的指导主要是利用人的注意力机制，来提高智能体完成视觉感知等任务的效率。现实场景中，人眼的分辨力有限，因此人们学会了在正确的时间将眼睛移到正确的位置以处理紧急状态信息。人的注意力可以帮助智能体缩小动作空间或状态空间，在一定程度上对于具有高维状态空间的任务特别有用。智能体对象可以通过学习人类的注意力机制来提取有用的状态特征。

典型研究及算法

由于视觉注意力机制的存在，人类视觉系统比计算机视觉系统表现出更显著的优势，特别是在区分细微差别方面。受此机制启发，Zhao 等人[60]将人类的注意力机制与强化学习相结合，提出了用于图像分类的 CNN 视觉注意力模型（CNNVA），以解决智能交通系统领域的车辆分类问题。

CNNVA 模型由视觉注意力模块、评估网络和视点选择模块组成，如图 9.21 所示。视觉注意力模块的作用在于突出图像的某一部分，削弱其他部分。它通过映射函数将原始图像转换为一部分清晰、另一部分模糊的聚焦图像。评价网络基于 CNN 进行构造，用于计算得到聚焦图像的分类概率预测。它的概率预测输出可以用来判断聚焦图像的分辨力和分类置信度。视点选择模块根据分类概率分布计算信息熵，用于指导强化学习中的智能体学习更好的图像分类策略、选择图像中更好的注意力区域。

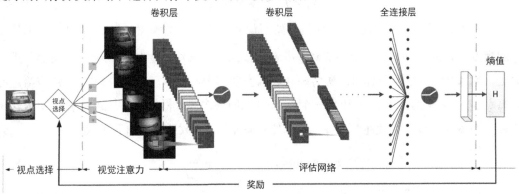

图 9.21　CNNVA 架构[60]

整个模型处理流程如图 9.22 所示：给定图像 X，其从输入图像中随机选择一个注意力点，视觉注意模块根据选择的视点将 X 转换为聚焦图像 X_f。然后评价网络预测聚焦图像 X_f 的标签，即对所选视点进行评价。最后视点选择模块根据评价网络的概率输出，选择一个新的注意视点，为 X 生成另一个聚焦图像，重复上述过程，最后可以找到几乎所有有助于分类的关键区域，从而结合所有关键区域提高识别图像的成功率。可以将视点选择过程看作一个顺序决策处理，因此可以利用强化学习来解决。接下来，我们对三个模块展开介绍，重点介绍其中的视觉注意力模块。

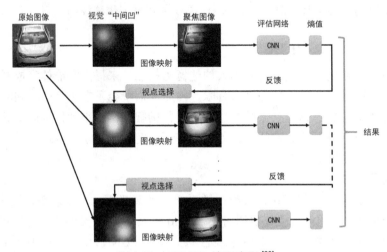

图 9.22   CNNVA 处理流程[60]

1）**视觉注意力模块**：CNNVA 中的视觉注意力模块借鉴了人类注意力机制。人眼中存在一个叫作"中央凹"的部分，它是视网膜中视觉（辨色力、分辨力）最敏锐的区域。由于"中央凹"的作用，人眼所注视的聚焦部分比远离焦点的部分具有更高的分辨率。为了模拟人类视觉系统的这一特性，他们构造了一个注意权重矩阵（AWM），将原始图像映射成一个部分清晰、另一部分模糊的聚焦图像，如下所示：

$$\boldsymbol{X}_f = f_d(\boldsymbol{X}, \boldsymbol{\Phi}) = \boldsymbol{\Phi} \odot \boldsymbol{X} \tag{9-7}$$

其中 $\boldsymbol{X} \in \mathbb{R}_+^{M \times N}$ 和 $\boldsymbol{X}_f \in \mathbb{R}_+^{M \times N}$ 分别是原始图像和聚焦图像的像素矩阵，M 和 N 分别是图像的高度和宽度。$\boldsymbol{\Phi} \in \mathbb{R}_{0,1}^{M \times N}$ 是 AWM，$\odot$ 表示按元素的乘法。通过与人类"中央凹"进行类比，称 AWM 为数字中心凹，映射函数表示为数字中心凹算子。AWM 中的 $\varPhi$ 与给定的聚焦点 (u,v) 以及图像中 (u,v) 和另一个点 (i,j) 之间的距离 r 相关联。其元素 ϕ_{ij} 被视为在位置 (i,j) 处对图像像素的关注率，并且可以使用 sigmoid 函数计算，如下所示：

$$\phi_{ij} = \mathrm{sigm}(d) = \frac{1}{1 + \exp(\alpha(d + \beta))} \tag{9-8}$$

其中，$d = \sqrt{(i-u)^2 + (j-v)^2}$；可调参数 α 和 β 决定了 sigmoid 函数的形状，在训练阶段

由分类性能决定。直观地说，像素离聚焦位置 (u, v) 越近，得到的关注越多。通过上式计算 AWM 中 Φ 的每个元素后，便可进一步得到聚焦图像。图 9.23 给出了具有中心视点的聚焦图像的示例。可以看到，聚焦图像中的注意力区域被突出，其他区域被削弱，从而减少了背景对分类的干扰。

a）原始图像　　　　　　　b）有视点的聚焦图像

图 9.23　聚焦图像示例[60]

2）**评价网络**：在通过视觉注意力模型得到聚焦图像后，基于 CNN 的评价网络对聚焦图像进行分类，可以得到图像分类的概率分布。假设 P 是分类的概率分布，它的集中度反映了 CNN 对输入图像分类的能力。分类的概率分布越平坦，就越难区分输入图像，比如当 P 为均匀分布时意味着 CNN 无法分辨聚焦图像。信息熵可以定量地度量随机变量的不确定性，因此以分类概率 P 的信息熵作为评价尺度，来判断聚焦图像的分辨力和分类置信度，计算公式如下：

$$H(P) = E[-\log(p_c)] = -\sum_{c=1}^{C} p_c \log(p_c), \sum_{i=1}^{C} p_i = 1 \qquad （9\text{-}9）$$

对于不同的焦点位置，存在不同的注意力区域，可以得到不同的信息熵。较小的信息熵意味着可以更容易地对图像进行区分，从而指导下一模块进一步找到图像的关键区域。

3）**视点选择模块**：CNNVA 中的视点选择模块借助强化学习来自动选择视点。该模块以评价网络中聚焦图像分类概率的信息熵输出作为奖励，指导智能体选择某区域作为聚焦位置（视点）；智能体对象不断学习寻找下一个聚焦位置（视点），直到基于该聚焦位置的图像分类信息熵满足准确度要求。而其算法流程与基础 DQN 算法类似。

在视觉处理任务方面，还有诸多利用人类注意力机制进行指导学习的最新研究。Ruohan 等人 [61] 提供了一个大规模的高质量人类行为数据集，同时记录了人类在玩 Atari 视频游戏时的眼球运动。该数据集包含来自 20 个游戏的 117 小时游戏数据，其中包括 800 万个动作演示和 3.28 亿个凝视样本。基于该数据集，学习人类凝视模型来指导模仿学习，最终可使游戏成绩提高 115%，该结果说明了将人类视觉注意力纳入决策模型的重要性。Yin 等人 [62] 则根据对头戴式摄像机拍摄视频的分析，共同确定一个人在做什么和看什么，进而提出了一种新的第一人称视觉中联合注视估计和动作识别的深度模型。该模型将参与者的注视描述为一个概率变量，并使用深层网络中的随机单元对其分布进行建模。从这些随机单元中抽取样本来生成一个注意力图，而这种注意力图可以引导视觉特征在动作识别中的聚合，从而提供注视和动作之间的耦合。针对车辆自动驾驶领域，Jinkyu 等人[63]利用人类的注意力机制提出了一种新的自省解释方法，它由两部分组成：首先，其使用视觉（空间）注意力模型训练一个从图像到车辆控制命令（即加速和改变航向）的卷积网络，其中控制器的注意力识别出可能影响网络输出的图像区域；其次，其使用一个基于注意力的视频到文本模型来产生对模型行为的文本解释。

9.4 本章总结和展望

1. 总结

在人机物融合群智计算中，机物（人工智能）在搜索、计算、存储和优化等领域表现出高效的优势，人（人类智能）在认知、推断和决策等方面表现更为出色。鉴于二者的互补性，人机混合智能（Hybrid Intelligence，HI）将智能研究扩展到人－机的协作交互，融合各自所长，以创造出性能更高的智能形态，从而提升计算机的感知、推理和决策能力。

混合智能的实现形式分为人在回路的混合智能（Human-In-The-Loop hybrid-augmented intelligence，HITL 混合智能）与基于认知计算的混合智能（Cognitive computing based hybrid-augmented intelligence，CC 混合智能），这两种混合智能形式面临人类介入方式、人的直观决策与机器的逻辑决策结合方式及构建任务驱动或概念驱动的机器学习方法等问题。针对以上问题与挑战，9.1 节介绍的参与式样本标注方法，从数据层角度，通过人类的参与式标注给机器提供人类认知知识。9.2 节介绍的示范模仿学习方法，从策略层角度，通过示教模仿学习人类认知过程中的注意力、感知和识别，使机器人无须大量的编码技能就可以理解如何完成任务。同样从策略层角度，9.3 节介绍的人类指导强化学习主要从基于人为评估反馈、基于人类偏好和基于注意力机制展开详细介绍，其相较于传统示范模仿学习方法成本更低，并且更加利于人类认知与机器演算相融合。

2. 展望

人机混合学习伴随着人类认知的解释以及机器智能的提升而不断发展，未来需要进一步探索如何最大限度地发挥人类智能，并使其与机器智能实现更好的融合，不断提高混合学习模型的鲁棒性与泛化性。

首先，在参与式样本标注方面，基于众包发展而来的样本标注架构已经比较成熟，但是在传统众包平台基础上仍需进一步研究如何充分发挥人类优势。在未来，我们可以考虑根据不同参与者的教育背景、人物特性以及标注要求进行个性化的任务分配，从而提高标注质量；另外，在保持样本标注质量的基础上，探究如何进一步降低成本，可以在任务剪枝、参与者过滤、任务分配以及统计模型等方面进行优化。

其次，要进一步提高模仿学习在人机物智能融合中的通用性，针对目前模仿学习特征提取的局限性，读者可以考虑如何使机器趋向于自动地从人类示范中提取特征，从单智能体研究转向更复杂的多智能体系统的协调控制。由于人机物融合系统处于动态演化过程中，因此需要考虑如何使模型训练更加趋向于增量式学习方式，并且如何在新场景中快速应用模仿学习。

最后，在人类指导强化学习方面，未来可以在人类指导数据收集、人类指导的解释性以及多种人类指导融合等方面展开深入研究。在数据方面，目前人类指导数据的收集仍存在一定的难度，需要通过创建公开可用的基准数据集来促进领域研究；对于人类指导的解释性问题，可以深入探究影响人类策略的因素，以摆脱人类指导的自身局限性；考虑融合多种类型的人类指导，多层次地指导智能体学习最佳策略。

习题

1. 人机混合智能的实现形式有哪两种？分别具有什么特点？
2. 如何理解参与式样本标注中人类智慧的体现？参与式样本标注在应用中存在哪些问题？
3. 以 CrowdLearn 平台为例，参与式样本标注框架包含哪几个主要模块？分别说明各个模块的主要功能。
4. 如何提高参与式样本标注中的标注质量？
5. 简述示范模仿学习的方法，以及各类方法具有的特点和适用场景。
6. 尝试复现参考文献 [36] 提出的 GAIL 模型，实现逆强化学习。
7. 目前模仿学习开始应用于强化学习领域，结合实例说明引入模仿学习的优势。
8. 说明人类指导强化学习与模仿学习的区别和联系。
9. 人类指导强化学习可以划分为哪几类？分别具有什么特点？
10. 在人类指导强化学习中，如何利用人为评估反馈来指导强化学习的训练流程？

参考文献

[1] PAN Y. Heading toward artificial intelligence 2.0[J]. Engineering, 2016, 2(4): 409-413.

[2] MORAVEC H. Mind children: The future of robot and human intelligence[M]. Harvard University Press, 1988.

[3] ZHENG N, LIU Z, REN P, et al. Hybrid-augmented intelligence: collaboration and cognition[J]. Frontiers of Information Technology & Electronic Engineering, 2017, 18(2): 153-179.

[4] 於志文，郭斌 . 人机共融智能 [J]. 中国计算机学会通讯，2017，013(012): 64-67.

[5] LEIMEISTER J M. Collective intelligence[J]. Business & Information Systems Engineering, 2010, 2(4): 245-248.

[6] ESTELLÉS-AROLAS E, GONZÁLEZ-LADRÓN-DE-GUEVARA F. Towards an integrated crowdsourcing definition[J]. Journal of Information Science, 2012, 38(2): 189-200.

[7] SETTLES B. Active learning literature survey[J]. Computer Sciences Technical Report 1648, University of Wisconsin, Madison, 52(55-66):11, 2010.

[8] XU Z, LIU Y, YEN N Y, et al. Crowdsourcing based description of urban emergency events using social media big data[J]. IEEE Transactions on Cloud Computing, 2016, 8(2): 387-397.

[9] ZHANG D, ZHANG Y, LI Q, et al. Crowdlearn: a crowd-ai hybrid system for deep learning-based damage assessment applications[C]// Proceedings of the International Conference on Distributed Computing Systems (ICDCS'19). IEEE, 2019: 1221-1232.

[10] WANG D, KAPLAN L, LE H, et al. On truth discovery in social sensing: A maximum likelihood estimation approach[C]// In Proceedings of the 11th International Conference on Information Processing in Sensor Networks (IPSN'12), 2012: 233-244.

[11] CHENG J, BERNSTEIN M S. Flock: hybrid crowd-machine learning classifiers[C]// Proceedings of the 18th ACM Conference on Computer Supported Cooperative Work & Social Computing(CSCW'15). 2015: 600-611.

[12] DENG J, KRAUSE J, STARK M, et al. Leveraging the wisdom of the crowd for fine-grained recognition[J]. IEEE Transactions on Pattern Analysis and Machine Intelligence, 2015, 38(4): 666-676.

[13] YANG F, YU Z, CHEN L, et al. Human-machine cooperative video anomaly detection[J]. Proceedings of the ACM on Human-Computer Interaction, 2021, 4: 1-18.

[14] 龙军, 殷建平, 祝恩, 赵文涛. 主动学习研究综述 [J]. 计算机研究与发展，2008(S1):300-304.

[15] TUIA D, RATLE F, PACIFICI F, et al. Active learning methods for remote sensing image classification[J]. IEEE Transactions on Geoscience and Remote Sensing, 2009, 47(7): 2218-2232.

[16] WANG K, ZHANG D, LI Y, et al. Cost-effective active learning for deep image classification[J]. IEEE Transactions on Circuits and Systems for Video Technology, 2016, 27(12): 2591-2600.

[17] GAL Y, ISLAM R, GHAHRAMANI Z. Deep bayesian active learning with image data[J]. arXiv preprint arXiv:1703.02910, 2017: 1183-1192.

[18] IPEIROTIS P G, PROVOST F, WANG J. Quality management on amazon mechanical turk[C]// Proceedings of the ACM SIGKDD workshop on human computation(HCOMP'10), 2010: 64-67.

[19] MARCUS A, KARGER D, MADDEN S, et al. Counting with the crowd[J]. Proceedings of the VLDB Endowment, 2012, 6(2): 109-120.

[20] HUSSEIN A, GABER M M, ELYAN E, et al. Imitation learning: a survey of learning methods[J]. ACM Computing Surveys (CSUR), 2017, 50(2): 1-35.

[21] ARGALL B D, CHERNOVA S, VELOSO M, et al. A survey of robot learning from demonstration[J]. Robotics and Autonomous Systems, 2009, 57(5): 469-483.

[22] ABBEEL P, NG A Y. Apprenticeship learning via inverse reinforcement learning[C]// Proceedings of the Twenty-first International Conference on Machine Learning (ICML'04), 2004: 1-8.

[23] TORABI F, WARNELL G, STONE P. Behavioral cloning from observation[J]. arXiv preprint arXiv:1805.01954, 2018.

[24] NG A Y, RUSSELL S J. Algorithms for inverse reinforcement learning[C]// Proceedings of the 17th International Conference on Machine Learning(ICML'00), 2000: 663–670.

[25] POMERLEAU D A. Alvinn: an autonomous land vehicle in a neural network[R]. Carnegie-Mellon Univ Pittsburgh PA Artificial Intelligence and Psychology Project, 1989.

[26] KELLY M, SIDRANE C, DRIGGS-CAMPBELL K, et al. Hg-dagger: Interactive imitation learning with human experts[C]// Proceedings of the International Conference on Robotics and Automation (ICRA'19), IEEE, 2019: 8077-8083.

[27] CHERNOVA S, VELOSO M. Interactive policy learning through confidence-based autonomy[J]. Journal of Artificial Intelligence Research, 2009, 34: 1-25.

[28] ROSS S, GORDON G, BAGNELL D.A reduction of imitation learning and structured prediction to no-regret online learning[C]// Proceedings of the 14th International Conference on Artificial Intelligence

and Statistics(AISTATS'11), 2011: 627-635.

[29] GOECKS V G, GREMILLION G M, LAWHERN V J, et al. Efficiently combining human demonstrations and interventions for safe training of autonomous systems in real-time[C]// Proceedings of the AAAI Conference on Artificial Intelligence(AAAI'19), 2019: 2462-2470.

[30] RATLIFF N D, BAGNELL J A, Zinkevich M A. Maximum margin planning[C]// Proceedings of the 23rd International Conference on Machine Learning(ICML'06), 2006: 729-736.

[31] KLEIN E, GEIST M, PIOT B, et al. Inverse reinforcement learning through structured classification[c]// Proceedings of Advances in Neural Information Processing Systems (NeuIPS'12), 2012: 1-9.

[32] CHEN X, KAMEL A E. Neural inverse reinforcement learning in autonomous navigation[J]. Robotics & Automation Systems,2016 , 84: 1-14.

[33] ZIEBART B D, MASS A, BAGNELL J A, et al. Maximum entropy inverse reinforcement learning[C]// Proceedings of the Twenty-Third AAAI Conference on Artificial Intelligence(AAAI'08), 2008: 1433-1438.

[34] BOULARIAS A, KOBER J, PETERS J.Relative entropy inverse reinforcement learning[C]// Proceedings of the 14th International Conference on Artificial Intelligence and Statistics(AISTATS'11), 2011:182-189.

[35] SHIARLIS K, MESSIAS J, WHITESON S.Inverse reinforcement learning from failure[C]// Proceedings of the 2016 International Conference on Autonomous Agents & Multi Agent Systems (AAMAS'16), 2016:1060-1068.

[36] HO J, ERMON S. Generative adversarial imitation learning[J]. arXiv preprint arXiv:1606.03476, 2016.

[37] MEREL J, TASSA Y, TB D, et al. Learning human behaviors from motion capture by adversarial imitation[J]. arXiv preprint arXiv:1707.02201, 2017.

[38] SCHULMAN J, LEVINE S, ABBEEL P, et al. Trust region policy optimization[C]// Proceedings of the International Conference on Machine Learning(ICML'15), 2015: 1889-1897.

[39] KUEFLER A, MORTON J, WHEELER T, et al. Imitating driver behavior with generative adversarial networks[C]// Proceedings of the IEEE Intelligent Vehicles Symposium (IV'17), IEEE, 2017: 204-211.

[40] EYSENBACH B, GUPTA A, IBARZ J, et al. Diversity is all you need: Learning skills without a reward function[J]. arXiv preprint arXiv:1802.06070, 2018.

[41] MEREL J, TASSA Y, TB D, et al. Learning human behaviors from motion capture by adversarial imitation[J]. arXiv preprint arXiv:1707.02201, 2017.

[42] LI Y , SONG J, ERMON S. " Infogail: interpretable imitation learningfrom visual demonstrations, " in Advances in Neural Information Processing Systems(NeuIPS'17), 2017: 3812–3822.

[43] FEI C, WANG B, ZHUANG Y, et al. Triple-gAIL: a multi-modal imitation learning framework with generative adversarial Nets[J]. arXiv preprint arXiv:2005.10622, 2020.

[44] BARAM N, ANSCHEL O, MANNOR S. Model-based adversarial imitation learning[J]. arXiv preprint arXiv:1612.02179, 2016.

[45] BLONDÉ L, KALOUSIS A. Sample-efficient imitation learning via generative adversarial nets[C]// Proceedings of the 22nd International Conference on Artificial Intelligence and Statistics(AISTATS'19), 2019: 3138-3148.

[46] JEON W, SEO S, KIM K E. A bayesian approach to generative adversarial imitation learning[C]//

Advances in Neural Information Processing Systems (NeuIPS'18), 2018: 7429-7439.

[47] STADIE B C, ABBEEL P, SUTSKEVER I. Third-person imitation learning[J]. arXiv preprint arXiv:1703.01703, 2017.

[48] ZHU Y, WANG Z, MEREL J, et al. Reinforcement and imitation learning for diverse visuomotor skills[J]. arXiv preprint arXiv:1802.09564, 2018.

[49] DUAN Y, ANDRYCHOWICZ M, STADIE B, et al. One-shot imitation learning[C]// Advances in Neural Information Processing Systems (NeuIPS'18), 2017: 1087-1098.

[50] HUANG D A, XU D, ZHU Y, et al. Continuous relaxation of symbolic planner for one-shot imitation learning[C]// 2019 IEEE/RSJ International Conference on Intelligent Robots and Systems (IROS), IEEE, 2019: 2635-2642.

[51] PAULY L, AGBOH W C, HOGG D C, et al. One-shot observation learning using visual activity features[J]. arXiv e-prints, 2018: arXiv: 1810.07483.

[52] CEDERBORG T, GROVER I, ISBELL C L, et al. Policy shaping with human teachers[C]// Proceedings of the Twenty-Fourth International Joint Conference on Artificial Intelligence(IJCAI'15), 2015: 3366–3372.

[53] GRIFFITH S, SUBRAMANIAN K, SCHOLZ J, et al. Policy shaping: Integrating human feedback with reinforcement learning[C]// Advances in Neural Information Processing Systems(NeuIPS'13), 2013: 2625-2633.

[54] WARNELL G, WAYTOWICH N, LAWHERN V, et al. Deep tamer: Interactive agent shaping in high-dimensional state spaces[C]// Proceedings of the Thirty-Second AAAI Conference on Artificial Intelligence(AAAI'18), 2018, pp. 1545–1553.

[55] ARAKAWA R, KOBAYASHI S, UNNO Y, et al. Dqn-tamer: human-in-the-loop reinforcement learning with intractable feedback[J]. arXiv preprint arXiv:1810.11748, 2018.

[56] LI Q, YU Z, YAO L, et al. RLTIR: Activity-based interactive person identification based on reinforcement learning tree[J]. arXiv preprint arXiv:2103.11104, 2021.

[57] CHRISTIANO P F, LEIKE J, BROWN T, et al. Deep reinforcement learning from human preferences[C]// Advances in Neural Information Processing Systems(NeuIPS'17). 2017: 4299-4307.

[58] WILSON A, FERN A, TADEPALLI P. A bayesian approach for policy learning from trajectory preference queries[C]// Advances in Neural Information Processing Systems(NeuIPS'12), 2012: 1133-1141.

[59] IBARZ B, LEIKE J, POHLEN T, et al. Reward learning from human preferences and demonstrations in Atari[C]// Advances in Neural Information Processing Systems(NeuIPS'18), 2018: 8011-8023.

[60] ZHAO D, CHEN Y, LV L. Deep reinforcement learning with visual attention for vehicle classification[J]. IEEE Transactions on Cognitive and Developmental Systems, 2016, 9(4): 356-367.

[61] ZHANG R H, WALSHE C, LIU Z, et al. Atari-head: atari human eye-tracking and demonstration dataset[C]// Proceedings of the AAAI Conference on Artificial Intelligence. 2020, 34(04): 6811-6820.

[62] LI Y, LIU M, REHG J M. In the eye of beholder: Joint learning of gaze and actions in first person video[C]//Proceedings of the European Conference on Computer Vision (ECCV), 2018: 619-635.

[63] KIM J, ROHRBACH A, DARRELL T, et al. Textual explanations for self-driving vehicles[C]// Proceedings of the European Conference on Computer Vision (ECCV), 2018: 563-578.

第 **10** 章

群智能体知识迁移方法

　　知识与技能可迁移作为群智能算法的重要特征，是人、机、物面对多源、异构、多模态数据，复杂、异质、动态任务应具备的核心能力之一。人类之所以能够解决新任务、不断进步，是因为人类具备出色的迁移能力和学习能力[1-2]。面对新的环境、新的目标，人类擅于发现不同任务之间的区别与联系，利用已积累的知识创造性地解决新问题[3]。人、机、物的有机交互、协作、竞争与对抗需要群智能体和群应用具备"举一反三"的能力，因此群智能体知识迁移旨在从数据、特征、模型、任务多维度研究群智能体间的知识迁移方法，提升 AI 模型鲁棒性和泛化性。具体而言，知识蒸馏技术[4-5]可将一个复杂模型或者集成模型已学习知识迁移至轻量模型中，使终端运行的微模型具备较强的学习能力。域自适应迁移学习（Domain Adaptation Transfer Learning）方法[6-7]旨在通过条件 / 边缘概率分布适配、特征变换等技术对齐源域与目标域数据分布，发现领域相似性以借鉴相关领域知识辅助当前领域模型的训练。此外，群智能体与群应用任务空间庞大，仅靠数据之间的分布对齐难以提升单个任务的性能。由于群智能体任务与任务之间并不完全独立，以"知识共享"为主的多任务知识迁移方法（Multitask Transfer Learning）[8-9]可利用任务之间的共享表示来提高单个任务学习的泛化性能，为群智知识迁移提供了有效解决方案。

　　以上知识迁移方法通过学习一个智能模型解决智能体面对的任务，而基于元学习（Meta Transfer Learning）[10-11]的群智知识迁移是"学习如何学习一个智能模型"，旨在迁移模型的学习能力以使模型仅通过少量样本的训练即可应对新任务。在实现知识迁移的同时，也有助于保护群用户隐私，群智知识迁移模型应在隐私要求下让多智能体高效地使用各自的数据，同时能够在小样本和弱监督的条件下训练得到性能更佳的算法。联邦迁移学习模型（Federated Transfer Learning）[12-13]综合利用联邦学习与迁移学习技术实现群应用、群智能体数据孤岛的连接与融合，达到跨域知识迁移的目的。随着知识的不断积累，人类在解决问题过程中能够依据已有经验抽象得到"技能"，其作为不同场景知识的高度融合能够显著提升人类应对复杂问题的能力。基于分层学习[14-15]的群智技能迁移旨在解析群用户、群智能体、群应用对知识经验加以运用的一系列"动作技能"，以及不同领域专家抽象得到的"智力技能"。此外，在多智能体场景下，由于环境部分可观测性及奖励稀疏性，用于群智能体学习的交互样本获取成本过大，需研究以"经验迁移"与"交互迁移"为主的群智能体迁移学习方法。

　　综上，本章将主要介绍基于知识蒸馏的群智知识迁移（10.1 节）、域自适应迁移学习

（10.2 节）、基于多任务学习的群智知识共享（10.3 节）、元学习迁移模型（10.4 节）、联邦迁移学习模型（10.5 节）、分层学习与技能迁移（10.6 节）、多智能体强化学习中的迁移学习（10.7 节），章节逻辑关系如图 10.1 所示。

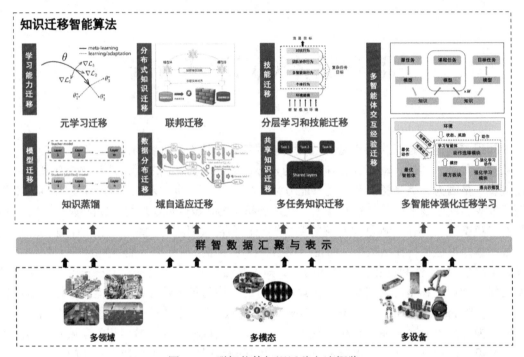

图 10.1　群智能体知识迁移方法概览

10.1　基于知识蒸馏的群智知识迁移

知识蒸馏（Knowledge Distillation，KD）旨在把一个大模型或者多个集成模型学到的知识迁移到另一个轻量级的简单模型上，在模型压缩的思想下实现知识迁移，并方便部署。对于机器学习算法而言，一种提高模型性能的方法是集成学习（如 Bagging 和 Boosting 方法），即组合多个弱监督模型（只在某些方面表现得比较好）以期得到一个更好、更全面的强监督模型。这样虽然可以提升模型的性能，但是对于资源受限的边缘设备来说，多个模型集合的运算需求、存储需求等都十分庞大，难以在智能终端中部署应用。通过知识蒸馏，简单模型可以尽可能地逼近甚至超越复杂模型，从而用更少的复杂度来获得类似的预测效果。

根据知识蒸馏的模式，我们将知识蒸馏分为：**教师 – 学生迁移**和**学生互学习迁移**。教师 – 学生迁移也称为离线学习，是一种将预训练的大型教师模型中的知识迁移到小型学生模型中的蒸馏模式。学生互学习迁移也称为在线学习，是一种训练一组学生模型，使得他们互相学习、互相进行知识迁移的蒸馏模式。

10.1.1　教师 – 学生迁移模式

知识蒸馏框架通常包括一个大型教师模型（或大型模型的集合）和一个小型学生模型，

我们称这种知识蒸馏模式为**教师－学生迁移**。它的主要思想是在教师模型的监督下，训练出具有和教师模型性能相当的学生模型。教师模型的监督信号通常是指教师模型学到的"知识"，这些知识可以帮助学生模型模仿教师模型。

典型研究及算法

Hinton 等人在文献 [16] 中首次提出了"知识蒸馏"的概念，通过最小化教师网络产生的 logits（最终 softmax 的输入）与学生网络 logits 之间的差异，将知识从教师网络迁移到学生网络。

教师网络产生的 logits 中，softmax 函数为正确类赋高概率值，为其他类赋低概率值（接近于零）。数据集只能提供部分真实类别标签信息，无法提供类别概率分布信息。因此，Hinton 等人进一步提出了"softmax temperature"，其目的是"软化"标签。例如，在图像分类任务中，一张猫的图片被误分类为狗的概率很低，但仍然比误分类为汽车的概率大得多。这种类概率就可以作为教师模型的知识监督训练学生模型。给定一个网络的 logits 为 z，一张图片的类别概率 p_i 为：

$$p_i = \frac{\exp\left(\dfrac{z_i}{T}\right)}{\sum_i \exp\left(\dfrac{z_i}{T}\right)} \tag{10-1}$$

其中，T 为温度参数（当 $T=1$ 时即为标准的 softmax 函数）。T 值的增大将使 softmax 层的映射曲线愈发平缓，样本的概率映射集中于某些区域，可以提供更大的信息熵，从而教师网络可以提供更多与预测类相似的类信息。教师网络中提供的信息称为"暗知识"（Dark Knowledge）。在计算蒸馏损失时，使用与教师网络中相同的 T 值来计算学生网络产生的 logits。

对于带有真实标签的图像，Hinton 等人指出利用真实标签与教师网络的软标签共同训练学生网络是有益的，因此在总损失中引入了学生网络预测类别概率与真实标签的"学生损失"（Student Loss）（$T=1$）：

$$L(x, W) = \alpha * H(y, \sigma(z_s; T=1)) + \beta * H(\sigma(z_t; T=\tau), \sigma(z_s; T=\tau)) \tag{10-2}$$

其中，x 是输入，W 是学生网络的参数，H 是损失函数（如交叉熵损失），y 是真实标签，σ 是带有参数 T 的 softmax 函数，α 和 β 是系数，z_s 和 z_t 分别是学生网络和教师网络产生的 logits。如图 10.2 所示，教师－学生迁移的知识蒸馏一般步骤是首先对教师模型进行预训练，然后通过最小化蒸馏损失和学生损失训练学生模型。

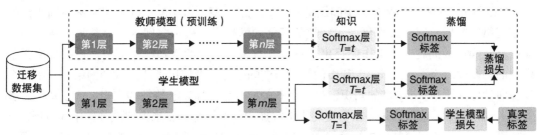

图 10.2　教师－学生迁移的一般框架 [16]

事实上，除了最后输出层的 logits 之外，中间层的输出（如中间卷积层得到的 Feature Map）也可以被用作知识来监督学生模型的训练。"中间表示"首先在 Fitnets[17] 中引入，Rmomero 等人将中间表示作为一种提示信息来促进学习进程，即希望学生网络可以学习一种中间表示，并且该表示可以预测教师网络的中间表示。受此启发，Passalis 等人[18] 提出通过匹配特征空间中的概率分布来迁移知识。Heo 等人[19] 提出利用隐藏层神经元的激活边界进行知识迁移，神经元的激活边界是指一个分离的超平面，它决定神经元是被激活还是被停用。该方法表明当学生模型所产生的边界与教师模型产生的边界重合时激活迁移损失最小。

在实际生活中，学生不只从一位老师那里学习知识，他会接受学校里不同老师的指导，融合来自不同指导老师的知识，以建立对知识全面而深入的理解。因此，群智能体知识迁移模型可使用多教师网络来帮助学生网络的学习，我们将从多个教师中学习的模式分为：**多源知识的迁移**和**多源数据的迁移**。

1. 多源知识的迁移

教师模型中的知识一般包括 logits 和特征表示。要从多教师网络进行知识迁移，最直接的方法是使用所有教师的平均 logits 作为监督信号，如图 10.3a 所示。平均的 logits 输出比每个模型单独的 logits 更客观，它可以削弱一些样本中置信度低的 logits 的影响，从而提高模型效果。如图 10.3b 所示，从特征表示集合中提炼出的信息比从 logits 集合中提炼出的信息更加灵活，因为它可以向学生网络提供更丰富和更多样化的交叉信息。

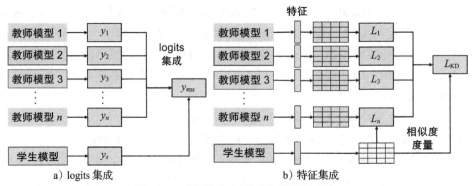

图 10.3   多源知识迁移的知识蒸馏框架

You 等人[20] 进一步整合了中间层的特征，克服了只对 logits 进行蒸馏时不易训练深度学生网络的问题，同时最小化样本在教师网络和学生网络表示空间的相对差异。考虑到特征图存在噪声的问题，该工作还提出了一种少数服从多数的教师投票策略，进一步增强了模型的鲁棒性。为了利用 logits 和中间特征，Chen 等人[21] 使用了两个教师网络，其中一个教师向学生传递基于 logits 的知识，另一个教师向学生传递基于特征的知识。为了从多名教师身上迁移基于特征的知识，在学生网络中添加额外的教师分支来模拟教师的中间特征。

事实上，从集成特征中进行蒸馏比从集成 logits 中进行蒸馏更为困难，因为每个教师在特定层上的特征表示是不同的。因此，转化特征、集成教师特征图级的表示成为关键问题。为了解决这个问题，Park 等人 [22] 提出为学生特征图输入一些非线性层，然后对输出结果进行训练，以模拟教师网络的最终特征图。除了利用非线性层对特征图进行变更，Wu 等人 [23] 还提出利用学生模拟教师模型的可学习变换矩阵来解决跨域知识迁移问题。该矩阵可度量两张图片的相似度，通过模拟该矩阵，学生模型可以学习到教师模型辨别图片相似度的能力。不仅如此，由于有多个教师存在，作者也提到了不同教师的权重更新策略：教师模型对应的源域和目标域越相似，该教师模型的权重越大。

以上方法都是预先训练好不同的教师网络再进行蒸馏学习生成学生模型。事实上，Furlanello 等人 [24] 提出了一种更加有效的学习策略——再生网络（Born Again Network，BAN），使学生网络的性能最后超过了教师网络的性能。与一般的知识蒸馏算法不同，BAN 用与教师网络相同的参数量来训练学生网络，并没有进行模型压缩。再生网络基本的训练流程如图 10.4 所示，预训练好一个教师模型后，在每个连续的步骤中，从不同的随机种子中初始化有相同架构的新学生模型，并且在前一学生模型的监督下训练这些模型。在该过程结束时，通过多代学生模型的集成 logits 可获得额外的性能提升。通过这种方式，预先训练的教师模型可以偏离从环境中求得的梯度，并有可能引导学生模型走向一个更好的局部极小值。

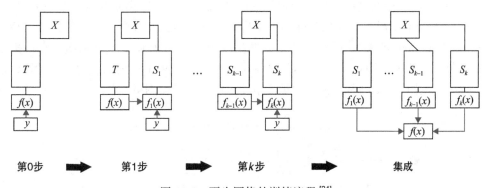

图 10.4　再生网络的训练流程 [24]

2. 多源数据的迁移

通过 logits 和特征集成可以明显提升知识蒸馏的效果，这是一种融合群智模型内部信息的思想。虽然上述知识蒸馏方法可得到较好的学生网络，但它假设所有的教师和学生模型的目标类别是相同的。此外，由于训练的数据集往往稀缺，因此难以将复杂度较高的教师网络蒸馏成小型的学生网络。

（1）统一多源数据

为了解决这些问题，研究人员提出通过统一来自多个教师的数据源进行群智知识蒸馏，不同的输入数据源提供类似或补充的信息，以指导目标域的任务学习。Vongkulbhisal 等人 [25] 提出了统一异构分类器（Unifying Heterogeneous Classifiers，UHC），该研究将一组具有不同架构和目标类的分类器知识统一为只有一组通用未标记数据分类器的问题。对于群智能体而言，数据是从多个来源收集的，出于隐私、安全等因素，不同数据源难以共享数据；此外，由于部分数据无法在多个信息源之间共享，因此每个信息源的数据难以覆盖全部类别信息，而且计算资源的不同可能导致无法训练相同的分类模型。为了解决这一问题，UHC 通过知识蒸馏来合并异构分类器，即推导出异构分类器的输出与所有类别的识别概率之间的关系。基于这种关系，能够从未标记的样本中估计所有类别的软标签，并使用它们代替真实标签来训练一个统一的分类器。

（2）数据扩充

与统一多源数据不同，数据扩充方法对一个教师网络的数据进行变换，从而构建出多个教师模型，最后蒸馏得到学生网络。例如，Radosavovic 等人[26] 提出了一种对未标记数据进行多重变换的蒸馏方法，以构建共享同一网络结构的不同教师模型。如图 10.5 所示，其主要思想是使用一个在大量有标签数据上训练过的模型在无标签数据上生成标签，然后再利用所有的标签（已有的或者新生成的）对模型进行重新训练。不同于 Hinton 等人[16] 从不同模型的预测中得出结论的思想，Radosavovic 等人通过将无标签数据的多种形式变换运用于同一个模型之上实现知识迁移。该方法包括以下 4 个步骤：①在人工标记数据上学习预训练模型；②将①中的模型运用到不同转变形式的未标记数据（例如对不同大小的图片进行检测）；③将②中得到的未标记数据转变成它们通过模型获得的预测结果，即在多种形式的未标记数据上生成相同结构的标签；④将人工标记数据和预测数据进行拼接之后，对模型进行训练。Sau 等人[27] 通过向训练数据注入噪声扰动教师的 logit 输出，来模拟多名教师的效果（类似于正则化方法）。这样，扰动输出不仅模拟了多名教师的参数设置，还在 softmax 层中产生噪声，通常只需要少量样本就可以训练学生网络。

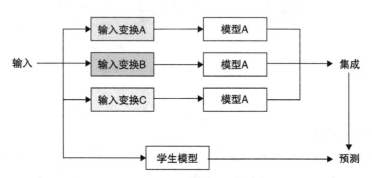

图 10.5　利用数据扩充的方法构建多教师模型[26]

（3）多模态数据

除了扩充单模态数据之外，还有一些研究将不同模态的数据进行互补，以解决单一模态数据不足导致模型效果不佳的问题。给定一个预先训练过某一种模式的教师模型（例如 RGB 图像），Gupta 等人[28] 将从有标签的数据模态（RGB 图像）中学习得到的特征作为监督信号，用于无标签数据模态（热力图）的特征学习。具体来说，如图 10.6 所示，该方法依赖于两种模式的配对样本，然后教师模型以从 RGB 图像中获得的特征来指导学生模型训练，其中配对样本通过成对样本匹配来传递注释 / 标签信息。Zhao 等人[29] 为了解决无线信号感知数据标注困难的问题，利用同步的视频信号提取人体姿势信息，再完成监督无线信号到姿势信息的训练，实现跨模态知识传递。训练完成后，就可以直接由无线信号得到人体姿势信息，实现基于辐射的人体姿态估计。训练数据只有在视线范围内才能直接观察到人的数据，但训练完成后，即使人不在视线范围内也能被检测出来。这是由于无线信号即使受到遮挡仍然可以表示人体姿势信息。结合两种模态数据的优势是在视线中没有人体时也能检测出姿势，实现穿墙识别。类似地，Thoker 等人[30] 利用 RGB 视频和骨架序列两种模式的匹配样本，将 RGB 视频中学习到的知识迁移到新的基于骨架的人类动作识别模型中。

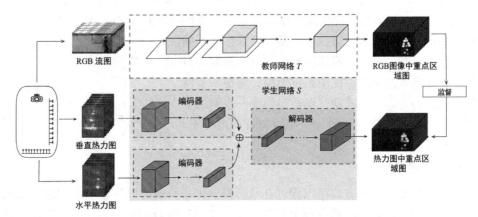

图 10.6　利用多模态数据（包括 RGB 图像和热力图）进行知识蒸馏[28]

拓展思考

在特征集成中，虽然已有学者提出让学生网络通过非线性变换或带加权机制的相似矩阵直接模拟教师网络的特征图集合，但仍存在如下挑战：如何知道哪些教师的特征表征在整体中更可靠或更有影响力？如何以自适应的方式确定每个教师网络的加权参数？是否存在一种从集合中选择一个教师的最佳特征图的机制，而不是将所有的特征信息融合在一起？

使用数据增强技术统一数据源和来自单个教师模型的未标记数据，以构建多个子教师模型，这对于训练学生模型是有效的。但是，它需要一个性能强大的教师模型，这可能会限制这些技术的应用。

10.1.2　学生互学习迁移模式

采用上述传统的知识蒸馏方法的一个问题是计算成本和复杂性较高。因为它们往往需要预训练性能强大的教师模型，当教师和学生之间的性能差距较大时，不易训练出较好的学生模型。为了避免这个问题，可以同时训练一组学生模型，使它们相互学习，即在线学习。我们称这种知识蒸馏模式为**学生互学习迁移**。

1. 学生相互学习

Zhang 等人[31] 提出了一种叫作相互学习（也称共蒸馏）的方法，如图 10.7 所示，即一组未经训练的具有相同网络结构的学生网络采用交替迭代的方式同时学习目标任务。具体来说，每个网络在学习过程中有两个损失函数：一是监督损失函数（以交叉熵损失为主），用于度量预测标签与真实标签的差异；二是网络间的交互损失函数（以 KL 散度为主），用于度量不同网络输出概率分布的差异。两种损失函数的结合既有助于提高网络的分类能力，又能够通过互相学习来提升自身的泛化能力。若扩展到 K 个网络，一种策略是每个网络学习时将其余 $K-1$ 个网络分别作为教师来提供学习经验；另外一种策略是将其余 $K-1$ 个网络融合后得到一个教师来提供学习经验。Chung 等人[32] 也基于相互学习的思想提出了一种在线知识蒸馏方法。该方法不仅传递类概率的知识，还利用对抗学习框架传递特征图的知识。

该工作同时训练多个网络，通过使用鉴别器来区分不同网络的特征图分布。每一个网络都有相应的鉴别器，目的是使鉴别器将该网络的特征图判定为假，将另一个网络的特征图分类为真。这样就可以通过训练一个网络来欺骗相应的鉴别器，学习到另一个网络的特征图分布，实现鲁棒的知识迁移。

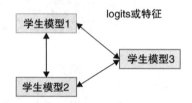

图 10.7　学生相互学习的一般框架[31]

2. 学生集成学习

虽然使用相互学习的方式可以促进在线蒸馏，但来自所有同等级学生网络的知识是不可以同时访问的。为此一些研究提出利用多个学生模型聚合中间预测结果，以构建一个动态的"教师"或"组长"，反过来指导所有学生网络，以一个封闭的循环形式提高学生的学习效果，如图 10.8 所示。在集成学习中，学生网络可以是独立的，也可以共享相同的网络结构。虽然群体目标提供了一个很好的无教师蒸馏模式，但通过简单的聚合函数可以快速导致学生网络同质化，从而造成早期的饱和解。为了解决这个问题，Chen 等人[33] 提出了一种在线知识蒸馏方法，在训练过程中与多个辅助学生网络和一个组长进行两级蒸

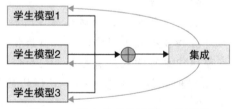

图 10.8　学生集成学习的一般框架

馏。在第一级蒸馏中，每个学生网络持有一组单独的聚合注意力权重，以便从其他辅助学生网络的预测中派生出自己的目标。从不同的目标分布中学习知识有助于提高学生网络的多样性，从而提高基于群体蒸馏的模型的有效性。第二级蒸馏将辅助"学生"网络的知识进一步传递给用于任务推理的"组长"模型。

与离线知识蒸馏相比，在线知识蒸馏有如下优势：在线知识蒸馏不需要预训练一个教师模型；在线学习提供了一种简单而有效的方式，通过与其他学生模型一起培训，提高网络的学习效率。

拓展思考

学生互学习迁移的知识蒸馏模式大多数研究 logits 信息，但也有一些研究通过对抗学习或特征融合实现特征信息迁移。然而，最适合知识蒸馏处理的学生网络的数量仍值得研究。此外，当存在预训练的教师网络时，是否可以同时使用在线和离线方法的方式？

对于为什么在线学习有时比离线学习效果更好，目前缺乏理论分析。在学生网络集成的知识蒸馏中，简单地将学生的 logits 聚合成一个组长或教师，抑制了学生网络的多样性，从而限制了群体网络学习的有效性，如何聚合网络以便形成有效的组长或教师的方法仍有待研究。

10.2　基于域自适应的群智知识迁移

域自适应（Domain Adaptation）迁移学习 [6, 34] 作为同构迁移学习的重要分支，目的是缩小源域和目标域数据之间的分布差异，以便将来自一个或多个相关域的有标签数据用于执行目标域任务。

要了解迁移学习，首先要定义什么是域（Domain）、什么是任务（Task）。域一般由数据特征和特征分布组成，是迁移学习的主体；任务则由标签和目标 / 预测函数组成，是迁移学习的结果 [35]。令 $\mathcal{X}$ 表示一个数据特征空间，$\mathcal{Y}$ 表示样本标签空间，$f(\cdot)$ 表示预测函数，则域 D 表示为：

$$D = \{\mathcal{X}, M(X)\} \begin{cases} \mathcal{X}, \text{数据特征空间} \\ X = \{x_1, x_2, \cdots x_n\} \in \mathcal{X}, \text{采样样本空间} \\ M(X), \text{边缘概率分布} \end{cases} \quad (10\text{-}3)$$

任务 T 表示为：

$$T = \{\mathcal{Y}, f(\cdot)\} \begin{cases} \mathcal{Y}, \text{样本标签空间} \\ Y = \{y_1, y_2, \cdots y_n\} \in \mathcal{Y}, \text{采样样本标签空间} \\ f(\cdot), \text{预测} x_i \text{所属标签} y_i \end{cases} \quad (10\text{-}4)$$

给定源域 D_s、目标域 D_t，源任务 T_s、目标任务 T_t，源域样本 $<x_i^s, y_i^s>$、目标域样本 $<x_i^t, y_i^t>$、源域边缘概率分布 $M_s(X)$、目标域边缘概率分布 $M_t(X)$，则迁移学习定义如下：

利用源域 D_s 和源任务 T_s 获得的知识，指导目标域 D_t 对应任务 T_t 下预测函数 $f_t(\cdot)$ 的学习：$f_t: X_t \rightarrow Y_t$，其中 $<X_t, Y_t> \in D_t$。

按照源域与目标域的边缘概率分布、任务是否相同可将迁移学习分为归纳式迁移学习（Inductive Transfer Learning）、直推式迁移学习（Transductive Transfer Learning）和无监督迁移学习（Unsupervised Transfer Learning），其对比如图 10.9 所示。域自适应迁移学习作为直推式迁移学习的热点研究方向，主要解决源域与目标域**边缘概率分布不同、任务相同**的迁移问题 [36]。

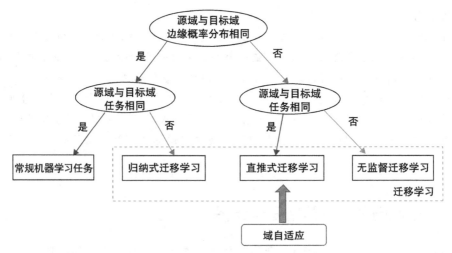

图 10.9　迁移学习研究分类

给定有标签源域 D_s 和无标签目标域 D_t，假设其特征空间相同（$\mathcal{X}_s = \mathcal{X}_t$）、标签空间相同（$\mathcal{Y}_s = \mathcal{Y}_t$）、条件概率分布相同（$C_s(Y_s|X_s) = C_t(Y_t|X_t)$），但边缘概率分布不同（$M_s(X_s) \neq M_t(X_t)$），则域自适应问题定义如下：

利用有标签源域 D_s 学习分类器 $f_t: X_t \rightarrow Y_t$ 预测目标域 D_t 的标签 Y_t，其中 $Y_t \in \mathcal{Y}_t$。

域自适应迁移学习旨在构建可以从语义相关但分布不同的源域中学习知识来执行目标域任务的模型。现实生活中经常会遇到边缘概率分布不同但条件概率分布相同的识别任务。如图 10.10 所示，同一款智能手机拥有不同的配色、界面，因拍摄角度、光照条件变化，所呈现的照片存在较大差异（边缘概率分布不同），但在给定条件下它们具有相同的属性和特征，如拥有两个摄像头、刘海屏等（条件概率分布相同）。人类能够轻松辨认出下列图片均为同一款智能手机所拍摄，是因为能够迅速找出图片内容的相似性，发现事物本质。因此，域自适应迁移学习方法需要具备良好的模型迁移与泛化能力，通过最小化域特定（Domain-specific）特征、最大化域不变（Domain-invariant）特征，提升目标域任务效果。

图 10.10　域自适应图像分类案例

群智知识源于群体贡献数据，现实世界的各种影响因素使不同数据之间往往存在分布不匹配和域偏移（Domain Shift）问题。由于群智数据不再满足统计学习中数据独立同分布条件假设，源数据学习的分类模型直接应用于目标域数据时分类性能会大大降低，研究域自适应迁移方法可为群智知识迁移模型提供参考。域自适应迁移方法众多，可从数据、特征、模型自适应的角度进行对比研究。本节主要从**样本重加权自适应**、**特征自适应**、**深度网络自适应**、**对抗自适应**四部分介绍相关前沿进展[⊖]。

10.2.1　样本自适应知识迁移

当源域和目标域数据边缘概率分布不同时，对训练样本和测试样本的采样会出现样本选择偏差（Sample Selection Bias）或斜变量偏移（Covariate Shift）[37]，样本重加权自适应旨在通过非参数化方式进行跨域分布适配来推断样本采样的权重。

作为最直观的域自适应方法，基于样本自适应的迁移模型主要关注源域和目标域差异较小的情况，目的是对源域样本进行重新加权使源数据分布更接近目标数据分布，主要包括样本直接加权、样本核映射加权两类方法。

样本直接加权方法主要是调整源域样本的权重，使加权后的源域数据分布更接近于目标域分布。例如，Jiang 等人[38]引入了四个参数来表征源域样本和目标域样本之间的分布差异：对源域 $\mathcal{D}_S$ 中的每一个有标签样本 (x_i^s, y_i^s)，参数 α_i 表示 $\mathcal{P}_{\text{target}}(y_i^s|x_i^s)$ 与 $\mathcal{P}_{\text{source}}(y_i^s|x_i^s)$ 之间的相似程度，参数 β_i 定义为 $\mathcal{P}_{\text{target}}(x_i^s)/\mathcal{P}_{\text{source}}(x_i^s)$。此外，对于目标域 $D_{t,u}$ 中每一个未打标签的样本 $x_i^{t,u}$ 及其在映射空间中可能对应的标签 $y \in \mathcal{Y}$，令参数 $\gamma_i(y)$ 表示伪标签 y 被分配给样本 $x_i^{t,u}$ 的概率，然后将 $(x_i^{t,u}, y)$ 添加至训练样本中训练分类器学习域共享特征。综上，参数 α_i 和 γ_i 在迁移学习过程中通过删除误导性源域样本并添加那些促进域分布适配的"带标签"目标域样本来在样本选择中发挥直接加权作用。

此外，Chen 等人[39]通过重新加权接近目标域子空间的源域子空间样本实现对源域和目标域子空间的对齐，其具体做法如下：

- 令 $\omega = [\omega_1, \cdots, \omega_m]^T \in R^m$ 表示源域样本的权重向量，源域数据分布与目标域数据分布越接近，则源域样本 x_i 的权重 ω_i 越高。因此可以采用一种简单的权重分配策略将较大的权重分配给更接近目标域的源样本。
- 获得权重向量 ω 后，可以通过对加权源数据的协方差矩阵 $\mathcal{C}$ 进行主成分分析来获得加权源空间，如式（10-5）所示，其中 μ 为加权均值向量（特征向量 P_T 可以扩展至目标域子空间）。

$$\mathcal{C} = \frac{1}{m}\sum_{i=1}^{m}(x_i - \mu)^T \omega_i (x_i - \mu) \tag{10-5}$$

- 利用具有 F- 范数最小化的无监督域自适应模型进行子空间对齐，子空间对齐矩阵 M 可以用最小二乘法进行求解：

$$\min_{M} \| P_S M - P_T \|_F^2 \tag{10-6}$$

⊖　注：以下内容均以分类作为源和目标任务。

基于样本直接加权的域自适应方法是在原始数据空间实现的，为了通过非参数的方式，利用源域数据和目标域数据在特征空间的分布适配来推断采样权重，研究人员提出了基于核映射的样本加权方法。简而言之，可以通过对源域样本进行重新加权来更好地表征源域数据和目标域数据之间的分布差异，从而使再生希尔伯特核空间（Reproducing Kernel Hilbert Spaces，RKHS）中的源样本和目标样本更加接近。

研究人员通过对源域数据的权重进行重采样，在 RKHS 中匹配源域数据和目标域数据的均值，目前常用的距离度量方法主要有核均值适配（Kernel Mean Matching，KMM）[40] 和最大均值差异（Maximum Mean Discrepancy，MMD）[41]：

- KMM 利用参数 β 对源域样本进行重加权，使目标域数据均值与加权源域数据之间的距离最小，如式（10-7）所示，其中 $\Phi(\cdot)$ 表示 RKHS 中的非线性映射函数：

$$\begin{cases} \min_{\beta} \| E_{x' \sim P_r}[\Phi(x')] - E_{x \sim P_r}[\beta(x)\Phi(x)] \| \\ \beta(x) \geqslant 0, E_{x \sim P_r}[\beta(x)] = 1 \end{cases} \tag{10-7}$$

- 通用 RKHS 中常用的非参数化 MMD 的公式表示为：

$$d_{\mathcal{H}}^2(\mathcal{D}_s, \mathcal{D}_t) = \left\| \frac{1}{M} \sum_{i=1}^{M} \phi(x_i^s) - \frac{1}{N} \sum_{j=1}^{N} \phi(x_j^t) \right\|_{\mathcal{H}}^2 \tag{10-8}$$

典型研究及算法

基于样本核映射加权的域自适应典型算法主要有加权最大均值差异（WMMD）[42]、迁移联合适配（TJM）[43]、协同训练自适应（CODA）[44] 等。

Yan 等人 [45] 提出了一种基于加权最大均值差异的领域自适应方法 WMMD，该方法克服了传统 MMD 忽略类别权重偏差（Class Weight Bias）并假设源域与目标域之间的各类样本权重误差相同的缺点，其定义如下：

$$d_{\mathrm{wmmd}}^2 = \left\| \frac{1}{\sum_{i=1}^{M} \alpha_{y_i^s}} \sum_{i=1}^{M} \alpha_{y_i^s} \phi(x_i^s) - \frac{1}{N} \sum_{j=1}^{N} \phi(x_j^t) \right\|_{\mathcal{H}}^2 \tag{10-9}$$

其中 $a_{y_i^s}$ 表示类别标签为 y 的第 i 个源域样本的类别权重，$\phi(\cdot)$ 表示核空间 $\mathcal{H}$ 内的一个非线性映射函数，M 和 N 分别表示从源域和目标域采样的样本数。

为最小化源域数据与目标域数据之间的 MMD 距离，Long 等人 [43] 提出了迁移联合适配方法 TJM，对变换矩阵 A 进行了结构稀疏采样（即添加 $L_{2,1}$ 范数正则化约束），则源域样本与目标域样本之间的相关性越强，对应系数的值越大。TJM 的目标函数定义如下所示，其中 $\|A_s\|_{2,1}$ 表示知识迁移过程中可以排除源域中与目标域不相关的样本，$\|A_t\|_F^2$ 防止模型过拟合，提高优化函数的平滑性；$M = KHK^{\mathrm{T}}$ 表示从 MMD 距离中推导出的求解矩阵，其中 H 和 K 分别是中心矩阵（Centering Matrix）和核矩阵（Kernel Matrix）：

$$\min_{A^{\mathrm{T}}MA=I} \mathrm{tr}(A^{\mathrm{T}}MA) + \lambda(\|A_s\|_{2,1} + \|A_t\|_F^2) \tag{10-10}$$

CODA 是基于协同训练的样本加权自适应迁移学习代表性工作，2011 年由美国华盛顿大学圣路易斯分校的 Chen 等人 [44] 提出。协同训练认为数据可以表征为两个不同的视图，然后分别为每个视图学习分类器提升模型的泛化性，标准协同训练算法如表 10.1 所示。假设数据集 S 包含两个充分冗余的视图 $view_1$ 和 $view_2$，则数据集中的样本 s 可以表示为 (e_1, e_2)，其中 e_1 和 e_2 分别表示 s 在 $view_1$ 和 $view_2$ 中的特征向量；f 是数据在特定空间中的目标函数，若 s 的标签为 l，则有 $f(x) = f_1(e_1) = f_2(e_2) = l$。在 S 中采样分布 D，设 C_1 和 C_2 分别定义为 $view_1$ 和 $view_2$ 上的概念类，若 D 对满足 $f_1(e_1') \neq f_2(e_2')$ 的样本 (e_1', e_2') 概率为 0，则称目标函数 $f = (f_1, f_2) \in C_1 \times C_2$ 与采样分布 D "相容" [46]。因此，可以利用无标签样本辅助发现哪些 "目标概念" 是相容的，而这些信息可帮助减少学习算法所需的有标签样本数，提升模型的泛化性能。

此外，Zhong 等人 [47] 认为核映射虽然可以使源域和目标域之间的边缘概率分布相似，但两个域之间的条件概率分布仍然存在差异，因此他们提出了一种基于聚类的样本加权自适应方法 KMapWeighted。具体而言，在再生希尔伯特核空间中利用 K-means 聚类算法找出与目标域数据相似的源域样本，然后再选择与目标域数据具有相似标签的源域样本（同一个簇中的数据应具有相同的标签），通过手动挑选数据对齐源域和目标域子空间，实现知识迁移。

表 10.1　标准协调训练算法伪代码

标准协同训练算法
输入　有标签数据集 L，无标签数据集 U
输出　分类器 f_1，分类器 f_2
1　划分有标签数据集 L 为 L_1 和 L_2；
2　利用 L_1 训练 $view_1$ 上的分类器 f_1，利用 L_2 训练 $view_2$ 上的分类器 f_2；
3　用 f_1 和 f_2 分别对无标签数据 U 进行分类；
4　将 f_1 中对 U 分类结果中置信度 top-k 个数据（p 个正例，n 个负例）及其分类结果加入 L_2 中；将 f_2 中对 U 分类结果中置信度 top-k 个数据（p 个正例，n 个负例）及其分类结果加入 L_1 中；
5　$U \leftarrow U - 2(p+n)$；
6　if $U \neq \emptyset$:
7　　goto line 2;
8　end

10.2.2　特征自适应知识迁移

特征自适应旨在通过使用线性或者非线性等映射方法学习从多个源中提取数据等通用特征表示，本小节主要对**基于特征子空间的域自适应方法**和**基于特征变换的域自适应方法**进行介绍。

特征子空间即将源域和目标域特征变换到相同的子空间，用低维空间表示高维特征空间，然后在低维空间中以线性或非线性方法实现域自适应知识迁移。通常可用流形空间（Manifold Subspace）进行特征自适应，流形空间中的高维数据可被看作是由低维流形映射到高维空间上的，因此高维数据在维度上存在冗余。例如，二维空间中的圆可以用一维极坐标表示，三维空间的 GPS 位置可以用二维经纬度表示。经典的基于特征子空间的自适应方法主要有采样测地线流方法（Sampling Geodesic Flow，SGF）[48]、测地线流核方法（Geodesic Flow Kernel，GFK）[49] 以及子空间对齐方法（Subspace Alignment，SA）[50]。这三个模型假定数据都可以用低维的线性子空间表示，即在高维数据中嵌入低维格拉斯曼流形（Grassmann Manifold）；通常使用 PCA 构建格拉斯曼流形，然后将源域和目标域定义为两个流形空间中的点，这两个点由测地线⊖连通，从源域"点"走到目标域"点"即表示实现了从源域到目标域的自适应迁移。

典型研究及算法

Gopalan 等人 [48] 提出了一种无监督低维子空间迁移方法——采样测地线流方法 SGF。SGF 沿源域数据和目标域数据之间的测地路径对一组子空间进行有限次采样，目的是找到最小域间差异的向量表示。

与 SGF 方法类似，Gong 等人 [49] 提出了测地线流核方法 GFK，其通过采样无穷多个子空间来建模域偏移。GFK 探索一条从 $\phi(0)$ 到 $\phi(1)$ 的测地线，将原始特征转换为从 $\phi(0)$ 到 $\phi(1)$ 的无限维空间，从而易于减少分布差异。流形空间中的无限维特征可表示为 $z = \phi(t)^T x$，变换后的特征 z_i 和 z_j 的内积定义为一个半正定测地流核：

$$< z_i^{\infty}, z_j^{\infty} > = \int_i^1 (\phi(t)^T x_i)^T (\phi(t)^T x_i) \mathrm{d}t = x_i^T \boldsymbol{G} x_j \tag{10-11}$$

其中 $\boldsymbol{G}$ 为半正定映射矩阵，$z = \sqrt{\boldsymbol{G}x}$，则原始空间中的特征可以转换为格拉斯曼流形空间。

为了对齐源域子空间和目标域子空间，Fernando 等人 [50] 提出可通过直接利用一个对齐矩阵 $\boldsymbol{M}$ 来使源域和目标域子空间相对于格拉斯曼流形空间中的点更接近，即：

$$\min_M \| P_S \boldsymbol{M} - P_T \|_F^2 \tag{10-12}$$

其中源域和目标域数据的子空间通过 PCA 后矩阵的特征向量进行连接。

除了基于特征子空间变换的域自适应方法外，基于特征变换的自适应方法旨在通过源域和目标域之间的分布度量来学习数据的变换或投影，以消除或减小跨源域和目标域的变换特征分布差异，主要包括核匹配准则（Kernel Matching Criterion）和判别准则（Discriminative Criterion）。核匹配准则通常采用最大均值差异统计量刻画源域和目标域数据之间的边缘 / 条件概率分布差异；而判别准则更关注类内的紧密度（Compactness）和类间的可分离度（Separability）。基于特征变换的自适应方法主要有迁移成分分析（TCA）[51] 和联合分布自适应（JDA）[52] 等。

典型研究及算法

Pan 等人 [51] 基于核匹配准则的 MMD 提出了迁移成分分析方法（Transfer Component Analysis，TCA），将投影边际 MMD 引入了损失函数。Long 等人 [52] 在 TCA 的基础上引入了条件 MMD，提出了联合分布自适应方法（Joint Distribution Adaptation，JDA），目标函

⊖　测地线又称为大地线或短程线，表示在一个三维物体的表面上找出两个点的最短距离。

数定义为：

$$\min_{W} d_m^2(X_S, X_T, W) + \lambda d_c^2(X_S, X_T, Y_S, Y_T', W) \qquad (10\text{-}13)$$

其中 W 为投影矩阵，Y_T' 为目标数据的预测伪标签，d_m^2 和 d_c^2 分别表示边缘概率分布和条件概率分布差异。

为了提升投影矩阵的区分能力，使源域和目标域的类内紧密度和类间可分离度都能被有效表示，Zhang 等人 [53] 提出了具有联合判别子空间学习和 MMD 距离最小化能力的模型 JGSA，其目标函数定义为：

$$\min_{W} F(W, X_S, X_T, Y_S, Y_T') + \lambda d_{\{m,c\}}^2(X_S, X_T, W) \qquad (10\text{-}14)$$

其中 $F(\cdot)$ 是投影矩阵 W 的可扩展子空间学习函数，例如线性判别分析（Linear Discriminative Analysis，LDA）、局部保留投影（Locality Preserving Projection，LPP）、边际费舍尔分析（Marginal Fisher Analysis，MFA）、主成分分析（Principal Component Analysis，PCA）等。

10.2.3　深度网络自适应知识迁移

2014 年，Yosinski 等人 [54] 探讨了深度神经网络底层、中间层、顶层特征的可迁移性，并证明了特征的可迁移性随着域之间距离的增加而降低。之后，Long 等人 [55] 提出深度域自适应网络（Deep Adaptation Network，DAN），该网络通过将高层特征嵌入 RKHS 中实现源域和目标域之间的非参数核匹配（例如 MMD 距离），来增强深度神经网络高层特征的可传递性。模型自适应知识迁移方法主要包括基于边缘概率分布对齐的自适应和基于条件概率分布对齐的自适应。

1. 基于边缘概率分布对齐的深度域自适应

在无监督的深度网络自适应框架中，为了减少有标签的源域和无标签的目标域之间的分布差异，通常将网络顶层特征转换到 RKHS 空间中进行最大均值差异 MMD 的域间核匹配，即基于边缘概率分布对齐的域自适应方法 [56]。

通常情况下，边缘概率分布对齐的自适应模型可定义为：

$$\min_{\Theta} \frac{1}{N_s} \sum_{i=1}^{N_s} \mathcal{J}(\theta(x_i), y_i) + \lambda \sum_{l} d_{\mathrm{ma}}^2(\mathcal{D}_s^l, \mathcal{D}_t^l) \qquad (10\text{-}15)$$

其中 $\mathcal{J}(\cdot)$ 为交叉熵损失函数，$\theta(\cdot)$ 为特征表示函数，$\mathcal{D}^l$ 表示第 l 层的领域特征集合，$d_{\mathrm{ma}}^2(\cdot)$ 表示领域间边缘分布对齐函数，例如 MMD 核函数。单个固定的核函数可能并不是最优核，因此多数模型采用多核 MMD，对每个核函数下计算的 MMD 距离进行加权求和作为源域和目标域的 MMD 距离。多核 MMD 要求深度网络每一层 MMD 距离最小，并且所有层 MMD 距离的和最小。

为衡量领域之间的差异，Long 等人 [57] 提出了一种在张量积希尔伯特空间中的联合最大均值差异 JMMD，以匹配多层网络的联合分布。然而 JMMD 并没有将目标域的网络输出引入源域分类器中指导其训练，可能无法使源分类器适应目标数据。为了解决该问题，Long 等人[58]借鉴条件熵最小化原理[59]进一步提出了 RTN 网络。条件熵最小化促进了无标签目标域数据 $\mathcal{D}_t$ 中类别之间的低密度分离（Low-density Separation）。交叉熵的最小化表示如式（10-16）所示，其中 $f_j(x)$ 为样本 x 被预测为类别 j 的概率，熵最小化等于目标样本的预测标签的不确定性最小化：

$$\min_{f \in \mathcal{F}} -\frac{1}{N_t} \sum_{i=1}^{N_t} \sum_{j=1}^{C} f_j(x_i^t) \log f_j(x_i^t) \tag{10-16}$$

2. 基于条件概率分布对齐的深度域自适应

在基于边缘概率分布对齐的方法中，仅使用非参数 MMD 度量在再生希尔伯特核空间中进行顶层特征匹配。在领域对齐中未考虑高阶语义信息，这可能会降低在源域数据上进行训练的神经网络在无标签目标域数据上的适应性。因此，结合基于边缘概率分布对齐的自适应模型，提出了基于条件概率分布对齐的深度网络自适应方法[60-61]。通常，条件分布对齐通过在概率 p 上建立 MMD 度量 d_{ca}^2，在领域间预测样本到类别 c 的不确定性：

$$d_{ca}^2 = \sum_{c=1}^{C} \left\| \frac{1}{n_s} \sum_{i=1}^{n_s} p(y_i^s = c \mid x_i^s) - \frac{1}{n_t} \sum_{j=1}^{n_t} p(y_i^t = c \mid x_j^t) \right\|^2 \tag{10-17}$$

除此之外，研究人员为了在无监督域自适应背景下进行特征学习提出了基于深度自编码机的域自适应迁移模型[62-63]，其合理性在于编码器和解码器在源域数据下的训练参数可以自适应地表示来自目标域的样本。例如，Zhuang 等人[64]利用有监督的自编码机学习域不变特征，其中编码器由两个编码层构成：用于最小化域差异的嵌入层和用于指导源分类器训练的标签编码层。令 x、z 和 $\hat{x}$ 分别表示输入样本、编码层提取的特征向量以及解码层重构的输出，则基于深度自编码机的域自适应框架可以描述为 $\min_{f,g,\theta} \mathcal{J}(x,\hat{x}) + \lambda\Omega(z_s, z_t) + \beta\mathcal{L}(z_s, y_s, \theta) + \gamma R(f, g)$，其中 f 为域共享编码器、g 为域共享解码器、$\mathcal{J}(\cdot)$ 表示重构损失、$\Omega(\cdot)$ 表示源域特征空间 z_s 和目标域特征空间 z_t 的分布差异、$\mathcal{L}(\cdot)$ 表示分类器损失（例如交叉熵）、θ 是从源域中学习到的参数、$R(\cdot)$ 为正则项。基于该深度自编码机框架，他们提出了一种对称 K-L 散度来衡量源域和目标域的分布差异，$\Omega(z_s, z_t) = D_{KL}(P_s \| P_t) + D_{KL}(P_t \| P_s)$，其中 $P_s = \bar{z}_s / \sum \bar{z}_s$ 和 $P_t = \bar{z}_t / \sum \bar{z}_t$ 分别表示源域和目标域的概率分布，$\bar{z}_s$ 和 $\bar{z}_t$ 分别表示源域样本和目标域样本编码特征表示的平均向量。类似地，Ding 等人[65]利用马氏距离衡量源域和目标域的差异。

10.2.4　对抗自适应知识迁移

对抗自适应起源于对抗学习（Adversarial Learning），目前已成为解决域自适应问题的重要框架。**域对抗即表示源域和目标域在特征空间中出现了域混淆（Domain Confusion），无法区分输入样本来自源域还是目标域；一方面希望提取特征能最小化目标任务损失，另一方面又希望该特征能最大化域分类损失，通过这种"对抗"提取域不变特征增强模型的迁移能力。**作为对抗学习发展的集大成者，生成式对抗网络 GAN[66]可以通过训练鲁棒的神经网络从源域分布中生成像素级（Pixel-level）的目标样本或特征级（Feature-level）的目标样本表示。传统的迁移学习方法侧重于源域和目标域之间输出知识（例如神经网络层模型参数）的自适应，而 GAN 直接以端到端的方式实现从源分布到目标分布的数据自适应。GAN 利用生成器（Generator）和判别器（Discriminator）的交替优化实现对抗自适应，而在广义对抗学习中是利用一个对抗对象（通常是一个二分类的域分类器）代替 RHKS 中的域差异最小化损失，进而实现域自适应。对抗域自适应知识迁移方法主要包括基于梯度反转和基于最小最大优化方法。

1. 基于梯度反转的对抗自适应

利用深度神经网络进行对抗域自适应往往通过联合优化用于源域分类器学习的广义交叉熵损失和用于域标签预测的域分类损失实现。在此基础上，Ganin 等人[67] 发现对抗域自适应可以通过在网络结构中添加一个简单又高效的梯度反转层（Gradient Reversal Layer，GRL）来实现，同时依然可以应用随机梯度下降方法对网络进行优化。基于梯度反转的自适应典型方法有 DANN[68]、CAN[69] 等。

（1）DANN

DANN 网络主要由特征提取器 G_f、任务分类器 G_y 和域分类器 G_d 三部分组成，如图 10.11 所示，其中 θ_f、θ_y、θ_d 分别表示特征提取器、任务分类器、域分类器各层参数集合。利用对抗学习思想进行领域自适应基于共享分类器（Shared-classifier）假设：如果能在源域和目标域中学习到一个共享特征表示空间，那么在该空间源域中训练得到的判别模型也能捕获目标域特征，即使模型学习域不变（Domain-invariant）特征。域分类器 G_d 以识别样本来源为目标，具备区分源域和目标域的能力，然而当模型捕获域不变特征时，域分类器无法识别样本来源，导致域分类器损失增大，即最大化域分类损失。若源域与目标域在某个特征空间完全重合，则域分类器会失效，因为它无法区分源域特征与目标域特征。任务分类器 G_y 以识别样本标签为目标，学习源域和目标域中分类判别信息，即最小化任务分类损失。由此可见，DANN 的训练过程既需要最小化任务分类损失，又需要最大化域分类器损失，具备明显的"对抗"过程。

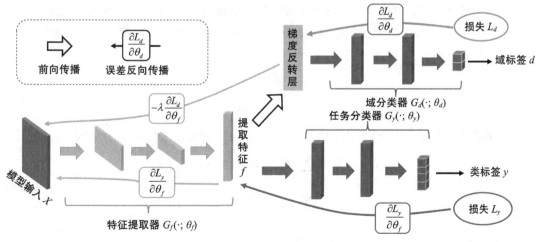

图 10.11　基于梯度反转的对抗域自适应网络架构图 [68]

经以上分析，DANN 损失函数主要包括以下部分：训练特征提取器 G_f、任务分类器 G_y，使源域数据可以被正确分类；训练特征提取器 G_f、域分类器 G_d，使特征提取器将源域和目标域下的数据映射到同一个空间并且数据分布相似难以区分，同时加强特征提取器获取域无关特征的能力，定义如式（10-18）所示（x_i 表示输入样本，y_i 表示样本类别标签，L 表示分类器损失，N 表示样本总数，d_i 表示域标签，θ 表示源域数据）：

$$
\begin{aligned}
E(\theta_f, \theta_y, \theta_d) &= \sum_{\substack{i=1,\cdots,N \\ d_i=0}} L_y(G_y(G_f(x_i; \theta_f); \theta_y), y_i) - \lambda \\
&\quad \sum_{i=1,\cdots,N} L_d(G_d(G_f(x_i; \theta_f); \theta_d), y_i) \\
&= \sum_{\substack{i=1,\cdots,N \\ d_i=0}} L_y^i(\theta_f, \theta_y) - \lambda \sum_{i=1,\cdots,N} L_d^i(\theta_f, \theta_d)
\end{aligned}
\tag{10-18}
$$

则目标解得最优 $\hat{\theta}_f$、$\hat{\theta}_y$、$\hat{\theta}_d$，使得：

$$
\begin{aligned}
(\hat{\theta}_f, \hat{\theta}_y) &= \arg\min_{\theta_f, \theta_y} E(\theta_f, \theta_y, \hat{\theta}_d) \\
\hat{\theta}_d &= \arg\max_{\theta_d} E(\hat{\theta}_f, \hat{\theta}_y, \theta_d)
\end{aligned}
\tag{10-19}
$$

DANN 与 GAN 不同的一点是 DANN 可以在一次循环中对 θ_f、θ_d、θ_y 同时进行更新，无须每次固定某些参数去更新其他参数。参数更新过程如式（10-20）所示（μ 为学习率）：

$$
\begin{aligned}
\theta_f &\leftarrow \theta_f - \mu\left(\frac{\partial L_y^i}{\partial \theta_f} - \lambda \frac{\partial L_d^i}{\partial \theta_f}\right) \\
\theta_y &\leftarrow \theta_y - \mu\frac{\partial L_y^i}{\partial \theta_y} \\
\theta_d &\leftarrow \theta_d - \mu\frac{\partial L_d^i}{\partial \theta_d}
\end{aligned}
\tag{10-20}
$$

对 θ_f 更新时引入了超参数 λ，该参数即为梯度反转层 GRL 引入的超参数。在网络信息前向传播过程中，GRL 类似于恒等映射；在误差反向传播过程中，在梯度上乘一个常数 $-\lambda$（$\lambda > 0$），如下所示：

$$
\begin{cases}
R_\lambda(x) = x \\
\dfrac{dR_\lambda}{dx} = -\lambda I
\end{cases}
\tag{10-21}
$$

则转换后的损失函数变为如式（10-22）所示的形式，即可采用 SGD 对 DANN 进行训练：

$$
\begin{aligned}
\tilde{E}(\theta_f, \theta_y, \theta_d) &= \sum_{\substack{i=1,\cdots,N \\ d_i=0}} L_y(G_y(G_f(x_i; \theta_f); \theta_y), y_i) \\
&\quad + \sum_{i=1,\cdots,N} L_d(G_d(R_\lambda(G_f(x_i; \theta_f)), \theta_d), y_i)
\end{aligned}
\tag{10-22}
$$

（2）CAN

CAN（Collaborative and Adversarial Network）也是对 DANN 的进一步改进。Zhang 等

人[69]发现 DANN 学习到域不变特征后，可能会丢失目标域数据中的一些特征信息；而且在卷积神经网络中，浅层通常捕捉到的是图像的底层特征（Low-level Features），例如角、边缘等，这些特征对于区分不同域的数据是有效的。因此他们提出了一种结合协同学习和对抗学习的域自适应网络 CAN。

虽然 CAN 也引入了多个域分类器，但与 MADA 不同，其并未按类别对样本进行对齐，而是利用每个特征提取块的输出向量进行域分类。CAN 主要包括三个模块，首先是对域可区分信息的提取，然后对域不变信息进行提取，最后结合两类信息进行协同对抗训练，如图 10.12 所示。

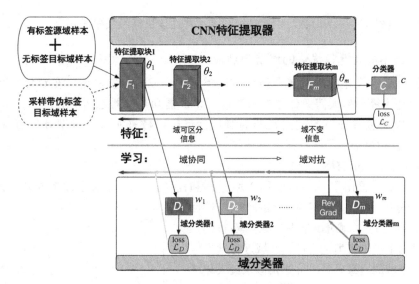

图 10.12 CAN 模型框架图[69]

图像中的边缘部分通常有助于区分样本是否来自源域，为了在训练模型时保持领域独有的信息特征，CAN 在每个特征提取块上（可以理解为多个卷积层）添加了一个域分类器。以图像分类任务为例，输入图像 x_i，特征提取网络 F 学习到的特征向量表示为 f_i，即 $f_i = G_F(x_i; \theta_F)$。域分类器利用 f_i 进行训练，尽可能捕捉目标域信息，则每个域分类器的目标函数定义为（θ_D 为域分类器参数，n 表示样本数据总数，d_i 表示域标签）：

$$\min_{\theta_F, \theta_D} \frac{1}{N} \sum_{i=1}^{N} L_D(G_D(G_F(x_i; \theta_F); \theta_D), d_i) \tag{10-23}$$

为了提取数据中的域不变信息，CAN 采用了 DANN 的结构，在最后一个域分类器 D_m 前增加 GRL 层以通过域对抗训练策略混淆域分类器，则域分类器的目标函数变为：

$$\max_{\theta_F} \min_{\theta_D} \frac{1}{N} \sum_{i=1}^{N} L_D(L_D(G_F(x_i; \theta_F); \theta_D), d_i) \tag{10-24}$$

优化第一个公式是为了区分源域和目标域中的数据，使特征向量表示保留域特定信息；优化第二个公式是为了删除域特定信息，使源域和目标域的数据特征表示尽可能相似。因此，对第二个公式的优化会不可避免地丢失目标域信息，为了在底层卷积部分学习域特定信息，在高层部分学习域不变信息，他们提出了协作和对抗的学习模式。假设共有 m 个特征提取块，每个块均由一组卷积和池化层组成，每个块均连接一个域分离器，并且为每个域分类器分配权重 $\lambda_k(k = 1, \cdots, m)$。$\lambda_k$ 大于 0 时表明网络倾向于在第 k 个特征提取块中学习域特定信息特征；λ_k 小于 0 时表明该特征提取块中主要捕获域不变特征。综上，该协同对抗学习网络的目标函数定义为：

$$\min_{\Theta_F, \lambda} L_{CAN} = \sum_{k=1}^{m-1} \lambda_k \min_{\theta_d^K} L_D(\theta_F^K, \theta_D^K) + \lambda_m \min_{\theta_d^m} L_D(\theta_F^m, \theta_D^m) \tag{10-25}$$

其中 $\Theta_F = \{\theta_F^1, \theta_F^2, \cdots, \theta_F^m\}$，$\lambda = \{\lambda_1, \cdots, \lambda_{m-1}\}$，并且该目标函数要满足 $\sum_{k=1}^{m-1} \lambda_k = \lambda_0, |\lambda_k| \leqslant \lambda_0$。

2. 基于最小最大博弈优化的对抗自适应

基于最小最大优化的对抗域自适应方法类似于生成式对抗网络，在 GAN 的训练过程中通常使用基于最小最大博弈优化的方法应对生成器和判别器之间的对抗。在本节，对抗域自适应可以通过域分类器或回归器的对抗性目标函数来实现，典型算法有 Adversarial CNN[70]、ADDA[71] 等。

（1）Adversarial CNN

Tzeng 等人[70] 提出了一种可应用于域迁移和任务迁移的对抗性 CNN 框架（Adversarial CNN），应用分类损失、软标签损失和两个对抗性目标函数（域混淆损失、域分类损失）实现域自适应。该方法通过两个步骤将类别信息从源域迁移到目标域：先使两个域的边缘分布尽可能相似来最大化域混淆，再将从源域样本中学习到的类别之间的关联关系直接迁移到目标域样本以保留类别之间的关系。例如在图 10.13 中，源域里瓶子（Bottle）与马克杯（Mug）非常类似，但是与椅子（Chair）和键盘（Keyboard）差异较大，则在目标域中瓶子与马克杯应该更相关，与键盘保持较大的差异。

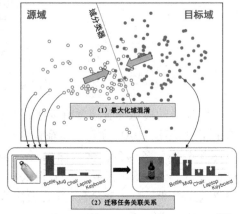

图 10.13　Adversarial CNN 迁移思想[70]

Adversarial CNN 模型框架如图 10.14 所示，通过在最后两个全连接层之间添加一个域分类层（记为 fcD，参数集合为 θ_D）指导网络学习域不变特征。对于有标签源域数据和全部目标域数据（仅部分数据有标签），域分类层以域混淆损失（Domain Confusion Loss）L_{conf} 和域分类损失（Domain Classifier Loss）L_D 优化卷积层和全连接层提取到的特征向量 θ_{repr}。L_D 和 L_{conf} 分别定义为：

$$L_D(x_s, x_t, \theta_{\text{repr}}; \theta_D) = -\sum_d \mathbb{1}[y_D = d] \log q_d$$

$$L_{\text{conf}}(x_s, x_t, \theta_D; \theta_{\text{repr}}) = -\sum_d \frac{1}{D} \log q_d \tag{10-26}$$

其中 x_s 和 x_t 分别表示源域和目标域数据，q 表示 softmax 函数：$q = \text{softmax}(\theta_D^T f(x; \theta_{\text{repr}}))$。$L_{\text{conf}}$ 中的 $1/D$ 表示域标签的均匀分布，因此 L_{conf} 表示的是域分类层预测样本域标签与真实域标签分布的交叉熵损失，为实现域混淆，则应最小化 L_{conf}。

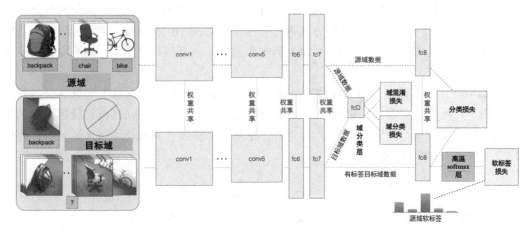

图 10.14　Adversarial CNN 模型框架 [70]

理想情况下网络需要同时最小化 L_{conf} 和 L_D 及其对应参数，但是这两个损失是完全对立的：学习一个完全的域不变特征向量意味着域分类器失效，而训练一个有效的域分类器意味着学习到的特征向量不是域不变的。因此，Adversarial CNN 不能像基于 GRL 的网络一样全局优化 L_{conf} 和 L_D，需要在给定上一次迭代的固定参数情况下对以下两个目标函数进行迭代更新（先更新 θ_D，然后更新 θ_{repr}）：

$$\min_{\theta_D} L_D(x_s, x_t, \theta_{\text{repr}}; \theta_D)$$
$$\min_{\theta_{\text{repr}}} L_{\text{conf}}(x_s, x_t, \theta_D; \theta_{\text{repr}}) \tag{10-27}$$

由 CAN 易知，通过对齐源域和目标域整个边缘概率分布实现域混淆时并不能保证两个域中每一类的样本是对齐的，因此 Tzeng 等人在"模型蒸馏"思想上提出了"软标签对齐机制"，即通过软标签保留源域中的类别信息。类 k 的软标签定义为源域中所有属于 k 类的样本 softmax 输出向量的均值。同时为了平滑 softmax 后的向量分布，Adversarial CNN 利用了带有高温 τ 的 softmax（softmax with a High Temperature τ）。获得每个类别的软标签之后可通过比较目标域样本的 softmax 向量与各类软标签学习目标域样本标签，则软标签损失定义为：

$$L_{\text{soft}}(x_t, y_t; \theta_{\text{repr}}, \theta_C) = -\sum_i l_i^{(y_t)} \log p_i \tag{10-28}$$

其中 θ_C 表示模型分类器参数，且 $p = \text{softmax}(\theta_c^t f(x_t; \theta_{\text{repr}}) / \tau)$，则整个网络的损失函数变为（超参数 λ 和 ν 决定着域混淆损失和软标签损失对网络优化过程的影响）：

$$L(x_s, y_s, x_t, y_t, \theta_D, \theta_{\text{repr}}, \theta_C)$$
$$= L_C(x_s, y_s, x_t, y_t; \theta_{\text{repr}}, \theta_C) + \lambda L_{\text{conf}}(x_s, x_t, \theta_D; \theta_{\text{repr}}) \tag{10-29}$$
$$+ \nu L_{\text{soft}}(x_t, y_t; \theta_{\text{repr}}, \theta_C)$$

（2）ADDA

在 Adversarial CNN 框架的基础上，Tzeng 等人 [71] 又提出了一种对抗判别域自适应方法 ADDA。该方法分别针对源域数据和目标域数据学习了两个 CNN：源 CNN 仅依赖于源域数据和标签，通过最小化交叉熵分类损失进行训练；目标 CNN 和域分类器损失则是在源 CNN 参数固定的情况下以对抗性的方式进行训练的，如图 10.15 所示。在测试阶段，目标域样本通过对抗训练得到的目标 CNN 映射到与源域样本共享的特征空间，由源域训练下的分类器进行分类。

ADDA 的核心目标是令源域和目标域的映射空间足够相似，使源域上训练的分类器可直接作用于目标域。记源域映射为 M_s，目标域映射为 M_t，分类器为 C（由其目标可知，源域和目标域分类器完全相同），域分类器为 D。在预训练阶段，源域样本包含标签，因此可利用交叉熵损失训练 M_s 和 C：

$$\min_{M_s, C} L_{\text{cls}}(X_s, Y_s) = -\mathbb{E}_{(x_s, y_s) \sim (X_s, Y_s)} \sum_{k=1}^{K} \mathbb{1}_{[k=y_s]} \log C(M_s(x_s)) \tag{10-30}$$

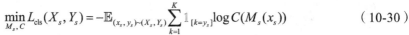

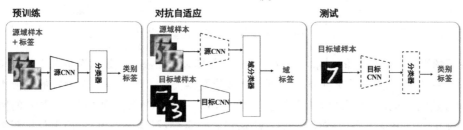

图 10.15　ADDA 模型框架 [71]

为了将 M_s 迁移到目标域学习 M_t，引入域分类器实现对抗域自适应，优化 D 的损失函数如下所示。在训练域分类器 D 的过程中，模型希望能根据 CNN 提取的特征区分输入来自哪一个域，因此 $D(M_t(x_t))$ 趋近于 0、$D(M_s(x_s))$ 趋近于 1，最小化 L_{adv_D} 即可得到当前最优的域分类器 D：

$$\begin{aligned} L_{\text{adv}_D}(X_s, X_t, M_s, M_t) = &-\mathbb{E}_{x_s \sim X_s}[\log D(M_s(x_s))] \\ &-\mathbb{E}_{x_t \sim X_t}[\log(1 - D(M_t(x_t)))] \end{aligned} \tag{10-31}$$

获得 D 后，为了实现域混淆，通过训练 M_s 和 M_t 使得域分类器无法分辨特征来源（即 M_s 和 M_t 足够相似），即：

$$\begin{cases} \min_{D} L_{\text{adv}_D}(X_s, X_t, M_s, M_t) \\ \min_{M_s, M_t} L_{\text{adv}_M}(X_s, X_t, D) \end{cases} \tag{10-32}$$

通过域分类器 D 确定 M_t 参数之后该如何学习 L_{adv_M} 是 ADDA 的关键。通常情况下基于 GRL 的方法认为 $L_{\text{adv}_M} = -L_{\text{adv}_D}$，然而 Tzeng 等人在实验过程中发现训练初期 D 会快速收敛，L_{adv_M} 容易出现梯度消失。因此 ADDA 采用了标签反转（Inverted Label）的方法，令 $D(M_t(x_t))]$ 趋近于 1，即：

$$L_{\text{adv}_M}(X_s, X_t, D) = -\mathbb{E}_{x_t \sim X_t}[\log D(M_t(x_t))] \qquad (10\text{-}33)$$

综上，ADDA 先使用有标签的源域样本 (X_s, Y_s) 优化 L_{cls} 和 C，然后固定 M_s 学习 M_t 以优化 L_{adv_D} 和 L_{adv_M}，实现对抗域自适应。除此之外，Rozantsev 等人[72] 提出了一种具有对抗域混淆的残差参数传递模型，该模型由域分类器监督，其中域之间的残差变换通过卷积层实现。为了增强特定域的特征向量表示，Long 等人[73] 提出了一个条件域对抗网络 CDAN，通过多线性映射机制（Multilinear Map）将特征表示和分类任务集成在一起，共同学习域分类器。此外，Chen 等人[74] 结合样本重加权自适应方法提出了一种无监督域自适应重加权对抗自适应网络 RAAN，其包含一个多分类源分类器 C 以及一个域分类器 D。为了提升"对抗"过程中的"域混淆"效果，RAAN 在训练域分类器 D 的过程中，利用参数 β 对源域的特征分布进行重加权。

10.3　基于多任务学习的群智知识共享

在人机物群智系统中，存在多个智能体执行不同但相关的任务，如数据分布不同、数据模态不同等。多任务学习（Multi-Task Learning，MTL）就是同时考虑多个智能体的相关任务，利用任务之间的共享因素或表示来提高单个任务学习的泛化性能的学习过程。MTL 虽然是一种迁移学习方法，但是与其他知识迁移学习模型不同，它并不是将源领域的知识迁移到目标领域，以提升目标领域任务的性能；而是强调"知识共享"，通过利用任务之间的关系试图同时学习源领域和目标领域的任务，以提升特定任务的性能。

多任务学习方法首先要明确共享什么知识以及如何共享知识。**"共享什么知识"**确定在所有任务中实现知识共享的形式，以特征和参数两种形式为主：基于特征的 MTL 旨在学习不同任务之间的共同特征，作为一种共享知识的方式实现"知识迁移"；基于参数的 MTL 在任务中使用模型参数，以某种方式帮助学习其他任务中的模型参数，比如正则化方法。

在确定"共享什么知识"之后，**"如何共享知识"**确定在任务之间共享知识的具体方式。在基于特征的 MTL 中有一种主要的方法，即特征学习方法：在浅层或深层模型的基础上学习多任务的共同特征表示（原始特征表示的子集或变换）。由于原始特征表示不足以表达多个任务，因此无法直接使用。根据原始特征与学习特征表示间的关系，可将该类别方法细分为：特征变换方法，其中学习到的特征表示与原始特征均存在一定差异（线性或非线性变换）；特征选择方法，其目的是提取与原始特征足够相似的表示（根据不同标准去除特征子集中的无用特征）。

基于参数的 MTL 主要有低秩方法、任务聚类方法、任务关系学习方法和分解方法。低秩方法（Low Rank Approach）将多个任务的相关性解释为这些任务的参数矩阵的低秩属性。任务聚类方法（Task Clustering Approach）假设所有任务形成几个集群，其中集群中的任务相互关联。任务关系学习方法（Task Relation Learning Approach）旨在从数据中自动学习任务之间的定量关系。分解方法（Decomposition Approach）将所有任务的模型参数分解为两个或多个组件，不同的正则化器会对这些组件进行惩罚。

根据任务之间的关系，可将 MTL 分为多任务联合学习和辅助任务学习两种方式。多任务联合学习（Joint Learning）方法认为多个任务只是数据的统计特征略有不同，任务之间没有主次之分。模型学习的目的是将几个数据分布相似的任务同时训练，减少任务之间的概率分布差异，通过任务之间的知识共享来提升特定任务的性能。辅助任务学习（Learning with Auxiliary Task）方法将任务分为主要任务和辅助任务，引入辅助任务的目的是为目标任务提供一些有效的信息，同时提高数据的使用效率。

10.3.1　多任务联合学习

联合学习又可称作对称多任务学习，是利用多个相互平等的相似任务共同训练以提高特定任务的性能。它通过多个数据分布相似的任务共同学习以减小任务之间的概率分布差异，进而增强模型的表示能力和泛化能力。在多智能体群智系统中，智能体之间可以通过联合学习实现知识共享，互相增强。

1. 典型多任务学习方法

参数共享（Parameter Sharing）是一种最直观的实现知识共享的方式，主要对深度神经网络中的隐藏层进行参数共享，可分为硬参数共享和软参数共享，如图 10.16 所示。硬参数共享（Hard Parameter Sharing）的基本思想是将不同任务的一些隐藏层进行共享，它把多个任务的数据输入到任务共享层中，以学习多个任务的联合表示，然后为每个任务分配一个任务特定层，用于学习每个任务特定的表示。硬参数共享虽然容易实现，可降低过拟合的风险，但应用场景非常有限，只适用于具有强相关性的任务。软参数共享（Soft Parameter Sharing）的基本思想是各个任务学习自身的模型，然后利用正则化方法使得不同任务的模型参数足够相似，最终达到参数共享的目的，是一种参数约束的思想。例如，Duong 等人[75]使用了 L2 范式，Yang 等人[76]使用了迹范式。与硬参数共享相比，软参数共享无任务强相关性假设，但参数量相对较大（为不同任务单独分配网络）。

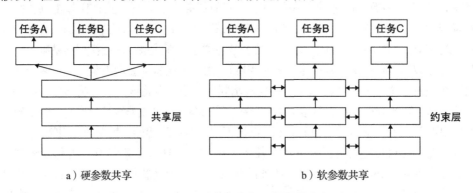

a）硬参数共享　　　　　　　　　　　　b）软参数共享

图 10.16　硬参数共享和软参数共享

为了解决不同任务结构存在差异的问题，研究者认为可从数据中主动学习得到网络结构，使用部分参数共享或者部分结构共享代替全参数共享。

基于张量表示的方法是一种参数表示方法。由于深度网络层数较多，用张量代替矩阵进行计算，从而寻求子结构的表示形式。为了解决深度网络中共享深层网络带来的负迁移问题，Long 等人 [77] 提出了一种强化各个任务联系的深度关系网络（Deep Relation Network，DRN），利用任务间的关系来解决深度网络中特定任务层的特征迁移，如图 10.17 所示。在结构上，除了硬参数共享之外，额外增加全连接层以刻画任务之间的关系，既能降低特征维度，又能通过与任务分类层的结合实现特征迁移。

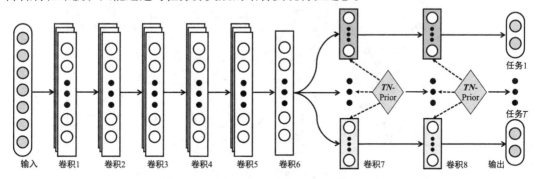

图 10.17　深度关系网络框架图 [77]

然而，基于张量表示的方法仍假设任务间整体相似（存在子任务基网络）。但部分特征无法在隐藏层之间无损失地迁移，所以研究者进一步提出了**自适应动态层连接网络**，该网络通过在各层之间设置连接结构实现共享层的选择性配置，以挑选共享特征，典型的算法有**十字绣网络**和**水闸网络**。

十字绣网络 [78] 针对不同的多任务学习方法难以确定网络共享部分的问题，设计了一种"十字绣"单元，如图 10.18 所示。它可以在共享表示和特定任务表示之间自由移动，通过在两个网络的特征层之间增加"十字绣"单元使网络自动学习到需要共享的特征。各个任务在网络的每一层学习到一个可看作共享表示的线性映射，并在此基础上进行非线性变换，最终全局学习到共享表示和特定任务表示的最优线性组合。此外，"十字绣"单元非常独立，通过拆分结构的再组合即可应对新任务。

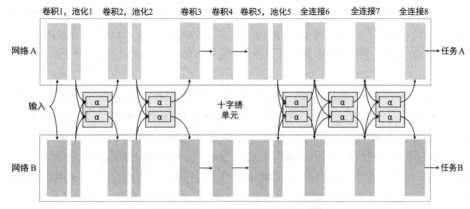

图 10.18　十字绣网络框架图 [78]

水闸网络[79]将每一层分为任务无关的共享单元和任务相关的松散属性特征单元，如图 10.19 所示，其在网络层之间通过开关单元来控制多任务之间的共享单元和松散单元。它可以学习到每层中哪些子空间是必须共享的，以及网络在哪层学到了输入序列的最佳表征，从结构上统一了共享的方法。

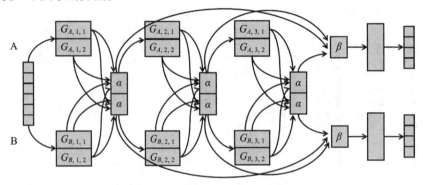

图 10.19　水闸网络框架图[79]

2. 研究实践

学习有效的嵌入表示在推荐系统中具有重要意义。由于用户的历史行为数据在单个域中通常缺乏或不足，学习大规模物品嵌入表示时的数据稀疏问题成为推荐系统中的一大挑战。因此，我们针对移动 App 推荐中单域样本稀疏的问题提出了 Deep Multi-Graph Embedding（DMGE）模型[80]，将推荐域与搜索域进行信息互补融合以应对数据稀疏问题。具体来说，推荐域指应用商店的首页（或类目页面等），可根据用户 App 下载记录推荐相关 App；搜索域指应用商店的搜索页面，用户可以根据当前需求或意图搜索和下载该领域的应用程序。用户在搜索领域的行为反映了用户当前的需求或意图，而在推荐领域的行为则反映了用户的一般兴趣，两个域的数据信息构成了互补关系。

为了关联移动应用商店中的不同域，我们构建了跨域 App 图，图 10.20 展示了跨域 App 图的构建过程：图 10.20a 显示了用户在不同域的交互序列，其中正方形表示用户，圆形表示移动 App，实线表示推荐域 App 共现，虚线表示搜索域 App 共现；图 10.20b 显示了不同域的 App 图，其中节点表示 App，边表示两个 App 共现，边的权值为两个 App 在交互序列中共现的次数；图 10.20c 显示了最后形成的跨域 App 图，它包含不同域的 App 依赖关系。

为了学习多种类型的节点嵌入，我们提出了一种多图神经网络模型 DMGE，它扩展了 GNN 以生成多图节点嵌入。如图 10.21 所示，DMGE 遵循多任务学习模式，每个子图 (即域) 被视为任务，主要包含四个关键组件：**域共享嵌入层**，用于学习多图节点的共享嵌入表示，通过编码节点属性和多图结构来生成共享信息，这些信息可以实现跨域共享；**特定域嵌入层**，基于领域共享嵌入在每个领域中生成特定的嵌入节点，然后利用每个域的具体嵌入来解决相应域的任务；**预测层**，基于具体的嵌入对节点之间存在链接的概率进行预测；**自适应权重平衡模块**，自动调整不同域的权重。

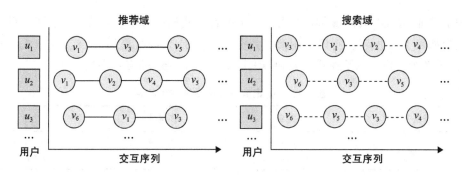

a）在不同域的用户交互序列

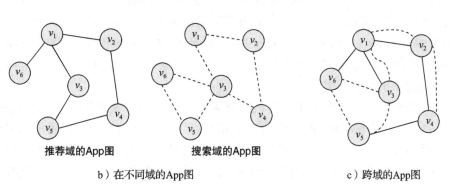

b）在不同域的App图　　　　　　　　　　　c）跨域的App图

图 10.20　跨域 App 图的构建过程 [80]

在对 App 进行嵌入学习后，DMGE 通过聚合用户的历史下载 App 的嵌入表示来生成每个域的用户嵌入向量；之后通过计算用户嵌入和 App 嵌入之间的距离来衡量用户 -App 的相似度；最后基于相似度为每个域的每个用户推荐候选集里的前 N 个 App。

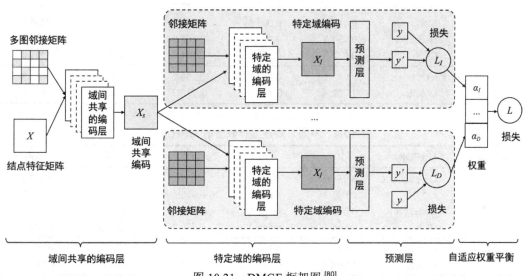

图 10.21　DMGE 框架图 [80]

为了验证 DMGE 在跨域推荐任务上的有效性，我们在真实数据集上进行了实验，数据集的构成如表 10.2 所示。腾讯应用商店数据集包含 31 天内收集到的 18 229 个 App（节点）和 1 011 567 个用户，以及在推荐域和搜索域中用户和 App 的交互序列（边）。

表 10.2   腾讯应用商店数据集的构成

数据集	域 / 关系	节点数	边数
腾讯应用商店	推荐域	18 229	548 930
	搜索域	18 229	936 065

我们将 DMGE 算法和五种经典的推荐算法（DeepWalk[81]、LINE[82]、node2vec[83]、GCN[84]、mGCN[85]）进行比较，其中前四种算法只能实现单图嵌入，mGCN 可以实现多图嵌入。评价指标为 Recall 和 MRR（Mean Reciprocal Rank），Recall 描述预测的 App 包含在真实的 App 列表中的比例；MRR 是把正确的 App 在预测列表中的排序取倒数作为它的准确度，再对所有的问题取平均。

表 10.3 和表 10.4 分别展示了经典的推荐算法和 DMGE 算法在推荐域中不同的 top-N 候选集上的 Recall 值和 MRR 值。在表 10.3 和表 10.4 中，Single Domain 表示只用推荐域的信息进行预测，Cross Domain 表示综合运用推荐域和搜索域的信息进行预测。结果表明，与单域的方法相比，DMGE 方法可以融合来自相关领域的信息，有助于学到更好的 App 嵌入，并提高推荐的性能；与其他的跨域方法（mGCN）相比，DMGE 方法可以自适应学习每个域的重要性，从而得到更好的性能。

表 10.3   不同方法在推荐域上的 Recall 值

Domain	Recall@N	10	20	50	100	1000
Single	DeepWalk	0.073 0	0.110 4	0.172 0	0.227 3	0.474 4
	LINE	0.062 2	0.090 8	0.148 7	0.208 5	0.503 2
	Node2vec	0.034 5	0.057 9	0.108 0	0.163 0	0.457 4
	GCN	0.077 3	0.113 9	0.184 3	0.248 7	0.569 3
Cross	mGCN	0.043 1	0.083 5	0.200 2	0.262 7	0.632 3
	DMGE	0.102 4	0.166 1	0.276 7	0.383 1	0.692 9

表 10.4   不同方法在推荐域上的 MRR 值

Domain	MRR@N	10	20	50	100	1000
Single	DeepWalk	0.051 0	0.054 9	0.057 5	0.058 5	0.059 4
	LINE	0.053 2	0.056 1	0.058 5	0.059 5	0.060 7
	Node2vec	0.026 5	0.029 0	0.031 2	0.032 2	0.033 4
	GCN	0.064 1	0.068 1	0.070 8	0.071 8	0.072 9
Cross	mGCN	0.026 4	0.031 1	0.036 4	0.037 5	0.038 9
	DMGE	0.069 9	0.076 1	0.080 5	0.082 1	0.083 2

10.3.2　辅助任务学习

在多智能体环境中，每个智能体执行一个相似任务，多任务联合学习可以利用多个任务的共享知识促使多个智能体互相增强。但是在大多数情况下，应用模型只关注主任务，同时可以利用一些辅助任务帮助主任务实现更好的性能。辅助任务往往与主任务密切相关或者能够促进主任务的学习，可进一步划分为**相关性辅助任务**、**提示性辅助任务**和**对抗性辅助任务**。

1. 相关性任务

相关性任务指那些与主任务相似但不同的任务，比如 Zhang 等人[86]认为在进行人脸特征点检测时结合一些辅助信息可以更好地定位特征点，例如性别、是否佩戴眼镜、是否微笑和脸部的姿势等，于是他们综合使用头部姿势估计与面部特征属性辅助人脸关键特征点的识别。Girshick 等人[87]利用 CNN 进行传统目标检测，并且能够同时预测图像中物体的类别和位置。实验结果表明该模型不仅加速了模型的收敛，还提高了模型的表现效果。此外，Arik 等人[88]使用神经网络代替传统参数语音合成中的各个模块，同时预测文本到语言的过程中音素的持续时间和频率，借助相关任务知识提高了语言合成效果。

2. 提示性任务

在线学习问题中往往存在较多重要特征只能在训练完成之后才能计算得到的情况。例如在自动驾驶场景下，由于技术原因在行驶过程中无法及时获得前方道路的交通标志，在行驶过程中无法预先获得前方路标描述和特征信息，若要提前感知道路交通标志，只能以离线学习的方式收集该场景下样本和特征使智能车获得知识。因此，可将未知特征的学习作为辅助任务并采取离线学习的方式进行学习；并在在线过程中为主任务的有效学习提供所需辅助信息，这些额外的任务产生的未来特征预测值可以应用于很多离线问题。

提示性辅助任务主要通过在辅助任务中预测特征实现知识的共享。在自然语言处理任务中，Yu 等人[89]提出了结构对应学习（Structural Correspondence Learning，SCL）方法实现跨域情感分类问题，如图 10.22 所示。SCL 同时引入两个辅助二元预测任务（输入句子是否包含积极或消极情绪词、是否可以从源和目标域中的未标记数据推断辅助任务标签），从未标记数据中学习非线性转换函数以推导域不变句子的嵌入向量表示，最后利用源域数据学习线性分类器识别句子情感。类似地，Cheng 等人[90]在错误名字识别中将判断一个句子中是否包含名字作为辅助任务，该辅助任务可以指定一个句子中名字实体的位置，作为特征将其迁移到最终的错误名字识别任务当中。

3. 对抗性任务

对抗多任务学习借鉴了生成对抗网络的思想，引导模型学习任务不变表示。标准的多任务学习通过"共享"提高主任务和次要任务的效果，而对抗性多任务学习要得到的是促进主要任务学习抑制次要任务学习的潜在向量表示。

例如，Shinohara 等人[91]提出了一种包括主要任务输出网络、次要任务输出网络和主次任务输入网络三部分的对抗多任务学习框架 AMT（如图 10.23 所示）。AMT 主要根据各辅助任务中包含的对抗信息消除与主要任务无关的域特定信息来提升主要任务的学习效果，其中主次任务输入网络用于提取不同任务之间的共享特征表示，而两个主要／次要输出子网络互相独立，用于学习对抗特征表示。AMT 通过共同学习域不变特征表示提升目标任务模型的泛化性与鲁棒性。

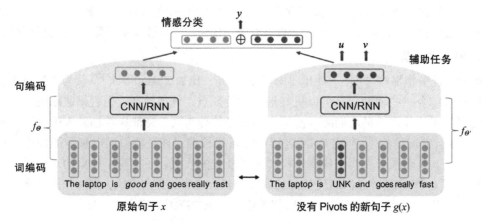

图 10.22　带有提示性辅助任务的跨域情感分类模型 [89]

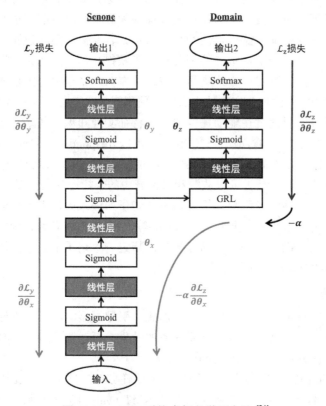

图 10.23　AMT 对抗多任务学习方法 [91]

虽然前面讨论了多任务学习中可用的各种辅助任务，但是我们并不知道在实际中哪种任务会起作用。寻找辅助任务的一个基本假设是：**辅助任务与主任务密切相关或者能够促进主任务的学习**。然而，实际应用场景下智能体并不知道什么样的两个任务是相关的或相似的。Caruana[92] 认为当两个任务依赖于相同的特征进行决策时，它们是相似的。Baxer[93] 进一步指出，相关的任务共享同一个最优的假设类，也就是同样的归纳偏置（Inductive Bias）。类似地，若两个任务的数据分布都源自同一类变换 F，那么它们 F 相关[94]。

任务相似性不是二值的，而是一个范围，更相似的两个任务在多任务学习中受益更大，反之亦然。为了指导模型选择辅助任务，Alonso 等人[95] 指出具有完备且统一的标签分布的辅助任务对于序列标注主任务学习更为有效。此外，Bingel 等人[96] 发现数据不平衡的辅助任务也可以提升主任务的表现效果。

拓展思考

多任务学习可以在特征迁移和知识共享过程中借鉴其他任务信息，通过任务之间的信息传递，满足任务需求。随着机器学习与深度学习技术的发展，多任务学习模型对有监督数据的需求大大降低。然而大多数多任务学习应用注重网络结构的设计，缺乏共享信息挖掘和归纳偏置的通用方法和普适理论。因此如何选择恰当的共享结构仍然是多任务学习的重点和难点。

10.4　基于元学习的群智知识迁移

元学习（Meta Learning），或者叫作"学会学习"（Learning to Learn），是目前机器学习领域中一个令人振奋的研究趋势，它解决的是学会如何学习的问题，即利用以往的知识经验来指导新任务的学习，具有"会学习"的能力。元学习旨在通过训练少量样本可以学习新技能或快速适应新环境的模型。

在人机物协作应用中，群智能体在很多情况下都会面临数据稀疏的情况，如新环境中的冷启动问题、小样本学习问题等，在这种情况下无法利用传统的机器学习方法。与一般机器学习任务不同的是，人机物协作中的智能体不是独立的，多个群智能体之间是相互关联的，即不同群智能体共享某些群智知识。因此，我们希望在人机物融合群智计算中，新的群智能体可以利用其他群智能体学习到的先验知识经验来指导新任务的学习，使得智能体具有学会学习的能力。这时元学习将发挥主要作用，即我们希望借助元学习获取可以快速适应人机物协作情景中不同复杂情况下的模型。不同于域自适应中的群智知识迁移和多任务学习中的群智知识共享，元学习的本质是让智能体掌握"会学习"的能力，因此通过元学习方法学习到的群智能体能够很好地推广到在训练期间从未遇到过的新任务和新环境，自适应调整学习到的模型使其可以完成新任务。因此本节首先介绍元学习的基本概念，然后从基于优化的元学习、基于模型的元学习和基于度量的元学习三个方面分别介绍知识迁移的前沿进展。

10.4.1 何为元学习

目前，元学习已经以各种不一样的方式在多个领域中被使用，即使在现有神经网络的相关研究工作中，也有不同的应用方式，因此很难给出元学习的通用定义。在本节中，我们尝试介绍目前大部分神经网络工作中的元学习定义。具体来讲，元学习指的是在多个学习任务中不断提升学习算法的过程，而不是指传统机器学习中仅针对一个特定任务基于多个数据实例从头开始学习以提升模型预测效果。元学习包含两个学习阶段：基学习和元学习阶段。在基学习（Base Learning）期间，内部算法可以用于解决一个包含给定数据和优化目标的学习任务；在元学习（Meta Learning）期间，外部算法用来更新内部学习算法，以使内部算法学习到的模型可以提升外部优化目标，比如，外部目标可以是内部算法的泛化能力或学习速度。为了说明元学习的具体含义，我们先回顾传统机器学习的定义，再从任务角度、优化角度和模型角度三个角度分别给出元学习的定义。

1. 传统机器学习

在传统有监督的机器学习中，假设已知训练数据集 $D = \{(x_1, y_1), \cdots, (x_K, y_K)\}$，其中 (x_K, y_K) 表示（输入数据，标签）数据对。基于给定的数据集，我们可以训练一个预测模型，可表示为 $\hat{y} = f_\theta(x)$，其中 θ 表示模型的参数。模型的训练目标为：

$$\theta^* = \arg\min_\theta \mathcal{L}(D; \theta, \omega) \tag{10-34}$$

其中 $\mathcal{L}$ 是损失函数，用于测量预测值和标签值之前的差异。特别地，我们用 ω 作为条件参数，说明最终结果对某些因素之间的依赖关系，如优化器选择、函数类型等。最后，学习到的预测模型的泛化性能可以通过评估测试数据来测量。

传统的假设是对于每个问题 D，模型都需要从头开始学习，而且条件参数 ω 也是提前定义好的。但是，ω 会极大地影响泛化性、数据效率、计算成本等。元学习通过学习算法本身来解决提高性能的问题，而不是假设 ω 是预先指定和固定的。这通常（但并非总是）是通过重新审视上述假设并从多个学习任务中不断提升学习算法来实现的，而不是从头开始来实现的。

2. 元学习 – 任务角度

元学习的目标是通过学习"如何学习"来提升性能。特别地，从这个想法来看，元学习通常是学习一个通用的学习算法，该算法可以推广到多个任务上，并且在理想情况下，在每个新任务上的表现都会比上一个任务好。因此，ω 可用来表示"如何学习"，并且可以在服从一个分布的多个任务上进行评估。在此，我们简单地将一个任务定义为 $T = \{D, \mathcal{L}\}$，其中 D、$\mathcal{L}$ 分别表示该任务的数据集和损失函数。因此，学习"如何学习"可被定义为：

$$\min_\omega \mathbb{E}_{T \sim p(T)} \mathcal{L}(D; \omega) \tag{10-35}$$

其中 $\mathcal{L}(D; \omega)$ 用来评估利用 ω 基于训练数据 D 训练的模型的性能。表示"如何学习"的知识 ω 通常被称为跨任务知识或元知识。

为了解决该问题，我们通常假设可以从服从一个分布 $p(T)$ 的任务中采样一组元训练任务，并从中学习 ω。接下来，我们将**元训练**（Meta-training）**阶段**用到的**元训练任务集合**表示为 $D_{\text{meta-train}} = \{(D_1^{\text{train}}, D_1^{\text{test}}), \cdots, (D_M^{\text{train}}, D_M^{\text{test}})\}$，其中每个任务都包含训练数据和测试数据，可以称为支持集和查询集。相应地，我们将**元测试**（Meta-testing）**阶段**用到的**元测试任务集合**表示为 $D_{\text{meta-test}} = \{(D_1^{\text{train}}, D_1^{\text{test}}), \cdots, (D_N^{\text{train}}, D_N^{\text{test}})\}$，其中每个任务也都包含训练数据和测试数据。一个元学习数据集表示的例子如图 10.24 所示。

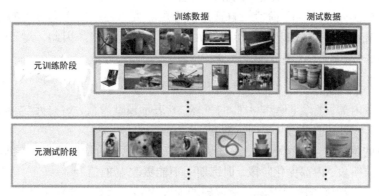

图 10.24　元学习数据集表示示例

将需要学习的元知识表示为 ω，则**"学习如何学习"的元训练**（Meta-training）**阶段**可被定义为：

$$\omega^* = \arg\max_{\omega} \log p(\omega \mid D_{\text{meta-train}}) \qquad (10\text{-}36)$$

在**元测试**（Meta-testing）**阶段**，我们利用学习到的元知识 ω，基于元测试任务中某个新任务 i 的训练数据训练该任务的基础模型：

$$\theta_i^* = \arg\max_{\theta} \log p(\theta \mid \omega^*, D_i^{\text{train}}) \qquad (10\text{-}37)$$

不同于传统机器学习中的优化目标，对于新任务 i 来说，基于新任务 i 的训练数据的学习可以从之前学习到的元知识 ω 中受益。这个元知识 ω 可以是初始参数的估计，也可以是其他表示模型因素的对象，比如整个学习模型、优化策略等。最后，我们可以基于元测试任务中的每个测试任务的测试数据 D_i^{test}，通过计算每个任务学习的 θ_i^* 的准确率来评估元学习器的性能。

3. 元学习 – 优化角度

前面讨论了多任务场景中元学习的常见流程，但没有说明如何解决元学习中的具体训练步骤。元学习训练过程通常可描述为分层优化，其中一个优化以另一个优化作为约束。

元学习的元训练过程包含以下两个阶段：元学习阶段，也称为外部优化阶段；自适应阶段，也称为内部优化阶段

元学习（Meta-learning）**阶段**：元学习阶段的主要目标是通过**元学习器**基于多个不同任务学习先验知识，使得基于该先验知识针对每个任务产生的模型都可以获取较好的预测结果。因此，不同于传统的学习过程，元学习器需要同时考虑多个任务的损失情况，并且每个任务的模型可能不同。所以，针对元训练数据中的所有 M 个任务，元学习器的学习目标

可表示为：

$$\omega^* = \arg\min_{\omega} \sum_{i=1}^{M} \mathcal{L}^{\text{meta}}(\theta_i^*(\omega), \omega, D_t^{\text{test}})$$ （10-38）

其中，$\mathcal{L}^{\text{meta}}$ 表示外部目标，即元学习器的目标。$\theta_i^*(\omega)$ 表示针对任务 i，基于先验知识/元知识 ω 学习到的模型，D_i^{test} 是任务 i 的测试数据。

自适应（Fast-adaptation）**阶段**：自适应阶段的主要目标是利用学习到的元知识，使得**基学习器**面对新的任务可以基于少量训练数据进行快速的学习。因此，对于元训练数据中的某一个任务 i，基学习的学习目标可表示为：

$$\theta_i^*(\omega) = \arg\min_{\theta} \mathcal{L}^{\text{task}}(\theta, \omega, D_i^{\text{train}})$$ （10-39）

其中，$\mathcal{L}^{\text{task}}$ 表示内部目标，即基学习器的目标。θ 表示模型参数，ω 是元学习器学习到的先验知识/元知识，D_i^{train} 是任务 i 的训练数据。

需要注意的是，在双层优化中，内部优化是在外部优化的学习策略 ω 的基础上进行的，因此，在自适应阶段/内部优化阶段，训练期间不能更改 ω 的值。

最后，基于元训练阶段元学习器学习到的元知识 ω，元测试过程中针对任务 j，基学习器的目标可表示为：

$$\theta_j^*(\omega) = \arg\min_{\theta} \mathcal{L}^{\text{task}}(\theta, \omega, D_j^{\text{train}})$$ （10-40）

整体的训练流程如图 10.25 所示。

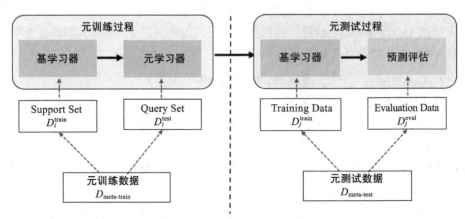

图 10.25　元学习的基本流程

4. 元学习 - 模型角度

许多元学习方法以前馈的方式定义模型，而不是前文提到的显式迭代优化。尽管复杂程度不同，但可以通过实例化抽象目标来定义用于元训练线性回归的实例，这样可能有助于理解这一系列方法。

$$\min_{\omega} \mathbb{E}_{T \sim p(T)} \sum_{(\mathbf{x}, \mathbf{y} \in D^{\text{test}})} [(\mathbf{x}^T \mathbf{g}_{\omega}(D^{\text{train}}) - y)^2]$$ （10-41）

一般在服从同一分布的任务上进行元训练。对于每一个任务，都需要确定训练数据和测试数据。其中，训练数据被嵌入到一个向量 g_ω 中，该向量定义了线性回归权重，以预测测试数据中的实例 x。优化上述目标，从而通过训练函数 g_ω 以实现"学习如何学习"。因此，对于一个服从 $p(T)$ 分布的新元测试任务 T，我们同样希望 g_ω 可以实现良好的预测结果。该系列中不同方法的主要不同点在于所使用预测模型的复杂性（实例化中的参数 g），以及嵌入训练数据的方式（如 CNN 或 RNN）。

虽然目前元学习已经被广泛应用于计算机视觉和自然语言处理领域，但是只有很少工作将元学习应用到人机物融合群智计算中。因为在计算机视觉和自然语言处理领域，不同应用之间的数据类型都是比较统一的（如图片和词语），数据之间的交互和融合也是相对单一的。但是在人机物融合群智计算中，不同类型设备、异构网络、边缘计算 / 云计算等多个不同方面的复杂性，给元学习在人机物融合群智计算中解决数据稀疏方面的问题带来了一定的挑战。总的来说，人机物融合群智计算作为一个新的研究领域，利用元学习方法实现具有自学习、可迁移能力的模型和系统还面临很多的难点和挑战，下面对其进行简要说明。

- **人机物融合群智计算元知识**：人机物融合群智计算研究仍处于初级阶段，在不同应用中如何确定和定义元知识，如何将不同情境和应用联系起来，以及如何使元知识在不同应用之间实现重复利用和迁移都需要更进一步的研究和探索。因为对元知识的有效利用可以在很大程度上降低模型训练的成本，提高模型的性能。因此，在人机物融合计算应用中，发现和定义有效的元知识是实现模型和系统具有学会学习能力的前提和关键。
- **人机物融合群智计算多分布元学习任务**：由于人机物融合群智计算中环境和问题的复杂性，如异构网络、多类型设备等，因此不同任务的数据分布存在多样性和差异性。但是，目前大部分的元学习方法主要针对同分布的元学习任务。因此，如何设置人机物融合计算中的元学习任务，保证不同元学习任务之间的差异性和关联性，同时解决不同分布的元学习任务问题是人机物融合群智计算元学习的研究重点。
- **多模态数据融合**：在人机物协作群智计算中，系统依靠人（智能手机、可穿戴设备等）、机（云设备 / 边缘设备）、物（具感知能力的物理实体）获取三元空间的不同模态类型数据，包括时空数据（空间位置、时间序列等）、社交数据（社交关系、文本数据等）、生理信号（呼吸、心跳、脉搏、血压）。不同空间的不同模态数据往往反映不同侧面的内容，融合来自不同空间的数据可实现对目标的全面和准确理解。因此，来自多源空间的多模态数据融合是人机物融合群智计算元学习的主要挑战之一。

10.4.2　基于优化的元学习知识迁移

基于优化的元学习方法主要指**将内部任务（自适应过程）作为优化问题求解，并且侧重于提取能提升性能所需的元知识 ω**。具体来说，内部任务的目标可表示为：

$$\theta_i^* = \arg\max_{\theta_i} \log p(D_i^{\text{train}} \mid \theta_i) + \log p(\theta_i \mid \omega) \tag{10-42}$$

在基于优化的元学习方法中，最具有代表性的方法之一是 MAML[97]。MAML 中的元知识 ω 指内部优化阶段中模型的初始化参数，即 θ_0。MAML 的目标是学习一个 θ_0，使得在少量的训练数据上进行少量的内部优化步骤，就可以产生一个在测试数据上表现良好的分类器。除了将模型的初始化参数作为学习的元知识之外，还有一些方法学习步长，或者训练循环网络来预测步长。

1. 典型研究及算法

（1）MAML

Finn 等人[98]提出了一个与模型无关的元学习方法 MAML。MAML 的主要思想是希望寻求一个初始化表征，以该表征为基础，模型可以使用基于少量样本做出的梯度更新高效地做出调整，即该初始化不仅能适应多个任务，在自适应的过程还能做到快速（少量梯度迭代步）和高效（少量样本）。一般来说，在提取的特征表示中，会有一部分特征表示相对于其他表示增加具有可迁移性，即这些表示在任务分布 $p(T)$ 中都具有广泛的适用性，而并不是只在一个任务中有效。因此，为了找到可迁移的特征表示，MAML 尝试找出那些对任务变化敏感的参数，通过反向传播测试损失的梯度，使得在这些参数上做出很小的更新便能大幅提升在整个任务分布 $p(T)$ 上的性能。

图 10.26 展示了寻找具有高度适应性参数 θ 的一种可视化过程（定义中表示为 ω）。当求解特定任务 i（灰线）时，MAML 优化参数使其更接近任务 i 的最优参数 θ_i^*。

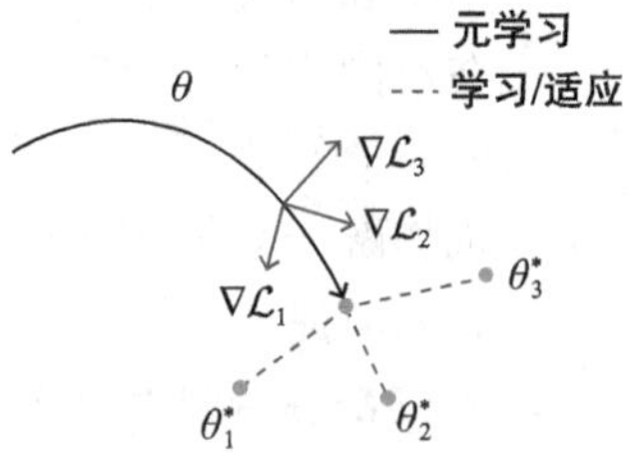

图 10.26　MAML 方法的图解[98]

MAML 具体的实现为：

1）随机初始化网络参数 θ；

2）根据任务分布 $p(T)$ 采样任务 i，进行 k 步梯度（$k \geq 1$）更新：

$$\theta_i^* \leftarrow \theta - \alpha \nabla_\theta \mathcal{L}_i(\theta) \tag{10-43}$$

3）在测试集上验证更新后的网络；

4）计算各参数梯度，并依据梯度更新网络参数，然后用更新后的参数返回第 2 步进行迭代：

$$\theta \leftarrow \theta - \beta \nabla_\theta \sum_{i \sim p(T)} \mathcal{L}_i(\theta_i^*) \tag{10-44}$$

不同于其他元学习方法，MAML 有很多优点。首先，MAML 最大的特点是**与模型无关**，即 MAML 对模型的形式不做任何假设，这意味着它能与任何基于梯度优化且足够平滑的模型相结合，这令 MAML 可以适用于广泛的领域和学习目标。另一个特点是，MAML **没有在元学习过程中引入其他参数**，并且学习器的策略使用的是已知的优化过程（如梯度下降等）而不是从头开始构建。因此，该方法可以应用于许多领域，包括分类、回归和强化学习等。

尽管 MAML 的算法思想十分简单，但我们仍惊喜地发现，该方法在流行的少量图片分类基准 Omniglot 和 MiniImageNet 中大幅超越了许多现有的方法，包括那些更复杂、更专业的现有方法。同时它还能通过神经网络策略加速策略梯度强化学习的微调。

（2）FOMAML

MAML 中的元优化步骤主要依赖于二阶导数完成。为了降低计算成本，简化后的 MAML 省略了二阶导数，得到了一种简化而高效的实现方式，称为 First-Order MAML （FOMAML）[98]。

在 MAML 的内部优化中，我们考虑梯度更新次数为 $k(k \geqslant 1)$。假设模型的初始化参数为 θ_{meta}，则内部的优化过程如下：

$$
\begin{aligned}
\theta_0 &= \theta_{\text{meta}} \\
\theta_1 &= \theta_0 - \alpha \nabla_\theta \mathcal{L}(\theta_0) \\
\theta_2 &= \theta_1 - \alpha \nabla_\theta \mathcal{L}(\theta_1) \\
&\cdots \\
\theta_k &= \theta_{k-1} - \alpha \nabla_\theta \mathcal{L}(\theta_{k-1})
\end{aligned}
\tag{10-45}
$$

接下来，在测试集上评价更新后的网络（网络参数为 θ_k），然后根据测试表现求初始化网络时的参数的梯度，并更新网络参数：

$$
\theta_{\text{meta}} \leftarrow \theta_{\text{meta}} - \beta g_{\text{MAML}}
\tag{10-46}
$$

其中，g_{MAML} 表示根据测试表现计算出的针对初始化网络时参数的梯度大小：

$$
\begin{aligned}
g_{\text{MAML}} &= \nabla_\theta \mathcal{L}(\theta_k) \\
&= \nabla_{\theta_k} \mathcal{L}(\theta_k) \cdot (\nabla_{\theta_{k-1}} \theta_k) \cdots (\nabla_{\theta_0} \theta_1) \cdot (\nabla_\theta \theta_0) \\
&= \nabla_{\theta_k} \mathcal{L}(\theta_k) \cdot \left(\prod_{i=1}^{k} \nabla_{\theta_{i-1}} \theta_i \right) \cdot I \\
&= \nabla_{\theta_k} \mathcal{L}(\theta_k) \cdot \prod_{i=1}^{k} \nabla_{\theta_{i-1}} (\theta_{i-1} - a \nabla_\theta \mathcal{L}(\theta_{i-1})) \\
&= \nabla_{\theta_k} \mathcal{L}(\theta_k) \cdot \prod_{i=1}^{k} (I - a \nabla_{\theta_{i-1}} (\nabla_\theta \mathcal{L}(\theta_{i-1})))
\end{aligned}
\tag{10-47}
$$

从式（10-47）可以看出，MAML 的梯度包含二阶导数 $\nabla_{\theta_{i-1}}(\nabla_\theta \mathcal{L}(\theta_{i-1}))$。不同于 MAML 需要计算二阶导数，FOMAML 忽略了二阶导数部分。简化后的梯度如下，等效于最后一个内部梯度更新结果的导数。

$$
g_{\text{FOMAML}} = \nabla_{\theta_k} \mathcal{L}(\theta_k)
\tag{10-48}
$$

（3）Reptile

和 MAML 类似，Reptile[99] 也是一种学习神经网络的参数初始化的元学习方法，以使神经网络可使用少量的新任务数据进行调整。但是 MAML 通过梯度下降算法的计算图来展开微分计算过程，而 Reptile 则在每个任务中执行标准形式的随机梯度下降（SGD）。**它不用展开计算图或计算任意二阶导数，而是通过对任务进行重复采样，利用随机梯度下降法，将初始参数更新为在该任务上学习的最终参数。因此 Reptile 比 MAML 所需的计算量和内存都更少，其性能还可以和 MAML 相媲美。**

为了分析 Reptile 的工作原理，论文中使用泰勒序列展开来近似表示 Reptile 与 MAML 的更新过程，发现两者具有相同的领头项。Reptile 更新最大化同一任务中不同小批量的梯度内积，以改善泛化效果。该发现可能在元学习之外也有影响，如解释 SGD 的泛化性能。论文的分析结果表明 Reptile 和 MAML 可执行类似的更新，包括具备不同权重的相同两个项。

Reptile 的具体训练过程如下：

1）初始化网络的参数 θ；

2）从任务分布 $p(T)$ 中选取任务 i；

3）在任务 i 上执行 $k(k>1)$ 步的 SGD 或者 Adam，输入的网络参数为 θ，输出更新之后的网络参数 θ_i^*；

4）对任务 i 的输入参数和输出参数，更新网络的初始化参数，然后用更新后的参数返回第 2）步：

$$\theta \leftarrow \theta + \varepsilon(\theta_i^* - \theta) \tag{10-49}$$

从上面的训练过程可以看出，如果 $k=1$，则该算法对应联合训练（Joint Training），即在多项任务上执行 SGD。Reptile 要求 k 大于 1，更新依赖于损失函数的高阶导数。正如论文中展示的那样，k 大于 1 时 Reptile 的行为与 k 等于 1（联合训练）时截然不同。在该论文的实验中，作者展示了 Reptile 和 MAML 在 Omniglot 和 Mini-ImageNet 基准上执行小样本分类任务时具备类似的性能。Reptile 收敛速度更快，因为其更新具备更低的方差。

（4）LSTM Meta-Learner

在基于优化的元学习算法中，除了将模型的初始化参数作为学习的元知识之外，还可以对优化算法进行显式建模。比如 Ravi 和 Larochelle[100] 提出了一个基于 LSTM 的元学习方法，将学习元知识的模型称为"元学习器"，而用于处理任务的原始模型称为"基学习器"。元学习器利用小型训练数据集更新学习者的参数，帮助基学习器快速适应新任务。

我们将基学习器模型表示为具有参数 θ 的 M_θ，将元学习器表示为具有参数 θ 的 R_θ，以及损失函数 $\mathcal{L}$。需要注意的是，此元学习器被建模为 LSTM 主要有两个原因：其一是反向传播中基于梯度的更新与 LSTM 中的单元状态更新之间类似；其二是已知一个梯度的历史得益于梯度的更新。比如，对于基学习器来说，已知学习步长为 α_t，则 t 步的参数更新如下面的公式所示：

$$\theta_t = \theta_{t-1} - \alpha_t \nabla_{\theta_{t-1}} \mathcal{L}(\theta_{t-1}) \tag{10-50}$$

如果将遗忘状态设置为 $f_t = 1$、输入状态设置为 $i_t = \alpha_t$、单元状态设置为 $c_t = \theta_t$、新单元状态设置为 $\tilde{c}_t = -\nabla_{\theta_{t-1}} \mathcal{L}(\theta_{t-1})$，则：

$$\begin{aligned} c_t &= f_t \odot c_{t-1} + i_t \odot \tilde{c}_t \\ &= \theta_{t-1} - \alpha_t \nabla_{\theta_{t-1}} \mathcal{L}(\theta_{t-1}) \end{aligned} \tag{10-51}$$

虽然设置 $f_t = 1$ 和 $i_t = \alpha_t$ 是固定的，可能不是最佳选择，但是两者都是可以学习的，并且可以适应不同的数据集。

模型的训练过程如图 10.27 所示。在每个训练阶段，我们首先对数据集进行采样 $D = (D_{\text{train}}, D_{\text{test}})$，然后从 D_{train} 每次采样一部分数据来更新基学习器中的参数 θ。经过 T 次参数更新后，基学习器中的最终参数 D_T 被用于在测试数据 D_{test} 上训练元学习者。

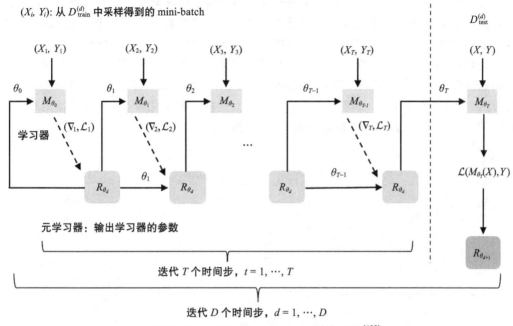

图 10.27　LSTM Meta-Learner 训练过程 [100]

2. 研究实践

近年来，城市中与商业选址相关的数据日益丰富，为企业的选址研究提供了有用的信息。从多源异构数据中有效地挖掘信息指导店铺选址对于智慧城市的规划和管理具有重要意义。

目前，已经有一些工作研究商业选址问题，多数工作首先从不同的数据源提取若干与选址相关的特征，然后学习一个回归模型，进而在同一个城市为同一个目标进行选址推荐。但是，这些工作基本在同一城市内且数据较丰富，对于一些新企业来说，由于现有店铺数量较少，因此存在没有标签数据或者标签数据不足的情况，尤其是当某一企业进军新城市时，会面临缺乏标签数据的冷启动问题。由于不同城市之间存在差异性，因此不能直接利用传统的机器学习方法基于源城市的历史数据训练目标城市的选址模型。如何将源城市和目标城市的数据进行关联，以及如何将源城市的相关知识迁移到目标城市是解决该问题面临的主要挑战。此外，不仅源城市和目标城市之间存在差异性，而且不同源城市之间也存在差异性。如何融合不同源城市的相关知识，以及如何在目标城市选址模型的学习中利用这些知识是解决该问题面临的主要挑战。为了解决城市数据稀疏情况下的选址推荐问题，我们提出了一种基于元学习方法的多城市知识融合商业选址推荐方法 [101]。该方法的主要目标是将不同城市的知识迁移到数据稀疏的新城市以指导该城市预测模型的快速学习。

首先，为了学习和融合多个不同城市的知识，我们将多个城市的训练数据划分为多个任务，每个城市的预测模型作为一个学习任务。通过调整优化算法，先针对每个学习任务进行任务内部的模型参数更新以获取针对当前任务的最优参数，再进行任务外部的参数更新以寻找针对不同城市的预测模型最优的初始化参数，使模型可以在新城市的少量训练数据上进行快速学习，以预测新城市中用户的消费情况。此外，由于不同城市的数据分布不同，因此适合每个任务的预测模型初始化参数可能存在差异。我们提出调制网络（注意力网络），针对不同分布的任务，调整元学习过程中得到的模型初始化参数，以加快模型对于当前任务的学习。模型 MetaStore 的框架如图 10.28 所示。

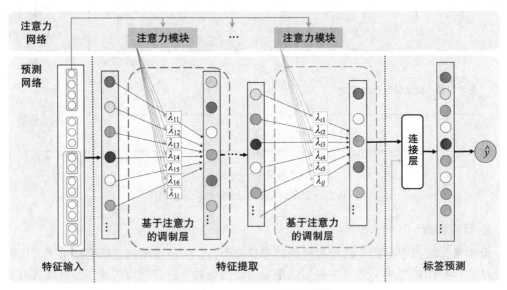

图 10.28　MetaStore 框架 [101]

模型 MetaStore 的具体训练过程如下。

1）**建立预测网络**。已知初始输入特征 x，预测网络的函数为：

$$\hat{y} = f(x; \theta, \lambda) \tag{10-52}$$

其中 θ 为预测网络（全连接神经网络，N 为网络隐层数）的参数，λ 为调制网络（注意力网络）的输出向量。

调制网络（注意力网络）的函数为：

$$\lambda_i = h_i(v; \omega_h), i = 1, \cdots, N \tag{10-53}$$

其中输入向量 v 为每个任务 / 城市的嵌入向量，输出向量 λ_i 为针对预测网络的调制向量。

调制后预测网络的函数为：

$$\hat{y} = f(x; \phi_i) \tag{10-54}$$

其中 ϕ_i 为调制后的预测网络参数 $\theta_i \odot \lambda_i$。

元学习任务 T_i 的损失函数为：

$$\mathcal{L}_{T_i}(f_{\theta, \lambda}; D_{T_i}^{\text{train}}) = \sum_{\mathbf{x}_i \in D_{T_i}^{\text{train}}} w(\mathbf{x}_i) L_y(f(\mathbf{x}_i), y_i) \qquad (10\text{-}55)$$

由于随机选择元学习任务的样本可能导致引入噪声数据，我们通过计算样本的权重 $w(\mathbf{x}_i)$，可以在每次迭代中选择一些具有较小的损失、置信度高的样本（简单样本）。其中 $\mathbb{1}$ 为示性函数，L_y 为平方损失函数。

$$w(\mathbf{x}_i) = \mathbb{1}(l(\mathbf{x}_i) \leqslant \gamma), l(\mathbf{x}_i) = L_y(f(\mathbf{x}_i), y_i) \qquad (10\text{-}56)$$

2）**划分数据集**。首先将数据集 D^{train} 划分为元训练和元测试数据集，其中多个数据充足城市的数据作为元训练数据，然后将这些训练数据划分为多个任务 T_i，每个城市的预测模型训练作为一个学习任务，则每个元训练任务 T_i 的数据为 D_{T_i}；数据稀疏城市的数据作为元测试数据 D_{T_j}。

3）**元训练过程内部参数更新**。针对每个学习任务 T_i，进行任务内部的模型参数更新以获取针对当前任务的最优模型参数。

首先针对每个任务 / 城市，从该城市的数据 D_{T_i} 采样一部分数据作为每个任务的训练数据 $D_{T_i}^{\text{train}}$ 和测试数据 $D_{T_i}^{\text{test}}$。

计算当前任务中预测网络的调制向量： $\lambda = \{h_j(v; \omega_h) \mid j = 1, \cdots, N\}$。

计算调制后预测网络的输出： $\hat{y} = f(\mathbf{x}; \theta, \lambda)$。

计算预测网络的误差： $\mathcal{L}_{T_i}(f_{\theta, \lambda}; D_{T_i}^{\text{train}})$。

进行任务内部的预测网络参数更新，以获取针对当前任务的最优模型参数：

$$\theta'_{T_i} = \theta - \alpha \nabla_\theta \mathcal{L}_{T_i}(f_{\theta, \lambda}; D_{T_i}^{\text{train}}) \qquad (10\text{-}57)$$

4）**元训练过程外部参数更新**。进行多个任务外部的参数更新以寻找针对不同任务 / 城市的预测模型的最优模型初始化参数。

预测网络的参数更新：

$$\theta \leftarrow \theta - \beta \nabla_\theta \sum_{\mathcal{L}_{T_i}} (f_{\theta', \lambda}; D_{T_i}^{\text{test}}) \qquad (10\text{-}58)$$

调制网络（注意力网络）的参数更新：

$$\omega_h \leftarrow \omega_h - \beta \nabla_{\omega_h} \sum_{\mathcal{L}_{T_i}} (f_{\theta', \lambda}; D_{T_i}^{\text{test}}) \qquad (10\text{-}59)$$

5）**元测试过程预测网络的参数更新**。基于新城市的稀疏数据 $D_{T_j}^{\text{train}}$，更新针对当前城市的预测模型参数。

$$\theta'_{T_j} = \theta - \alpha \nabla_\theta \mathcal{L}_{T_j}(f_{\theta, \lambda}; D_{T_j}^{\text{train}}) \qquad (10\text{-}60)$$

6）**基于当前城市的预测模型进行预测**。

$$\hat{y} = f(\mathbf{x}; \theta'_{T_j}, \lambda) \qquad (10\text{-}61)$$

10.4.3　基于模型的元学习知识迁移

在基于模型的元学习方法[102]中，内部任务的学习被封装到一个单模型的前馈过程中，如下面的公式所示，g_ω 表示某个单模型。

$$\theta_i = g_\omega(D_i^{\text{train}}) \tag{10-62}$$

该模型的典型架构包括循环网络、卷积网络等，这些网络（元学习者）可以嵌入某个给定任务的训练数据和标签，以定义一个预测网络（学习者），该网络可以基于测试数据的输入进行预测。此时，所有内部学习都处于激活状态。对于外部学习来说，可以使用包含 ω 的卷积网络、循环网络等进行学习。需要注意的是，外部和内部优化紧密耦合，因为通过 ω 可以直接计算 θ。

记忆增强神经网络（MANN）[103] 被用于元学习方法来解决传统基于梯度的神经网络模型处理小样本学习问题时，遇到新数据需要重新学习参数，不能高效、快速地适应新数据的问题。与基于优化的元学习方法相比，基于模型的元学习方法通常不能推广到不同分布的任务上。此外，尽管基于模型的元学习方法通常比较擅长数据有效的小样本学习，但是由于黑匣子模型无法成功地将大型训练集嵌入丰富的基本模型中，因此，这种方法的渐近性较弱[104]。

典型研究及算法

（1）MANN for Meta-Learning

Santoro 等人[105] 提出了一种带有记忆增强神经网络（Memory-Augmented Neural Network，MANN）的元学习算法来解决小样本学习问题。虽然深度神经网络应用很广，效果也很不错，但在单样本训练、少样本训练方面受限很大。传统基于梯度的神经网络需要很多数据去学习模型。当新数据来临时，模型必须重新学习参数来吸收新数据，效率十分低下。近些年，具有记忆能力的神经网络被证明具有相当强大的元学习能力。这些网络通过权重更新来改变其偏差，也可通过学习存储单元中的缓存表示来调节其输出。

一般的神经网络不具有记忆功能，输出的结果只基于当前的输入。而 LSTM 网络的出现则让网络有了记忆，它能够根据之前的输入给出当前的输出。LSTM 能够通过遗忘门有选择地保留部分先前样本的信息（长期记忆），也可以通过输入门获得当前样本的信息（短期记忆），这一记忆的方式是利用权重的更新隐式实现的。但是，LSTM 的缺点是不能从根本上解决长期记忆的问题，原因是 LSTM 是假设在时间序列上的输入和输出：由 $t-1$ 时刻得到 t 时刻的输出，再循环输入 t 时刻的结果得到 $t+1$ 时刻的输出，这样势必会使前面序列中的输入被淹没，导致这部分记忆被"丢掉"。

基于以上问题，该文献提出了神经图灵机等记忆增强神经网络模型，希望利用外部的内存空间显式地记录一些信息，使其结合神经网络自身具备的长期记忆能力共同实现小样本学习任务。比如，具有增强记忆容量的架构如神经图灵机（Neural Turning Machine，NTM）可以提供快速编码和检索新信息的能力，因此可以避免传统模型的缺点。该模型巧妙地将 NTM 应用于小样本学习任务中，利用神经图灵机模型实现了记忆增强网络，采用显示外部记忆模块保留样本特征信息，并利用元学习算法优化 NTM 的读取和写入过程，最终实现有效的小样本分类和回归。

记忆增强神经网络在元学习中的任务设置和网络框架如图 10.29 所示。与其他学习任务需要在某个数据集 D 上选择参数 θ 来最小化代价 $\mathcal{L}$ 不同，对于元学习需要降低关于某一数据集分布的期望代价。因此，在任务设置中进行了两方面的处理：使用序列输入，且每个输入伴随着上一个标记（防止模型仅仅学到的映射关系）；在不同数据集间，标记被打乱（迫使模型必须学到保留一些样本信息以便下次检索时使用的技巧）。值得注意的是，网络的输入把上一次的 y 标签也作为输入，并且应用外部记忆存储上一次的 x 输入，以便于反向传播时 y 和 x 建立联系，使得之后的 x 能够通过外部记忆实现更好的预测表现。

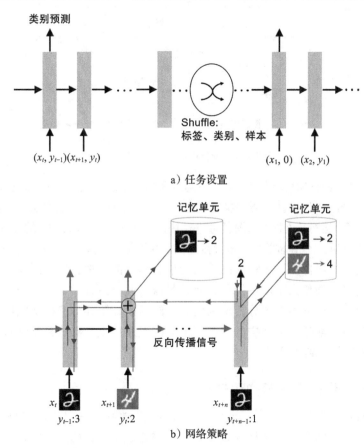

图 10.29　记忆增强神经网络[105]

（2）Meta Network

Munkhdalai 和 Yu 提出了一种称为 MetaNet（Meta Network）[102] 的元学习模型，该模型学习一种跨任务的元级别知识，并实现对泛化任务的快速参数化。MetaNet 由两部分组成：基学习器（Base Learner）和带有额外记忆模块的元学习器（Meta Learner）。MetaNet 的权重还涉及不同的时间尺度：快速权重（Fast Weight）和慢速权重（Slow Weight）。在训练过程中，快速权重是利用另一个网络根据梯度信息生成的（即利用一个神经网络预测另一个神经网络的参数），而慢速权重则需要利用 SGD 方法进行更新得到。在 MetaNet 中，损失梯度信息被作为元信息，用来生成快速权重。在神经网络中，将快速权重和慢速权重结合起来进行预测。MetaNet 的网络框架图如图 10.30 所示。

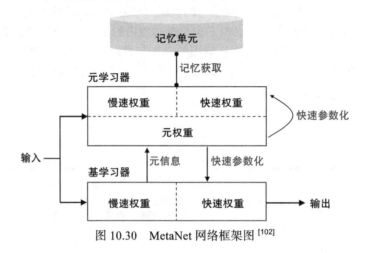

图 10.30　MetaNet 网络框架图 [102]

需要注意的是，MetaNet 的学习发生在不同空间的两个层次上（即元空间和任务空间）。基础学习器在输入任务空间中执行（通过捕获任务目标在每个任务内执行任务），而元学习器在任务不可知的元空间中运行（负责通过跨任务进行快速权重生成）。MetaNet 的训练包括三个主要过程，即元信息的获取、快速权重的生成及慢速权重的优化，由基学习器和元学习器共同执行。

基学习器向元学习器提供一种由高阶的元信息构成的反馈，用于解释它在当前任务空间内的状况。通过在抽象元空间中操作，元学习器可通过持续学习获取跨越不同任务之间的元知识。为此，基学习器首先分析输入任务，然后以高阶元信息的形式向元学习器提供反馈，以解释其在当前任务空间中的状态。生成的快速权重被集成到基学习器和元学习器中，以改善学习器的归纳偏差。

10.4.4　基于度量的元学习知识迁移

基于度量的元学习方法 [106-109]，也被称为非参的元学习方法，其主要目标是学习一个度量空间，使得在该空间中，内部任务只需要进行非参数学习，即通过简单地将测试数据与训练数据进行比较，直接预测匹配的训练数据的标签。由于基于度量的元学习方法的本质思想比较简单，因此，这种方法主要用于小样本分类问题。

如果以从少量样本进行知识学习为目标，可直接对比待分类图像和已有的样本图像。但是，在像素空间里进行图像对比的效果并不好。不过，用户可以训练一个 Siamese 网络 [106] 或在学习的度量空间里进行图像对比。与前一个方法类似，元学习通过梯度下降（或者其他神经网络优化器）来进行，而学习者对应对比机制，即在元学习度量空间里对比最近邻。这些方法用于小样本分类时效果很好，不过度量学习方法的效果尚未在回归或强化学习等其他元学习领域中验证。

按照时间顺序来看，基于度量的元学习方法已经被一些方法实现，包括孪生网络

（Siamese Network）、匹配网络（Matching Network）、原型网络（Prototypical Network）和关系网络（Relation Network）。接下来将具体介绍这些方法。

典型研究及算法

（1）Siamese Network

孪生网络（Siamese Network）[106] 由两个双胞胎网络组成，通过输入样本对之间关系的函数进行训练。这两个双胞胎网络共享网络参数，即两者是学习一个反映数据点对之间关系的同一个嵌入网络。

Koch 等人 [106] 提出一种利用孪生网络结构解决小样本分类任务的方法，其思想非常简单，用相同的网络结构分别对两幅图像提取特征，如果两幅图像的特征信息非常接近，那么它们很可能属于同一类物体，否则属于不同类的物体。图 10.31 是一个解决小样本学习问题的卷积孪生网络框架图。

首先，对孪生网络进行训练，以判断两个输入图像是否在同一类别中，输出两个图像属于同一类别的概率。卷积孪生网络利用函数 f_θ 将两个图像编码为特征向量，然后计算两个特征向量之间的距离，最后利用线性前馈层判断两个图像是否来自同一类。在测试阶段，孪生网络计算测试图像与支持集中的每个图像之间的图像对，最终输出预测图像类别。

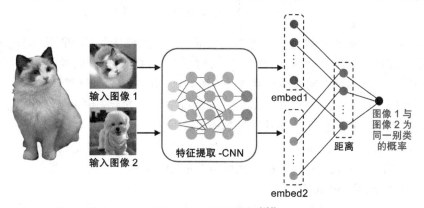

图 10.31　孪生网络 [106]

（2）Matching Network

Vinyals 等人 [107] 提出了一种结合了度量学习（Metric Learning）与记忆增强神经网络（Memory Augment Neural Network）的新型神经网络结构：匹配网络（Matching Network）。匹配网络与孪生网络十分相似，不同的是，匹配网络利用注意力机制与记忆机制加速学习，实现了在只提供少量样本的条件下无标签样本的标签预测。匹配网络的网络结构示意图如图 10.32 所示。

匹配网络的主要任务是学习一个对于任何给定数据集 $D = \{x_i, y_i\}_{i=1}^k$ 的分类器 c_s（K-shot 分类）。比如已知测试数据的输入 x，分类器 c_s 定义了一个在输出标签 y 上的概率分布，其输出定义为通过注意力核函数计算的加权样本标签之和。

$$c_s(x) = P(y \mid \mathrm{x}, D) = \sum_{i=1}^{k} a(\mathrm{x}, \mathrm{x}_i) y_i \tag{10-63}$$

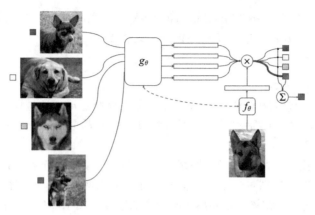

图 10.32   匹配网络[107]

注意力核函数依赖两个嵌入函数 f 和 g，主要用于分别对训练数据和测试数据进行编码。两个数据点之间的注意力权重是两个嵌入向量之间的余弦相似度：

$$a(\mathrm{x}, \mathrm{x}_i)y_i = \frac{\exp(\cos(f(x), g(\mathrm{x}_i)))}{\sum_{j=1}^{k}\exp(\cos(f(x), g(\mathrm{x}_j)))} \tag{10-64}$$

在简单版本中，嵌入函数是一个将单个数据样本作为输入的神经网络，即 f 和 g 是相同的，它们共享相同的深度网络。然而，嵌入向量是构建良好分类器的关键输入，以单个数据点作为输入可能不足以有效地评估整个特征空间。因此，为了增强样本嵌入的匹配度，还提出了全文嵌入（Full Context Embedding，FCE）方法。支持集中每个样本的嵌入应该是相互独立的，而新样本的嵌入应该受支持集样本数据分布的调控，其嵌入过程需要放在整个支持集环境下进行，因此采用带有读注意力的 LSTM 网络对新样本进行嵌入，最后的实验结果表明，引入 FCE 的匹配网络的性能得到了明显的提升。

（3）Prototypical Network

原型网络（Prototypical Network）[108]学习一个度量空间，在该空间中，通过计算到每个类的原型表示的距离，可以完成分类。与最近的少量样本学习方法相比，它们反映了一种更简单的归纳偏见，有利于这种有限的数据体制，并取得了良好的结果。

原型网络利用函数 f_θ 将每个输入编码为一个 M 维的特征向量，并为每个类别 $c \in \mathcal{C}$ 定义一个原型向量，作为该类别样本在特征空间的中心：

$$\mathrm{v}_c = \frac{1}{|D_c|}\sum_{(\mathrm{x}_i, y_i)\in D_c} f_\theta(\mathrm{x}_i) \tag{10-65}$$

然后，输入测试数据 x，则不同类别样本分布定义为测试数据特征向量与原型向量的距离，通过计算 softmax 得到概率：

$$P(y = c \,|\, x) = \mathrm{softmax}(-d_\varphi(f_\theta(\mathrm{x}), \mathrm{v}_c)) \tag{10-66}$$

如图 10.33 所示，对于小样本情况（Few-shot）而言，就是对每一个类别的嵌入向量求嵌入向量的均值，然后将这个均值作为该类别的原型特征向量，对新样例进行预测的时候，观察新样例的嵌入向量和这些原型向量最接近的类别。而对于零样本情况（Zero-shot）而言，因为类别只会给一个元数据向量，通常是某个训练好的网络给出的特征图。

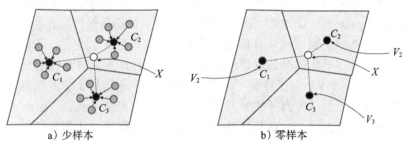

a）少样本　　　　　　　　　　b）零样本

图 10.33　原型网络示意图[108]

（4）Relation Network

关系网络（Relation Network）[109]是继孪生网络、匹配网络和原型网络之后又采用度量学习思路解决小样本分类任务的网络。与先前的研究聚焦学习一种可迁移的嵌入式表示并采用预先定义好的固定的度量方法不同，关系网络进一步学习一种可迁移的深度度量方式，能够比较图像之间的关系。整个网络分成两个阶段，第一阶段是一个嵌入式模块（用于提取特征信息），第二阶段是一个相关性模块（用于输出两幅图之间的相似程度得分，从而判断两幅图像是否来自同一类别）。

如图 10.34 所示，关系网络中的训练集分为支持集（Support Set）和查询集（Query Set），将支持集的图像和查询集的图像分别输入嵌入式模块 f_φ，提取到特征信息。然后将查询集图像对应的特征信息分别与支持集中各个图像对应的特征信息级联起来（也可以采用其他的连接方式），然后进入相关性模块 g_ϕ，计算得到相关性得分，最后输出一个 0-1 向量，表示查询集中图像属于与支持集中图像相似程度最高的一类。

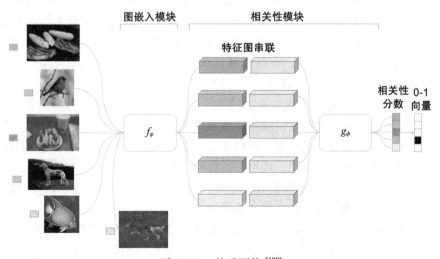

图 10.34　关系网络[109]

10.5   基于联邦迁移学习的群智知识迁移

理想情况下，运行在各智能体上的智能体算法和模型拥有海量数据支持，但实际上在不同的场景、不同的任务下存在大量的"数据孤岛"。自《通用数据保护条例》（General Data Protection Regulation，GDPR）发布以来，用户对数据隐私保护的诉求越来越高。世界各国关于隐私保护法律的制定意味着传统的数据聚合方式存在"违法"风险，如何在隐私安全的法律要求下让多智能体高效地使用各自的数据进行训练以得到性能更佳的智能模型呢？联邦学习（详见 8.2 节）与迁移学习的结合为解决该问题提供了新的思路，一方面联邦学习可解决数据孤岛，另一方面迁移学习可应对弱监督知识学习难题。因此本节主要探讨群智知识迁移模型的新范式——联邦迁移学习，内容包括联邦迁移学习简介、联邦迁移学习系统以及典型应用。

10.5.1   何为联邦迁移学习

设想在智慧城市中遍布着各种摄像头，每个摄像头能够采集有限区域的视觉信息，为了执行交通管控、嫌犯追踪等任务需要聚合不同摄像头的数据训练智能算法。但是如果它们来自不同的公司或涉及大量用户的隐私，就无法对数据进行合并，因为根据欧盟《通用数据保护条例》，经营者要允许用户表达自身数据"被遗忘"的意愿，即用户可以规定模型不允许记录用户历史数据，并且以后不应用用户数据进行建模[110]。在此规定下，数据离开"数据收集方"涉嫌违法，因为产生原始数据的用户可能并不知道第三方使用模型的目的。每一个"摄像头"都成了数据孤岛，不同摄像头之间无法交换信息促进模型学习。为了解决该问题，研究人员提出了"联邦学习"（Federated Learning）方法：**在不具体交换原始数据和泄露用户 ID 的情况下建立各自模型，然后通过加密机制下的参数交换方式，建立虚拟共有模型。**

以上场景假设不同数据存在样本维度的重合（即虽然特征不同，但都是描述同一事物），但有时需要应对特征维度重合、样本维度不重合的任务，例如根据摄像头所拍的桥梁图片评估其磨损程度。人类专家并不能对所有桥梁的磨损情况进行标注，然而人们对城市主干道路的磨损程度进行了大量研究，在弱监督、小样本背景下，研究人员可以利用"迁移学习"将在城市数据下训练 AI 模型迁移至桥梁数据集完成该任务。

在人机物融合背景下存在大量安全、隐私受限的迁移学习任务，为实现**多智能体数据"孤岛"间的连接与融合、大数据领域到小数据领域的知识迁移**，Liu 等人[111]将迁移学习与联邦学习的思想进行融合，提出**联邦迁移学习**（Federated Transfer Learning，FTL）方法，强调在任何数据分布、任何实体上，均可进行协同建模学习。

FTL 与其他相关概念的对比如表 10.5 所示，从样本和特征两个维度看，若数据分别存在于两个不同的单位，则其分布共有四种不同的情况。

- 特征、样本两个维度均相同：只需在本地各自建模，并不需要模型间的沟通。
- 特征维度相同，而样本维度不相同：若要两个单位的模型协同更新，可参考 Google

联邦迁移学习[⊖]模式^[112]，由共有模型更新各单位模型参数。

- 样本维度相同，而特征维度不相同：由于两个单位特征维度不同，可引入纵向联邦学习和同态加密技术，在一些逻辑回归或树形模型上加密、合并、更新（数据按照特征来分段，通过一个虚拟的第三方将两个不同单位 A 和 B 的特征在加密的状态下聚合，增强各自模型的能力）。
- 特征、样本两个维度均不相同（如图 10.35 所示）：由于单位 A 和 B 重叠部分较少，此时不对数据进行纵向或横向切分，而利用迁移学习对 A、B 建模以解决单模型小样本、弱监督问题，同时在建模当中保证不能反推用户个体信息。

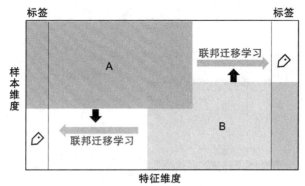

图 10.35　联邦迁移学习示意图^[111]

表 10.5　相关概念对比图

概　念	特　点
多任务学习	多个不同任务之间可以共享模型，破坏了隐私规则
迁移学习	关注单向知识迁移，往往有一定的信息损失
分布式机器学习	注重计算效率，数据拥有方是同一个体，计算时数据被均匀分布至各参与节点
联邦迁移学习	数据天然存在于不同领域 / 机构的数据孤岛中、分布差异大、数据拥有方是多个个体，在不共享隐私数据情况下进行多个任务之间的协同训练

10.5.2　联邦迁移系统框架

人工智能时代，数据逐渐成为不可或缺的资源，而在多数具体应用场景中数据质量差、数据分散，以及因涉及隐私而难以聚合，在一定程度上限制了多智能体的更新与演化。联邦迁移学习（FTL）^[113-114]允许不同模型在不泄露用户隐私的情况下进行知识共享与迁移，已成为人工智能算法研究的新趋势。

FTL 将同态加密技术（Homomorphic Encryption，HE）应用于神经网络的安全多方计算（secure Multi-Party Computation，MPC）中，仅需要对神经网络进行少量调整即可保证

⊖　Google 于 2017 年提出了去中心化推荐系统建模方法，用户手机在本地端进行模型训练，然后将模型更新部分加密上传至云端与其他用户模型进行整合，最后云端模型将更新参数分发至各个手机端模型。

模型性能几乎无损，如图 10.36 所示，首先在不暴露 A、B 数据的条件下分析数据重叠部分，利用协作者向模型 A_1、B_1 发送公钥，A_1、B_1 分别训练各自的模型，例如 A_1 中将初始参数与每一个样本进行点积，然后将结果加密发送给 B_1 交换中间结果，B_1 利用同态加密算法[115] 更新样本计算结果，并与样本标签进行比较，将损失加密反馈给协作者，协作者对结果进行加密，并添加噪声分发给 A_1 和 B_1，各自更新模型参数。若联邦中有新用户加入，可在类似信息传播流程下通过 A_1、B_1 的协作实现模型迁移学习。

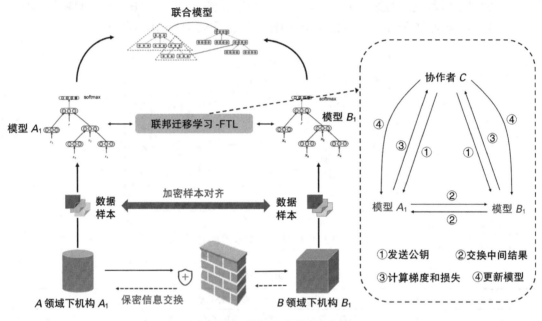

图 10.36　联邦迁移学习框架图

1. FTL 问题定义

假设存在两个不同领域的机构 A 和 B，以 A 为源域，B 为目标域，则源域数据集为 $\mathcal{D}_A = \{(x_i^A, y_i^A)\}_i^{N_A}$，目标域数据集为 $\mathcal{D}_B = \{x_j\}_{j=1}^{N_B}$（$y$ 表示样本标签，N 表示样本总数），$\mathcal{D}_A$、$\mathcal{D}_B$ 分别由两个私有方持有且不能相互公开；所有的标签信息都在 A 中（推断结果同样适用于全部标签存在于 B 的情况），并且数据集 $\mathcal{D}_A$ 中包含数据集 $\mathcal{D}_B$ 的少部分标签信息，即 $\mathcal{D}_C = \{(x_i^B, y_i^B)\}_i^{N_C}$（$N_C$ 表示目标域的标签数量）。

为了对数据进行隐私保护，相同的样本 ID 采用加密掩码表示（例如 RSA 公开密钥密码体制$^{\ominus}$）。假设机构 A 和机构 B 已知共享相同的样本 ID，FTL 任务定义为：机构 A 和机构 B 双方共同建立一个迁移学习模型来预测目标域标签，同时要在彼此不暴露数据的条件下提高模型精度。

假设存在一个攻击方 D 可以破坏其中任意一个机构，FTL 对**安全**定义如下：存在协议

$\ominus$　https://github.com/FederatedAI/FATE。

P，使得 $(O_A, O_B) = P(I_A, I_B)$，其中 I_A、I_B 分别表示机构 A 和 B 的输入，O_A 和 O_B 为输出。若对机构 A 存在无穷多的 (I'_B, O'_B)，使得 $(O_A, O'_B) = P(I_A, I'_B)$，则协议 P 是安全的。

2. FTL 建模方法

假设机构 A 和机构 B 的隐藏特征表示 u_i^A、u_i^B 可由两个神经网络获得，分别记为 $u_i^A = \mathrm{Net}^A(x_i^A)$、$u_i^B = \mathrm{Net}^B(x_i^B)$。为预测目标域样本标签，引入线性可分的预测函数 $\varphi(u_j^B) = \varphi(u_1^A, y_1^A, \cdots, u_{N_A}^A, y_{N_A}^A, u_j^B)$，即 $\varphi(u_j^B) = \Phi^A \mathcal{G}(u_j^B)$。FTL 选取以下迁移函数作为 $\varphi(u_j^B)$，易知 $\Phi^A = \dfrac{1}{N_A} \sum_i^{N_A} y_i^A u_i^A$，$\mathcal{G}(u_j^B) = (u_j^B)'$：

$$\varphi(u_j^B) = \frac{1}{N_A} \sum_i^{N_A} y_i^A u_i^A \cdot (u_j^B)' \tag{10-67}$$

利用源域有标签数据集训练网络，其目标函数定义为：

$$\arg\min_{\Theta^A, \Theta^B} \mathcal{L}_1 = \sum_{i=1}^{N_c} l_1(y_i^A, \varphi(u_i^B)) \tag{10-68}$$

其中 Θ^A、Θ^B 分别为 Net^A、Net^B 的网络参数，$l_1(y, \varphi) = \log(1+\exp(-y\varphi))$。令 L_A（L_B）表示 Net^A（Net^B）的隐层数，θ_l^A（θ_l^B）表示第 l 层的参数，则 $\Theta^A = \{\theta_l^A\}_{l=1}^{L_A}$、$\Theta^B = \{\theta_l^B\}_{l=1}^{L_B}$。

为了在 FTL 框架下迁移源域知识，最小化机构 A 和机构 B 的对齐损失，其中 l_2 定义为 $l_2(u_i^A, u_i^B) = l_2^A(u_i^A) + l_2^B(u_i^B) + \kappa u_i^A (u_i^B)'$（$\kappa$ 为常数）：

$$\arg\min_{\Theta^A, \Theta^B} \mathcal{L}_2 = \sum_{i=1}^{N_{AB}} l_2(u_i^A, u_i^B) \tag{10-69}$$

模型最终损失函数为（$\mathcal{L}_3^A$ 与 L_3^B 均为正则项[⊖]）：

$$\arg\min_{\Theta^A, \Theta^B} \mathcal{L} = \mathcal{L}_1 + \gamma \mathcal{L}_2 + \frac{\lambda}{2}(\mathcal{L}_3^A + \mathcal{L}_3^B) \tag{10-70}$$

对 A、B 中的任意样本，梯度更新公式为：

$$\frac{\partial L}{\partial \theta_l^i} = \frac{\partial \mathcal{L}_1}{\partial \theta_l^i} + \gamma \frac{\partial \mathcal{L}_2}{\partial \theta_l^i} + \lambda \partial \theta_l^i \tag{10-71}$$

（1）加法同态加密

为了 A 和 B 的源数据不被泄露，FTL 引入加法同态加密（Additively Homomorphic Encryption）和二阶泰勒逼近（Second Order Taylor Approximation）计算模型最终损失函数和梯度。对损失函数 $l_1(y, \varphi) = \log(1 + \exp(-y\varphi))$ 进行二阶泰勒展开：

$$l_1(y, \varphi) \approx l_1(y, 0) + \frac{1}{2} y\varphi + \frac{1}{8} y^2 \varphi^2 \tag{10-72}$$

则 $\dfrac{\partial l}{\partial \varphi} = \dfrac{1}{2} y + \dfrac{1}{4} y^2 \varphi$，同态加密符号记为 $[\cdot]$，最终加密后的损失函数与梯度计算公式如下所示：

⊖　$\mathcal{L}_3^A = \sum_l^{L_A} \| \theta_l^A \|_F^2$，$\mathcal{L}_3^B = \sum_l^{L_B} \| \theta_l^B \|_F^2$。

$$[\mathcal{L}] = \sum_i^{N_c} \left(\left[l_1(y_i^A, 0) \right] + \frac{1}{2} y_i^A \Phi^A \left[\mathcal{G}(u_j^B) \right] + \frac{1}{8}(y_i^A)^2 \Phi^A \left[\mathcal{G}(u_j^B)' \mathcal{G}(u_j^B) \right] (\Phi^A)' \right)$$

$$+ \gamma \sum_i^{N_{AB}} \left([l_2^B(u_i^B)] + [l_2^A(u_i^A)] + \kappa u_i^A[(u_i^B)'] \right) + \left[\frac{\lambda}{2} \mathcal{L}_3^A \right] + \left[\frac{\lambda}{2} \mathcal{L}_3^B \right]$$

$$\left[\frac{\partial \mathcal{L}}{\partial \theta_l^B} \right] = \sum_i^{N_c} \frac{\partial(\mathcal{G}(u_i^B))' \mathcal{G}(u_i^B)}{\partial u_i^B} \left[\frac{1}{8}(y_i^A)^2 (\Phi^A)' \Phi^A \right] \frac{\partial u_i^B}{\partial \theta_l^B} + \sum_i^{N_c} \left[\frac{1}{2} y_i^A \Phi^A \right] \frac{\partial \mathcal{G}(u_i^B)}{\partial u_i^B} \frac{\partial u_i^B}{\partial \theta_l^B} +$$

$$\sum_i^{N_{AB}} \left([\gamma \kappa u_i^A] \frac{\partial u_i^B}{\partial \theta_l^B} + \left[\gamma \frac{\partial l_2^B(u_i^B)}{\partial \theta_l^B} \right] \right) + [\lambda \theta_l^B] \qquad (10\text{-}73)$$

$$\left[\frac{\partial \mathcal{L}}{\partial \theta_l^A} \right] = \sum_j^{N_A} \sum_i^{N_c} \left(\frac{1}{4}(y_i^A)^2 \Phi^A [(\mathcal{G}(u_i^B))' \mathcal{G}(u_i^B)] + \frac{1}{2} y_i^A [\mathcal{G}(u_i^B)] \right) \frac{\partial \Phi^A}{\partial u_j^A} \frac{\partial u_j^A}{\partial \theta_l^A} +$$

$$\gamma \sum_i^{N_{AB}} \left([\kappa u_i^B] \frac{\partial u_i^A}{\partial \theta_l^A} + \left[\frac{\partial l_2^A(u_i^A)}{\partial \theta_l^A} \right] \right) + [\lambda \theta_l^A]$$

（2）联邦迁移实现

推导出加密后的损失函数与梯度组成部分之后，即可利用联邦学习方法对该迁移问题进行建模。令 $[\cdot]_A$、$[\cdot]_B$ 分别表示公钥 A 和公钥 B 的同态加密，FTL 算法训练流程如表 10.6 所示[114]。首先机构 A 和 B 初始化各自的网络参数并且独立训练网络 Net^A、Net^B，得到样本的隐藏向量表示 u_i^A、u_i^B；然后 A 计算并且加密 $\left[\frac{\partial \mathcal{L}}{\partial \theta_l^B} \right]$ 中的各子式 $\{h_k^A(u_i^A, y_i^A)\}_{k=1, 2, \cdots, K_A}$ 发送给 B，帮助 B 计算 Net^B 的梯度；类似地，B 计算并且加密 $\left[\frac{\partial \mathcal{L}}{\partial \theta_l^A} \right]$ 中的各子式 $\{h_k^B(u_i^B)\}_{k=1, 2, \cdots, K_B}$ 发送给 A，帮助 A 计算 Net^A 的梯度及网络损失 $\mathcal{L}$。

为了防止 A、B 梯度泄露，需要进一步利用加密的随机值作为梯度的掩码（即将梯度屏蔽），然后 A 和 B 将加密屏蔽后的梯度和损失发送给彼此，在本地计算得到解密值。一旦机构 B 损失收敛，机构 A 就可以向 B 发送训练终止信号，否则 A 和 B 会持续解码梯度以更新网络参数。

FTL 测试过程即利用训练网络标注机构 B 中的样本，算法流程如表 10.7 所示。对每一个无标签样本，B 利用参数为 Θ^B 的网络（Net^B）′计算得到 u_j^B，并发送加密的 $\mathcal{G}(u_j^B)$ 发送给 A；然后 A 进行评估并以随机值作为掩码进行屏蔽，再将加密屏蔽后的 $\varphi(u_j^B)$ 发送给 B；B 进行解密并反馈给 A，A 根据 $\varphi(u_j^B)$ 计算样本标签，最终将标签发送给 B。

表 10.6　FTL 训练阶段伪代码

算法	联邦迁移学习：训练
输入	学习率 η，权重参数 γ、λ，最大迭代次数 m，误差限 t;
输出	模型参数 Θ^A、Θ^B
A、B 分别初始化 Θ^A、Θ^B，创建密钥对，并且将公钥发送给对方;	
1	$iter = 0$;
2	while $iter \leqslant m$ do:

（续）

3	A do:
4	$u_i^A \leftarrow Net^A(\Theta^A, x_i^A)$ for $i \in \mathcal{D}_A$;
5	计算并加密 $\{h_k^A(u_i^A, y_i^A)\}_{k=1,2,\cdots K_A}$，将其发送给 B;
6	B do:
7	$u_i^B \leftarrow Net^B(\Theta^B, x_i^B)$ for $i \in \mathcal{D}_B$;
8	计算并加密 $\{h_k^B(u_i^B)\}_{k=1,2,\cdots K_B}$，将其发送给 A;
9	A do:
10	生成随机掩码 m^A；计算 $\left[\dfrac{\partial \mathcal{L}}{\partial \theta_l^A} + m^A\right]_B$、$[\mathcal{L}]_B$，发送给 B;
11	B do:
12	生成随机掩码 m^B；计算 $\left[\dfrac{\partial \mathcal{L}}{\partial \theta_l^B} + m^B\right]_A$，发送给 A;
13	B do: 解密 $\dfrac{\partial \mathcal{L}}{\partial \theta_l^A} + m^A$、$\mathcal{L}$，并发送给 A;
14	A do: 解密 $\dfrac{\partial \mathcal{L}}{\partial \theta_l^A} + m^A$，并发送给 B;
15	B do: 更新梯度 $\theta_l^B = \theta_l^B - \eta\dfrac{\partial \mathcal{L}}{\partial \theta_l^B}$;
16	A do: 更新梯度 $\theta_l^A = \theta_l^A - \eta\dfrac{\partial \mathcal{L}}{\partial \theta_l^A}$;
17	if $\mathcal{L}_{prev} - \mathcal{L} \leq t$: 向 B 发送训练终止信号; break;
18	else: $\mathcal{L}_{prev} = \mathcal{L}$; iter = iter+1; continue;
19	end
20	end

表 10.7　FTL 测试阶段伪代码

算法	联邦迁移学习：测试
输入	模型参数 Θ^A、Θ^B、$\{x_j^B\}_{j \in N_B}$;
输出	$\{y_j^B\}_{j \in N_B}$
1	B do:
2	$u_j^B \leftarrow Net^B(\Theta^B, x_j^B)$;
3	加密 $\{[\mathcal{G}(u_j^B)]\}_{j \in N_B}$，并发送给 A;
4	A do:
5	生成随机掩码 m^A;
6	计算 $[\varphi(u_j^B) + m^A]_B = \Phi^A[\mathcal{G}(u_j^B)]_B$，将 $[\varphi(u_j^B) + m^A]_B$ 发送给 B;
8	B do:
9	解密 $\varphi(u_j^B) + m^A$，并发送给 A;
10	A do:
17	得到 $\varphi(u_j^B)$ 和 y_j^B，并发送 y_j^B 给 B。

　　FTL 训练和测试阶段的每一次迭代过程中都会生成随机掩码对梯度进行加密，因此并没有对梯度进行泄露，而且机构 A 在每一步迭代中都只学习了本地模型的梯度，获取的反馈信息不足以学习机构 B 的模型信息。因此，只要加密是安全的，协议 P 就是安全的。综上，FTL 既实现了数据孤岛的连接与融合，又实现了领域知识的迁移。

　　在理想情况下，FTL 既能在隐私监管条件下有效聚合数据又能实现知识迁移，然而频繁的加密、传输数据也对网络、算力提出了更高的要求。例如，Jing 等人[116]对部署在

Google Cloud 上的 FTL 模型 FATE 进行了性能测试，发现 FTL 模型中存在以下缺陷：进程间的通信是主要瓶颈，利用 JVM Native Memory Heap 和 UNIX 域套接字等技术有机会缓解瓶颈；数据的加密使模型计算开销急剧增大，基于软件的加密方法会占用过多的 CPU 周期，受 SmartNIC 有关研究工作 [117-118] 的启发，可以考虑在 FTL 基础架构中的特定硬件上实施数据加密；当本地模型较大时，网络拥塞控制会严重影响模型性能，随着网络带宽变窄，通过网络进行的密集数据交换将使 FTL 框架面临更大的网络流量，利用 PCC 等 [119] 先进的网络技术将有助于使数据传输更具鲁棒性。此外，Sharma 等人 [120] 认为利用同态加密和安全多方计算协议的 FTL 框架计算开销过大，实际应用较困难。因此他们利用秘密共享（Secret Sharing，SS）提高联邦迁移学习下模型协同训练的效率和安全性。在存在恶意攻击者的情况下，该模型计算 500 个样本只需 1.4 秒，而 Liu 等人的算法框架 [114] 需要运行 35 秒。

10.5.3　典型应用

联邦迁移学习作为新兴人工智能研究领域，目前落地应用种类并不多，然而研究人员也已在智慧金融、健康监控等领域进行大量尝试。本节将主要介绍自动驾驶（Autonomous Driving）和智慧医疗（Smart Healthcare）两个 FTL 典型应用场景。

1. 自动驾驶

自动驾驶汽车主要依靠人工智能、计算机视觉计算、雷达、全球定位等技术协同合作，使智能设备在没有任何人类主动操控行为的情况下安全地操控机动车辆，例如特斯拉无人驾驶汽车等。

传统的自动驾驶模型主要依靠强化学习进行训练，首先在模拟器中对 RL 模型进行预训练，然后将预训练模型上载到真实机器人车辆环境进行参数微调。整个训练过程耗时耗力，而且由模型微调生成的知识仍保留在本地无法进行重复利用和协作使用。为了解决该问题，Liang 等人 [121] 基于强化学习、联邦迁移学习框架提出了联邦迁移强化学习（Federated Transfer Reinforcement Learning，FTRL）框架，其中所有智能体均可利用其他智能体已有知识做出当前环境下的有效动作。

FTRL 应用于自动驾驶主要有以下两大优势：在线知识迁移（Online Knowledge Transfer），能够在具有不同智能体、障碍物、传感器和控制系统的现实环境中执行源和目标任务；高效知识聚合（Effective Knowledge Aggregation），能够实时地聚合多智能体知识，提升模型应对复杂场景的能力。FTRL 模型框架如图 10.37 所示，所有智能体与联邦学习服务器通过 Wi-Fi 进行通信，每个智能车在相应的环境中执行强化学习任务，而服务器定期聚合所有智能体的模型生成联合模型进行群智知识迁移，指导无人驾驶汽车应对各种复杂场景。

模型训练以异步方式进行，主要包括智能体过程与联邦学习服务器过程。

（1）第 i 个智能体过程

对于第 i 个智能体，如果当前不在标准环境中运行，则采用智能体特定的知识迁移过程，然后从联邦学习服务器中异步更新 RL 模型，最后使用 DDPG 算法 [122] 从经验池中训练该 RL 模型，同时引入超参数 t_u 控制联合模型更新的时间间隔。

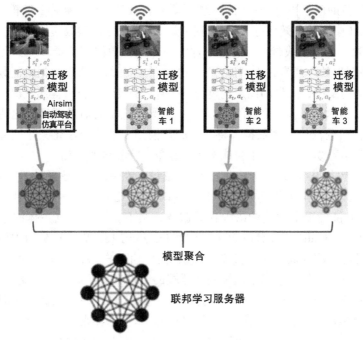

图 10.37 FTRL 模型框架图 [121]

（2）联邦学习服务器过程

FL 服务器定时收集所有智能体的 RL 模型，由超参数联邦周期数 t_f 控制，然后 FL 服务器通过联邦平均过程生成联合模型，即：

$$\omega_{\text{fed}}^{\theta} \leftarrow \frac{1}{N}\sum_{i=1}^{N}\omega_i^{\theta} \tag{10-74}$$

其中 $\omega_{\text{fed}}^{\theta}$、$\omega_i^{\theta}$ 分别表示联合模型和第 i 个智能体的模型参数，N 表示智能体数量。

在汽车防碰撞试验场景下，第 i 个智能体首先针对观测值 s_t^i（即当前智能体所观测到的环境）进行在线知识迁移，然后根据 $a_t \leftarrow \mu_i(s_t) + \mathcal{U}_t$（$s_t$ 为标准环境，μ_i 为最优行为策略函数，$\mathcal{U}_t$ 表示 DDPG 算法中的 Uhlenbeck-Ornstein 随机过程）得出当前场景下的最优行为，最后判断是否需要采取转向行为 a_t^i。Liang 等人进一步使用 Microsoft Airsim 仿真器和 NVIDIA JetsonTX2 RC 智能车构建了真实的防碰撞系统，实验结果表明 Airsim 仿真器可将知识实时传输到 RC 智能车上，使其碰撞次数减少了 42%。

FTRL 框架中采用的迁移模型是基于人类专家经验的知识迁移模型，在未来自动驾驶技术发展过程中，可探讨如何自主地将经验或知识从已经学习的任务转移到在线的新任务中，推动联邦迁移学习在无人驾驶领域的应用。

2. 智慧医疗

每个人的医疗数据都关系到个人隐私，而且医疗机构的病例数据、科研数据不仅关系到数据主体的隐私，还关系到行业发展甚至是国家安全，因此在医疗领域天然存在数据孤岛。然而，为了帮助医生快速分析病例、提升看病就医效率，对病症的建模是必不可少的。

用于训练 AI 模型的有效医疗数据资源稀缺。不同医疗机构收集、标记、处理医疗数据的方式并不一致，包括脑成像、X 射线影像等医疗图像数据因机器不同而存在差异，这些都会导致 AI 模型失效。通常，大型医疗机构有病人就医的高质量数据，但数据量较少；而随着可穿戴设备的发展，大量的用户通过智能手环 / 手表监测自身健康状况，贡献了丰富多样的医疗数据，但这些数据基本无标注。为了在保护隐私的前提下最大化地利用高质量的医疗小数据和低质的群体健康数据，将共性医疗模型发展为个性化医疗模型，研究人员尝试利用联邦迁移学习模型推动人工智能技术在智慧医疗领域的应用。

Chen 等人[123] 提出了第一个应用于可穿戴设备的医疗保健联邦迁移学习框架——FedHealth，利用联邦学习进行数据聚合，同时利用迁移学习构建个性化可穿戴模型。FedHealth 既能提供精准个性化的医疗保健服务，又不会侵犯数据主体的隐私，其模型框架如图 10.38 所示。FedHealth 获取 N 个不同用户 / 机构 $\{S_1, S_2, \cdots, S_N\}$ 的数据 $\{\mathcal{D}_1, \mathcal{D}_2, \cdots, \mathcal{D}_N\}$，协同利用全部数据训练联邦模型 $\mathcal{M}_{\text{FED}}$，使任何用户 S_i 的数据 $\mathcal{D}_i$ 都不会暴露给其他用户 / 机构。首先利用公共数据集训练服务器端的云模型，然后将云模型分发给所有用户，每个用户都可以在本地数据上训练自己的模型。随后，用户模型上载到云服务器，帮助云服务器进行训练更新，在模型上载的过程中只是共享同态加密的模型参数，并不共享任何用户数据或信息。最后，每个用户都可以通过集成云模型和本地模型进行个性化训练，生成个性化可穿戴医疗模型。

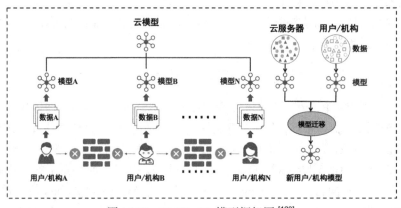

图 10.38　FedHealth 模型框架图[123]

具体地，FedHealth 应用卷积神经网络学习云模型和用户模型，用于用户行为活动识别。令 f_s 表示学习到的云模型，则优化目标为 $\underset{\Theta}{\arg\min}\,\mathcal{L} = \sum_{i=1}^{n} l(y_i, f_s(x_i))$，其中 $l(\cdot, \cdot)$ 表示分类交叉熵损失。云模型训练完成之后，对网络权重矩阵和偏置进行同态加密，然后发送给各个用户训练用户本地模型 f_u，其优化目标为 $\underset{\Theta^u}{\arg\min}\,\mathcal{L}_1 = \sum_{i=1}^{n} l(y_i^u, f_u(x_i^u))$，之后再上载到云服务器更新云模型。为了减轻计算负担，云服务器可根据各个用户上载的模型有计划地更新云模型（例如每晚更新一次）。新的云模型 f'_s 基于所有用户的知识，具有较强的泛化能力。由于云服务器数据与特定用户数据分布存在差异，用户端直接应用云模型难以学习特定用户的细粒度信息，因此 FedHealth 利用迁移学习方法为每个用户构建个性化模型。如图 10.39 所示，卷积层旨在提取有关活动识别的底层特征，而全连接层专注于学习用户特定特征 [124]，所以 FedHealth 在误差反向传播过程中固定卷积层与池化层参数，更新全连接层参数。同时，在最后一个全连接层进行源域和目标域对齐（利用 l_{CORAL} 损失函数 [125] 对齐源域和目标域输入的二阶统计量），以迁移其他用户知识指导本地用户模型的学习，其损失函数最终定义为：$\arg\min_{\Theta^u} \mathcal{L}_u = \sum_{i=1}^{n_u} l(y_i^u, f_u(x_i^u)) + \eta l_{\text{CORAL}}$。

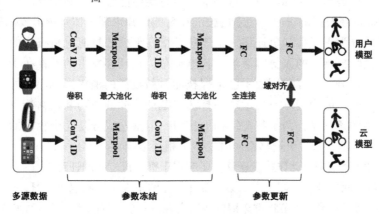

图 10.39　FedHealth 模型迁移框架 [123]

除此之外，Ju 等人 [126] 将 FTL 应用于脑机接口（Brain-Computer Interface，BCI），提出了用于脑电图（EEG）分类的联邦迁移学习框架。与当前效果最好的深度学习框架相比，该框架能够从多对象脑电数据中提取出更有效的判别信息。联邦迁移学习在以上领域的研究与尝试，为人机物融合场景下群体知识的迁移与应用提供了参考。

10.6　基于分层学习的群智技能迁移

前面讨论的迁移学习方法主要关注具体场景下特定于任务知识的迁移，以提高智能体在新场景中的表现，其更强调对知识的迁移与共享。但是在人机物群智系统中，存在仅部分知识相同或多场景知识融合的任务，群智环境下任务的知识差异较大，传统的迁移学习要求源域和目标域具有较高的相似度，直接对依赖于任务的知识进行迁移将变得不再高效。技能迁移（Skills Transfer）就是从先前学习到的经验中学习更高层次的知识抽象——"技能"（Skill），即不同场景知识的高度融合。通过对技能进行迁移，摆脱对具体任务知识的依赖，从而提升群智能体、群应用在复杂任务中的表现。

10.6.1 何为技能迁移

对于一个熟练掌握足球运动的人，其在学习篮球运动时，可以通过知识迁移将足球运动中掌握的通用知识（例如，球的特征、比赛规则、发力模式）迁移到篮球运动学习的过程中。在这两项运动中，有很多依赖于任务的知识由于存在差异性无法进行直接迁移，但是可以将基于知识学到的运动方式（运球过人、身体控制）或智力活动方式（运动心理）迁移到新的运动学习中，以加快篮球运动的学习。可以看出，技能就是利用知识通过练习而形成的一定动作方式或智力活动方式，是知识更高层次的抽象。按照性质和特点的差异，技能可以分为**动作技能**和**智力技能**。动作技能主要由一系列外部动作构成，而智力技能主要由心智活动组成。

类似于知识迁移，已掌握的知识可以对新知识的学习产生影响，技能的形成也存在这种情况。技能迁移是指在实际的应用过程中，多智能体能够充分利用自己已掌握的运动技能，去干预并促进新技能的学习，让新的技能在智能体知识理论体系中形成完备框架。

技能迁移可分为正迁移和负迁移。正迁移是指已掌握的技能对新技能的掌握具有积极影响，例如，会骑自行车的人更容易学会骑电动车，正迁移发生的条件在于，两个技能存在相似性和共性成分。负迁移则表示已掌握技能对新技能的消极影响，例如，熟悉羽毛球的人更难掌握网球，因为网球与羽毛球的打法有截然不同的技巧和发力特点，容易产生混淆。负迁移发生的条件是，两个技能结构上相似，但某些成分是完全相反的动作方式。然而在技能训练中，正迁移与负迁移常同时发生，相互影响。

在人机物群智系统中，动作技能迁移主要应用于机-机之间的迁移学习，智力技能迁移主要应用于人-机之间的迁移学习，本书第9章详细介绍了人-机的混合学习，讨论了如何将人类的智力技能迁移至机器，本节将重点探讨如何实现机-机（智能体）间的动作技能迁移。

10.6.2 分层强化学习

迁移学习中的大多数工作都是在有监督的环境中进行的，目的是通过利用类间的规律性来提高知识迁移后的性能，而在人机物融合群智计算的部分应用场景（连续、复杂的决策任务，如类人机器人的移动）中无法进行有效的监督迁移。人类应对复杂问题的方法是把它们分解成一系列原子、可控的步骤/子任务，然后将已经学过的步骤知识重新提炼、组合和深化以应对新情况。强化学习（Reinforcement Learning，RL）因其不需要数据标记，以"试错"的方式进行学习，在环境中获得反馈以指导动作学习，为多智能体应用（如机器人协作的智能制造）带来自动化决策、自主行动和配合协作的能力，但是当环境较为复杂或者任务较为困难时，会产生维度灾难。分层学习（Layered Learning）是一种分层的机器学习范式，通过将问题分解为多个任务层，逐步学习一系列子任务进而学习复杂的任务。结合分层学习与强化学习二者的优势，分层强化学习（Hierarchical Reinforcement Learning，HRL）成为有效的知识抽取和迁移方法。

1. 分层学习

抽象本质上是一种泛化与概括的思维方式，而分层就是实现抽象的一种具体方法，其结构特点为技能迁移提供了一种可行的范式。分层学习具有以下四个关键原则：

1）无法直接学习输入到输出表示的学习。分层学习将问题分解为几个任务层，通过机器学习算法抽象并解决局部学习任务。

2）分层学习使用自底向上的增量方法进行分层的任务分解。

3）机器学习利用数据进行训练或适应，学习是在每个阶段单独进行的。

4）分层学习的关键定义特征是每一个学习层都直接影响下一层的学习，学习到的子任务可以通过以下方式影响后续层：

- 构建训练示例集，用于子任务的训练。
- 提供可用于后续学习的特征。
- 构造可修建的输出集。

分层学习具有以下优点：

1）时间上的抽象（Temporal Abstraction）：可以考虑持续一段时间上的策略，允许表示不同时间尺度的动作知识。

2）状态上的抽象（State Abstraction）：当前的状态中与所解决问题无关的状态不会被关注。

3）可迁移与重用性（Transferability and Reusability）：通过将问题分解为多个子问题，使子问题学习到的解决方法可以迁移到其他问题中。

2. 分层强化学习

分层强化学习是一种扩展标准强化学习过程以适应时间上抽象动作的计算技术 [127]，HRL 将复杂的强化学习问题分解形成若干子问题的层次结构，其中每一个子问题都是一个强化学习问题，通过分层学习以一种紧凑的形式表示问题从而降低计算复杂性。如图 10.40 所示，分层强化学习采用策略分层、分而治之的方法，每层负责在不同程度的时间抽象中控制动作集，包括宏动作和基本动作，不同级别的层可以包含不同的知识，智能体通过在不同时间抽象中学习，进而实现分层控制并允许更好的迁移。图中 σ 为子程序或宏操作，v_σ 与 π_σ 分别为子程序特定的状态值与动作策略。

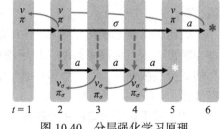

图 10.40　分层强化学习原理

分层强化学习的关键在于扩展可用动作集，而经典马尔可夫决策过程（Markov Decision Process，MDP）假设动作在单个时间步完成，因此无法解决需多个时间步才能完成的动作。通过扩展经典马尔可夫决策过程形成的半马尔可夫决策过程（Semi Markov Decision Process，SMDP）可以用变量描述执行动作的若干时间步。如

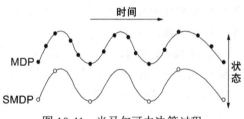

图 10.41　半马尔可夫决策过程

图 10.41 所示，半马尔可夫决策过程是马尔可夫决策过程的一般化过程，在 SMDP 下，智能体不仅可以选择执行基本动作，还可以执行宏动作，即基本动作的序列。

在分层强化学习中，子问题分解的方法主要有两种：一是**所有的子问题共同解决被分解的问题，即任务共享**（Share Tasks）；二是**持续将前一个子问题的结果加入下一个子问题解决方案中，即任务重用**（Reuse Tasks）。对于以上两种子问题分解的研究思路，常见的基于分层强化学习的技能迁移方法主要包括：基于选项（Options）学习的技能迁移、基于分层局部策略（Hierarchical Partial Policy）学习的技能迁移、基于子任务（Sub-task）学习的技能迁移。这三种方法分别从**动作、策略、任务**方面将原问题分解为规模更小的子问题序列并构建起分层机制。

（1）基于选项学习的技能迁移

Sutton 等人[128]将"动作"抽象为"选项"，即从**动作角度构建分层机制**。选项可表示为一个三元组 $<I, \pi, \beta>$，I 为其初始状态集合，π 为策略，β 为终止条件。基于选项的学习思想在于完成一项任务或解决一个问题一般需要多个层级的步骤参与。例如，在走迷宫任务中，选项可以概括为"通过走廊"，原始动作包括"向北、向南、向西、向东"，选项可以被认为是在某种状态子空间中的一个动作序列，因此可以抽象为技能。

如图 10.42 所示，MDP 的状态轨迹由较小的离散时间间隔组成，而 SMDP 的状态轨迹由较大的连续时间间隔组成，基于选项的学习方法通过动作抽象来持续推断多个离散步骤，以实现半马尔可夫决策过程。

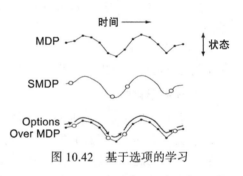

图 10.42　基于选项的学习

因此，基于选项的学习框架由两层组成，其中底层为初级策略，用于进行环境观测、动作输出，顶层为高级策略，用于进行环境观测、初级策略输出。通过上下层选项间的调用构成分层控制结构，初级策略所学得的技能作为宏动作可以用于迁移重用，进而实现技能迁移。

（2）基于策略学习的技能迁移

基于分层局部策略的方法以分层抽象机（Hierarchical Abstract Machines，HAMs）为代表[129]，同样建立在 SMDP 的理论基础上。HAMs 的核心思想是将每个子任务抽象为一个基于马尔可夫决策过程的抽象机，根据当前状态及有限状态集的状态来选择不同的策略，**从策略角度构建分层机制**。每个抽象机都掌握了解决环境中某些子问题的策略，因此可以轻松地迁移到其他领域。

如图 10.43 所示，一个抽象机的状态空间 s 包含四种状态：动作状态（Action），在当前环境中执行一个动作；调用状态（Call），暂停当前的抽象机并调用另一个抽象机；选择状态（Choose），在当前抽象机下随机地选择下一个状态；停止状态（Stop），停止现在的抽象机并恢复到调用前的状态。

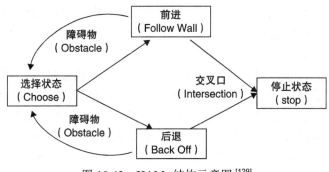

图 10.43　HAMs 结构示意图[129]

　　如图 10.44 所示，在图 10.44a 所示的环境中包含大量图 10.44b 所示的凹形障碍物，复杂的搜索空间严重降低了智能体的学习效率，HAMs 的思想是增加 Follow-Wall 抽象机和 Back-Off 抽象机，每当遇到障碍时智能体会进入选择状态（Choose），智能体选择 Follow-Wall 抽象机用于沿墙直行或 Back-Off 抽象机用于后退并改变方向。两种抽象机仅需分别学习沿墙直行与后退换向两种策略，此外，智能体需要决定调用哪台抽象机以及以何种概率调用，当遇到其他子任务时也可对两种抽象机进行调用。HAMs 通过额外增加分层抽象机的状态空间对策略施加限制，巧妙地回避了传统强化学习的维度灾难问题，每个抽象机中包含多个可选择的状态，HAMs 对策略的抽象有助于其他子任务对策略的迁移与重用。

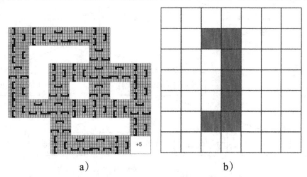

图 10.44　基于 HAMs 的技能迁移示例[129]

（3）基于任务学习的技能迁移

　　基于子任务的学习方法以 Dietterich 提出的 MaxQ 值函数分解（Value Function Decomposition）[130] 为代表，其核心思想是将一个原始任务对应的马尔可夫决策过程 M 分解为多个子任务 $\{M_0, M_1, \cdots, M_n\}$，解决了每个子任务即解决了原始的复杂任务，**从任务角度构建分层机制**。如图 10.45 所示，MaxQ 的层次结构是通过将目标 MDP 分解为较小的 MDP 层次结构，将目标 MDP 状态 - 动作对的 Q 值分解为两个分量，即 $Q(p, s, a) = V(a, s) + C(p, s, a)$。其中 $V(a, s)$ 是在状态 s 中执行动作 a 所获得的总期望奖励，$C(p, s, a)$ 是执行动作 a 后父任务 p 的表现所获得的总期望奖励。这种分解既包含过程语义（作为子任务层次结构），又包含声明性语义（作为分层策略的值函数表示）。假设已知 MDP 的分层策略 π，当

执行任务 M_i 时会选择下一层的子任务 M_{a_1}，当执行 M_{a_1} 时会继续选择下一层的子任务 M_{a_2}，不断迭代直至执行最终的基本动作 a_n。若每个子任务 M_i 的子策略 π_i 都是最优策略，则任务 M 的递归最优策略为 $\pi = \{\pi_0, \pi_1, \cdots, \pi_n\}$。

相对于其他框架，MaxQ 的优势在于它学习的是**递归最优策略**，这意味着在子任务的学习策略确定后，父任务的策略也是最优的。MaxQ 通过将值函数分解，学习上下文无关的任务策略，层次结构中的各个 MDP 可以对时间和空间进行抽象，还可忽略状态空间的大部分状态，有助于子策略的重用并向其他任务提供共同的宏动作。

考虑具体问题中的基于子任务学习的技能迁移。对于一个出租车运送乘客问题，司机需在指定地点接载乘客并将其运送到指定目的地，如图 10.45 所示，此域中包含 6 个基本动作：4 个导航动作（向东、西、南、北移动）、搭载乘客（Pickup）、放下乘客（Putdown）。该任务具有一个简单的层次结构，其中包含两个主要子任务，即接乘客（Get）和送乘客（Put），这两个子任务都依次涉及以下子任务：导航到接送乘客点、执行搭载乘客或放下乘客。可以看出 MaxQ 方法对此任务进行了时间抽象（如导航到乘客的位置是时间上的扩展动作）、状态抽象（如考虑接乘客时，其目的地不影响接乘客任务的决定）及子任务共享（如导航子任务可被接送乘客任务多次共享），从而降低问题的复杂度并提高技能的可重用性。

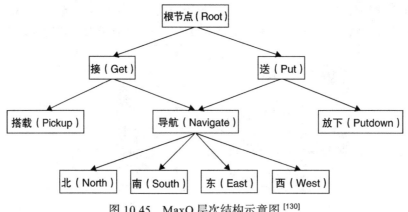

图 10.45　MaxQ 层次结构示意图[130]

受以上分层强化学习方法的启发，Vezhnevets 等人提出了模块化知识迁移框架——FeUdal 网络（FuN）[131]，通过解耦多个不同层中端到端学习的获取能力和效用，允许网络进行不同分辨率的时间抽象。模型框架分为 Manager 模块和 Worker 模块，Manager 以较低的时间分辨率运行并设置抽象目标，抽象目标被传递给 Worker 后由其执行，Worker 受到内在奖励的激励在环境中的每一时刻产生原始动作从而实现目标任务。FuNs 的解耦结构使智能体在潜在状态空间中将子目标定义为执行方向并转换为有意义的基本动作。FuNs 的模块化结构使得学习的基本动作可以重用于获取新的复杂技能，或者将 Manager 的策略迁移到不同智能体上。类似地，Option-Critic 框架[132] 将奖励函数和 Option 的一些参数联系起来，实现一种端到端的优化方式。该方法大大减少了先验知识，能够同时学习 Option 的内部策略和终止条件，并且不需要提供任何额外的奖励或子目标。HIRO[133] 和 Locomotor

Controller[134] 通过循环和重新训练控制初级策略的元策略来提高样本训练效率，不同的技能可以通过较少的样本获得而不用重新训练，进而实现不同任务之间的技能迁移。此外，Devin 等人 [135] 将智能体的控制分解为共享因素和特定于智能体的因素，利用共享因素实现在不同形态的智能体之间进行技能迁移。

Peter Dayan 于 1993 年提出一种将环境的模型从奖励函数中分离出来的值函数表征方法——后继表征（Successor Feature，SF）[136]，该方法将值函数分解为两部分：环境和奖励，即 $V^\pi(s) = \sum_{s'} M(s, s')r(s')$。在相同环境下学习其他任务时可以迁移关于环境的表示 $M(s, s')$，在不同环境下执行相同任务时可以只迁移关于任务的奖励。Barreto 等人 [137] 进一步提出使用 Successor

Features 对 Q 值进行分解，则策略 π 的 Q 函数可以表示为 $Q^\pi(s, a) = \mathbb{E}^\pi\left[\sum_{i=t}^{\infty} \gamma^{i-t}\phi_{i+1} \mid S_t = s, A_t = a\right]^T$

$\omega = \varphi^\pi(s, \alpha)^T \omega$。$Q^\pi(s, a)$ 一部分是通用的状态转移数据的特征，一部分是描述任务的权重。在对技能进行迁移时，如果智能体之前学习过类似的任务，即 w_i 和 w_j 值越接近，越能促进任务之间技能的正向迁移。SF 作为一种状态表征方式，结合了 Model-based 和 Model-free 两类算法的优势，通过值函数分解提高了技能迁移模型的泛化能力。

为了实现自动技能学习，人工指定一个良好的层次结构需要特定领域的专家知识。本质上，为了选择适当的分层学习框架，需要知道域知识的可用程度：

- 如果行为是完全指定，则可选择选项框架。
- 如果行为被部分指定，则可选择 HAM 框架。
- 如果较少的域知识可用，则可选择 MaxQ、学习选项框架。

HRL 通过在不同的抽象状态任务上使用子目标和动作进行多层次的时间抽象，实现从先验任务中迁移技能知识。未来可以从自动学习层次结构、提高稳定性、丰富稀疏奖励环境下有效分解的信号等角度对 HRL 进行进一步的深入研究。

10.6.3　模块化分层学习

在智能体技能学习过程中，很多知识（如动力学、任务步骤等）在任务和智能体之间是分离的。在学习过程中获得的部分信息可以帮助一个新加入的智能体学习任务，而部分信息也可以帮助同一个机器人完成新出现的任务。受到人类大脑模块化层次结构的灵感（如大脑皮层不同区域负责不同功能）启发，通过将神经网络划分为独立工作的网络集合，每个神经网络都有一组与其他网络构造和执行子任务相比较的输入，模块化神经网络将单个大型的神经网络简化为多个较小的、更易于管理的网络。基于模块化分层学习的方式，借助迁移学习来帮助智能体从过去其他任务的经验中获益，或为新任务提供先验知识。

典型研究及算法

Coline Devin 等人 [138] 提出将神经网络策略分解为"特定于任务"（Task-specific）的模块和"特定于机器人"（Robot-specific）的模块，其中特定于任务的模块在机器人之间共享，特定于机器人的模块在机器人所有任务之间共享。这允许在机器人之间共享任务信息（如物体的特征），以及在任务之间共享机器人信息（如动力学和运动学），解决了强化学习在少样本的情况下快速解决 zero-shot 泛化问题。把不同的机器人形态、不同的任务目标、不同的对象特性等定义为一个变化度（Degree of variation，DoV），假设 DoV 值相同的任务可以共享一些策略，通过模块化策略网络以实现技能迁移。基于模块化策略将函数表示为特定于机器人的策略 f_r 和特定于任务的策略 g_k，观测值 o_w 分为特定于机器人的内在观察 $o_{w,R}$ 和特定于任务的外在观察 $o_{w,T}$，则策略可写为 $\phi_{w_{rk}}(o_w) = \phi_{w_{rk}}(o_{w,R}, o_{w,T}) = f_r(g_k(o_{w,T}), o_{w,R})$。如图 10.46 所示，可以使用训练得到的任务模块和机器人模块技能进行新的组合，以解决新出现的任务，即 $\phi_{w_{test}}(o_{w_{test}}) = \phi_{w_{test}}(o_{w_{test},R}, o_{w_{test},T}) = f_{r_{test}}(g_{k_{test}}(o_{w_{test},T}), o_{w_{test},R})$，可以看出该模型并没有建立任务与机器人的映射，而是使用任务在其他任务学习的技能经验迁移组合。

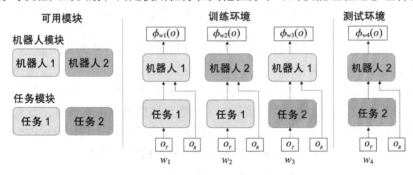

图 10.46   模块化策略组合的技能迁移[138]

为了使学习的模块能够实现 zero-shot 条件的任务，需要对模块进行正则化以避免过拟合，Coline Devin 通过**在模型接口上限制隐藏单元的数量**，以限制第一个模块的输出中隐藏单元的数量，迫使该模块紧密地传递信息，提高泛化能力；**使用 Dropout** 防止网络过于依赖任何特定的隐藏单元，实现多机器人形态多任务的技能迁移。

10.7   多智能体强化学习中的群智知识迁移

第 7 章和第 8 章介绍过强化学习的训练过程，需要智能体与环境不断交互来产生足够的样本，才能完成智能体训练流程。但大规模的交互样本获取并不容易，需要耗费大量时间与计算资源，特别是在多智能体场景下，环境部分可观测性、奖励稀疏性以及高维的动作空间导致交互样本的获取成本过大。同时，在一些应用领域，比如无人驾驶领域，因为涉及安全性也无法获取足够的交互样本。这些现实问题促使我们需要利用其他已有知识来改善或者加速强化学习的学习过程。而迁移学习作为一种利用源任务的知识来加速学习流程的方法，很自然地被应用于多智能体强化学习中。

多智能体强化学习的训练过程既可以被理解为各个智能体与周边环境交互得到最优策略的过程，也可以被理解为智能体将观测到的知识空间映射成最优策略的过程。传统强化学习下的知识空间是智能体在与环境交互过程中所得到的经验样本。而引入迁移学习之后的知识空间除了智能体本身所得到的经验样本之外，还包括从其他相似任务中得到的知识、观察其他智能体以及与其他智能体交互所得到的知识。迁移学习的核心是对知识的重用，而在多智能体强化学习中应用迁移学习，同样需要确定**在什么时候**、**将什么知识**、**以什么方式**存储到知识空间并重新利用。具体而言，主要研究包括：

- 源任务的选择：源任务的选择对于知识迁移十分关键，正确选择源任务是实现知识再利用的前提，选择不恰当的源任务往往会导致负迁移。应用到强化学习中，选择合适的源 MDP 与目标 MDP 实现有效的迁移，才会加快智能体的学习过程。
- 任务间的自主匹配：选择源任务后，智能体需要估计目标任务在哪些方面与源任务相似，进而才能具体确定可迁移的知识。由于目标任务与源任务的智能体对象、交互环境存在差异，往往导致从源任务迁移整个策略是不可行的或者只能达到次优效果，因此重用先前解决方案的某些部分往往更为有效，但是如何确定两个任务之间的相似性 / 差异性并非易事。
- 知识的选择：在强化学习领域，可迁移的知识是多样的，比如动作集、价值函数、奖励函数、策略、经验样本、模型等，需要根据目标任务与源任务之间的相似性来确定适合迁移的内容。

根据多智能体交互环境下的知识迁移是否需要智能体间的显式交互可将其划分为两类：**多智能体经验迁移学习**与**多智能体交互迁移学习**。**多智能体经验迁移学习是指不需要进行显式交互即可获取先验知识的方法**。例如将所有经验数据从一个智能体迁移到另一个相似智能体的过程可视为多智能体经验迁移方法。该类方法研究如何把其他任务或者其他领域的知识迁移到目标智能体和目标任务中，需要考虑什么样的源任务适合迁移、源任务与目标任务之间的关联以及迁移源任务的什么知识。**多智能体交互迁移学习是指基于智能体间的交互，最大限度地利用交互信息来进行知识迁移的学习方法**。例如某个智能体与另一个智能体共享状态、动作等信息，并且该智能体不断把交互获取的知识与自己的经验进行合并。该类方法大多从模仿学习、演示学习以及逆强化学习的方法中派生而来，主要考虑智能体之间何时交互、如何交互以及如何在交互中传递或融合知识。本节主要对这两类强化学习背景下的迁移学习方法展开介绍。

10.7.1　多智能体经验迁移学习

如前所述，多智能体经验迁移学习并不需要智能体之间的显式交互，其迁移知识的方法在很大程度上与单智能体的知识迁移相类似，或者是将单智能体迁移方法拓展到多智能体系统，主要偏向于历史经验的重用。本节主要介绍两类多智能体迁移学习方法：基于协调适应的迁移与基于课程学习的迁移。

1. 基于协调适应的迁移

在多智能体环境下，智能体需要不断地与其他智能体进行协调与适应。比如一个智能体新加入已训练好的多智能体系统时，新智能体往往不能预先掌握其他智能体的策略，原来的智能体同样无法感知新智能体的策略，从而需要学会如何与策略未知的智能体进行协调；或者当多智能体环境发生突变时，系统内的各个智能体都需要及时适应。为加快智能体间的协调配合，研究人员提出基于协调适应的迁移学习方法，**专注于重用智能体经验，充分利用现有知识来实现与其他智能体的协调适应。**

典型研究与算法

为了解决智能体在团队中难以适应可变策略的问题，Barrett 等人[139] 提出了 PLASTIC-Policy 算法，来训练智能体学习与历史队友的合作策略，并重用这些策略以快速适应新队友。该方法主要面对一个智能体必须与一组它从未合作过的智能体进行合作的场景。在如图 10.47 所示的多人足球环境中，11 号黄色球员与周围的三个黄色队员合作运球，11 号黄色球员之前从未与这三个队员合作过。如果事先给予智能体协作方式或通信协议，它可以很容易地与队友合作。然而在这种共享知识不可用的情况下，智能体与新队友的合作就会变得异常困难。

因此，PLASTIC-Policy 算法主要通过两部分的训练，即团队学习与策略选择，来使智能体快速适应新团队，学会与新队友合作。团队学习具体是指训练智能体学习针对不同队友的合作策略。对于每个队友，智能体都基于 FQI 算法进行探索训练，学到一种策略。同时建立邻居模型 m，主要用来存储队友的状态映射关系。策略选择具体是根据邻居模型 m 得到新队友与历史队友的状态信息差值，基于损失最小化的多项式加权算法更新队友与先前观察到的各类历史队友的相似概率。根据训练更新后的相似概率，可以找到与新队友最相似的历史队友，进一步可以确定与新队友的最佳合作策略，从而快速适应团队。

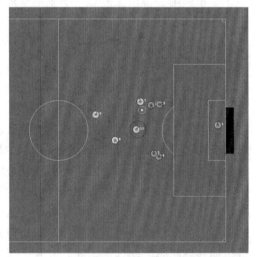

图 10.47　多智能体足球环境中的经验迁移[139]
（见彩插）

与团队适应问题不同，Hernandez-Leal 等人[140] 提出了一种对抗场景下自动检测竞争对手的策略优化时间的多智能体知识迁移方法——DriftER。该方法的核心思想是建立一个能够预测竞争对手行为的模型，来帮助智能体抽象出最优的应对策略。智能体时刻监控该模型预测的质量，一旦预测质量骤降，说明对手改变了它的策略，目标智能体就需要重新训练该预测模型来应对竞争对手行为的变化。

2. 基于课程学习的迁移

在多智能体强化学习中应用迁移学习时，即使源任务和目标任务的智能体动作空间一致，但由于二者环境差异较大，源域样本仍然很难直接用于训练目标任务中的智能体。因此考虑以一种渐进式的环境或任务变化来逐步进行知识迁移，提高智能体适应新环境的能力，最终智能体可以在目标任务中学习到最优策略。这种渐进式方法的本质就是课程学习（Curriculum Learning）[141] 的思想。

课程学习（Curriculum Learning）早在 2009 年就被提出，该思想主张让模型先从容易的样本开始学习，逐渐进阶到复杂的样本和知识，如图 10.48 所示。我们可以理解为在源任务和目标任务之间安排一系列的"课程任务"，让被训练对象通过难度加大的课程来不断学习新知识，最终将知识逐渐迁移到目标任务中，即完成目标任务的模型训练。先用简单的知识训练模型可以加速模型的训练，并且模型对简单知识学得越好，其最终的泛化性能就会越好。在多智能体系统下，同样可以借助课程学习的思想，在难度逐渐增大的任务之间传递知识。**该类方法的研究重点在于如何定义任务序列，而不是如何重用知识。**

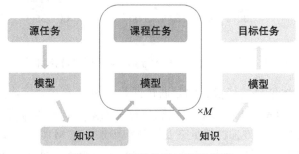

图 10.48　课程学习过程示意图

典型研究及算法

中科院自动化所 Shao 等人[142] 将课程学习引入星际争霸游戏中，解决在该游戏中场景切换后的知识迁移问题。在引入迁移学习之前，他们首先基于参数共享的多智能体梯度下降 Sara(λ)（PS-MAGDS）算法来训练星际争霸游戏中的一组可操控单元。在此不展开介绍其算法的状态空间表达以及奖励设计，主要关注当基于 PS-MAGDS 算法完成初始场景下的多智能体训练后，如何通过课程学习的训练方式将模型扩展到各种场景。

星际争霸中的部分场景如图 10.49 所示，其中图 10.49a 和图 10.49b 属于小规模智能体控制场景，智能体对象为巨人，以打败狂热者/狗群为目标；图 10.49c 为大规模智能体控制场景，智能体对象为机枪兵，以打败狗群为目标。针对小规模智能体场景的切换，其训练方式是基于模型重用来完成知识迁移。图 10.49a 中的 3 个巨人对抗 6 个狂热者为初始场景，因此从零开始训练巨人直到胜率达到标准。图 10.49b 中为 3 个巨人对抗 20 只小狗，以第一场景中的模型参数初始化，即模型重用，然后展开新环境的样本训练，根据图 10.50 中的结果可以看出，迁移学习大大加快了多智能体训练流程。

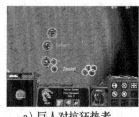

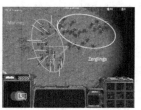

a）巨人对抗狂热者　　　b）巨人对抗狗群　　　c）机枪兵对抗狗群

图 10.49　星际争霸中的不同场景知识迁移[142]

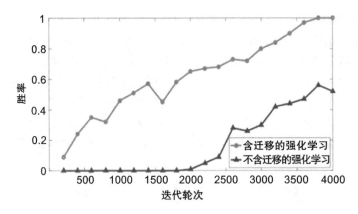

图 10.50 巨人对抗狗群场景下，有无迁移学习的训练轮次和胜率的对比 [142]

对于大规模智能体场景的切换，则是通过课程学习的方式来完成知识迁移的。其课程学习的序列设计如表 10.8 所示，M 数值代表机枪兵的数量，Z 数值代表狗的数量，通过不断增加我方机枪兵数量和敌方狗群数量来变换类别场景。在 M10 对抗 Z13 与 M20 对抗 Z30 两种最终场景下，智能体分别达到了 97% 和 92.4% 的高胜率，实现了渐进式的知识迁移。

表 10.8　课程学习的任务设计

Scenarios	Class 1	Class 2	Class 3
M10 对抗 Z13	M5 对抗 Z6	M8 对抗 Z10	M8 对抗 Z12
M20 对抗 Z30	M10 对抗 Z12	M15 对抗 Z20	M20 对抗 Z25

Florensa 等人 [143] 同样基于课程学习的思想，考虑改变智能体的初始状态分布来设计任务序列。先将任务初始化为从靠近目标的位置出发，智能体此时可以快速获得奖励，然后逐步将任务出发点移向远离目标的位置，以便智能体可以更有效地探索整个环境。虽然该方法仅在一个约束性的环境下有效，但是这个想法可以被用来构建多智能体协作系统的课程序列。Svetlik 等人 [144] 通过构建有向无环图，根据启发式方法修剪一些不会帮助智能体学习的源任务来扩展初始策略。此外，该图能够识别可并行学习的课程任务，因此理论上可以支持多个智能体的课程学习过程。

10.7.2　多智能体交互迁移学习

多智能体经验知识迁移（10.7.1 节）主要关注如何将其他任务或领域中的知识迁移到目标任务中的智能体中，可以理解为单智能体的迁移学习，即学习主体不变、任务变。但随着多智能体系统（Multi-Agent System，MAS）在智能机器人、分布式决策等领域得到广泛应用，单智能体的迁移学习方法因群智环境的不稳定性、部分可观测等因素变得不再适用。此外，由于多智能体系统依赖较高的通信成本，我们开始思考是否可以从经验丰富的其他智能体中迁移其已掌握的知识，以解决多智能体间在通信有限的场景下进行高效学习的问题。本节将介绍多智能体交互知识迁移，研究如何通过智能体间的通信从其他具有不同传感器或内部表示的智能体中高效精准地重用其已掌握的知识，即任务不变、学习主体变。

人机物融合群智计算包含在感知、推理和学习等方面具有更高智能形态的人类，以及在探索、决策等方面具有更多经验的其他机器智能体。在人机物混合的多智能系统中，确定何时以及如何进行知识迁移并非易事，尤其是当智能体遵循不同的表示形式时。由于可信知识来源包括人类的知识和机器智能体的知识，本节将按照知识来源对多智能体迁移学习方法进行分类，其中**人 – 机知识迁移**关注如何将人类知识迁移到机器智能体中，**机 – 机知识迁移**关注如何在机器智能体之间进行迁移学习。

知识在智能体间的传递方式通常包括以下三大类：

1）顾问（Advisor-Advisee）模型：该模型中，知识通过智能体间的交流传递，且不对其他智能体的内部信息做假设。

2）教师 – 学生（Teacher-Student）模型：该模型中，知识通过智能体间的交流传递，但会对其他智能体的某些信息（如策略、动作）做假设。

3）导师 – 观察者（Mentor-Observer）模型：该模型中，智能体间没有交流，观察者（Observer）尝试向导师（Mentor）学习能取得较高奖励的动作。

本节讨论的多智能体间的迁移学习将基于以上三种模型进行探索与改进。

1. 人 – 机知识迁移

在将人类感知、推理和决策等能力中的知识迁移到机器智能体的过程中，由于人机之间在感知、学习、理解等方面的差异，知识不能直接从人类迁移到机器智能体中。二者之间的差异具体可分为以下两类。

（1）人 – 机对动作集、通信协议有共同理解

当智能体对动作集和通信协议有共同理解时，即使智能体的内部实现未知，一个智能体也可以为其他智能体提供操作建议。针对该问题，**行动建议**（Action Advising）是最灵活的迁移学习方法之一。Griffith 等人 [145] 基于 Advisor-Advisee 模型提出从顾问（Advisor）收集反馈，以检验智能体是否选择了一个较好的动作。由于顾问的反馈被认为是不完美的，该工作进一步将顾问所传达的反馈与探索相结合，实现在反馈不一致情况下的加速学习。Teacher-Student 模型考虑到智能体间存在不同的内部表示，因此需要在交流有限的情况下接收人类建议以加速学习过程。Zhan 等人 [146] 扩展了 Teacher-Student 模型，从多个导师而非单个导师那里接受行动建议，从而避免执行老师所提供的错误建议。如图 10.51 所示，Omidshafiei 等人 [147] 结合前人思想提出所有智能体需学习三个策略，第一个学习如何解决任务，其他两个学习何时寻求建议及何时给予建议，但该方法能否在复杂的学习问题中加快迁移学习速度仍是一个开放的问题。**从示范中学习**（Learning from Demonstrations）使学生直接通过示范学习老师的策略，实现人 – 机知识迁移（详见 9.2 节）。

（2）人 – 机内部表示及与环境交互方式存在差异

尽管在多智能体强化学习中，机器智能体在某种程度上基于生物（包括人类）研究如何进行自主学习，但实际上智能体的实现方式与人类的推理过程仍存在很大差异。智能体的内部表示形式以及如何感知环境、如何与环境交互等差异，都为人类专业知识向机器智能体的迁移带来了一些障碍。针对该问题，**人类注意力迁移**（Human-focused Transfer）可以很好地弥补二者之间的差异。Judah 等人[148] 将学习过程分为评论阶段和执行阶段，在评论阶段，教师通过回顾之前探索的状态并将行为标记为"好"或"坏"来提供人类关注的知识。如图 10.52 所示，Abel 等人[149] 将教师加入学生学习过程中，当学生在强化学习的过程中要执行危险动作时，人类教师会进行紧急操作并给予一个负奖励。

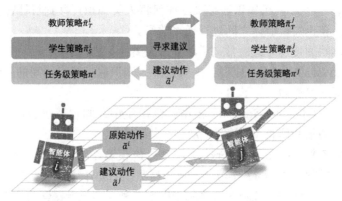

图 10.51　通过行动建议在 MARL 中教学[147]

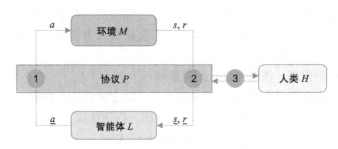

图 10.52　教师参与的强化学习过程[149]

2. 机 - 机知识迁移

在人机物融合群智计算中，可信知识来源还包括机器智能体的知识，由于机器智能体之间通信、奖励等方面的差异，直接进行策略迁移无法获得同样的学习效果。机器智能体之间的差异具体包含以下两类。

（1）智能体间无明确交流

当机器智能体间没有明确的交流或其他智能体不愿分享知识时，仍然可以通过观察其他智能体并在环境中模仿它们的行为快速获取新技能。**模仿学习**（Imitation Learning）无须智能体间进行显式的交流而实现知识的迁移（详见 9.2.1 节）。如图 10.53 所示，Sakato 等人[150] 基于 Mentor-Observer 模型将观察者（Observer）分为两部分：模仿模块和强化学习模块。前者观察指导者（Mentor）并存储观察到的状态转换及所得奖励，后者根据当前状态选择与指导者相似状态下的动作进行执行。

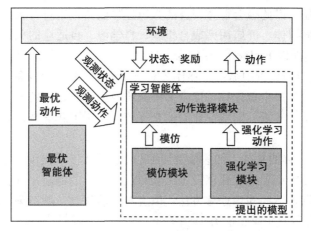

图 10.53　基于模仿和强化学习的迁移模型[150]

（2）智能体无即时奖励

大多数强化学习方法假设智能体在环境中执行动作后，可以观察到环境所反馈的奖励，但存在智能体无即时奖励的情况，**逆强化学习**（Inverse Reinforcement Learning）通过观察智能体环境中的信息预测其奖励函数，以对动作进行评估。Lin 等人[151] 提出了一种专门用于双人零和博弈的贝叶斯过程，通过预先设定的奖励和估计的协方差矩阵，该方法能够在对抗性任务中不断改进估计的奖励函数。当前的逆强化学习技术依赖于环境的完全可观测性且需要高复杂度的计算，这对于许多复杂任务来说是不现实的，尽管如此，该方法仍是一个很有前景的研究方向。

10.8　本章总结和展望

1. 总结

知识迁移作为群智认知算法的重要组成部分，主要针对群用户、群应用、群智体协同进化过程中的数据异质性、模型个性化、应用可靠性等需求与挑战提供迁移方案，强调"举一反三"的自适应能力。10.1 节针对资源受限的智能终端设备难以部署复杂计算模型的问题，介绍了以教师－学生迁移、学生互学习迁移为主的知识蒸馏技术，将复杂模型知识迁移到简单模型中；10.2 节介绍的域自适应群智知识迁移方法主要以分布适配消除域之间的差异，挖掘不同领域数据之间的可迁移知识；10.3 节针对群应用空间任务虽复杂多样但并不完全独立的特性，介绍了以"知识共享"为主的多任务学习群智知识共享方法。在前三节的模型迁移、数据分布迁移、共享知识迁移的基础上，10.4～10.7 节继续探究了群智能体之间的高阶知识迁移技术。

2. 展望

知识迁移能力是人类自主学习、自我进化的核心能力，同时也是计算模型学会学习、实现智能的重要技能，因此融合群体智慧的知识迁移能力未来将打破人－机－物的交互限制，实现群用户、群智体、群应用完成自组织、自学习、自适应的关键。结合本章介绍的内容，未来我们仍需对以下问题进行探究：

1）确定具体的应用场景中需要迁移什么知识以及知识是否可迁移。研究表明一味地缩小源和目标的距离容易产生负迁移，度量多源低质数据分布之间的差异、挖掘不同应用与任务背后的关联关系、解析不同特征之间的交互信息对于了解群智知识迁移模型背后的原理大有裨益。

2）在实现知识迁移的基础上加速模型训练、降低模型不确定度。本章介绍了基于多任务知识迁移的群应用模型训练优化以及基于联邦迁移学习的群应用计算模型训练加速，未来仍需要探究在线场景下的知识迁移方法，以应对自动驾驶、城市突发事故管理等实时应用场景，增强智能体的自主决策能力。

3）我们仍然关注如何将人类的知识与技能高效迁移给"机"与"物"，应协同研究第 7 章所介绍的模型自学习增强与自适应演化，结合交互式机器学习（Interactive Machine Learning）、人机融合（Human Machine Cooperation）等计算范式以群体知识赋能智能化的模型自主演化过程。

习题

1. 结合具体应用场景简述知识蒸馏的基本原理。
2. 试分析多任务学习与归纳偏置的关系。
3. 对比知识蒸馏、多任务学习、域自适应学习、元学习的异同点，这四类知识迁移技术分别适合什么场景，各自的特点是什么？
4. 在域自适应知识迁移方法中，与其他自适应方法相比，对抗自适应方法的优势是什么？试基于 PyTorch 框架实现 DANN 算法。
5. 借助伪代码形式介绍联邦迁移学习 FTL 的模型训练与测试过程。
6. 基于 PyTorch 深度学习框架实现元学习基础算法 MAML，完成小样本图像分类任务。
7. 试分析基于优化、基于模型和基于度量的三种元学习方法的优缺点。
8. 举例说明分层学习与技能迁移的具体适用场景，并简述其他知识迁移方法在该场景下的局限性。
9. 试调研现有前沿工作中对智能模型进行模块化分层的具体方法。
10. 说明多智能体经验迁移学习与多智能体交互迁移学习之间的显著差异。
11. 举例说明可用多智能体迁移学习解决或优化的现实问题，并给出解决框架。

参考文献

[1] ROBINS A. Transfer in cognition [J]. Connection Science, 1996, 8(2): 185-204.
[2] HASKELL R E. Transfer of learning: cognition and instruction [M]. New York: Academic Press Inc, 1988.
[3] YANG Q, ZHANG Y, DAI W, et al. Transfer learning [M]. Cambridge: Cambridge University Press, 2020.

[4]　GOU J, YU B, MAYBANK S J, et al. Knowledge distillation: a survey [J]. International Journal of Computer Vision, 2021, 129(6): 1789-1819.

[5]　WANG L, YOON K J. Knowledge distillation and student-teacher learning for visual intelligence: A review and new outlooks [J]. IEEE Transactions on Pattern Analysis and Machine Intelligence, 2021: 1-40.

[6]　BEN-DAVID S, BLITZER J, CRAMMER K, et al. Analysis of representations for domain adaptation [J]. Advances in Neural Information Processing Systems, 2007, 19: 137-137.

[7]　WANG M, DENG W. Deep visual domain adaptation: a survey [J]. Neurocomputing, 2018, 312: 135-153.

[8]　CARUANA R. Multitask learning [J]. Machine Learning, 1997, 28(1): 41-75.

[9]　MAURER A, PONTIL M, ROMERA-PAREDES B. The benefit of multitask representation learning [J]. Journal of Machine Learning Research, 2016, 17(81): 1-32.

[10]　SUN Q, LIU Y, CHUA T S, et al. Meta-transfer learning for few-shot learning [C]// Proceedings of the IEEE/CVF Conference on Computer Vision and Pattern Recognition. 2019: 403-412.

[11]　SUN Q, LIU Y, CHEN Z, et al. Meta-transfer learning through hard tasks [J]. IEEE Transactions on Pattern Analysis and Machine Intelligence, 2020: 1-14.

[12]　YANG Q, LIU Y, CHEN T, et al. Federated machine learning: concept and applications [J]. ACM Transactions on Intelligent Systems and Technology (TIST), 2019, 10(2): 1-19.

[13]　SHARMA S, XING C, LIU Y, et al. Secure and efficient federated transfer learning [C]// Proceedings of 2019 IEEE International Conference on Big Data (Big Data), 2019: 2569-2576.

[14]　STONE P, VELOSO M. Layered learning [C]// In Proceedings of European Conference on Machine Learning. 2000: 369-381.

[15]　BARTO A G, MAHADEVAN S. Recent advances in hierarchical reinforcement learning [J]. Discrete event dynamic systems, 2003, 13(1): 41-77.

[16]　HINTON G, VINYALS O, DEAN J. Distilling the knowledge in a neural network [J]. arXiv preprint arXiv:1503.02531, 2015.

[17]　ROMERO A, BALLAS N, KAHOU S E, et al. Fitnets: hints for thin deep nets [C]// Proceedings of ICLR, 2015:1-13.

[18]　PASSALIS N, TEFAS A. Learning deep representations with probabilistic knowledge transfer [C]// Proceedings of the European Conference on Computer Vision (ECCV). 2018: 268-284.

[19]　HEO B, LEE M, Yun S, et al. Knowledge transfer via distillation of activation boundaries formed by hidden neurons [C]// Proceedings of the AAAI Conference on Artificial Intelligence, 2019, 33(01): 3779-3787.

[20]　YOU S, XU C, XU C, et al. Learning from multiple teacher networks [C]// Proceedings of the 23rd ACM SIGKDD International Conference on Knowledge Discovery and Data Mining, 2017: 1285-1294.

[21]　CHEN X, SU J, ZHANG J. A Two-Teacher Framework for Knowledge Distillation [C]// In Proceedings of International Symposium on Neural Networks. 2019: 58-66.

[22]　PARK S U, KWAK N. FEED: feature-level ensemble for knowledge distillation [J]. arXiv preprint arXiv:1909.10754, 2019.

[23]　WU A, ZHENG W S, GUO X, et al. Distilled person re-identification: Towards a more scalable

system [C]// Proceedings of the IEEE/CVF Conference on Computer Vision and Pattern Recognition, 2019: 1187-1196.

[24] FURLANELLO T, LIPTON Z, TSCHANNEN M, et al. Born again neural networks [C]// Proceedings of International Conference on Machine Learning, 2018: 1607-1616.

[25] VONGKULBHISAL J, VINAYAVEKHIN P, VISENTINI-SCARZANELLA M. Unifying heterogeneous classifiers with distillation [C]// Proceedings of the IEEE/CVF Conference on Computer Vision and Pattern Recognition, 2019: 3175-3184.

[26] RADOSAVOVIC I, DOLLÁR P, GIRSHICK R, et al. Data distillation: towards omni-supervised learning [C]// Proceedings of the IEEE conference on computer vision and pattern recognition, 2018: 4119-4128.

[27] SAU B B, BALASUBRAMANIAN V N. Deep model compression: distilling knowledge from noisy teachers [J]. arXiv preprint arXiv:1610.09650, 2016.

[28] GUPTA S, HOFFMAN J, MALIK J. Cross modal distillation for supervision transfer [C]// Proceedings of the IEEE conference on computer vision and pattern recognition, 2016: 2827-2836.

[29] ZHAO M, LI T, ABU ALSHEIKH M, et al. Through-wall human pose estimation using radio signals [C]// Proceedings of the IEEE Conference on Computer Vision and Pattern Recognition, 2018: 7356-7365.

[30] THOKER F M, GALL J. Cross-modal knowledge distillation for action recognition [C]// Proceedings of IEEE International Conference on Image Processing (ICIP), 2019: 6-10.

[31] ZHANG Y, XIANG T, HOSPEDALES T M, et al. Deep mutual learning [C]// Proceedings of the IEEE Conference on Computer Vision and Pattern Recognition, 2018: 4320-4328.

[32] CHUNG I, PARK S U, KIM J, et al. Feature-map-level online adversarial knowledge distillation [C]// Proceedings of International Conference on Machine Learning, 2020: 2006-2015.

[33] CHEN D, MEI J P, WANG C, et al. Online knowledge distillation with diverse peers [C]// Proceedings of the AAAI Conference on Artificial Intelligence. 2020, 34(04): 3430-3437.

[34] ZHANG L, GAO X. Transfer adaptation learning: a decade survey [J]. arXiv preprint arXiv: 1903.04687, 2019.

[35] PAN S J, YANG Q. A survey on transfer learning [J]. IEEE Transactions on knowledge and data engineering, 2009, 22(10): 1345-1359.

[36] REDKO I, MORVANT E, HABRARD A, et al. A survey on domain adaptation theory: learning bounds and theoretical guarantees [J]. arXiv preprint arXiv: 2004.11829, 2020.

[37] GRETTON A, SMOLA A, HUANG J, et al. Covariate shift by kernel mean matching [J]. Dataset Shift in Machine Learning, 2009, 3(4): 5-5.

[38] JIANG J, ZHAI C X. Instance weighting for domain adaptation in NLP [C]// Proceedings of ACL, 2007: 264-271.

[39] CHEN S, ZHOU F, LIAO Q. Visual domain adaptation using weighted subspace alignment [C]// Proceedings of IEEE Visual Communications and Image Processing (VCIP), 2016: 1-4.

[40] HUANG J, GRETTON A, BORGWARDT K, et al. Correcting sample selection bias by unlabeled data[J]. Advances in Neural Information Processing Systems, 2006, 19: 601-608.

[41] DAI W Y, YANG Q, XUE G, et al. Boosting for transfer learning[C]// Proceedings of ICML, 2007: 193-200.

[42] YAN H, DING Y, LI P, et al. Mind the class weight bias: Weighted maximum mean discrepancy for

unsupervised domain adaptation [C]// Proceedings of the IEEE Conference on Computer Vision and Pattern Recognition, 2017: 2272-2281.

[43] LONG M, WANG J, DING G, et al. Transfer joint matching for unsupervised domain adaptation [C]// Proceedings of the IEEE conference on computer vision and pattern recognition, 2014: 1410-1417.

[44] CHEN M, WEINBERGER K Q, BLITZER J. Co-training for domain adaptation [C]// Proceedings of NIPS, 2011, 24: 2456-2464.

[45] YAN H, DING Y, LI P, et al. Mind the class weight bias: Weighted maximum mean discrepancy for unsupervised domain adaptation [C]// Proceedings of the IEEE Conference on Computer Vision and Pattern Recognition, 2017: 2272-2281.

[46] BLUM A, MITCHELL T. Combining labeled and unlabeled data with co-training [C]// Proceedings of the annual conference on Computational learning theory, 1998: 92-100.

[47] ZHONG E, FAN W, PENG J, et al. Cross domain distribution adaptation via kernel mapping [C]// Proceedings of the ACM SIGKDD international conference on Knowledge discovery and data mining, 2009: 1027-1036.

[48] GOPALAN R, Li R, CHELLAPPA R. Domain adaptation for object recognition: An unsupervised approach [C]// Proceedings of International Conference on Computer Vision, 2011: 999-1006.

[49] GONG B, SHI Y, SHA F, et al. Geodesic flow kernel for unsupervised domain adaptation [C]// Proceedings of IEEE Conference on Computer Vision and Pattern Recognition, 2012: 2066-2073.

[50] FERNANDO B, HABRARD A, SEBBAN M, et al. Unsupervised visual domain adaptation using subspace alignment [C]// Proceedings of the IEEE International Conference on Computer Vision, 2013: 2960-2967.

[51] PAN S J, TSANG I W, KWOK J T, et al. Domain adaptation via transfer component analysis [J]. IEEE Transactions on Neural Networks, 2010, 22(2): 199-210.

[52] LONG M, WANG J, DING G, et al. Transfer feature learning with joint distribution adaptation [C]// Proceedings of the IEEE International Conference on Computer Vision, 2013: 2200-2207.

[53] ZHANG J, LI W, OGUNBONA P. Joint geometrical and statistical alignment for visual domain adaptation [C]// Proceedings of the IEEE Conference on Computer Vision and Pattern Recognition, 2017: 1859-1867.

[54] YOSINSKI J, CLUNE J, BENGIO Y, et al. How transferable are features in deep neural networks? [C]// Proceedings of NIPS, 2014: 3320-3328.

[55] LONG M, CAO Y, WANG J, et al. Learning transferable features with deep adaptation networks [C]// Proceedings of International Conference on Machine Learning, 2015: 97-105.

[56] LIU L, LIN W, WU L, et al. Unsupervised deep domain adaptation for pedestrian detection [C]// Proceedings of European Conference on Computer Vision, 2016: 676-691.

[57] LONG M, ZHU H, WANG J, et al. Deep transfer learning with joint adaptation networks [C]// Proceedings of International Conference on Machine Learning, 2017: 2208-2217.

[58] LONG M, ZHU H, WANG J, et al. Unsupervised domain adaptation with residual transfer networks [C]// Proceedings of NIPS, 2016: 136-144.

[59] GRANDVALET Y, BENGIO Y. Semi-supervised learning by entropy minimization [C]// Proceedings of CAP, 2005: 281-296.

[60] ZHANG X, YU F X, CHANG S F, et al. Deep transfer network: Unsupervised domain adaptation [J]. arXiv preprint arXiv:1503.00591, 2015.

[61] MOTIIAN S, PICCIRILLI M, ADJEROH D A, et al. Unified deep supervised domain adaptation and generalization [C]// Proceedings of the IEEE International Conference on Computer Vision, 2017: 5715-5725.

[62] CHEN M, XU Z, WEINBERGER K, et al. Marginalized denoising autoencoders for domain adaptation [C]// Proceedings of ICML, 2012: 1-8.

[63] ZHOU J, PAN S, TSANG I, et al. Hybrid heterogeneous transfer learning through deep learning [C]// Proceedings of the AAAI Conference on Artificial Intelligence, 2014, 28(1): 2213-2219.

[64] ZHUANG F, CHENG X, LUO P, et al. Supervised representation learning: transfer learning with deep autoencoders [C]// Proceedings of International Joint Conference on Artificial Intelligence, 2015: 4119-4125.

[65] DING Z, FU Y. Robust transfer metric learning for image classification [J]. IEEE Transactions on Image Processing, 2016, 26(2): 660-670.

[66] GOODFELLOW I J, POUGET-ABADIE J, MIRZA M, et al. Generative adversarial networks [C]// Proceedings of NIPS, 2014: 2672-2680.

[67] GANIN Y, LEMPITSKY V. Unsupervised domain adaptation by backpropagation [C]// Proceedings of International Conference on Machine Learning, 2015: 1180-1189.

[68] GANIN Y, USTINOVA E, AJAKAN H, et al. Domain-adversarial training of neural networks [J]. The Journal of Machine Learning Research, 2016, 17(1): 2096-2030.

[69] ZHANG W, OUYANG W, LI W, et al. Collaborative and adversarial network for unsupervised domain adaptation [C]// Proceedings of the IEEE Conference on Computer Vision and Pattern Recognition, 2018: 3801-3809.

[70] TZENG E, HOFFMAN J, DARRELL T, et al. Simultaneous deep transfer across domains and tasks [C]// Proceedings of the IEEE International Conference on Computer Vision, 2015: 4068-4076.

[71] TZENG E, HOFFMAN J, SAENKO K, et al. Adversarial discriminative domain adaptation [C]// Proceedings of the IEEE Conference on Computer Vision and Pattern Recognition, 2017: 7167-7176.

[72] ROZANTSEV A, SALZMANN M, FUA P. Residual parameter transfer for deep domain adaptation [C]// Proceedings of the IEEE Conference on Computer Vision and Pattern Recognition, 2018: 4339-4348.

[73] LONG M, CAO Z, WANG J, et al. Conditional adversarial domain adaptation [C]// Proceedings of NeurIPS, 2018: 1647-1657.

[74] CHEN Q, LIU Y, WANG Z, et al. Re-weighted adversarial adaptation network for unsupervised domain adaptation [C]// Proceedings of the IEEE Conference on Computer Vision and Pattern Recognition, 2018: 7976-7985.

[75] DUONG L, COHN T, BIRD S, et al. Low resource dependency parsing: Cross-lingual parameter sharing in a neural network parser [C]// Proceedings of the annual meeting of the Association for Computational Linguistic, 2015(2): 845-850.

[76] YANG Y, HOSPEDALES T M. Trace norm regularised deep multi-task learning [C]// Proceedings of ICLR, 2017: 1-4.

[77] LONG M, WANG J. Learning multiple tasks with deep relationship networks [J]. arXiv preprint

arXiv:1506.02117, 2015.

[78]　MISRA I, SHRIVASTAVA A, GUPTA A, et al. Cross-stitch networks for multi-task learning [C]// Proceedings of the IEEE Conference on Computer Vision and Pattern Recognition, 2016: 3994-4003.

[79]　RUDER S, BINGEL J, AUGENSTEIN I, et al. Sluice networks: learning what to share between loosely related tasks [J]. arXiv preprint arXiv:1705.08142, 2017.

[80]　OUYANG Y, GUO B, TANG X, et al. Mobile App cross-domain recommendation with multi-graph neural network [J]. ACM Transactions on Knowledge Discovery from Data (TKDD), 2021, 15(4): 1-21.

[81]　PEROZZI B, AL-RFOU R, SKIENA S. Deepwalk: Online learning of social representations [C]// Proceedings of ACM SIGKDD International Conference on Knowledge Discovery and Data Mining, 2014: 701-710.

[82]　TANG J, QU M, WANG M, et al. Line: Large-scale information network embedding [C]// Proceedings of the International Conference on World Wide Web, 2015: 1067-1077.

[83]　GROVER A, LESKOVEC J. node2vec: Scalable feature learning for networks [C]// Proceedings of ACM SIGKDD International Conference on Knowledge Discovery and Data Mining, 2016: 855-864.

[84]　KIPF T N, WELLING M. Semi-supervised classification with graph convolutional networks [C]// Proceedings of ICLR, 2017: 1-14.

[85]　MA Y, WANG S, AGGARWAL C C, et al. Multi-dimensional graph convolutional networks [C]// Proceedings of SIAM International Conference on Data Mining, 2019: 657-665.

[86]　ZHANG Z, LUO P, LOY C C, et al. Facial landmark detection by deep multi-task learning [C]// Proceedings of European Conference on Computer Vision, 2014: 94-108.

[87]　GIRSHICK R. Fast r-cnn [C]// Proceedings of the IEEE International Conference on Computer Vision, 2015: 1440-1448.

[88]　ARIK S Ö, CHRZANOWSKI M, COATES A, et al. Deep voice: real-time neural text-to-speech [C]// Proceedings of International Conference on Machine Learning, 2017: 195-204.

[89]　YU J, JIANG J. Learning Sentence Embeddings with Auxiliary Tasks for Cross-Domain Sentiment Classification [C]// Proceedings of EMNLP, 2016: 236-246.

[90]　CHENG H, FANG H, OSTENDORF M. Open-domain name error detection using a multi-task rnn [C]// Proceedings of EMNLP, 2015: 737-746.

[91]　SHINOHARA Y. Adversarial multi-task learning of deep neural networks for robust speech recognition [C]// Proceedings of Interspeech, 2016: 2369-2372.

[92]　CARUANA R. Multitask learning [J]. Machine Learning, 1997, 28(1): 41-75.

[93]　BAXTER J. A model of inductive bias learning [J]. Journal of Artificial Intelligence Research, 2000, 12: 149-198.

[94]　REI M. Semi-supervised multitask learning for sequence labeling [C]// Proceedings of ACL, 2017: 2121-2130.

[95]　ALONSO H M, PLANK B. When is multitask learning effective? Semantic sequence prediction under varying data conditions [C]// Proceedings of EACL, 2017, (1): 44-53.

[96]　BINGEL J, SØGAARD A. Identifying beneficial task relations for multi-task learning in deep neural networks [J]. In Proceedings of EACL, 2017, (2): 164-169.

[97]　FINN C, ABBEEL P, LEVINE S. Model-agnostic meta-learning for fast adaptation of deep networks

[C]// Proceedings of International Conference on Machine Learning, 2017: 1126-1135.

[98]   FINN C, ABBEEL P, LEVINE S. Model-agnostic meta-learning for fast adaptation of deep networks [C]// Proceedings of International Conference on Machine Learning, 2017: 1126-1135.

[99]   NICHOL A, ACHIAM J, SCHULMAN J. On first-order meta-learning algorithms [J]. arXiv preprint arXiv:1803.02999, 2018.

[100]   RAVI S, LAROCHELLE H. Optimization as a model for few-shot learning [C]// Proceedings of ICLR, 2017: 1-11.

[101]   LIU Y, GUO B, ZHANG D, et al. MetaStore: a task-adaptative meta-learning model for optimal store placement with multi-city knowledge transfer [J]. ACM Transactions on Intelligent Systems and Technology (TIST), 2021, 12(3): 1-23.

[102]   MUNKHDALAI T, YU H. Meta networks [C]// Proceedings of International Conference on Machine Learning, 2017: 2554-2563.

[103]   SANTORO A, BARTUNOV S, BOTVINICK M, et al. Meta-learning with memory-augmented neural networks [C]// Proceedings of International Conference on Machine Learning, 2016: 1842-1850.

[104]   FINN C, LEVINE S. Meta-learning and universality: Deep representations and gradient descent can approximate any learning algorithm [C]// Proceedings of ICLR, 2018: 1-20.

[105]   SANTORO A, BARTUNOV S, BOTVINICK M, et al. Meta-learning with memory-augmented neural networks [C]// Proceedings of International Conference on Machine Learning, 2016: 1842-1850.

[106]   KOCH G, ZEMEL R, SALAKHUTDINOV R. Siamese neural networks for one-shot image recognition [C]// Proceedings of ICML Deep Learning Workshop, 2015, 2: 1-30.

[107]   VINYALS O, BLUNDELL C, LILLICRAP T, et al. Matching networks for one shot learning [C]// Proceedings of NIPS, 2016: 3630-3638.

[108]   SNELL J, SWERSKY K, ZEMEL R S. Prototypical networks for few-shot learning [C]// Proceedings of NIPS, 2017: 4077-4087.

[109]   SUNG F, YANG Y, ZHANG L, et al. Learning to compare: Relation network for few-shot learning [C]// Proceedings of the IEEE Conference on Computer Vision and Pattern Recognition, 2018: 1199-1208.

[110]   VOIGT P, VON DEM BUSSCHE A. The eu general data protection regulation (gdpr) [J]. A Practical Guide, 1st Ed., Cham: Springer International Publishing, 2017, 10: 3152676.

[111]   LIU Y, KANG Y, XING C, et al. A secure federated transfer learning framework [J]. IEEE Intelligent Systems, 2020, 35(4): 70-82.

[112]   BONAWITZ K, IVANOV V, KREUTER B, et al. Practical secure aggregation for privacy-preserving machine learning [C]// Proceedings of ACM SIGSAC Conference on Computer and Communications Security, 2017: 1175-1191.

[113]   YANG Q, LIU Y, CHEN T, et al. Federated machine learning: concept and applications [J]. ACM Transactions on Intelligent Systems and Technology (TIST), 2019, 10(2): 1-19.

[114]   LIU Y, KANG Y, XING C, et al. A secure federated transfer learning framework [J]. IEEE Intelligent Systems, 2020, 35(4): 70-82.

[115]   RONALD L R, LEN A, MICHAEL L D, et al. On data banks and privacy homomorphisms[J]. Foundations of Secure Computation, 1978, 4(11):169-180.

[116]   JING Q, WANG W, ZHANG J, et al. Quantifying the performance of federated transfer learning [J].

arXiv preprint arXiv:1912.12795, 2019.

[117] OVTCHAROV K, RUWASE O, KIM J Y, et al. Accelerating deep convolutional neural networks using specialized hardware [J]. Microsoft Research Whitepaper, 2015, 2(11): 1-4.

[118] FIRESTONE D, PUTNAM A, MUNDKUR S, et al. Azure accelerated networking: Smartnics in the public cloud [C]// Proceedings of Networked Systems Design and Implementation (NSDI), 2018: 51-66.

[119] DONG M, MENG T, ZARCHY D, et al. {PCC} vivace: Online-learning congestion control [C]// Proceedings of Networked Systems Design and Implementation (NSDI), 2018: 343-356.

[120] SHARMA S, XING C, LIU Y, et al. Secure and efficient federated transfer learning [C]// Proceedings of IEEE International Conference on Big Data (Big Data), 2019: 2569-2576.

[121] LIANG X, LIU Y, CHEN T, et al. Federated transfer reinforcement learning for autonomous driving [J]. arXiv preprint arXiv:1910.06001, 2019.

[122] LILLICRAP T P, HUNT J J, PRITZEL A, et al. Continuous control with deep reinforcement learning [C]// Proceedings of ICLR, 2016: 1-14.

[123] CHEN Y, QIN X, WANG J, et al. Fedhealth: A federated transfer learning framework for wearable healthcare [J]. IEEE Intelligent Systems, 2020, 35(4): 83-93.

[124] TZENG E, HOFFMAN J, ZHANG N, et al. Deep domain confusion: Maximizing for domain invariance [J]. arXiv preprint arXiv:1412.3474, 2014.

[125] SUN B, FENG J, SAENKO K. Return of frustratingly easy domain adaptation [C]// Proceedings of the AAAI Conference on Artificial Intelligence. 2016, 30(1): 2058-2065.

[126] JU C, GAO D, MANE R, et al. Federated transfer learning for eeg signal classification [C]// Proceedings of Annual International Conference of the IEEE Engineering in Medicine & Biology Society (EMBC), 2020: 3040-3045.

[127] BOTVINICK M M. Hierarchical reinforcement learning and decision making [J]. Current Opinion in Neurobiology, 2012, 22(6): 956-962.

[128] SUTTON R S, PRECUP D, SINGH S. Between MDPs and semi-MDPs: A framework for temporal abstraction in reinforcement learning [J]. Artificial Intelligence, 1999, 112(1-2): 181-211.

[129] PARR R, RUSSELL S. Reinforcement learning with hierarchies of machines [J]. Advances in Neural Information Processing Systems, 1998: 1043-1049.

[130] DIETTERICH T G. Hierarchical reinforcement learning with the MAXQ value function decomposition [J]. Journal of Artificial Intelligence Research, 2000, 13: 227-303.

[131] VEZHNEVETS A S, OSINDERO S, SCHAUL T, et al. Feudal networks for hierarchical reinforcement learning [C]// Proceedings of International Conference on Machine Learning, 2017: 3540-3549.

[132] BACON P L, HARB J, PRECUP D. The option-critic architecture [C]// Proceedings of the AAAI Conference on Artificial Intelligence, 2017, 31(1):1726-1734.

[133] NACHUM O, GU S, LEE H, et al. Data-efficient hierarchical reinforcement learning [C]// Procee-dings of NeurIPS, 2018: 3307-3317.

[134] HEESS N, WAYNE G, TASSA Y, et al. Learning and transfer of modulated locomotor controllers [J]. arXiv preprint arXiv:1610.05182, 2016.

[135] DEVIN C, GUPTA A, DARRELL T, et al. Learning modular neural network policies for multi-task and multi-robot transfer [C]// Proceedings of IEEE International Conference on Robotics and

Automation (ICRA), 2017: 2169-2176.

[136] DAYAN P. Improving generalization for temporal difference learning: The successor representation [J]. Neural Computation, 1993, 5(4): 613-624.

[137] BARRETO A, DABNEY W, MUNOS R, et al. Successor features for transfer in reinforcement learning [C]// Proceedings of NIPS, 2017: 4055-4065.

[138] DEVIN C, GUPTA A, DARRELL T, et al. Learning modular neural network policies for multi-task and multi-robot transfer [C]// Proceedings of IEEE International Conference on Robotics and Automation (ICRA), 2017: 2169-2176.

[139] BARRETT S, STONE P. Cooperating with unknown teammates in complex domains: A robot soccer case study of ad hoc teamwork [C]// Proceedings of the AAAI Conference on Artificial Intelligence, 2015, 29(1): 2010-2016.

[140] HERNANDEZ-LEAL P, KAISERS M. Towards a fast detection of opponents in repeated stochastic games [C]// Proceedings of International Conference on Autonomous Agents and Multiagent Systems, 2017: 239-257.

[141] BENGIO Y, LOURADOUR J, COLLOBERT R, et al. Curriculum learning [C]// Proceedings of International Conference on Machine Learning, 2009: 41-48.

[142] SHAO K, ZHU Y, ZHAO D. Starcraft micromanagement with reinforcement learning and curriculum transfer learning [J]. IEEE Transactions on Emerging Topics in Computational Intelligence, 2018, 3(1): 73-84.

[143] FLORENSA C, HELD D, WULFMEIER M, et al. Reverse curriculum generation for reinforcement learning [C]// Proceedings of Conference on Robot Learning, 2017: 482-495.

[144] SVETLIK M, LEONETTI M, SINAPOV J, et al. Automatic curriculum graph generation for reinforcement learning agents [C]// Proceedings of the AAAI Conference on Artificial Intelligence, 2017, 31(1): 2590-2596.

[145] GRIFFITH S, SUBRAMANIAN K, SCHOLZ J, et al. Policy shaping: Integrating human feedback with reinforcement learning [J]. Advances in Neural Information Processing Systems, 2013, 26: 2625-2633.

[146] ZHAN Y, AMMAR H B. Theoretically-grounded policy advice from multiple teachers in reinforcement learning settings with applications to negative transfer [C]// Proceedings of IJCAI, 2016: 2315-2321.

[147] OMIDSHAFIEI S, KIM D K, LIU M, et al. Learning to teach in cooperative multiagent reinforcement learning [C]// Proceedings of the AAAI Conference on Artificial Intelligence, 2019, 33: 6128-6136.

[148] JUDAH K, ROY S, FERN A, et al. Reinforcement learning via practice and critique advice [C]// Proceedings of the AAAI Conference on Artificial Intelligence, 2010, 24(1): 481-486.

[149] ABEL D, SALVATIER J, STUHLMÜLLER A, et al. Agent-agnostic human-in-the-loop reinforcement learning [J]. arXiv preprint arXiv:1701.04079, 2017.

[150] SAKATO T, OZEKI M, OKA N. Learning through imitation and reinforcement learning: toward the acquisition of painting motions [C]// Proceedings of IEEE International Conference on Advanced Applied Informatics, 2014: 873-880.

[151] LIN X, BELING P A, COGILL R. Multiagent inverse reinforcement learning for two-person zero-sum games [J]. IEEE Transactions on Games, 2017, 10(1): 56-68.

第 11 章

隐私、信任与社会因素

人机物融合群智计算在发展过程中，在**激励机制**（Incentive Mechanism）、**隐私保护**（Privacy Protection）、**信任计算**（Trust Computing）三个方面存在挑战：受限于参与者数量不足和数据质量参差不齐，人机物融合群智计算系统无法高效运作；系统中关键的数据等可能会遭受未经授权的访问，出现算法模型和数据泄露，从而影响系统可用性；异构智能体间的互相协作使系统容易面临恶意用户或节点攻击的问题。

激励机制、**隐私保护**、**信任计算**之间的有机结合能促进人机物融合群智计算系统的有机协同和高效协作。**激励机制**可以采用有效的奖励机制鼓励各要素参与任务，从而帮助在人机物融合群智计算中获取规模化、高质量的群智数据。**隐私保护**措施可以保护人的隐私信息（如身份、位置等）、机的隐私信息（如模型参数、模型输入 / 输出的二进制语义映射等）、物的隐私信息（如环境信息、数据关联性等），保证人机物融合群智计算系统任务的有效执行。**信任计算**机制通过信任评分对恶意节点进行隔离，将任务分配给高可信节点，从而实现复杂任务的有效完成，保证协作的可信度和高效性。

本章 11.1 节介绍激励机制，激励机制起源于众包（Crowdsourcing）[1]，并在移动群智感知中被广泛应用，也为人机物融合群智计算中实现异构要素间的有机协同和高效协作提供参考，并且在多种典型应用场景中发挥作用。11.2 节对人机物融合群智计算系统的隐私问题和相应解决方案进行介绍，分别讨论数据、算法和系统层面的隐私问题（11.2.1 节），并给出相应解决方案（11.2.2 节）。11.3 节将详细介绍信任计算如何解决群智计算中恶意用户或节点问题，从而保证系统的可靠性。针对人机物背景下信任计算的三大挑战，介绍人机物背景下多个过程（如数据收集过程、计算学习过程、运动过程）（11.3.1 节）、"人在回路"系统（11.3.2 节）、多智能体系统（11.3.3 节）中的信任计算。结合以上介绍，11.4 节提出一种基于区块链的人机物融合群智计算安全信任架构，并分别针对其中的激励机制、隐私保护和信任计算进行详细阐述。11.5 节对本章内容进行总结，梳理激励机制、隐私保护和信任计算的内在联系，并对未来研究前景进行展望。

11.1 激励机制

由于参与者数量不足、数据质量参差不齐、隐私敏感与数据安全等问题，人机物要素无法最大化各自效用，因此需要**激励机制**促进异构要素间的有机协同和高效协作以实现系统的高效运转。激励机制是人机物融合中不可或缺的一部分。对激励机制的研究不仅仅是激励方式的研究，更重要的是如何选择合理的激励方式并结合有效的实现方式以达到激励的作用。

一般而言，激励机制指采用某种奖励机制鼓励用户参与任务，包含**奖励因素**（用于调动人机物积极性的各种奖酬资源，包括物质激励和非物质激励）、**行为导向**（任务对人机物所期望的努力方向、行为方式和应遵循规则的规定）、**行为归化**（对人机物在工作态度、合乎规范的行为方式等方面的要求以及惩罚）三种方式。本节内容围绕激励机制展开，基于移动群智感知中关于激励机制的已有研究，结合人机物融合群智计算新特性对激励机制提出的新需求和挑战进行探讨并提供解决思路。

11.1.1　移动群智感知中的激励机制

在移动群智感知中，激励机制从回报方式上分为**物质激励**和**非物质激励**。

1. 物质激励

物质激励主要通过报酬支付来激励参与者参与，其中最重要的方式是拍卖机制，即通过参与者对感知数据的报价，选择支付代价相对低的参与者子集来完成感知任务。其中，通过金钱货币的方式回报参与者的感知数据是最直接也是目前应用最广的激励方式 [2]。物质激励大部分使用的激励机制都是基于博弈论的，包括反向拍卖 [3]、多属性拍卖 [4]、双方叫价拍卖 [5]、VCG（Vickrey-Clarke-Groves）拍卖 [6] 以及组合拍卖 [7] 等激励方法。

（1）反向拍卖

反向拍卖（Reverse Auction，RA），也称为逆向拍卖、出价或招标系统。有别于传统正向拍卖中一位卖方、多位买方的形式，反向拍卖是拥有多位潜在卖方和一位买方的拍卖形式。例如，在群智感知系统中，平台方是买方，所有的任务参与者是卖方，平台方选出报价最低的用户来完成任务并支付报酬。该方式削弱了平台方和参与者之间的长期合作关系。Lee 等人 [8] 提出的 RADP-VPC 模型采用逆向拍卖机制选取出价最低的参与者作为任务执行者并支付，相对于常用的固定价格随机支付的方式，这种动态价格的方法避免了在竞价中屡次失败的参与者退出的情况，能在保证参与率的同时最小化支付代价。

（2）多属性拍卖

多属性拍卖（Multi-Attribute Auction，MAA）是指卖方与买方在价格及其他属性上进行多重谈判的一种拍卖方式。拍卖双方的非价格属性同样对拍卖结果产生重要影响。与单一价格逆向拍卖方式不同，价格不再是决定中标人的唯一标准，平台方需要同时结合多个属性进行博弈。这样极大地拓展了平台方的投标空间，使其在选择参与者时能更加充分地考虑和利用竞争优势，从而达到买卖双方共赢的目的。Ganti 等人 [9] 引入了多属性拍卖作为参与式感知的动态定价方案，利用拍卖过程控制数据质量，不仅通过获取参与者的反馈意见改进感知数据质量，提高竞标价格以吸引更专业的参与者，而且证明了多属性拍卖机制相对于单一属性的逆向拍卖机制能够获得更好的实际效果。

（3）双向拍卖

双向拍卖是"多对多"（Many-to-Many，M:N）的买卖双方结构，即买卖双方都不止一个。

买卖双方同时失去了各自在单向拍卖中的相对优势，他们的关系成为供给和需求的平等关系。只要一方接受另一方的投标，双方便可以达成交易，每次交易一个商品，然后开始新一轮的投标。可以有多个交易周期，交易价格总是介于初始要价和初始出价之间。在整个交易过程中，价格信息是公开的。Jin 等人[10] 提出了一种基于双向拍卖的激励机制，通过平台和参与者之间的相互报价找到最优参与者，实验证明该方法能刺激用户参与并提高采集数据的质量。

（4）VCG 拍卖

VCG 拍卖是一种对多种物品进行保密投标的拍卖方式。投标人提交的投标书将报告其对这些物品的估价，此时投标人不知道其他投标人的投标书。VCG 机制满足激励相容原则，是一个占优均衡，所以"说真话"是每个竞价人的占优策略，通过确保每个投标人的最佳策略是投标项目的真实价值使拍卖系统以一种社会最优的方式分配物品。Minder 等人[11] 提出了一种采用 VCG 拍卖计算工人付款的机制，在遵守请求者时间和质量约束的同时，将任务分配给工人，以使社会福利最大化。即使有数百名工人和数千个任务，也可以在几秒内计算出任务分配和 VCG 付款方式。

2. 非物质激励

非物质激励机制通常由个体对任务本身的内在兴趣或享受所驱动，而非依赖于外部压力或对奖励的渴望[12]。针对近年来国内外学者的研究，非物质激励机制包含自我实现激励、娱乐激励和社交激励等方面。下面对典型的方法进行概述。

（1）自我实现激励

自我实现[13] 是指个体的潜能与抱负被充分发挥，在不受外部压力或强制的情况下，自我可以根据自己的价值观和兴趣表达自我。作为一种自我呈现，自我表达所表现出来的是个体本身期望给大众看到的形式。研究表明，自我表达是影响成员参与频率的最重要的因素[14]。Dissanayake 等人[15] 的工作表明，在团队中，自我实现激励会促进工作者的自我努力并且产生积极的绩效影响。

（2）娱乐激励

娱乐游戏是人们使用社会化媒体的一个重要动机[16]。愉悦感是指用户在使用中获得的乐趣和享受，会对用户的满意度和归属感产生显著影响[17]。例如，任务游戏化[18] 是娱乐激励的一个产物，游戏化设计元素已被用于协同软件中以吸引群体用户参与[19]。

（3）社交激励

社会交互是人类参与交际互动活动的驱动力之一[20]。一部分参与者抱着结交更多朋友的心态参与某些任务，希望在相互合作或竞争完成任务的过程中扩大自己的社交圈。社交激励通过社会关系影响建立牢固的联系和交互，使得参与者愿意共同参与群智任务[21]。社交激励所提供的人与人、人与众包平台间的互动、沟通和人际关系，能够提升协同参与者的归属感并使其增强参与群智任务的意愿[22]。

11.1.2　人机物融合群智计算中的激励机制

人机物融合中三种元素的高效协作是完成任务的关键因素。**多异构要素也对激励机制**

提出了新的要求。

1）**各要素需求不同，如何合理调配资源**：人类具有社会属性，需要物质激励（如金钱），同时又需要非物质激励（如社会认同感）；而机器则没有情感需求，只需要物质激励（计算资源）。因此需要一种激励机制可以协同调配不同的激励接受者需求。

2）**各要素角色不同，如何促进相互协作**：人机物三要素各自扮演着不同的角色，利他主义和社会压力在人机物之间起着重要作用。例如，当人类与智能体合作完成任务时，人类不关心智能体获得的奖励，嫉妒对任务完成的质量无积极影响[23]，反而带来消极作用。而当人类与他人合作时，参与者之间不愿互相伤害，社会压力会导致人类付出更多努力，提升任务的完成效率与质量。因此，激励机制需要考虑不同要素的激励的有效性，分别研究异构接受者在合作与竞争场景下的混合奖励机制。

3）**各要素特点不同，如何激发潜能**：机器学习和智能体等自动化技术在日常生活中发挥着重要的作用[24]，这是因为物和机等智能体可以在资源充足的情况下高效率执行，而人类会疲劳和懈怠，无法长时间工作。但是，智能体无法像人类一样思考，所以无法胜任一些创造性的工作。

综合以上三点要求，在现有条件下如何最大限度地综合考虑各要素的不同需求、角色和特点以实现异构要素间的有机协同和高效协作是人机物融合激励机制的一大挑战。作为一个新兴研究领域，人机物融合群智计算与对等（Peer to Peer, P2P）网络[25]、人－机器人协作[26]、众包[27]、多智能体系统（Multi-Agent Systems）[28]等其他较为成熟的研究领域在促进关键要素参与方面存在类似的挑战与内在联结（如数据/资源共享、任务分配等），那么其科学问题与技术实现也存在一定的关联性。虽然针对上述问题还未形成成熟的解决方案，但一些研究工作已经在不同方面做了初步探索。这里对三类相关的研究思路进行介绍：**异质激励机制**、**利他激励机制**和**内在激励机制**，如图 11.1 所示。

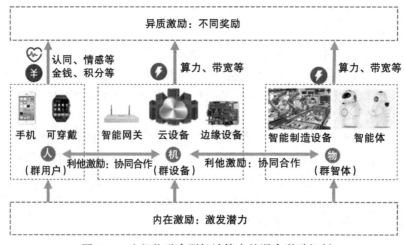

图 11.1   人机物融合群智计算中的混合激励机制

异质激励机制针对各要素的不同需求设计不同的奖励措施。在时间敏感和位置依赖的移动群智感知系统中，任务间的内在不平等性和参与者到达的随机性不容忽视，例如参与者使用麦克风在不同的时间和地点监测城市的噪声水平必须在特定的时间和地点执行。参与者应该在特定的时间移动到特定的位置以进行感知，所以应针对时间要素和位置要素设计不同的定价机制。Wang 等人 [29] 提出了一种包含两层异构定价机制的异构激励机制来平衡参与者在不同任务之间的参与情况。其异质性体现在两个层面：在不同任务间考虑时间和地点信息，每个任务的奖励预算应根据任务需求而有所不同，例如有的任务对时间敏感，需要最新的数据；在任务内部，奖励随数据质量而变化。实验结果表明，该文献中所提出的异质激励机制优于现有的激励机制，能够更好地实现时间敏感和位置依赖的随机到达人群感知系统任务间的平均完整性和参与平衡。

在多智能体环境中，每个智能体的决策随着训练的进展而变化，导致环境不稳定，使传统的强化学习方法（如 Q-learning 或策略梯度）不适合这种环境。MADDPG（Multi-Agent Deep Deterministic Policy Gradient）算法 [30] 因此被提出，以应对多智能体学习中的多种任务场景。为减小智能体之间的互相影响，该算法允许每个智能体有自己的奖励函数，在各种协作和竞争的多智能体环境中胜过了传统的强化学习算法。以捕食场景为例，系统中存在的两种角色（捕食者和猎物）各自的要求显然不同，它们独有的奖励函数正是异质激励的具体体现，并且每个智能体还学习多个策略作为混合激励，利用所有策略的整体效果进行优化，提高了算法的稳定性和鲁棒性。

利他激励机制设计合作奖励以鼓励人机物之间的协同合作。合作时各要素需要达成统一共识激励。统一共识激励指多智能体系统中的所有元素对最终目标有着共同的认识，是不同状态的异构元素所寻求的最大化利益。Guo 等人 [31] 针对人类和机器智能的深度融合问题指出必须以适当的方式协调人力和机器能力的共存，以提高两者之间的协同合作。Wang 等人 [32] 提出了一种智能协商机制来实现智能体之间的协同合作，利用中央协调者的反馈和协调，将工业网络、云和监控终端与智能车间对象（如机器、传送带和产品）结合在一起以获得高效率。

内在激励机制即内在动机（Intrinsic Motivation），在开放式学习的机器人方面已展现出较大潜力。人工智能和机器学习帮助现在的机器人拥有自学习或进化的能力，从大量未标记的数据集中学习未知的知识以自主地适应动态和不可预测的环境 [33]。Ning 等人 [34] 提出只有当机器人像人类一样拥有独立和内在的思维空间时，才能提升学习能力，即内在动机可使智能体学习有用的环境模型，从而帮助其更有效地学习最终任务，发挥更强大的潜能。Hester 等人 [35] 提出了一种基于内在动机奖励的强化学习算法——TEXPLORE-VANIR（TEXPLORE with Variance-And-Novelty-Intrinsic-Rewards）算法。该算法计算两种不同的内在动机：一种是探索模型的不确定内容，另一种是获得尚未对该模型进行过训练的创新经验。实验证明这两种内在奖励的结合使算法能够学习一个没有外部奖励的准确模型，并可以用于后续执行领域的任务。在学习模型的同时，智能体以一种发展和好奇的方式探索这个领域，逐步学习更复杂的技能。此外，实验还表明，将个体的内在奖励与外部任务奖励相结合，比单独使用外部奖励更能提高个体的学习速度。人类学习的一个关键——社会交往也是智能体的重要内在动机。Jaques 等人 [36] 聚焦如何解决多智能体强化学习（Multi-

Agent Reinforcement Learning，MARL）跨多个领域的应用问题。如果智能体对其他智能体的行为具有因果影响，就获得奖励。该工作关注的一个重要的内在动机是"社会交往"，基于奖励性影响可鼓励智能体之间合作这一假设提出了一个内在动机奖励函数，该函数可以奖励对其他智能体行为有因果影响的智能体。

11.1.3　激励机制的典型案例

下面通过多个典型的人机物融合群智计算问题场景来阐释激励机制的设计与应用。

物联网在网络边缘产生大量数据。机器学习模型通常建立在这些数据之上，以实现对未来事件的检测、分类和预测。出于网络带宽、存储、隐私等方面的考虑，不可能将所有的物联网数据发送到数据中心进行集中模型培训。为了解决这些问题，联邦学习提出让节点使用本地数据来训练模型，然后聚合这些模型来合成一个全局模型。现有的研究大多集中在设计具有可证明收敛时间的学习算法上，但其他问题如激励机制等尚未深入探讨。尽管激励机制在网络和计算资源配置方面已经得到广泛的研究，但由于信息无法共享和贡献评估困难等独特挑战，不能直接将其应用于联邦学习。

Zhan 等人 [37] 研究了联邦学习激励边缘节点参与模型训练的问题并设计了一种基于深度强化学习的激励机制，可以确定参数服务器的最优定价策略和边缘节点的最优训练策略。位于云中的参数服务器发布一个带有奖励的联邦学习任务，许多边缘计算节点（每个节点负责一些物联网设备）通过使用设备收集的数据训练本地模型来参与联邦学习。参数服务器的目标是最小化总报酬，而每个边缘节点都有自己的利益，即最大化从参数服务器接收到的报酬减去其数据收集和模型训练的成本所定义的收益。在充分了解参与者贡献的情况下，此问题被表述为 Stackelberg 博弈，并得到描述整个联邦学习系统稳态的纳什均衡来应对无法共享的决策带来的挑战。

参与者在联邦学习里是独立自治的个体，同样需要合理激励机制和利益分配机制来激励参与者积极参加联邦学习。Khan 等人 [38] 使用基于 Stackelberg 游戏的激励机制来选择一组愿意加入模型训练过程的物联网设备，这些设备将协同训练一个全局模型并且最小化整体的训练成本（即计算和通信成本）。然而不同类型的终端训练成本不同，它们期望不同的回报。为了寻求最小化训练成本并最大化所学模型精度，这种激励机制可以激励边缘设备提高局部学习模型的准确性从而促进全局联邦模型训练。

除此之外，人工智能的应用从目前以云为中心的模型训练方法，转向基于边缘计算的协作学习方案，即模型训练在网络的边缘执行。边缘智能需要以一种有效方式联合利用终端设备和边缘服务器的通信、缓存、计算和学习资源，但是用户不同意在没有得到足够补偿的情况下贡献其资源，因此在促进边缘学习资源共享方面需要激励机制。Lim 等人 [39] 提出了基于拍卖设计的激励机制，使用深度学习对边缘设备贡献的数据进行定价。如图 11.2 所示，在基于联邦学习的模型培训中，多个模型拥有者（投标人）之间举行拍卖以购买工作者（卖方）的资源。这种机制使用深度学习方法确保模型拥有者在信息不对称的情况下如实报告其估值，可以直接应用于其他基于模型划分的边缘学习方法。在任何时间，每个工作者只能参加由一个模型拥有者发起的联邦学习训练，即只能有一个拍卖的赢家。如果工作者被发现同时向一个以上的模型拥有者出售他的服务，则他将受到惩罚（如禁止参加未来的训练）。

假设在这个系统模型中，一个工作者的数据与 AoI（Age of Information）值[40] 相关联。AoI 意为自最近一次提供数据以来经过的时间量所捕获信息的新鲜度。例如，频繁更新数据的工作者 AoI 值较低，它用于模型训练的数据相对较新。如果模型拥有者更喜欢低 AoI 值的数据（如在自动驾驶汽车上开发导航系统），它就会支付更高价格给低 AoI 的工作者。模型拥有者的投标值与工作者关联的 AoI 值成反比。为了最大化工作者收益并确保模型拥有者获得所需数据，可以将工作者分配问题建模为单个物品拍卖。通过拍卖程序，确定胜出的模型拥有者和相应的报酬。

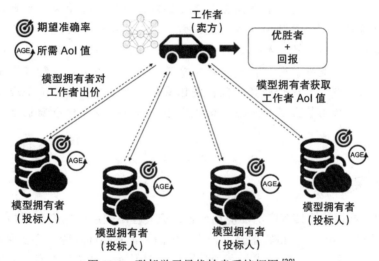

图 11.2 联邦学习最优拍卖系统框图[39]

在智慧城市系统中通常涉及大容量和多种信息流通。信息生命周期还涉及许多方面的利益相关者和实体，如个人、企业和政府机构，它们都有自己的目标，需要适当地加以激励。因此，Zhang 等人[41] 提出了一个以信息为中心的通用系统架构来分析智慧城市系统，将智慧城市系统建模为一个市场，其中信息被市场参与者视为一种商品。在图 11.3 中，物联网信息供应商生成原始感知数据，并将原始数据出售给物联网服务提供商以进行进一步处理。物联网提供商收集和处理原始数据，并以统一的价格为终端用户提供物联网服务。

在该系统设置下，Zhang 等人建立了三阶段 Stackelberg 博弈模型来模拟上述博弈参与者之间

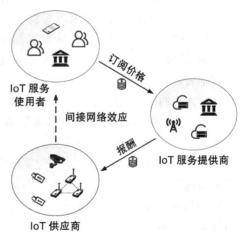

图 11.3 智慧城市中的信息交易机制[41]

的交互，描述了供应商、服务提供商和服务使用者（最终用户）之间的信息交易。第一阶段（服务提供商阶段）：服务提供商作为 Stackelberg 博弈的领导者，以效用最大化为目标，确定服务价格。第二阶段（供应商阶段）：给定一个固定的最优服务价格，即供应商决定的最优服务价格，每个供应商提出出售原始数据的奖励。作为一个理性的参与者，供应商的效用是最大化的。第三阶段（用户阶段）：给定一个固定的最优服务价格以及由供应商决定的最优报酬，每个用户通过提出服务需求来最大化其效用。

拓展思考

在人机物融合感知计算研究中不仅要采用适当的激励方式，更重要的是要通过不同激励方式解决人机物在最大化各自效用时面临的核心问题。现有的激励机制主要是两种不同元素（如人机协作）或者多个同类元素（如群智能体协作学习）之间的激励，无法满足人机物协同背景下的异质因素混合激励需求。尤其是为了实现制造业人机物群智协同，针对其各要素表达异构、知识碎片化等问题，还需构建统一的激励机制，实现异构要素间的有机协同和高效协作。此外，还需要开展大规模的实践以验证方法有效性。现阶段的激励机制大多处于理论研究阶段，将已有理论方案与实际系统平台相结合，在感知、学习、决策、协同等上层群智应用实践中检验和进一步优化激励机制的效果也十分重要。

11.2   隐私保护

人机物融合群智计算具有广泛的应用前景，但其在不同层面的隐私保护方面还存在一系列挑战。"隐私"始终是人机物融合群智系统中的一个基础性问题，隐私保护符合智能体最基本的利益，也是鼓励智能体参与群智计算的重要保障。这意味着我们需要保护群智能体关键的数据、模型、参数等免遭未经授权的访问、泄露、中断、篡改或销毁，确保系统底层的安全和隐私需求，包括机密性、完整性、不可否认性、可用性、访问控制和隐私性。除了这些一般要求之外，隐私友好的人机物融合群智计算系统构建还面临一系列独特挑战。

1）**人机物融合的群智能体数据隐私**。数据作为信息的重要载体贯穿人机物融合群智系统的不同环节，从终端数据收集到智能体之间的数据通信再到分布式数据的汇聚与融合，都面临着不同层面的隐私保护问题。如何构建以"群智数据为中心"的多层面隐私保护机制是所面临的第一大挑战。

2）**人机物协作的群智能体算法隐私**。除数据隐私外，人工智能算法，特别是分布式群体智能算法在群智能体中的广泛应用带来了新的隐私问题。一方面，攻击者可以通过数据分析等手段窥探智能体内部运行的算法模型，另一方面，为增强机器学习模型的鲁棒性和长期适应性所采用的训练数据保存与知识记忆等方法也可能带来隐私泄露的风险。在人工智能和机器学习技术不断发展和融合的背景下，如何保护群智能体算法的隐私安全是所面临的第二大挑战。

3）**人机物融合的群智能体系统隐私**。现有的隐私保护方案大多只针对特定的场景，无法满足系统性的隐私保护需求。为实现通用的人机物融合群智计算系统，需要构建完整的隐私保护框架，面向不同层面的隐私保护问题，提出相适配、互关联、协同增强的隐私保护机制或模型，实现可配置、可扩展的全阶段、全场景隐私保护。同时，为保证人机物融合群智计算系统任务的有效执行，系统级隐私保护还需要考虑和兼顾隐私性、可用性以及可靠性之间的平衡问题。

11.2.1　人机物融合的隐私问题

如图 11.4 所示，人机物融合群智计算系统中的隐私问题主要来自**数据**和**算法**两个层面。此外，构建隐私安全的人机物系统离不开**系统**级的隐私保护，这就需要构建全过程、全场景的隐私保护架构。

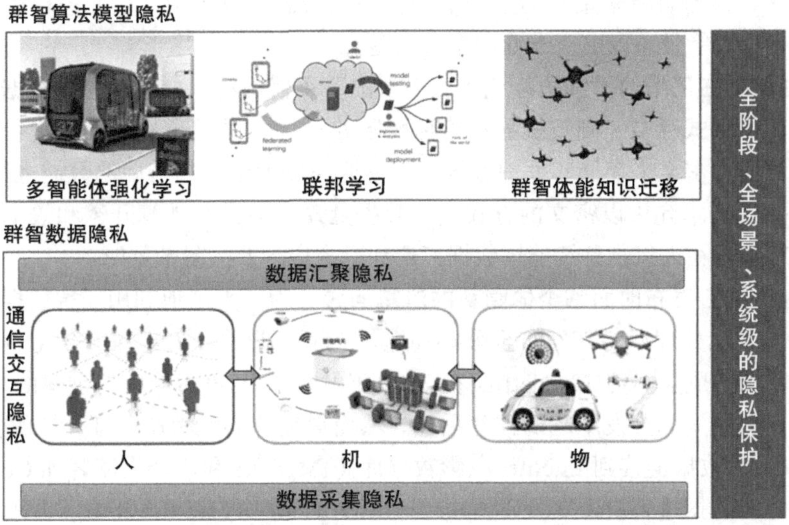

图 11.4　人机物融合群智计算系统中的隐私问题

1. 群智数据隐私

在群智数据的收集、传输和处理过程中，人机物融合群智系统容易产生内部好奇者的隐私窥探和外界攻击者的信息推断等问题。下面结合群智数据相关联的不同阶段来对其进行分析。

（1）群智数据采集中的隐私问题

人机物参与者隐私主要包括三个方面：位置隐私、身份隐私和感知隐私。首先，在空间敏感的感知任务中，参与者需要上传自己的位置坐标才能完成任务。以道路拥堵情况检测为例，参与者（如车辆、路人）需要上传自己的实时位置信息，这会带来位置信息泄露的风险。其次，服务使用者向群智平台发布任务时也可能会泄露其身份或兴趣信息。例如，如果一个终端用户发布了只能由心理疾病患者完成的众包任务，平台可能会推断该用户患有一些心理疾病。最后，参与者贡献的感知数据（如图片、音频等）可能包含时间、地点、周围环境等信息，从中可能推理出其兴趣地点、行为模式、社会关系等隐私信息，从而降低用户参与积极性。

（2）群智能体通信交互中的隐私问题

人机物多智能体之间的协作往往涉及多样化的信息交换，这可能会带来隐私信息泄露的风险。例如，在人机物协同的智能电网系统中，个体用户会和电网云端进行交互，发送其用电历史信息以用于电网优化调度，然而，这些数据因为可能反映其日常生活规律信息而造成隐私泄露[42]。在自动驾驶汽车的场景中，车辆间会交互和共享其位置/速度等信息以实现交通优化管理，这也会造成位置、目的地等隐私信息的泄露。此外，即使智能体是可信的，入侵者也有可能窃听智能体之间交换的消息并收集它们的隐私信息。

（3）群智数据汇聚时的隐私问题

人–机–物参与者将采集到的数据汇聚在边缘或云服务器中，以便进行后续处理与共享，这个过程也可能带来以下三方面的隐私问题。

1）**群智数据在汇聚时面临边缘或云服务器的不可信问题**：如果人机物数据在存储和处理过程中以明文形式存在，则直接显示给汇聚服务器[43]。虽然可以对数据进行加密，并通过向云服务器发送密文来存储和处理数据，但是服务器无法对加密后的数据进行有效处理。虽然全同态加密技术允许以密文的方式进行数据处理，但是在计算开销和效率上也会带来新的问题，特别是在人机物群智能体数据汇聚和融合中涉及大量数据时。

2）**群智数据在发布时面临个体隐私的泄露问题**：为了更好地利用群智数据，通常会对数据集进行匿名化处理后将其发布至公共环境。然而，开放数据集在匿名化后仍存在个体隐私信息被重构的风险。例如，Netflix 在 2006 年发布了由 50 万个客户创建的 1000 万部电影排行榜，以鼓励人们开发卓越的推荐系统。然而得克萨斯大学奥斯汀分校的研究人员[44]通过将 Netflix 的数据链接到 Internet 电影数据库（IMDb），利用个人博客和 Google 搜索上的辅助信息等对数据进行去匿名处理，成功地识别了用户的 Netflix 记录，获取了他们明显的政治偏好和其他潜在的敏感信息。

3）**群智数据在共享时面临合作方的不可信问题**：群智能体的隐私保护技术水平和可信程度参差不齐，一旦将数据共享给不可信的其他方将难以保证数据的隐私。如何在分布式环境中联合利用群智能体有限的存储与计算资源，在保护隐私的前提下建立一种可靠的协作机制对数据进行分析、处理与学习决策，成为当前所面临的一个挑战。

2. 群智算法模型隐私

训练数据隐私、模型隐私、模型预测结果隐私都是在使用人工智能算法时需要重点保护的内容。在人机物融合群智计算中，分布式学习算法（如多智能体强化学习、联邦学习等）的应用可能导致隐私在不知不觉中被泄露。这里根据攻击者所利用的算法信息类型的不同，将其分为**基于模型输出的数据泄露**以及**基于梯度更新的数据泄露**两类。

（1）基于模型输出的数据泄露

模型输出是指模型在训练完毕后根据用户输入而产生的预测结果。模型输出在分类任务中对应输入样本的类别或者其概率向量。然而，模型输出结果却隐含了一定的样本数据信息。攻击者可以利用模型输出在一定程度上恢复相关数据，通过这种方法可以窃取两类数据信息：**模型自身的参数数据**以及**训练 / 测试数据**。

1）**模型参数窃取**：模型参数窃取攻击是一类窃取模型信息的恶意行为，攻击者通过向黑盒模型进行查询获取相应结果、获取相近的功能或者模拟目标模型决策边界[45]。训练一个成熟的模型往往需要花费项目方大量的时间和精力，如果模型的参数信息遭到泄露，会使模型拥有者的权益受到损害。而模型窃取方法则可以通过观察模型的输入和输出来推导出模型信息[46-47]。对于一个 n 维的线性模型，只需通过 $n+1$ 次查询就可以得到其全部参数，这可以简单地归结为已知 x 和 $h_\theta(x)$ 求解 θ。对于一个复杂的模型，可以多次对模型进行黑盒访问，利用生成的数据训练出一个原模型的近似模型，借此来获取原模型的相关信息来展开攻击。

2）**训练数据泄露**：机器学习模型的预测结果往往包含模型训练数据集的诸多推理信息。对于一个算法模型而言，其对训练集和非训练集的不确定度有明显差别，所以可以训练一个攻击模型来猜测某个样本是否存在于训练集中，这就是成员推理攻击[48]。攻击方可以根据目标模型的输入数据及预测标签来训练多个影子模型，然后将给定数据分别输入目标模型和影子模型，通过观察影子模型与目标模型所输出的预测向量之间的差别来判断所给定的数据是否是用来训练目标模型的训练数据。此外，不少研究[49-50]还论述了在协作环境中如何对模型进行成员推理攻击，说明了任何处在协作环境下的参与者都有可能从其他参与方的设备中推理得到敏感信息。

（2）基于梯度更新的数据泄露

深度学习模型在训练过程中需要根据误差信息来计算梯度从而对模型参数进行更新，然而这些不断产生的梯度中同样隐含着某些隐私信息。在分布式训练环境中（如联邦学习，参见 8.2 节），梯度更新的交换尤为重要。在分布式设置下，拥有不同数据的多方主体，每一轮仅使用自己的数据来训练本地模型，将本地的模型参数更新信息上传至中心服务器进行交换汇总。在这个过程中，中心服务器和任何训练主体之间只涉及参数的交换，避免了训练数据的直接传输。然而即便是在原始数据获得良好保护的情况下，模型梯度更新仍会导致隐私泄露。

MIT 的研究者们提出了深度梯度泄露[51]（Deep Leakage from Gradients，DLG）算法，可以从共享的梯度信息中还原原始的训练数据。如图 11.5 所示，研究者首先随机生成一对虚拟的输入和标签，然后执行前向传播和反向传播。从虚拟数据中导出虚拟梯度之后，更新虚拟输入和标签，以最大限度地减小虚拟梯度和真实梯度之间的差异。多次更新后，便可以恢复原来的私有数据。图 11.6 展示了该算法的还原效果。还有研究者[52]利用对抗生成网络生成恢复其他用户训练数据的方法，在多方协作训练过程中，使用公共模型作为基本的判别器，将模型参数更新作为输入训练生成器，最终获取受害者特定类别的训练数据。

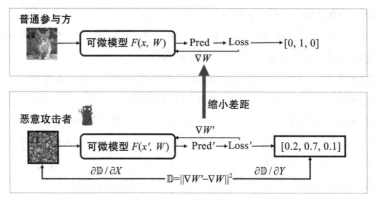

图 11.5 DLG 攻击模型 [51]

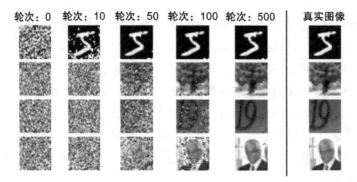

图 11.6 不同轮次下的还原效果 [51]

3. 人机物融合群智计算系统隐私

系统级别的隐私保护要求更细致地考虑到上述数据、算法等隐私以及系统层面的整体隐私，需重点考虑以下几点。

1）**全阶段、全场景的隐私保护**：在人机物融合群智计算的各个阶段都存在隐私泄露的风险，如果只关注其中某一阶段仍会导致严重的隐私问题。并且，人机物之间的设备性能差异大，在分布式环境下使用隐私保护技术时，需要考虑设备的硬件性能、传输成本和时间约束等诸多因素，可以设计情景自适应的隐私保护技术，在不同的场景下实现差异化、相适应的隐私保护水平。

2）**系统安全与可靠性**：去中心化和异构性导致人机物系统的安全难以得到保障，而安全恰好是隐私保护最基础的屏障。在人机物融合群智系统中，由于人机物多个要素互相混合，一些典型的解决方案（如认证、授权、通信加密等）并不适合人机物系统。此外，由于安全固件性能差异大，容易给攻击者进行恶意攻击带来机会。因此，一方面需要基础的安全防御措施来保障设备不会遭受破坏，另一方面需要考虑可追踪、可信任的计算框架来防范恶意节点的攻击。

3）**隐私保护与可用性之间的平衡**：过度地追求隐私保护可能会降低系统的可用性。比如为数据添加扰动会影响数据的准确性，如果大量的异构设备在协作中都对自己的真实数据进行模糊处理，那么对整体系统的性能就会产生很大影响。虽然加密的手段可以保证准确性，但是计算开销仍是一大难题。因此，可以在不同场景下选择最适合的隐私保护技术，来完成隐私保护与系统可用性之间的平衡。

11.2.2　人机物融合的隐私解决方案

常用的隐私保护技术包括加密、匿名和扰乱等。每项技术都具有不同特点，例如加密技术的隐私性高，但是计算效率差；扰乱技术的计算速度快，但是会影响系统准确性。因此针对不同场景下的隐私保护，采取的保护技术也有所不同。本节将针对人机物融合群智能体数据、模型和系统隐私的保护方法展开讨论。

1. 群智能体数据隐私保护

从数据的角度来看，人机物群智系统在数据采集、通信交互和数据汇聚等各个阶段都存在隐私泄露的风险。下面讨论如何有效地利用现有的隐私保护技术对各阶段数据加以保护。各阶段可用的方法如图 11.7 所示。

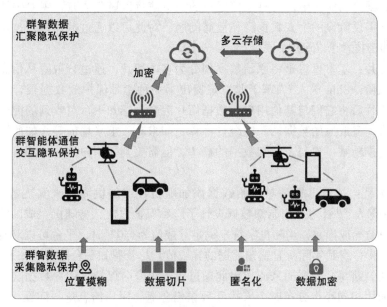

图 11.7　各阶段群智能体数据的隐私保护方法

（1）群智数据采集中的隐私保护

在群智数据采集中，不同的群智应用场景对隐私保护有不同的关注点，所采用的保护方法也各有不同。在**位置隐私保护**中，可以使用混淆（Obfuscation）技术对用户原始位置进行修改。Durr 等人[53]在部分可信系统环境下提出了对私有位置信息进行安全管理的方法。将每个用户精确的位置信息拆分为多个模糊位置信息，并将其分配至不同供应商的多个位置服务器上，即使有一个服务器遭到了入侵，攻击者也仅能在有限的精确度范围内进行推断。但此方法需频繁计算每个位置份额，计算复杂度较高且能量开销较大。另一种混淆技术是通过位置扰乱方法实现[54]，其基本思想是对用户已知的位置分布加入随机噪声，使用重构算法估计原始信息分布。此方法的通信和能量开销较低，然而噪声的加入会导致系统精度的下降。Krontiris 等人[55] 为移动群智系统提出了基于四叉树的位置淆乱方法，先将关注区域分为四个相同大小的象限，继续划分每个象限区域，直至达到预先定义的限制条件（比如半径），最后可以用象限中所处的位置来替代用户的真实位置。

在**身份隐私保护**中，可以使用匿名及假名等技术来保护参与者的身份信息。典型的匿名技术有洋葱路由[56] 及其改进方案 Tor[57]，它采用源路由转发技术，在多个中间节点间建立加密隧道，从而实现移动设备在网络中的匿名通信，使得攻击者无法识别用户的网络身份或设备身份。此外，假名技术可以有效地隐藏用户的真实身份。例如，Christin 等人[58] 提出了一种基于周期性假名的用户匿名保护框架来保护参与者的隐私信息；在 Sai 等人[59] 的周期性假名更换方案中，每个假名对应一个密钥对，并由一个可信权威机构利用 RSA 盲签名对公钥签名，以此验证假名的有效性。用户使用盲签名的假名以及新产生的私钥上传感知数据，并将信誉值传递给下一个假名。

在**感知数据隐私保护**中，需要保护用户的敏感信息以避免泄露，主要关注感知数据收集和信息服务提供阶段的个人数据隐私泄露问题，对此可以通过数据切片技术、数据扰乱技术和数据加密技术予以保护。

- **数据切片**：基本思想是将原始数据划分为多个切片，通过分散隐私信息降低隐私泄露的风险。Shin 等人[60] 基于此思想提出了一种隐私保护的数据聚合方法，用户对数据切片后将它们与其他用户的数据切片混合，感知平台对收到的混合数据切片进行聚合，完成原始数据的一些统计计算，如求和、求平均值等，如此一来降低了感知平台推断某一参与者感知数据的概率，但需要其他用户的合作和参与，通信开销较大。

- **数据扰乱**：基本思想是对原始数据添加随机数或随机噪声来实现数据隐私保护。Zhang 等人[61] 针对用户感知数据设计了隐私保护方法，将随机生成的字符串与感知数据进行异或操作，当随机字符串满足异或值为“0”时，平台可以对扰乱后的数据做异或操作得到实际所有感知数据的异或值。尽管感知平台能得到一系列感知数据，但无法判断每个数据的来源，因此通过实现源匿名保护了用户数据隐私。针对参与用户采用相同噪声分布时个人扰乱数据仍会泄露用户信息这一问题，De 等人[62] 提出了隐私加强的 PEPSI 扰乱算法，可以支持用户采用不同且可动态变化的噪声分布。

- **数据加密**：基本思想是对原始数据进行加密处理从而掩盖隐私信息。其中，基于身份加密（Identity Based Encryption, IBE）是传统公钥加密的有效替代方案，因为它不依赖于公钥基础设施，相反双方的身份是它们的公钥。换句话说，任何字符串都可以作为公钥，相应的私钥由一个受信任的机构管理和颁发，从而减少了密钥管理开销。同态加密支持在密文上直接执行加法、乘法等操作。按照密文上的计算分类，同态加密技术主要可以分为加法同态加密、乘法同态加密和全同态加密。同态加虽然有效解决了数据隐私和数据可用性之间的矛盾，但其相应的计算开销较大。

（2）群智能体通信交互隐私保护

智能体故意在与其他智能体通信的数据中添加噪声，可以防止他人恢复单个智能体的敏感数据[63-64]。然而大多数隐私机制通常会降低性能。例如，在涉及电网控制的应用中，在数据中添加噪声可能会导致数据失稳[65]。在群智能体交互过程中，如果智能体使用来自其他智能体的噪声信息来更新自己的状态，则可能产生与期望不同的行为[65]。Katewa 等人[65]研究了多智能体分布式编队控制问题中的隐私保护，提出了一种向通信数据中附加噪声的隐私机制来解决多智能体的优化问题，并且表明由于隐私噪声的存在，降低智能体之间的合作水平可以提高分布式系统的性能。因此，在人机物融合的分布式系统中，当智能体试图保持其信息私密性时，应该在合作和性能之间进行权衡。如果为了保护隐私而引入水平太高的噪声，则会影响系统可用性。另外，如果智能体减少向对方传递信息以保护隐私，则会降低合作效益。

（3）群智数据汇聚隐私保护

针对群智数据在汇聚时面临边缘或云服务器的不可信问题，可以采用数据分割的思想来减少对中心节点的依赖，减少不同来源的数据汇聚时带来的关联性隐私暴露。其中，多云存储技术将数据分散在不同的云上，避免了对单一供应商的过度依赖，在一定程度上限制了数据的互联互通。Balasaraswathi 等人[66]的方案使用加密算法对应用程序数据进行加密，并进行分区以分发到不同的云，同时将每个文件的密钥、加密的访问路径等元数据信息安全地驻留在私有云中。虽然这种方法可以有效地保护数据隐私，但仍难以避免私有云中心节点带来的隐私风险。相比之下，以区块链为代表的分布式存储系统不存在权力过大的中心节点，每个节点都以平等的方式参与。作为一种分布式系统，区块链可以确保单一节点账本在结构上不可篡改，并且每个节点拥有区块链的完整备份数据以保证安全性。利用加密算法对数据进行处理，确保只有上传数据的人才知道文件内容，可以解决中心节点带来的不可信问题。

针对群智数据在发布时面临个体隐私泄露的问题，本地化差分隐私技术不仅可以抵御任意背景知识攻击，还能够抵御不可信第三方攻击。目前，Google[67]、Apple[68]等服务提供者已使用本地化差分隐私模型用于收集用户默认浏览器主页和搜索引擎设置的信息。然而，人机物环境下的数据通常呈现时空动态特性，如果将本地化差分隐私技术直接应用于动态环境，会因为更新次数的增多导致加入的噪声逐渐增大，造成发布数据的可用性较低。为此，Khavkin 等人[68]提出了 MiDiPSA 算法，可在满足 $k-$ 匿名、$(c, l)-$ 多样化和差分隐私的约束下最大限度地减少信息丢失。该算法将每次新增的数据进行聚类分组，通过非参数统计检验概念漂移，然后公布分组结果。该算法可有效降低数据泄露风险。

针对群智数据在共享时面临合作方的不可信问题，传统的做法是各方将数据交由集中式的云平台管理，先利用 $k-$ 匿名、$l-$ 多样性、加密、差分隐私等技术进行隐私处理，再将数据集中至中心化的服务器完成算法的训练。然而，集中式服务器阻碍了数据持有方对数据的隐私保护能力，造成了"数据孤岛"等问题。新兴的联邦学习[69]允许多个数据所有者在不共享其原始数据的情况下协作地训练全局模型，在一定程度上数据持有者各自在本地训练本地模型，其数据始终留存在本地，大大降低了数据泄露的风险。

2. 群智能体算法隐私保护

模型输出和梯度信息是造成隐私泄露的两个重要因素，为了减轻群智能体算法在训练和测试过程中可能会造成的模型参数与训练数据隐私泄露风险，可以从模型输出和梯度信息两方面采取加密、噪声等手段来保护隐私，如图 11.8 所示。

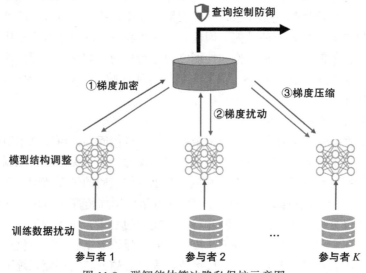

图 11.8　群智能体算法隐私保护示意图

（1）针对模型输出的隐私保护

需要在不影响算法模型有效性的情况下，尽可能减少或者混淆模型输出中所隐含的敏感信息。可以采用以下几类数据隐私保护措施。

- **模型结构调整**：该类方法是指在模型的训练过程中对模型进行有目的的调整，以降低模型输出结果对于不同样本的敏感性。例如，Shokri 等人[70] 和 Salem 等人[71] 在目标模型中尝试了多种结构上的改变，如添加 Dropout 层、将不同的元学习器聚合在一起、在目标模型中添加正则项等。实验结果显示，当目标模型使用这些方法后，能显著地降低成员推断攻击的准确率。

- **训练数据扰动**：该类方法对模型训练数据进行一定的修改，通过添加噪声来尽可能混淆训练数据中包含的敏感信息。为避免模型接触到用户真实数据，可以在模型训练前要求每个智能体在发送数据前先在本地对原始数据进行本地化差分隐私扰动。另一种方法是利用 GAN 模型生成经过扰动的虚假数据，如 Beaulieu-Jones 等人[72] 提出了 DP-GAN 模型，解决了临床研究数据的共享问题。该模型利用生成器从随机数生成与原始数据足够相似的新数据，训练判别器来判断一个样本是否真实，并且在训练过程中向判别器梯度中添加 (ε, δ)- 差分隐私保护。在该 DP-GAN 框架中，判别器是唯一能访问真实、私有数据的组件，可以避免数据共享时他人对隐私数据的直接接触。

- **查询控制防御**：该类方法通过对模型查询行为进行检测，及时拒绝恶意的查询从而防止数据泄露。一般来说，攻击者如果想要执行隐私攻击，需要对目标模型发起大量的查询行为，甚至需要对构造特定的输入向量来而加快隐私泄露攻击。因此，可以从异常样本检测和查询行为检测两方面进行查询控制。在异常样本检测方面，Juuti[73] 等人发现随机选取的正常样本特征间的距离大致服从正态分布，而模型窃取过程中查询的样本间距离分布与正态分布区别较大，显示出较为明显的人工痕迹。根据该特点，可以判断用户是否正在施展模型窃取攻击，从而拒绝异常查询用户。在查询行为检测方面，攻击者往往需要对目标模型进行大量的测试，所以其查询行为与正常行为会有较大不同。根据该特点，He 等人 [74] 提出可以根据用户查询的行为特征，检测出异常查询用户，完成对成员推断攻击的防御。

（2）针对梯度信息的隐私保护

梯度作为算法训练过程中的中间信息在分布式环境（多智能体强化学习、联邦学习）中被广泛传递，为了应对梯度信息带来的隐私问题，可以采用梯度加密、梯度扰动和梯度压缩三种方法。

- **梯度加密**：密码学方法是保护信息不被泄露的一种有效方式。Bonawitz 等人[75] 提出了一种基于秘密共享的安全多方计算协议，针对隐私数据向量进行掩码加密操作，使服务器只能看到聚合完成之后的梯度，无法知道每个用户私有的真实梯度值。与传统密码学方法相比，该协议的优点在于其计算成本并不高，但大量安全密钥及其他参数过多的通信代价较高。Aono 等人 [76] 使用额外的同态加密来保护诚实但好奇的云服务器上的梯度，所有梯度都被加密并存储在云服务器上，加法同态属性允许对梯度进行计算。

- **梯度扰动**：利用差分隐私技术，可以在本地模型训练及全局模型整合过程中对相关参数进行扰动，从而令攻击者无法获取真实模型参数。Wei 等人 [77] 要求每个客户端在将训练好的参数上传到服务器进行聚合之前，通过故意添加噪声的方式进行局部扰动，以满足差分隐私的要求。实验结果表明，隐私保护水平与算法收敛性可以实现较好的折中，并且在一定的隐私保护水平下，增加总客户端的数量可以提高算法收敛性能。McMahan 等人 [78] 将类似的方法应用到联想词预测模型中，在实验中表现出较好的可行性。然而，差分隐私会造成模型精度下降，隐私与可用性的权衡问题在依旧存在。

- **梯度压缩**：Zhu 等人 [51] 在提出梯度信息攻击（Deep Leakage from Gradients，DLG）后，尝试了加密、扰动、压缩、低精度、大批量训练等多种防御手段。其中，扰动方法需要噪声达到 10^{-2} 时才能起到良好的防御效果，这会严重影响模型精度；安全聚合方法要求梯度为整数，不适用于大多数的 CNN；低精度梯度会导致模型性能明显下降。在不改变训练设置的情况下，最有效的防御方法是梯度压缩：只要稀疏性大于 20% 即可成功防御隐私攻击。DGC[79] 的研究表明可以在梯度的稀疏性达到 99% 以上时，依旧训练出性能相近的模型，因此梯度压缩是一个良好的防御策略。

典型研究

多智能体强化学习中的隐私保护。分布式强化学习需要智能体之间互换自身参数，这会面临参数信息泄露问题。在传统的集中式多智能体强化学习中，需要每个智能体向集中学习者传递自己的值函数以获取全局信息，这样的做法会导致中心节点拥有过多的数据而导致隐私问题。为了应对该问题，Ono 等人[80]让每个智能体在其所处的环境中更新模型，并报告包含噪声的梯度信息，使其满足本地差分隐私需求从而提供严格的局部隐私保障。中央聚合器根据收集的梯度更新其模型，并将其交付给不同的智能体。该方法可以保护本地智能体模型的信息不被对抗逆向工程所利用。更进一步，Qu 等人[81]取消了中心节点，提出了在完全分布式学习设置下的多智能体训练方法，如图 11.9 所示。该工作采用值传播算法只进行邻居传播和本地更新，可以避免向中心节点发送数据，并完成算法的迭代训练。具体地，在每次迭代的第一步，每个智能体计算其本地策略和值梯度，然后只更新策略参数。在第二步，每个智能体根据其值函数将消息传播给它的邻居，然后更新自己的值函数。如此一来，在网络协作中不需要任何个体的奖励信息，这在一定程度上保护了个体隐私。

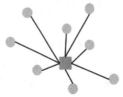 

a）集中式学习设置　　　　　　　b）分布式学习设置

图 11.9　集中式学习设置与分布式学习设置

3. 群智能体系统隐私保护

图 11.10 展示了群智能体系统每个阶段可能会用到的隐私保护手段。系统级的隐私保护应当同时结合数据和算法的隐私保护，确保智能体对输入数据和算法的主权、计算过程及其结果的完整性，并提供可信赖且透明的可审核技术。这意味着，隐私安全的人机物融合群智系统必须抵抗针对数据的隐私攻击，应对数据集中针对个体信息的推测和链接攻击。另外，系统还必须避免算法计算过程中训练数据和算法参数的泄露。最后，系统需要提高数据和算法在存储及网络传输时的完整性保护。

目前，系统级的隐私问题已得到政府、企业界和研究人员的广泛关注，在智慧城市、智能家居等领域已有了一些初步探索。下面对一些具体工作展开讨论。

1）智能交通领域的群智系统隐私保护[82]：智能交通服务包括道路交通调整、智能导航、景点推荐、停车引导等。智能导航作为智能交通的重要组成部分，受到了广泛的关注。现有的 GPS 设备可以通过在预先下载的地图上显示路线来提供静态导航，但缺乏实时的道路交通调整，计算出的最快路径可能会因动态拥堵而延迟。动态导航以一种群智感知的方式，收集区域内车辆的群智信息，利用人类智能、路边单元（RSU）以及云服务器进行动态道路交通感知。

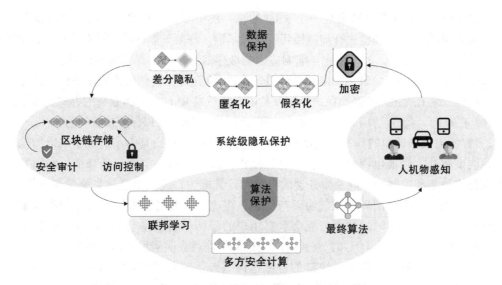

图 11.10　人机物融合群智计算系统中的隐私解决方案

如图 11.11 所示，查询车辆向最近的 RSU 发送一个导航查询。查询包含当前位置、目标和过期时间。然后，RSU 通过 RSU 之间的网络将这个查询转发送给覆盖目的地的 RSU。RSU 接收到导航查询信息后，会将群智感知任务发送到其覆盖区域内的车辆，为查询者寻找最快的行驶路线。当查询者进入每个 RSU 的覆盖区域时，检索 RSU 的响应，并最终到达目的地。

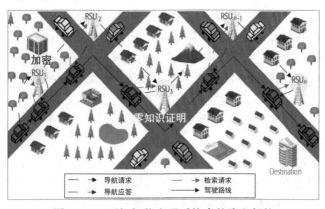

图 11.11　群智智能交通系统中的隐私保护

然而，在这种分布式导航系统中，查询车辆和响应车辆的私有位置信息都可能被公开。为此，Ni 等人[83]提出了利用车辆众包且保护隐私的实时导航系统（PRIN）。该系统由可信机构 (TA)、云、车辆和路边单元（RSU）组成。TA 的职责是发布匿名凭证和跟踪车辆身份，云为司机提供集中导航服务，每辆车都配备了通信计算设备，RSU 配备了丰富的资源为车辆完成导航计算。为了保护车辆的查询隐私，利用非对称加密（Elgamal）算法和高级加密标准（AES）方案对从车辆到最后一个 RSU 的每一跳中车辆的位置和目的地进行加密。为了防止 RSU 将导航查询和检索查询链接到特定的车辆，每辆车都将可信机构颁发的凭据随机化以生成组签名。另外，为了防止导航响应中的敏感信息泄露，驾驶路径也通过 Elgamal 算法和 AES 方案进行加密。最后，组签名的可追溯性[84] 允许受信任机构跟踪任何不遵守规则的恶意车辆。综上所述，该隐私保护导航方案依靠分布式 RSU 以群体参与的方式完成道路规划任务。在查询、众包计算和导航阶段，查询人和应答车辆都可以保证位置的隐私性。

2）**智能电网领域中的群智系统隐私保护**：智能电网的提出是为了解决未来电力供应的智能化调度挑战。智能电网将人、机、物连接在一起，分析人类的行为特征、利用智能电表等设备的采集和控制能力以及服务器的存储和计算能力，完成海量信息测量与通信管理、系统辨识和预警，实时闭环控制的协调与优化，供电力服务提供者提供更好的智能家居服务。然而，这种近乎实时的数据可能会泄露用户的隐私，通过住宅小区的计量数据可以反映住宅的生活方式、条件（例如，很长时间内很低的能耗表明居民外出）和偏好。

Guan 等人[85] 提出了基于区块链的智能电网系统隐私保护方案。如图 11.12 所示，系统模型是由邻域网 (NAN) 和广域网 (WAN) 组成的多层智能电网通信网络。NAN 由小区内大量智能电表 (SM) 组成，SM 将它们的电表读数发送到边缘汇聚节点进行数据聚合，每组的聚合数据通过广域网发送到中心单元。系统则根据用电量类型将用户分为不同的组。在每个时间段，根据平均用电数据选择一个用户作为边缘汇聚节点。边缘汇聚节点负责聚合数据并将这些数据记录到私有区块链中。密钥管理中心（KMC）主要负责为用户初始化所有密钥。它为每个用户生成多个公钥和私钥，并将公钥作为用户的假名。然后，它通过收集假名为每个组创建一个 bloom 过滤器，并将该 bloom 过滤器发送给相应组中的所有用户。每组的汇总数据将通过广域网发送到中心单元。控制中心可以根据聚集的近实时数据绘制用电概况，为电力规划和动态定价提供依据。计费中心负责在计费日期到来时，根据各组的区块链计算每个用户的计费数据，提供可追溯的隐私安全保护机制。

3）**智能家居领域中的群智系统隐私保护**：智能家居是人机物融合系统的一个典型应用场景。以人为中心的智能家居，利用多个设备进行通信协作，在云平台的支持下为用户提供智能化、便捷化的居家体验。然而智能家居直接面对用户的隐私空间，对隐私及安全性提出了极高的挑战。

Dorri 等人[86] 通过区块链连接家中的智能设备，并与服务提供商、云及其他智能家居连接，可辅助实现智能家居的万物互联，并同时保护了用户隐私，提高了系统整体的安全性。如图 11.13 所示，在具体的智能家居场景中包括三个主要层次：云存储层、覆盖层和智能家居层。其中每个智能家居都配备了一个永远在线的高资源设备（家庭代理），它负责处理与家居内外的所有通信以及本地存储。智能设备位于智能家居层中，由家庭代理集中管理。云存储被智能家居设备用来存储和共享数据。智能家居与服务提供商（SP）、云存储和用户的智能手机或个人电脑一起构成了一个覆盖网络。同时，为了减少网络开销和延迟，覆盖层中的节点被分组成簇，在每个簇中选择一个簇头（CH）。该工作从机密性、完整性和可用性等基本安全目标方面出发进行了理论分析，表明该基于区块链的智能家居框架是安全的，并且通过实验仿真评估了系统在流量、处理时间和能量消耗等方面的性能，结果表明该方案可以在可用性与隐私性之间达到很好的平衡。

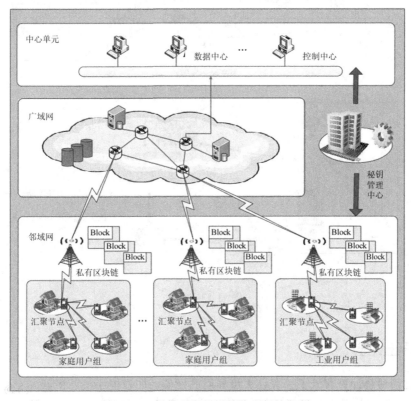

图 11.12　智能电网的系统隐私保护机制

图 11.13　基于区块链的智能家庭架构 [86]

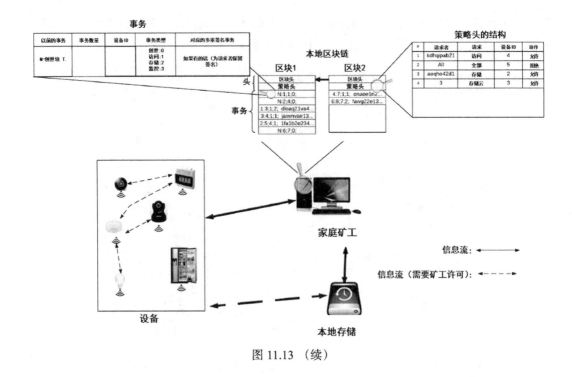

图 11.13 （续）

11.3　信任计算

在人机物融合计算背景下，存在大量异质的设备，如智能手机、机器人、边缘服务器、云服务器等。各异构节点间需要进行交互、协作和竞争以完成复杂任务。然而由于节点间计算能力、可靠性等差异以及恶意节点的存在，如何实现可信的节点间协同与任务执行成为一个关键问题。信任计算为此提供一种可供参考的方案，在信任计算中，每个节点可以基于信任相关因素来对其他节点进行信任评分，然后选择信任值高的可靠节点进行交互或任务分配，实现了对恶意节点的隔离，并将任务分配给高可靠性节点，从而实现复杂任务的有效完成。

人机物背景下的信任计算不同于传统的信任计算问题，它还存在以下特点。

1）**问题多元**：人机物融合背景下存在数据协作采集、群体分布式学习等不同层面的交互过程。由于恶意设备、设备受限或外界因素影响，在这些多元交互过程中存在着不同层面的信任问题，其解决信任问题的方法也不尽相同，因此需要建立多元融合的信任计算机制。

2）**人在回路**：由于"人"这一元素的引入，信任机制的建立就需要考虑人 – 设备间的信任问题，因此，在人机物融合计算中如何建立人 – 设备间的信任机制从而实现高效协作成为一大挑战。

3）**环境动态**：人机物融合背景下存在设备频繁加入或退出的情况，同时设备间的连接或交互关系也会不断发生变化，难以形成较稳定的信任关系，那么在动态演化的环境中如何构建信任机制也成为一大挑战。

下面将针对以上三个挑战，基于现有研究探索人机物融合背景下的信任计算概念与方案。

11.3.1　人机物融合的多元信任计算

在人机物融合背景下存在数据协作采集、群体分布式学习、群智能体协作运动等多元过程，其信任问题的内涵也存在较大差异。例如，数据协作采集过程中存在虚假数据带来的数据质量问题，而群体分布式学习过程中存在不可靠本地参数上传引起的任务学习失败问题等。虽然目前关于人机物融合系统中的信任计算研究还处于早期探索阶段，但一些传统相关领域，如众包、群智感知、联邦学习等方面的研究成果能为其发展提供重要参考。

1. 数据协作收集中的信任计算

在人机物融合计算中，对数据的收集必不可少。系统通过"人"（智能手表、可穿戴设备等）、"机"（边缘设备、云服务器等）、"物"（物联网设备、机器人等）进行数据收集。然而数据收集过程中设备本身的多样性与差异性，以及设备所处环境的不同（例如室内室外温度）会导致设备提供数据的质量参差不齐。此外，恶意设备的存在会通过提供虚假数据来进一步破坏数据分析的有效性。为解决上述问题，需要对参与数据收集的设备进行信任计算，进而选择高可信的设备以保证数据收集质量。接下来将介绍众包与群智感知系统中的信任计算研究，为人机物融合背景下数据协作收集中的信任计算提供启发。

（1）众包系统信任计算

众包是使用人群的智慧和力量来解决问题或者收集数据的方法。众包通过"任务发布者"发布任务，然后将任务分配给"工作者"，在此背景下，为保证任务完成的质量，选择可信的"工作者"来执行任务变得十分重要。众包系统中的信任计算过程是指：首先对设备贡献数据的可信度和质量进行评分，进而依据该信任评分对所收集的数据进行整合，最终获得完整可信的数据集合。Huang 等人 [87] 提出了一个声誉管理系统对众包设备贡献的数据进行可信度评估（如图 11.14 所示），进而依据可信度完成对数据的整合。该系统框架主要分为监测模块和声誉模块，监测模块中完成对设备数据的"协同评分"（表示一个设备贡献数据的置信水平），声誉模块使用"协同评分"对设备进行信任值评估。具体地，依据设备所处位置以及数据收集时间对数据进行分区，将落于同一时空分区的数据输入系统中，假定此时数据来源的设备有 n 个，数据的格式为 < device id, x, lat, lon, t >，其中 device id 是指设备标识，x 是指传感数据，<lat, lon> 是 GPS 经纬度坐标，t 指存入系统内存时的时刻。监测模块对输入的数据通过迭代的方式（图 11.14 中每个设备对应的迭代数据为 $X_{i,k}$）使用异常值检测算法，生成对每个设备的"协作评分"（记为 $P_{i,k}$），然后将"协作评分"输入声誉模块，声誉模块使用该评分并结合相应设备的历史"协作评分"进一步分析，最终形成设备的声誉分数 $R_{i,k}$。然后使用设备的声誉分数作为自身贡献权重，完成对输入数据的加权整合。

除了使用声誉管理系统来保证收集数据的质量外，还可以通过验证、数据处理的方法来对收集到的数据进行质量评估。Gilber 等人 [88] 提出了基于 TPM（Trusted Platform Module）实现可靠的感知平台进而完成对收集数据的完整性的保护。其主要思想十分朴素：一是允许"任务发布者"去验证"工作者"提交的数据是否是直接由传感器设备产生的，以防止虚假的恶意数据；二是在将数据传送到更高层次前（例如计算或学习过程），允许平台对原始传感数据进行一系列可信的处理转换。

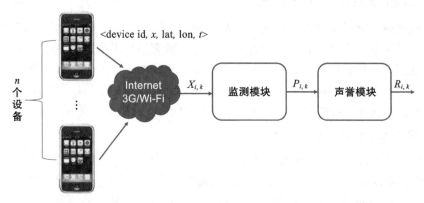

图 11.14　应用于众包系统的声誉管理系统 [87]

由于众包的任务具有异质性，不同任务背景中对"工作者"的要求不同，以及提供的报酬也不同，那么具有不同性能或经验的"工作者"在不同的任务背景中的信任程度也会存在差别，因此在众包背景中进行信任计算，还需要考虑任务场景。Wu 等人 [89] 在执行信任计算时考虑了"工作者"与任务的异质性，即"工作者"拥有不同的技能或经验，任务会要求不同的技能以及相应水平。该研究基于机器学习的方法使用了"工作者"间的信任关系来计算"工作者"的信任程度。Ye 等人 [90] 考虑任务类型和奖励数目两种情境，提出了一个包含两种信任的信任计算模型，即基于任务类型的信任和基于奖励数目的信任，进而使用信任值来完成对可信"工作者"的选取。

（2）群智感知中的信任计算

群智感知场景下的数据采集质量问题也和众包类似，存在着恶意用户提供虚假数据的情况。除了使用和众包系统的信任计算类似的声誉系统外，真相发现（Truth Discovery）也被用于解决数据收集协作中的数据质量问题。真相发现是一种用于解决从多源收集到的感知数据间的冲突问题，并从中推理出真实信息的方法。一般地，真相发现的思想是：首先依据每个数据源的可靠程度对其分配权重，然后通过对数据的加权聚合来估计真实数据，然后这两个步骤不断迭代直到达到某个收敛条件停止。具体地，真相发现通常以随机初始化的真相开始，迭代地执行三个步骤：权重估计、真相估计、收敛检验。接下来具体介绍在单一的某一类数据上的真相发现方法。

1）**权重估计**：给定预估的真相 t，用户 i 的权重 w_i 计算方法如下所示：

$$w_i = \log\left(\sum_i D(y_i, t)\right) - \log(D(y_{i,t})) \tag{11-1}$$

其中 y_i 是用户 i 提供的数据，D 函数是衡量用户 i 提供的数据 y_i 与预估的真相 t 之间的距离，该函数的选择取决于应用场景。

2）**真相估计**：给定用户 i 的权重 w_i，真相估计 t 通过对用户提供数据的加权和来计算：

$$t = \frac{\sum_i (w_i, y_i)}{\sum_i w_i} \tag{11-2}$$

3）**收敛检验**：U 值用来检验预估的真相是否达到收敛，其基于权重和本轮新预估出的真相来计算：

$$U = \sum_i w_i D(y_i, t) \tag{11-3}$$

接下来介绍几个群智能感知场景下的信任计算工作。Miao 等人[91] 提出了一个基于云的隐私保护的真相发现框架（Cloud-Enabled Privacy-Preserving Truth Discovery），如图 11.15 所示。该框架不仅可以实现对用户感知数据的保护，还可以保护真相发现方法中使用的设备可靠度评分。具体地，每个参与者计算自身感知数据与预估的整合真相数据间的距离，然后对该距离进行加密再将其发送至云服务器，接下来云服务器依据接收到的加密距离信息对用户的权重以加密的方式进行更新，再将更新信息发送至每个用户。接着每个用户根据接收的加密权重信息计算自身数据的密文信息并将其发送给云服务器，最终云服务器计算出最终整合结果。基于真实与仿真数据上的大量实验证明该方法可以保证较强的隐私性和准确性。

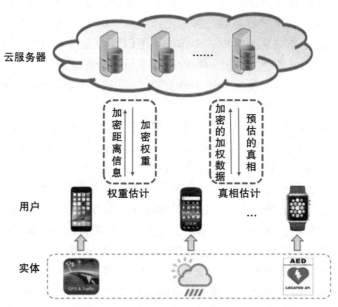

图 11.15　基于云的隐私保护的真相发现框架[91]

隐私敏感的群智感知场景下的真相发现方法通常使用加密来保护用户的隐私数据，而这会带来很大的计算和通信开销。基于此，Zheng 等人[92] 提出了一个隐私敏感的真相发现框架，其主要思想是从真相发现的迭代过程中识别出核心原子操作。该方法可以有效地改善通信带宽和计算成本开销的问题。

真相发现中的大多数工作都假设被观察的实体之间是相互独立的，但是当某个实体无法拥有足够数目的可靠观察者时，该实体的真实状况在该假设下是难以获取的。考虑到实际中实体间存在着关联关系，那些缺少足够可靠数据提供者实体的真实信息可以通过与之相关联的实体真实信息来推理得到。基于此，Meng 等人[93]就提出了基于相关联实体关系的真相发现框架。他们将任务转换成一个优化问题，其中真相和用户可靠性是未知变量，实体间的相关性被建模为正则项。

综上，在人机物数据协作收集中，由于存在大量而多样的设备，因此可以使用设备间的关联关系来推测真实信息。此外，在考虑数据隐私加密的同时，也要权衡通信和计算开销以提高效率。

2. 群体分布式学习中的信任计算

在人机物背景下的群体分布式学习是指各个异质工作节点进行本地训练，然后每个节点将自身本地训练的结果上传，用于全局模型的更新。然而，一些不可靠的模型更新参数会被上传进而导致不能完成预期的学习任务目标。这些不可靠的模型参数更新可能来自能耗达到上限或计算 / 存储资源不足的设备，也可能来自恶意破坏的设备。因此如何在分布式学习中抵抗这些不可靠的本地模型更新是十分重要的。下面将从联邦学习这一典型的群体分布式学习模型中的信任计算出发介绍相关研究，并为其他人机物融合分布式学习中的信任计算问题提供启发。联邦学习是通过多个工作节点"训练数据不离开本地"的机制对本地训练模型参数进行全局共享与集成，个体的不可信可能会对全局共享模型造成干扰，进而影响不同工作节点的任务执行。然而目前联邦学习的研究方向大多在探索更先进的学习算法上，对于节点信任度的问题探索还十分有限。使用信任值选择可靠的工作节点，有助于进一步提升联邦学习的可靠性。

针对该问题，Kang 等人[94]提出了一个声誉系统用来实现可靠联邦学习。该方法具体的流程如下：第一步，任务发布者发布联邦学习任务，有意愿参与任务的设备可以向任务者发送请求；第二步，任务发布者将发送请求的设备中的合法设备作为候选集，然后在此集合中选择声誉值大于预设阈值的设备来完成任务。这里声誉值综合考虑两个方面计算，即当前任务发布者与候选设备间的历史交互，以及其他任务发布者对相应候选设备的声誉观点；第三步，在联邦学习过程中，每一次迭代结束，工作者就会把自己的本地更新结果以及与本地计算时长等信息发送任务发布者，同时任务发布者通过耗时证明（proof-of-elapsed time）的方法来验证接收到的本地计算时长信息的真实性。接下来系统在考虑到本地数据集的规模时，使用本地计算时长来检验工作者本地计算结果的可靠性和真实性。这一方式可以检验出那些性能有所限制的工作者。同时，该系统还应用了一些恶意攻击的检测方法来发现恶意工作者，例如 RONI[95]、IID[96]，然后剔除所检测出的受限工作者和恶意工作者上传的本地结果，完成此轮全局模型的更新，同时任务发布者会对参与的工作者给出正负面的交互评价。在模型学习完成后，任务发布者会基于参与的工作者的表现更新对应的声誉值。

与上述研究类似，Kang 等人[97]进一步研究了使用多权重的主观逻辑模型来计算工作者的声誉，并通过去分布式的方式来管理声誉，同时还结合激励机制来促进高可信度的工作者参与任务。该做法进一步保障了系统免受恶意设备的干扰。为确保联合训练的可信度，Rehman 等人[98] 提出了基于区块链的声誉感知的细粒度联邦学习的概念，为人机物融合群智系统的信任计算提供了有前景的发展思路。

11.3.2　人机协同信任机制

人机物融合计算中加入了"人"这一要素，因此探究"人"与设备（机或物）之间如何建立信任以促进协作变得十分重要。当人对设备的信任度很低时，会难以充分发挥设备优势；当人对设备信任度太高时，设备做出的一些失误决策也难以被发现。因此，在人与设备中建立具有普适性的信任机制，能够对设备进行持续的监控，从而让设备的行为决策始终符合预期目标。下面将以人－机器人协作的信任机制研究为背景探讨人机物融合信任机制的构建方法。

Lee 等人[99] 提出人对机器设备的信任主要从三个维度进行评估，分别为**表现**、**过程**和**预期**（performance、process、purpose）。在人－机器人协作的背景下，表现是指机器人的真实表现，过程是指对机器人如何运作的理解，预期是指对机器人应执行内容的预见度，以上三点主要影响着人－机器人协作中人对机器人的信任。**机器人的表现**是影响人－机器人信任的一大关键因素。Xu 等人[100] 提出了一个在线的信任计算模型，其根据机器人的表现和人类反应通过贝叶斯推理对人－机器人信任进行实时计算。在此基础上，Xu 等人进一步提出了信任搜索自适应机器人（trust-seeking adaptive robots）[101] 的概念，该类机器人可根据人类发送的"信任信号"（干预命令、批评和信任值反馈）来调整行为，从而避免出现人对机器人信任水平较低而影响团队协作的情况。和此研究类似，Liu 等人[102] 设计了一个人对远程机器人集群的监督机制，它通过人对机器人集群发送信任水平信息来实现对机器人集群行为的监控，其中信任水平信息包括人－机器人集群信任的变化量、人类预期集群应有的行为以及当前集群行为与该预期行为间的偏差量，如图 11.16 所示。该工作提出的信任感知行为反射（trust-aware behavior reflection）方法使行为出错的机器人能参照除自身外其他可信邻居的运动状态来修正行

图 11.16　远程机器人集群的监督机制[102]

为，同时还可以实现对失误机器人的隔离。上述研究只建立了人对机器人的信任机制，然而 Saeidi 等人[103] 提出了一种"人－机器人"双向信任机制的构建方法。对机器人行为的监控由人和一个机器人自主控制器共同进行，人通过双边操作遥控机制（bilateral haptic teleoperation scheme）可以对机器人进行远程控制。当人－机器人信任程度较低时，人对机器人进行高强度的控制；当机器人－人信任程度较低时，机器人自主控制器会给人类发送一个较强的触觉反馈，提醒人加强对机器人的监控。该方法在加强人－机器人团队协作表现的同时也降低了人工监控的工作量。

机器人的运行过程也对人－机器人信任产生一定影响，当人能够理解机器人如何运作同时可以预测其行为时，在一定程度上会提高人对机器人的信任。有理论表明，对机器人

行为或决策的解释有利于信任的提升。在 Wang 等人的工作 [104] 中，为提高系统的透明度，机器人在执行过程中会对其行为自动生成相应的解释，结果表明加入解释能够提高系统整体的表现性能和人 – 机信任水平，增强团队协作能力。除此之外，Desai 等人 [105] 发现机器人的失误操作会损害人类对其的信任，并且早期的失误会比后期的失误带来的这种信任损失更大。还有研究发现，**人类对机器人执行目标的预期**也会影响其对机器人的信任水平。仅从机器人外表来看，机器人的外在特点会影响人们对其的信任程度、合作的舒适感等，会进一步影响人们对机器人执行任务的预期。机器人的外在特点包括物理外在呈现 [106]、是否说与人类队友共同的语言 [107]、是否拥有拟人化特征 [108] 等。

除此之外，在心理学角度对人 – 机器人信任也有研究。团队心理安全领域将信任定义为一种群体层面的现象，指团队中每个成员都能够承担风险、表达脆弱并被不受评判和谴责地倾听 [109]。研究发现 [110]，暴露脆弱的表达会提高信任，这种行为还具有传染性 [111]。Sebo 等人 [112] 探索机器人的脆弱暴露如何影响人 – 机器人团队协作的信任程度，发现有脆弱暴露的机器人所在的团队中，队员之间更愿意做出具有典型信任含义的行为，比如协作更加紧密、更容易说出自己的失误以及大家的笑容更多等。因此通过控制机器人的"脆弱暴露"行为来增强人机协作是一种有效的方式。

11.3.3 人机物动态环境下的信任构建

前两个小节主要侧重于介绍如何对人机物背景中的多样异质设备进行信任计算，但仍未考虑人机物环境的动态性。在人机物背景下存在设备频繁加入或退出的情况，同时设备间的连接或交互关系也会不断发生变化，难以形成较稳定的信任关系。因此，在此动态环境下如何进行信任计算的自适应演化成为一大挑战。下面将以群智能体系统为背景介绍相关解决方案。

在智能体动态加入和退出的情况下，由于智能体在系统中只是短暂地停留，因此系统内智能体与该短暂加入的智能体间产生的直接交互会比较少，难以基于其进行信任计算。因此，还需其他的可靠智能体提供辅助信息，这就引入了"推荐信任"机制。该机制是指，当一个智能体对另外一个智能体进行信任计算时不仅要考虑自身与该智能体间的历史交互信息，还需要其他可靠智能体提供其与被评估智能体间的历史交互信息，从而实现更准确的信任值计算。在这里，需要对其他智能体进行信任评估的智能体被称为"信任者"，被评估的智能体被称为"被信任者"，提供辅助信息的智能体叫作"目击者"。

在信任计算过程中，首先需考虑如何对"目击者"提供的信任辅助信息进行整合。例如，ReGreT [113] 使用了智能体间的社交关系来确定目击者的可靠性。预设的模糊规则用来评估目击者的可靠性，同时这些可靠性也将作为辅助信息整合中它们所提供信息的对应权重。Whitby 等人 [114] 基于 β 声誉系统（记录与被信任者间交互的成功次数与失败次数）提出一种整合信任辅助信息的方法。具体地，每份辅助信息将被检测其是否在接近主流观点的一定范围内；若在，则将该辅助信息用于主流观点的更新，否则丢弃。最终完成对"目击者"提供的辅助信息的整合。除了考虑对辅助信息的整合外，还需考虑"信任者"与"目击者"综合辅助信息的整合。主流方法都是采用权重加和的方法，其中权重可以是静态的，也可以是动态的。静态是指预定义好的权重，多使用 0.5[115-117]。动态方法中探索动态的权重来调整直接历史交互与辅助信息之间的比重，在 Miu 等人的工作[118]中，比重会根据"信任者"与"被信任者"之间历史交互次数进行调整。这意味着"信任者"与"被信任者"之间的历史交互信息越多，信任值的计算就更加依赖于这种"直接观察"信息，以此获得更精确的信任值。同时，在该类"直接观察"信息缺失或不足的条件下，信任的计算会依靠"目击者"提供的辅助信息。Fullam 等人[119] 提出了一个基于 Q-learning 的动态选择权重的方法，该方法从预定义好的数据集合中选取权重值，然后根据专家意见等奖励选择最优的权重。

上述方法的思想是如果"信任者"对"被信任者"的直接观察信息不够，那么就使用其他"目击者"提供的辅助信息进行信任计算。然而在动态变化的系统中，并不总是存在可靠的"目击者"能够提供所需的辅助信息。比如当智能体形成"集团"（Group）时，他们将只和集团内部的智能体进行交互；在这种情况下，其他智能体想要评估这些智能体的信任值就变得十分困难，而且如果该集团由恶意的智能体组成，则会对系统造成极大危害。因此，在不总是存在可靠的"目击者"的动态系统中如何进行信任计算成为一个重要问题。除常规地与信任值高的智能体交互外，可以加入对潜在的更优智能体的探索，从而来减少这种智能体"成团"现象的干扰。例如，Teacy 等人[120] 提出使用强化学习中 Q-learning 的方法以在选择已知可靠智能体与探索更优智能体之间进行决策，其中奖励由"信任者"选择某个"被信任者"来交互过程中的 Q-value 等信息决定。Hoogendoorn 等[121] 通过衡量"被信任者"行为的变化程度来决定相应的"信任者"探索更优智能体的程度。具体地，每个"信任者"都记录着对某个"被信任者"的短期信任和长期信任，其中短期信任可以更明显地反映近期智能体的行为。长期信任与短期信任的绝对差用来评估智能体的信任变化。当差值大于"0"时，将基于该差值计算出相应的探索程度，然后基于探索程度和"被信任者"的信任值来计算出该"被信任者"被选择进行交互的概率。接下来将在潜在的"被信任者"中，基于它们被选择进行交互的概率采用蒙特·卡罗方法筛选出用于交互的智能体。

除了以上这种加入"探索"的方法外，还可以加入其他机制来保证多智能体系统中信任机制的建立。在无法建立稳定信任机制时，智能体可能无法识别出可靠的智能体进行交互，进而可能选择不进行交互，而不进行交互更加难以为信任计算提供证据信息，由此形成了恶性循环。因此，需引入其他控制机制来消除交互中可能出现的部分风险，进而激励智能体进行交互。Burnett 等人[122] 引入了三种控制机制，分别为显式激励监控和声誉激励。显式激励即"信任者"基于与自身进行交互的"被信任者"的任务执行情况给予报酬；监控即"信任者"需要花费额外的成本来监控"被信任者"的行为选择；声誉激励即"信任者"基于"被信任者"与外界交互的所有反馈结果来计算其声誉变量，作为一种激励方式。通过控制机制，可以减少部分安全风险，鼓励智能体间更多地交互，为信任计算提供丰富的证据信息。

拓展思考

本节首先介绍了人机物背景下多元过程的信任计算问题，但是目前每个过程中的研究大多还是集中在同质设备间的信任计算，因此将这些方法迁移至人机物背景下需要考虑设备的异质性问题。除此之外，同一个设备可能会参与多个过程，例如归属于"物"设备的机器人同时可以参与运动过程和数据收集过程，所以能否建立一个统一的机制来管理设备在不同过程中对应的信任，有助于人机物背景下信任环境的构建。

接着探讨了将"人"这一要素加入系统中后，如何构建人－设备间的信任来加强人机协作，从而高效完成任务。目前在此领域的研究大多仍然通过人工的监控对设备进行反馈，从而来调控设备的行为表现，人工投入的精力和成本相对较高。需要研究更多智能化的方法（如选择人类介入反馈的时机／场景）以降低人机协同信任构建的成本。

最后介绍了动态环境下的信任建立机制，其主要思想是使用"目击者"提供的辅助信息来解决设备间无交互历史时建立信任的问题。但仍会有无法找到合适的"目击者"提供信息的情况，因此加入"探索"机制以帮助系统在交互很少的情况下来选择相对可靠的工作者。但是如何把握"探索"的程度来保证信任机制的稳定建立和已知可靠设备的选择仍然是十分困难的，需进一步探索。

11.4　基于区块链的人机物融合安全可信群智计算架构

为保证人机物融合群智计算系统的可用性、隐私性和可信度，上述章节已对群智能体系统的激励机制、隐私保护机制和信任计算进行了介绍，但三者之间紧密联系、缺一不可，在群智系统构建中应该统一进行考量。在人机物融合群智计算中，激励机制有助于获取海量高质量群智数据，隐私保护机制可降低所面临的安全威胁和隐私泄露风险，而信任计算则能减少异构设备间分布式协作中的信任问题。如何将它们在人机物群智系统中进行有机关联和融合也成为一个亟须解决的问题。现有解决方案虽然在不同方面进行了初步探索，但仍缺少一个人机物融合安全可信群智计算架构。

作为一种新兴的数据应用技术，区块链能在泛中心环境下以安全可验证的方式构建分类账本[123]，近年来得到学术界和企业界的青睐。2019年10月，中央政治局就"区块链"技术进行专题集体学习，会议要求把区块链作为核心技术自主创新的重要突破口，推动数字金融、物联网、智能制造等多个重大需求领域发展。而人机物融合群智计算系统作为一个去中心化的系统，海量分散终端设备产生的数据存储在边缘节点为上层群智应用提供数据来源，人机物设备之间通过协作完成群智计算任务或联合进行智能群体决策。在此系统中，涉及海量数据收集的激励问题、人机物设备间通信过程中通信内容被篡改和泄露问题、恶意节点攻击问题等。作为基于密码学、可验证、不可篡改的分类账本的区块链为设计人机物融合安全可信群智计算架构与范式提供了新的思路。

区块链作为一种由密码学支撑的、可验证的、不可篡改的分类账本，可以通过事务记录和对事务记录有效性的分布式共识来保障分散不可信环境中的安全交互。同时，区块链的共识机制与激励机制配合智能合约天然适合构建一个经济市场，可以有效激励边缘人工智能计算中信息的共享与交互。具体来说，为避免部分节点可能受到恶意攻击导致通信内容发生变化，区块链通过共识机制使各节点达成一致，区分被篡改的信息，最终确定正确并全局统一的记录[124]。除此之外，区块链还利用加密货币作为一种促进各节点信息共享的有效激励手段[125]，并且随后出现的智能合约取代可信的第三方中介，以信息化方式传播、验证或执行合同，允许在没有第三方的情况下进行可信交易，这些交易可追踪且不可逆转[126]，从而有助于构建信息相互分享交易的市场。除上述提到的机制外，区块链还具有其他优秀特性，进一步保障了系统的安全与可信性。首先区块链的防篡改能力很强，恶意节点需要达到整个网络算力的 51% 才可成功发起攻击，所以使用区块链技术进行存储和计算可以在很大程度上保证系统的安全性。除此之外，由于区块链的去中心化，系统出现单点失败的概率较低，同时，网络中每个节点都保存着区块链的信息并且可以在其上进行操作（计算、数据查询等），所以系统的扩展性较强。基于此，本节将提出一种**基于区块链的人机物融合群智计算安全信任架构**，以作为综合性解决群智激励、隐私和信任等问题的参考架构。

11.4.1　区块链技术研究概述

从技术的角度来看，区块链是一种融合了链式数据结构表达、分布式存储和安全访问的新计算方式[127]。从狭义上讲，区块链是一个基于链数据结构的分布式数据库，利用加密技术，按时间顺序将块连接起来，以避免篡改和造假。从广义上看，区块链是一种新的分布式基础设施和计算范式，它可以使用区块链数据结构来验证和存储数据，并采用分布式节点一致性算法生成和更新数据。同时它采用密码学技术以确保数据传输和访问安全，并使用由自动脚本代码组成的智能合约来编程和操作数据[128]。

具体地，区块链是一种由区块的时间序列组成的数据结构，包含数据库和节点网络，如图 11.17 所示。区块是包含相关信息和记录的数据集合，是区块链的基本单元[129]。区块链数据库是一个共享的、分布式的、容错的和可追加的数据库。它以区块的形式维护记录，尽管所有区块链用户都可以访问这些区块，但它们不能被用户删除或修改。每个区块都有其前一部分区块的哈希值，相当于这些块通过隐形的链相互连接。每个区块都包含几个经过验证的事务记录。此外，每个块还包含一个时间戳，指示该块的创建时间以及用于加密操作的随机数。

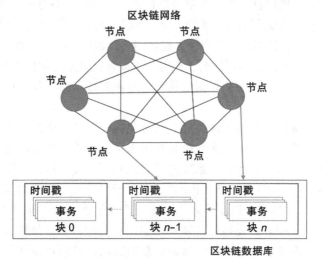

图 11.17　区块链网络示意图

区块链的技术架构如图 11.18 所示 [130]，由数据层、网络层、共识层、激励层、合约层和应用层 [131] 组成。数据层包含底层数据块、时间戳等，以区块链形式存储所有交易数据和信息记录；网络层主要包括点对点（P2P）网络技术（也称为点对点传输技术或点对点网络技术）、传播机制和验证机制，它将完成共识算法、加密签名、数据存储等；共识层主要包括共识机制，使节点在决策权高度分散的分散系统中能够高效地在块数据的有效性上达成共识；激励层将经济因素与区块链技术相结合，主要包括经济激励的发放机制和分配机制，奖励的目的是吸引参与者为计算能力做出贡献；合约层主要封装各种脚本代码、算法机制和智能合约，并建立可审计的合约规范。

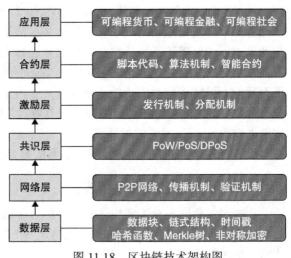

图 11.18　区块链技术架构图

区块链网络以对等、分布式的方式进行维护。因此，区块链提供了一种无中心的自治网络架构，然而如何在人机物融合分布式环境下建立节点之间的信任，保证节点之间交易的公平公正，激励更多的节点自发参与计算是需要进一步考虑的。随着区块链技术的发展，已有大量研究人员开展了多方面探索，下面将从**信任**、**隐私**和**激励**三方面来介绍这些技术。

1. 信任计算：信任评估与共识机制

信任评估：由于区块链具有透明性和公开性，因此将信任值存储在区块链中，工作节点不需依赖第三方信任机构就可以读取信任值信息，从而将任务分配给较信赖的工作节点。Li 等人 [132] 介绍了在分布式群智感知网络中基于区块链的声誉系统，首先用户在感知数据前需要注册，这时一个初始的信誉值会被分配给用户，该信誉值会随着用户行为的变化而更新。任务发布者基于声誉值选择可靠的工作者，进而保证收集数据的质量。Moinet 等人 [133] 在分布式传感网络中，使用区块链存储信任值和身份验证信息，从而保证信任管理系统的可靠性与安全性。

共识机制：除了将信任存储在区块链上来避免信任计算遭受恶意攻击外，信任也可以用于共识机制。在区块链技术中，共识机制是用来筛选可靠工作节点完成事务更新的关键技术，这一技术在很大程度上保证了系统的可靠性和可信性。但目前许多共识机制由于成本很大，带来许多问题。例如 PoW（Proof of Work）[134] 通过工作量来选择可靠工作者，但降低了系统的事务吞吐量。Zou 等人 [135] 引入了基于信任的共识机制（Proof-of-Trust，PoT），能在一定程度上减轻在无信任计算环境下建立共识机制所带来的成本。该方法使用三种信息，即曾完成事务总数、参与区块链更新的次数以及被负面评价的次数，来对工作节点的信任值进行评估，然后基于信任值筛选出可信工作节点完成事务更新。

2. 隐私保护：加密、混合与零知识证明

加密算法：加密是区块链中使用最广泛的技术，常见的有同态加密技术以及基于属性的加密技术。同态加密支持密文计算，可以方便交易的审核，而且不会泄露交易的实际数额。但全同态加密目前是非常低效的，因为它的计算开销极大、密钥占用空间大。使用加法同态加密，可以使用较少的计算开销在区块链上存储数据，而不会对区块链属性进行显著更改。基于属性的加密技术通过对敏感数据加密，确保只有持有秘钥的用户才能够阅读数据，其他人即使获得密文也无法解密，从而避免了数据泄露。

混币机制 [136]：虽然区块链利用哈希算法为每个用户生成假名地址，但是任何人都可以通过简单分析用户在交易中使用的地址，将用户的某笔交易与该用户的其他交易联系起来。更严重的是，当交易地址与用户的真实身份相关联时，可能会导致其所有交易信息的泄露。混币机制采用共同支付的思想，将多笔交易混合来隐藏资金流向。假设某位用户想要进行支付，该用户将找到另一个也想进行支付的用户，他们通过协商在一个交易中共同支付。联合支付大大降低了在一笔交易中连接输入和输出的可能性，并能跟踪特定用户的资金流动的确切方向。应用混币机制的达氏币 [137]，其通过将大量的输入地址和输出地址送至一些主节点进行混合，此来混淆输入地址与输出地址之间的对应关系，但是这方面的缺点是未去中心化，因此要保证主节点的安全性。相比之下，Ruffin 等人 [136] 提出了一个完全去中心化的硬币混合协议 CoinShuffle，避免了使用可信第三方进行混合交易的必要性，同时使用了一种新颖的可问责匿名组通信协议增加了隐私性。

零知识证明 [138]：零知识证明是一种可在多方交互验证需求中实现隐私保护的密码学方案，用于在不泄露具体数据的情况下对数据知识的掌握或相关计算的正确性的证明。其中，zk-SNARK（zero-knowledge Succinct Non-interactive Arguments of Knowledge，零知识简明非交互式知识论证）[139] 是一类应用广泛的通用零知识证明方案，通过将任意的计算过程转化为若干门电路的形式，并利用多项式的一系列数学性质将门电路转化为多项式，生成非交互式的证明，可实现各类复杂的业务场景的应用。Zcash[140] 是一种基于区块链的匿名数字货币，采用 zk-SNARK 零知识证明协议实现了隐蔽交易的功能。在比特币中，需要通过公开在区块链上的交易发送方地址、交易接收方地址以及输入和输出金额来验证交易。而在 Zcash 中，则不会公开任何有关地址或金额的关键信息。隐蔽交易的发送方通过构建一个证明，以足够高的概率来证明交易满足以下条件：交易的输入总金额和输出总金额相等；交易发送方拥有支配交易金额的私钥；支配交易金额的私钥与交易的签名绑定，交易无法被不知道私钥的人篡改。

3. 激励机制：数字货币

区块链的激励机制主要包括经济激励的发行制度和分配制度，其功能是提供激励措施，鼓励节点参与区块链中的安全验证工作，并将经济因素纳入区块链技术体系中，激励遵守规则参与记账的节点并惩罚不遵守规则的节点。存储在区块链中的数据需要矿工来打包和加密，因此区块链系统的正常运行需要系统中有足够多的节点和算力来保证。区块链以数

字货币（例如比特币）作为物质激励。除此之外，区块链系统设计新颖的经济激励机制并集成共识过程，可以汇聚大规模的节点参与，达成对区块链的稳定共识。区块链的激励机制、共识机制与智能合约配合构建一个经济市场，可以有效激励人工智能计算中信息的共享与交互。

《中共中央关于制定国民经济和社会发展第十四个五年规划和二〇三五年远景目标的建议》中提出，建设现代中央银行制度，完善货币供应调控机制，稳妥推进数字货币研发，健全市场化利率形成和传导机制。

11.4.2　典型案例与场景应用

目前已有大量工作对区块链、群智系统与人工智能进行了综述与总结，也有部分工作着眼于这些技术的结合[141]。但就区块链在人机物融合计算环境中的应用而言，目前仍缺乏探索性、综合性的研究。本小节将介绍智能交通、物联网等领域区块链技术的典型应用案例，为实现人机物融合安全可信群智计算架构提供启发和借鉴。

1. 智能交通系统中的群智能体区块链技术

区块链技术可促进一个安全、可信、自治和去中心化的智能交通系统（Intelligent Transportation System，ITS）生态的建立[142]。由于生态系统中智能体行为、机制和策略的不确定性、多样性和复杂性，如今的 ITS 系统表现出高度的社会复杂性，留下了许多尚未解决的问题。ITS 服务的集中化趋势（大部分数据、分析和决策由可信中央机构或云平台处理）使系统可能会因简单的不当操作、恶意攻击或性能限制而暂时不可用。另外，智能体之间缺乏必要的互信，货币和资产在没有可信中介的情况下无法直接地从一个实体流动到另一个实体，导致 ITS 服务的层级结构、多元化机制和社会复杂性增加。

区块链技术可以有效地处理 ITS 群智能体的安全和隐私问题。Bernardini 等人[143]使用区块链技术在 ITS 的三个阶段，即车间系统、网关和车内系统，提供安全高效的数据处理、网络监控、隐私保护服务和可靠的数据融合。Ferrer 等人[144]设计了一个与分布式区块链技术相结合的群体机器人系统，利用数字签名以安全、透明、灵活、自主的方式提供机器人功能。区块链技术还可以保证车辆进行身份验证时数据的安全交换和共享。Rowan 等人[145]提出了一种基于超声波音频侧通道和可见光的安全平台，部署了区块链技术，使用透明、可验证、共享和分布式分类账本在车辆间通信中进行安全消息传输。车辆间通信时采用建立会话密钥的方法，提供了高吞吐量、可靠的环境和安全的车辆密钥管理。图 11.19 所示是基于区块链的车辆队列公钥基础设施的网络图。其中区块链（Blockchain）为区块栈节点中包含的信息提供底层安全。区块栈（Blockstack）是每个节点所维护的自己的分布式哈希表副本，其中包含一个用于验证队列中车辆之间通信的公钥基础设施，存储的数据是一个公钥、一个哈希值和一个绑定这两个值的证书。队列（Platoon）中的车辆持有区块栈中包含的自己的公钥基础设施副本，并使用物理侧通道安全地与队列中的其他车辆通信。该系统在与区块堆栈进行实时在线连接的情况下工作。

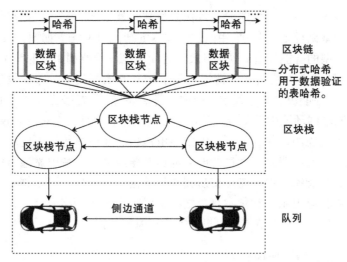

图 11.19 基于区块链的车辆队列公钥基础设施的网络图 [145]

2. 物联网中的群智能体区块链技术

区块链技术在物联网群智能体系统中被广泛采用，以提供安全性和私密性。物联网是全球数十亿智能设备通过互联网互联的结果。各种智能设备之间相互通信以完成复杂任务。在此过程中，存在包含各种类型攻击在内的恶意活动，不可信的实体根据自己的利益提供不完全可靠的信息 [146]。因此，物联网设备之间通过互联网共享的数据必须是安全、集成、机密和透明的。物联网中的群智能体区块链技术可以使现有系统更加强大，从而进一步成为开发新商业模式的基石 [147]。物联网服务提供者从参与者那里获得反馈以改进他们的产品和服务。针对传统的调查无法反映客户的实际情况和调查结果受各种主观因素影响的问题，Zhao 等人 [148] 设计了一个智能系统（如图 11.20 所示）来帮助物联网设备制造商利用客户数据，并通过联邦学习技术建立一个机器学习模型来预测客户的需求和可能的消费行为并为这些数据建立预测模型以预测客户的消费趋势。区块链技术用于记录任务的进度和参与任务的奖励。

除此之外，使用区块链来存储初始模型能有效避免服务提供者将模型发送给所有人或者保存在第三方的云存储中。服务提供者将初始模型和最终模型放在区块链中以实现联邦学习训练并且可以永久存储模型。

区块链的分布式分类账本还可以帮助物联网设备轻松地与其他设备同步，并且其共识算法使数据无法伪造且设备可以拒绝部分服务攻击。Huh 等人 [149] 使用区块链构建物联网系统以控制和配置物联网设备，该工作使用智能合约编写代码在以太坊上运行，并且使用 RSA 公钥密码系统管理密钥以更细粒度的方式管理系统。

3. 智能电网中的群智能体区块链技术

区块链技术可以保护智能电网环境下的交易安全和用户隐私。智能电网是通过自动化控制和现代通信技术，将可再生能源和替代能源顺利整合在一起，以提高效率、可靠性和安全性的现代电网基础设施[150]。采用区块链技术的智能电网场景如图 11.21 所示。智能电网中部署了各种类型的智能设备 (智能电表、智能家电、能源利用资源等)，用于形成电力供应链网络[151]。智能电网最重要的情境是基于 P2P 的能源交易，即在服务提供商和客户之间交换能源[152]。在能源交易过程中，能源支付需要进行数字交易。为了保证这些交易的安全性并保护智能电网环境中消费者的身份，相关工作者设计了多种安全模型。在新加坡，电力来自各种可再生能源，如火电厂、太阳能电池板、风电场等。发电后，电能通过输电线被输送到变电站，变压器会使大量的电力电压升压或降压。变电站通过配电线路将能量转移到智能家居。智能家居中与能源交易相关的数据在一个集中式数据中心进行监控。此外，边缘直流连接在电力用户和集中直流之间，以减少整体网络延迟。在消费者端，每个智能家居集群中都有一个矿工节点，以提供安全和隐私保护。

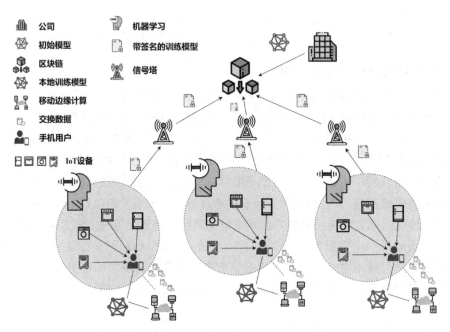

公司　机器学习　初始模型　带签名的训练模型　区块链　信号塔　本地训练模型　移动边缘计算　交换数据　手机用户　IoT设备

图 11.20　一个基于声誉的众包物联网联邦学习框架[148]

4. 医疗保健网络中的区块链技术

区块链技术有助于以一种去中心化的方式为患者的个人信息提供安全保障 (Vora 等人，2018)。医疗保健网络由一组由政府赞助、管理和拥有的医院组成。它提供了一个医疗中心，向所有用户提供各种类型的医疗服务[154]。但是医疗保健网络由中央管理机构管理和控制，可能导致单点故障。因此，为了在医疗网络中提供安全的去中心化，区块链技术是最好的解决方案。区块链已被用于医疗保健系统的各个领域，例如信息管理、数据共享、数据存储和访问控制系统。图 11.22 显示了使用区块链技术保护医疗保健网络的步骤。

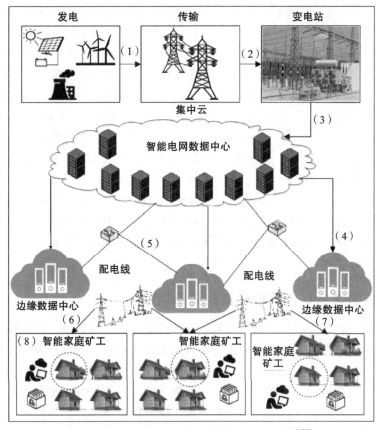

图 11.21 采用区块链技术的智能电网系统[153]

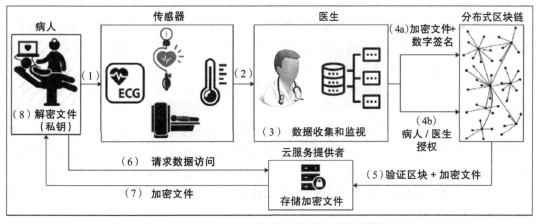

图 11.22 基于区块链的医疗保健网络[153]

5. 数据中心网络中的区块链技术

区块链技术可促进数据中心网络的数据保密和网络安全。数据中心是存储、网络和计算等资源的桶，通过连接网络相互连接[155]。数据中心网络 (Data Center Network，DCN) 是指所有数据中心资源所在的网络，主要分为云计算和边缘计算。云计算通过处理终端用户的存储和计算工作负载[156]，为终端用户提供方便（成本 / 时间节约、数据共享和访问等）。DCN 之间相互合作或竞争，为用户提供各种服务并运行多个应用程序。因此，数据完整性、安全存储和隐私管理是 DCN 中主要关注的问题。要处理这些问题，就需要设计新的解决方案和算法。在此背景下，区块链技术正被积极采用，以应对上述 DCN 的挑战。

边缘 / 雾计算是一种优化云计算系统的方法，将其数据、服务和应用从中心节点转移到更接近终端用户的位置[157]，这有助于降低延迟并减少计算成本。边缘计算是对云的一种补充，用于分担对终端用户应用程序依赖的增加带来的负担[158]。然而，安全和隐私仍然是这些分布式网络的核心挑战。已有一些工作将区块链技术应用于此类分布式系统。例如，Xiong 等人[159] 提出了一种基于最优定价的边缘计算框架，使用移动区块链技术管理分布式资源。定价方案有两种：统一定价，即对所有的矿商实行固定价格；差别定价，即对不同的矿商实行不同的价格。

11.4.3　人机物融合安全可信群智计算架构

为了帮助人机物融合群智计算生态系统保持其整体稳定和效率，亟须开发一种安全可信的分布式架构以实现数据、资金和资产在各要素之间顺畅、无中介地流动。综合以上研究进展，本节提出了一个人机物融合安全可信群智计算的参考系统架构，利用人机物各要素数据为上层应用场景构建分布式模型，并保证系统的可用性、安全性以及可信度。该系统架构由三个主要部分组成：**人机物群智应用**、**群智区块链**和**人机物群智能体**。人机物融合安全可信群智计算架构如图 11.23 所示。

1. 人机物群智应用场景

将各类复杂应用的数据获取和模型预测阶段抽象为构建一个分布式群智能体学习模型。该系统由三个主要部分组成：需求发起者、参与者和区块链系统。具体应用作为需求发起者，人机物多个要素作为参与者。当需求发起者提出联邦学习的请求时，符合要求或拥有所需设备的人机物要素可以申请参与计算任务。通过区块链实现的去中心化系统将记录任务的进度。

为了消除参与者由于数据可能包含个体隐私而不愿意将数据用于构建模型的顾虑，需求发起者可以使用金币奖励与声誉结合的激励机制。金币奖励可用于换取制造商提供的服务，包括设备维护和升级。声誉则与参与下一个任务的机会和获得的金币奖励相关，并且需求和出价以及信誉状态也由区块链记录以保证安全和不可篡改性，有效避免了可信中心可能引起的单点故障。

2. 群智区块链

通过使用区块链，系统可以永久存储模型。人机物可以将其在本地训练的模型上传到区块链。矿工负责确认事务并计算平均模型参数。如果参与者将其本地训练的模型上传到区块链，矿工将验证上传的模型签名是否有效，并确认交易。在所有参与者上传训练过的模型后，矿工下载模型并开始计算平均模型参数。其中一个矿工被选为领导者，将最终的模型上传到区块链。

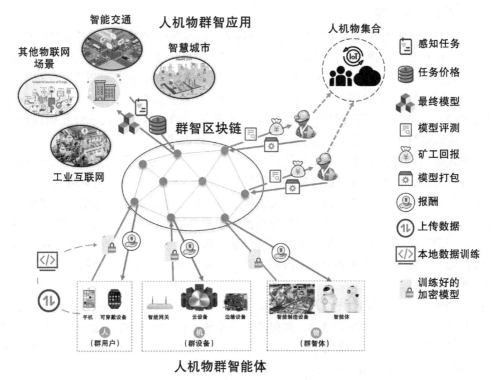

图 11.23　人机物融合安全可信群智计算参考架构

1）矿工验证上传的文件：当参与者试图上传模型到区块链时，矿工检查上传文件的签名。如果签名有效，则矿工确认文件来自合法的参与者，并将事务放入事务池中。如果签名无效，则矿工应该拒绝该事务，因为对手可能使用公钥加密伪造模型并将其上传到区块链来攻击联邦学习模型。

2）选定的矿工更新模型：矿工还负责计算上传的模型参数的平均值，得到联邦学习模型。我们假设每个矿工都有一个程序来获得正确的平均参数。矿工们竞相更新参数以获得奖励。系统使用矿工的信誉值和硬币数量作为一种局部和非交互的方式来选择一部分用户作为领先的候选人，并确定他们的优先级。具有最高优先级的候选人将成为更新模型参数的领导者。被选中的领导者负责更新模型参数，并将最终模型上传到区块链。

3）区块链网络中的节点：区块链网络中的节点由人机物要素组成，如设备、传感器、机器和服务器等。这些设备通过网关和路由器进行感知、通信和处理数据。网络中使用网关连接设备提供到网络设备的连接性，并促进了其他功能，如安全性、数据收集和数据管理。矿工节点使用不同的共识机制或协议对事务和数据交换进行认证和验证。常用的共识协议包括工作证明、权益证明和委托权益证明。也可以利用智能合约协议来授权设备并检查这些设备的操作是否超出其限制。智能合约协议在各种智能设备与分布式网络之间提供了一个安全的通信平台。

3. 人机物群智能体

满足数据需求的人机物要素可以申请参与任务。根据奖励机制，参与者可以根据自己的贡献获得金币和相应的声誉。由于群用户、群设备和群智能体具有不同的存储和计算能力，因此，很难使每一个物联网设备训练深度模型。为了解决这个问题，可以采用文献 [160] 中提出的分层深度模型训练方法。具体来说，参与者首先收集所有设备数据并初步提取特征。为了保护隐私，可以使用数据切片技术、数据扰乱技术和数据加密技术对数据进行加密。然后用户可以继续在本地或者移动边缘计算服务器上训练模型。

在该人机物群智融合计算隐私信任架构中，对于激励机制，采用物质激励与非物质激励相结合的方法，使用金币和信誉值面向不同角色，解决了人机物中资源分配的问题；对于信任计算，使用基于区块链的声誉系统保证了系统的可靠性，同时基于区块链的存储也大大降低了在以往分布式信任计算中对信任值产生恶意篡改的风险，进一步保障了系统的安全；对于隐私保护，差分隐私和噪声加密保证了区块链数据采集阶段和交互阶段以及通信阶段的隐私，联邦学习和密钥加密保证了算法模型隐私，并且区块链的安全控制也保证了整个系统的隐私。

但是仍然存在一些问题，如人机物之间的协作激励和内在动机的激发。由于人机物背景下设备的异质性与任务的多样性，如何建立一个统一的信任机制，能够对多任务下多设备的信任进行独立计算与存储仍是一个难题。另外，由于人机物设备的差异，如何分别对各要素的隐私进行保护也值得考虑。

11.5   本章总结和展望

1. 总结

针对人机物融合计算中用户参与性低、隐私威胁、设备异构性、易遭受恶意攻击等挑战，11.1 节介绍的**激励机制是一种关键的解决方案**，针对人机物融合感知的异构要素有机协同问题，基于群体智能研究的启发，通过多智能体竞争合作的方式来提供支撑。具体地，笔者借鉴已有研究工作中的一些可用规则，用于支撑多智能体之间的沟通协作机制，提高人机物融合计算效率。11.2 节介绍了不同元素的隐私保护机制，**为人机物融合计算提供保障**。其中，重点关注起源于典型隐私保护方法的新型算法在人机物群智背景下的前沿技术，并针对典型场景进行详细介绍。11.3 节从已有的同质 / 异质网络中的信任计算相关研究出发，为人机物融合计算背景下的信任计算提供新的问题求解视角，**保障人机物融合计算的高效协作与可靠性**。11.4 提出了基于区块链的人机物群智融合计算安全信任架构，以作为综合性解决群智激励、隐私和信任等问题的启发和参考。

2. 展望

随着人机物融合计算系统的不断发展和应用领域的拓展，满足多种大规模感知和计算需求，并提供高质量、可靠的数据服务成为必需。其中，如何保证参与者的积极性、数据的有效性以及智能体的安全可信仍面临诸多挑战。

首先，建立异构混合的激励机制。目前，大部分激励机制考虑更多的是通过某种理性化的策略来激励用户进行特定的行为活动，但是人机物融合中的多元素要求我们必须建立异构混合激励，多种激励方式的混合能够弥补不同机制的不足，落实多要素的统一集中式目标和分布式目标，会起到更好的激励作用。目前的研究主要集中在个体的、外在的、积极的激励机制，内在的、集体的、消极的策略也是值得研究的。

其次，更完善的隐私安全保护机制。随着人机物融合的不断深入，隐私安全也更加重要。尤其是对于特殊应用场景来说，参与信息收集而存在的隐私泄露风险极大地影响着用户参与感知任务的积极性和设备的安全性。同时，用户的设备和提交的数据都存在被恶意利用的风险。所以，在人机物融合的未来研究中，隐私安全是一个重要方向，将隐私安全与人机物融合群智计算中的激励机制相结合需要更多的研究工作。

最后，寻找创新的社会信任度量并将其用于信任计算。如何将社会信任和服务信任有效结合仍然是一个有待解决的问题。同时，当存在多个不同的信任指标，想要将多个信任指标合并为一个总体信任指标时，信任的整合方法的水平较低，还需探讨更有效的信任整合方法。

习题

1. 群智计算系统为什么需要激励机制？人机物融合背景下的多异构要素为激励机制提出了哪些新的要求？
2. 请简述激励机制如何在联邦学习中发挥作用？
3. 请挑选一个人机物融合场景并为其设计激励机制。
4. 人机物融合系统中存在哪些信任问题？人机物融合背景下的信任计算和一般的信任计算有何不同？
5. 在群智感知场景中，真相发现用于解决什么问题？它的问题解决步骤是什么？
6. 可靠联邦学习解决什么问题？它的过程是什么？
7. 请简述人和设备间的信任评估的维度并举例说明。
8. 在有智能体不断动态加入和退出的系统中，如何建立相对稳定的信任计算机制？
9. 将现有的信任计算迁移到人机物融合背景下，有哪些仍需要进一步探索的方向？
10. 人机物融合系统中的隐私问题包括哪几个方面？人机物融合背景下的隐私保护和一般的隐私保护有何不同？
11. 请简述各种隐私保护技术的优缺点以及在人机物群智感知中适合的场景（如加密、匿名、差分隐私）。
12. 如 11.2.1 节所述，DLG 模型可以从梯度信息中推导出训练数据，请尝试利用此方法进行数据的推断（参考 https://github.com/mit-han-lab/dlg）。
13. 智能物流是一个典型的人机物融合系统。智能物流利用条形码、射频识别技术、传感器、全球定位系统等先进的物联网技术，通过信息处理和网络通信技术平台广泛应用于物流业运输、仓储、配送、包装、装卸等基本活动环节，实现货物运输过程的自动化运作和高效率优化管理。请分析在智能物流中可能存在的隐私问题，并尝试为其提供一套隐私解决方案。

14. 什么是区块链？区块链如何为人机物融合群智计算提供激励机制、信任计算和隐私保护支撑？

15. 请简述人机物融合计算系统中的安全可信计算架构各模块的组成及作用。对于构建未来人机物安全可信计算架构，你还有什么新的建议和想法？

参考文献

[1] BRABHAM D C. Crowdsourcing[M]. Cambridge: MIT Press, 2013.

[2] ZHANG X, YANG Z, SUN W, et al. Incentives for mobile crowd sensing: a survey[J]. IEEE Communications Surveys & Tutorials, 2015, 18(1): 54-67.

[3] LUO T, DAS S K, TAN H P, et al. Incentive mechanism design for crowdsourcing: an all-pay auction approach[J]. ACM Transactions on Intelligent Systems and Technology, 2016, 7(3):1-26.

[4] DIMITRIOU T, KRONTIRIS I. Privacy-respecting auctions and rewarding mechanisms in mobile crowd-sensing applications[J]. Journal of Network and Computer Applications, 2017(10):24-34.

[5] YANG D, FANG X, XUE G. Truthful incentive mechanisms for k-anonymity location privacy[C]// Proceeding IEEE INFOCOM, 2013.

[6] GAO L, HOU F, HUANG J. Providing long-term participation incentive in participatory sensing[C]// IEEE Conference on Computer Communications(INFOCOM), 2015.

[7] FENG Z, ZHU Y, ZHANG Q, et al. TRAC: truthful auction for location-aware collaborative sensing in mobile crowdsourcing[C]//Proceedings of the 2014 IEEE INFOCOM, 2014:1231-1239.

[8] LEE J S, HOH B. Sell your experiences: a market mechanism based incentive for participatory sensing[C]//2010 IEEE International Conference on Pervasive Computing and Communications (PerCom). IEEE, 2010: 60-68.

[9] GANTI R K, YE F, LEI H. Mobile crowdsensing: current state and future challenges[J]. IEEE communications Magazine, 2011, 49(11): 32-39.

[10] JIN H, SU L, NAHRSTEDT K. CENTURION: Incentivizing multi-requester mobile crowd sensing[C]// IEEE INFOCOM 2017-IEEE Conference on Computer Communications. IEEE, 2017: 1-9.

[11] MINDER P, SEUKEN S, BERNSTEIN A. et al. Crowdmanager-combinatorial allocation and pricing of crowdsourcing tasks with time constraints[C]// Workshop on Social Computing and User Generated Content in conjunction with ACM Conference on Electronic Commerce, 2012.

[12] DAI W, WANG Y, JIN Q, et al. Geo-QTI: a quality aware truthful incentive mechanism for cyber-physical enabled geographic crowdsensing[J]. Future Generation Computer Systems, 2017, 79:447-459.

[13] SAILER M, HENSE J U, MAYR S K, et al. How gamification motivates: an experimental study of the effects of specific game design elements on psychological need satisfaction[J]. Computers in Human Behavior, 2017, 69:371-380.

[14] FOTH M, FORLANO L, SATCHELL C, et al. From social butterfly to engaged citizen: urban informatics, social media, ubiquitous computing, and mobile technology to support citizen engagement[M]. Cambridge: MIT Press, 2011.

[15] DISSANAYAKE I, MEHTA N, PALVIA P, et al. Competition matters! self-efficacy, effort, and performance in crowdsourcing teams[J]. Information & management, 2019, 56(8): 103158.

[16] IFINEDO P. Applying uses and gratifications theory and social influence processes to understand students' pervasive adoption of social networking sites: perspectives from the Americas[J]. International Journal of Information Management, 2016, 36(2): 192-206.

[17] LIN H, FAN W, CHAU P Y K. Determinants of users' continuance of social networking sites: a self-regulation perspective[J]. Information & Management,2014,51:595-603.

[18] DE SOUSA BORGES S, DURELLI V H S, Reis H M, et al. A systematic mapping on gamification applied to education[C]//Proceedings of the 29th Annual ACM Symposium on Applied Computing, 2014: 216-222.

[19] BRITO J, VIEIRA V, DURAN A. Towards a framework for gamification design on crowdsourcing systems: the G.A.M.E. approach[C]//International Conference on Information Technology-new Generations,2015.

[20] BUTLER B S. Membership size, communication activity, and sustainability: A resource-based model of online social structures[J]. Information Systems Research, 2001, 12(4): 346-362.

[21] YANG G, HE S, SHI Z, et al. Promoting cooperation by the social incentive mechanism in mobile crowdsensing[J]. IEEE Communications Magazine, 2017, 55(3): 86-92.

[22] JAIMES L G, VERGARA-LAURENS I J, RAIJ A. A survey of incentive techniques for mobile crowd sensing[J]. IEEE Internet of Things Journal, 2015, 2(5): 370-380.

[23] DELFGAAUW J, DUR R, ONEMU O, et al. Team incentives, social cohesion, and performance: a natural field experiment[J]. Management Science, 2021.

[24] CHUI M, MANYIKA J, MIREMADI M. Where machines could replace humans—and where they can't (yet)[J]. McKinsey Quarterly, 2016, 30(2): 1-9.

[25] MA R T B, LEE S C M, LUI J C S, et al. Incentive and service differentiation in P2P networks: a game theoretic approach[J]. IEEE/ACM Transactions on Networking, 2006, 14(5): 978-991.

[26] HSIEH T Y, CHAUDHURY B, CROSS E S. Human-robot cooperation in prisoner dilemma games: people behave more reciprocally than prosocially toward robots[C]//Companion of the 2020 ACM/ IEEE International Conference on Human-Robot Interaction, 2020: 257-259.

[27] YANG D, XUE G, FANG X, et al. Crowdsourcing to smartphones: incentive mechanism design for mobile phone sensing[C]//Proceedings of the 18th Annual International Conference on Mobile Computing and Networking, 2012: 173-184.

[28] OBREITER P, NIMIS J. A taxonomy of incentive patterns[C]//International Workshop on Agents and P2P Computing. Springer, Berlin, Heidelberg, 2003: 89-100.

[29] WANG Z, TAN R, HU J, et al. Heterogeneous incentive mechanism for time-sensitive and location-dependent crowdsensing networks with random arrivals[J]. Computer Networks, 2018, 131: 96-109.

[30] LOWE R, WU Y I, TAMAR A, et al. Multi-agent actor-critic for mixed cooperative-competitive environments[C]//Advances in Neural Information Processing Systems, 2017: 6379-6390.

[31] GUO B, CHEN C, YU Z, et al. Building human-machine intelligence in mobile crowd sensing[J]. IT Professional, 2015, 17(3): 46-52.

[32] WANG S, WAN J, ZHANG D, et al. Towards smart factory for industry 4.0: a self-organized multi-agent

system with big data based feedback and coordination[J]. Computer Networks, 2016, 101: 158-168.

[33] WON D O, MÜLLER K R, LEE S W. An adaptive deep reinforcement learning framework enables curling robots with human-like performance in real-world conditions[J]. Science Robotics, 2020, 5(46).

[34] NING H, SHI F. Could robots be regarded as humans in future?[J]. arXiv preprint arXiv:2012.05054, 2020.

[35] HESTER T, STONE P. Intrinsically motivated model learning for developing curious robots[J]. Artificial Intelligence, 2017, 247: 170-186.

[36] JAQUES N, LAZARIDOU A, HUGHES E, et al. Social influence as intrinsic motivation for multi-agent deep reinforcement learning[C]//International Conference on Machine Learning. PMLR, 2019: 3040-3049.

[37] ZHAN Y, LI P, QU Z, et al. A learning-based incentive mechanism for federated learning[J]. IEEE Internet of Things Journal, 2020, 7(7): 6360-6368.

[38] KHAN L U, PANDEY S R, TRAN N H, et al. Federated learning for edge networks: Resource optimization and incentive mechanism[J]. IEEE Communications Magazine, 2020, 58(10): 88-93.

[39] LIM W Y B, NG J S, XIONG Z, et al. Incentive mechanism design for resource sharing in collaborative edge learning[J]. arXiv preprint arXiv:2006.00511, 2020.

[40] KADOTA I, UYSAL-BIYIKOGLU E, SINGH R, et al. Minimizing the age of information in broadcast wireless networks[C]//2016 54th Annual Allerton Conference on Communication, Control, and Computing. IEEE, 2016: 844-851.

[41] ZHANG Y, XIONG Z, NIYATO D, et al. Information trading in internet of things for smart cities: a market-oriented analysis[J]. IEEE Network, 2020, 34(1): 122-129.

[42] MCDANIEL P, MCLAUGHLIN S. Security and privacy challenges in the smart grid[J]. IEEE Security & Privacy, 2009, 7(3): 75-77.

[43] XIAO Z, XIAO Y. Security and privacy in cloud computing[J]. IEEE communications Surveys & Tutorials, 2012, 15(2): 843-859.

[44] NARAYANAN A, SHMATIKOV V. Robust de-anonymization of large sparse datasets[C]//2008 IEEE Symposium on Security and Privacy. IEEE, 2008: 111-125.

[45] OREKONDY T, SCHIELE B, FRITZ M. Prediction poisoning: Towards defenses against dnn model stealing attacks[J]. arXiv preprint arXiv:1906.10908, 2019.

[46] TRAMÈR F, ZHANG F, JUELS A, et al. Stealing machine learning models via prediction apis[C]//25th {USENIX} Security Symposium ({USENIX} Security 16), 2016: 601-618.

[47] WANG B, GONG N Z. Stealing hyperparameters in machine learning[C]//2018 IEEE Symposium on Security and Privacy (SP). IEEE, 2018: 36-52.

[48] SHOKRI R, STRONATI M, SONG C, et al. Membership inference attacks against machine learning models[C]//2017 IEEE Symposium on Security and Privacy, 2017: 3-18.

[49] HITAJ B, ATENIESE G, PEREZ-CRUZ F. Deep models under the GAN: information leakage from collaborative deep learning[C]//Proceedings of the 2017 ACM SIGSAC Conference on Computer and Communications Security, 2017: 603-618.

[50] MELIS L, SONG C, DE CRISTOFARO E, et al. Exploiting unintended feature leakage in collaborative learning[C]//2019 IEEE Symposium on Security and Privacy (SP). IEEE, 2019: 691-706.

[51] ZHU L, Liu Z, HAN S. Deep leakage from gradients[C]//Advances in Neural Information

Processing Systems, 2019: 14774-14784.

[52] WANG Z, SONG M, ZHANG Z, et al. Beyond inferring class representatives: User-level privacy leakage from federated learning[C]//IEEE INFOCOM 2019-IEEE Conference on Computer Communications. IEEE, 2019: 2512-2520.

[53] DURR F, SKVORTSOV P, ROTHERMEL K. Position sharing for location privacy in nontrusted systems [C]// Proceedings of the IEEE International Conference on Pervasive Computing & Communications, Seattle, WA, USA, 21-25 March, 2011, IEEE:189-196.

[54] BOUKOROS S, HUMBERT M, KATZENBEISSER S, et al. Why johnny can't develop mobile crowdsourcing applications with location privacy[J]. arXiv preprint arXiv:1901.04923, 2019: 1-18.

[55] KRONTIRIS I, DIMITRIOU T. Privacy-respecting discovery of data providers in crowdsensing applications [C]// Proceedings of the IEEE International Conference on Distributed Computing in Sensor Systems, Cambridge, MA, USA, 20-23 May, 2013, IEEE: 249-257.

[56] REED M, SYVERSON P, GOLDSCHLAG D. Anonymous connections and onion routing [J]. IEEE Journal on Selected Areas in Communications, 1998, 16(4): 482-494.

[57] DINGLEDINE R, MATHEWSON N, SYVERSON P. Tor: the second-generation onion router[R]. Naval Research Lab Washington DC, 2004.

[58] CHRISTIN D, ROßKOPF C, HOLLICK M, et al. Incognisense: an anonymity-preserving reputation framework for participatory sensing applications[J]. Pervasive and mobile Computing, 2013, 9(3): 353-371.

[59] WU S, WANG X, WANG S, et al. K-anonymity for crowdsourcing database[J]. IEEE Transactions on Knowledge and Data Engineering, 2013, 26(9): 2207-2221.

[60] SHIN M, CORNELIUS C, PEEBLES D, et al. AnonySense: a system for anonymous opportunistic sensing[J]. Pervasive and Mobile Computing, 2011, 7(1): 16-30.

[61] ZHANG L, WANG X, LU J, et al. An efficient privacy preserving data aggregation approach for mobile sensing[J]. Security and Communication Networks, 2016, 9(16): 3844-3853.

[62] DE CRISTOFARO E, SORIENTE C. Extended capabilities for a privacy-enhanced participatory sensing infrastructure [J]. IEEE Transactions on Information Forensics and Security, 2013, 8(12): 2021-2033.

[63] HALE M, EGERSTEDT M. Cloud-enabled multi-agent optimization with constraints and differentially private states[J]. arxiv. org/abs/1507.04371, 2015.

[64] HAN S, TOPCU U, PAPPAS G J. Differentially private distributed constrained optimization[J]. IEEE Transactions on Automatic Control, 2016, 62(1): 50-64.

[65] KATEWA V, PASQUALETTI F, GUPTA V. On privacy vs. cooperation in multi-agent systems[J]. International Journal of Control, 2018, 91(7): 1693-1707.

[66] BALASARASWATHI V R, MANIKANDAN S. Enhanced security for multi-cloud storage using cryptographic data splitting with dynamic approach[C]//2014 IEEE International Conference on Advanced Communications, Control and Computing Technologies. IEEE, 2014: 1190-1194.

[67] ERLINGSSON Ú, PIHUR V, KOROLOVA A. Rappor: randomized aggregatable privacy-preserving ordinal response[C]//Proceedings of the 2014 ACM SIGSAC conference on computer and communications security. 2014: 1054-1067.

[68] KHAVKIN M, LAST M. Preserving differential privacy and utility of non-stationary data streams[C]//2018

IEEE International Conference on Data Mining Workshops (ICDMW). IEEE, 2018: 29-34.

[69] KONEČNÝ J, MCMAHAN H B, YU F X, et al. Federated learning: Strategies for improving communication efficiency[J]. arXiv preprint arXiv:1610.05492, 2016.

[70] SHOKRI R, STRONATI M, SONG C Z, et al. Membership inference attacks against machine learning models[C]// 2017 IEEE Symposium on Security and Privacy, 2017: 3-18.

[71] SALEM A, ZHANG Y, HUMBERT M, et al. Ml-leaks: model and data independent membership inference attacks and defenses on machine learning models[C]// 26th Annual Network and Distributed System Security Symposium, 2019: 24-27.

[72] BEAULIEU-JONES B K, WU Z S, WILLIAMS C, et al. Privacy-preserving generative deep neural networks support clinical data sharing. [J]. bioRxiv, 2017.

[73] JUUTI M, SZYLLER S, MARCHAL S, et al. PRADA: protecting against DNN model stealing attacks[C]//2019 IEEE European Symposium on Security and Privacy (EuroS&P). IEEE, 2019: 512-527.

[74] HE Y, MENG G, CHEN K, et al. Towards security threats of deep learning systems: a survey[J]. arXiv preprint arXiv:1911.12562, 2019.

[75] BONAWITZ K, IVANOV V, KREUTER B, et al. Practical secure aggregation for privacy-preserving machine learning[C]//Proceedings of the 2017 ACM SIGSAC Conference on Computer and Communications Security, 2017: 1175-1191.

[76] AONO Y, HAYASHI T, WANG L, et al. Privacy-preserving deep learning via additively homomorphic encryption[J]. IEEE Transactions on Information Forensics and Security, 2017, 13(5): 1333-1345.

[77] WEI K, LI J, DING M, et al. Federated learning with differential privacy: algorithms and performance analysis[J]. IEEE Transactions on Information Forensics and Security, 2020, 15: 3454-3469.

[78] MCMAHAN H B, RAMAGE D, TALWAR K, et al. Learning differentially private recurrent language models[J]. arXiv preprint arXiv:1710.06963, 2017.

[79] LIN Y J, HAN S, MAO H Z, et al. Deep gradient compression: reducing the communication bandwidth for distributed training[J]. arXiv preprint arXiv:1712.01887, 2017.

[80] ONO H, TAKAHASHI T. Locally private distributed reinforcement learning[J]. arXiv preprint arXiv:2001.11718, 2020.

[81] QU C, MANNOR S, XU H, et al. Value propagation for decentralized networked deep multi-agent reinforcement learning[C]//Advances in Neural Information Processing Systems, 2019: 1184-1193.

[82] ZHANG K, NI J, YANG K, et al. Security and privacy in smart city applications: Challenges and solutions[J]. IEEE Communications Magazine, 2017, 55(1): 122-129.

[83] NI J, LIN X, ZHANG K, et al. Privacy-preserving real-time navigation system using vehicular crowdsourcing[C]//2016 IEEE 84th Vehicular Technology Conference (VTC-Fall). IEEE, 2016: 1-5.

[84] POINTCHEVAL D, SANDERS O. Short randomizable signatures[C]//Cryptographers' Track at the RSA Conference. Springer, Cham, 2016: 111-126.

[85] GUAN Z, SI G, ZHANG X, et al. Privacy-preserving and efficient aggregation based on blockchain for power grid communications in smart communities[J]. IEEE Communications Magazine, 2018, 56(7): 82-88.

[86] DORRI A, KANHERE S S, JURDAK R, et al. Blockchain for IoT security and privacy: The case study of a smart home[C]//2017 IEEE international conference on pervasive computing and communications workshops (PerCom workshops). IEEE, 2017: 618-623.

[87]　HUANG K L, KANHERE S S, HU W. Are you contributing trustworthy data? The case for a reputation system in participatory sensing[C]//Proceedings of the 13th ACM international conference on Modeling, analysis, and simulation of wireless and mobile systems (MSWIM '10), 2010: 14-22.

[88]　GILBERT P, COX L P, JUNG J, et al. Toward trustworthy mobile sensing[C]//Proceedings of the Eleventh Workshop on Mobile Computing Systems & Applications (HotMobile '10), 2010: 31-36.

[89]　WU C, LUO T, WU F, et al. EndorTrust: an endorsement-based reputation system for trustworthy and heterogeneous crowdsourcing[C]//2015 IEEE Global Communications Conference (GLOBECOM'15). IEEE, 2015: 1-6.

[90]　YE B, WANG Y, LIU L. Crowd trust: a context-aware trust model for worker selection in crowdsourcing environments[C]//2015 IEEE International Conference on Web Services (ICWS'15). IEEE, 2015: 121-128.

[91]　MIAO C, JIANG W, SU L, et al. Cloud-enabled privacy-preserving truth discovery in crowd sensing systems[C]//Proceedings of the 13th ACM Conference on Embedded Networked Sensor Systems (SenSys '15), 2015: 183-196.

[92]　ZHENG Y, DUAN H, YUAN X, et al. Privacy-aware and efficient mobile crowdsensing with truth discovery[J]. IEEE Transactions on Dependable and Secure Computing, 2017, 17(1): 121-133.

[93]　MENG C, JIANG W, LI Y, et al. Truth discovery on crowd sensing of correlated entities[C]//Proceedings of the 13th ACM Conference on Embedded Networked Sensor Systems (SenSys '15), 2015: 169-182.

[94]　KANG J, XIONG Z, NIYATO D, et al. Reliable federated learning for mobile networks[J]. IEEE Wireless Communications, 2020, 27(2): 72-80.

[95]　SHAYAN M, FUNG C, YOON C J M, et al. Biscotti: a ledger for private and secure peer-to-peer machine learning[J]. arXiv preprint arXiv:1811.09904, 2018.

[96]　FUNG C, YOON C J M, BESCHASTNIKH I. Mitigating sybils in federated learning poisoning[J]. arXiv preprint arXiv:1808.04866, 2018.

[97]　KANG J, XIONG Z, NIYATO D, et al. Incentive mechanism for reliable federated learning: a joint optimization approach to combining reputation and contract theory[J]. IEEE Internet of Things Journal, 2019, 6(6): 10700-10714.

[98]　REHMAN M H, SALAH K, DAMIANI E, et al. Towards blockchain-based reputation-aware federated learning[C]//IEEE INFOCOM 2020-IEEE Conference on Computer Communications Workshops (INFOCOM WKSHPS'20). IEEE, 2020: 183-188.

[99]　LEE J D, SEE K A. Trust in automation: Designing for appropriate reliance[J]. Human Factors, 2004, 46(1): 50-80.

[100]　XU A, DUDEK G. Optimo: Online probabilistic trust inference model for asymmetric human-robot collaborations[C]//2015 10th ACM/IEEE International Conference on Human-Robot Interaction (HRI'15). IEEE, 2015: 221-228.

[101]　XU A, DUDEK G. Maintaining efficient collaboration with trust-seeking robots[C]//2016 IEEE/ RSJ International Conference on Intelligent Robots and Systems (IROS'16). IEEE, 2016: 3312-3319.

[102]　LIU R, JIA F, LUO W, et al. Trust-Aware Behavior Reflection for Robot Swarm Self-Healing[C]// 2019 International Conference on Autonomous Agents and Multiagent Systems (AAMAS'19), 2019: 122-130.

[103]　SAEIDI H, MCLANE F, SADRFAIDPOUR B, et al. Trust-based mixed-initiative teleoperation of

mobile robots[C]//2016 American Control Conference (ACC'16). IEEE, 2016: 6177-6182.

[104] WANG N, PYNADATH D V, HILL S G. Trust calibration within a human-robot team: Comparing automatically generated explanations[C]//2016 11th ACM/IEEE International Conference on Human-Robot Interaction (HRI'16). IEEE, 2016: 109-116.

[105] DESAI M, KANIARASU P, MEDVEDEV M, et al. Impact of robot failures and feedback on real-time trust[C]//2013 8th ACM/IEEE International Conference on Human-Robot Interaction (HRI'13). IEEE, 2013: 251-258.

[106] BAINBRIDGE W A, HART J, KIM E S, et al. The effect of presence on human-robot interaction[C]// The 17th IEEE International Symposium on Robot and Human Interactive Communication (RO-MAN'08). IEEE, 2008: 701-706.

[107] NASS C, LEE K M. Does computer-synthesized speech manifest personality? Experimental tests of recognition, similarity-attraction, and consistency-attraction[J]. Journal of Experimental Psychology: Applied, 2001, 7(3): 171.

[108] HANCOCK P A, BILLINGS D R, SCHAEFER K E, et al. A meta-analysis of factors affecting trust in human-robot interaction[J]. Human Factors, 2011, 53(5): 517-527.

[109] EDMONDSON A C, KRAMER R M, COOK K S. Psychological safety, trust, and learning in organizations: A group-level lens[J]. Trust and Distrust in Organizations: Dilemmas and Approaches, 2004, 12: 239-272.

[110] WHEELESS L R. A follow - up study of the relationships among trust, disclosure, and interpersonal solidarity[J]. Human Communication Research, 1978, 4(2): 143-157.

[111] COZBY P C. Self-disclosure: a literature review[J]. Psychological Bulletin, 1973, 79(2): 73.

[112] STROHKORB S S, TRAEGER M, JUNG M, et al. The ripple effects of vulnerability: The effects of a robot's vulnerable behavior on trust in human-robot teams[C]//Proceedings of the 2018 ACM/IEEE International Conference on Human-Robot Interaction (HRI '18), 2018: 178-186.

[113] SABATER J, SIERRA C. Reputation and social network analysis in multi-agent systems[C]// Proceedings of the First International Joint Conference on Autonomous Agents and Multiagent Systems: Part 1 (AAMAS'02). 2002: 475-482.

[114] WHITBY A, JØSANG A, INDULSKA J. Filtering out unfair ratings in bayesian reputation systems[C]// Proc. 7th Int. Workshop on Trust in Agent Societies, 2004, 6: 106-117.

[115] LIU S, ZHANG J, MIAO C, et al. iCLUB: An integrated clustering-based approach to improve the robustness of reputation systems[C]//The 10th International Conference on Autonomous Agents and Multiagent Systems-Volume (AAMAS'11) 3, 2011: 1151-1152.

[116] YU H, LIU S, KOT A C, et al. Dynamic witness selection for trustworthy distributed cooperative sensing in cognitive radio networks[C]//2011 IEEE 13th International Conference on Communication Technology (ICCT'11). IEEE, 2011: 1-6.

[117] WENG J, SHEN Z, MIAO C, et al. Credibility: how agents can handle unfair third-party testimonies in computational trust models[J]. IEEE Transactions on Knowledge and Data Engineering, 2009, 22(9): 1286-1298.

[118] MUI L, MOHTASHEMI M, HALBERSTADT A. A computational model of trust and reputation[C]// Proceedings of the 35th Annual Hawaii International Conference on System Sciences (HICSS'02).

IEEE, 2002: 2431-2439.

[119] FULLAM K K, BARBER K S. Dynamically learning sources of trust information: experience vs. reputation[C]//Proceedings of the 6th International Joint Conference on Autonomous Agents and Multiagent Systems (AAMAS '07). 2007: 1-8.

[120] TEACY W , CHALKIADAKIS G , ROGERS A , et al. Sequential decision making with untrustworthy service providers[C]//7th International Joint Conference on Autonomous Agents and Multiagent Systems (AAMAS'08), Estoril, Portugal, May 12-16, 2008, Volume 2. International Foundation for Autonomous Agents and Multiagent Systems, 2008.

[121] HOOGENDOORN M, JAFFRY S W, TREUR J. Exploration and exploitation in adaptive trust-based decision making in dynamic environments[C]//2010 IEEE/WIC/ACM International Conference on Web Intelligence and Intelligent Agent Technology (WIC'10). IEEE, 2010, 2: 256-260.

[122] BURNETT C, NORMAN T J, SYCARA K. Trust decision-making in multi-agent systems[C]// Twenty-Second International Joint Conference on Artificial Intelligence ((IJCAI)'11), 2011.

[123] SINGH S K, RATHORE S, PARK J H. Blockiotintelligence: a blockchain-enabled intelligent IoT architecture with artificial intelligence[J]. Future Generation Computer Systems, 2020, 110: 721-743.

[124] Du Mingxiao , MA Xiaofeng ZHANG, Zhe , et al. A review on consensus algorithm of blockchain[C]// 2017 IEEE International Conference on Systems, Man, and Cybernetics (SMC). IEEE, 2017: 2567-2572.

[125] ZHAO Y, ZHAO J, JIANG L, et al. Mobile edge computing, blockchain and reputation-based crowdsourcing iot federated learning: a secure, decentralized and privacy-preserving system[J]. arXiv preprint arXiv:1906.10893, 2019.

[126] MACRINICI D, CARTOFEANU C, GAO S. Smart contract applications within blockchain technology: a systematic mapping study[J]. Telematics and Informatics, 2018, 35(8): 2337-2354.

[127] MA Y, SUN Y, LEI Y, et al. A survey of blockchain technology on security, privacy, and trust in crowdsourcing services[J]. World Wide Web, 2020, 23(1): 393-419.

[128] YAN Y, ZHAO J, WEN F, et al. Blockchain in energy systems: concept, application and prospect[J]. Electric Power Construction, 2017, 38(2): 12-20.

[129] ZHANG N, WANG Y, KANG C, et al. Blockchain technique in the energy internet: preliminary research framework and typical applications[J]. Proceedings of the CSEE, 2016, 36(15): 4011-4022.

[130] WU J, TRAN N K. Application of blockchain technology in sustainable energy systems: an overview[J]. Sustainability, 2018, 10(9): 3067.

[131] ZHANG N, WANG Y, KANG C, et al. Blockchain technique in the energy internet: preliminary research framework and typical applications[J]. Proceedings of the CSEE, 2016, 36(15): 4011-4022.

[132] LI M, WENG J, YANG A, et al. Crowdbc: A blockchain-based decentralized framework for crowdsourcing[J]. IEEE Transactions on Parallel and Distributed Systems, 2018, 30(6): 1251-1266.

[133] MOINET A, DARTIES B, BARIL J L. Blockchain based trust & authentication for decentralized sensor networks[J]. arXiv preprint arXiv:1706.01730, 2017.

[134] JAKOBSSON M, JUELS A. Proofs of work and bread pudding protocols[M]//Secure information networks. Springer, Boston, MA, 1999: 258-272.

[135] ZOU J, YE B, QU L, et al. A proof-of-trust consensus protocol for enhancing accountability in crowdsourcing services[J]. IEEE Transactions on Services Computing, 2018, 12(3): 429-445.

[136] RUFFING T, MORENO-SANCHEZ P, KATE A. Coinshuffle: practical decentralized coin mixing for bitcoin[C]//European Symposium on Research in Computer Security. Springer, Cham, 2014: 345-364.

[137] DUFFIELD E, DIAZ D. Dash: A privacycentric cryptocurrency[J]. 2015.

[138] GOLDWASSER S, MICALI S, RACKOFF C. The knowledge complexity of interactive proof systems[J]. SIAM Journal on computing, 1989, 18(1): 186-208.

[139] BITANSKY N, CANETTI R, CHIESA A, et al. From extractable collision resistance to succinct non-interactive arguments of knowledge, and back again[C]//Proceedings of the 3rd Innovations in Theoretical Computer Science Conference, 2012: 326-349.

[140] SASSON E B, CHIESA A, GARMAN C, et al. Zerocash: Decentralized anonymous payments from bitcoin[C]//2014 IEEE Symposium on Security and Privacy. IEEE, 2014: 459-474.

[141] SALAH K, REHMAN M H U, NIZAMUDDIN N, et al. Blockchain for AI: review and open research challenges[J]. IEEE Access, 2019, 7: 10127-10149.

[142] YUAN Y, WANG F Y. Towards blockchain-based intelligent transportation systems[C]//2016 IEEE 19th International Conference on Intelligent Transportation Systems (ITSC). IEEE, 2016: 2663-2668.

[143] BERNARDINI C, ASGHAR M R, CRISPO B. Security and privacy in vehicular communications: Challenges and opportunities[J]. Vehicular Communications, 2017, 10: 13-28..

[144] FERRER E C. The blockchain: a new framework for robotic swarm systems[C]//Proceedings of the future technologies conference. Springer, Cham, 2018: 1037-1058..

[145] ROWAN S, CLEAR M, GERLA M, et al. Securing vehicle to vehicle communications using blockchain through visible light and acoustic side-channels[J]. arXiv preprint arXiv:1704.02553, 2017.

[146] REYNA A, MARTÍN C, CHEN J, et al. On blockchain and its integration with IoT. challenges and opportunities[J]. Future Generation Computer Systems, 2018, 88: 173-190.

[147] CHRISTIDIS K, DEVETSIKIOTIS M. Blockchains and smart contracts for the Internet of things[J]. IEEE Access, 2016, 4: 2292-2303.

[148] ZHAO Y, ZHAO J, JIANG L, et al. Privacy-preserving blockchain-based federated learning for IoT devices[J]. IEEE Internet of Things Journal, 2020.

[149] HUH S, CHO S, KIM S. Managing IoT devices using blockchain platform[C]//2017 19th International Conference on Advanced Communication Technology (ICACT). IEEE, 2017: 464-467.

[150] GUNGOR V C, SAHIN D, KOCAK T, et al. Smart grid technologies: communication technologies and standards[J]. IEEE transactions on Industrial Informatics, 2011, 7(4): 529-539.

[151] KAUR D, AUJLA G S, KUMAR N, et al. Tensor-based big data management scheme for dimensionality reduction problem in smart grid systems: SDN perspective[J]. IEEE Transactions on Knowledge and Data Engineering, 2018, 30(10): 1985-1998.

[152] PECK M E, WAGMAN D. Energy trading for fun and profit buy your neighbor's rooftop solar power or sell your own-it'll all be on a blockchain[J]. IEEE Spectrum, 2017, 54(10): 56-61.

[153] AGGARWAL S, CHAUDHARY R, AUJLA G S, et al. Blockchain for smart communities: Applications, challenges and opportunities[J]. Journal of Network and Computer Applications, 2019, 144: 13-48.

[154] CHAUDHARY R, JINDAL A, AUJLA G S, et al. Lscsh: Lattice-based secure cryptosystem for smart healthcare in smart cities environment[J]. IEEE Communications Magazine, 2018, 56(4): 24-32.

[155] AUJLA G S, KUMAR N. MEnSuS: an efficient scheme for energy management with sustainability

of cloud data centers in edge–cloud environment[J]. Future Generation Computer Systems, 2018, 86: 1279-1300.

[156] AUJLA G S, KUMAR N, ZOMAYA A Y, et al. Optimal decision making for big data processing at edge-cloud environment: an SDN perspective[J]. IEEE Transactions on Industrial Informatics, 2017, 14(2): 778-789.

[157] GARG S, SINGH A, KAUR K, et al. Edge computing-based security framework for big data analytics in VANETs[J]. IEEE Network, 2019, 33(2): 72-81.

[158] AUJLA G S S, KUMAR N, GARG S, et al. EDCSuS: sustainable edge data centers as a service in SDN-enabled vehicular environment[J]. IEEE Transactions on Sustainable Computing, 2019.

[159] XIONG Z, FENG S, NIYATO D, et al. Optimal pricing-based edge computing resource management in mobile blockchain[C]//2018 IEEE International Conference on Communications (ICC). IEEE, 2018: 1-6.

[160] JIANG L, LOU X, TAN R, et al. Differentially private collaborative learning for the IoT edge[C]// EWSN, 2019: 341-346.

第12章

CrowdHMT 开放平台

在人机物融合计算的前沿趋势背景下，实现人、机、物异构智能体的连接、交互、协同感知计算，并构建具备自组织、自学习、自适应、持续演化的智能感知计算空间是下一代群体智能感知计算的方向。前面几章对于人机物融合计算空间中异构群智能体的自组织与自适应协同、分布式增强学习等相关研究进行了详述。然而，现有计算架构与系统平台受限于模式化的部署机制、集中式的学习与计算方式、异构化的设备与数据等弊端，难以适应人机物融合群智计算应用的发展需求。因此，探索通用的群智系统架构，使其可以包含通用的核心技术栈，并且能够通过调用或重构支持不同应用需求是至关重要的。

基于前述各章对人机物融合群智计算领域机理、模型及核心技术的探索和介绍，本章将介绍笔者团队基于十多年科学研究积累所研发的人机物融合群智计算系统开放平台CrowdHMT（http://www.crowdhmt.com），如图 12.1 所示。该平台旨在推动人机物融合群智计算系统的生态发展，并为更多研究者后续从事人机物融合群智计算这一新兴的研究领域提供启发和依据。CrowdHMT 的核心贡献包括以下几个方面：为研究人员在人机物融合场景中，提供通用的具备自适应、自增强的群智感知计算架构参考；对笔者在前期从事人机物融合群智计算前瞻性研究时的核心技术进行开源，并建立良好的开源讨论、协作开发和交流环境；提出"太易"分布式人机物链中间件的设计构想，期望为上层应用载体提供支持异构设备的分布式协同计算与协同演化工具。

图 12.1　CrowdHMT 首页

　　具体地，CrowdHMT 平台由三部分组成：**群智开放式系统架构**、**群智资源开放社区**以及**群智计算系统中间件**。首先，群智开放式系统架构旨在为研究人员提供通用的人机物融合群智计算架构参考，详细介绍所构建的通用系统架构的具体设计及功能。其次，群智资源开放社区旨在将笔者团队前期在人机物融合群智计算领域的前瞻性研究和技术积累，分为机理/学习/计算三个层次、六个核心模块进行开放共享。机理层包括群智协作增强机理，学习层包括群智能体分布式学习、群智能体知识迁移，计算层则包括边端协同深度计算、端自适应模型压缩、软硬协同嵌入智能，同时支持研究人员的下载及二次开发。最后，平台提出"太易"人机物链中间件的设计构想，希望通过持续开发和演进，最终实现并推出"太易"分布式人机物链中间件。在未来的部署中，群智计算系统中间件将针对传统用户端单设备系统环境多样、能力有限的问题，基于同一套系统软件服务，适配群智计算应用至多种终端形态，支持多种终端设备，为上层应用载体完成资源的调配及管控，实现人机物异构群智能体间的分布式资源共享、通信连接、协同感知、协同计算、分布式学习以及隐私保护等。

　　本章综合利用前述章节的机理、模型及核心技术，旨在遵循由机理、技术到系统实践的脉络逐步深入地展开研究。首先 12.1 节概述人机物融合群智计算平台的研究背景及需求，探索国内外包括麻省理工学院、谷歌、微软、华为、腾讯等多个校企机构部署的计算平台的发展现状，及构建人机物融合群智计算平台所面临的挑战。在此背景下，本书推出人机物融合群智计算系统开放平台 CrowdHMT，该平台为领域研究者提供一种通用的人机物融合群智计算平台架构参考，并详细介绍该通用系统架构中的六个层次，旨在为不同的智慧应用需求提供实现人、机、物协作互补的智慧空间（12.2 节）。针对人机物融合群智计算背景下的云边端设备计算异质、端设备资源受限等问题，本章分机理、学习、计算三个层次，对群智协作增强机理、群智能体分布式学习、群智能体知识迁移、边端协同深度计算、端自适应模型压缩、软硬协同嵌入智能共六个核心技术模块的前期研究积累和代码资源进行开放共享，并支持开发人员的二次开发与上传，旨在共同构建良好的人机物融合群智计算的开源讨论、交流环境，推动人机物融合群智计算生态的发展。更进一步，12.4 节中提出"太易"人机物链中间件的设计构想，旨在为分布式人机物异构智能体，构建协同计算、协同演化和人机混合的人机物融合智慧空间。最后，基于上述系统架构及核心技术模块，12.5 节对前期面向智能制造、智慧旅游、智能家居、智慧城市、智慧交通及军事智能六大国家重大需求及应用领域，设计并实现的原型系统进行介绍。

12.1　研究背景与需求

　　人机物融合群智计算是面向智能物联网与普适计算背景下的国际前沿发展方向，而现有计算架构与系统平台多受限于模式化的部署机制、集中式的计算方式及异构化的数据信息等弊端，难以适应人机物融合群智计算应用的发展需求。因此，构建具备自组织、自学习、自适应与持续演化能力的人机物融合群智计算系统成为未来重要的发展趋势。然而，构建人机物融合群智计算系统目前仍面临以下挑战。

1）在智能物联网背景下，人机物融合群智计算领域内的群智能体协同计算、群智能体分布式学习等众多方向受到了广泛关注。然而该领域内不同研究方向下的技术路线存在较大差异，智能体协同及分布式计算范式缺乏统一的定义。因此，目前迫切需要一个通用群智计算系统架构为相关领域的研究提供理论支持和统一指导，促进人机物融合群智计算领域的发展。

2）人机物融合群智计算作为新兴的研究方向，其核心技术与多个相关领域交叉关联，尚未形成成熟的研究生态。需要针对人机物融合背景中的不同研究技术路线提供相应的开源开放技术支持，构建良好的技术交流生态，提升领域开放创新活力。

3）面对人机物生态中异构、多元、跨空间且无序的多人、多机、多物特征，如何利用已有的技术资源和通信环境，实现异构群智能体间的自组织、自增强、自演化，为上层应用提供统一的分布式协同运行环境，成为一项重要挑战。因此，需要为研究人员及上层应用提供可演化的协同计算资源，促进人机物融合生态链的发展，进一步实现群智智慧增强。

为应对上述挑战，本章将阐述笔者团队自主研发的**人机物融合群智计算系统开放平台 CrowdHMT**，该平台由**群智开放系统架构构建**、**群智资源社区开放共享**、**群智计算系统中间件设计**三部分组成。下面先阐述人机物融合背景下群智计算平台所需满足的设计需求。

人机物融合群智计算系统应研究异构群智能体协同的基础理论，探索关键技术，推动群智智慧空间下人、机、物多要素的有机连接、协作与增强，从而构建具备自组织、自学习、自适应与持续演化能力的智慧空间。同时，系统应为领域内研究者开放可共享的研究资源，避免无效探索与盲目投入，吸引更多研究者与企业机构参与人机物融合群智计算生态的建设，促进智慧城市、智能制造、智能家居等国家重大需求下新模式、新业态的形成，最终建立成熟的人机物融合生态链。为实现上述目标，人机物融合群智计算平台应满足以下需求：

- 为人机物融合群智计算领域的核心技术提供统一定义与理论支持，并构建通用的人机物融合群智计算系统架构，为在智能制造、智能交通等典型应用场景下构建具备自适应、自增强能力的群智感知计算架构提供参考。

- 为领域研究者整合群智能体协同计算、群智能体分布式学习等人机物融合群智计算领域的前沿核心技术资源构建良好的开源交流、协作开发环境，推动领域研究生态的发展。

- 为开发人员及上层应用提供自组织、自演化的协同运行环境，实现能力不同、数据互补的多人、多机、多物之间的资源整合，探索面向人机物融合群智应用需求的自适应演化。

作为新兴领域，目前关于人机物融合群智计算平台的研究无法满足领域的发展变革需求，大多数系统架构的具体形式仍处于探索阶段，缺乏具体明晰的定义。同时，现有平台多聚焦于某一特定技术路线，无法实现研究领域的全方位覆盖，面对异构物联网设备及服务的软件开发也难以形成规模效应。因此，符合上述需求的人机物融合群智计算平台尚未诞生。

然而，近年来包括智能物联网、智慧城市等相关领域的平台都为人机物融合群智计算平台的探索提供了重要的借鉴，包括华为鸿蒙操作系统 HarmonyOS[⊖]、微软的智能物联网平台 Azure[⊜]、阿里巴巴的 AIoT 开放平台[⊜]、京东的城市计算操作系统[⊛]以及由西北工业大学自主研发的 CrowdOS 群智感知计算平台[⊗]等。这些平台面向的领域不同，应对的挑战也有所区别，但连接建立灵活、规模易于扩展、应用开发简易、用户操作友好的平台能力是未来人机物融合群智计算领域平台的共同发展方向，可以为系统平台的构建提供参考。12.2 节将详细介绍以上平台的发展现状。

12.2　典型主流平台与开放资源分析

目前关于人机物融合群智计算平台的研究较少，但各权威研究机构和领军企业所提出的智能物联网平台、智慧城市平台、群智感知计算平台及开放共享资源等都为群智计算系统平台的发展和探索提供了参考。本节将主要对上述四个方向的平台构建及资源进行简要介绍。

12.2.1　智能物联网平台

智能物联网平台作为物联网架构中承上启下的部分，提供终端管理、连接管理、应用支持、业务分析等诸多功能，是物联网产业链的核心。

（1）鸿蒙系统（HarmonyOS）

HarmonyOS 是一款面向未来、面向全场景（包括移动办公、运动健康、社交通信、媒体娱乐等）的新一代智能终端操作系统。在传统的单设备系统能力的基础上，HarmonyOS 提出了基于同一套系统能力来适配多种终端形态的分布式理念，为不同设备的智能化、互联与协同提供了统一的语言，能够支持多种终端设备。鸿蒙系统能够将生活场景中的各类终端进行能力整合，形成一个"超级虚拟终端"，实现不同终端设备之间的快速连接、能力互助、资源共享，为终端用户匹配合适的设备、提供流畅的全场景体验，实现设备智能化产业升级。

HarmonyOS 整体遵从分层设计，共包含四层，如图 12.2 所示，从下向上依次为内核层、系统服务层、框架层和应用层。系统功能按照"系统 —> 子系统 —> 功能 / 模块"逐

⊖　https://www.harmonyos.com/en/。

⊜　https://azure.microsoft.com/。

⊜　https://iot.aliyun.com/。

⊛　https://www.jdcloud.com/cn/solutions/cityos。

⊗　https://www.crowdos.cn/index_zh.html。

级展开，在多设备部署场景下，系统支持根据实际需求裁剪某些非必要的子系统或功能 /
模块。

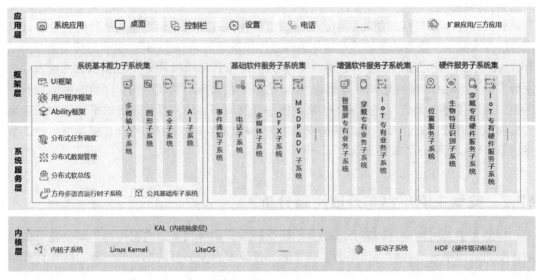

图 12.2　HarmonyOS 系统架构

（2）阿里云 AIoT 开放平台

阿里云 AIoT 是面向生态合作伙伴的以基础物联网平台能力、行业应用能力以及生态应
用能力为主的统一开放平台，旨在与生态伙伴共同打造更安全、更智能、更开放的物联网
应用生态。阿里云 AIoT 平台为设备提供安全、可靠的连接通信能力：向下连接海量设备，
支撑设备数据采集上云；向上提供云端 API，服务端通过调用云端 API 将指令下发至设备
端，实现远程控制。开发者可以在平台上完成能力的申请、开通、部署、配置和集成开发
等一系列工作。这些能力并不是独立交付的，而是通过关联到行业平台实例的形式进行交
付的，以实现相同能力在不同平台实例中的隔离与权限控制。

（3）亚马逊 AWS IoT

AWS IoT 是亚马逊于 2015 年发布的智能物联网平台，该平台提供云服务以支持基于
IoT 的应用程序，在 2016 年年底，AWS IoT Greengrass 被推出以进一步提升平台的边缘运
算能力。Greengrass 由 Greengrass Core、Greengrass SDK 与 IoT Device SDK 组成，便于
物联网设备在本地执行运算、传输、数据同步等操作。亚马逊紧接着于 2017 年年底推出
Amazon FreeRTOS 操作系统，可进一步适用于小型低功耗的边缘设备，实现本地编程、部
署、连接与管理。最新一代的亚马逊 Greengrass 也加入了机器学习推理功能，在云端训练
的模型可在边缘设备上高效执行。

AWS IoT 可支持数十亿台设备和数万亿条消息，可对这些消息进行处理并将其安全可
靠地路由至 AWS 终端节点和其他设备。应用程序可以随时跟踪所有设备并与其通信，即使
这些设备未处于连接状态也不例外。其总体架构图如图 12.3 所示。

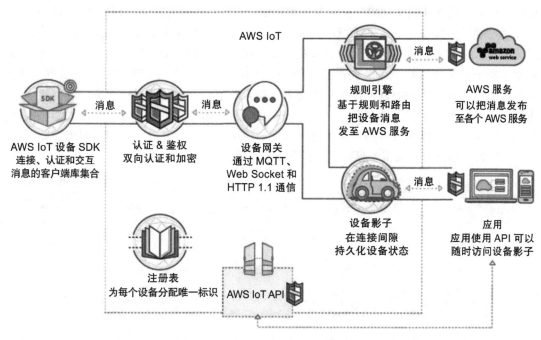

图 12.3　亚马逊 AWS IoT 总体架构图

12.2.2　智慧城市平台

智慧城市平台围绕未来城市治理核心体系，聚焦人工智能技术与城市运行中各元素的深度融合，满足政企单位在精准分析、科学决策和专业管理方面的需求。

（1）京东城市计算操作系统

京东城市计算操作系统是集采集、管理、分析挖掘、人工智能和服务提供为一体的智慧城市大数据平台。该平台基于时空大数据、时空 AI 算法、联邦数字网关技术以及莫奈可视化等诸多前沿科技，感知城市全域数据，融合多源异构数据，释放沉睡数据价值，夯实智能城市基底，赋能智能城市应用，构建智能城市新生态。

该平台专注于时空数据挖掘全过程，通过时空数据标准化、智能算法模块化提供点、线、面结合的智能城市整体解决方案，为城市打造从合理规划到高效运维再到精准预测的闭环的可持续发展生态。京东城市计算操作系统架构共包含四层，分别为基础层、城市操作系统层、应用层与展示层，如图 12.4 所示。

（2）阿里云城市大脑

阿里云城市大脑[⊖]基于阿里云弹性计算与大数据处理平台，结合机器视觉、大规模拓扑网络计算、认知反演、交通流分析等跨学科领域的顶尖能力，在互联网及开放平台上实现城市海量多源数据的收集、实时处理与智能计算。通过仿真推演和城市数字基因能力，阿

⊖　https://www.aliyun.com/solution/govcloud/urbanmagsolu。

里云城市大脑能够在数字世界中完成对城市规划、运营、管理的探索分析，找到最优方案，再在物理世界中加以实现，助推城市发展，提升城市运营管理决策的科学性与高效性。阿里云城市大脑系统架构共包含四层，分别为安全层、计算层、平台层与应用层，如图 12.5 所示。其中安全层为整个系统提供安全保护。计算层通过强大的智能感知获取城市数据，以多种通信方式将感知数据上传至城市管理数据计算中心，为多源异构数据的融合计算提供基础支撑服务。平台层则包含多个子功能平台，旨在形成"全面感知、全局联动、数据协同"的新模式，提高城市治理和服务的效率。应用层在平台基础上，围绕城市管理顽疾和难点，进一步延伸对城市专项问题的研究和技术落实。

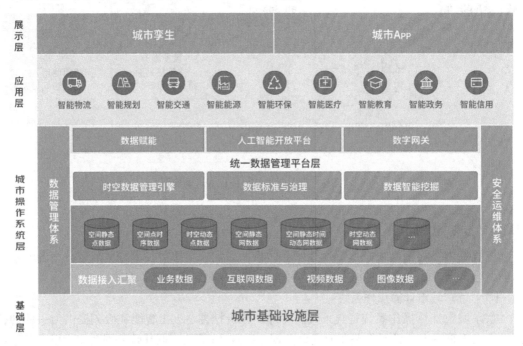

图 12.4   京东城市计算操作系统架构图

12.2.3   群智感知计算平台

群智感知计算平台利用现有的海量移动感知设备和基础通信网络设施进行海量感知信息的采集和获取，极大地降低了获取感知数据的成本。

（1）CrowdOS 群智感知操作系统

CrowdOS 是面向群智感知的泛在操作系统，是针对群智感知研究领域所设计的一款系统软件，由西北工业大学智能感知与计算工信部重点实验室开源和发布。该平台支持群智任务敏捷发布、复杂任务高效分配与多粒度隐私保护等核心功能，具有跨平台、支持多传感器、可扩展性、节能、数据分析、开源等特点。平台支持城市多形式感知任务的统一发布和关键技术模块的二次开发。

图 12.5　阿里云城市大脑架构图

如图 12.6 所示，CrowdOS 平台建立在底层操作系统上，包含诸多核心机制和可扩展的功能模块。该平台主要由两部分组成，分别是部署在智能手机上的感知端以及部署在云 / 边的数据处理端，能够处理众包及群智感知领域中的多种任务，具有普适性和可扩展性。

（2）Waze 社交地图

Waze[⊖]是一款基于社区的交通导航应用。与常见的导航应用不同，Waze 强调社交性，采用新颖的"众包 +UGC（用户贡献内容）"模式。Waze 通过聚集在路上的司机的力量，让司机利用手机标注实时交通路况，生成实时交通地图并提供分享，从而提供精确的实时路况。这种精确并非仅局限于道路拥堵情况，还包括路边加油站的油价信息、交通事故信息等。每个 Waze 用户对地图的再编辑和再创造都能帮助其他用户选择最优、最省时的出行路线，实现更精准的出行导航。

12.2.4　开放共享资源

开放共享资源主要包括部分主流的群智协作模拟仿真平台、软件开发工具及深度学习增强算法，可供开发者在其基础之上结合自身研究内容实现后续相应群智能体协同模型的实验部署。

⊖　https://www.waze.com/。

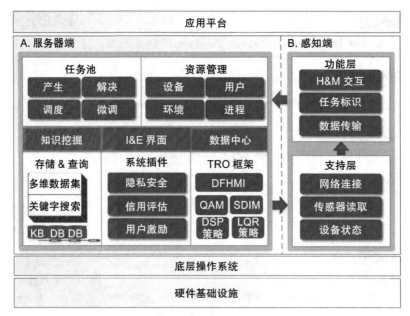

图 12.6　CrowdOS 群智感知计算平台架构图

1. 群智协作模拟环境

（1）机器人操作系统 ROS

ROS（Robot Operating System）是一个适用于机器人的开源的元操作系统，提供了一种开放式的协作框架，包括操作系统应有的服务，如硬件抽象、底层设备控制、常用函数实现、进程间消息传递以及包管理等。同时，ROS 也提供了用于获取、编译、编写和跨计算机运行代码所需的工具及库函数。

类似被广泛使用的机器人协作框架还有 Orocos[⊖]、Carmen[⊜]和美国南加州大学开发的 Player/Stage[⊜]项目等。这些框架为机器人研究开发提供底层支持，同时融合了更高层的应用或仿真软件，被广泛应用于系统学习、原型验证及应用开发等，更多相关内容可参见官方文档。

（2）Gazebo 仿真平台

Gazebo®是一款机器人 3D 动态模拟仿真平台（如图 12.7 所示），能够在复杂的室内和室外环境中准确而有效地模拟人工智能体。同时，Gazebo 在 ROS 中具备完善的接口，包含 ROS 和 Gazebo 的所有控制，因而常与 ROS 一同进行仿真实验。作为物理仿真平台，Gazebo 不依赖于真实物理环境，并且能够为机器人集群创建应用程序。在某些情况下，这些应用程序还可以被直接转移至真实物理环境而不需要做任何修改。

⊖ https://orocos.org/。

⊜ http://carmen.sourceforge.net/。

⊜ http://playerstage.sourceforge.net/。

四 http://gazebosim.org/。

此外，Gazebo 还实现了直观、逼真的视觉模拟效果与齐全的传感器模型，可用于人工智能体（如无人机、无人船、无人车、机械臂等）设计、集群协同算法验证和真实场景回归测试等。类似开源的 3D 模拟平台还包括 V-Rep[⊖]、Webots[⊜]、Bullet[⊜]等，相关详细资料可参见官方文档。

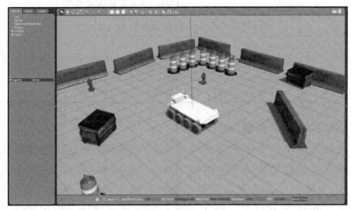

图 12.7　Gazebo 图形用户接口

（3）多智能体仿真模型 Gazebo MA

借助 Gazebo 软件强大的功能支持，多智能体仿真模型 Gazebo MA 进一步加入智能体和周围环境的物理属性，例如质量、摩擦系数、弹性系数等。智能体的传感器信息可通过插件的形式加入仿真环境，并进行可视化，如图 12.8 所示。在仿真环境 Gazebo 中同时加载多个智能体，可以实现智能体的行动控制。

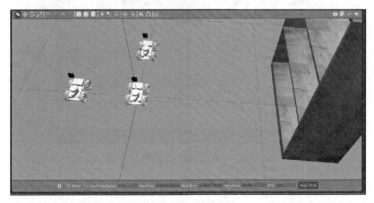

图 12.8　多智能体仿真模型 Gazebo MA

多智能体仿真模型的概述如表 12.1 所示，Gazebo 的输入为对模型的描述参数，包括

⊖　https://www.coppeliarobotics.com/。

⊜　http://www.cyberbotics.com/。

⊜　https://pybullet.org/wordpress/。

智能体数量、环境的物理属性等，输出则为多个智能体模型的仿真环境。该模型需要配置 Ubuntu 18.04、ROS Melodic、Gazebo9 等环境。

表 12.1　Gazebo 多智能体仿真模型概述

模拟器名称	Gazebo 多智能体仿真模型
接口	启动仿真 roslaunch ares_gazebo ares_playground_gazebo.launch
输入	模型描述参数
输出	多个智能体模型的仿真环境
环境配置	Ubuntu 18.04、ROS Melodic、Gazebo9

（4）基于智能体的模拟工具集 NetLogo

高保真度的机器人模拟仿真平台多侧重于实际应用的开发测试和模拟部署。不同于此，NetLogo⊖是传统狭义上的多智能体系统模拟工具——以复杂适应系统（Complexity Adaptive System, CAS）理论为基础，侧重模拟微观个体如何通过感知、计算、交互、行动最终在宏观上涌现群智现象，如图 12.9 所示。该工具集在教学和科研领域使用广泛。

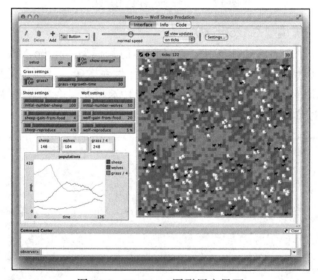

图 12.9　NetLogo 图形用户界面

（5）合作任务：星际争霸Ⅱ SMAC

星际争霸游戏是一款即时策略游戏，SMAC⊖是基于星际争霸游戏开发的微观操作环境，主要考虑局部智能体的控制，可用于研究多智能体如何在同构、异构等环境中学习合作完成复杂任务。如图 12.10 所示，在 SMAC 环境中，每个智能体都是独立的，智能体形成群

⊖　https://en.wikipedia.org/wiki/NetLogo。

⊖　https://github.com /oxwhirl/smac。

体与内置的脚本 AI 对战。在对战中，每一步智能体都会接收它视角下的局部信息，每个智能体需要最大化给对方造成的伤害而最小化自身承受的伤害，并通过多智能体协作最大化本队获胜率。SMAC 通过引入严格的去中心化和局部可观察性，提供了分散的微观操作方案，其中游戏的每个单元均由单独的 RL 智能体控制。SMAC 为用户提供了 22 个战斗场景，用于学习单位微观管理的不同方面，包括同构、异构、对称、非对称等环境。

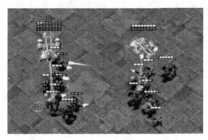

图 12.10　SMAC 图形用户界面

（6）竞争任务：雷神之锤 Ⅲ 竞技场

Quake Ⅲ Arena Capture the Flag是 DeepMind Lab 中的竞技任务环境，可用于研究自动智能体如何在大型、部分可视测、视觉多样化的环境中学习执行复杂任务。同时 DeepMind Lab 还提供简单灵活的 API，可用于探索创造性的任务设计和全新的 AI 设计，并快速迭代。如图 12.11 所示，Capture the Flag 环境主要包含两个队伍，每队由两个智能体组成，在室内和户外两个场景下以第一人称视角进行竞争夺旗。室外环境下的游戏是智能体之间的游戏，而室内环境下则是混合了人类玩家和智能体的游戏。

图 12.11　DeepMind Lab 图形用户界面

（7）混合任务：多智能体强化学习环境 MPE

Multi-Agent Particle Environment则是一个简单的多主体粒子世界，可用于研究多智能

　⊖　https://github.com/deepmind/lab。

　⊖　https://github.com/openai/multiagent-particle-envs。

体在协作场景、竞争场景、通信场景以及混合场景下如何高效地完成目标任务。如图 12.12 所示，该环境具有连续的观察和离散的动作空间，以及一些基本的模拟物理学。MPE 涵盖了竞争、协作、通信场景，可以根据需求设置智能体数量，选择它们要完成的任务，例如合作进行相互抓捕、碰撞等，也可以继承某一个环境来改写自身任务。智能体原始动作空间是连续的，但在类属性里可以强制进行离散的设置。在环境中，智能体之间的碰撞都是模拟刚体的实际碰撞，通过计算动量、受力等来计算智能体下一时刻的速度和位移。

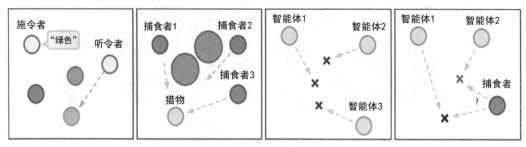

图 12.12　MPE 图形用户界面

2. 深度学习增强算法

（1）模型无关的元学习快速自适应深度网络（MAML）

模型无关的元学习快速自适应深度网络（Mode-Agnostic Meta-Learning for Fast Adaptation of Deep Networks，MAML）[7] 是基于梯度的元学习方法的典型代表，旨在训练一组初始化参数，通过在初始参数的基础上进行一步或多步的梯度调整来达到仅用少量数据即可快速适应新任务的目的。

算法概述如表 12.2 所示，MAML[⊖] 算法基于 Python 3.6+ 环境下的 NumPy、Torch、PyTorch-0.4 等依赖库开发。算法的输入为待分类图片，输出则为图片分类结果。该算法支持在 MiniImagenet、Ominiglot 等数据集上进行模型无关的元学习。

表 12.2　模型无关的元学习快速自适应深度网络算法概述

算法名称	模型无关的元学习快速自适应深度网络算法
算法接口	python miniimagenet_train.py, omniglot_train.py
支持数据集	MiniImagenet、Ominiglot
输入	待分类图片
输出	图片分类结果
依赖库	Python 3.6+、NumPy、Torch、PyTorch-0.4

（2）对抗判别性域自适应（ADDA）

对抗判别性域自适应（Adversarial Discriminative Domain Adaptation，ADDA）[31] 是对

_____

⊖　https://github.com/dragen1860/MAML-Pytorch。

抗域自适应迁移学习方法的典型代表，其核心目标是通过领域对抗的方式令源域和目标域的映射空间足够相似，使源域上训练的分类器可直接作用于目标域。

算法概述如表 12.3 所示，ADDA[⊖] 算法基于 Python 3.6+ 环境下的 NumPy、Torch、PyTorch-0.2 等依赖库开发。算法的输入为待分类图片，输出则为图片分类结果。该算法支持在 MNIST、USPS 等数据集上进行对抗判别性域自适应。

表 12.3 对抗判别性域自适应算法概述

算法名称	对抗判别性域自适应算法	输入	待分类图片
算法接口	python3 main.py	输出	图片分类结果
支持数据集	MNIST、USPS	依赖库	Python 3.6、NumPy、Torch、PyTorch-0.2

（3）外科手术算法（Neurosurgeon）

智能应用程序常用的云计算方式需要通过无线网络将大量数据发送到云端，给数据中心带来了巨大的计算压力。随着移动设备中的计算资源变得更加强大和高效，Neurosurgeon[33] 提出协同推断的思想，将深度神经网络进行分区，一部分层在移动端计算，而另一部分在云端计算。根据硬件平台、无线网络以及服务器负载等因素实现动态分区，降低时延以及能耗。

算法概述如表 12.4 所示，Neurosurgeon[⊖]是基于 Python 3.5 环境下的 NumPy、PyTorch 及 Sklearn 等依赖库开发的。其可以根据硬件平台、无线网络以及服务器负载等输出深度神经网络的动态分区结果。

表 12.4 外科手术算法概述

算法名称	外科手术算法
算法接口	python initCloud.py --model_name –lr 0.3
支持数据集	CiFar-10
输入	硬件平台、无线网络以及服务器负载等
输出	动态分区结果
依赖库	Python 3.5+、NumPy、Torch、Sklearn

（4）深度联合算法（DeepThings）

串行协同计算工作虽然解决了多智能体的协作问题，但是计算任务的处理间存在依赖关系，当前设备需要等待前序设备完成计算后才可以开始运算，这使得整个计算速度受限于计算性能较差的设备。不同于 Neurosurgeon[33] 等串行协同计算工作，DeepThings[37] 提出在资源受限的 IoT 边缘集群中进行本地分布式和自适应 CNN 推理的框架。Deepthings 通过将每个 CNN 层划分为独立可分配任务（FTP）实现多设备协同。

⊖ https://github.com/corenel/pytorch-adda。

⊖ https://github.com/wyc941012/Edge-Intelligence。

算法概述如表 12.5 所示，DeepThings[○]利用 C 语言下的 clang、ninja 等依赖库开发，其输入为神经网络的总节点个数、设备 id、划分维度以及划分层数，输出则为并行协同计算的识别结果。

表 12.5　深度联合算法概述

算法名称	深度联合算法
算法接口	deepthings -mode name -total_edge num -n num -m num -l num
支持数据集	自定义数据集
输入	总节点个数、设备 id、划分维度以及划分层数
输出	识别结果
依赖库	C、clang、ninja、PeachPy、confu、NNPACK-darknet

（5）自动机器学习的模型压缩（AMC）

传统的模型压缩技术依赖于手工制作，需要领域专家在包含模型大小、速度和精度的设计空间内进行设计，这通常是次优的而且耗时。AMC[48] 利用 AutoML 提出自动化的模型压缩框架，它利用强化学习来有效地采样设计空间，并提高模型压缩的质量。

算法概述如表 12.6 所示，AMC[□]算法基于 Python 3.7.3、PyTorch 1.1、NumPy 1.14 等依赖库开发。算法输入为模型结构与性能需求，输出为满足性能需求的压缩后模型。并且该算法支持在 CIFAR10 等数据集上的深度学习模型自适应压缩。

表 12.6　自动机器学习的模型压缩算法概述

算法名称	自动机器学习的模型压缩算法
算法接口	python amc.py --config_file config.yaml
输入	模型结构与性能需求
输出	满足性能需求的压缩模型
支持数据集	CIFAR10 等
依赖库	Python 3.7.3、PyTorch 1.1、torchvision 0.2.0、NumPy 1.14、SciPy 1.1.0、scikit-learn 0.19.1、tensorboardX

（6）可精简网络（S-Net）

为应对硬件设备的动态环境变化，Yu 等人提出 Slimmable Network[49]，通过提供四种不同宽度的神经网络，实现运行时自适应调整。作为一个用于 ImageNet 分类和 COCO 检测任务的开源框架，S-Net 为深度神经网络提供多种通道的剪枝方案，目前已有数个项目基于此框架进行开发。

算法概述如表 12.7 所示，S-Net[□]算法基于 Python 3.6+, PyTorch 1.0, torchvision 0.2.1,

---

○　https://github.com/zoranzhao/DeepThings。

□　https://github.com/mit-han-lab/amc。

□　https://github.com/JiahuiYu/slimmable_networks。

PyYaml 3.13 等依赖库开发。算法输入为模型类型、模型剪枝率，输出为剪枝后的压缩模型。该算法支持 MobileNet、ShuffleNet、ResNet 等深度学习模型的自适应压缩。

表 12.7　可精简网络算法概述

算法名称	可精简网络算法
算法接口	python train.py app:{apps/***.yml}. {apps/***.yml} is config file
输入	模型类型、模型剪枝率
输出	剪枝后的压缩模型
支持模型	MobileNet、ShuffleNet、ResNet
依赖库	Python 3.6+、PyTorch 1.0、torchvision 0.2.1、PyYaml 3.13

（7）硬件感知的混合精度自动量化（HAQ）

传统的量化算法忽略了不同的硬件结构，对各层进行统一量化，导致庞大的再训练成本。HAQ[47] 则提出一种硬件感知的自动量化框架，该框架利用强化学习自动确定量化策略，并在循环的设计中添加硬件加速器的反馈。HAQ 使用硬件模拟器产生直接反馈信号（延迟和能量）给 RL 代理，而不是依赖于代理信号，例如 FLOPs 和模型大小。与传统方法相比，HAQ 的框架是完全自动化的，并且可以针对不同神经网络结构和硬件结构专门化量化策略。

算法概述如表 12.8 所示，HAQ⊖算法基于 Python 3.7.3、PyTorch 1.1、NumPy 1.14 等依赖库开发。算法输入为不同的硬件结构，输出为根据硬件结构自动生成的混合精度量化模型。该算法支持在 ImageNet 等数据集上深度学习模型的自适应压缩。

表 12.8　硬件感知的混合精度自动量化算法概述

算法名称	硬件感知的混合精度自动量化算法
算法接口	python haq.py --config_file config.yaml
输入	不同的硬件结构
输出	根据硬件结构自动生成的混合精度量化模型
支持数据集	ImageNet
依赖库	Python 3.7.3、PyTorch 1.1、torchvision 0.3.0、NumPy 1.14、Matplotlib 3.0.1、Scikit-learn 0.21.0、EasyDict 1.8、Progress 1.4、tensorboardX 1.7

（8）面向微控制器的轻量级 NAS 和推理框架协同设计（MCUNet）

神经网络结构搜索（NAS）技术旨在通过构建搜索空间、搜索策略和性能评估方法，自动地设计出有效的神经网络结构，摆脱人工设计的烦琐和限制[54]。近年来，平台资源感知（Platform-aware）的 NAS 能够利用不同硬件平台的真实资源约束或指标反馈，为特定平台自动设计最优深度神经网络结构。MCUNet[55] 则进一步面向微控制器平台提出一种高效的

⊖　https://github.com/mit-han-lab/haq。

TinyNAS，不但采用微控制器真实的开销指标作为反馈，还结合一种微控制器平台上的推理框架 TinyEngine，在整个模型的搜索、训练和部署中对模型结构和推理框架进行联合设计，进一步扩大模型搜索空间。

算法概述如表 12.9 所示，MCUNet 算法基于 STM32 底层库、TinyEngine 等依赖库开发。算法输入为不同规格微控制器的平台资源，输出则为根据微控制器资源生成最优的神经网络结构和对应推理框架配置。该算法支持 ImageNet 等数据集上的深度学习模型的协同推理。

表 12.9　面向微控制器的轻量级 NAS 和推理框架协同设计

算法名称	面向微控制器的轻量级 NAS 和推理框架协同设计算法
输入	不同规格微控制器的平台资源
输出	根据微控制器资源生成最优的神经网络结构和对应推理框架配置
支持数据集	ImageNet
依赖库	STM32 底层库、TinyEngine
参考资源	Visual Wake Word Demo with MCUNet[⊖]

12.3　人机物融合群智计算平台

随着智能家居、智慧城市、无人驾驶、工业互联网等应用场景的进一步普及与发展，人工智能将逐渐从云端向边缘侧的嵌入端迁移，提供分布式的人机物协同服务并满足人们在分布式场景下的需求成为新的研究方向。借助人机物融合群智计算平台，通过人群贡献"移动群智数据"，机群（云边端设备）提供"高性能运算"，物群（具感知计算能力的物理实体）进行"泛在感知计算与自主移动"，实现人、机、物异构群智能体的有机连接、协作与增强，从而构建具有自组织、自学习、自适应、持续演化等能力的智能感知计算空间，促进智能体个体技能和群体认知能力的提升，是下一代群体智能感知计算的前沿方向。

人机物融合群智计算为未来智能计算系统的发展带来了丰富的机遇，但实现真正人机物和谐融合的智能感知计算空间仍面临很多挑战，同时受限于现有的计算系统平台存在的模式化的部署机制、集中式的学习与计算方式及异构化的设备与数据等弊端。因此，探索多智能体环境下的分布式学习模型，综合利用协作、共享、迁移、竞争、对抗等方式实现异构群体增强学习与智能演进成为新的发展趋势。

为促进人机物融合群智计算生态的发展，本书提出构建人机物融合群智计算开放系统平台（CrowdHMT），在开放共享物联网背景下多种核心技术的同时，开源笔者团队和第三方研究机构在人机物融合群智计算领域中突破的关键技术，为研究者提供可参考的相关技术信息与规范化的技术代码，从而使研究者聚焦上层业务逻辑，更加高效、便捷地开发应用。此外，平台还力求为用户打造开源讨论和发布交流的良好社区环境，支持用户下载核心代码模块并进行二次开发及上传，从而推动人机物融合群智计算开放生态的发展。

⊖　https://www.youtube.com/watch?v=YvioBgtec4U。

12.3.1 通用系统架构

人机物融合群智计算系统共包含六层，分别为**群智涌现动力学（机理）层**、**群智协作感知层**、**群智数据汇聚层**、**群体协同计算层**、**群智融合决策层**和**群智能体应用层**，如图 12.13 所示，其中群智涌现动力学层旨在为整个系统提供理论支撑与构建指导。各层的功能性划分详述如下。

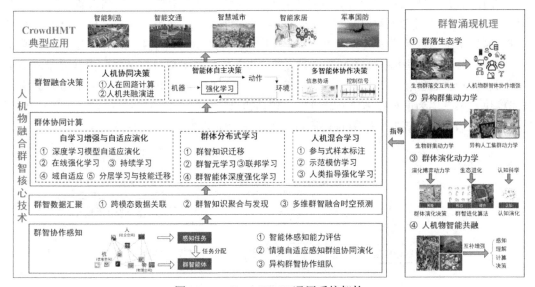

图 12.13 CrowdHMT 通用系统架构

群智涌现机理层： 借鉴自然界集群、生态群落和人类社会所展现的群智涌现机理，探寻生物集群到人工集群的映射模式，并为人机物融合群智计算系统的群智协作感知、群智数据汇聚、群体协同计算、群智融合决策提供自组织、自适应、自学习和持续演化的原理性支撑。

群智协作感知层： 利用多人、多机、多物的协作和互补，实现跨空间的群智感知，建立从物理空间到信息空间和社会空间数据流动的交互通道。

群智数据汇聚层： 实现从低质、碎片化的原始群体感知数据到有价值的群智信息优选和处理，包含跨模态数据优选汇聚、群智知识聚合与发现，以及多源异构数据的统一表达。

群体协同计算层： 基于有价值的群智数据集，通过分布式学习或联邦学习建立起云边端多用户、多群组、多设备协同的分布式学习机制，在保护数据隐私的同时提高训练效率；基于深度计算任务实时分割完成分散式多设备协同计算；等等。此外，在群智增强计算层的分布式学习和分散式计算体系结构之上，采用多策略融合的智能算法、人机混合学习模型以及智能算法的自学习增强和环境自适应演化机制，对群智数据进行深度推理，进一步获得群智增强学习模型和结果。

群智融合决策层： 基于高度抽象的群智增强学习模型和结果，采用人在回路等人机决策指导协作、基于强化学习的群智体自主决策、基于信息势场或控制信号的群智体集群协作，实现信息空间、物理空间和社会空间的协同决策。

CrowdHMT 典型应用层：群智融合决策层策略面向智能制造、无人系统、智慧城市管理、智慧健康医疗、群智军事国防等应用需求，提供高精度、健壮性、泛化性、自组织、自适应、可演化的智慧应用服务。

12.3.2 CrowdHMT 自研平台

针对人、机、物融合群智计算背景下存在的端设备资源受限、云边端设备计算异质等问题，CrowdHMT 开放共享社区分为**机理、学习、计算**三个层次，对六个核心技术的实践研究、原型系统及资源积累进行开放共享，如图 12.14 所示。具体来说，第一层为群智增强理论机理层，包括群智协作增强机理（对应第 3 章）核心技术模块；第二层为群智能体协作学习层，包括群智能体分布式学习（对应第 8 章）、群智能体知识迁移（对应第 10 章）核心技术模块；第三层为群智能体协同计算层，包括边端协同深度计算（对应第 7、8 章）、端自适应模型压缩（对应第 7 章）、软硬协同嵌入智能（对应第 7 章）核心技术模块。

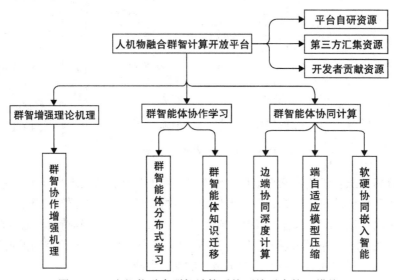

图 12.14　人机物融合群智计算系统开放平台核心模块

目前，CrowdHMT 群智资源社区已实现人机物融合群智计算中关键技术的开源，同时为用户打造开源讨论和发布交流的良好社区环境，支持用户下载核心模块代码进行二次开发及上传，促进开放平台快速发展。平台将为开发人员全面介绍人机物融合群智计算中六大关键技术中的概念及可用开源资源，其中开源资源包括平台自研资源（算法、模拟器、数据集、工具集）、第三方汇集资源及开发者贡献资源等。各关键技术模块的简要介绍如下。

- **群智协作增强机理**：涵盖人机物融合群智协作机理、人机物融合群智计算理论模型、相关开源平台等，支持生物群智涌现机理的发掘和应用，以提高智能体完成协作任务时的工作效率。
- **群智能体分布式学习**：涵盖多智能体深度强化学习主要技术、相关落地开源平台及仿真环境。支持智能体具备自主决策能力，实现真正意义上的分布式智能。

- **群智能体知识迁移**：涵盖智能体面对数据分布差异、用户场景不同时的迁移学习关键技术、数据集及开源算法平台，具备对已有知识经验、认知结构、动作技能进行迁移学习的能力。
- **边端协同深度计算**：涵盖深度学习模型的自适应模型分割主要技术、相关工具集及开源算法平台等，具备根据边端设备资源预算及性能需求定制深度模型分割方案的能力，以实现高效边端协同计算。
- **端自适应模型压缩**：涵盖深度学习模型的自适应压缩关键技术、相关开源算法平台，具备根据端设备动态资源预算及性能需求自适应缩减模型体量、定制深度模型压缩方案的能力。
- **软硬协同嵌入智能**：涵盖联合考虑模型和硬件平台的相关理论算法和开源应用技术，支持基于微控制器等资源受限嵌入式设备的软硬协同深度模型计算，具备可选择硬件配置下的真实平台指标测量及模型架构调整能力。

下面将对六个核心技术模块的自研资源进行详细介绍。

1. 群智协作增强机理

在人机物群智能体背景下，自然群智模式所展现的内在协同机理具有重要的指导意义，在无人机编队控制、多机器人任务协作等人工集群应用上发挥着提升协作效率、增加涌现强度的关键作用。本书第 3 章已探索并归纳出自然界生物集群不同类型的群智现象、协作机理及其应用在人工集群中的七种映射模式，并对模型仿真环境及群智协同增强机理算法进行探索。具体包括基于 ROS[⊖]（Robot Operating System，机器人操作系统）搭建的多智能体模型仿真环境，以及基于虚拟结构法和领航跟随法的多智能体队形形成及队形保持算法等。下面将对所涉及的群智协同增强机理算法进行概要介绍。

群智协同增强机理算法

笔者团队从编队行进的生物群智现象中总结归纳出虚拟结构法以及领导跟随法，可相应作用于多智能体编队，如图 12.15 所示。虚拟结构法需要在启动前确定虚拟结构的类型，并为多个智能体初始化线速度与角速度，在编队行进的过程中，智能体按此调整自身位置或方向，以形成给定的队形虚拟结构。总的来说，虚拟结构法通过设定所有成员的运动轨迹进而控制整个编队。领导跟随法则是为所有成员指定领导者或跟随者角色，领导者按照指定的运行轨迹行进，跟随者则只需保持期望的距离和角度。通过多智能体间发布的

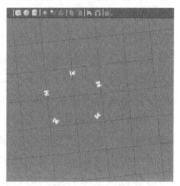

图 12.15　多智能体编队

坐标进行位置交互和实时计算控制，实现多智能体的圆形、纵形、V 形编队。

算法概述如表 12.10 所示，该算法基于 Ubuntu 18.04 系统下的 ROS Melodic 和 Gazebo9

环境开发。算法输入为多智能体仿真模型，输出为动态运行的圆形、纵形或 V 形多智能体编队。在代码实现过程中，算法参考了 Gazebo 多智能体仿真模型的第三方开源代码实现。

表 12.10 群智协同增强机理算法概述

算法名称	群智协同增强机理算法
接口	启动编队 roslaunch stage_first OnYourMarkGetSetGo.launch
输入	Gazebo 多智能体仿真模型
输出	动态运行的 3D 多智能体编队行进
环境配置	Ubuntu 18.04、ROS Melodic、Gazebo9
参考资源	multirobot⊖、虚拟结构[1]、领导跟随结构[2]

2. 群智能体分布式学习

群智能体分布式学习旨在利用群智能体进行通信与协作，通过聚集群体智能的方式，分布式完成单智能体无法完成的大规模复杂任务。群智能体深度强化学习借助深度学习与强化学习两种技术，使智能体具备自主决策能力，实现真正意义上的分布式智能。群智环境的非稳定性、部分可观测性和探索 – 利用困境问题影响了群智能体的协作、竞争与通信机制（见 8.3 节），针对不同的任务类型需要修正相应的问题设置。为进一步应对分布式学习中数据安全带来的挑战，联邦学习通过加密机制下神经网络模型参数交换的方式，联合训练一个高精度全局模型，实现在数据不出本地的情况下联合群智能体建立模型的效果。下面将就群智能体分布式学习中深度强化学习及联邦学习领域的自研工作进行简要介绍。

（1）基于信息势场奖励函数的多智能体双向协调网络（BiCNet-IPF）

自动导引车（Automatic Guided Vehicle，AGV）作为集成了多种先进技术的智能运输设备，已被广泛应用于柔性车间的物料搬运。在制造车间，各产品往往需要多种原材料来完成装配，利用 AGV 可以实现不同位置原材料的自动搬运。多智能体深度强化学习技术的不断发展为实现群 AGV 分布式任务分配提供了新的解决方案。智能体以试错机制与环境进行交互，通过最大化累积奖励的方式进行学习和优化，最终达到最优策略。但是，从多智能体深度强化学习角度解决实际应用问题时，仍存在奖励稀疏等挑战。如何设计适当的奖励函数来提高任务完成率和加速模型收敛是需要解决的一个关键问题。

针对以上问题，笔者团队创新性地引入信息势场（Information Potential Field）[3]改进奖励函数。首先，根据当前状态的货物分布与 AGV 分布计算出信息势值，隐式指导 AGV 自组织分散地到达不同目标点。其次，采用多智能体双向协调网络 BiCNet 进行模型训练，所有智能体共享模型与参数，并在隐藏层建立通信信道实现通信，从而实现多智能体的高效协作。

算法概述如表 12.11 所示，该模型基于 PyThon 3.6+ 下的 PyTorch 实现，输入多为智能体强化学习算法（如 BiCNet）、智能体数量与场景，输出则为各个智能体的决策动作，

⊖ https://github.com/guyuehome/multirobot_formation。

从而实现多个智能体自组织、自协调的任务分配。在代码的实现过程中，该模型参考了
BiCNet[4]、IPF[5] 等第三方开源资源。

表 12.11　基于信息势场奖励函数的多智能体双向协调网络概述

算法名称	BiCNet-IPF
算法接口	python main.py --algo --agent_num --scenario
输入	MADRL 算法（BiCNet），智能体数量，场景
输出	各智能体的决策动作
依赖库	Python 3.6+、Torch、NumPy、Pygame
参考资源	BiCNet-IPF、BiCNet、IPF

（2）多智能体自适应算法（meta-MARL）

针对复杂多变的游戏场景导致多智能体强化学习模型性能降低的问题，meta-MARL 算
法将基于 actor-critic 框架的多智能体强化学习算法 COMA[6] 与元学习算法 MAML[7] 相结
合，并将其应用到星际争霸场景中。结合 COMA 算法的集中式训练与分布式执行机制，基
于反事实基线的置信分配以及高效的 critic 网络结构，使智能体在复杂的游戏环境中可以高
效协作。结合元学习的思想帮助其快速适应新的场景，保证强化学习模型能在不断变化的
复杂环境中正常运行。

算法概述如表 12.12 所示，meta-MARL 算法基于 Python 3.6+ 环境下的 PyTorch、NumPy
等依赖库开发。算法输入为智能体数量、场景及对手决策的难易程度，输出为各智能体的
决策动作。该算法在代码的实现过程中参考了 COMA、MAML 等第三方开源代码。

表 12.12　多智能体自适应算法概述

算法名称	meta-MARL
算法接口	python main.py --map=8m --difficulty=7
输入	智能体数量，场景及对手策略的难易程度
输出	各智能体的决策动作
依赖库	Python 3.6+、Torch、NumPy、smac
参考资源	COMA、MAML

（3）基于多智能体强化学习的多车协作配送算法（PO-MADDPG）

针对车间配送任务下的多车协作性差、过于依赖集中控制的问题，PO-MADDPG 基于
多智能体强化学习的多车协作配送算法将 MADDPG 方法应用于车间配送场景，以车间运
载车为智能体对象，并基于其部分可观测的特性，结合邻域范围的材料配送信息及其他车
辆信息，对多车协作配送任务进行优化。

算法概述如表 12.13 所示，多车协作算法是基于 Python 3.6 环境下的 PyTorch、NumPy、

PyQt5 等依赖库开发的。算法输入为智能体数量与所选模式，输出为具有协作性的智能体调度动作。该算法支持车间配送场景下基于同构智能体设计的模型训练与测试，目前笔者团队正在进行异构智能体设计的场景拓展。在代码的实现过程中，该算法参考了MADDPG[8]、CCRL[9] 等第三方开源代码。

表 12.13　基于多智能体强化学习的多车协作配送算法概述

算法名称	基于多智能体强化学习的多车协作配送算法
算法接口	python multiagent.py --agents_number --mode
输入	智能体数量，训练模式 / 测试模式
输出	各个智能体的决策动作
依赖库	Python 3.6+、PyTorch、NumPy、PyQt5
参考资源	MADDPG、CCRL

（4）混合联邦学习算法（FedAux）

传统联邦学习方法面临着数据异构带来的全局模型准确率低、难收敛的问题，混合联邦学习试图从数据层面缓解数据异构挑战，结合了集中式机器学习与传统联邦学习的优势。在联邦训练的初始阶段，通过少量用户共享的数据来辅助传统联邦学习过程。然而，目前混合联邦学习算法未能有效利用共享数据，未能缓解联邦学习中数据异构、设备异构带来的挑战。因此，考虑更有效的共享数据与本地数据协统方案，FedAux 借助迁移学习的思想与深度学习浅层、深层理论，将共享数据训练为辅助模型，并将辅助模型的通用知识赋予设备模型，加速传统联邦学习进程，增加全局模型准确率。

算法概述如表 12.14 所示，该算法基于 PyThon 3.6+ 环境下的 TensorFlow 及 Keras 依赖库开发。算法输入为参与训练设备数、参与训练设备比例，算法对指定数量设备进行联邦学习过程，输出为迭代更新后的全局模型与设备本地模型。特别注明，在代码的实现过程中，该算法参考了 Hybrid-FL protocol[10]、深度神经网络的特征迁移理论[11] 等第三方开源资源。

表 12.14　混合联邦学习算法 FedAux 概述

算法名称	FedAux
算法接口	python fedaux.py --clients --fraction
输入	FedAux 算法，参与训练设备数，参与训练设备比例
输出	全局模型、每个智能体本地模型
依赖库	Python 3.6+、TensorFlow、Keras
参考资源	Hybrid-FL protocol、深度神经网络的特征迁移理论

（5）跨环境动态自适应联邦持续学习算法（Cross-FCL）

泛在计算环境中由于不同边缘网络场景、任务、数据分布等具有明显差异，设备在切换边缘网络后如何快速适应新环境而保持其原环境的能力成为一个重要挑战。因此，笔者团队提出跨环境动态自适应联邦持续学习算法（Cross-Environment Federated Continual Learning, Cross-FCL），旨在提升移动终端设备模型的持续学习与动态演化能力，并期望通过联邦参数聚合的过程，实现一定程度的跨环境间知识融合。Cross-FCL 算法在联邦训练阶段，通过自适应调整模型重要参数的更新提升模型的记忆性，同时通过双层模型结构训练促进智能体新环境对其旧环境知识的融合。在终端环境变换时，通过替换环境信息层实现对新环境的快速适应。

算法概述如表 12.15 所示，Cross-FCL 算法基于 Python 3.6+ 环境下的 NumPy、PyTorch 等依赖库开发。算法输入为旧模型参数以及参数的重要程度 F_i，输出则为具有多环境知识的智能体终端模型，同时该算法支持在 MNIST-SVHN、Office-31 等数据集上的持续学习。在代码的实现过程中，该算法参考了 EWC[12]、FedPer[13] 等第三方开源资源。

表 12.15　跨环境动态自适应联邦持续学习算法概述

算法名称	跨环境动态自适应联邦持续学习算法
算法接口	python mefcl.py --config_file config.yaml
输入	旧模型参数，旧模型参数的重要程度 F_i
输出	具有多环境知识的智能体终端模型
支持数据集	MNIST-SVHN、Office-31 等
依赖库	Python 3.6+、NumPy、Torch
参考资源	EWC、FedPer

3. 群智能体知识迁移

人、机、物的有机交互、协作、竞争与对抗需要群智能体和群应用具备"举一反三"的能力，因此群智知识迁移模型旨在从数据、特征、模型、任务多维度研究群智知识迁移方法，提升 AI 模型的鲁棒性和泛化性。根据不同的迁移内容，群智知识迁移主要包括知识蒸馏、域自适应迁移、多任务知识迁移以及元学习迁移（参见第 10 章）。群智知识迁移可以应用于不同的场景，笔者团队针对推荐系统、智慧城市、假消息检测以及智能制造等领域进行研究探索，并对前期自研资源进行开源，同时支持研究者的下载与二次开发。

（1）基于多维图神经网络的跨场景推荐算法（MGNN）

针对用户行为存在数据稀疏的特点，基于多维图神经网络的跨场景推荐（Multi-Graph Neural Network, MGNN）算法[14] 通过关联不同场景中的用户行为，解决用户行为数据稀疏的问题，实现在各场景下为用户推荐可能感兴趣的物品。MGNN 算法通过构建多维图模型探索融合不同场景的用户行为，迁移跨场景的知识、学习用户偏好、预测并推荐用户可能感兴趣的物品。

算法概述如表 12.16 所示，MGNN 算法基于 Python 3.6+ 环境下的 NumPy、TensorFlow1.13、NetworkX 等依赖库开发。算法输入为用户在不同场景下的行为数据，输出为各场景下为用户推荐的物品，同时该算法还支持在应用宝数据集上进行跨场景的推荐。此外在代码的实现过程中，该算法参考了 Kipf 等 [15]、Wang 等 [16]、Conet[17] 等第三方开源资源。

表 12.16　基于多维图神经网络的跨场景推荐算法概述

算法名称	基于多维图神经网络的跨场景推荐算法
算法接口	python main.py
输入	用户在不同场景下的行为数据
输出	每个场景下给用户推荐的物品
支持数据集	应用宝数据集
依赖库	Python 3.6、NumPy、TensorFlow1.13、NetworkX
参考资源	MGNN、Kipf 等、Wang 等、Conet

（2）基于元学习方法的多城市知识融合商业选址推荐方法（MetaStore）

针对数据稀疏情况下的智慧城市选址推荐问题，基于元学习方法的多城市知识融合商业选址推荐方法（A Task-Adaptative Meta-Learning Model for Optimal Store Placement with Multi-City Knowledge Transfer, MetaStore）MetaStore[18] 基于元学习方法，将不同城市的知识融合并迁移到数据稀疏的新城市，以指导该城市预测模型的快速学习。该模型通过调整优化算法，寻找针对不同城市的预测模型初始值，使得该模型可以在新城市的少量训练数据上进行快速学习，以预测新城市中用户的消费情况。

算法概述如表 12.17 所示，MetaStore 算法基于 Python 3.6+ 环境下的 NumPy、Torch、TensorFlow1.8-1.13 等依赖库开发。算法输入为多城市店铺销售数据、用户数据、POI 数据，输出则为新店铺的最优开店位置。该算法支持在纽约出租车记录数据集（TLC Trip Record Data）上进行多城市知识融合商业选址推荐。此外在代码的实现过程中，该算法参考了 Finn 等 [7]、Huaxiu 等 [19] 第三方开源资源。

表 12.17　基于元学习方法的多城市知识融合商业选址推荐方法概述

算法名称	基于元学习方法的多城市知识融合商业选址推荐方法
算法接口	python MetaStore.py
输入	多城市店铺销售数据，用户数据，POI 数据
输出	新店铺的最优开店位置
支持数据集	纽约出租车记录数据集（TLC Trip Record Data）
依赖库	Python 3.6+、NumPy、Torch、TensorFlow1.8-1.13
参考资源	MetaStore、Finn 等、Huaxiu 等

（3）社交网络中用户行为的可迁移性度量（TSCS）

针对现有社交网络中大量用户行为稀少而目前迁移方法不能明确度量用户行为间知识可迁移性大小的问题，笔者团队提出社交网络中用户行为的可迁移性度量算法（TSCS），探索用户行为间知识是否可迁移以及迁移的知识的度量方法。TSCS 从行为序列的时间模式和语义内容建模的角度，利用转移熵和信息压缩的技术，实现源行为序列到目标行为序列知识迁移的度量计算，从而进一步提高目前迁移方法的性能。

算法概述如表 12.18 所示，TSCS 算法基于 Python 3.6 环境下的 NumPy、TensorFlow、Sklearn、Pickle 等依赖库开发。算法输入为源行为序列、目标行为序列，输出则为源行为序列迁移到目标行为序列中知识的多少，同时算法支持在知乎、淘宝、亚马逊等网站上的多行为数据集。此外在代码的实现过程中，该算法还参考了 Yosinski 等[11]、Tran 等[20]等第三方开源资源。

表 12.18 基于用户和群体的多行为交互的问题推荐方法概述

算法名称	社交网络中用户行为的可迁移性度量
算法接口	python3 TSCS_compute.py
输入	源行为序列、目标行为序列
输出	源行为序列迁移到目标行为序列中知识的多少
支持数据集	Zhihu、Taobao、Amazon 等多行为数据集
依赖库	Python 3.6、NumPy、TensorFlow、Sklearn、Pickle
参考资源	Yosinski 等、Tran 等

（4）事件元知识迁移的社交网络假消息检测算法（MetaDetector）

针对现有假消息检测方法泛化性差、难以有效识别新事件假消息的问题，事件元知识迁移的社交网络假消息检测算法（Meta Event Knowledge Transfer for Fake News Detection，MetaDetector）[21] 探索新发生事件训练数据少、标签稀疏场景下特定假消息检测模型的快速构建方法。MetaDetector 算法利用加权领域对抗自适应技术，根据源事件与目标事件的相似程度、样板与样本之间的可迁移程度，实现事件共享元知识的迁移，指导目标事件假消息的高效检测。

算法概述如表 12.19 所示，MetaDetector 算法基于 Python 3.6+ 环境下的 NumPy、Torch、Argparse、Sklearn、Gensim 等依赖库开发。算法输入为历史假消息事件与新发生假消息事件构成的文本向量，输出为新发生假消息事件的真假标签。同时，该算法支持在新浪微博、CHECKED、PHEME 等数据集上进行社交网络假消息的检测。此外在代码的实现过程中，参考了 Long 等[22]、Eann[23] 等第三方开源资源。

表 12.19 事件元知识迁移的社交网络假消息检测算法概述

算法名称	事件元知识迁移的社交网络假消息检测算法
算法接口	python3 MetaDetector.py
输入	历史假消息事件与新发生假消息事件帖子构成的文本向量
输出	新发生假消息事件帖子的真假标签
支持数据集	新浪微博、CHECKED、PHEME
依赖库	Python 3.6、NumPy、Torch、Argparse、Sklearn、Gensim
参考资源	MetaDetector[21]、Long 等[22]、Eann[23]

（5）基于元迁移学习的社交媒体假消息检测算法（MDN）

针对新出现事件往往难以在短时间内收集训练模型需要的高质量相关标注数据从而导致模型泛化性能较差的问题，笔者团队提出基于元迁移学习的社交媒体假消息检测算法（Meta Detection Network for Fake News Detection，MDN）。MDN利用基于模型无关的元学习算法（Model-Agnostic Meta-Learning，MAML），将模型的训练分为事件自适应阶段与特定事件检测阶段，使模型可以利用已有知识进行学习，再根据新任务调整参数。同时，MDN构建了多模态特征提取器提取推文文本与图像的高维特征并进行结合。

算法概述如表12.20所示，MDN算法基于Python 3.6+环境下的NumPy、Torch、Argparse、Sklearn、Gensim等依赖库开发。算法输入为历史假消息事件与新发生假消息事件帖子构成的文本及图像向量，输出为新发生假消息事件帖子的真假标签。该算法支持在微博数据集上进行社交媒体假消息的检测。此外在代码的实现过程中，参考了Finn等[7]、Wang等[24]等第三方开源资源。

表12.20　基于元迁移学习的社交媒体假消息检测算法概述

算法名称	基于元迁移学习的社交媒体假消息检测算法
算法接口	python3 MDN.py
输入	历史假消息事件与新发生假消息事件帖子构成的文本及图像向量
输出	新发生假消息事件帖子的真假标签
支持数据集	微博数据集
依赖库	Python 3.6、NumPy、Torch、Argparse、Sklearn、Gensim
参考资源	Finn等、Wang等

（6）基于迁移学习的少样本表面缺陷检测方法（TL-SDD）

针对智能制造中零件表面缺陷检测问题中存在的类别分布不均衡、缺陷数据稀有等问题，笔者团队提出基于迁移学习的少样本表面缺陷检测方法（A Transfer Learning Based Method for Surface Defect Detection with Few Samples，TL-SDD）[25]。首先，TL-SDD采用两阶段训练方案将知识从常见缺陷类别转移到罕见缺陷类别。然后，方法构建基于度量的表面缺陷检测（M-SDD）模型，包括特征提取模块、特征重加权模块及距离度量模块，以提高对稀有缺陷的检测效果。具体的，该方法通过聚合特征融合模块和特征重加权模块，实现特征的有效表达，通过距离度量的方式实现缺陷的快速分类，通过两阶段的训练实现从常见缺陷到稀有缺陷的知识迁移和稀有缺陷的有效检测。

算法概述如表12.21所示，TL-SDD算法基于Python 3.6+环境下的NumPy、PyTorch-1.0等依赖库开发。算法输入为表面缺陷样本，输出则为缺陷位置、缺陷类别等。该算法支持在智能制造业的表面缺陷数据集上进行少样本的表面缺陷检测。此外在代码的实现过程中，参考了Snell等[26]、Lin等[27]等第三方开源资源。

表 12.21 基于迁移学习的少样本表面缺陷检测方法概述

算法名称	基于迁移学习的少样本表面缺陷检测方法
算法接口	python TL-SDD.py
输入	表面缺陷样本
输出	缺陷位置，缺陷类别
支持数据集	表面缺陷数据集
依赖库	Python 3.6、NumPy、PyTorch-1.0
参考资源	TL-SDD、Snell 等、Lin 等

（7）基于深度自注意力变换机制的群智能体高效学习网络模型（TEN）

群智能体任务完成过程中，不同智能体的知识和经验有利于提升单智能体性能和群智能体整体智能，基于深度自注意力变换机制的群智能体高效学习网络模型（Transformer-based Efficient Learning Network, TEN）从群智能体任务整体出发，通过并行计算降低了训练过程中的时间成本，采用放松输入 / 输出限制并计算输入 / 输出之间映射的方法，使模型能够在保留一定决策能力的情况下满足不同任务的输入要求，从而实现智能体间的知识迁移，模型还采用抛弃部分不必要的观察数据的方法来进一步减少训练成本。

模型概述如表 12.22 所示，TEN 算法基于 Python 3.6+ 环境下的 NumPy、Torch、PySC2、Sklearn、Tensorboard-logger 等依赖库开发。算法输入为己方智能体个数和敌方智能体个数，输出则为胜利或失败。该算法支持在 StarData 数据集上进行群智能体协作的高效学习。在代码的实现过程中，算法参考了 Qtran[28]、Zhou 等 [29]、David 等 [30] 第三方开源资源。

表 12.22 基于深度自注意力变换机制的群智能体高效学习网络模型概述

算法名称	基于深度自注意力变换机制的群智能体高效学习网络模型
算法接口	python3 TEN.py
输入	己方智能体个数和敌方智能体个数
输出	胜利或失败
支持数据集	StarData
依赖库	Python 3.6、NumPy、Torch、PySC2、Sklearn、Tensorboard-logger
参考资源	Qtran、Zhou 等、David 等

4. 边端协同深度计算

群智协同计算旨在根据不同粒度对深度学习模型进行分割，将计算任务划分为多个分区部署至多个资源受限的智能体上，实现多设备间的深度协同计算，充分利用多设备带来的算力优势，完成复杂的计算任务与训练任务。如第 8 章中所述，群智协同计算的主要步骤包括：建模深度模型的资源成本；根据性能需求选择最符合的目标分割点；根据选择的目标分割点依靠传输模型实现多设备协作的模型推断。下面将就上述三个阶段的研究和探索进行介绍，并开源自研资源，同时支持下载与该领域研究者的二次开发与上传。

（1）基于 PyTorch 框架的模型资源预测器（PFLOPS）

平台相关的资源预测对边端协同深度计算中的模型分区与资源分配十分重要，而实际测量将耗能耗时，不利于高效、快速的边端协同计算过程。因此，笔者团队提出基于 PyTorch 框架的模型资源预测器，旨在通过计算卷积神经网络中单个卷积层或者多个层的理论乘积运算数量预测模型的计算量与参数量，并为用户输出给定网络的各层计算成本。

算法概述如表 12.23 所示，该预测器基于 Python 3.6+ 环境下的 PyTorch 及 TorchVision 等依赖库开发，输入为模型类型及模型层数（如 AlexNet 13），输出则为模型各层的 FLOPS 计算量、模型各层的运行时间及模型间的通信量。预测器支持 AlexNet、ResNet、VGG 等典型深度卷积网络上的资源预测。

表 12.23　基于 PyTorch 框架的模型资源预测器算法概述

算法名称	基于 PyTorch 框架的模型资源预测器
算法接口	python classification.py –model name
输入	模型类型、模型层数
输出	模型层 FLOPS 计算量、模型层运行时间、模型间通信量
支持模型	Alexnet、ResNet、VGG 等
依赖库	Python 3.6+、PyTorch、TorchVision
参考资源	OpCounter⊖、Flops-counter⊖

（2）情境感知的模型分割框架（CAS）

通过模型分割技术将计算下放至边缘侧常面临模型运行情境动态变化的问题，而现有工作关注如何寻找最佳模型分割点，决策时延通常较高，自适应能力差。因此，笔者团队提出情境感知的模型分割框架（Context-aware Adaptive Surgery，CAS）[32]，关注多个共存智能体组成动态协作群组中模型分割点的快速自适应搜索问题，以实现动态运行情境下的实时自适应调优。首先，CAS 提出近邻效应，为最优分割方案的搜索过程提供启发式的指导，并在多种边端设备及深度模型上组织丰富的验证实验。当运行情境发生变化时，CAS 采用基于图的深度模型自适应手术刀算法，在近邻效应的指导下，能够实时、快速地找到满足资源约束的分割方案，实现智能体终端自组织、自适应、可伸缩的高效感知计算。

算法概述如表 12.24 所示，CAS 框架基于 Python 3.6+ 环境下的 NumPy、PyTorch 及 TensorFlow 等依赖库开发。输入为由深度模型及部署情境构建的分割状态图 G，输出为算法根据动态运行情境快速自适应的模型最优分割点 R_{op}。CAS 支持在 CiFar-10、CiFar-100、ImageNet、BDD100K 等数据集上的深度卷积网络最优分割点的调优。在代码的实现过程中，CAS 参考了 Neurosurgeon[33]、DADS[34] 等第三方资源实现。

⊖　https://github.com/Lyken17/pytorch-OpCounter。

⊖　https://github.com/sovrasov/flops-counter.pytorch。

表 12.24　情境感知的模型分割框架概述

算法名称	情境感知的模型分割框架
算法接口	python gads.py --config_file config.yaml
输入	由深度模型及部署情境构建的分割状态图 G
输出	根据动态运行情境快速自适应调优的模型分割点 R_{op}
支持数据集	CiFar-10、CiFar-100、ImageNet、BDD100K
依赖库	Python 3.6+、NumPy、Torch、TensorFlow1.8-1.13
参考资源	CAS、Neurosurgeon、DADS

（3）边端融合增强的模型压缩算法（X-ADMM）

为保证深度学习模型的预测精度，通常不能对其进行十分彻底的压缩，这导致压缩后的模型可能仍然不能顺利部署在嵌入式设备上。边端融合增强的模型压缩算法（X-Alternating Direction Methool of Multipliers，X-ADMM）[35] 融合模型剪枝和分割的优势，首先采用结构剪枝的方式并基于 ADMM 算法进行精细修剪，其次结合任务的实际需求，综合考虑模型的延迟与能耗选择最佳分割点，将其以层为粒度分割并部署在不同的设备上。

算法概述如表 12.25 所示，X-ADMM 算法是基于 Python 3.6 环境下的 PyTorch、NumPy 等依赖库开发。算法输入为模型结构与性能需求，输出则为满足性能需求的调优后模型。该算法支持在 CIFAR10、ImageNet 等数据集上的深度神经网络的压缩及分割调优。在代码实现的过程中，X-ADMM 算法参考了 Neurosurgeon[33] 及 RAP-XADMM[36] 工作。

表 12.25　边端融合增强的模型压缩算法概述

算法名称	边端融合增强的模型压缩算法
算法接口	python x-admm.py --config_file config.yaml
输入	模型结构与性能需求
输出	满足性能需求的调优后模型
支持数据集	CIFAR10 等
依赖库	Python 3.6、PyTorch、NumPy、NVIDIA GPU + CUDA cuDNN
参考资源	X-ADMM、Neurosurgeon、RAP-XADMM

（4）自动化模型分割层时延预测器算法（ALPS）

在深度模型分割相关研究中，时延预测直接决定了搜索到的模型分割方案的效果。然而，现有深度模型分割研究中多以实际测量的方式来获取，普适性较低且耗时耗力、实用性不强。因此，笔者团队提出自动化模型分割层时延预测器（Automated layer-wise latency predictor for Partition schema，ALPS），针对不同类别层构建不同的时延预测器。其主要针对推断时延在不同参数配置变化下呈现出的复杂的非线性结构，采用强化采样的方式，有针对性地在偏离预测值较大的数据附近再采样，并选用随机森林法进一步提升预测准确率。

算法概述如表 12.26 所示，ALPS 算法基于 Python 3.6 环境下的 Sklearn、NumPy、Torch、 csv、joblib、random 等依赖库开发。算法输入为深度模型操作种类及相关参数、给定硬件平台上执行用时，输出则为给定硬件平台下不同深度模型操作的时延预测模型。在代码实现的过程中，ALPS 算法参考了 nn-Meter[38] 的工作。

表 12.26　自动化模型分割层时延预测器算法概述

算法名称	自动化模型分割层时延预测器算法
算法接口	python forest.py
输入	深度模型操作种类及相关参数、给定硬件平台上执行用时
输出	给定硬件平台下不同深度模型操作时延预测模型
依赖库	Python 3.7+、Sklearn、NumPy、Torch、csv、joblib、random
参考资源	nn-Meter

（5）时延预测的多粒度分割方法（AMDP）

为解决时延预测器在内存受限下情况无法预测及因底层数据交换带来额外开销的问题，需要以各设备内存大小为导向进行模型分割。为此，笔者团队提出基于时延预测的多粒度分割方法（Adaptive and muti-granularity DNN Partiton，AMDP），旨在以时延预测器为导向进行深度模型的多维度切分。其中，多维度是指在以层为粒度切分的基础上对每一层内存大小进行限制，即将单个层按照内存限制再切分，以此来适应各设备不同的内存受限状态，最后再结合当前集群网络带宽来决定最佳切分方案。

算法概述如表 12.27 所示，AMDP 算法是基于 Python 3.7+ 环境下的 NumPy、Torch、joblib、time 等依赖库开发。算法输入为待分割模型参数、集群内经 ALLPSS 算法构建的时延预测模型、集群网络带宽及各设备内存限制，输出则为模型最短执行时间的切分方案。该算法支持在 Alexnet、VGG 等常见卷积神经网络上进行多粒度的模型分割。在代码实现的过程中，AMDP 算法参考了 Hadidi 等人[39]、Zhou 等人[40] 的工作。

表 12.27　基于时延预测的多粒度分割方法概述

算法名称	基于时延预测的多粒度分割方法
算法接口	python initial.py/node.py
输入	待分割模型参数、集群内经 ALLPSS 算法构建的时延预测模型、集群网络带宽和各设备内存限制
输出	最短执行时间的切分方案
支持模型	Alexnet、VGG 等
依赖库	Python 3.7+、NumPy、Torch、joblib、time
参考资源	Hadidi 等、Zhou 等

5. 端自适应模型压缩

端自适应学习旨在确保模型性能的前提下，根据情境（尤其是计算和存储等资源约束）变化动态调整模型规模和运算模式，从而降低模型全局资源消耗、提高运算效率。如第 7

章第 2 节所述，端自适应学习的主要步骤包括：获取设备的资源状态；根据资源状态确定深度模型调整策略；根据确定的策略对深度模型进行调整。基于此，笔者团队针对端自适应学习方法进行了初步的探索和研究，并对其进行开源，同时支持下载与该领域开发人员的二次开发。

（1）情境自适应和运行时自演化的移动端深度模型压缩（AdaSpring）

针对动态缩放模型时压缩后模型的在线缩放会丢失结构信息、权重的在线演化容易造成权重的灾难性干扰的问题，AdaSpring 框架[41] 提出一种运行时动态自演化模型压缩框架，能够根据动态的终端资源情境（电量、存储等平台资源），无须重训练地对深度学习模型进行在线压缩策略选择和部署，实现精度与模型能耗（计算强度等）的实时调衡，最终达到物联网终端资源的最优利用，形成更健壮的移动感知应用。

算法概述如表 12.28 所示，AdaSpring 算法基于 Python 3.6+、TensorFlow 1.14 等依赖库开发。算法输入为移动平台的动态情境（电量、存储资源、其他任务请求等），输出为最适应于当前情境的模型压缩策略选择和压缩后的深度学习模型。该算法支持在 CiFar-10、CiFar-100、ImageNet 等数据集上的深度学习模型自适应压缩，同时算法支持 Raspberry Pi 4B、Jetson Nano、PC 等硬件平台。在代码的实现过程中，AdaSpring 算法参考了 One-Shot Architecture Search[42]、FEMOSAA[43] 等第三方资源实现。

表 12.28　情境自适应和运行时自演化的移动端深度模型压缩算法概述

算法名称	情境自适应和运行时自演化的移动端深度模型压缩算法
算法接口	python adaspring.py --config_file spring_config.yaml
输入	移动平台的动态情境（电量、存储资源、其他任务请求等）
输出	最适应于当前情境的模型压缩策略选择和深度模型部署
支持数据集	CIFAR-10、CIFAR-100、ImageNet
适用平台	Raspberry Pi 4B、Jetson Nano、PC
依赖库	Python 3.6+、TensorFlow 1.14
参考资源	AdaSpring、One-Shot Architecture Search、FEMOSAA

（2）需要驱动的模型选择框架（AdaDeep）

深度学习模型在跨平台部署时可能会面临不同的资源可用性，在运行时可能会面临精度与资源成本的权衡。AdaDeep[44] 首次将自适应模型压缩问题与 DNN 的超参数优化框架相结合，将压缩技术看作粗粒度的 DNN 超参数，利用强化学习对不同的计算任务需求和平台资源约束进行自动化选择，从而实现自适应的轻量级模型架构搜索。它考虑了丰富的模型性能（包括精度、计算量、运行时能耗、存储和时延）以及对于不同平台资源约束的可用性。

算法概述如表 12.29 所示，AdaDeep 算法基于 Python 3.6+、TensorFlow、Torch 等依赖库开发。算法输入为深度模型的使用需求（精度或资源限制），输出为多种压缩技术组合。该算法支持在 CiFar-10、CiFar-100、ImageNet 等数据集上的深度学习模型自适应压缩。在代码的实现过程中，AdaSpring 算法参考了 Deepx[45]、EIE[46] 等第三方资源实现。

表 12.29　需要驱动的模型选择框架概述

算法名称	需要驱动的模型选择框架（A Usage-Driven Model Selection Framework，AdaDeep）
算法接口	python adadeep.py --config_file config.yaml
输入	深度模型的使用需求（精度或资源限制）
输出	根据用户指定的需求组合多种压缩技术以压缩模型
支持数据集	CIFAR-10、CIFAR-100、ImageNet
依赖库	Python 3.6+、TensorFlow、Torch
参考资源	AdaDeep、Deepx、EIE

6. 软硬协同嵌入智能

要实现特定硬件平台深度学习模型的成功和高效部署，仅依赖于模型本身的结构特性、运算模式或硬件平台性能及容量的不断拓展是不符合实际的。软硬协同嵌入智能指在整个智能部署过程中，对模型和硬件平台进行联合考虑或设计的相关理论和应用技术。软硬协同相关工作为深度学习模型在特定硬件平台上的部署提供了更高效、更灵活的解决方案。第 7 章中提到，模型自适应演化旨在根据动态情境通过调整模型规模和运算模式，增幅模型自适应优化能力，用于应对终端平台资源受限、应用情境复杂多变等问题。这种需要结合硬件平台实际指标反馈和指导的模型设计范式和上述软硬协同思想"不谋而合"，下面则将就此类自研资源进行简介。

（1）上下文感知的自适应量化框架（CAQ）

面对不断变化的动态情境，深度学习模型既不能接受人工操作的统一量化方法带来的再训练成本，也不能接受从庞大设计空间重新搜索混合精度量化策略的巨大时间开销。上下文感知的自适应量化框架（Context-aware Adaptive Quantization framework, CAQ）则通过引入门模块作为量化策略产生器，在深度模型运行时根据模型的资源环境，动态切换不同门控以产生主干网络分层匹配的混合精度量化策略，实现量化网络运行时的快速自适应调整。

算法概述如表 12.30 所示，CAQ 算法基于 Python 3.6+、CUDA cuDNN、Torch 等依赖库开发。算法输入为深度模型的部署情境，如设备电量、内存、计算力等，输出则为根据动态运行情境快速自适应调优的量化模型。该算法支持 CIFAR-10、CIFAR-100、ImageNet 等数据集上深度学习模型的自适应量化。在实现过程中，该算法参考了 Fractional Skipping[50]、SkipNet[51] 等第三方资源实现。

表 12.30　上下文感知的自适应量化框架概述

算法名称	上下文感知的自适应量化框架
算法接口	python caq.py --config_file config.yaml
输入	深度模型的部署情境（输入、电量、内存、计算力）
输出	根据动态运行情境快速自适应调优的量化模型
支持数据集	CIFAR-10、CIFAR-100、ImageNet
依赖库	Python 3.6+、NVIDIA GPU + CUDA cuDNN、Torch
参考资源	Fractional Skipping、SkipNet

（2）面向微控制器平台的自适应压缩框架 AdaMNet

微控制器（或单片机）以其小体积、低成本、低能耗和高集成度等优势成为未来边缘智能应用关键的部署平台之一。与传统云服务器、个人电脑和移动智能手机相比，微控制器以其更加极端受限的存储和计算资源限制，极大程度地增加了模型部署的难度（主流微控制器往往只具备 KB 级别的运行内存（RAM）和持久性存储（Flash 或 ROM））。笔者团队针对微控制器提出一种基于压缩算子群和电压频率调整（DVFS）的软硬协同模型 AdaMNet：挖掘分析模型真实硬件平台开销和微控制器资源限制，利用"结构块"思想实现基于压缩算子群的模型装载设计，并与平台层面的离散电压频率配置共同构建针对动态情境的自适应搜索空间，软、硬层面的设计相对独立、互不影响，具有很高的可拓展性。

算法概述如表 12.31 所示，AdaMNet 算法基于 TensorFlow 1.14、X-Cube-AI、STM32H-HAL 等依赖库开发。算法输入为动态资源情境（如设备电量、存储资源）及用户情境（如时延、能耗），输出则为根据动态情境生成模型压缩算子装载及运行电压、频率配置方案。该算法面向控制平台，支持 CIFAR-10、Food-101 等数据集上深度学习模型的自适应压缩。在实现过程中，该算法参考了 μNAS[52]、Rao 等 [53] 第三方资源实现。

表 12.31　面向微控制器平台的自适应压缩框架概述

算法名称	面向微控制器平台的自适应压缩框架
算法接口	python CompressionOps.py --config_file config.yaml
输入	动态资源情境（电量、存储资源）和用户情境（时延、能耗）
输出	根据动态情境生成模型压缩算子装载及运行电压、频率配置方案
支持数据集	Food-101[⊖]、CIFAR-10 等
依赖库	Python 3.6+、TensorFlow 1.14、X-Cube-AI、STM32H-HAL 库
参考资源	μNAS、Application-Specific Performance-Aware Energy Optimization on Android Mobile Devices

12.4　"太易"分布式人机物链中间件

中间件（Middleware）[56] 这个术语首次于 1968 年在德国加尔米施帕滕基兴举办的 NATO 软件工程大会报告中被提出。中间件通常介于应用软件和操作系统之间，为应用软件提供运行和部署环节，帮助用户灵活、高效地开发和集成复杂应用软件，是一种可复用的分布式数据传输、处理和资源管理的软件。

"人机物链"（CrowdHMT Chain）是一种人（即社会空间中的广大普通用户及其所携带的移动或可穿戴设备）、机（即信息空间丰富的互联网应用及云端服务）、物（即具感知计算能力的物理实体）异构群智能体联结共生、协同融合的生态链。为了在这一异构、多元、跨空间、无序的生态链中实现自组织、自学习、自适应和可持续演化的人机物融合群智计算，构建协同计算、协同演化和人机混合的人机物融合智慧空间，我们提出"太易"分布式人

⊖　Food101:https://tensorflow.google.cn/datasets/catalog/food101。

机物链中间件（简称太易中间件）。"太易"一词取自《道法会元》：太易，神之始而未见气也。"太易"代表阴阳分化尚未出现、宇宙天地尚未形成的无序阶段，在中国传统哲学中代表从无极过渡到天地诞生（无序到有序）的第一个阶段，即先天五太（太易、太初、太始，太素、太极）之首。人机物融合群智计算面对的正是如何融合无序的多人、多机、多物，实现有序的群体智能涌现与群智协同计算的问题，希望能够利用中间件使人机物融合智慧空间实现从无序到有序的转变。不同于一般中间件，人机物链中间件主要有三种内涵：支持异构设备；凝练应用底层共性，提供可复用载体；通过协同实现群智增强。

"太易"中间件是指通过**人机物链的自我聚合和快速分解为上层应用提供分布式协同运行环境，动态整合/集成分布式计算资源、经验知识、决策能力和认知智慧的应用软件**。换言之，"太易"中间件不仅能实现分布式人机物异构智能体之间的互联通信、资源整合，还能实现面向具体应用需要的协同计算和协同演化。

如图 12.16 所示，"太易"中间件共包含动态集成、运行时自适应、决策智能化和新应用编程接口四种功能。具体地，"资源协同整合"即支持分布式人机物异构智能体提供消息传递、功能集成和资源整合，从而形成无缝融合的整体群智计算系统。"动态跨域迁移"支持不同人机物智能体之间的知识、经验和技能迁移共享。"运行时自适应"根据应用场景、智能体硬件平台、数据等提供算法模型轻量化、运行时加速、数据/事件流缓存管理等功能。"自主智能决策"旨在通过优化应用性能和自动化决策管理强化和提升关键智能。"应用编程接口"（API）允许团队使用预设的模板来选择并整合分布式智能体的能力和功能从而构建新应用，并促进有效的代码共享和联合开发。

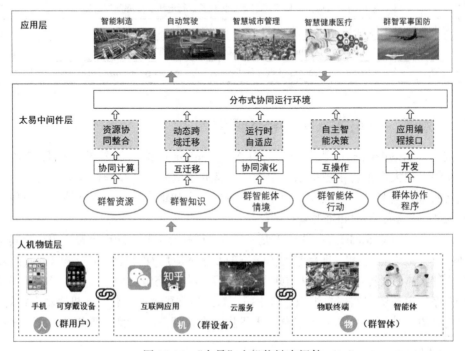

图 12.16　"太易"人机物链中间件

12.5　应用领域与典型场景

人机物融合群智计算在多个领域具有广泛的应用前景，对国家科技产业发展变革具有重要意义。基于上述系统架构及核心技术模块，CrowdHMT 具备在涉及人机物融合群智计算的各应用领域中的实践能力，期望在不同智慧应用需求下提供实现人、机、物协作互补的智慧空间。具体地，本节将就笔者团队前期在智能制造、智慧旅游、智能家居、智慧城市、智慧交通、军事智能六个应用领域中所做的系统实践分别进行介绍。

12.5.1　智能制造

制造业中零件的缺陷检测及生产配送是十分重要的环节，通常需要多设备（即多智能体）协同运行。因此在智能制造领域，实现多智能体协作、组织及自适应是制造业智慧空间构建的重要挑战。下面将从笔者团队在智能制造中的缺陷检测及生产配送两方面所进行的探索与实践进行简要介绍。

（1）物流 AGV 小车实践平台

自动导引车（AGV）作为集成多种先进技术的柔性智能物流装备，具备高度的自主性和灵活性。多 AGV 组成的智能物流系统正在成为车间物流自动化、柔性化配送的常态。为深入研究制造业群智协同机理，实现群智能体协同增强的理论验证，笔者团队基于群智协作增强机理及群智能体分布式学习等核心技术模块，建设了两个多智能体系统平台，分别是由多个 Jetbot 智能车组成的多智能体协作配送平台（如图 12.17a 所示），以及由多个机甲大师 RoboMaster EP 组成的多智能体混合任务实验平台（如图 12.17b 所示）。

a）多智能体协作配送实验平台

b）多智能体混合任务实验平台

图 12.17　智能制造平台协作实践案例

在多智能体协作配送实验平台中，Jetbot 智能车搭载 NVIDA 的最新嵌入式芯片，具备较强的计算能力，能够模拟制造场景下的智能体，从而更好地为制造个体与群体智能融合理论的验证提供实际支撑。

在多智能体混合任务实验平台中，RoboMaster EP 智能车配置了金属材质的机械臂和机械爪，可以抓取多种形状的目标物体；多台智能车通过组网通信，能够实现多机协作编队；智能车能够获取红外深度传感器测距信息，实现智能避障和精准自动驾驶多机通信，满足运输场景中对群体智能的需求。

基于此平台，笔者团队提出 BiCNet-IPF[3] 算法及 PO-MADDPG 算法。BiCNet-IPF 引入信息势场改进奖励函数，隐式指导 AGV 分散地向不同任务目标移动。PO-MADDPG 则结合邻域范围的材料配送信息及其他车辆信息，对多车协作配送任务进行优化，从而实现多个智能体自组织、自协调的多 AGV 物料配送。

综上所述，与单个智能车相比，以多智能车为主体的多智能体系统平台在时空、功能、信息、资源等方面具有分布式的特性，同时在功能、信息、资源方面又具有冗余性和互补性，这些特征使多智能体系统平台的可靠性、鲁棒性、容错能力明显增强。

（2）产品缺陷质量检测平台

随着制造业向高精度、高稳定性方向的不断转型，稳定生产高质量的工业级产品成为当前制造业的重点之一，因此工业级产品表面缺陷检测在需要保障产品质量的制造业中发挥着重要的作用。为探究跨要素知识融合和跨场景群智知识迁移模型在表面缺陷检测任务上的表现，笔者团队基于群智能体知识迁移核心技术构建了产品缺陷质量检测平台（如图 12.19 所示）。

在该平台中，针对制造场景中表面缺陷检测数据类别不平衡的问题，笔者团队提出一种基于迁移学习的少样本表面缺陷检测方法（Transfer Learning-based method for Surface Defect Detection，TL-SDD）[25]，该方法包含基于度量的表面缺陷检测模型（Metric-based Surface Defect Detection model，MSDD）和两阶段的迁移学习策略，通过在足量的常见缺陷样本训练 MSDD 模型后，在稀有缺陷样本上进行微调，最终实现对所有缺陷类别的识别。TL-SDD 整体框架如图 12.18 所示。

该平台由分辨率为 1280×960 的工业级相机与周长为 1925mm 的皮带式传送带组成。工业相机用于捕捉零部件图像，作为 MSDD 判别模型的输入。皮带用于模拟真实生产环境中零部件的运输过程，在零部件运输过程中对其进行缺陷检测。该平台可模拟真实的工业制造流水线及产品质检装置。

12.5.2 智慧旅游

随着科技的不断发展，虚拟机器人正在变得越来越智能化，基于深度学习的人工智能算法加速了虚拟机器人的发展，正在逐渐唤醒未来。在此背景下，笔者团队开发了全栈多场景高拟真虚拟伴侣塑造平台（AI-Mate）[⊖]，旨在结合边端协同深度计算及软硬协同嵌入智能

⊖ http://www.ai-mate.co/。

等多种核心技术，打造智能虚拟形象，为用户打造高拟真虚拟社交机器人伴侣，提供沉浸式智能交互服务，平台官网首页如图 12.20a 所示。

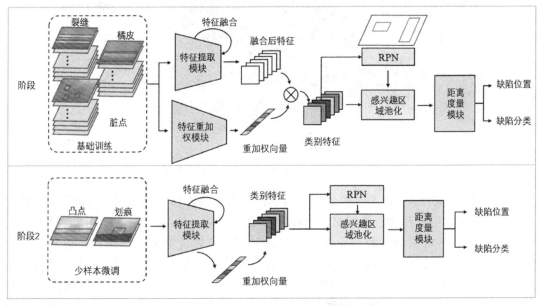

图 12.18　TL-SDD 框架图 [25]

图 12.19　产品缺陷质量检测平台实践案例

"MateU——知伴"则是基于 AI-Mate 高拟真虚拟伴侣塑造平台打造的首款落地产品，利用 AI 技术赋能智慧旅游行业，以虚拟旅行伴侣为核心特色，集知识与趣味于一体，为用户在旅行中提供讲解陪伴和特色服务，产品首页如图 12.20b 所示。具体地，知伴采用软硬件结合的方式，利用手机 App 和智能便携硬件相互辅助，智能感知用户所处情境，以自然对话的形式发起主动交互，为游客提供景点相关知识解答、信息推荐、语音讲解等多种智能交互服务，提高旅行有趣程度。

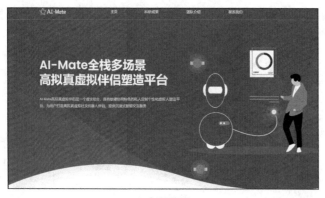 

a）官网首页   b）App 首页

图 12.20   AI-Mate 智慧旅游平台实践案例

知伴软件部分以手机 App 的形式进行承载，主要核心功能包括"旅游陪伴""情境互动""答疑解惑"和"点滴回忆"。如图 12.21a 所示，旅游陪伴模块利用视觉情境感知技术，通过手机摄像头和专用硬件传感器对用户所处情境进行感知，并触发主动交互等交互任务。情境感知核心功能模块结合群智协同计算技术，将深度学习模型划分为多个计算任务，并将其部署在手机、智能手环、基于 Raspberry 的自研硬件设备上协同运行，以降低单台设备上的能耗，提高感知计算效率。同时我们构建基于树莓派的自研硬件设备，在树莓派 3B+ 平台上利用摄像头、GPS、陀螺仪等传感器实时感知情境，为用户提供便捷、精确的服务，设备体积小，可固定在领口、胸前等位置，实现真正的"陪伴"。

情境互动模块为用户提供多种智能交互服务，现阶段主要支持 AI 形象切换，根据用户上传的图片，利用 AI 形象切换技术为用户生成带有戏曲色彩的头像照片，如图 12.21b 所示。答疑解惑模块利用智能人机对话技术为用户提供对话交互和问题解答，用户可以使用文字或语音输入的方式与旅伴进行对话交互，如图 12.21c 所示。知伴可以与用户进行日常闲聊，为用户带来情感陪伴，同时也可以回答用户提出的景点相关的知识问题，为用户提供知识解答。点滴回忆模块利用内容智能生成技术在用户旅行过程结束后，根据旅行路线和用户旅行途中拍摄的照片自动为用户生成个性化游记和旅游手账，为用户提供旅行过程记录和分享的窗口，如图 12.21d 所示。

12.5.3　智能家居

在智能家居领域，笔者团队关注到聋哑人群体与听力困难人群，针对聋哑人群体易错过紧急事件、耳蜗效能较差等问题，基于端自适应模型压缩核心技术提出基于智能手机的声学事件传感通知系统 UbiEar[57] 与全天候辅助应用 AdaSpring[41]，为听力困难人群提供声音的多维感知方式。下面分别对 UbiEar 与 AdaSpring 进行简要介绍。

a）旅游陪伴模块

b）情景互动模块　　　c）答疑解惑模块　　　d）点滴回忆模块

图 12.21　MateU 智慧旅游平台实践案例

（1）基于智能手机的声学事件传感通知系统——UbiEar

在户外、厨房和家庭等社会环境中存在多种复杂环境噪音，使听力困难人群时常错过重要语音。UbiEar 面向聋哑人与听力困难者对日常语言与紧急语音的二次感知需求，使用深度神经网络实现声音的识别并进行通知，用于重听人群感知紧急事件（如火灾报警、烟雾报警、水壶沸腾声）和社交事件（如门铃声、敲门声、哭声）。笔者团队进一步开发了应用于安卓环境的移动端应用软件（如图 12.22 所示），通过监听环境信息判断声音类型，为用户及时提供画面、震动、闪光灯多角度提示信息。

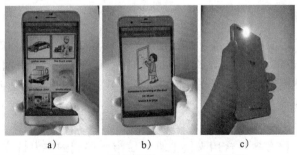

a）　　　　　　　　b）　　　　　　　　c）

图 12.22　智能家居 UbiEar 实践案例

在实践方面，笔者团队与聋哑人学校进行合作，为 86 位听力困难者提供了 UbiEar 服务，结果表明 UbiEar 可以有效帮助听力困难者识别多种重要信息并提高生活质量（如图 12.23 所示）。

图 12.23　UbiEar 实践场景

（2）全天候辅助应用——AdaSpring

AdaSpring 是部署在 Nvidia Jetbot 平台上的全天辅助应用。通过智能小车部署声音感知与智能识别模块，如图 12.24 所示，小车在声音可能发生的位置进行巡逻，当需要通知的声音发生后，便移动到设定的通知地点进行通知。过程中采用已有地图进行路径规划，并对障碍完成基本的避障动作。

针对全时段监听应用的高电量消耗与嵌入式移动设备的有限电量，AdaSpring 框架对声音识别的 DNN 网络进行压缩优化，以 Nvidia Nano 的电量管理和运行内存管理为条件因素，不断自适应地选择最佳压缩策略来缩小 DNN 配置，最终实现智能家居中移动设备性能与能效的高效利用。

a）出现声音　　　　b）深度模型推理　　　c）JetBot 小车通知　　d）英伟达 JetBot 小车

图 12.24　智能家居 AdaSpring 实践案例

12.5.4　智慧城市

智慧城市着力于运用海量数据、无缝通信与智能算法改善城市内的各种问题，优化城市管理方法与服务方式，通过感知多维信息及时而有效地发现城市问题并解决这些问题。下面将对笔者团队前期于协作救援、选址推荐、火灾预测与住房评估四个智慧城市典型场景中所做的系统实践进行简要介绍。

（1）智慧城市群智协作救援平台

智慧城市群智协作救援平台用来模拟真实城市所遇到的突发性安全问题，针对消防、防爆、抢险等多个领域在内的救援行动进行模拟协作救援。救援平台由无人机集群 DJI Matrice 600（如图 12.25a 所示）与救援小车 Robomaster EP（如图 12.25b 所示）两部分组成。首先结合群智协作增强机理核心技术，使用无人机集群对事故现场进行搜寻，得到环境的模型地图和目标位置。之后在安全位置降落无人机，并架设通信基站，保证事故现场的通信畅通。此外，基于群智能体分布式学习技术，地面救援小车根据接收的地图与目标位置进行自主导航并实施救援。

无人机集群通过群智协作增强机理进行集群协同区域搜寻，通过聚集、对齐、分离等操作，抽象生物群体运动，定义无人机集群运动规则以及相应的搜索算法，使无人机能够迅速而有效地扩散到目标搜索区域，并且对于曾搜索过的区域，在未来某个时刻可进行重复搜索。该方法具有计算简单、鲁棒性强等特点，适用于环境规划复杂、无人机数量规模大、搜索区域宽广的任务场景。

地面救援小车则装配了全向移动地盘、多自由度机械臂、激光雷达及深度摄像头等传感器。通过与无人机集群的通信，地面救援小车在得到区域地图信息和任务目标位置后进行救援行动，基于群智能体分布式学习技术，在行动中利用传感器数据结合路径规划和避障算法进行动态行动规划。

a) 无人机　　　　　　　b) 救援小车

图 12.25　智慧城市群智协作救援平台实践案例

（2）连锁企业布局推荐系统——CityTransfer

智慧城市中的连锁经营在现代城市中占据着主导地位，它们通常分布在城市的不同区域，可以为市民提供优质的服务。其中关键问题是连锁企业新店的选址问题，这不仅会影响到连锁企业的利润，也会影响到连锁企业的未来发展。为了在相关数据较少时仍能有效地布局推荐，笔者团队基于群智能体知识迁移技术提出了 CityTransfer 模型[58]，其框架图如图 12.26 所示。

CityTransfer 是一种基于多源城市数据的连锁商店推荐系统，由数据预处理模块、城市迁移学习模块和推荐模块组成。其中城市迁移学习模块是一个基于协同过滤的双重知识迁移框架，包括迁移等级预测模型、城际知识关联方法和城际语义提取方法，该模块显著扩展了基于奇异值分解（SVD）的协同过滤模型，从而将与语义相关的领域（如其他知识丰富的城市、目标城市相似的连锁企业等）中的连锁商店知识迁移到新城市的连锁商店布局推荐中。

系统通过选取来自中国四个不同城市的多源数据（包括携程的连锁酒店企业数据、新浪微博的签到数据、高德地图的兴趣点数据）进行实验，验证了该方法在连锁商店布局推荐方面的有效性。

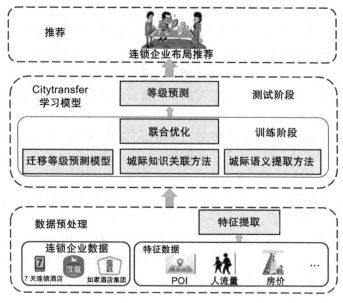

图 12.26　CityTransfer 系统框架 [58]

（3）城市火灾时空预测系统——CityGuard

消防部署是智慧城市安全中的一个重要手段，能准确地筛选出城市中的火灾高风险区域并进行有针对性的部署，可以更好地进行消防资源的合理分配和火灾事件的及时防控。为了更好地预测火灾风险，笔者团队提出了 CityGuard 算法 [59]，综合城市气象、区域功能人口数量及用电量等多角度的城市时空数据和城市火灾之间的关联关系，对各个地区的火灾风险进行评估。基于 CityGuard 算法，笔者团队设计了城市火灾时空预测系统（如图 12.27 所示），能够根据实时获取的数据对预测结果进行迭代更新。

城市火灾时空预测系统主要分为两部分：离线学习和在线处理。在离线学习阶段，先从收集到的城市数据中为每个地块提取时空特征，并对历史火灾发生情况进行地图匹配和时段分割，方便后续查询，再使用提取的时空特征对模型进行训练，以备后续进行预测。在在线处理阶段，系统一方面需要不断爬取最新的城市数据并将其传向本地服务器，使得本地服务器对时空特征和模型不断进行更新，另一方面，系统将更新后的模型预测得到的火灾风险和历史火灾风险进行可视化，并对高风险地块进行筛选。

（4）基于快递数据的住房需求估算系统——MT-HDE

住房需求估算是智慧城市经济学研究领域的一个重要课题。笔者团队探究发现，由于快递行业的快速发展，快递记录中蕴含着丰富的有用信息，小区居民的快递行为可以在一定程度上反映住宅需求。因此，研究快递数据有助于研究人员剖析居民的生活模式。为此，基于群智能体知识迁移等核心技术，笔者团队提出了一种基于快递数据的住房需求估算系统 MT-HDE[60]，其框架如图 12.28 所示。

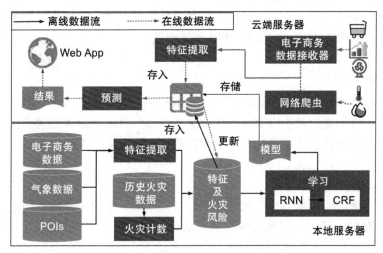

图 12.27 城市火灾时空预测系统[59]

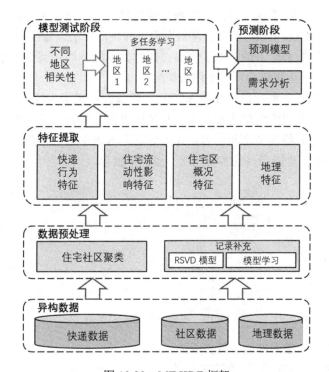

图 12.28 MT-HDE 框架

在 MT-HDE 模型中，首先利用聚类方法对社区尺度上的快递记录进行聚合，完善记录中的缺失值；然后，从较不稀疏的数据集中提取各种特征，计算居民迁移的可能性和居民社区的吸引力。此外，考虑到不同地区之间的相关性会影响推理模型的性能，在实验过程中进一步考虑不同地区之间的共性和差异性。在得到不同区域间的特征和相关性后，采用基于神经网络的多任务学习方法对住宅需求进行估计。此外，该框架和方法还可以用于解决其他预测问题，特别是需要考虑空间相关性的问题。

12.5.5　智慧交通

智慧交通是将通信、电子、车辆、控制、信息等技术应用于交通运输行业，并能正确、灵活、迅速地理解和提出解决方案，以发挥交通的最大效能、改善交通状况。笔者团队与华为、阿里等企业合作，提出了针对网约车调度、智慧交通等领域的多个解决方案，下面进行简要介绍。

（1）网约车智能调度平台

目前网约车平台的调度方法受限于车辆位置，产生了供需不平衡的问题：一方面，在出行高峰期，车辆资源不足导致订单需求无法全部被满足；另一方面，在订单稀少区域，无单可派的情况导致大量车辆资源闲置。为解决该问题，笔者团队基于群智能体分布式学习核心技术提出网约车模拟调度平台，如图 12.29 所示。该平台从群智能体深度强化学习的角度对网约车调度进行系统实践，将网约车调度问题抽象建模为马尔可夫决策过程，并提出了基于 DQN 和 Actor-Critic 的两种网约车调度算法。算法以每个网约车为智能体对象，关注全局供需环境状态来学习最佳调度策略，通过群智能体协作将空闲车辆调度到需求量高的邻近区域，实现了大规模的网约车协调调度。

网约车调度平台充分利用居民私有车辆这一资源，实现了大规模的车辆资源再分配，在很大程度上改变了人们传统的出行方式。与传统出租车平台的抢单模式相比，网约车平台的派单模式具有更大的调度空间，因此在网约车平台内部进行有效的车辆调度可以进一步提高网约车利用率，也能提高乘客满意度、增加平台总收入。

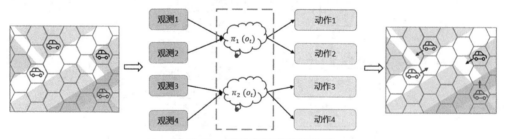

图 12.29　网约车调度实践案例

（2）基于时空图神经网络的智慧交通规划

随着城市化发展，传统的交通管理方案成本较高且可拓展性不强，而交通优控作为智慧交通领域的一类重要实践，在优化城市交通管理、解决城市交通问题中起着愈发重要的作用。在交通优控方面，笔者团队与华为展开了多方面的深入合作，基于群智能体分布式学习、群智能体知识迁移等核心技术，利用华为云的数据资源以及计算资源，致力于解决城市交通动态复杂实体的刻画问题、城市交通路口 / 区域的相似性刻画问题以及城市交通现象和优控措施的可解释问题，如图 12.30 所示。

图 12.30　基于时空图神经网络的智慧交通实践案例

首先，从时间和空间两个方面来完整地刻画路口，分析时空关联的模式，挖掘各个因素之间的关联，从而为城市路口及区域进行高效建模，提供有价值的交通优控信息。其次，基于路口的时空画像特征进行城市内以及跨城市的路口相似性度量，从而便于将交通状况良好的路口及区域的交通管理知识迁移到其他问题路口，解决交通拥堵等普遍问题，提高城市交通整体运行效率。最后，对路口的交通状况或交通特征以及潜在的交通优控策略进行可解释性分析，着重从特征层面解释路口间相似的原因，辅助做出相关的优控策略。

12.5.6　军事智能

随着军事对抗不断向科技化、无人化方向发展，军事智能逐渐成为未来军事演化的重点方向。由于军队作战具有环境高复杂性、博弈强对抗性、响应高实时性、信息不完整性、边界不确定性等特点，因此高度的自主决策、环境勘察、群体合作、人机协作等问题是实现军事智能的重要挑战。下面对笔者团队在军事智能领域中探索的群体机器人协作对抗平台进行简要介绍。

群体机器人协作对抗平台

群体机器人协作对抗平台作为一个战场环境模拟对抗平台，场上可以布置多种类型的功能机关，并利用移动机器人感知战场的环境信息。该平台基于群智能体分布式学习技术，根据场上形势自主决策，进行运动规划与控制。移动机器人通过发射弹丸击打敌方机器人进行射击对抗，如图 12.31a 所示。机器人的数据交互由一个专门的裁判系统进行监测，裁判系统将弹丸的伤害转换为生命值的动态变化，最终以一个类似游戏的形式进行展现。

在场景设计方面，该平台构建模拟场景以供多智能体的决策训练，如图 12.31b 所示，模拟场景包含场地补给、障碍限制、防御增益、攻击增益等多个影响元素，以模拟复杂多变的真实战场环境。

在移动机器人方面，使用 ICRA Robomaster 全向移动机器人开发平台，如图 12.31c 所示。该平台开源了硬件设计，基于 STM32 系列单片机嵌入式框架，以及支持机器人操作系统（ROS）的 RoboRTS 机载平台软件框架。可以基于上述内容配置相机与激光雷达等个性化传感器、机载计算设备，并进行二次开发，完成具有机体定位、运动规划、敌我机器人检测、自主决策和自动控制等功能的多机器人协作对抗。机器人使用多智能体强化学习机制，通过群智协作的机理将队伍得分和合作评分加入奖励机制，训练多智能体系统的协作行为，具体使用了 MADRL 算法中全通信集中决策的架构。

a）机器人射击对抗　　　　　b）机器人平台　　　　　c）模拟场景地图

图 12.31　军事智能实践案例

习题

1. 请思考人机物群智计算系统需要提供何种功能，根据自己的理解设计和扩展人机物群智计算系统通用架构。

2. 请分析人机物群智计算系统与现有智能物联网、智能城市等平台（如鸿蒙系统、阿里云 AIoT 开放平台、京东城市计算系统）有何不同之处与优势。

3. 请参考 CrowdHMT 开源平台中所共享的生物群智协同机理等自研资源，基于 Gazebo 多智能体编队仿真平台，设计和实现除虚拟结构和领导跟随结构以外的其他编队方法。

4. 请参考 CrowdHMT 开源平台中所共享的多智能体自适应算法（meta-MARL），基于群智合作任务仿真平台星际争霸 SMAC，利用多智能体强化学习算法，在 8 枪兵 vs8 枪兵场景下取得 90% 以上的胜率。

5. 请参考 CrowdHMT 开源平台中所共享的基于迁移学习的少样本检测等方法，基于 MNIST 数据集实现跨域图片分类。

6. 请参考 CrowdHMT 开源平台中所共享的情境感知的模型分割框架工作，实现并扩展边缘侧多设备协同深度计算算法。

7. 请利用 CrowdHMT 开源平台中所共享的基于模型压缩的模型选择框架（AdaDeep）等模型压缩技术，对 VGG16 模型在 CIFAR10 数据集上保持精度不变的前提下实现 16 倍的压缩率。

8. 请参考 CrowdHMT 开源平台中所共享的上下文感知的自适应量化框架等嵌入智能工作，探究微控制器平台硬件 / 底层的配置的软硬件联合调度优化问题并给出解决方案。

9. 面向智慧旅游场景，结合 AI-Mate 思考人机物融合群智计算如何助力领域发展，并结合所思考的新的需求设计相关的人机物融合群智计算应用。

10. 面向智慧交通场景，利用 CrowdHMT 平台开放共享的群智能体分布式学习核心技术模块，设计并实现一种基于人机物多智能体协同的交通优化控制应用系统。

参考文献

[1]　REN W, BEARD R W. Decentralized scheme for spacecraft formation flying via the virtual structure approach[J]. Journal of Guidance, Control, and Dynamics, 2004, 27(1): 73-82.

[2] LUO Q, DUAN H. Distributed UAV flocking control based on homing pigeon hierarchical strategies[J]. Aerospace Science and Technology, 2017, 70: 257-264.

[3] LI Mengyuan, GUO Bin, ZHANG Jiangshan, et al. Decentralized multi-AGV task allocation based on multi-agent reinforcement learning with information potential field rewards[J].arXiv preprint arXiv:2108.06886,2021.

[4] PENG P, WEN Y, YANG Y, et al. Multiagent bidirectionally-coordinated nets: Emergence of human-level coordination in learning to play starcraft combat games[J]. arXiv preprint arXiv:1703.10069, 2017.

[5] LIU S, DU J, LIU H, et al. Energy-efficient algorithm to construct the information potential field in WSNs[J]. IEEE Sensors Journal, 2017, 17(12): 3822-3831.

[6] FOERSTER J, FARQUHAR G, AFOURAS T, et al. Counterfactual multi-agent policy gradients[C]// Proceedings of the AAAI Conference on Artificial Intelligence (AAAI'18), 2018, 32(1).

[7] FINN C, ABBEEL P, LEVINE S. Model-agnostic meta-learning for fast adaptation of deep networks[C]//International Conference on Machine Learning (ICML'17). PMLR, 2017: 1126-1135.

[8] LOWE R, WU Y I, TAMAR A, et al. Multi-agent actor-critic for mixed cooperative-competitive environments[C]//Advances in Neural Information Processing Systems (NIPS'17), 2017: 6379-6390.

[9] LI Y, ZHENG Y, YANG Q. Efficient and effective express via contextual cooperative reinforcement learning[C]//Proceedings of the 25th ACM SIGKDD International Conference on Knowledge Discovery & Data Mining (KDD'19), 2019: 510-519.

[10] YOSHIDA N, NISHIO T, MORIKURA M, et al. Hybrid-FL for wireless networks: cooperative learning mechanism using non-IID data[C]//ICC 2020-2020 IEEE International Conference on Communications (ICC'20). IEEE, 2020: 1-7.

[11] YOSINSKI J, CLUNE J, BENGIO Y, et al. How transferable are features in deep neural networks?[C]// Advances in Neural Information Processing Systems (NIPS'14), 2014, 27: 3320-3328.

[12] KIRKPATRICK J, PASCANU R, RABINOWITZ N, et al. Overcoming catastrophic forgetting in neural networks[J]. Proceedings of the national academy of sciences, 2017, 114(13): 3521-3526.

[13] ARIVAZHAGAN M G, AGGARWAL V, SINGH A K, et al. Federated learning with personalization layers[J]. arXiv preprint arXiv:1912.00818, 2019.

[14] OUYANG Y, GUO B, TANG X, et al. Mobile App cross-domain recommendation with multi-graph neural network[J]. ACM Transactions on Knowledge Discovery from Data (TKDD), 2021, 15(4): 1-21.

[15] KIPF T N, WELLING M. Semi-supervised classification with graph convolutional networks[C]// International Conference on Learning Representations (ICLR'17), 2017: 1–14.

[16] WANG J, HUANG P, ZHAO H, et al. Billion-scale commodity embedding for e-commerce recommendation in alibaba[C]//Proceedings of the 24th ACM SIGKDD International Conference on Knowledge Discovery & Data Mining (KDD'18), 2018: 839-848.

[17] HU G, ZHANG Y, YANG Q. Conet: Collaborative cross networks for cross-domain recommendation[C]//Proceedings of the 27th ACM International Conference on Information and Knowledge Management (CIKM'18), 2018: 667-676.

[18] LIU Y, GUO B, ZHANG D, et al. MetaStore: a task-adaptive meta-learning model for optimal store placement with multi-city knowledge transfer[J]. ACM Transactions on Intelligent Systems and Technology (TIST), 2021, 12(3): 1-23.

[19] YAO H, LIU Y, WEI Y, et al. Learning from multiple cities: a meta-learning approach for spatial-temporal prediction[C]//The World Wide Web Conference (WWW'19), 2019: 2181-2191.

[20] TRAN A T, NGUYEN C V, HASSNER T. Transferability and hardness of supervised classification tasks[C]//Proceedings of the IEEE/CVF International Conference on Computer Vision(ICCVW'19), 2019: 1395-1405.

[21] DING Y, GUO B, LIU Y, et al. MetaDetector: meta event knowledge transfer for fake news detection[J]. arXiv preprint arXiv:2106.11177, 2021.

[22] LONG M, CAO Z, WANG J, et al. Conditional adversarial domain adaptation[C]//Proceedings of the 32nd International Conference on Neural Information Processing Systems (NIPS'18), 2018: 1647-1657.

[23] WANG Y, MA F, JIN Z, et al. Eann: event adversarial neural networks for multi-modal fake news detection[C]//Proceedings of the 24th ACM Sigkdd International Conference on Knowledge Discovery & Data Mining (KDD''18), 2018: 849-857.

[24] WANG Y, MA F, WANG H, et al. Multi-modal emergent fake news detection via meta neural process networks[C]// Proceedings of ACM Sigkdd International Conference on Knowledge Discovery & Data Mining (KDD'21), 2021: 3708–3716.

[25] CHENG J, GUO B, LIU J, et al. TL-SDD: a transfer learning-based method for surface defect detection with few samples[C]//2021 7th International Conference on Big Data Computing and Communications (BIGCOM'21). IEEE, 2021.

[26] SNELL J, SWERSKY K, ZEMEL R S. Prototypical networks for few-shot learning[J]. arXiv preprint arXiv:1703.05175, 2017.

[27] LIN T Y, DOLLÁR P, GIRSHICK R, et al. Feature pyramid networks for object detection[C]// Proceedings of the IEEE conference on computer vision and pattern recognition (CVPR'17), 2017: 2117-2125.

[28] SON K, KIM D, KANG W J, et al. Qtran: Learning to factorize with transformation for cooperative multi-agent reinforcement learning[C]//International Conference on Machine Learning (ICML'19). PMLR, 2019: 5887-5896.

[29] ZHOU M, LIU Z, SUI P, et al. Learning implicit credit assignment for multi-agent actor-critic[J]. arXiv e-prints, 2020: arXiv: 2007.02529.

[30] SILVER D, SCHRITTWIESER J, SIMONYAN K, et al. Mastering the game of Go without human knowledge[J]. Nature, 2017.

[31] TZENG E, HOFFMAN J, SAENKO K , et al. Adversarial discriminative domain adaptation[C]//Proceedings of the IEEE Conference on Computer Vision and Pattern Recognition (CVPR'17), 2017: 7167-7176.

[32] WANG H, GUO B, LIU J, et al. Context-aware Adaptive Surgery: A Fast and Effective Framework for Adaptative Model Partition [J]. Proceedings of the ACM on Interactive, Mobile, Wearable and Ubiquitous Technologies, 2021.

[33] KANG Y, HAUSWALD J, GAO C, et al. Neurosurgeon: collaborative intelligence between the cloud and mobile edge[J]. ACM SIGARCH Computer Architecture News, 2017, 45(1): 615-629.

[34] HU C, BAO W, WANG D, et al. Dynamic adaptive DNN surgery for inference acceleration on the edge[C]// IEEE INFOCOM 2019-IEEE conference on computer communications (INFOCOM'19),

IEEE, 2019: 1423-1431.

[35] 郭斌，仵允港，王虹力，等.深度学习模型终端环境自适应方法研究 [J].中国科学：信息科学，2020.

[36] YE S, XU K, LIU S, et al. Adversarial robustness vs. model compression, or Both?[C]//Proceedings of the IEEE/CVF International Conference on Computer Vision (ICCVW'19), 2019: 111-120.

[37] ZHAO Z, BARIJOUGH K M, GERSTLAUER A. Deepthings: distributed adaptive deep learning inference on resource-constrained iot edge clusters[J]. IEEE Transactions on Computer-Aided Design of Integrated Circuits and Systems, 2018, 37(11): 2348-2359.

[38] ZHANG L L, HAN S, WEI J, et al. nn-Meter: towards accurate latency prediction of deep-learning model inference on diverse edge devices[C]//Proceedings of the 19th Annual International Conference on Mobile Systems, Applications, and Services (MobiSys'21). 2021: 81-93.

[39] HADIDI R, CAO J, WOODWARD M, et al. Distributed perception by collaborative robots[J]. IEEE Robotics and Automation Letters, 2018, 3(4): 3709-3716.

[40] ZHOU L, WEN H, TEODORESCU R, et al. Distributing deep neural networks with containerized partitions at the edge[C]//2nd Workshop on Hot Topics in Edge Computing (HotEdge'19), 2019.

[41] LIU S, GUO B, MA K, et al. AdaSpring: Context-adaptive and Runtime-evolutionary Deep Model Compression for Mobile Applications[J]. Proceedings of the ACM on Interactive, Mobile, Wearable and Ubiquitous Technologies, 2021, 5(1): 1-22.

[42] BENDER G, KINDERMANS P J, ZOPH B, et al. Understanding and simplifying one-shot architecture search[C]//International Conference on Machine Learning (ICML'18). PMLR, 2018: 550-559.

[43] CHEN T, LI K, BAHSOON R, et al. FEMOSAA: Feature-guided and knee-driven multi-objective optimization for self-adaptive software[J]. ACM Transactions on Software Engineering and Methodology (TOSEM), 2018, 27(2): 1-50.

[44] LIU S, LIN Y, ZHOU Z, et al. On-demand deep model compression for mobile devices: A usage-driven model selection framework[C]//Proceedings of the 16th Annual International Conference on Mobile Systems, Applications, and Services (MobiSys'18), 2018: 389-400.

[45] LANE N D, BHATTACHARYA S, GEORGIEV P, et al. Deepx: a software accelerator for low-power deep learning inference on mobile devices[C]//2016 15th ACM/IEEE International Conference on Information Processing in Sensor Networks (IPSN'16). IEEE, 2016: 1-12.

[46] HAN S, LIU X, MAO H, et al. EIE: Efficient inference engine on compressed deep neural network[J]. ACM SIGARCH Computer Architecture News, 2016, 44(3): 243-254.

[47] WANG K, LIU Z, LIN Y, et al. Haq: Hardware-aware automated quantization with mixed precision[C]//Proceedings of the IEEE/CVF Conference on Computer Vision and Pattern Recognition (CVPR'19), 2019: 8612-8620.

[48] HE Y, LIN J, LIU Z, et al. Amc: Automl for model compression and acceleration on mobile devices[C]//Proceedings of the European Conference on Computer Vision (ECCV'18), 2018: 784-800.

[49] YU J, YANG L, XU N, et al. Slimmable neural networks[C]//International Conference on Learning Representations (ICLR'18), 2018.

[50] SHEN J, WANG Y, XU P, et al. Fractional skipping: Towards finer-grained dynamic cnn inference[C]//Proceedings of the AAAI Conference on Artificial Intelligence (AAAI'20), 2020, 34(04): 5700-5708.

[51] WANG X, YU F, DOU Z Y, et al. Skipnet: learning dynamic routing in convolutional networks[C]//

Proceedings of the European Conference on Computer Vision (ECCV'18), 2018: 409-424.

[52] LIBERIS E, Dudziak Ł, LANE N D. μNAS: constrained neural architecture search for microcontrollers [C]//Proceedings of the 1st Workshop on Machine Learning and Systems (EuroMLSys'21), 2021: 70-79.

[53] RAO K, WANG J, YALAMANCHILI S, et al. Application-specific performance-aware energy optimization on android mobile devices[C]//2017 IEEE International Symposium on High Performance Computer Architecture (HPCA'17). IEEE, 2017: 169-180.

[54] ELSKEN T, METZEN J H, HUTTER F. Neural architecture search: a survey[J]. The Journal of Machine Learning Research, 2019, 20(1): 1997-2017.

[55] LIN J, CHEN W M, LIN Y, et al. MCUNet: tiny deep learning on IoT devices[J]. Advances in Neural Information Processing Systems, 2020, 33: 11711-11722.

[56] NAUR P. Software engineering-report on a conference sponsored by the NATO Science Committee Garimisch, Germany[J]. http://homepages. cs. ncl. ac. uk/brian. randell/NATO/nato1968. PDF, 1968.

[57] SICONG L, ZIMU Z, JUNZHAO D, et al. Ubiear: Bringing location-independent sound awareness to the hard-of-hearing people with smartphones[J]. Proceedings of the ACM on Interactive, Mobile, Wearable and Ubiquitous Technologies, 2017, 1(2): 1-21.

[58] GUO B, LI J, ZHENG V W, et al. Citytransfer: Transferring inter-and intra-city knowledge for chain store site recommendation based on multi-source urban data[J]. Proceedings of the ACM on Interactive, Mobile, Wearable and Ubiquitous Technologies, 2018, 1(4): 1-23.

[59] WANG Q, ZHANG J, GUO B, et al. CityGuard: citywide fire risk forecasting using a machine learning approach[J]. Proceedings of the ACM on Interactive, Mobile, Wearable and Ubiquitous Technologies, 2019, 3(4): 1-21.

[60] LI Q, YU Z, GUO B, et al. Housing demand estimation based on express delivery data[J]. ACM Transactions on Knowledge Discovery from Data (TKDD), 2019, 13(4): 1-25.